[항공우주법 강좌 4]

항공법판례해설 Ⅳ

航空行政法

권 창 영

한국항공대학교 겸임교수 · 법학박사
법무법인(유한) 지평 변호사

法 文 社

[The Lecture Series on the Air and Space Law 4]

THE COMMENTARY ON THE AVIATION LAW CASES IV

- Aviation Administrative Law -

by

Dr. Kwon, Chang Young

Adjunct Professor of Korea Aerospace University
Attorney at Law of JIPYONG LLC

2020

BUBMUNSA
Paju Book City, Korea

추 천 사

이 공 현
前 헌법재판관
법무법인(유한) 지평 대표변호사

항공은 사람이 탑승하는 항공기를 사용하여 공중을 항행하는 것이다. 20세기 초반 비행기가 등장하면서 항공운송이 급성장하기 시작하였고, 이제는 육상운송, 해상운송과 더불어 중요한 운송수단의 하나로 자리를 잡고 있다. 오늘날 인천국제공항이나 외국의 국제공항과 국내공항의 규모와 위상을 보면 국민이 느끼는 항공운송이나 관련 산업의 중요성은 더 말할 나위도 없다. 그리고 인천국제공항만 보더라도 현재 진행 중인 4단계 건설사업이 완공되면 연간 여객수용능력은 1억 3,000만 명, 화물처리능력은 580만t으로 늘어나게 된다.

종전에는 우리나라에서는 '항공법'과 '항공운송사업진흥법'을 두고 안전항공과 항공운송사업진흥을 도모하였다. 국제항공운송의 발전에 따라 '국제민간항공협약'이 탄생하게 되고, 우리나라도 2011년 상법에 항공운송편을 신설하여 항공운송인과 여객, 화주 기타 관련 당사자 사이의 법률관계를 규율하고 있다. 그리고 항공보안을 확보하기 위한 '항공보안법'과 안전항공과 항공기술발전을 위한 '항공안전법'을 정비하였다.

저자인 권창영 변호사는 3년여 전 법무법인(유한) 지평에 합류하여 법률실무에 종사하면서 한국항공대학교 항공우주법학과 겸임교수로 활약하고 있다. 금번 낯설게 느껴지는 항공우주법 분야 중 항공민사법, 항공노동법, 항공운송법에 이어 항공행정법에 관한 판례해설을 모아 책자를 발간한 저자에게 경의를 표한다. 종전 판례해설에서는 항공기 자체의 권리관계뿐만 아니라 항공기 운항으로 인한 소음 등 문제, 항공운송산업과 관련된 노동법 문제, 국제항공운송에 관한 몬트리올 협약, 항공여객운송, 항공물건운송 등 항공운송 전반에 관한 문제를 다루었다. 이번에 발간된 항공행정법에서는 항공 관련 행정소송, 공항시설법, 항공안전법, 항공보안법, 항공조세법 등 행공행정법상 주요쟁점을 다루고 있다.

항공우주분야를 규율하는 법규범으로는 국제적인 항공협약이 있고, 이를 바탕으로 각국은 국내법을 제정하여 시행하여 오고 있다. 새로운 제도와 이론이 끊임없이 도입되고 있는 분야이다. 따라서 이 분야에 관심있는 법률가나 항공우주 실무가는 항공우주 관련 실무를 처리하면서 부딪칠 문제들에 대한 지침을 알려 줄 해설서가 절실하게 필요하다. 이러한 요청에 부응하여 다년간 이론과 실무를 연구한 저자가 변호사업무에 바쁜 와중에도 판례해설을 중심으로 항공우주법 강좌를 펴낸 것은 항공우주 관련업계와 법조계가 다 함께 기뻐할 일이다.

이 책은 항공우주법에 관한 우리나라의 판례뿐만 아니라 미국 등 다른 나라의 판례를 소개하여 법조계와 항공우주관련 실무가에게 큰 도움을 주리라고 믿는다. 아울러 항공우주법 분야에서 이론과 실무의 발전을 염원하는 저자의 꿈과 바람이 법조계와 항공우주업계에 전하여져 활짝 꽃이 피길 기원한다.

서 문

인류는 오랜 옛날부터 하늘을 나는 것을 꿈꾸어 왔다. 1903년 라이트 형제가 역사적인 첫 비행에 성공한 이래 양차 세계대전을 거치면서 고정익항공기를 중심으로 항공산업이 눈부시게 발달하였다. 최근에는 무인항공기(Drone)의 등장으로 인류에게 새로운 희망을 주고 있다. 한편 우리나라는 지정학적으로 섬처럼 고립되어 있으므로 여객운송은 대부분 항공운송에 의존하고 있는데, 국력의 상승과 더불어 항공산업은 급격하게 발전하고 있다. 항공산업의 발달은 이를 적절하게 규율할 법령의 발전이 없으면 이루어질 수 없다. 이에 따라 항공법이 1961. 6. 8. 시행된 이래 많은 법령의 제정과 개정이 이루어졌다. 그럼에도 항공법에 관한 연구성과나 법학서는 다른 분야에 비해 매우 빈약하다.

저자는 최준선 항공우주정책·법학회 회장님의 소개로 2015년 가을 항공우주정책·법학회에서 항공기 집행에 관하여 주제 발표한 것을 계기로 항공법에 본격적으로 관심을 갖게 되었다. 그 후 한국항공대 황호원 교수님의 추천으로 2016년 2학기부터 한국항공대 대학원에서 항공법 강의를 담당하게 되었다. 주로 항공 관련 업무에 종사하면서 학업을 병행하는 수강생들의 경력이 다양하고 항공법에 대한 이해도에 차이가 컸기 때문에, 방대하고 복잡한 항공법을 체계적으로 설명하는데 가장 좋은 방법은 항공법에 관한 판례를 소개하고 이를 중심으로 강의하는 것이었다. 8학기 동안 강의를 하면서 항공법 전반에 관한 주제를 다루었고, 강의안도 점차 충실하게 되었다.

그동안 매번 필기의 어려움을 호소하면서 강의안을 정리하여 교재로 출판하여 달라는 수강생들의 요청에 부응하고자, 이번에 법문사의 도움으로 항공법판례해설서를 출간하게 되었다. 해설서는 국내외 대표적인 판례 300여 개를 주제별로 나누어, Ⅰ. 항공민사법, Ⅱ. 항공노동법, Ⅲ. 항공운송법, Ⅳ. 항공행정법 등 4권으로 순차적으로 출간하였다. 최대한 국내 판례를 소개하려고 노력하였으나, 적절한 국내 판례가 없는 경우에는 외국 판례를 소개하였다. 독자들의 판례 접근의 어려움을 감안하여, 가급적 자세하게 사실관계와 판시사항을 기술하였고, 항공법 고유의 법리를 쉽게 이해할 수 있도록 해설부분을 집필하였다. 그러나 집필 착수 당시의 거창함에 비하여 출간을 앞둔 지금 부족한 점이 많이 보인다. 부족한 점이나 잘못된 점은 오로지 저자의 책임인바, 江湖諸賢의 기탄없는 질정과 매서운 비판을 기대한다.

이 책이 나오기까지 많은 분들의 도움이 있었다. 항공산업의 최전선에서 열심히 땀을 흘리고 계신 모든 항공인들, 김두환, 홍순길, 최준선, 김선이 회장님, 황호원 교수님을 비롯한 항공우주정책·법학회 회원들, 수업 도중 질의와 현장경험을 바탕으로 한 토론을 통하여 항공의 특수성을 이해하게 해주신 수강생들께 감사드린다. 특히 2020. 8. 한국항공대에서 항공우주법 전공으로 법학박사 학위를 취득하고 항공법 연구로 바쁜 와중에도 불구하고, 방대한 원고를 꼼꼼하게 검토해주신 박수진(朴守珍) 박사(대한항공 선임사무장)님께 깊이 감사드리며, 학문적으로 무궁한 발전이 있기를 기원한다. 또한 장지훈 부장님, 노윤정 차장님, 권혁기 대리님을 비롯한 法文社 관계자 분들은 어려운 출판환경에서도 법학 발전을 위한 사명감으로 방대한 분량의 원고를 이와 같이 멋진 책으로 만들어 주셨다. 이 책이 나오기까지 도움을 주신 모든 분들께 이 지면을 빌려 감사의 마음을 전한다.

파리 협약(Paris Convention) 탄생 101주년을 맞이하는 2020년 여름
仁旺山에서 社稷壇을 바라보며
저자 識

차 례

제1장 항공행정소송

[1] 헬리포트로 사용되는 옥상에 대한 건물철거 대집행 계고처분의 적법성 ······ 3
대법원 1990. 12. 7. 선고 90누5405 판결

[2] 국제공항 세관의 우편물 검사와 영장주의 ······ 17
대법원 2013. 9. 26. 선고 2013도7718 판결

[3] 해양경찰공무원의 조종사 양성과정 교육비 반환의무 ······ 30
서울행정법원 2019. 7. 26. 선고 2019구합53334 판결

[4] 중국 단체관광객 유치 전담여행사 지정처분 취소처분 ······ 48
서울행정법원 2019. 5. 2. 선고 2018구합65910 판결

[5] 조달청장이 부과한 연관제재처분의 취소 ······ 63
대전지방법원 2014. 12. 17. 선고 2014구합1828 판결

[6] 여행사에 대한 유류할증료 등 시정명령 ······ 79
서울고등법원 2014. 11. 26. 선고 2014누41635 판결

[7] 국외여행자납부금 납부의무 규정의 위헌 여부 ······ 90
헌법재판소 2003. 1. 30. 선고 2002헌바5 결정

제2장 군용 공항과 비행장

[8] 비행안전구역 내 건축허가 ········ 109
대법원 1992. 9. 22. 선고 91누8876 판결

[9] 비행안전구역 내 지표면의 개념 ········ 131
대구고등법원 2019. 12. 6. 선고 2018누4107 판결

[10] 비행안전구역에 도로를 개설한 경우 주민소송 ········ 152
대법원 2011. 12. 22. 선고 2009두14309 판결

[11] 지방자치단체의 군공항 이전 건의권 ········ 166
헌법재판소 2017. 12. 28. 선고 2017헌라2 결정

제3장 공항시설법

[12] 공항개발사업과 인허가 의제 ········ 183
대법원 2018. 10. 25. 선고 2018두43095 판결

[13] 공역절토구역 내 토지의 환매권 ········ 195
대법원 2010. 5. 13. 선고 2010다12043 판결

[14] 공항공단의 국유재산 전대계약 ········ 208
대법원 2004. 1. 15. 선고 2001다12638 판결

[15] 국제공항 버스터미널 사업면허처분 취소소송의 원고적격 ········ 221
인천지방법원 2018. 1. 18. 선고 2017구합51048 판결

[16] 항공사의 공항 사용료 납부의무 ········ 235
대법원 1994. 5. 27. 선고 93다36080 판결

[17] 모노레일 미설치와 공항내 상업시설 임차인의 손해 ······ 245
대법원 2009. 8. 20. 선고 2008다51120 판결

[18] 비행안전영향평가 연구용역의 해제 ······ 255
서울고등법원 2013. 8. 29. 선고 2012나95112 판결

[19] 비행장 인근의 풍력발전소 공사금지가처분 ······ 271
광주고등법원 2019. 6. 24.자 (제주)2019라508 결정

제4장 항공사업법

[20] 운수권배분 실효처분의 적법성 ······ 285
대법원 2004. 11. 26. 선고 2003두10251 판결

[21] 경쟁항공사가 제기한 국제항공노선면허처분 집행정지신청의 적법성 ······ 300
대법원 2000. 10. 10.자 2000무17 결정

[22] 화물운수권 배분처분 ······ 321
서울행정법원 2015. 5. 1. 선고 2014구합62661 판결

[23] 운항시각(Slot) 배분에 관한 연방항공청의 규율권한 ······ 331
Exhaustless Inc. v. FAA, No. 08-1329 (D.C. Cir., Aug. 2, 2019)

[24] 정기항공운송사업 면허의 취소 ······ 348
대법원 1964. 8. 31. 선고 63누192 판결

[25] 부관(附款) 위반을 이유로 한 항공운송주선업 면허의 취소 ······ 359
대법원 1980. 2. 12. 선고 79누331 판결

[26] 유류할증료 공동결정에 대한 시정조치와 과징금부과 ······ 368
대법원 2014. 5. 16. 선고 2012두13689 판결

제5장 항공안전법

[27] 항공기사고와 노선운항 정지처분 ··· 391
대법원 2019. 10. 17. 선고 2017두47045 판결

[28] 항공기사고와 정기화물노선면허의 취소 ··· 415
서울고등법원 2004. 12. 8. 선고 2003누15401 판결

[29] 항공종사자 자격증명 효력정지처분 ··· 427
서울행정법원 2015. 5. 22. 선고 2014구합14303 판결

[30] 지방항공청장의 항공조종교육사업자에 대한 과징금 부과처분 ··· 436
부산지방법원 2015. 12. 3. 선고 2015구합1374 판결

[31] 업무상 과실로 항공기를 추락시킨 경우 형사책임 ··· 467
서울중앙지방법원 2018. 2. 8. 선고 2017노981 판결

제6장 항공보안법

[32] 항공보안계획의 합헌성 ··· 481
헌법재판소 2018. 2. 22. 선고 2016헌마780 결정

[33] 항공보안법상 항로변경죄의 성립요건 ··· 495
대법원 2017. 12. 21. 선고 2015도8335 전원합의체 판결

[34] 중국 민항기 납치에 관한 형사책임 ··· 509
대법원 1984. 5. 22. 선고 84도39 판결

[35] 객실승무원의 직무상 지시에 따르지 않은 경우 형사책임 ··· 519
서울동부지방법원 2018. 1. 19. 선고 2017노1203 판결

[36] 김포공항 보호구역 출입증 발급 불허처분의 적법성 …… 532
서울행정법원 2019. 12. 13. 선고 2019구합52218 판결

제7장 항공조세법

[37] 외국항공사의 리스항공기에 관한 법인세 …… 553
대법원 2000. 2. 22. 선고 97누3903 판결

[38] 항공기를 임차한 항공사에 대한 부가가치세 고지의 하자 …… 567
대법원 1988. 2. 9. 선고 83누404 판결

[39] 공항시설 기부채납 후 무상사용에 대한 부가가치세 납부의무 …… 577
대법원 1990. 4. 10. 선고 89누7863 판결

[40] 군용항공기지 공사제한과 취득세의 중과 …… 588
대법원 1999. 10. 8. 선고 98두15139 판결

[41] 공항내 창고시설 이용권에 관한 주식 양도와 법인세 …… 598
대법원 2001. 2. 23. 선고 98두16644 판결

[42] 항공기 부품 수입과 FTA에 의한 관세의 면제 …… 610
대법원 2018. 11. 29. 선고 2015두56120 판결

■ 판례색인 …… 629
■ 사항색인 …… 631

제 1 장

항공행정소송

[1] 헬리포트로 사용되는 옥상에 대한 건물철거 대집행 계고처분의 적법성
[2] 국제공항 세관의 우편물 검사와 영장주의
[3] 해양경찰공무원의 조종사 양성과정 교육비 반환의무
[4] 중국 단체관광객 유치 전담여행사 지정처분 취소처분
[5] 조달청장이 부과한 연관제재처분의 취소
[6] 여행사에 대한 유류할증료 등 시정명령
[7] 국외여행자납부금 납부의무 규정의 위헌 여부

[1] 헬리포트로 사용되는 옥상에 대한 건물철거 대집행 계고처분의 적법성

대법원 1990. 12. 7. 선고 90누5405 판결

Ⅰ. 사실관계

(1) 원고 고려통상 주식회사 소유의 서울 중구 소재 건물은 그 구조적 결함으로 옥상 슬래브 및 벽체에 균열이 생기고 누수가 잦아 옥상의 아래층에 있는 냉동기실, 엘리베이터 기계실에서 가동 중인 각종 기기의 안전에도 위험이 있으므로 그 방지를 위한 공사가 필요하게 되었다.

(2) 원고는 방수공사를 보다 효능이 뛰어나다는 이중 슬래브 방법을 선택하여 공사하던 차에 마침 비상시 헬기 이착륙 등의 안전비행을 위하여 헬리포트와 건물외곽층이 수평을 이루도록 하라는 서울특별시 항공대(航空隊)의 권고가 있자, 원고는 헬리포트로 사용되던 옥상의 기존 슬래브 바닥에서 60㎝ 가량의 공간을 두고 다시 두께 60㎝ 정도의 슬래브를 침으로써 결국 기존 바닥 높이보다 120㎝가 높아져 같은 건물 옥상이면서도 이 부분보다 높았던 곁의 부분과 수평을 이루게 되었다.

(3) 건물의 옥상 중 건축법에 위반하여 증축된 부분은 원래 비상시 인명구조를 위한 헬리포트로, 그 옥상의 아래층은 냉동기실, 엘리베이터 기계실 등으로 사용되고 있다. 그런데 옥상 중 건축법에 위반하여 증축된 부분으로 인하여 결과적으로 헬기의 안전비행을 도모하게 되었고, 그 공사로 말미암아 생긴 공간은 새로 건축된 슬래브를 받치는 지주목들로 가득 차 있어 다른 용도로는 사용할 수는 없다.

(4) 피고 서울 중구청장은 원고에게 옥상 중 건축법에 위반하여 증축된 부분에 대한 건물철거 대집행 계고처분(이하 '이 사건 처분')을 하였다. 원고는 이에 불복하여 이 사건 처분의 취소를 구하는 소를 제기하였다.

Ⅱ. 참조 조문

1. 건축법

제11조(건축허가) ① 건축물을 건축하거나 대수선하려는 자는 특별자치시장·특별자치도지사 또는 시장·군수·구청장의 허가를 받아야 한다. 다만, 21층 이상의 건축물 등 대통령령으로 정하는 용도 및 규모의 건축물을 특별시나 광역시에 건축하려면 특별시장이나 광역시장의 허가를 받아야 한다.

② 시장·군수는 제1항에 따라 다음 각 호의 어느 하나에 해당하는 건축물의 건축을 허가하려면 미리 건축계획서와 국토교통부령으로 정하는 건축물의 용도, 규모 및 형태가 표시된 기본설계도서를 첨부하여 도지사의 승인을 받아야 한다.

1. 제1항 단서에 해당하는 건축물. 다만, 도시환경, 광역교통 등을 고려하여 해당 도의 조례로 정하는 건축물은 제외한다.
2. 자연환경이나 수질을 보호하기 위하여 도지사가 지정·공고한 구역에 건축하는 3층 이상 또는 연면적의 합계가 1천제곱미터 이상인 건축물로서 위락시설과 숙박시설 등 대통령령으로 정하는 용도에 해당하는 건축물
3. 주거환경이나 교육환경 등 주변 환경을 보호하기 위하여 필요하다고 인정하여 도지사가 지정·공고한 구역에 건축하는 위락시설 및 숙박시설에 해당하는 건축물

③ 제1항에 따라 허가를 받으려는 자는 허가신청서에 국토교통부령으로 정하는 설계도서와 제5항 각 호에 따른 허가 등을 받거나 신고를 하기 위하여 관계 법령에서 제출하도록 의무화하고 있는 신청서 및 구비서류를 첨부하여 허가권자에게 제출하여야 한다. 다만, 국토교통부장관이 관계 행정기관의 장과 협의하여 국토교통부령으로 정하는 신청서 및 구비서류는 제21조에 따른 착공신고 전까지 제출할 수 있다.

④ 허가권자는 제1항에 따른 건축허가를 하고자 하는 때에 「건축기본법」 제25조에 따른 한국건축규정의 준수 여부를 확인하여야 한다. 다만, 다음 각 호의 어느 하나에 해당하는 경우에는 이 법이나 다

른 법률에도 불구하고 건축위원회의 심의를 거쳐 건축허가를 하지 아니할 수 있다.

1. 위락시설이나 숙박시설에 해당하는 건축물의 건축을 허가하는 경우 해당 대지에 건축하려는 건축물의 용도·규모 또는 형태가 주거환경이나 교육환경 등 주변 환경을 고려할 때 부적합하다고 인정되는 경우
2. 「국토의 계획 및 이용에 관한 법률」 제37조 제1항 제4호에 따른 방재지구(이하 "방재지구"라 한다) 및 「자연재해대책법」 제12조 제1항에 따른 자연재해위험개선지구 등 상습적으로 침수되거나 침수가 우려되는 지역에 건축하려는 건축물에 대하여 지하층 등 일부 공간을 주거용으로 사용하거나 거실을 설치하는 것이 부적합하다고 인정되는 경우

제85조(「행정대집행법」 적용의 특례) ① 허가권자는 제11조, 제14조, 제41조와 제79조 제1항에 따라 필요한 조치를 할 때 다음 각 호의 어느 하나에 해당하는 경우로서 「행정대집행법」 제3조 제1항과 제2항에 따른 절차에 의하면 그 목적을 달성하기 곤란한 때에는 해당 절차를 거치지 아니하고 대집행할 수 있다.

1. 재해가 발생할 위험이 절박한 경우
2. 건축물의 구조 안전상 심각한 문제가 있어 붕괴 등 손괴의 위험이 예상되는 경우
3. 허가권자의 공사중지명령을 받고도 따르지 아니하고 공사를 강행하는 경우
4. 도로통행에 현저하게 지장을 주는 불법건축물인 경우
5. 그 밖에 공공의 안전 및 공익에 매우 저해되어 신속하게 실시할 필요가 있다고 인정되는 경우로서 대통령령으로 정하는 경우

② 제1항에 따른 대집행은 건축물의 관리를 위하여 필요한 최소한도에 그쳐야 한다.

2. 행정대집행법

제1조(목적) 행정의무의 이행확보에 관하여서는 따로 법률로써 정하는 것을 제외하고는 본법의 정하는 바에 의한다.

제2조(대집행과 그 비용징수) 법률(법률의 위임에 의한 명령, 지방자치단체의 조례를 포함한다. 이하 같다)에 의하여 직접 명령되었거나 또는 법률에 의거한 행정청의 명령에 의한 행위로서 타인이 대신하여 행할 수 있는 행위를 의무자가 이행하지 아니하는 경우 다른 수단으로써 그 이행을 확보하기 곤란하고 또한 그 불이행을 방치함이 심히 공익을 해할 것으로 인정될 때에는 당해 행정청은 스스로 의무자가 하여야 할 행위를 하거나 또는 제3자로 하여금 이를 하게 하여 그 비용을 의무자로부터 징수할 수 있다.

제3조(대집행의 절차) ① 전조의 규정에 의한 처분(이하 대집행이라 한다)을 하려 함에 있어서는 상당한 이행기한을 정하여 그 기한까지 이행되지 아니할 때에는 대집행을 한다는 뜻을 미리 문서로써 계고하여야 한다. 이 경우 행정청은 상당한 이행기한을 정함에 있어 의무의 성질·내용 등을 고려하여 사회통념상 해당 의무를 이행하는데 필요한 기간이 확보되도록 하여야 한다.

② 의무자가 전항의 계고를 받고 지정기한까지 그 의무를 이행하지 아니할 때에는 당해 행정청은 대집행영장으로써 대집행을 할 시기, 대집행을 시키기 위하여 파견하는 집행책임자의 성명과 대집행에 요하는 비용의 개산에 의한 견적액을 의무자에게 통지하여야 한다.

③ 비상시 또는 위험이 절박한 경우에 있어서 당해 행위의 급속한 실시를 요하여 전2항에 규정한 수속을 취할 여유가 없을 때에는 그 수속을 거치지 아니하고 대집행을 할 수 있다.

제4조(대집행의 실행 등) ① 행정청(제2조에 따라 대집행을 실행하는 제3자를 포함한다. 이하 이 조에서 같다)은 해가 뜨기 전이나 해가 진 후에는 대집행을 하여서는 아니 된다. 다만, 다음 각 호의 어느 하나에 해당하는 경우에는 그러하지 아니하다.

1. 의무자가 동의한 경우
2. 해가 지기 전에 대집행을 착수한 경우
3. 해가 뜬 후부터 해가 지기 전까지 대집행을 하는 경우에는 대집행의 목적 달성이 불가능한 경우
4. 그 밖에 비상시 또는 위험이 절박한 경우

② 행정청은 대집행을 할 때 대집행 과정에서의 안전 확보를 위하여 필요하다고 인정하는 경우 현장에 긴급 의료장비나 시설을 갖추는

등 필요한 조치를 하여야 한다.
③ 대집행을 하기 위하여 현장에 파견되는 집행책임자는 그가 집행책임자라는 것을 표시한 증표를 휴대하여 대집행시에 이해관계인에게 제시하여야 한다.

제5조(비용납부명령서) 대집행에 요한 비용의 징수에 있어서는 실제에 요한 비용액과 그 납기일을 정하여 의무자에게 문서로써 그 납부를 명하여야 한다.

제6조(비용징수) ① 대집행에 요한 비용은 국세징수법의 예에 의하여 징수할 수 있다.
② 대집행에 요한 비용에 대하여서는 행정청은 사무비의 소속에 따라 국세에 다음가는 순위의 선취득권을 가진다.
③ 대집행에 요한 비용을 징수하였을 때에는 그 징수금은 사무비의 소속에 따라 국고 또는 지방자치단체의 수입으로 한다.

제7조(행정심판) 대집행에 대하여는 행정심판을 제기할 수 있다.

제8조(출소권리의 보장) 전조의 규정은 법원에 대한 출소의 권리를 방해하지 아니한다.

Ⅲ. 판시사항

원고가 그 소유건물의 옥상 헬리포트 부분에 이중 슬래브 방법을 선택하여 방수공사를 하던 차에 마침 비상시 헬기 이착륙 등의 안전비행을 위하여 헬리포트와 건물외곽층이 수평을 이루도록 하라는 서울특별시 항공대의 권고가 있자, 기존 슬래브 바닥에서 60㎝ 가량의 공간을 두고 다시 두께 60㎝ 정도의 슬래브를 침으로써 결국 기존바닥 높이보다 120㎝가 높아져 곁의 부분과 수평을 이루게 되었고, 그 공사로 말미암아 생긴 공간은 다른 용도로는 사용할 수 없으며, 그 증축부분을 대집행으로 철거할 경우 많은 비용이 들고 건물의 외관을 손상시킬 뿐 아니라 오히려 헬기의 안전 이착륙에 지장이 있게 된다면, 원고가 허가없이 증축하여 그 위반결과가 현존하고 그 철거의무를 이행하지 않고 있더라도 위와 같은 증축경위나 사후 정황 등에 비추어 이를 그대로 방치한다고 하여도 심히 공익을 해하는 것이라고는 볼 수 없으므로 관할관청인 피고의 이 사건 계고처분은 위법하다.

Ⅳ. 해 설

1. 행정대집행의 법리

가. 의 의

행정대집행(行政代執行)이란 대체적 작위의무,[1] 즉 타인이 대신하여 행할 수 있는 의무의 불이행이 있을 경우 당해 행정청이 불이행된 의무를 스스로 행하거나(자기집행) 제3자로 하여금 이행하게 하고(타자집행), 그 비용을 의무자로부터 징수하는 것을 말한다.[2]

나. 대집행의 요건

(1) 공법상 의무의 불이행이 있을 것

행정대집행법 제2조는 대집행의 대상이 되는 의무를 "법률(법률의 위임에 의한 명령, 지방자치단체의 조례를 포함한다)에 의하여 직접 명령되었거나 또는 법률에 의거한 행정청의 명령에 의한 행위로서 타인이 대신하여 행할 수 있는 행위"라고 규정하고 있으므로, 대집행계고처분을 하기 위하여는 법령에 의하여 직접 명령되거나 법령에 근거한 행정청의 명령에 의한 의무자의 대체적 작위의무 위반행위가 있어야 한다.[3] 이와 같이 행정

---

1) 용도위반 부분을 장례식장으로 사용하는 것이 관계 법령에 위반한 것이라는 이유로 장례식장의 사용을 중지할 것과 이를 불이행할 경우 행정대집행법에 의하여 대집행하겠다는 내용의 이 사건 처분은, 이 사건 처분에 따른 '장례식장 사용중지 의무'가 원고 이외의 '타인이 대신'할 수도 없고, 타인이 대신하여 '행할 수 있는 행위'라고도 할 수 없는 비대체적 부작위 의무에 대한 것이므로, 그 자체로 위법함이 명백한데도, 원심은 판시와 같은 이유를 들어 이 사건 처분이 적법하다고 판단하고 말았으니, 거기에는 대집행계고처분의 요건에 관한 법리를 오해한 위법이 있다. 대법원 2005. 9. 28. 선고 2005두7464 판결.

2) 대집행은 헌법에 위반되지 아니한다. 대법원 1968. 3. 19. 선고 63누172 판결.

3) 대법원 1996. 6. 28. 선고 96누4374 판결; 도시공원시설인 매점의 관리청이 그 공동점유자 중의 1인에 대하여 소정의 기간 내에 위 매점으로부터 퇴거하고 이에 부수하여 그 판매 시설물 및 상품을 반출하지 아니할 때에는 이를 대집행하겠다는 내용의 계고처분은 그 주된 목적이 매점의 원형을 보존하기 위하여 점유자가 설치한 불법 시설물을 철

대집행은 공법상 의무의 불이행을 대상으로 하므로, 사법상 의무의 불이행은 대집행의 대상이 되지 아니한다.[4] 행정대집행의 절차가 인정되어 행정청이 행정대집행의 방법으로 건물의 철거 등 대체적 작위의무의 이행을 실현할 수 있는 경우에는 따로 민사소송의 방법으로 그 의무의 이행을 구할 수 없다.[5]

(2) 불이행된 의무는 대체적 작위의무일 것

공법상 의무는 타인이 대신하여 행할 수 있는 의무, 즉 대체적 작위의무이어야 한다.[6] 부작위의무는 비대체적 의무이므로 대집행의 대상이 될 수 없으나, 부작위의무 위반에 의하여 생긴 유형적 결과의 시정을 명하여 작위의무로 전환된 경우에는 대집행의 대상이 될 수 있다.[7]

거하고자 하는 것이 아니라, 매점에 대한 점유자의 점유를 배제하고 그 점유이전을 받는 데 있는데, 이러한 의무는 그것을 강제적으로 실현함에 있어 직접적인 실력행사가 필요한 것이지 대체적 작위의무에 해당하는 것은 아니어서 직접강제의 방법에 의하는 것은 별론으로 하고 행정대집행법에 의한 대집행의 대상이 되는 것은 아니다(대법원 1998. 10. 23. 선고 97누157 판결).

4) 임대차계약관계는 사법상의 법률관계에 불과하여 원고에게 공법상의 행위의무가 발생하는 것이 아니므로 건물의 철거는 민사소송의 방법으로 구함은 모르되 행정대집행법에 의한 철거계고처분을 한 조치는 법에 근거없는 처분으로써 그 하자가 중대하고 명백한 것이어서 당연무효이다(대법원 1975. 4. 22. 선고 73누215 판결).; 행정대집행법상 대집행의 대상이 되는 대체적 작위의무는 공법상 의무이어야 할 것인데, 구 공공용지의 취득 및 손실보상에 관한 특례법(2002. 2. 4. 법률 제6656호 공익사업을 위한 토지 등의 취득 및 보상에 관한 법률 부칙 제2조로 폐지)에 따른 토지 등의 협의취득은 공공사업에 필요한 토지 등을 그 소유자와의 협의에 의하여 취득하는 것으로서 공공기관이 사경제주체로서 행하는 사법상 매매 내지 사법상 계약의 실질을 가지는 것이므로, 그 협의취득시 건물소유자가 매매대상 건물에 대한 철거의무를 부담하겠다는 취지의 약정을 하였다고 하더라도 이러한 철거의무는 공법상의 의무가 될 수 없고, 이 경우에도 행정대집행법을 준용하여 대집행을 허용하는 별도의 규정이 없는 한 위와 같은 철거의무는 행정대집행법에 의한 대집행의 대상이 되지 않는다(대법원 2006. 10. 13. 선고 2006두7096 판결).

5) 대법원 2017. 4. 28. 선고 2016다213916 판결.

6) 피수용자 등이 기업자에 대하여 부담하는 수용대상 토지의 인도의무에 관한 구 토지수용법(2002. 2. 4. 법률 제6656호 공익사업을 위한 토지 등의 취득 및 보상에 관한 법률 부칙 제2조로 폐지) 제63조, 제64조, 제77조 규정에서의 '인도'에는 명도도 포함되는 것으로 보아야 하고, 이러한 명도의무는 그것을 강제적으로 실현하면서 직접적인 실력행사가 필요한 것이지 대체적 작위의무라고 볼 수 없으므로 특별한 사정이 없는 한 행정대집행법에 의한 대집행의 대상이 될 수 있는 것이 아니다. 대법원 2005. 8. 19. 선고 2004다2809 판결.

7) 단순한 부작위의무의 위반, 즉 관계 법령에 정하고 있는 절대적 금지나 허가를 유보한 상대적 금지를 위반한 경우에는 당해 법령에서 그 위반자에 대하여 위반에 의하여 생긴

(3) 다른 방법이 없을 것(보충성)

대집행이 인정되기 위해서는 불이행된 의무를 다른 수단으로는 이행을 확보하기 곤란하여야 한다.[8] 여기서 다른 수단이란 비례원칙상 의무자에 대한 침해가 대집행보다 경미한 수단을 의미한다.[9]

(4) 공익상의 요청

의무의 불이행을 방치하는 것이 심히 공익을 해한다고 인정되는 경우에 비로소 대집행이 허용된다.[10] 여기서 '심히'의 판단시기는 계고시가 기준이 된다.[11]

유형적 결과의 시정을 명하는 행정처분의 권한을 인정하는 규정(예컨대, 건축법 제69조, 도로법 제74조, 하천법 제67조, 도시공원법 제20조, 옥외광고물등 관리법 제10조 등)을 두고 있지 아니한 이상, 법치주의의 원리에 비추어 볼 때 위와 같은 부작위의무로부터 그 의무를 위반함으로써 생긴 결과를 시정하기 위한 작위의무를 당연히 끌어낼 수는 없으며, 또 위 금지규정(특히 허가를 유보한 상대적 금지규정)으로부터 작위의무, 즉 위반결과의 시정을 명하는 권한이 당연히 추론되는 것도 아니다(대법원 1996. 6. 28. 선고 96누4374 판결).; 하천유수 인용 허가신청이 불허되었음을 이유로 하천유수 인용행위를 중단할 것과 이를 불이행할 경우 행정대집행법에 의하여 대집행하겠다는 내용의 계고처분은 대집행의 대상이 될 수 없는 부작위의무에 대한 것으로서 그 자체로 위법함이 명백한바, 이러한 경우 법원으로서는 마땅히 석명권을 행사하여 원고로 하여금 위 계고처분의 위법사유를 밝히게 하고, 나아가 위와 같은 법리에 따라 그 취소 여부를 가려 보아야 한다(대법원 1998. 10. 2. 선고 96누5445 판결).

8) 건축법에 위반하여 증·개축하여 철거의무가 있다 하더라도 그 철거의무를 대집행하기 위한 계고처분을 하려면 다른 방법으로는 그 이행의 확보가 어렵고 그 불이행을 방치함이 심히 공익을 해하는 것으로 인정되는 경우에 한한다. 대법원 1987. 3. 10. 선고 86누860 판결.

9) 홍정선, 행정법원론(상), 제27판, 박영사(2019), 704면.

10) 대수선 및 구조변경허가의 내용과 다르게 건물을 증·개축하여 그 위반결과가 현존하고 있다고 할지라도, 그 공사결과 건물모양이 산뜻하게 되었고, 건물의 안정감이 더하여진 반면 그 증평부분을 철거함에는 많은 비용이 소요되고 이를 철거하여도 건물의 외관만을 손상시키고 쓰임새가 줄 뿐인 경우라면 건축주의 철거의무 불이행을 방치함이 심히 공익을 해하는 것으로 볼 수 없다(대법원 1987. 3. 10. 선고 86누860 판결).; 건물 중 위법하게 구조변경을 한 건축물 부분은 제반 사정에 비추어 그 원상복구로 인한 불이익의 정도가 그로 인하여 유지하고자 하는 공익상의 필요 또는 제3자의 이익보호의 필요에 비하여 현저히 크므로, 그 건축물 부분에 대한 대집행계고처분은 재량권의 범위를 벗어난 위법한 처분이다(대법원 1996. 10. 11. 선고 96누8086 판결).

11) 홍정선, 704면.

다. 대집행의 절차

(1) 계 고

대집행을 하기 위해서는 먼저 의무의 이행을 독촉하는 계고(啓告)를 하여야 하고, 이 때 의무의 내용은 특정되어야 한다.[12] 이 경우 행정청은 상당한 이행기한을 정함에 있어 의무의 성질·내용 등을 고려하여 사회통념상 해당 의무를 이행하는 데 필요한 기간이 확보되도록 하여야 한다. '상당한 기간'이란 사회통념상 이행에 필요한 기간을 말한다.[13] 계고처분은 그 계고처분 자체만으로서는 행정적 법률효과를 발생하는 것은 아니나 대집행명령장을 발급하고 대집행을 하는데 전제가 되는 것이므로 행정처분이라 할 수 있고 따라서 행정소송의 대상이 될 수 있다.[14] 다만 비상시 또는 위험이 절박한 경우에 있어서 당해 행위의 급속한 실시를 요하여 계고의 수속을 취할 여유가 없을 때에는 그 수속을 거치지 아니하고 대집행을 할 수 있다(행정대집행법 제3조 제3항). 적법한 건축물에 대한 철거명령은 그 하자가 중대하고 명백하여 당연무효이고, 그 후행행위인 건축물철거 대집행계고처분 역시 당연무효이다.[15]

(2) 대집행영장에 의한 통지

의무자가 계고를 받고 지정기한까지 그 의무를 이행하지 아니할 때에

12) 행정청이 행정대집행법 제3조 제1항에 의한 대집행계고를 함에 있어서는 의무자가 스스로 이행하지 아니하는 경우에 대집행할 행위의 내용 및 범위가 구체적으로 특정되어야 하지만, 그 행위의 내용 및 범위는 반드시 대집행계고서에 의하여서만 특정되어야 하는 것이 아니고 계고처분 전후에 송달된 문서나 기타 사정을 종합하여 행위의 내용이 특정되거나 대집행 의무자가 그 이행의무의 범위를 알 수 있으면 족하다. 대법원 1997. 2. 14. 선고 96누15428 판결.

13) 행정대집행법 제3조 제1항은 행정청이 의무자에게 대집행영장으로써 대집행할 시기 등을 통지하기 위하여는 그 전제로서 대집행계고처분을 함에 있어서 의무이행을 할 수 있는 상당한 기간을 부여할 것을 요구하고 있으므로, 행정청인 피고가 의무이행기한이 1988. 5. 24.까지로 된 이 사건 대집행계고서를 5. 19. 원고에게 발송하여 원고가 그 이행종기인 5. 24. 이를 수령하였다면, 설사 피고가 대집행영장으로써 대집행의 시기를 1988. 5. 27. 15:00로 늦추었더라도 위 대집행계고처분은 상당한 이행기한을 정하여 한 것이 아니어서 대집행의 적법절차에 위배한 것으로 위법한 처분이다. 대법원 1990. 9. 14. 선고 90누2048 판결.

14) 대법원 1962. 10. 18. 선고 62누117 판결.

15) 대법원 1999. 4. 27. 선고 97누6780 판결.

는 당해 행정청은 대집행영장으로써 대집행을 할 시기, 대집행을 시키기 위하여 파견하는 집행책임자의 성명과 대집행에 요하는 비용의 개산에 의한 견적액을 의무자에게 통지하여야 한다(행정대집행법 제3조 제2항). 다만 비상시 또는 위험이 절박한 경우에 있어서 당해 행위의 급속한 실시를 요하여 대집행영장에 의한 통지의 수속을 취할 여유가 없을 때에는 그 수속을 거치지 아니하고 대집행을 할 수 있다(행정대집행법 제3조 제3항).

(3) 대집행의 실행

의무자가 지정된 기한까지 의무를 이행하지 않으면, 행정청은 스스로 의무자가 해야 할 행위를 하거나 또는 제3자로 하여금 그 행위를 하게 한다. 행정청이 행정대집행의 방법으로 건물철거의무의 이행을 실현할 수 있는 경우에는 건물철거 대집행 과정에서 부수적으로 건물의 점유자들에 대한 퇴거 조치를 할 수 있고, 점유자들이 적법한 행정대집행을 위력을 행사하여 방해하는 경우 형법상 공무집행방해죄가 성립하므로, 필요한 경우에는 '경찰관 직무집행법'에 근거한 위험발생 방지조치 또는 형법상 공무집행방해죄의 범행방지 내지 현행범체포의 차원에서 경찰의 도움을 받을 수도 있다.[16)]

(4) 비용의 징수

대집행에 요한 비용은 의무자가 부담한다. 대집행에 요한 비용의 징수에서는 실제에 요한 비용액과 그 납기일을 정하여 의무자에게 문서로써 그 납부를 명하여야 한다(행정대집행법 제5조). 대집행에 요한 비용은 국세징수법의 예에 의하여 징수할 수 있다(같은 법 제6조 제1항).[17)]

---

16) 대법원 2017. 4. 28. 선고 2016다213916 판결.

17) 대한주택공사가 구 대한주택공사법(2009. 5. 22. 법률 제9706호 한국토지주택공사법 부칙 제2조로 폐지) 및 구 대한주택공사법 시행령(2009. 9. 21. 대통령령 제21744호 한국토지주택공사법 시행령 부칙 제2조로 폐지)에 의하여 대집행권한을 위탁받아 공무인 대집행을 실시하기 위하여 지출한 비용을 행정대집행법 절차에 따라 국세징수법의 예에 의하여 징수할 수 있음에도 민사소송절차에 의하여 그 비용의 상환을 청구한 사안에서, 행정대집행법이 대집행비용의 징수에 관하여 민사소송절차에 의한 소송이 아닌 간이하고 경제적인 특별구제절차를 마련해 놓고 있으므로, 위 청구는 소의 이익이 없어 부적법하다. 대법원 2011. 9. 8. 선고 2010다48240 판결.

(5) 하자의 승계

대집행의 계고, 대집행영장에 의한 통지, 대집행의 실행, 대집행에 요한 비용의 납부명령 등은 타인이 대신하여 행할 수 있는 행정의무의 이행을 의무자의 비용부담 하에 확보하고자 하는, 동일한 행정목적을 달성하기 위하여 단계적인 일련의 절차로 연속하여 행하여지는 것으로서, 서로 결합하여 하나의 법률효과를 발생시키는 것이므로, 선행처분인 계고처분이 하자가 있는 위법한 처분이라면, 비록 그 하자가 중대하고도 명백한 것이 아니어서 당연무효의 처분이라고 볼 수 없고 행정소송으로 효력이 다투어지지도 아니하여 이미 불가쟁력(不可爭力)이 생겼으며, 후행처분인 대집행영장발부통보처분 자체에는 아무런 하자가 없다고 하더라도, 후행처분인 대집행영장발부통보처분의 취소를 청구하는 소송에서 청구원인으로 선행처분인 계고처분이 위법한 것이기 때문에 그 계고처분을 전제로 행하여진 대집행영장발부통보처분도 위법한 것이라는 주장을 할 수 있다.[18]

2. 대상사안의 검토

가. 인정사실

(1) 증축 경위

이 사건 건물의 옥상 중 건축법에 위반하여 증축된 부분은 원래 비상시 인명구조를 위한 헬리포트로, 그 옥상의 아래층은 냉동기실, 엘리베이터 기계실 등으로 사용되고 있는데 그 건물의 구조적 결함으로 옥상 슬래브 및 벽체에 균열이 생기고 누수가 잦아 가동 중인 각종 기기의 안전에도 위험이 있으므로 그 방지를 위한 공사가 필요하게 됨으로써 원고는 방수공사를 보다 효능이 뛰어나다는 이중 슬래브 방법을 선택하여 공사하였다.

18) 대법원 1996. 2. 9. 선고 95누12507 판결.

(2) 서울특별시 항공대의 권고

마침 비상시 헬기 이착륙 등의 안전비행을 위하여 헬리포트와 건물외곽층이 수평을 이루도록 하라는 서울특별시 항공대의 권고가 있자, 원고는 헬리포트로 사용되던 옥상의 기존 슬래브 바닥에서 60㎝ 가량의 공간을 두고 다시 두께 60㎝ 정도의 슬래브를 침으로써 결국 기존 바닥 높이보다 120㎝가 높아져 같은 건물 옥상이면서도 이 부분보다 높았던 곁의 부분과 수평을 이루게 되었는바, 결과적으로 헬기의 안전비행을 도모하게 되었다.

(3) 다른 용도로 사용 불가

위와 같은 공사로 말미암아 생긴 공간은 새로 건축된 슬래브를 받치는 지주목들로 가득 차 있어 다른 용도로는 사용할 수 없다.

(4) 대집행 철거시 헬기의 안전 이착륙에 지장을 초래함

옥상 중 건축법에 위반하여 증축된 부분은 헬리포트로 사용되는 것이고, 만약 증축부분을 대집행으로 철거할 경우 많은 비용이 들고 건물의 외관을 손상시킬뿐 아니라, 오히려 헬기의 안전 이착륙에 지장이 있다.

나. 심히 공익을 해하지 아니한 경우

(1) 도괴 위험 방지를 위한 증개축

용도변경허가를 받고 도괴의 위험이 있어 신축한 경우,[19] 개보수 신고후 수리 중에 도괴 위험 있어 개축한 경우,[20] 용도변경 및 대수선 허가를 받아 수리 중에 일부 붕괴되어 헐고 재축한 경우[21] 등에는 심히 공익을 해하지 아니한 경우로 보았다.

(2) 행정청에서 묵인한 경우

철도변 정화사업에 의해 보수권유를 받고 읍장으로부터 국고보조금을

19) 대법원 1982. 12. 14. 선고 82누349 판결.
20) 대법원 1983. 8. 23. 선고 83누263 판결.
21) 대법원 1984. 2. 28. 선고 83누606 판결.

받아 구 건물을 철거하고 새로이 건물을 축조할 때 건축법을 위반한 점이 있으나, 읍에서 이를 알고 묵인하였고 동 건물이 구 건물에 비하여 미관상 도움이 된다면 건물건축 동기·결과, 건물철거대집행계고처분을 하게 된 경위 등에 비추어 볼 때 동 건물을 방치함이 심히 공익을 해친다고 볼 수 없다.[22)]

(3) 합법화될 가능성이 있는 경우

건물이 위치한 지역에 대하여 서울특별시장의 환경정비지구지정고시가 해제됨에 따라 원고가 불법증축한 건물에 관하여 특정건축물정리에 관한 특별조치법 제4조의 절차에 따라 위 건물을 동법 제3조 소정의 대상건축물로 신고하여 서울특별시장이 위 건물을 동법 소정의 대상건물로 판단하여 특정건축물정리심의위원회에 심의를 상정한 상태라면, 위 불법증축부분에 대하여서는 위 특별조치법 소정의 절차에 따라 합법화될 가능성이 있게 되어서 위 부분 철거의무를 방치하는 것이 심히 공익을 해하는 것이라고 볼 수 없다.[23)]

(4) 비난가능성이 없는 경우

인가에서 안 보이고 인가의 보건이나 부락환경에 무해한 분묘를 철거한 경우,[24)] 용도변경 및 대수선허가를 받아 수리 중에 일부 붕괴되어 헐고 재축한 경우,[25)] 증축 부분이 보이지 않고 철거비용이 많이 소요되며 공익에 도움이 없는 경우,[26)] 설계상 잘못으로 불편을 겪자 불법으로 완벽히 증축하였으나 눈에 띄지 않고 철거하면 입주자들에게 막대한 불편을 초래하고 공익을 해함이 없는 경우[27)] 등이 이에 해당한다.

22) 대법원 1983. 7. 12. 선고 83누168 판결.
23) 대법원 1986. 11. 11. 선고 86누173 판결.
24) 대법원 1980. 7. 8. 선고 79누18 판결.
25) 대법원 1984. 2. 28. 선고 83누606 판결.
26) 대법원 1990. 1. 23. 선고 89누6969 판결.
27) 대법원 1989. 7. 11. 선고 88누1193 판결.

다. 결 론

위와 같은 법리와 대상사안의 인정사실에 비추어 보면, 비록 원고가 허가없이 증축하여 그 위반결과가 현존하고 그 철거의무를 이행하지 않고 있지만, 서울특별시 항공대의 권유로 증축을 하게 된 경위나 사후 정황 등에 비추어 보면 이를 그대로 방치한다고 하여도 심히 공익을 해하는 것이라고 볼 수 없다. 따라서 피고의 이 사건 계고처분은 위법하다.

[2] 국제공항 세관의 우편물 검사와 영장주의

대법원 2013. 9. 26. 선고 2013도7718 판결

Ⅰ. 사실관계

(1) 인천공항 국제우편세관 우편검사과 직원 공소외 6은 2012. 9. 9. 18:25경 아시아나항공으로 인천공항에 도착한 국제특급우편물에 대한 엑스선 검사를 하다가 이상 음영이 있는 이 사건 우편물을 발견하였고, 같은 과 소속 공소외 7이 우편물 개장검사를 하였다. 이 사건 우편물의 수취인은 '공소외 2', 수취지는 '경기도 남양주시 ○○'로 기재되어 있었다.

(2) 당초 이 사건 우편물은 우황청심환, 칼슘으로 신고가 되어 있었는데, 신고된 내용과 달리 칼슘 약통 속에 메트암페타민 4.9g(캡슐 포함)이 15개의 캡슐에 분산되어 은닉된 상태였다. 이에 공소외 7은 2012. 9. 10. 이 사건 우편물 속 물품 중 0.1g의 시료를 채취하였고, 공소외 2는 인천공항세관 분석실에 성분분석 의뢰를 하였다.

(3) 인천공항세관 분석실에서 위 0.1g의 시료에 대한 성분분석을 한 결과 메트암페타민으로 확인이 되었고, 이에 분석실에서는 2012. 9. 11. 마약조사과에 성분분석결과를 회보하였다.

(4) 인천공항세관 마약조사과 마약조사관으로 근무하고 있던 공소외 8은 성분분석실의 성분분석결과를 받은 후 바로 적발보고서를 작성하여 인천지방검찰청 공소외 9 검사에게 보고한 다음, 인천지방검찰청과 합동으로 이 사건 우편물을 통제배달 방식으로 배달하여 마약밀수범을 검거하기로 하였다.

(5) 인천공항세관 직원인 공소외 10, 11, 12, 13 등은 인천지방검찰청 수사관과 함께 이 사건 우편물의 통제배달에 참여하였는데, 합동수사반원은 2012. 9. 11. 10:00경 관할우체국인 남양주우체국 및 수취지역으로 출발하여 11:30경 담당 집배원에게 통제배달 협조요청을 하였다.

(6) 합동수사반은 2012. 9. 11. 13:30경 집배원으로부터 우편물에 기재된 수취인으로부터 2회에 걸쳐 배달문의 전화를 받았다는 통보를 받고 13:35경 배달장소를 수취지 근처에 있는 양평해장국으로 정하였다.

(7) 합동수사반은 같은 날 13:57경 양평해장국 집에서 이 사건 우편물을 수취한 피고인을 현장에서 현행범으로 체포하였고, 승용차를 운전하여 피고인과 동행하였던 공소외 5도 체포하였다.

(8) 피고인은 2012. 9. 11. 인천지방검찰청 검사실에서 이 사건 우편물 전체를 수사기관에 임의로 제출하였고, 검사는 이 사건 우편물을 영장 없이 압수하였다.

Ⅱ. 참조 조문

1. 헌 법

제12조 ① 모든 국민은 신체의 자유를 가진다. 누구든지 법률에 의하지 아니하고는 체포·구속·압수·수색 또는 심문을 받지 아니하며, 법률과 적법한 절차에 의하지 아니하고는 처벌·보안처분 또는 강제노역을 받지 아니한다.

③ 체포·구속·압수 또는 수색을 할 때에는 적법한 절차에 따라 검사의 신청에 의하여 법관이 발부한 영장을 제시하여야 한다. 다만, 현행범인인 경우와 장기 3년 이상의 형에 해당하는 죄를 범하고 도피 또는 증거인멸의 염려가 있을 때에는 사후에 영장을 청구할 수 있다.

2. 마약류 불법거래 방지에 관한 특례법

제4조(세관 절차의 특례) ① 세관장은 「관세법」 제246조에 따라 화물을 검사할 때에 화물에 마약류가 감추어져 있다고 밝혀지거나 그러한 의심이 드는 경우, 그 마약류의 분산을 방지하기 위하여 충분한 감시체제가 확보되어 있는 마약류범죄의 수사에 관하여 그 마약류가 외국으로 반출되거나 대한민국으로 반입될 필요가 있다는 검사의 요청이 있을 때에는 다음 각 호의 조치를 할 수 있다. 다만, 그 조

치를 하는 것이 관세 관계 법령의 입법 목적에 비추어 타당하지 아니하다고 인정할 때에는 요청한 검사와의 협의를 거쳐 그 조치를 하지 아니할 수 있다.

1. 해당 화물(그 화물에 감추어져 있는 마약류는 제외한다)에 대한 「관세법」 제 241조에 따른 수출입 또는 반송의 면허
2. 그 밖에 검사의 요청에 따르기 위하여 필요한 조치

② 제1항(같은 항 제1호는 제외한다)은 「관세법」 제257조에 따라 우편물을 검사할 때에 그 물건에 마약류가 감추어져 있는 것이 밝혀지거나 그러한 의심이 드는 경우에 준용한다. 이 경우 그 마약류에 대하여는 「관세법」 제240조를 적용하지 아니한다.

3. 관세법

제246조(물품의 검사) ① 세관공무원은 수출·수입 또는 반송하려는 물품에 대하여 검사를 할 수 있다.

② 관세청장은 검사의 효율을 거두기 위하여 검사대상, 검사범위, 검사방법 등에 관하여 필요한 기준을 정할 수 있다.

③ 화주는 수입신고를 하려는 물품에 대하여 수입신고 전에 관세청장이 정하는 바에 따라 확인을 할 수 있다.

제257조(우편물의 검사) 통관우체국의 장이 제256조 제1항의 우편물을 접수하였을 때에는 세관장에게 우편물목록을 제출하고 해당 우편물에 대한 검사를 받아야 한다. 다만, 관세청장이 정하는 우편물은 검사를 생략할 수 있다.

Ⅲ. 판시사항

(1) 관세법 제246조 제1항, 제2항, 제257조, '국제우편물 수입통관 사무처리'(2011. 9. 30. 관세청고시 제2011-40호) 제1-2조 제2항, 제1-3조, 제3-6조, 구 '수출입물품 등의 분석사무 처리에 관한 시행세칙'(2013. 1. 4. 관세청훈령 제1507호로 개정되기 전의 것) 등과 관세법이 관세의 부과·징수와 아울러 수출입물품의 통관을 적정하게 함을 목적으로 한다는 점

(관세법 제1조)에 비추어 보면, 우편물 통관검사절차에서 이루어지는 우편물의 개봉, 시료채취, 성분분석 등의 검사는 수출입물품에 대한 적정한 통관 등을 목적으로 한 행정조사의 성격을 가지는 것으로서 수사기관의 강제처분이라고 할 수 없으므로, 압수·수색영장 없이 우편물의 개봉, 시료채취, 성분분석 등 검사가 진행되었다 하더라도 특별한 사정이 없는 한 위법하다고 볼 수 없다.

(2) 형사소송법 제218조는 검사 또는 사법경찰관은 피의자, 기타인의 유류한 물건이나 소유자, 소지자 또는 보관자가 임의로 제출한 물건을 영장 없이 압수할 수 있다고 규정하고 있고, 압수는 증거물 또는 몰수할 것으로 사료되는 물건의 점유를 취득하는 강제처분으로서, 세관공무원이 통관검사를 위하여 직무상 소지 또는 보관하는 우편물을 수사기관에 임의로 제출한 경우에는 비록 소유자의 동의를 받지 않았다 하더라도 수사기관이 강제로 점유를 취득하지 않은 이상 해당 우편물을 압수하였다고 할 수 없다.

Ⅳ. 해 설

1. 영장주의의 원칙

가. 문제의 소재

대상사안에서는 인천공항세관 우편검사과에서 우편물 중에서 시료를 채취하고, 인천공항세관 분석실에서 성분분석을 하는 데 검사의 청구에 의하여 법관이 발부한 압수·수색영장이 필요한지 여부가 문제되었다.

나. 피고인의 주장요지

수사기관은 공소외 1이 2012. 9. 7.경 중국에서 수취인 '공소외 2', 수취지 '경기도 남양주시 ○○'로 기재하여 보낸 국제특급우편물(이하 '이 사건 우편물')을 개봉하거나 성분분석을 할 때 사전 압수영장을 받지 않았고, 성분분석 후에도 사후 압수영장을 받지 않았으므로 수사기관의 이 사건 우편물에 관한 샘플채취와 성분분석, 필로폰 전체에 대한 압수 등의 수사는 영장주의에 위반한 위법한 수사이다. 수사기관은 피고인을 체포한 후 피고인으로부터 이 사건 우편물을 임의제출 받았으나, 이로써 위 위법 수사의 하자가 치유될 수는 없다. 그리고 이 사건 우편물 및 그에 관한 압수조서는 영장주의에 위반하여 수집된 증거로서 증거능력이 없고 위 증거로부터 파생된 증거인 수사착수보고, 메트암페타민 4.9g 적발보고 및 적발사진, 성분분석의뢰 및 분석결과 회보, 성분분석결과를 인용·전제한 수사보고(순번 11, 12번), 피의자신문조서 등도 증거능력이 없다고 보아야 한다.

다. 헌법과 형사소송법상 압수·수색에 관한 적법절차와 영장주의의 원칙

(1) 헌법은 "누구든지 법률에 의하지 아니하고는 압수·수색을 받지 아니하며"(헌법 제12조 제1항 후문), "체포·구속·압수 또는 수색을 할 때에는 적법한 절차에 따라 검사의 신청에 의하여 법관이 발부한 영장을 제시하여야 한다. 다만, 현행범인인 경우와 장기 3년 이상의 형에 해당하는 죄를 범하고 도피 또는 증거인멸의 염려가 있을 때에는 사후에 영장을 청구할 수 있다"(같은 조 제3항)라고 정하여 압수·수색에 관한 적법절차와 영장주의의 원칙을 선언하고 있다.[1)]

(2) 형사소송법에는 압수·수색에 관한 적법절차와 영장주의를 구체화

---

1) 수사기관이 재항고인의 휴대전화 등을 압수할 당시 재항고인에게 압수·수색영장을 제시하였는데 재항고인이 영장의 구체적인 확인을 요구하였으나 수사기관이 영장의 범죄사실 기재 부분을 보여주지 않았고, 그 후 재항고인의 변호인이 재항고인에 대한 조사에 참여하면서 영장을 확인한 사안에서, 수사기관이 압수처분 당시 재항고인으로부터 영장 내용의 구체적인 확인을 요구받았음에도 압수·수색영장의 내용을 보여주지 않았던 것으로 보이므로 형사소송법 제219조, 제118조에 따른 적법한 압수·수색영장의 제시라고 인정하기 어렵다(대법원 2020. 4. 16.자 2019모3526 결정).; 형사소송법이 압수·수색영장을 집행하는 경우에 피압수자에게 반드시 압수·수색영장을 제시하도록 규정한 것은 법관이 발부한 영장 없이 압수·수색을 하는 것을 방지하여 영장주의 원칙을 절차적으로 보장하고, 압수·수색영장에 기재된 물건·장소·신체에 대해서만 압수·수색을 하도록 하여 개인의 사생활과 재산권의 침해를 최소화하는 한편, 준항고 등 피압수자의 불복신청의 기회를 실질적으로 보장하기 위한 것이다(대법원 2017. 9. 21. 선고 2015도12400 판결).

한 규정을 두고 있다. 이에 따르면, 검사는 범죄수사에 필요한 때에 피의자가 죄를 범하였다고 의심할 만한 정황이 있고 해당 사건과 관계가 있다고 인정할 수 있는 것에 한정하여 지방법원 판사에게 청구하여 발부받은 영장에 의하여 압수·수색 또는 검증을 할 수 있다(제215조 제1항). 범행 중 또는 범행 직후의 범죄 장소에서 긴급을 요하여 판사의 영장을 받을 수 없는 때에는 영장 없이 압수·수색 또는 검증을 할 수 있으나, 이 경우에는 사후에 지체없이 영장을 받아야 한다(제216조 제3항). 그리고 형사소송법은 강제처분 법정주의를 채택하여 범인을 발견·확보하고 증거를 수집·보전하는 수사기관의 활동에 필요한 강제처분은 형사소송법에 특별한 규정이 없으면 하지 못한다고 정하고 있다(제199조 제1항).

(3) 수사기관에 의한 압수·수색의 경우 헌법과 형사소송법이 정한 적법절차와 영장주의 원칙은 법률에 따라 허용된 예외사유에 해당하지 않는 한 관철되어야 한다.

라. 위법한 압수와 증거능력

형사소송법 제308조의2는 '위법수집증거의 배제'라는 제목으로 "적법한 절차에 따르지 아니하고 수집한 증거는 증거로 할 수 없다"라고 정하고 있다. 이는 위법한 압수·수색을 비롯한 수사과정의 위법행위를 억제하고 재발을 방지함으로써 국민의 기본적 인권 보장이라는 헌법 이념을 실현하고자 위법수집증거 배제 원칙을 명시한 것이다. 헌법 제12조는 기본적 인권을 보장하기 위하여 압수·수색에 관한 적법절차와 영장주의 원칙을 선언하고 있고, 형사소송법은 이를 이어받아 실체적 진실 규명과 개인의 권리보호 이념을 조화롭게 실현할 수 있도록 압수·수색절차에 관한 구체적 기준을 마련하고 있다. 이러한 헌법과 형사소송법의 규범력을 확고하게 유지하고 수사과정의 위법행위를 억제할 필요가 있으므로, 적법한 절차에 따르지 않고 수집한 증거는 물론 이를 기초로 하여 획득한 2차적 증거 또한 기본적 인권 보장을 위해 마련된 적법한 절차에 따르지 않고 확보한 것으로서 원칙적으로 유죄 인정의 증거로 삼을 수 없다고 보아야 한다.[2)]

2. 대법원 2017. 7. 18. 선고 2014도8719 판결

가. 인정사실

(1) 검사는 피고인이 멕시코에서 미국을 경유하는 항공특송화물 편으로 필로폰을 수입하려고 한다는 정보를 입수하고, 미국 수사당국과 인천공항세관의 협조를 받아 위 특송화물을 감시하에 국내로 반입하여 배달하고[이를 '통제배달'(Controlled Delivery)이라 한다],[3] 피고인이 이를 수령하면 범인으로 검거하려고 하였다.

(2) 인천공항세관 마약조사과 소속 세관공무원은 인천공항에 도달한 특송화물을 통상적인 통관절차를 거치지 않은 채 자신의 사무실로 가져왔다.

(3) 검찰수사관은 위 특송화물 속에서 필로폰이 발견되자 세관공무원으로부터 필로폰이 든 특송화물을 임의로 제출받는 형식으로 영장 없이 압수한 다음 대체 화물로 통제배달을 하였다.

(4) 검찰수사관은, 위 화물이 운송장에 기재된 주소지에서 수취인불명으로 배달되지 않자, 운송업자들의 협조를 받아 화물을 보관하는 곳에서 수령자를 기다렸는데 수령자가 나타나지 않아서 배달에 실패하였다.

나. 판시사항

세관공무원이 수출입물품을 검사하는 과정에서 마약류가 감추어져 있다고 밝혀지거나 그러한 의심이 드는 경우, 검사는 그 마약류의 분산을 방지하기 위하여 충분한 감시체제를 확보하고 있어 수사를 위하여 이를 외국으로 반출하거나 대한민국으로 반입할 필요가 있다는 요청을 세관장에게 할 수 있고, 세관장은 그 요청에 응하기 위하여 필요한 조치를 할 수 있다(마약류 불법거래 방지에 관한 특례법 제4조 제1항). 그러나 이러한

2) 대법원 2019. 7. 11. 선고 2018도20504 판결.
3) 통제배달은 화물 속에 든 물품이 마약으로 판명되어 그 수취인을 특정하는 것이 필요한 경우 우편집배원의 협조를 얻어 합동수사반 소속 수사관들과 우편집배원이 같이 우편물의 수취지로 가서 우편집배원으로 하여금 수취인에게 우편물을 전달하도록 하고 수취인이 우편물을 전달받는 즉시 현장에서 수취인을 체포하는 것을 말한다.

조치가 수사기관에 의한 압수·수색에 해당하는 경우에는 영장주의 원칙이 적용된다.

물론 수출입물품 통관검사절차에서 이루어지는 물품의 개봉, 시료채취, 성분분석 등의 검사는 수출입물품에 대한 적정한 통관 등을 목적으로 조사를 하는 것으로서 이를 수사기관의 강제처분이라고 할 수 없으므로, 세관공무원은 압수·수색영장 없이 이러한 검사를 진행할 수 있다. 세관공무원이 통관검사를 위하여 직무상 소지하거나 보관하는 물품을 수사기관에 임의로 제출한 경우에는 비록 소유자의 동의를 받지 않았다고 하더라도 수사기관이 강제로 점유를 취득하지 않은 이상 해당 물품을 압수하였다고 할 수 없다.

그러나 위 마약류 불법거래 방지에 관한 특례법 제4조 제1항에 따른 조치의 일환으로 특정한 수출입물품을 개봉하여 검사하고 그 내용물의 점유를 취득한 행위는 위에서 본 수출입물품에 대한 적정한 통관 등을 목적으로 조사를 하는 경우와는 달리, 범죄수사인 압수 또는 수색에 해당하여 사전 또는 사후에 영장을 받아야 한다고 봄이 타당하다.

다. 소 결

위와 같은 활동은 수사기관이 처음부터 구체적인 범죄사실에 대한 증거수집을 목적으로 한 압수·수색인데도 사전 또는 사후에 영장을 발부받지 않았으므로 영장주의를 위반하였다. 위법한 압수·수색으로 취득한 증거인 압수물, 압수조서와 압수물에 대한 감정서 등은 모두 증거능력이 없고 나머지 증거만으로는 공소사실을 인정하기 부족하다.

3. 세관공무원의 우편물 검사와 영장주의

가. 관세법에 의한 세관공무원의 검사권한

(1) 관세법 제246조 제1항에 의하면 세관공무원은 수출·수입 또는 반송하려는 물품에 대하여 검사를 할 수 있다고 규정하고 있고, 관세법 제257조는 통관우체국의 장이 제256조 제1항에 의하여 우편물을 접수하였

을 때에는 우편물에 대한 검사를 받도록 규정하고 있는데, 법관이 발부한 압수·수색영장을 제시할 것을 요건으로 규정하고 있지 않다.

(2) 세관장은 관세법 제246조, 257조에 의하여 대한민국으로 수입되거나 수출되는 물품 또는 우편물에 대하여 검사할 권한이 있고, 그 중에서 마약류로 의심되는 우편물 등이 발견되면 그 물품 등이 마약류에 해당하는지 검사를 하여 그에 대한 반입이나 반송 등의 결정을 해야 한다.

(3) 우리나라의 세관에 매일 접수되는 수많은 우편물 등에 대한 검사를 할 때 우편물 등을 개봉하거나 시료채취 등을 할 때마다 검사의 청구에 의하여 법관이 발부한 압수·수색영장을 발부받도록 하는 것은 지나치게 절차를 복잡하게 만들어 세관에서의 통관업무를 지연시킬 수 있으므로, 세관에서 수출·수입 물품 등에 대하여 하는 검사 및 분석에서는 압수·수색영장 없이 할 수 있도록 관세법에서 특별히 규정한 것으로 볼 수 있다.

나. 검사의 법적 성질: 행정조사

세관장이 관세법 제246조, 제257조 등에 따라 세관에 접수된 물품, 우편물 등에 대하여 하는 우편물 등의 개봉, 시료채취,[4] 성분분석 등의 검사는 비록 그로 인하여 국민의 권리가 침해되는 상황이 일부 발생할 수도 있지만, 이는 물품 등에 대한 수출, 수입, 반송 등에 관한 결정을 하기 위한 목적에서 세관 내에서 시행하는 것으로서 수사기관의 강제처분(압수·수색)이 아닌 행정조사에 해당하므로 범죄의 수사에 관한 절차와는 구별된다.[5]

---

4) 수출입물품 검사에 관한 관세법 제140조 제1항, 제2항, 수입통관사무처리규정(1993. 6. 1. 관세청 고시 제93-799호) 제3-2-5조 제1항, 제2항, 제3-2-7조 제2항, 제3-2-11조 제1항, 제2항 등의 규정에 의하면 수출입물품 검사는 수송포장단위를 기준으로 2개 이상만 검사하면 되고, 그 시료채취의 방법에 관하여는 특별한 제한이 없으므로 전체가 동일한 종류의 물품이라고 신고한 수입 합판에 있어 수송포장단위인 번들을 기준으로 하여 2번들 이상을 육안으로 검사하고 그 가운데서 시료를 채취하여 검사한 검사 결과에 따라 위 합판이 조정관세의 대상이라고 한 원심의 판단을 수긍한 사례로는 대법원 1998. 7. 24. 선고 96누18076 판결.

5) 세관공무원의 조사행위가 구 관세법(2011. 12. 31. 법률 제11121호로 개정되기 전의 것) 제111조가 적용되는 '조사'에 해당하는지는 조사의 목적과 실시 경위, 질문조사의

다. 영장주의의 미적용

세관장이 압수·수색영장 없이 관세법의 관련 규정에 의하여 세관 내에서 물품, 우편물 등에 관하여 조사를 할 수 있는 권한을 부여하는 관세법 제246조, 제257조 등은 헌법 제37조 제2항의 "국민의 모든 자유와 권리는 국가안전보장·질서유지 또는 공공복리를 위하여 필요한 경우에 한하여 법률로써 제한할 수 있으며, 제한하는 경우에도 자유와 권리의 본질적인 내용을 침해할 수 없다"는 규정의 위임에 따른 것으로서 그 헌법적 근거도 확보되어 있다. 또한 세관에서 수입·수출되는 우편물 등에 대한 검사를 위하여 압수·수색영장 없이 해당 우편물 등을 개봉하거나 시료를 채취하는 것이 자유와 권리의 본질적인 내용을 침해하는 것으로 볼 수도 없다. 따라서 수출입물품 통관검사절차에서 이루어지는 물품의 개봉, 시료채취, 성분분석 등의 검사는 수출입물품에 대한 적정한 통관 등을 목적으로 조사를 하는 것으로서 이를 수사기관의 강제처분이라고 할 수 없으므로, 세관공무원은 압수·수색영장 없이 이러한 검사를 진행할 수 있다.[6)]

라. 영장주의가 적용되는 경우

헌법 제12조 제3항 본문에서 "체포·구속·압수 또는 수색을 할 때에는 적법한 절차에 따라 검사의 신청에 의하여 법관이 발부한 영장을 제시하여야 한다"고 규정하고 있고, 이에 따라 형사소송법 제215조에서 이를 구체화하고 있으므로, 수사에 관한 필요에 의하여 압수·수색을 할 경우에는 형사소송법에 의한 압수·수색영장이 필요하다. 따라서 마약류 불법거래 방지에 관한 특례법 제4조 제1항에 따른 조치의 일환으로 특정한 수

대상과 방법 및 내용, 조사를 통하여 획득한 자료, 조사행위의 규모와 기간 등을 종합적으로 고려하여 구체적 사안에서 개별적으로 판단하며, 납세자 등을 접촉하여 상당한 시일에 걸쳐 질문검사권을 행사하여 과세요건사실을 조사·확인하고 일정한 기간 과세에 필요한 직간접의 자료를 검사·조사하고 수집하는 일련의 행위를 한 경우에는 특별한 사정이 없는 한 재조사가 금지되는 '조사'로 보아야 한다. 대법원 2020. 2. 13. 선고 2015두745 판결.

6) 대법원 2017. 7. 18. 선고 2014도8719 판결.

출입물품을 개봉하여 검사하고 그 내용물의 점유를 취득한 행위는 수출입물품에 대한 적정한 통관 등을 목적으로 조사를 하는 경우와는 달리, 범죄수사인 압수 또는 수색에 해당하여 사전 또는 사후에 영장을 받아야 한다.[7]

4. 대상사안의 검토

가. 압수·수색영장의 필요 여부

인천공항세관 우편검사과에서 이 사건 우편물 중에서 시료를 채취하고, 인천공항세관 분석실에서 성분분석을 하는 데에는 검사의 청구에 의하여 법관이 발부한 압수·수색영장이 필요하지 않다고 봄이 상당하다. 따라서 피고인의 주장은 이유 없다.

나. 수사기관에서 피고인으로부터 이 사건 우편물을 압수한 것이 위법한지 여부

(1) 인정사실

합동수사반은 세관 내에서의 성분분석결과 이 사건 우편물에 들어 있는 물품이 메트암페타민으로 밝혀지자, 이 사건 우편물을 통제배달을 통하여 피고인에게 배달하고 배달 현장에서 피고인을 현행범으로 체포하는 한편, 피고인으로부터 이 사건 우편물 전체를 임의로 제출받아 영장 없이 압수하였다.

(2) 피고인의 주장에 대한 판단

피고인의 변호인은 합동수사반에서 이 사건 우편물 속에 든 물품이 메트암페타민으로 밝혀진 이후 이 사건 우편물에 관하여 통제배달을 하

---

7) 대법원 2017. 7. 18. 선고 2014도8719 판결; 관세법 제269조 제3항 제2호는 '수출의 신고를 하였으나 해당 수출물품과 다른 물품으로 신고하여 수출한 자 등은 3년 이하의 징역 등에 처한다'고 규정하고 있고, 제282조 제2항은 '제269조 제3항 등의 경우에는 범인이 소유하거나 점유하는 그 물품을 몰수한다'고 규정하고 있다. 따라서 범인이 직접 또는 간접으로 점유하던 밀수출 대상 물품을 압수한 경우에는 그 물품이 제3자의 소유에 속하더라도 필요적 몰수의 대상이 된다(대법원 2017. 9. 29.자 2017모236 결정).

는 것은 사실상 이 사건 우편물을 압수한 것으로 보아야 하므로 피고인이 이 사건 우편물을 수취한 이후 피고인으로부터 이를 임의로 제출받아 압수하였다고 하더라도 위와 같은 압수는 적법한 압수가 아니라는 취지로 주장하였다.

통제배달은 이 사건 우편물과 같이 그 속에 든 물품이 마약으로 판명되어 그 수취인을 특정하는 것이 필요한 경우 우편집배원의 협조를 얻어 합동수사반 소속 수사관들과 우편집배원이 같이 우편물의 수취지로 가서 우편집배원으로 하여금 수취인에게 우편물을 전달하도록 하고 수취인이 우편물을 전달받는 즉시 현장에서 수취인을 체포하는 것을 말한다. 위와 같은 통제배달의 과정에서 수사관이 사실상 해당 우편물에 대한 점유를 확보하고 있다고 할 수 있으나, 이는 그 우편물이 범죄의 증거물일 가능성이 크므로 멸실, 훼손, 분실, 분산 등을 방지하면서 이를 수취인에게 안전하게 배달함으로써 수취인을 특정하기 위한 특별한 배달방법으로 봄이 상당하고, 해당 우편물의 수취인이 특정되지도 아니한 상태에서 강제로 점유를 취득하고자 하는 강제처분으로서의 압수라고 할 수는 없다.

다. 소 결

형사소송법 제218조는 "검사, 사법경찰관은 피의자 기타인의 유류한 물건이나 소유자, 소지자 또는 보관자가 임의로 제출한 물건을 영장 없이 압수할 수 있다"고 규정하고 있고, 압수는 증거물 또는 몰수할 것으로 사료되는 물건의 점유를 취득하는 강제처분으로서, 세관공무원이 통관검사를 위하여 직무상 소지 또는 보관하는 우편물을 수사기관에 임의로 제출한 경우에는 비록 소유자의 동의를 받지 않았다 하더라도 수사기관이 강제로 점유를 취득하지 않은 이상 해당 우편물을 압수하였다고 할 수 없다.[8] 따라서 수사기관에서 이 사건 우편물을 피고인으로부터 임의제출

8) 형사소송법 및 기타 법령상 교도관이 그 직무상 위탁을 받아 소지 또는 보관하는 물건으로서 재소자가 작성한 비망록을 수사기관이 수사 목적으로 압수하는 절차에 관하여 특별한 절차적 제한을 두고 있지 않으므로, 교도관이 재소자가 맡긴 비망록을 수사기관에 임의로 제출하였다면 그 비망록의 증거사용에 대하여도 재소자의 사생활의 비밀 기

받아 영장 없이 압수한 것은 적법하다.

타 인격적 법익이 침해되는 등의 특별한 사정이 없는 한 반드시 그 재소자의 동의를 받아야 하는 것은 아니다. 따라서 검사가 교도관으로부터 그가 보관하고 있던 피고인의 비망록을 뇌물수수 등의 증거자료로 임의로 제출받아 이를 압수한 경우, 그 압수절차가 피고인의 승낙 및 영장 없이 행하여졌다고 하더라도 이에 적법절차를 위반한 위법이 있다고 할 수 없다. 대법원 2008. 5. 15. 선고 2008도1097 판결.

[3] 해양경찰공무원의 조종사 양성과정 교육비 반환의무

서울행정법원 2019. 7. 26. 선고 2019구합53334 판결[1)]

Ⅰ. 사실관계

(1) 피고는 2009. 4. 16. 해양경찰청 소속 경찰공무원(경위)으로 임용되었다.

(2) 해양경찰청장은 2011. 8.경 '고정익 항공기 조종사 자체 선발 및 교육계획'(이하 '이 사건 조종사 양성과정')을 공고(이하 '이 사건 공고')하였다. 이 사건 공고의 주요 내용은 아래와 같다.

□ 목적

국내외 항공산업 확대에 따라 고정익 항공기 조종사 인력부족 현상 초래, 자체 선발 및 교육 양성으로 고정익 항공기의 안정적 운영을 하고자 함

□ 추진경과

○ 청장님 항공발전방안 강구 특별지시: 2011. 3. 23.

○ 고정익 항공기 조종사 자체양성방안 검토보고: 2011. 7. 4.

○ 우리청-○○○○대학교 간 업무협약 체결: 2011. 7. 26.

□ 선발개요

○ 선발인원: 4명[해양경찰관 2명(회전익 항공기 조종사 제외), 회전익 항공기 조종사 2명]

○ 자격요건

- 경감·경위급 중 항공분야 10년 이상 근무가능자(1963. 1. 1. 이후 출생자)

---

1) 원고가 항소하였으나, 서울고등법원 2020. 5. 15. 선고 2019누54469 판결로 항소기각되어, 2020. 6. 2. 확정되었다.

(나머지 요건 생략)

○ 선발일정

공고·접수 → 서류전형 → 비행적성 검사 → 인·적성 검사 → 영어구술 면접시험 → 최종합격자 발표

□ 시험방법

○ 서류전형[1차]

장기복무 서약서(나머지 서류 생략)

□ 교육과정

○ 국내(울진) Airline Pilot 양성과정

- 교육대상: 해양경찰관

○ 교육입교

- 2011. 11. 7. ○○○○대학교 △△비행훈련원

(3) 피고는 해양경찰청장에게 이 사건 공고에 첨부된 아래와 같은 내용의 장기복무 서약서(이하 '이 사건 서약서')를 작성하여 제출하면서 이 사건 조종사 양성과정에 지원하였고, 최종 선발인원으로 결정되었다.

장기복무서약서

본인은 2011년도 해양경찰 고정익 항공기 조종사 자체양성을 위한 선발과정에 응시한 자로서 최종 선발합격 시 ○○○○대학교 △△비행훈련원의 교칙에 따라 성실히 임하여 사업용조종사 자격 취득에 최선을 다할 것이며, 이후 해양경찰청 고정익 항공기 조종사로서 항공분야에 장기 10년 이상 근무할 것과 10년 미만 중도 포기 시 교육비 일체를 일시 반납할 것을 서약합니다.

(4) 피고는 2011. 11. 7.부터 2013. 9. 30.까지 약 1년 11개월 동안 ○○○○대학교에서 조종사 위탁교육을 받은 뒤 고정익 항공기 조종사 면허를 취득하였고, 이후 2013. 10. 1.부터 2017. 10. 30.까지 약 4년 1개월 동안 해양경찰청 □□해양경찰서 항공단 등에서 고정익 항공기 조

종사로 근무하였다(2015. 3. 2. 경감으로 승진하였다).

(5) 원고는 이 사건 조종사 양성과정에 피고를 위하여 교육비, 여비 등 합계 119,002,200원의 경비를 지출하였다.

(6) 피고는 2017. 11. 1.부터 가사휴직하였다가, 2018. 1. 2. 해양경찰청장에게 의원면직을 신청하였고, 2018. 3. 23. 최종 의원면직되었다.

Ⅱ. 참조 조문

1. 공무원 인재개발법

제1조(목적) 이 법은 국가공무원을 국민 전체에 대한 봉사자로서 공직가치가 확립되고 직무수행의 전문성과 미래지향적 역량을 갖춘 인재로 개발하는 것을 목적으로 한다.

제2조(중앙인재개발 관장기관) 국가공무원의 인재개발에 관한 기본정책 및 일반지침의 수립과 그 운영에 필요한 사무는 인사혁신처장이 관장한다.

제13조(위탁교육훈련) ① 중앙행정기관의 장은 인사혁신처장과 협의를 거쳐 소속 공무원을 국내외 기관에 위탁하여 일정 기간 교육훈련을 받게 할 수 있다.

② 인사혁신처장은 연도별 공무원위탁교육훈련계획을 수립하고 교육훈련목적에 적합한 관계 중앙행정기관의 소속 공무원을 선발하여 국내외 기관에 위탁하여 일정 기간 교육훈련을 받게 할 수 있다.

③ 인사혁신처장 또는 관계 중앙행정기관의 장은 교육훈련 중인 공무원이 교육훈련 목적을 성실하게 수행할 수 있도록 교육훈련 상황을 지도·감독하여야 하며, 이에 필요한 사항은 대통령령으로 정한다.

④ 제1항과 제2항에 따라 교육훈련을 받은 공무원에게는 6년의 범위에서 대통령령으로 정하는 바에 따라 일정 기간 복무의무를 부과할 수 있다.

⑤ 인사혁신처장 또는 관계 중앙행정기관의 장은 교육훈련을 받았거나 받고 있는 공무원이 제3항에 따른 지도·감독을 위한 지시사항을 이행하지 아니하거나 제4항에 따른 복무의무를 이행하지 아니한

경우에는 대통령령으로 정하는 바에 따라 본인이나 연대보증인에게 교육훈련에 든 경비의 전부 또는 일부의 반납을 명할 수 있으며, 이를 이행하지 아니한 경우에는 국세 체납처분의 예에 따라 징수할 수 있다.

2. 공무원 인재개발법 시행령

제35조(복무의무) ① 중앙행정기관의 장은 법 제13조 제4항에 따라 6개월 이상의 국내훈련을 받은 공무원(국내훈련 중에 복귀한 사람으로서 국내훈련을 받은 기간이 6개월 이상인 사람을 포함한다)에 대해서는 훈련기간과 같은 기간(일과 후에만 실시하는 국내훈련의 경우에는 훈련기간의 50퍼센트에 해당하는 기간)을 훈련분야와 관련된 직무분야에 복무하도록 하여야 한다.

② 제1항의 경우 복무의무를 부과하기가 곤란하거나 복무의무를 부과한 후 이행할 수 없는 특별한 사유가 있을 때에는 미리 인사혁신처장의 동의를 받아 복무의무를 면제할 수 있다.

③ 인사혁신처장은 제1항에 따라 국내훈련을 받은 공무원이 훈련분야와 관련된 직무분야에 복무하고 있지 아니한 경우에는 관계 중앙행정기관의 장에게 그 시정을 요구할 수 있다.

④ 중앙행정기관의 장은 6개월 이상의 국내훈련을 받은 공무원이 의무복무기간 중에 면직, 휴직 또는 전보(「공무원임용령」 제2조 제3호에 따른 소속 장관을 달리하는 기관으로의 전보로 한정한다) 등으로 제1항의 복무의무를 이행할 수 없게 되었을 때에는 즉시 인사혁신처장과 훈련을 주관하는 기관의 장에게 통보하여야 한다.

⑤ 제1항의 의무복무기간에는 「국가공무원법」 제71조 제1항 제1호·제3호·제6호 및 같은 조 제2항에 따른 휴직기간과 같은 법 제73조의3에 따른 직위해제기간은 넣어 계산하지 아니한다. 다만, 공무상 질병으로 인한 휴직기간은 넣어 계산한다.

제36조(의무 위반 등에 대한 소요경비 반납조치) ① 인사혁신처장 또는 중앙행정기관의 장은 국내훈련을 받았거나 받고 있는 공무원이 다음 각 호의 어느 하나에 해당하게 된 경우에는 별표 2의 기준에 따라 그 공무원의 위탁교육훈련에 든 경비의 전부 또는 일부를 본

인이나 그의 연대보증인으로 하여금 반납하게 하여야 한다.
1. 훈련 중 면직된 경우(질병·사고 등 부득이한 사유로 면직된 경우는 제외한다)
2. 제34조에 따라 복귀명령을 받고 정당한 사유 없이 지정된 날까지 복귀하지 아니하거나 복귀 후 훈련 중 발생한 사유로 면직된 경우
3. 제33조에 따른 의무나 지시사항을 위반하여 중도에 복귀되었거나 특별한 사유 없이 훈련을 중도에 포기하거나 탈락한 경우
4. 제35조 제1항에 따른 복무의무를 이행하지 아니한 경우

② 인사혁신처장 또는 중앙행정기관의 장은 제1항에 따른 반납의무자가 반납고지서를 받은 날부터 90일 이내에 그 금액을 내지 아니하면 관할 세무서장에게 법 제13조 제5항에 따른 징수를 의뢰하여야 한다.

③ 중앙행정기관의 장은 의무복무기간 중에 있는 공무원이 퇴직하기를 원하는 경우에는 면직 결정 전에 제1항에 따른 소요경비를 반납받기 위한 조치를 하여야 한다. 이 경우 교육훈련비 지급기관과 면직 결정기관이 서로 다를 때에는 면직 결정기관의 장은 면직 결정 전에 교육훈련비 지급기관의 장과 협의하여야 한다.

제36조의2(소요경비의 산정) ① 제36조 제1항에 따른 위탁교육훈련에 든 경비는 국내훈련을 받은 공무원의 훈련기간 중 국가가 지급한 모든 경비(여비를 포함하며 보수는 제외한다. 이하 같다)로 한다.

② 국내외의 공공기관 또는 민간기관에서 교육훈련비의 일부 또는 전부를 지급할 것을 조건으로 하는 국내훈련의 경우에는 제1항에도 불구하고 훈련기간 중 지급된 보수에 상당하는 금액의 범위에서 해당 기관에서 훈련기간 중 지급한 모든 경비를 제1항에 따른 위탁교육훈련에 든 경비로 본다. 이 경우 해당 공무원이 훈련 중 강의나 연구보조의 대가로 받는 보조금은 제1항에 따른 위탁교육훈련에 든 경비에 포함하지 아니한다.

3. 경찰공무원법

제17조(교육훈련) ① 경찰청장 또는 해양경찰청장은 모든 경찰공무원에

게 균등한 교육훈련의 기회가 주어지도록 교육훈련에 관한 종합적인 기획 및 조정을 하여야 한다.
② 경찰청장 또는 해양경찰청장은 경찰공무원의 교육훈련을 위한 교육훈련기관을 설치·운영할 수 있다.
③ 경찰청장 또는 해양경찰청장은 교육훈련을 위하여 필요하면 대통령령으로 정하는 바에 따라 경찰공무원을 국내외의 교육기관에 위탁하여 일정 기간 교육훈련을 받게 할 수 있다.
④ 제2항에 따른 경찰공무원 교육훈련기관의 설치 및 운영에 필요한 사항과 제3항에 따라 교육훈련을 받은 경찰공무원의 복무에 관한 사항은 대통령령으로 정한다.

Ⅲ. 판시사항

(1) 공무원 인재개발법령의 취지 및 구체적인 규정 내용에 비추어 볼 때, 복무의무의 부과와 소요경비의 반납에 관하여 그 범위를 규정하고 있는 공무원 인재개발법 제13조 및 공무원 인재개발법 시행령 제35조, 제36조는 강행규정이라고 할 것이고, 이를 위반하는 공법상 계약은 복무의무 부과의 기간 및 소요경비의 반납과 관련하여 위 법령의 규정을 위반하는 부분에 한하여 효력이 없다. 이 사건 약정은 앞서 본 '최장 6년'의 범위 내에서 '훈련기간과 같은 기간' 동안 복무의무를 부과하고, 이를 위반한 경우 '의무복무를 위반한 기간만큼 안분'한 소요경비를 반납하도록 규정한 강행규정인 공무원 인재개발법 제13조 및 공무원 인재개발법 시행령 제35조, 제36조를 위반한 것이므로, 위 법령의 규정 범위를 초과하는 약정 부분은 무효이다.

(2) 헌법이 보장하는 기본권을 제한하기 위해서는 구체적인 법률에 근거하여야 하는 것인바, 군인사법 제7조와 같이 이 사건 조종사 양성과정과 관련하여 교육훈련을 받은 국가공무원에 대하여 장기의 복무의무를 부여하는 별도의 근거 법령이 존재하지 않는 이상, 이 사건 조종사 양성과정의 공익적 측면만을 강조하여 앞서 본 공무원 인재개발법의 관련 법령의 규정에도 반하고 개인의 직업선택의 자유를 상당히 제한하는 이 사

건 약정을 적법하다고 인정할 수는 없다.

Ⅳ. 해 설

1. 당사자들의 주장요지

가. 원 고

피고는 해양경찰청 고정익 항공기 조종사로서 10년 이상 근무하고, 10년 이상 근무하지 않는 경우 이 사건 조종사 양성과정에 지출된 교육비 등 소요경비 일체를 일시에 반납한다는 내용의 이 사건 서약서를 해양경찰청장에게 제출하였던바, 이는 원고와 피고가 대등한 당사자의 지위에서 이 사건 서약서의 내용과 같은 공법상 계약 내지 사법상 계약을 체결한 것이다. 그런데 피고는 이 사건 서약서에 기한 약정(이하 '이 사건 약정')을 위반하여 고정익 항공기 조종사 면허를 취득한 이후 약 4년 1개월만 근무하고 의원면직하였던 바, 원고에게 손해배상으로 원고가 피고를 위하여 이 사건 조종사 양성과정에 지출한 119,002,200원 및 이에 대한 지연손해금을 지급할 의무가 있는바, 그중 118,901,000원 및 이에 대한 지연손해금의 지급을 구한다.

나. 피 고

이 사건 약정은 법률의 근거 없이 체결된 것으로 헌법이 보장하는 직업선택의 자유를 침해하고 평등의 원칙과 비례의 원칙에 위반되며, 국가공무원법, 노동법 등이 규정하는 재량의 범위를 초과하는 위법·무효의 계약이다. 따라서 원고는 이 사건 약정에 근거하여 피고에게 손해배상을 구할 수 없다.

2. 교육훈련비 반환의 법리

공무원이 아닌 일반근로자의 교육훈련비에 관한 판례의 법리를 요약하면 다음과 같다.

가. 위약예정의 금지

근로기준법 제20조는 근로계약 불이행에 대한 위약금 또는 손해배상액을 예정하는 계약을 금지하고 있다. 위약금이란 계약불이행의 경우에 근로자가 사용자에게 일정액을 지불하는 금액이고, 손해배상액의 예정이란 근로자의 계약불이행의 경우에 근로자가 사용자에게 실제 손해의 발생 여부 및 손해의 액수에 관계없이 일정액을 지불할 것을 미리 약정하는 것이다.

이러한 위약금 또는 손해배상액 예정 금지 규정을 둔 입법 취지는 근로자가 근로계약을 불이행한 경우 반대급부인 임금을 지급받지 못하는 것에 추가하여 위약금이나 손해배상을 지급하도록 예정되어 있다면 그 근로계약의 구속에서 쉽사리 벗어날 수 없으므로, 이러한 위약금이나 손해배상액 예정의 약정을 금지함으로써 근로자가 퇴직의 자유를 제한받아 부당하게 근로의 계속을 강요당하는 것을 방지하고, 근로자의 직장 선택 자유를 보장하는 데 있다.[2)]

위약예정금지는 실제 발생한 손해액과 관계없이 일정액을 미리 정하여 근로자에게 배상하게 하는 근로계약을 금지하는 것이다. 따라서 근로자의 불법행위 등으로 사용자에게 손해가 발생했을 때 사용자가 근로자에게 이에 대한 손해배상을 실제로 청구하거나 청구할 수 있도록 근로계약에 명시하거나 단체협약·취업규칙 등에 정하는 것은 가능하며 근로기준법 제20조에 위배되지 아니한다.[3)]

나. 교육훈련비의 반환

기업체가 직원에 대하여 일정 기간 교육, 연수, 훈련 등을 시키면서 그에 소요되는 비용을 지급하거나 또는 그 기간 동안 임금을 지급하고 만일 직원이 그 교육 수료일자부터 일정 의무재직기간 이상 근무하지 아니할 때에 그 지급한 비용 또는 임금의 전부 또는 일부를 상환하도록 하

---

2) 대법원 2004. 4. 28. 선고 2001다53875 판결.
3) 근로기준법 주해 Ⅱ, 58면.

되 의무재직기간 동안 근무하는 경우에는 이를 면제하기로 약정한 경우, 이러한 약정이 근로기준법 제20조가 금지하는 위약 예정에 해당하는지 여부가 문제된다.

다. 판 례

판례는 상환의 대상이 교육, 연수 또는 훈련비용에 해당하는 것인지 아니면 임금에 해당하는지에 따라 달리 판단한다. 즉 교육, 연수 또는 훈련 등에 소요되는 비용은 본래 근로자가 부담하여야 할 것으로서 우선 사용자가 지출하는 경우에는 그 반환을 청구할 수 있으므로, 그러한 비용 상환 약정 또는 의무 재직 기간 근무시 상환 의무 면제 약정은 근로기준법 제20조에서 금지된 위약금 또는 손해배상을 예정하는 계약이 아니어서 유효하지만, 임금을 반환하도록 약정한 부분은 기업체가 근로자에게 근로의 대상으로 지급한 임금을 채무불이행을 이유로 반환하기로 하는 약정으로서 실질적으로는 위약금 또는 손해배상액을 예정하는 계약이므로 근로기준법 제20조에 위반되어 무효라고 본다.[4] 또한 근로자가 업무를 수행하면서 필수 불가결하게 지출이 예정되어 있는 비용 등은 사용자가 부담하여야 하므로, 그 부담을 근로자에게 전가시켜 이를 반환하도록 한 약정도 근로기준법 제20조에 위반된다.

판례는 교육·연수·훈련을 위하여 지급되는 비용의 반환 약정과 관련하여 그 비용이 본래 사용자가 부담하여야 할 경우에는 위약금 약정으로 보고 있으므로 그 반대의 경우, 즉 본래 근로자가 부담하여야 할 성질의 것일 경우에는 위약금 약정에 해당하지 않는 것으로 해석할 수 있다. 이와 같이 비용 부담 주체를 중심으로 위약금 약정 해당 여부를 판단하는 경우에는 일단 근로자가 부담할 비용으로 판단되기만 하면 사용자와 한 비용 반환 약정과 일정 기간 의무 근무를 통한 면제 약정이 근로기준법 제20조에 위반되지 않는 결론에 이르게 되고, 결국 사용자는 이러한 의무 근무 약정을 통하여 근로자에 대하여 장기간 근로를 사실상 강제할

---

4) 대법원 1992. 2. 25. 선고 91다26232 판결; 대법원 1996. 12. 6. 선고 95다24944 판결.

우려가 있다. 근로기준법 제20조의 취지가 강제 노동 또는 퇴직 자유에 대한 제한을 금지하고자 하는 데에 있다는 점을 고려하면, 위와 같은 기준만으로 판단하는 것은 다소 부족하고 아울러 교육, 연수, 훈련 등을 하게 된 동기, 경위, 교육·연수·훈련의 기간, 의무 근무 기간의 장단, 의무 근무 기간이 교육기간에 비례하여 합리적으로 정해졌는지 여부 등을 실질적으로 고려하여 구체적으로 판단하여야 한다.[5)]

라. 반환할 비용의 범위

E항공은 부기장 지원요건 중 하나인 최소 250시간의 비행시간과 B737 한정자격을 소지하지 않은 교육생들을 모집하여 자체적으로 교육시키되 해당 교육에 필요한 경비 8,000만 원은 교육생이 부담하는 방식으로 수습부기장 교육 프로그램을 운영하였다. 원고 9명은 2013. 10. E항공과 사이에 수습부기장으로 2년간 근무하기로 하는 내용의 고용 및 교육계약을 맺은 뒤 입사하였고, 합격자 오리엔테이션에 참석해서야 훈련비를 선납해야 한다는 것을 고지받았다. 원고들은 서류전형, 지식평가, 기량평가, 1차 면접, 2차 면접을 거쳐 최종 선발된 상태에서 훈련비를 선납하지 않으면 합격하기까지 들인 노력과 비용, 채용기회를 상실할 처지였기 때문에, 원고들은 회사의 훈련비 요구를 받아들였고, 퇴직하면 이를 되돌려 받지 않겠다는 내용이 포함된 고용계약서에도 서명했다. 원고들은 계약기간 2년을 채우지 못하고 2015년 2월부터 5월 사이에 모두 퇴사하였다. 원고들은 회사를 상대로 훈련비가 실제보다 과다하게 산정되었다고 주장하면서 부당이득금 반환을 구하는 소를 제기하였다. 법원은 근로계약 중 훈련비반환금지약정은 불공정한 법률행위로서 무효이고, 피고는 실제 훈련비로 사용한 것으로 추산되는 3000여만 원 이외에 과다 계상(計上)해 청구한 50,971,045원씩을 원고들에게 반환하여야 한다고 판시하였다.[6)]

---

5) 강성태, “교육훈련비등의 상환약정의 효력”, 노동법률 제111호(2000. 8.), 45~48면.

6) 전주지방법원 군산지원 2016. 8. 26. 선고 2015가합11191 판결. 위 판결은 항소 기각[광주고등법원(전주부) 2018. 1. 11. 선고 2016나12088 판결], 상고 기각(대법원 2019. 1. 31. 선고 2018다209706 판결)으로 확정되었다.

마. 근로자에게 귀책사유 없이 근로관계가 종료된 경우[7)]

원고(항공사)는 운항승무원 연봉, 근무조건, 수당에 관한 지침을 제정하고, 교육 훈련비의 상환은 위 지침에 따른다는 내용의 연봉 및 근로계약서를 작성한 후, 재직 중이던 운항승무원 101명의 동의를 받았다. 위 지침에는 "부기장의 의무근무기간은 훈련 완료 후 4년이다. 모든 운항승무원은 개인별 교육훈련비에 대한 상환의무가 있다. 개인별 교육훈련비에 대한 상환의무는 상기 지정된 의무근무기간까지 유효하다. 의무 근무기간을 미충족할 시에는 위약금(= 직접훈련비용+간접훈련비용) 전액을 상환해야 한다"는 규정이 포함되어 있다.

교육훈련비상환규정은 운항승무원의 장기근속을 유도하기 위한 것으로, 일정기간의 의무(복무)기간을 설정하고 이를 위반하여 퇴직하는 운항승무원에 대하여는 일종의 위약벌로 지출된 교육훈련비를 상환하도록 하는 규정이다. 따라서 일정기간 복무할 의무를 지고 있는 운항승무원이 자의로 이를 이행하지 않고 퇴사하였음을 요건으로 한다고 보아야 한다. 그런데 원고와 피고(부기장)는 계약기간을 1년으로 하여 근로계약을 체결하였고, 계약기간이 끝나자 원고가 재계약을 원하지 않아 피고가 퇴사하게 된 것으로, 의무근무(복무)기간을 채우지 못한 것에 대해 피고에게는 아무런 잘못이 없어 위약벌을 부과할 여지도 없다. 즉 교육훈련비상환규정이 이 사건과 같은 경위로 퇴사하게 된 피고의 경우에는 적용이 없는 것이다. 그러므로 위 교육훈련비상환규정에 따라 이 사건 교육훈련비의 상환을 구하는 원고의 주장은 이유 없다.

바. 비채변제

민법 제742조의 비채변제(非債辨濟)는 지급자가 채무 없음을 알면서도 임의로 지급한 경우에만 성립하고, 채무 없음을 알고 있었다 하더라도 변제를 강제당한 경우나 변제거절로 인한 사실상 손해를 피하기 위하여 부득이 변제하게 된 경우 등 그 변제가 자기의 자유로운 의사에 반하여 이

7) 부산지방법원 2017. 3. 15. 선고 2016나49655 판결.

루어진 것으로 볼 수 있는 사정이 있는 때에는 지급자가 그 반환청구권을 상실하지 않는다. 위탁교육 후의 의무재직기간 근무 불이행시 급여를 반환토록 한 약정에 따라 근로자가 연수기간 중 지급받은 급여 일부를 반환한 사안에서, 그 급여 반환이 반환의무 없음을 알면서 자유로운 의사에 기하여 이루어진 것이 아니라는 이유로 민법 제742조의 비채변제에 해당하지 아니하고, 나아가 그와 같은 강행법규에 위반한 무효의 약정에 기한 채무의 변제를 민법 제744조의 도의관념에 적합한 비채변제라고 할 수도 없다.[8)]

3. 대상사안의 검토

가. 이 사건 약정의 법적 성격

피고는 중앙행정기관인 해양경찰청 소속 국가공무원으로서 해양경찰청장이 실시한 국내기관 위탁교육훈련의 실시와 관련하여 복무의무 및 그 불이행 시 제재에 관한 이 사건 약정을 체결하였다. 이는 피고가 자신에 대하여 지휘·감독 권한을 갖는 해양경찰청장과 사이에 공법상의 권리·의무인 복무에 관하여 계약을 체결한 것이므로, 그 법적 성격은 공법상 계약에 해당한다.

나. 이 사건 약정에 대한 적용 법령

(1) 공무원 인재개발법령이 일반법으로 적용됨

이 사건 약정은 해양경찰청장이 실시한 교육훈련인 이 사건 조종사 양성과정의 실시와 관련하여 체결된 것이므로, 이에 대하여는 경찰공무원법 및 경찰공무원 교육훈련규정(대통령령)이 특별법령으로서 우선 적용되고, 위 법령에서 규정하고 있지 아니한 사항에 관하여는 국가공무원의 교육훈련에 관하여 일반적인 사항을 규정하고 있는 공무원 인재개발법 및 동법 시행령이 일반법으로서 적용된다.

즉 경찰공무원법은 경찰공무원의 교육훈련에 따른 복무관계에 관하여

---

8) 대법원 1996. 12. 20. 선고 95다52222 판결.

는 별도로 규정하고 있지 아니하고, 경찰공무원 교육훈련규정은 제4조 내지 제16조에서 교육계획, 교육훈련실시의 의무, 수탁교육, 위탁교육을 받을 자, 경찰간부후보생과정을 졸업하고 경찰공무원으로 임용된 자에 대하여 수업연한에 해당하는 기간 동안 의무복무할 의무 및 수당 등 상환에 관하여 규정하고 있을 뿐, 이 사건과 같이 경찰공무원이 외부 위탁교육훈련을 받은 경우에 복무의무 및 소요경비의 상환 등에 관하여는 아무런 규정을 두고 있지 않다. 따라서 이 사건 약정에서 정한 복무의무 및 소요경비의 상환에 관하여는 경찰공무원법 및 경찰공무원 교육훈련규정이 적용될 여지가 없고, 국가공무원의 교육훈련과 관련하여 일반적인 복무의무 및 소요경비의 상환 등에 관하여 규정하고 있는 공무원 인재개발법 및 동법 시행령이 일반법으로서 적용된다.

(2) 원고의 주장에 대한 판단

원고는, 공무원 인재개발법에서는 중앙행정기관의 장은 인사혁신처장과 협의를 거쳐 소속 공무원을 국내외 기관에 위탁하여 일정기간 교육훈련을 받게 할 수 있다고 규정하고(제13조), 인사혁신처의 '공무원 인재개발 업무처리지침'에서는 중앙행정기관은 공무원 인재개발법에 따라 국내 위탁교육훈련을 실시하는 경우 교육훈련심의위원회를 설치·운영해야 하며, 위 위원회에서 훈련 및 교육 실시 여부를 결정한 뒤 인사혁신처에 이를 제출하는 등으로 협의해야 한다고 규정하고 있는데, 이 사건 조종사 양성과정은 해양경찰청장이 위와 같은 인사혁신처장과의 협의절차를 거치지 않고 자체적으로 실시한 교육훈련과정에 해당하므로, 공무원 인재개발법령이 적용되지 않는다고 주장하였다.

이에 대하여 법원은, 공무원 인재개발법은 국가공무원에 대하여 실시하는 교육훈련 일반에 관하여 규정하고 있는 법률로서, 개별 법령에서 공무원 인재개발법을 배제하는 취지의 별도의 특칙을 두고 있지 않은 이상, 국가공무원의 교육훈련에 관하여 일반적으로 적용되는 법률이고, 공무원 인재개발법령이 중앙행정기관으로 하여금 교육훈련을 실시할 때 인사혁신처장과의 협의 등의 절차를 거치도록 규정하고 있는 것은 인사혁신처장으로 하여금 국가공무원에 대한 교육훈련 일반을 관장하게 하여 여러 중앙행정기관에서 이루어지는 다양한 교육훈련의 노하우를 상호 공유하고, 공무원 교육훈련의 통일성과 전문성을 향상시키는 것에 그 목적이 있는 것일 뿐, 중앙행정기관이 소속 공무원에 대하여 교육훈련을 실시하면서 인사혁신처장과의 협의절차를 거치지 않았다고 하여 국가공무원으로서의 역량을 강화하기 위하여 실시하는 교육훈련의 본질적 성격에 어떠한 차이가 발생하는 것이 아니라고 판시하였다.

또한 원고의 주장과 같이, 중앙행정기관이 소속 공무원에 대한 교육훈련을 실시함에 있어 인사혁신처장과의 협의절차를 비롯한 공무원 인재개발법이 규정하고 있는 제반 절차 규정을 지키지 않았다는 이유로 공무원 인재개발법의 적용이 배제된다고 보는 경우, 중앙행정기관으로서는 의도적으로 법률의 절차 규정을 위반함으로써 교육훈련에 따른 의무복무기간 부과의 제한 등 공무원 개인의 권익에 관한 해당 법률의 관건적 규정 자체의 적용을 회피할 수 있다는 부당한 결론에 이르게 된다는 이유로, 원고의 주장을 배척하였다.

다. 공무원 인재개발법령의 내용

공무원 인재개발법 제13조 제1항은 “중앙행정기관의 장은 인사혁신처장과 협의를 거쳐 소속 공무원을 국내외 기관에 위탁하여 일정 기간 교육훈련을 받게 할 수 있다”고 규정하고, 제4항은 “제1항에 따라 교육훈련을 받은 공무원에게는 ‘6년’의 범위에서 대통령령으로 정하는 바에 따라 일정 기간 복무의무를 부과할 수 있다”고 규정하며, 제5항은 “제4항에 따른 복무의무를 이행하지 아니한 경우에는 대통령령으로 정하는 바에 따라 본인이나 연대보증인에게 교육훈련에 든 경비의 전부 또는 일부의 반납을 명할 수 있으며, 이를 이행하지 아니한 경우에는 국세 체납처분의 예에 따라 징수할 수 있다”고 규정하고 있다.

한편 공무원 인재개발법 시행령은 제35조 제1항에서 “중앙행정기관의 장은 법 제13조 제4항에 따라 6개월 이상의 국내훈련을 받은 공무원에 대해서는 훈련기간과 같은 기간을 훈련분야와 관련된 직무분야에 복무하도록 하여야 한다"고 규정하고, 제36조 제1항 제4호는 "중앙행정기관의 장은 국내훈련을 받았거나 받고 있는 공무원이 제35조 제1항에 따른 복무의무를 이행하지 아니한 경우 [별표 2]의 기준에 따라 그 공무원의 위탁교육훈련에 든 경비의 전부 또는 일부를 본인이나 그의 연대보증인으로 하여금 반납하게 하여야 한다"고 규정하고 있다.

라. 공무원 인재개발법령의 법적 성질과 일부 무효의 법리

(1) 강행규정

공무원 인재개발법령은 6개월 이상의 국내훈련을 받은 공무원에 대해서 '훈련기간과 같은 기간' 동안 근무하도록 복무의무를 부과하고 있고, 위 복무의무를 위반한 경우 '의무복무를 위반한 기간만큼 안분한 소요경비'를 반납하도록 규정하고 있는데, 이는 외부 위탁교육훈련이 국민이 납부한 세금으로 조성된 국가예산을 그 자원으로 하여 실시된다는 점에 기초하여 교육훈련을 받은 공무원에 대하여 국민 전체에 대한 봉사자로서 책무를 다하도록 강제하면서, 동시에 복무의무의 부과와 그 불이행에 따른 소요경비의 반납이 헌법이 보장하는 직업선택의 자유를 제한하는 성격을 지닌다는 점을 고려하여 헌법상 보장되는 기본권에 대한 제한을 최소화하기 위하여 입법적 결단에 따라 규정된 것이다. 위와 같은 공무원 인재개발법령의 취지 및 구체적인 규정 내용에 비추어 볼 때, 복무의무의 부과와 소요경비의 반납에 관하여 그 범위를 규정하고 있는 공무원 인재개발법 제13조 및 공무원 인재개발법 시행령 제35조, 제36조는 강행규정이다.

(2) 일부 무효의 법리

민법 제137조[9]는 임의규정으로서 의사자치의 원칙이 지배하는 영역에서 적용되므로, 법률행위의 일부가 강행법규인 효력규정에 위반되어 무효가 되는 경우 그 부분의 무효가 나머지 부분의 유효·무효에 영향을 미치

9) 민법 제137조(법률행위의 일부무효) 법률행위의 일부분이 무효인 때에는 그 전부를 무효로 한다. 그러나 그 무효부분이 없더라도 법률행위를 하였을 것이라고 인정될 때에는 나머지 부분은 무효가 되지 아니한다.

는가의 여부를 판단함에 있어서는 개별 법령이 일부무효의 효력에 관한 규정을 두고 있는 경우에는 그에 따라야 하고, 그러한 규정이 없다면 원칙적으로 민법 제137조가 적용될 것이나 당해 효력규정 및 그 효력규정을 둔 법의 입법 취지를 고려하여 볼 때 나머지 부분을 무효로 한다면 당해 효력규정 및 그 법의 취지에 명백히 반하는 결과가 초래되는 경우에는 나머지 부분까지 무효가 된다고 할 수는 없다.[10)]

이 사건에서 일정한 복무의무의 부과와 이를 강제하기 위한 제재의 필요성은 인정되고 공무원 인재개발법 제13조 및 공무원 인재개발법 시행령 제35조, 제36조를 위반하였다고 하여 당해 공법상 계약 전부를 무효로 보게 된다면 오히려 강행규정인 위 법령의 규정 및 그 입법 취지에 반하는 결과가 초래된다. 그러므로 공무원 인재개발법령을 위반하는 공법상 계약은 복무의무 부과의 기간 및 소요경비의 반납과 관련하여 위 법령의 규정을 위반하는 부분에 한하여 효력이 없다.

마. 이 사건 약정의 효력

(1) 원고는 이 사건 조종사 양성과정에 지원한 피고에 대하여 해양경찰청 고정익 항공기조종사로서 10년 이상 근무하도록 복무의무를 부과하고, 이를 위반하는 경우 복무한 기간의 장단과 무관하게 지원받은 교육비 전액을 반환하는 것을 그 내용으로 하는 이 사건 약정의 체결을 지원 요건으로 하였다. 그러나 위와 같은 이 사건 약정은 앞서 본 '최장 6년'의 범위 내에서 '훈련기간과 같은 기간' 동안 복무의무를 부과하고, 이를 위반한 경우 '의무복무를 위반한 기간만큼 안분'한 소요경비를 반납하도록 규정한 강행규정인 공무원 인재개발법 제13조 및 공무원 인재개발법 시행령 제35조, 제36조를 위반한 것이므로, 위 법령의 규정 범위를 초과하는 약정 부분은 무효이다.

(2) 따라서 이 사건 약정에서 정한 복무의무 및 교육비 반환 부분은 공무원 인재개발법 제13조 및 공무원 인재개발법 시행령 제35조, 제36조

---

10) 대법원 2010. 7. 22. 선고 2010다23425 판결.

의 규정 범위 내에서만 유효하다고 할 것인데, 피고는 2011. 11. 7.부터 2013. 9. 30.까지 약 1년 11개월 동안 고정익 항공기 조종사 위탁교육을 받았고, 이후 해양경찰청 □□해양경찰서 항공단 등에서 2013. 10. 1.부터 2017. 10. 30.까지 약 4년 1개월 동안 고정익 항공기 조종사로서 근무하였던바, 훈련기간을 2배 이상 초과하여 복무하였으므로, 일부 유효한 이 사건 약정을 기준으로 볼 때 복무의무를 위반하지 않았다.

(3) 한편, 원고는 이 사건 조종사 양성과정이 해양경찰청 고정익 항공기 조종사를 양성한다는 구체적인 공익 실현을 위해 거액의 국가 예산이 투입된 교육훈련이므로 장기의 복무의무를 부과하는 것이 적법하다고 주장하나, 헌법이 보장하는 기본권을 제한하기 위해서는 구체적인 법률에 근거하여야 하는바, 의무복무기간[11]을 규정하고 있는 군인사법 제7조[12]와 같이 이 사건 조종사 양성과정과 관련하여 교육훈련을 받은 국가공무원에 대하여 장기의 복무의무를 부여하는 별도의 근거법령이 존재하지 않는 이상, 이 사건 조종사 양성과정의 공익적 측면만을 강조하여 앞서 본 공무원 인재개발법의 관련 법령의 규정에도 반하고 개인의 직업선택의 자유를 상당히 제한하는 이 사건 약정을 적법하다고 인정할 수는 없다.

---

11) 공군이 의무복무기간을 마친 장기복무장교에 대해 추가복무기간을 운영한 행위의 위법성이 문제된 사안에서, 의무복무기간을 마친 장기복무장교의 군복무관계는 전역지원자의 전역지원과 전역권자의 전역허가에 의해 종료된다고 전제한 다음, 전역권자는 장기복무장교의 의무복무기간이 종료되더라도 자체적으로 인력수급사정을 참작하여 그 장교가 원에 의한 전역의 의사표시를 하지 않는 한 복무기간을 연장하여 지속적으로 근무하게 할 수 있다고 할 것이므로, 단지 공군이 법규상 근거 없이 관행에 의해 추가복무기간을 운영하였다는 사정만으로 위 행위를 위법하다고 하기 어렵다고 본 원심판단을 수긍한 사례로는 대법원 2011. 9. 8. 선고 2009다77280 판결.

12) 제7조(의무복무기간) ① 장교, 준사관 및 부사관(지원에 의하지 아니하고 임용된 하사는 제외한다)의 의무복무기간은 다음 각호와 같다. 다만 전시·사변 등의 국가비상 시에는 예외로 한다.

1. 장기복무 장교의 의무복무기간은 10년으로 한다. 다만 장기복무 장교로 임용된 날부터 5년이 되는 해에 한 차례 전역(轉役)을 지원할 수 있다.

2. 제1호에도 불구하고 해군의 장교 또는 공군의 장교로서 비행훈련과정을 수료하여 비행자격을 취득한 사람[회전익 항공기로 기종이 분류된 사람은 제외한다] 중 해군사관학교 또는 공군사관학교를 졸업한 사람의 의무복무기간은 15년, 그 외의 사람의 의무복무기간은 13년으로 한다. 다만 장교로 임용된 날부터 5년이 되는 해에 한 차례 전역을 지원할 수 있다.

바. 결 론

따라서 피고가 이 사건 약정에 따른 복무의무를 위반한 것으로 볼 수 없는 이상, 피고가 이를 위반하였음을 전제로 하여 손해배상을 구하는 원고의 주장은 더 나아가 살필 필요 없이 이유 없다.

[4] 중국 단체관광객 유치 전담여행사 지정처분 취소처분

서울행정법원 2019. 5. 2. 선고 2018구합65910 판결

Ⅰ. 사실관계

(1) 중화인민공화국(이하 '중국')은 1980년대부터 자국민의 해외관광을 통제하기 위하여 중국 정부가 각국 정부와 협의하여 단체관광객의 여행허용지역을 지정하고, 중국과 협정을 체결한 국가가 추천한 여행사만 중국 단체관광객을 유치·접대할 수 있도록 하는 여행허가제도(ADS, Approver Destination Status)를 도입하였다. 중국은 1998. 5. '중국공민 자비출국관광 국가'로 대한민국을 지정하였고, 양국의 대표단은 1998. 6. 2. 및 2000. 6. 27. 중국 단체관광객의 대한민국 관광에 따른 여러 관련 문제들의 실시방안에 관한 협상을 하여 그 협상 결과가 담긴 비망록(이하 '이 사건 비망록')에 서명하였다.

(2) 이 사건 비망록에 따르면, 중국은 자국 내 여행사를 선정하여 그들로 하여금 중국 공민의 대한민국 단체관광 업무를 전담하도록 하고, 이들 여행사는 반드시 대한민국 정부가 추천한 여행사들 중에서 협력업체를 찾아 단체관광객 모집·접대계약을 체결하여야 한다.

(3) 피고 문화체육관광부장관은 이 사건 비망록에 따라 중국에 추천할 '중국 단체관광객 유치 전담여행사'(이하 '전담여행사')를 지정·관리하기 위하여 1998. 7. 중국 단체관광객 유치 전담여행사 업무 시행지침(이하 '이 사건 지침')을 제정하였다.

(4) 원고는 2010. 8. 4. 여행사업 등을 목적으로 설립되어 2011. 8. 1. 피고로부터 전담여행사로 지정받았다.

(5) 피고는 법무부장관으로부터 중국인 단체관광객 입출국 및 이탈자 현황을 송부받은 후 원고가 유치한 중국인 단체관광객의 분기별 평균 이탈률이 2017년 2분기에는 50.0%(19명/38명), 2017년 3분기에는 30.4%(14

명/46명)로서 처분기준이 1.0% 이상이라는 이유로, 의견제출 절차 등을 거쳐 2018. 5. 15. 이 사건 지침 제11조 제1항에 따라 원고의 전담여행사 지정을 취소하였다(이하 '이 사건 처분').

(6) 원고는, "중국측 송출여행사와 인솔자가 비자나 항공권 등의 문제로 일부 관광객이 입국하지 못하였다고 말하는 등 온갖 거짓말로 원고를 기망하였고, 이로 인하여 원고는 일부 관광객이 국내에 입국하지 아니한 것으로 알고 있었다. 그럼에도 피고는 원고가 인수받기 전에 무단이탈하여 원고의 통제범위를 벗어난 중국관광객에 대하여 특정 기간 동안의 이탈률만을 근거로 삼아 이 사건 처분을 하였는바, 이는 그 근거나 목적에 정당성이 없고, 원고에게 너무 가혹하여 비례의 원칙에 위배되는 등 재량권을 일탈·남용한 위법이 있다"고 주장하면서, 이 사건 처분의 취소를 구하는 소를 제기하였다.

Ⅱ. 참조 조문

1. 관광진흥법

제3조(관광사업의 종류) ① 관광사업의 종류는 다음 각 호와 같다.

1. 여행업 : 여행자 또는 운송시설·숙박시설, 그 밖에 여행에 딸리는 시설의 경영자 등을 위하여 그 시설 이용 알선이나 계약 체결의 대리, 여행에 관한 안내, 그 밖의 여행 편의를 제공하는 업

제4조(등록) ① 제3조 제1항 제1호부터 제4호까지의 규정에 따른 여행업, 관광숙박업, 관광객 이용시설업 및 국제회의업을 경영하려는 자는 특별자치시장·특별자치도지사·시장·군수·구청장(자치구의 구청장을 말한다. 이하 같다)에게 등록하여야 한다.

③ 제1항에 따른 등록을 하려는 자는 대통령령으로 정하는 자본금·시설 및 설비 등을 갖추어야 한다.

④ 제1항에 따라 등록한 사항 중 대통령령으로 정하는 중요 사항을 변경하려면 변경등록을 하여야 한다.

⑤ 제1항 및 제4항에 따른 등록 또는 변경등록의 절차 등에 필요한 사항은 문화체육관광부령으로 정한다.

2. 중국 단체관광객 유치 전담여행사 업무 시행지침

제1조(목적) 이 지침은 한·중 양국의 공동 관심 하에 추진된 중국인의 한국 단체관광을 건전하고 질서 있게 추진하여 한·중 우호협력관계를 돈독히 하고, 나아가 양국의 관광발전을 촉진하기 위하여 우리나라 전담여행사의 지정·관리·운영 및 방한 중국 단체관광 품질관리 등에 필요한 사항을 정하는 데 있다.

제2조(정의) 이 지침에서 사용하는 용어의 정의는 다음과 같다. ① "중국인 단체관광객"이라 함은 「중국공민 출국여행 관리방안」에 의거 중국관광객이 비용을 부담하고, 대한민국을 일시적으로 여행하고자 하는 중국 측 송출 전담여행사가 모집·송출한 3인 이상의 중국인으로 구성된 단체를 말한다.

② "전담여행사"라 함은 중국전담여행사 관리위원회의 심의, 의결을 거쳐 문화체육관광부가 지정한 우리나라의 「중국 단체관광객 유치 전담여행사」를 말한다.

③ "협회"라 함은 한국여행업협회(KATA)를 말한다.

제3조(전담여행사 신규지정) ① 문화체육관광부장관은 일반여행업 등록 후 1년이 경과된 여행사 중에서 업체 현황, 중국 단체관광객 유치 기획력, 중국 단체관광 상품 구성능력, 과거 행정규정 위반사항, 단체관광객 안전조치, 관광통역안내사 교육 등을 고려하여, 전담여행사로서의 자격이 있다고 판단되는 여행사를 새로운 전담여행사로 지정할 수 있다.

② 제1항에도 불구하고 다음 각 호에 해당하는 여행사는 전담여행사 지정신청을 할 수 없다. 단, 제11조 제3항 제4호 내지 제5호 사유로 지정이 취소된 경우에는 적용하지 아니한다.

1. 전담여행사 지정 취소 후 만 2년이 경과하지 않은 업체
2. 전담여행사 지정 취소 후 만 2년이 경과하지 않은 업체에서 지정 취소 당시 대표이사 또는 관리책임자 또는 사내이사 또는 주주로 등재되어 있던 자가 재직했던 자가 소속되어 있는 업체
3. 관광진흥법 위반으로 일반여행업이 등록 취소된 지 만 2년이 경과하지 않은 업체에서 등록 취소 당시 대표이사 또는 사내이사

또는 주주로 재직했던 자가 소속되어 있는 업체

③ 문화체육관광부장관은 중국인 단체관광객 수요와 지정된 전담여행사의 취소, 탈퇴 등으로 인한 추가 지정요인을 고려하여 새로운 전담여행사를 연 1회 지정할 수 있다.

④ 문화체육관광부장관은 지정심사 시 업체를 방문하여 현장실사를 할 수 있다.

⑤ 제1항의 전담여행사로서의 자격 및 지정 여부에 대한 심의·의결은 제4조의 전담여행사 관리위원회에서 한다.

제8조(전담여행사의 업무범위) ① 전담여행사는 중국측 송출여행사가 모집·송출한 중국 공민 한국 단체관광객(이하 "중국관광객"이라 한다)의 한국여행과 관련된 전반적 업무 수행(사증발급 지원과 국내여행 진행 등)을 주 대상으로 한다.

② 중국관광객의 한국 체류기간은 단체사증에 기재된 기간으로 한다.

제9조(전담여행사의 역할 및 의무) ① 전담여행사는 중국관광객의 입국에서 출국까지 건전하고 품격있는 한국여행이 되도록 최선을 다하여야 한다.

② 전담여행사는 중국관광객의 불법체류 등의 방지를 위해 노력하여야 하며, 무단이탈자 발생시 해당지역 출입국관리사무소 또는 인근 경찰서에 즉시 신고하고 전자관리시스템에 발생일로부터 7일 이내에 보고하여야 한다.

③ 전담여행사는 매 관광단체별로 중국측의 전담 인솔자를 파견받아 단체관리 및 한국여행과정 중 발생하는 제반 문제에 대하여 한중 양측 전담여행사 간의 신속한 업무협의 및 처리가 이루어지도록 하여야 한다.

④ 전담여행사는 문화체육관광부의 요청을 받아 협회가 전담여행사 업무와 관련한 자료의 제출을 요구할 경우 즉시 그 자료를 제출하여야 한다.

⑤ 전담여행사는 불합리한 가격으로 중국단체관광객을 유치하거나 과도한 쇼핑 운영 등으로 여행업 질서를 문란하게 하는 행위를 하여서는 아니된다. 여행업 질서 문란의 구체적 기준은 별표 2와 같다.

⑥ 지정취소된 전담여행사와 그 대표자·사내이사 및 관리책임자는 취소 후 만 2년 이내에 전담여행사 업무를 하여서는 아니된다. 단,

제11조 제3항 제4호 내지 제5호의 사유로 지정 취소된 경우에는 적용하지 아니한다.

제9조의2(전자관리시스템 구축 및 운영) ① 문화체육관광부장관은 전담여행사의 효율적 관리를 위해 "전자관리시스템"을 구축·운영한다.

③ 전담여행사는 전자관리시스템에 가입하여 중국 단체관광객의 유치·실적 및 업체 기본정보에 관한 사항을 직접 입력해야 하고, 유치단계에서부터 여행일정, 가이드, 전담여행사 등이 수록된 정보무늬(QR코드)를 내려받아 여행일정 기간 동안 미팅보드 및 관광버스에 부착하고 관광통역안내사는 관광세부일정이 포함된 행사 지시서와 단체비자확인서를 지참하고 안내해야 하며, 비지정 일반 여행사 또는 개인에게 입력 권한을 대여하여서는 아니된다.

⑤ 전담여행사는 기본정보(소재지, 연락처 등), 무단이탈상황 및 유치 보고에 대해서는 매 건별 입력해야 하고, 매월 실적보고는 단체출국일 기준 익월말까지 입력하여야 하며 세부 입력 사항은 별표4와 같다.

제10조(책임자 지정·운영 등) ① 전담여행사는 중국인 단체관광객 대상 관광통역안내사 및 관련 직원에 대하여 행사 전 무단이탈 방지 등 단체관광객 관리주의사항 및 관광안전 관리·친절 안내 교육을 실시하고, 행사관리 책임자를 지정·운영하여야 한다.

제11조(전담여행사 제재) ① 문화체육관광부장관은 중국인 단체관광객 중 이탈자가 발생할 경우 송출여행사 명단을 중국측에 통보하여 주의 촉구를 요청하고, 국내 전담여행사에 대하여 무단이탈자 발생 정도에 따라 중국 단체관광객 유치업무의 정지를 명하거나 지정 취소 등을 명할 수 있으며, 행정처분을 하기 위한 처분기준은 별표1과 같다.

제13조(비지정 일반 여행사의 중국인 단체관광객 유치금지) ① 일반 여행사는 전담여행사로 지정받지 않고 중국인 단체관광객을 유치해서는 아니 된다.

② 문화체육관광부장관은 전담여행사의 명의를 받아 중국인 단체관광객 유치행위를 한 비지정 여행사에 대해 2년간 전담여행사 신규지정을 제한하고, 관광기금과 정부사업 지원을 제한할 수 있다.

③ 문화체육관광부장관은 지자체로 하여금 비지정 여행사 현황을 파악

하게 할 수 있으며, 지자체는 적극 협조해야 한다.

Ⅲ. 판시사항

이 사건 비망록에 따라 제정된 이 사건 지침은 피고가 법령의 위임 없이 중국인 단체관광객의 대한민국 관광을 담당할 전담여행사의 지정·관리·운영에 관하여 필요한 사항을 정한 업무처리지침으로서 행정청 내부를 규율하는 행정규칙에 불과할 뿐, 대외적인 구속력을 갖는 것은 아니다. 그런데 전담여행사 지정행위는 상대방에게 수익적인 것으로서 그 법률적 성질은 재량행위에 속하고, 이러한 재량행위에서는 관계 법령에 명시적인 금지규정이 없는 한 행정목적을 달성하기 위하여 조건이나 기한, 부담 등의 부관을 붙일 수 있으며, 그 부관의 내용이 이행 가능하고 비례의 원칙 및 평등의 원칙에 적합하며 행정처분의 본질적 효력을 저해하지 아니하는 이상, 위법하다고 볼 수 없다. 이 사건 지침에서 정한 전담여행사의 각종 의무는 이 사건 비망록에 따라 전담여행사로서의 지위를 유지하기 위하여 최소한의 범위내에서 부수적으로 부담하는 의무에 불과하고, 설령 전담여행사 지정이 취소되더라도 전담여행사로서 가지는 지위만을 상실할 뿐 일반여행사로서의 권리나 이익이 침해되는 것도 아니므로, 이 사건 지침에서 전담여행사에 일정한 의무를 부과하고 만약 이를 위반할 경우 전담여행사 지정을 취소하는 것이 비례의 원칙 및 평등의 원칙에 반한다거나 행정처분의 본질적 효력을 저해한다고 볼 수는 없다.

Ⅳ. 해 설

1. 이 사건 지침의 법적 성질

가. 항고소송이 되는 행정처분

항고소송의 대상이 되는 행정처분이란 원칙적으로 행정청의 공법상 행위로서 특정 사항에 대하여 법규에 의한 권리 설정 또는 의무 부담을 명하거나 기타 법률상 효과를 발생하게 하는 등으로 일반 국민의 권리의무에 직접 영향을 미치는 행위를 가리키는 것이지만, 어떠한 처분의 근거가 행정규칙에 규정되어 있다고 하더라도, 그 처분이 상대방에게 권리 설정 또는 의무 부담을 명하거나 기타 법적인 효과를 발생하게 하는 등으로 상대방의 권리의무에 직접 영향을 미치는 행위라면, 이 경우에도 항고소송의 대상이 되는 행정처분에 해당한다고 보아야 한다. 한편 행정청의 어떤 행위가 항고소송의 대상이 될 수 있는지는 추상적·일반적으로 결정할 수 없고, 구체적인 경우 행정처분은 행정청이 공권력 주체로서 행하는 구체적 사실에 관한 법집행으로서 국민의 권리의무에 직접적으로 영향을 미치는 행위라는 점을 염두에 두고, 관련 법령의 내용과 취지, 행위의 주체·내용·형식·절차, 그 행위와 상대방 등 이해관계인이 입는 불이익과의 실질적 견련성, 그리고 법치행정 원리와 당해 행위에 관련한 행정청 및 이해관계인의 태도 등을 참작하여 개별적으로 결정해야 한다.[1)]

나. 법규명령과 행정규칙

상급행정기관이 하급행정기관에 대하여 업무처리지침이나 법령의 해석적용에 관한 기준을 정하여 발하는 이른바 행정규칙은 일반적으로 행정조직 내부에서만 효력을 가질 뿐 대외적인 구속력을 갖는 것은 아니다. 하지만 법령의 규정이 특정 행정기관에 그 법령 내용의 구체적 사항을 정할 수 있는 권한을 부여하면서 그 권한행사의 절차나 방법을 특정하고 있지 아니한 관계로 수임행정기관이 행정규칙의 형식으로 그 법령의 내용이 될 사항을 구체적으로 정하고 있다면 그와 같은 행정규칙은 위에서 본 행정규칙이 갖는 일반적 효력으로서가 아니라, 행정기관에 법령의 구체적 내용을 보충할 권한을 부여한 법령 규정의 효력에 의하여 그 내용을 보충하는 기능을 갖게 된다.[2)] 따라서 이와 같은 행정규칙은 당해 법령의 위임한계를 벗어나지 않는 한 그것들과 결합하여 대외적인 구속력이 있는 법규명령으로서의 효력을 가진다.[3)] 그리고 이러한 경우 특정 행

1) 대법원 2012. 9. 27. 선고 2010두3541 판결.
2) 대법원 2019. 10. 31. 선고 2013두5845 판결.

정규칙이 위임의 한계를 준수하고 있는지는 당해 법령 규정의 목적과 규정 내용, 규정의 체계, 다른 규정과의 관계 등을 종합적으로 살펴 판단하여야 하는데,[4] 당해 법령의 해석상 가능한 것을 명시한 것에 지나지 아니하거나 당해 법령 조항의 취지에 근거하여 이를 구체화하기 위한 것인 때에는 위임 범위를 벗어난 것으로 볼 수 없다.[5] 그러나 행정규칙이나 규정이 상위법령의 위임범위를 벗어난 경우에는 법규명령으로서 대외적 구속력을 인정할 여지는 없다. 이는 행정규칙이나 규정 '내용'이 위임범위를 벗어난 경우뿐 아니라 상위법령의 위임규정에서 특정하여 정한 권한 행사의 '절차'나 '방식'에 위배되는 경우도 마찬가지이므로, 상위법령에서 세부사항 등을 시행규칙으로 정하도록 위임하였음에도 이를 고시 등 행정규칙으로 정하였다면 그 역시 대외적 구속력을 가지는 법규명령으로서 효력이 인정될 수 없다.[6]

다. 행정규칙인 이 사건 지침

이 사건 비망록에 따라 제정된 이 사건 지침은 피고가 법령의 위임 없이 중국인 단체관광객의 대한민국 관광을 담당할 전담여행사의 지정·관리·운영에 관하여 필요한 사항을 정한 업무처리지침으로서 행정청 내부를 규율하는 행정규칙에 불과할 뿐, 대외적인 구속력을 갖는 것은 아니다.

2. 이 사건 지침의 효력

가. 법치행정의 원리

헌법은 법치주의를 그 기본원리의 하나로 하고 있고, 법치주의는 법률유보원칙, 즉 행정작용에는 국회가 제정한 형식적 법률의 근거가 요청된다는 원칙을 그 핵심적 내용으로 하고 있다. 나아가 오늘날의 법률유보원칙은 단순히 행정작용이 법률에 근거를 두기만 하면 충분한 것이 아니라,

---

3) 대법원 2008. 3. 27. 선고 2006두3742, 3759 판결.
4) 대법원 2016. 8. 17. 선고 2015두51132 판결.
5) 대법원 2011. 10. 27. 선고 2011두15640 판결.
6) 대법원 2012. 7. 5. 선고 2010다72076 판결.

국가공동체와 그 구성원에게 기본적이고도 중요한 의미를 갖는 영역, 특히 국민의 기본권 실현에 관련된 영역에서는 행정에 맡길 것이 아니라 국민의 대표자인 입법자 스스로 그 본질적 사항에 대하여 결정하여야 한다는 요구, 즉 의회유보원칙까지 내포하는 것으로 이해되고 있다. 이때 입법자가 형식적 법률로 스스로 규율하여야 하는 사항이 어떤 것인가는 일률적으로 획정할 수 없으며, 구체적인 사례에서 관련된 이익 내지 가치의 중요성, 규제 내지 침해의 정도와 방법 등을 고려하여 개별적으로 결정할 수 있을 뿐이나, 적어도 헌법상 보장된 국민의 자유나 권리를 제한할 때에는 그 제한의 본질적인 사항에 관한 한 입법자가 법률로써 스스로 규율하여야 한다.[7)]

나. 서울행정법원 2016. 7. 25. 선고 2016구합58710 판결

전담여행사 지정을 받고 여행업을 한 갑 주식회사에 대한 전담여행사 지정 취소 처분을 한 사안에서, 지침 제정 당시에는 중국인 단체관광객의 수나 전담여행사의 수가 많지 않아 여행업을 경영하거나 경영하고자 하는 국민들의 직업의 자유나 영업의 자유에 미치는 영향이 크지 않았으나 현재는 중국 단체관광객을 상대로 한 여행업 시장이 크게 확대되어 전담여행사 제도가 여행업을 경영하거나 경영하려는 국민들의 이해관계에 큰 영향을 미치게 된 점, 중국 단체관광객을 상대로 한 여행업 시장은 문화체육관광부장관의 지정에 따라 업체의 진입과 퇴출이 이루어짐으로써 사실상 허가제로 운영되고 그 범위 내에서 여행업을 경영하거나 경영하려는 국민들의 직업의 자유나 영업의 자유가 제한되는 등의 사정을 감안하면 전담여행사 지정제도는 더 이상 행정규칙에 맡겨둘 것이 아니라 국회가 제정한 법률에 근거해 운영되어야 하는 점 등을 고려하면, 위 지침은 헌법상 법률유보원칙 및 의회유보원칙에 위배되어 효력이 없으므로 이에 근거한 위 처분이 위법하다.[8)]

---

7) 헌법재판소 2014. 4. 24. 선고 2010헌마747 결정.
8) 그러나 위 판결은 항소심(서울고등법원 2017. 3. 17. 선고 2016누59166 판결)에서 파기되었고, 대법원 2017. 6. 15.자 2017두39778 판결로 심리불속행 기각되어 확정되었다.

다. 부관(附款)

(1) 재량행위에서는 관계 법령에 명시적인 금지규정이 없는 한 행정목적을 달성하기 위하여 조건이나 기한, 부담 등의 부관을 붙일 수 있고, 그 부관의 내용이 이행 가능하고 비례의 원칙 및 평등의 원칙에 적합하며 행정처분의 본질적 효력을 저해하지 아니하는 이상 위법하다고 할 수 없다.[9)]

(2) 여객자동차 운수사업법(이하 '여객자동차법') 제85조 제1항 제38호에 의하면, 운송사업자에 대한 면허에 붙인 조건을 위반한 경우 감차(減車) 등이 따르는 사업계획변경명령(이하 '감차명령')을 할 수 있는데, 감차명령의 사유가 되는 '면허에 붙인 조건을 위반한 경우'에서 '조건'에는 운송사업자가 준수할 일정한 의무를 정하고 이를 위반할 경우 감차명령을 할 수 있다는 내용의 '부관'도 포함된다. 그리고 부관은 면허 발급 당시에 붙이는 것뿐만 아니라 면허 발급 이후에 붙이는 것도 법률에 명문의 규정이 있거나 변경이 미리 유보되어 있는 경우 또는 상대방의 동의가 있는 경우 등에는 특별한 사정이 없는 한 허용된다. 따라서 관할 행정청은 면허 발급 이후에도 운송사업자의 동의하에 여객자동차운송사업의 질서 확립을 위하여 운송사업자가 준수할 의무를 정하고 이를 위반할 경우 감차명령을 할 수 있다는 내용의 면허 조건을 붙일 수 있고, 운송사업자가 조건을 위반하였다면 여객자동차법 제85조 제1항 제38호에 따라 감차명령을 할 수 있으며, 감차명령은 행정소송법 제2조 제1항 제1호가 정한 처분으로서 항고소송의 대상이 된다.[10)]

라. 이 사건 지침의 적법성

전담여행사 지정행위는 상대방에게 수익적인 것으로서 그 법률적 성질은 재량행위에 속하고, 이러한 재량행위에서는 관계 법령에 명시적인 금지규정이 없는 한 행정목적을 달성하기 위하여 조건이나 기한, 부담 등의

9) 대법원 2009. 10. 29. 선고 2008두9829 판결.
10) 대법원 2016. 11. 24. 선고 2016두45028 판결.

부관을 붙일 수 있으며, 그 부관의 내용이 이행 가능하고 비례의 원칙 및 평등의 원칙에 적합하며 행정처분의 본질적 효력을 저해하지 아니하는 이상, 위법하다고 볼 수 없다.[11)]

이 사건 지침에서 정한 전담여행사의 각종 의무는 이 사건 비망록에 따라 전담여행사로서의 지위를 유지하기 위하여 최소한의 범위 내에서 부수적으로 부담하는 의무에 불과하고, 설령 전담여행사 지정이 취소되더라도 전담여행사로서 가지는 지위만을 상실할 뿐 일반여행사로서의 권리나 이익이 침해되는 것도 아니므로, 이 사건 지침에서 전담여행사에 일정한 의무를 부과하고 만약 이를 위반할 경우 전담여행사 지정을 취소하는 것이 비례의 원칙 및 평등의 원칙에 반한다거나 행정처분의 본질적 효력을 저해한다고 볼 수는 없다.

3. 이 사건 취소처분의 적법성

가. 수익적 행정처분의 취소

수익적 행정처분을 취소하는 경우에는 행정처분을 받은 상대방에게 이미 부여된 기득권을 침해하는 것이 되므로, 비록 법령상 취소사유가 있다고 하더라도 그 취소권의 행사는 기득권의 침해를 정당화할 만한 중대한 공익상 필요가 있는 때에 한하여 상대방이 받게 될 불이익과 비교·교량하여 결정하여야 하고, 그 처분으로 인하여 공익상 필요보다 상대방이 받게 되는 불이익 등이 막대한 경우에는 재량권의 한계를 일탈한 것으로 위법하다.[12)] 또한 침익적 행정처분의 근거가 되는 행정법규는 엄격하게 해석·적용하여야 하고, 행정처분의 상대방에게 불리한 방향으로 지나치게 확장해석하거나 유추해석하여서는 아니 되며, 그 행정법규의 입법 취지와

11) [비교] 관리처분계획 및 그에 대한 인가처분의 의의와 성질, 그 근거가 되는 도시정비법과 그 시행령상의 위와 같은 규정들에 비추어 보면, 행정청이 관리처분계획에 대한 인가 여부를 결정할 때에는 그 관리처분계획에 도시정비법 제48조 및 그 시행령 제50조에 규정된 사항이 포함되어 있는지, 그 계획의 내용이 도시정비법 제48조 제2항의 기준에 부합하는지 여부 등을 심사·확인하여 그 인가 여부를 결정할 수 있을 뿐 기부채납과 같은 다른 조건을 붙일 수는 없다. 대법원 2012. 8. 30. 선고 2010두24951 판결.

12) 대법원 2016. 7. 22. 선고 2014두36297 판결.

목적 등을 고려한 목적론적 해석이 허용되는 경우에도 그 문언의 통상적인 의미를 벗어나지 아니하여야 한다.[13]

나. 이 사건 지침상 취소요건

이 사건 지침 제11조 제1항 [별표 1] 제2호는 중국인 단체관광객의 분기별 평균이탈률이 1.0% 이상일 경우 전담여행사 지정을 취소하도록 규정하고 있다. 그러나 이는 행정청 내부의 사무처리준칙을 규정한 것에 지나지 아니하여 대외적으로 국민이나 법원을 기속하는 효력이 없으므로, 당해 처분의 적법 여부는 위 처분기준만이 아니라 관계 법령의 규정 내용과 취지에 따라 판단되어야 한다.[14] 그리고 제재적 행정처분이 사회통념상 재량권의 범위를 일탈하였거나 남용하였는지 여부는 처분사유로 된 위반행위의 내용과 당해 처분행위에 의하여 달성하려는 공익목적 및 이에 따르는 제반 사정 등을 객관적으로 심리하여 공익 침해의 정도와 그 처분으로 인하여 개인이 입게 될 불이익을 비교·형량하여 판단하여야 한다.

다. 이 사건 지침의 구체적인 내용과 목적

이 사건 비망록과 이 사건 지침 제3조, 제8조, 제13조에 따르면, 전담여행사로 지정받지 못한 일반여행사는 중국인 단체관광객을 유치할 수 없고, 피고에 의해 전담여행사로 지정받아 중국에 추천된 국내 여행사만 중국 여행사와 중국인 단체관광객에 대한 모집·접대계약을 체결할 수 있는 지위를 가지게 된다. 그리고 이 사건 지침 제8조에 의하면 전담여행사는 중국 측 송출여행사가 모집·송출한 중국관광객의 대한민국 여행과 관련된 전반적 업무 수행(사증 발급 지원과 국내 여행 진행 등)을 주 대상으

---

13) 대법원 2016. 12. 15. 선고 2014두40531 판결.

14) 개발제한구역관리규정(1995. 11. 11. 건설교통부훈령 제126호로 개정된 것)은 그 규정의 내용이나 성질 등에 비추어 볼 때 개발제한구역의 관리 등에 관한 행정청 내부의 사무처리준칙을 정한 것에 불과하여 대내적으로 행정청을 기속함은 별론으로 하되 대외적으로 법원이나 일반국민을 기속하는 효력은 없으므로, 위 개발제한구역관리규정이 정한 기준에 부합한다고 하여 바로 토지형질변경불허가처분 등이 적법하게 되는 것은 아니고, 그 처분의 적법 여부는 관계 법령의 규정내용과 취지 및 공익상의 필요 여부 등에 따라 별도로 판단되어야 한다. 대법원 1998. 6. 9. 선고 97누19915 판결.

로 하고, 제9조 제1항, 제2항에 의하면 전담여행사는 중국관광객의 입국에서 출국까지 건전하고 품격 있는 한국 여행이 되도록 최선을 다하여야 하고, 중국관광객의 불법체류 등의 방지를 위해 노력하여야 하며, 무단이탈자 발생 시 해당 지역 출입국관리사무소 또는 인근 경찰서에 즉시 신고하고 피고가 운영하는 전자관리시스템에 발생일로부터 7일 이내에 보고하여야 한다. 위와 같은 규정들은 신뢰성 있는 전담여행사에 독점적 지위를 부여하여 위 여행사로 하여금 비자 발급에서부터 출국에 이르기까지 중국관광객을 전반적으로 관리하도록 함으로써 중국관광객의 불법체류를 방지하려는데 그 주된 목적이 있다.

라. 대상사안의 검토

(1) 단체관광객에 대한 비자 발급 과정 등

중국 측 송출여행사가 인터넷을 통해 '대한민국 비자 포털'에 접속하여 중국인 단체관광객의 인적사항과 전담여행사의 정보 등을 입력하고 전담여행사가 유치확인을 하면 비자 신청이 완료되는데, 전담여행사는 위 비자 포털을 통해 비자 발급 여부를 확인한 후 이 사건 지침 제9조의2 제3항에 따라 비자가 발급된 단체관광객의 명단을 피고가 운영하는 전자관리시스템에 입력하여야 한다. 원고 역시 실적 보고를 위하여 자신의 유치확인을 통해 비자가 발급된 중국인 단체관광객의 명단을 위 전자관리시스템에 입력하여 왔다(만약 미입국자가 발생하더라도 이미 발급된 단체비가 명단을 수정하거나 변경할 수는 없고, 다만 적정한 출입국관리를 위하여 아래에서 보는 바와 같이 출입국관리사무소 등에 신고하도록 되어 있다).

(2) 출입국심사절차의 개선

법무부장관은 출입국심사 시 중국인 단체관광객 중 미입국자 또는 이탈자가 발생할 경우 2015. 9. 15.부터 인솔자가 출입국심사구역 내 재심사무실에 이를 신고하도록 출입국심사절차를 개선하였고, 피고는 B협회를 통하여 전담여행사에 이러한 내용을 고지하였다.

(3) 전담여행사의 역할과 의무

이 사건 지침의 구체적인 내용과 목적, 중국인 단체관광객에 대한 비자 발급 과정, 피고가 한국여행업협회를 통하여 고지한 출입국심사절차의 개선 내용 등에 비추어 보면, 전담여행사로서는 입국 단계에서부터 비자가 발급된 명단과 실제 입국 인원을 정확히 대조하여 그 일치 여부를 확인한 후 만약 이상이 발생할 경우 신속하게 직접 또는 중국 측 인솔자를 통해 피고나 출입국관리사무소에 신고함으로써 중국관광객의 무단이탈을 미연에 방지하고 무단이탈자 발생 시 피고 등으로 하여금 입국제한조치나 소재 파악 등 초동대처를 할 수 있도록 하여야 한다.

(4) 무단이탈자 발생 경위와 규모, 횟수 등

원고가 유치한 중국인 단체관광객 중 일부가 다음과 같이 국내에 입국한 후 무단이탈하여 불법체류 상태가 되었는데, 무단이탈한 관광객들은 모두 C와 D여행사에서 모집·송출한 사람들이다. 원고는 이와 같이 중국 측 특정여행사에서 모집·송출한 관광객들 중에서 무단이탈자가 대량으로 계속 발생하고 있고 향후에도 발생할 가능성이 있다는 것을 충분히 예상할 수 있음에도, 막연히 비자나 항공권 등의 문제로 일부 관광객이 입국하지 못하였다는 중국 측 송출여행사의 말만 믿고, 비자가 발급된 명단과 실제 입국이 확인된 인원이 서로 다르다는 사실을 피고나 출입국관리사무소에 전혀 알리지 아니하였으며, 중국인 인솔자에게 출입국심사구역 내 재심사무실에 이러한 내용을 신고하였는지 여부도 제대로 확인하지 아니하였다. 그뿐만 아니라 법무부장관으로부터 이에 대한 통보를 받기 전까지 무단이탈자가 발생한 사실을 전혀 모르고 있었다.

(5) 재량권 행사 여부

피고는 중국 정부가 국내 사드(THAAD) 미사일 배치를 이유로 중국인의 대한민국 단체관광을 금지시키는 등 여행업계의 어려운 상황과 무단이탈자 발생 시 신속한 초동대처 여부 등을 종합적으로 고려하여 일부 전담여행사에 대하여는 행정처분을 감경한 반면, 원고에 대하여는 지정취소를 명하는 이 사건 처분을 한 것으로 보인다.

(6) 공익과 사익의 비교·형량

중국인 단체관광객의 무단이탈을 엄격하게 통제·관리하지 못할 경우 중국인 단체관광객 유치와 관련하여 큰 혼란이 발생하거나, 중국과의 외교적 마찰이 일어날 수 있는바, 이 사건 처분으로 인하여 원고가 받을 불이익이 이러한 공익적 필요보다 더 크다고 볼 수는 없다.

(7) 이 사건 처분 이후의 정황

서울행정법원이 2018. 6. 8. 원고의 집행정지 신청(2018아11565호)을 받아 들여 이 판결 선고일로부터 15일이 되는 날까지 이 사건 처분의 효력을 정지함에 따라 원고는 전담여행사로서 중국인 단체관광객을 계속 유치하였는데, 2018. 12. 454명 중 304명이 무단이탈하는 사고가 발생하였고, 이로 인하여 원고 대표자와 직원들에 대한 수사가 개시되기에 이르렀다.

마. 결 론

그렇다면, 이 사건 처분이 재량권의 범위를 일탈하였거나 재량권을 남용한 위법이 있다고 볼 수는 없다. 따라서 원고의 이 사건 청구는 이유 없다.

[5] 조달청장이 부과한 연관제재처분의 취소

대전지방법원 2014. 12. 17. 선고 2014구합1828 판결[1)]

Ⅰ. 사실관계

(1) 원고 S 주식회사는 선박기자재, 산업용조리기구 등을 생산하는 업체로 1999. 8. 12. 피고로부터 공공기관 경쟁입찰참가자격을 취득하였고, C는 2012. 2. 21. 원고의 대표이사로 취임하였다.

(2) 한편 B 주식회사는 항공기사용사업을 하는 업체인데 C는 2011. 7. 22. B의 대표이사로 취임하였으며 C의 뒤를 이어 D가 2013. 6. 10. B 회사의 대표이사로 취임하였다.

(3) B는 2012. 1. 9. 피고 조달청장과 산불진화용 헬기임차용역에 관한 다수공급자계약(이하 '이 사건 계약')을 체결하였고, 감사원은 2013. 5. 27.부터 같은 해 6. 25.까지 '민생비리 특별점검(교육·경찰·소방 분야)'을 실시한 결과 B가 2012. 3. 21. 및 같은 해 4. 1.에 수요기관의 동의 없이 헬기 계류장을 무단이탈하여 화물수송 등 민간 영업활동을 수행한 사실을 적발하였다.

(4) 피고는 B가 "사기, 그 밖의 부정한 행위로 입찰·낙찰 또는 계약의 체결·이행과정에서 국가에 손해를 끼쳤다"는 이유로 구 국가를 당사자로 하는 계약에 관한 법률(2012. 12. 18. 법률 제11547호로 개정되기 전의 것, 이하 '국가계약법') 제27조 제1항 및 구 같은 법 시행령(2013. 6. 17. 대통령령 제24601호 개정되기 전의 것, 이하 '국가계약법 시행령') 제76조 제1항 제17호에 근거하여, 2014. 2. 11. B 및 위법행위 당시 B의 대표이사였던 C에게 부정당업자(不正當業者) 입찰참가자격제한처분의 사전통지 및 의견

1) 피고가 항소하였으나 대전고등법원 2015. 6. 11. 선고 2015누10115 판결로 항소기각되었고, 피고가 상고하였으나 대법원 2015. 10. 15.자 2015두45939 판결로 심리불속행 기각되었다.

제출서를 송달하였고, C에 대한 통지가 2회에 걸쳐 수취인불명 등으로 반송되자 같은 달 25일 조달청 홈페이지에 공시송달하였다.

(5) 이후 피고는 2014. 3. 20. B 및 C에게 각 6개월의 입찰참가자격 제한처분을 하였고, 같은 날 국가계약법 시행령 제76조 제5항에 근거하여 C가 대표이사로 있는 원고를 B와 C에 대한 입찰참가자격제한처분의 연관 제재 업체로 선정하여 피고의 전자조달시스템인 나라장터에 게재하였다(이하 원고에 대한 처분을 '이 사건 처분'이라 한다).

(6) 원고는, "국가계약법 시행령 제76조 제1항은 계약상대방에 대하여 입찰참가자격을 제한할 수 있다는 것이고 제4항은 계약상대방이 법인인 경우 대표자 개인에 대한 입찰참가자격을 제한할 수 있다는 것이므로 계약상대방이 아닌 원고에 대한 처분근거가 될 수 없고, 같은 조 제5항은 제4항에 따라 '대표자의 입찰참가자격이 제한된 후 위 대표자를 사용하여 입찰에 관여하는 경우' 그 사용자에 대하여도 입찰참가자격을 제한하여야 한다는 것이므로 C에 대한 입찰참가자격이 제한되었다는 이유만으로 그와 동시에 원고에 대하여 입찰참가자격을 제한할 수는 없다"는 이유로, 이 사건 처분의 취소를 구하는 항고소송을 제기하였다.

Ⅱ. 참조 조문

1. 구 국가를 당사자로 하는 계약에 관한 법률(2012. 12. 18. 법률 제11547호로 개정되기 전의 것)

> **제27조(부정당업자의 입찰참가자격 제한)** ① 각 중앙관서의 장은 경쟁의 공정한 집행 또는 계약의 적정한 이행을 해칠 염려가 있거나 기타 입찰에 참가시키는 것이 부적합하다고 인정되는 자에 대하여서는 2년 이내의 범위에서 대통령령이 정하는 바에 따라 입찰참가자격을 제한하여야 하며, 이를 즉시 다른 중앙관서의 장에게 통보하여야 한다. 이 경우 통보를 받은 다른 중앙관서의 장은 대통령령이 정하는 바에 의하여 해당자의 입찰참가자격을 제한하여야 한다.
>
> ③ 각 중앙관서의 장 또는 계약담당공무원은 제1항의 규정에 따라 입

찰참가자격을 제한받은 자와 수의계약을 체결하여서는 아니된다. 다만, 제1항의 규정에 따라 입찰참가자격을 제한받은 자 외에는 적합한 시공자·제조자가 존재하지 아니하는 등 부득이한 사유가 있는 경우에는 그러하지 아니하다.

2. 구 국가를 당사자로 하는 계약에 관한 법률 시행령(2013. 6. 17. 대통령령 제24601호 개정되기 전의 것)

제76조(부정당업자의 입찰참가자격 제한) ① 각 중앙관서의 장은 계약상대자, 입찰자 또는 제30조 제2항에 따라 지정정보처리장치를 이용하여 견적서를 제출하는 자(이하 이 항에서 "계약상대자등"이라 한다) 또는 계약상대자등의 대리인·지배인, 그 밖의 사용인이 다음 각 호의 어느 하나에 해당하는 경우에는 법 제27조에 따라 해당 사실이 있은 후 지체 없이 1개월 이상 2년 이하의 범위에서 계약상대자등의 입찰참가자격을 제한하여야 한다. 다만, 계약상대자등의 사용인의 행위로 인하여 입찰참가자격의 제한사유가 발생한 경우로서 계약상대자등이 그 사용인의 행위를 방지하기 위하여 상당한 주의와 감독을 게을리하지 아니한 경우에는 그러하지 아니하다.

17. 사기, 그 밖의 부정한 행위로 입찰·낙찰 또는 계약의 체결·이행 과정에서 국가에 손해를 끼친 자

④ 제1항 내지 제3항의 규정에 의하여 입찰참가자격의 제한을 받은 자가 법인 기타 단체인 경우에는 그 대표자에 대하여도, 중소기업협동조합인 경우에는 그 원인을 직접 야기시킨 조합원에 대하여도 제1항의 규정을 적용한다. 다만, 대표자가 여러 명 있는 경우로 당해 입찰 또는 계약에 관한 업무를 관장하지 아니한 대표자에 대하여는 그러하지 아니하다.

⑤ 각 중앙관서의 장은 제1항 내지 제4항의 규정에 의하여 자격이 제한된 자를 대표자로 사용하여 그 대표자가 입찰에 관여하는 경우에는 그 사용자에 대하여도 제1항의 규정을 적용한다.

⑨ 각 중앙관서의 장은 제1항 내지 제4항의 규정에 의하여 자격이 제한된 자가 상호·대표자변경등의 방법으로 제한기간내에 입찰에 참가하는 것을 방지하기 위하여 입찰참가자의 주민등록번호, 법인등

록번호, 관계법령상의 면허 또는 등록번호등을 확인하여야 한다.

Ⅲ. 판시사항

국가계약법 시행령 제76조 제5항을 적용하여 입찰참가자격을 제한하기 위해서는 제1항 내지 제4항의 규정에 의하여 자격이 제한될 수 있을 뿐 아직 자격이 제한되지 않은 대표자를 사용하고 있는 사용자라는 것만으로 부족하고, 제1항 내지 제4항의 규정에 의하여 먼저 자격이 제한되고, 그 후 그 자를 대표자로 사용하여 그로 하여금 입찰에 관여하도록 하는 경우이어야 한다.

Ⅳ. 해 설

1. 국가계약법상 부정당업자 제재처분

가. 취지와 합헌성

(1) 부정당업자 제재처분의 취지

국가계약법은 경쟁의 공정한 집행이나 계약의 적정한 이행을 해칠 염려가 있거나 그 밖에 입찰에 참가시키는 것이 적합하지 아니하다고 인정되는 자(이하 '부정당업자')에게는 2년 이내의 범위에서 대통령령으로 정하는 바에 따라 입찰참가자격을 제한하도록 규정하고 있다.[2] 이와 같이 부정당업자의 입찰참가자격을 제한하는 제도를 둔 취지는 국가를 당사자로 하는 계약에서 공정한 입찰 및 계약질서를 어지럽히는 행위를 하는 사람에 대하여 일정 기간 입찰참가를 배제함으로써 국가가 체결하는 계약의 성실한 이행을 확보함과 동시에 국가가 입게 될 불이익을 미리 방지하기 위한 데 있다.[3] 행정법규 위반에 대하여 가하는 제재조치는 행정목적의

---

2) 이에 관한 논의는 허현, "부정당업자의 입찰참가자격제한에 관한 법적 문제", 법제 2014년 제3호(2014. 9.), 123~152면 참조.

3) 대법원 2020. 2. 27. 선고 2017두39266 판결; 대법원 2014. 12. 11. 선고 2013두26811 판결.

달성을 위하여 행정법규 위반이라는 객관적 사실에 착안하여 가하는 제재이므로 위반자의 고의·과실이 있어야만 하는 것은 아니나, 그렇다고 하여 위반자의 의무 해태를 탓할 수 없는 정당한 사유가 있는 경우까지 부과할 수 있는 것은 아니다.[4]

(2) 합헌성[5]

구 국가를 당사자로 하는 계약에 관한 법률(2012. 12. 18. 법률 제11547호로 개정되기 전의 것) 제27조 제1항은 다음과 같은 이유로 위헌으로 볼 수 없다. 위 조항은 제재처분의 본질적인 사항인 처분의 주체, 사유, 기간, 방법을 직접 규정하고 있으므로 법률유보원칙과 포괄위임금지원칙에 반하지 않는다. 위 조항은 국가계약 체결의 공정성과 이행의 충실성을 확보하고 국가가 입게 될 불이익을 방지하기 위한 것이므로 입법목적이 정당하고, 국가계약이 국민생활에 미치는 영향력이 매우 커 입찰 과정에서 불법행위가 가져오는 공익 침해의 정도가 막대한 점 등을 감안하여 필요적 제재의 형식을 취하면서 국가가 발주하는 모든 입찰에 대하여 참가자격을 제한하는 것으로서 필요성이 인정된다. 부정당업자는 입찰참가자격을 제한받더라도 여전히 민간시장에서 영업활동을 할 수 있고, 최대 2년 범위 내에서 제재사유·위반행위의 태양·위법성과 책임 정도에 상응하여 제재기간이 결정되는 점 등에 비추어 보면 위 조항은 침해의 최소성 원칙에 반하지 않고 법익의 균형성도 갖추고 있으므로, 직업의 자유를 침해하지 않는다. 입찰참가자격 제한제도는 징계나 업무정지와는 제도의 취지와 목적이 전혀 다른 제도이므로, 징계나 업무정지를 규정하는 다른 법령들과 달리 제척기간을 두고 있지 않더라도 평등원칙에 반하지 않는다.

나. 조달청장이 처분청이 되는 경우

(1) 조달청장이 「조달사업에 관한 법률」 제5조의2 제1항 또는 제2항에 따라 수요기관으로부터 계약 체결을 요청받아 그에 따라 체결하는 계

4) 대법원 2014. 12. 24. 선고 2010두6700 판결.
5) 대법원 2017. 4. 7. 선고 2015두50313 판결.

약(이하 '요청조달계약')에서 조달청장은 수요기관으로부터 요청받은 계약 업무를 이행하는 것에 불과하므로, 조달청장이 수요기관을 대신하여 국가계약법 제27조 제1항에 규정된 입찰참가자격제한 처분을 하기 위해서는 그에 관한 수권의 근거 또는 수권의 취지가 포함된 업무 위탁에 관한 근거가 법률에 별도로 마련되어 있어야 한다.[6)]

국가계약법 제6조 제3항은 "각 중앙관서의 장은 대통령령으로 정하는 바에 따라 그 소관의 계약에 관한 사무를 다른 관서에 위탁할 수 있다"라고 규정하고 있다. (i) 국가계약법에 계약 사무 위탁에 관하여 법률 규정을 별도로 두고 있는 취지는 조달청에서 운영하고 있는 전문적이고 체계적인 조달시스템을 완전하게 이용하도록 하기 위한 것인 점, (ii) 요청조달계약의 수요기관은 중앙관서의 장(국토교통부장관)에게 속한 지방행정청으로서 계약 사무 위탁 전에 국토교통부장관이 독자적인 입찰참가자격제한 처분 권한을 보유하고 있었던 점, (iii) 중앙관서의 장으로부터 조달청장에게 계약 사무가 전적으로 위탁된 이상, 조달청장은 국가계약법에서 정한 제반 절차에 따라 위탁기관의 계약과 관련한 사무를 처리하여야만 하는 점 등을 종합하여 보면, 국가계약법 제6조 제3항의 '계약에 관한 사무 위탁'에는 국가계약법에서 정한 중앙관서의 장의 입찰참가자격제한 처분 권한에 관한 수권도 당연히 포함되는 것으로 볼 수 있다.[7)]

이러한 법리와 관련 규정의 내용 및 취지에 비추어 보면, 중앙관서의 장인 국토교통부장관으로부터 국가계약법 제6조 제3항에 따라 요청조달계약의 형식으로 계약에 관한 사무를 위탁받은 조달청장은 국가계약법 제27조 제1항에 따라 입찰참가자격제한 처분을 할 수 있는 권한이 있다.

(2) 이와 달리, 지방자치단체를 당사자로 하는 계약에 관한 법률(이하 '지자체계약법') 제7조 제1항, 제2항, 제31조 제1항 및 조달사업에 관한 법률(이하 '조달사업법') 제5조의2 제1항, 제2항 등 관련 규정들을 모두 종합하여 보면, 지방자치단체의 장이 조달청장에게 수요물자 구매에 관한 계약 체결을 요청한 경우 그 계약사무의 처리에 관하여는 지자체계약법이

6) 대법원 2017. 6. 29. 선고 2014두14389 판결.
7) 대법원 2019. 12. 27. 선고 2017두48307 판결.

적용되고 그 계약의 이행 등과 관련한 입찰 참가자격 제한에 관한 권한은 지자체계약법 제31조 제1항에 따라 지방자치단체의 장에게 있다.[8)]

다. 대상자

(1) 입찰참가자격 제한 처분은 위와 같은 입법 목적을 달성하기 위하여 경쟁의 공정한 집행이나 계약의 적정한 이행을 해칠 염려가 있거나 그 밖에 입찰에 참가시키는 것이 적합하지 아니하다는 객관적 사실 및 평가에 착안하여 가하는 제재이므로 반드시 현실적인 행위자가 아니라도 법령상 책임자로 규정된 자에게 부과될 수 있다. 이는 대리인 등 타인을 사용하여 이익을 얻는 부정당업자는 그로 인한 위험이나 불이익을 감수하는 것이 타당하다는 점에서도 그러하다.[9)]

(2) 지방자치단체를 당사자로 하는 계약에 관한 법률(이하 '지방계약법') 제33조는 지방자치단체를 당사자로 하는 계약에 관하여 영향력을 행사할 수 있는 자들의 계약 체결을 제한하여 계약의 체결 및 이행과정에서 부당한 영향력을 행사할 수 있는 여지를 사전에 차단함으로써 투명성을 높이려는 것이므로, 체결을 금지하는 대상 계약의 범위는 명확하여야 하고, 이를 위반한 부정당업자에 대한 입찰참가자격 제한은 엄격하게 집행될 필요가 있는 점, 지방계약법은 지방자치단체는 수의계약에 부칠 사항에 대하여도 미리 예정가격을 작성하도록 하고(제11조 제1항), 지방자치단체를 당사자로 하는 계약에 관한 법률 시행령은 지방자치단체의 장 또는 계약담당자는 수의계약을 체결하려는 경우에는 원칙적으로 2인 이상으로부터 견적서를 받도록 하고(제30조 제1항), 견적제출자의 견적가격과 계약이행능력 등 안전행정부장관이 정하는 기준에 따라 수의계약대상자를 결정하도록 규정하는 등(같은 조 제5항) 지방자치단체가 수의계약을 하는 경우에도 공정성과 투명성을 확보하기 위하여 경쟁입찰에 부치는 경우와 유사한 절차를 취하도록 하고 있는 점 등에 비추어 보면, 지방자치단체는 지방계약법 제33조 제2항 각 호에 해당하는 사업자를 계약상대자로 하여

---

8) 대법원 2012. 11. 15. 선고 2011두31635 판결.
9) 대법원 2020. 2. 27. 선고 2017두39266 판결.

서는 어떤 내용의 수의계약도 체결할 수 없고, 계약상대자의 부당한 영향력 행사의 가능성을 개별적으로 심사하여 수의계약 체결 여부를 결정할 수 있다거나, 경쟁입찰방식을 일부 혼합한 절차를 거친다고 하여 수의계약을 체결하는 것이 허용되는 것은 아니다.[10)]

라. 공기업·준정부기관의 계약상대방에 대한 입찰참가자격 제한 조치

(1) 공기업·준정부기관이 법령 또는 계약에 근거하여 선택적으로 입찰참가자격 제한 조치를 할 수 있는 경우, 계약상대방에 대한 입찰참가자격 제한 조치가 법령에 근거한 행정처분인지 아니면 계약에 근거한 권리행사인지는 원칙적으로 의사표시의 해석 문제이다. 이때에는 공기업·준정부기관이 계약상대방에게 통지한 문서의 내용과 해당 조치에 이르기까지의 과정을 객관적·종합적으로 고찰하여 판단하여야 한다. 그럼에도 불구하고 공기업·준정부기관이 법령에 근거를 둔 행정처분으로서의 입찰참가자격 제한 조치를 한 것인지 아니면 계약에 근거한 권리행사로서의 입찰참가자격 제한 조치를 한 것인지 여부가 여전히 불분명한 경우에는, 그에 대한 불복방법 선택에 중대한 이해관계를 가지는 그 조치 상대방의 인식가능성 내지 예측가능성을 중요하게 고려하여 규범적으로 이를 확정함이 타당하다.[11)]

(2) 공공기관의 운영에 관한 법률 제39조 제2항은, 공기업·준정부기관이 공정한 경쟁이나 계약의 적정한 이행을 해칠 것이 명백하다고 판단되는 행위를 한 부정당업자를 향후 일정 기간 입찰에서 배제하는 조항으로서, 공적 계약의 보호라는 일반예방적 목적을 달성함과 아울러 해당 부정당업자를 제재하기 위한 규정이다. 따라서 위 조항이 적용되는 부정당행위는 공기업·준정부기관을 상대로 하는 행위에 한정되는 것으로 해석함이 타당하고,[12)] 위 조항에 따라 부정당업자에 대하여 입찰참가자격 제한 처분을 하려면 그 부정당행위 당시에 시행되던 법령에 의하여야 한다.[13)]

10) 대법원 2014. 5. 29. 선고 2013두7070 판결.
11) 대법원 2019. 2. 14. 선고 2016두33223 판결.
12) 대법원 2019. 2. 14. 선고 2016두33223 판결.
13) 대법원 2019. 2. 14. 선고 2016두33292 판결.

(3) 공공기관의 운영에 관한 법률 제44조 제2항은 “공기업·준정부기관은 필요하다고 인정하는 때에는 수요물자 구매나 시설공사계약의 체결을 조달청장에게 위탁할 수 있다”라고 규정함으로써, 공기업·준정부기관에 대해서는 입찰참가자격 제한 처분의 수권 취지가 포함된 업무 위탁에 관한 근거 규정을 두고 있는 반면, 기타공공기관은 여기에서 제외하고 있음을 알 수 있다. 따라서 수요기관이 기타공공기관인 요청조달계약의 경우에 관하여는 입찰참가자격 제한 처분의 수권 등에 관한 법령상 근거가 없으므로, 조달청장이 국가계약법 제27조 제1항에 의하여서는 계약상대방에 대하여 입찰참가자격 제한 처분을 할 수는 없고, 그 밖에 그러한 처분을 할 수 있는 별도의 법적 근거도 없다.[14)]

마. 재량권행사의 사법심사

제재적 행정처분이 재량권의 범위를 일탈하였거나 남용하였는지 여부는 처분사유인 위반행위의 내용과 위반의 정도, 처분에 의하여 달성하려는 공익상의 필요와 개인이 입게 될 불이익 및 이에 따르는 제반 사정 등을 객관적으로 심리하여 공익침해의 정도와 처분으로 인하여 개인이 입게 될 불이익을 비교·교량하여 판단하여야 한다.

이러한 제재적 행정처분의 기준이 부령 형식으로 규정되어 있더라도 그것은 행정청 내부의 사무처리준칙을 규정한 것에 지나지 않아 대외적으로 국민이나 법원을 기속하는 효력이 없다. 따라서 그 처분의 적법 여부는 처분기준만이 아니라 관계 법령의 규정 내용과 취지에 따라 판단하여야 한다. 그러므로 처분기준에 부합한다고 하여 곧바로 처분이 적법한 것이라고 할 수는 없지만, 처분기준이 그 자체로 헌법 또는 법률에 합치되지 않거나 그 기준을 적용한 결과가 처분사유인 위반행위의 내용 및 관계 법령의 규정과 취지에 비추어 현저히 부당하다고 인정할 만한 합리적인 이유가 없는 한, 섣불리 그 기준에 따른 처분이 재량권의 범위를 일탈하였다거나 재량권을 남용한 것으로 판단해서는 안 된다.[15)]

---

14) 대법원 2017. 6. 29. 선고 2014두14389 판결.
15) 대법원 2018. 5. 15. 선고 2016두57984 판결.

특별사면은 사면권자의 고도의 정치적·정책적 판단에 따른 시혜적인 조치이고, 특별사면 진행 여부 및 그 적용 범위는 사전에 예상하기 곤란할 뿐 아니라, 처분청에 처분상대방이 특별사면 대상이 되도록 신속하게 절차를 진행할 의무까지 인정된다고 보기도 어렵다. 따라서 처분이 지연되지 않았다면 특별사면 대상이 될 수 있었다는 사정만으로 입찰참가자격 제한처분이 위법하다고 볼 수는 없다. 다만 법원으로서는 처분이 지연된 경위, 지연된 처분에 따른 사면 대상 제외 이외에 처분상대방이 입게 된 특별한 불이익이 있는지, 그 밖의 감경사유는 없는지, 처분상대방에 대한 제재의 필요성, 처분상대방이 처분 지연으로 인하여 특별사면의 혜택을 누리게 되지 못한 점이 처분 양정에 고려되었는지, 처분 결과가 비례와 형평에 반하는지 등을 종합적으로 고려하여 입찰참가자격 제한처분에 관한 재량권 일탈·남용이 인정되는지를 판단할 수 있을 따름이다.[16)]

바. 집행정지

행정처분의 효력정지나 집행정지를 구하는 신청사건에서는 행정처분 자체의 적법 여부는 원칙적으로 판단의 대상이 아니고, 그 행정처분의 효력이나 집행을 정지할 것인가에 관한 행정소송법 제23조 제2항에서 정한 요건의 존부만이 판단의 대상이 되는 것이다. 다만, 집행정지는 행정처분의 집행부정지 원칙의 예외로서 인정되는 것이고, 또 본안에서 원고가 승소할 수 있는 가능성을 전제로 한 권리보호수단이라는 점에 비추어 보면, 집행정지사건 자체에 의하여도 신청인의 본안청구가 적법한 것이어야 한다는 것을 집행정지의 요건에 포함시키는 것이 옳다.[17)]

수도권매립지관리공사가 A에게 입찰참가자격을 제한하는 내용의 부정당업자제재처분을 하자, A가 제재처분의 무효확인 또는 취소를 구하는 행정소송을 제기하면서 제재처분의 효력정지신청을 한 사안에서, 수도권매립지관리공사는 행정소송법에서 정한 행정청 또는 그 소속기관이거나 그로부터 제재처분의 권한을 위임받은 공공기관에 해당하지 않으므로, 수

16) 대법원 2018. 5. 15. 선고 2016두57984 판결.
17) 대법원 2010. 11. 26.자 2010무137 결정.

도권매립지관리공사가 한 위 제재처분은 행정소송의 대상이 되는 행정처분이 아니라 단지 A를 자신이 시행하는 입찰에 참가시키지 않겠다는 뜻의 사법상의 효력을 가지는 통지에 불과하므로, A가 수도권매립지관리공사를 상대로 하여 제기한 위 효력정지신청은 부적법함에도 그 신청을 받아들인 원심결정은 집행정지의 요건에 관한 법리를 오해한 위법이 있다.[18)]

2. 입찰참가제한 처분의 정당성이 인정된 사례[19)]

가. 인정사실

(1) 원고는 2012. 10. 29. 해군군수사령부 재무관과 2013. 9. 30.까지 P-3C 항공기용 INERTIAL NAVIGATION UNIT(이하 '이 사건 유닛')의 정비를 완료하기로 하는 내용의 계약(이하 '이 사건 계약')을 체결하였다.

(2) 원고가 위 납품기한이 지나도록 이 사건 계약의 이행을 완료하지 않자, 해군군수사령관은 2013. 11. 5. 원고에게 공문을 발송하여 계약이행을 독촉함과 동시에 "이 사건 계약 관련 지체상금이 계약상당액을 초과하여 계약의 해지 대상이 되므로 계속 계약 이행을 하고자 하는 경우에는 이행가능기한을 고려하여 2013. 11. 6.까지 계약보증금을 추가 납입하기 바란다"고 안내하였다.

(3) 이에 원고는 2013. 11. 11. 계약보증금 3,412,500원(2013. 11. 30.까지의 지체상금에 해당하는 금액이다)을 추가 납입하였으나, 해군군수사령관은 2013. 11. 27. 원고에게 "불성실한 정비 이행 및 계약 위반(재생품 사용절차 위반)등을 이유로 이 사건 계약을 해제한다"고 통보하였다.

(4) 피고는 2014. 8. 13. "원고가 정당한 이유 없이 이 사건 계약을 이행하지 않았다"는 이유로 구 국가를 당사자로 하는 계약에 관한 법률 시행령(2015. 6. 22. 대통령령 제26321호로 개정되기 전의 것, 이하 같다) 제76조 제1항 제6호에 기해 원고의 입찰참가자격을 6개월간(2014. 8. 27.부

18) 대법원 2010. 11. 26.자 2010무137 결정.
19) 서울행정법원 2015. 7. 2. 선고 2014구합70907 판결.

터 2015. 2. 26.까지)제한하는 처분을 하였다(이하 '이 사건 처분').

나. 원고의 주장

원고는 기존 정비하도급업체인 A로부터 시험장비를 도입하여 이 사건 계약을 이행하려고 하였으나, A가 터무니없이 높은 가격을 제시하고, A를 통해 군에 납품한 유닛의 불량률이 높다는 문제까지 발생하여, 하도급업체를 A에서 B로 변경하는 과정에서 이 사건 계약의 이행이 다소 늦어지기는 하였으나, 꾸준히 이 사건 계약의 이행을 위한 노력을 계속해 왔고, 정비대상 유닛 4대 중 2대는 핵심부품인 자이로플랫폼 자체에 결함이 발생하여 이 사건 계약금액 6,500만 원으로 계약이행이 불가능한 상황이었다.

또한 원고가 나머지 2개 유닛을 정비하는 과정에서 피고측의 사전 승인 없이 재생부품을 사용하였다고는 하나, 원고도 2013. 11. 12. B로부터 해당 사실을 통보받은 후에야 비로소 재생부품의 사용을 알게 되어 사전 승인 절차를 미처 거치지 못한 것 뿐이다.

더욱이 원고는 피고측의 2013. 11. 5.자 공문에 따라 계약보증금을 추가 납입하여 2013. 11. 30.까지 이행기간을 연장받은 상태였음에도, 피고측은 이를 무시한 채 2013. 11. 27.이 사건 계약을 해제하였으므로, 결국 원고가 이 사건 계약을 기한 내에 이행하지 못한 것은 피고측의 책임이다. 따라서 "원고가 정당한 이유 없이 이 사건 계약을 이행하지 않았다"는 이 사건 처분사유는 존재하지 않는다.

다. 판 단

(1) 국가계약법 제27조 제1항에 의하면, 각 중앙관서의 장은 경쟁의 공정한 집행이나 계약의 적정한 이행을 해칠 염려가 있거나 그 밖에 입찰에 참가시키는 것이 적합하지 아니하다고 인정되는 자에게는 일정 기간 입찰참가자격을 제한하여야 하고, 구 국가계약법 시행령 제76조 제1항은 부정당업자의 입찰참가자격 제한사유를 열거하면서 제6호에서 정당한 이유 없이 계약을 이행하지 아니한 자를 이에 포함시키고 있는바, 국

가계약법 제27조 제1항에서 부정당업자의 입찰참가자격을 제한하는 제도를 둔 취지는 국가를 당사자로 하는 계약에서 공정한 입찰 및 계약질서를 어지럽히는 행위를 하는 자에 대하여 일정기간 동안 입찰 참가를 배제함으로써 국가가 체결하는 계약의 성실한 이행을 확보함과 동시에 국가가 입게 될 불이익을 미연에 방지하기 위한 것이므로, 구 국가계약법 시행령 제76조 제1항 제6호의 규정을 해석함에 있어서는 모든 채무불이행에 대하여 무조건 입찰참가자격을 제한하는 것은 비례원칙에 위반될 소지가 크므로, 개별적이고 구체적인 사안에서 계약의 내용, 체결경위 및 그 이행과정 등을 고려하여 채무불이행에 있어 정당한 이유가 없고, 아울러 그것이 경쟁의 공정한 집행 또는 계약의 적정한 이행을 해할 염려가 있거나 기타 입찰에 참가시키는 것이 부적법하다고 인정되는 경우에 한하여 그 입찰참가자격을 제한하여야 할 것이다.

(2) 원고는 정해진 기한 내에 이 사건 계약을 이행할 수 있을지에 관한 충분한 검토 없이 성급하게 이 사건 계약을 체결한 후, 11개월의 계약기간 대부분을 정비하도급업체의 선정, TEST BENCH의 반입에 허비하였고, 그로 인하여 위 계약기간의 만료 시점에 이르러서야 비로소 입고성능검사를 마치고 정비작업을 시작할 수 있었으며, 피고측이 그 후 약 2개월의 말미를 주었음에도 이 사건 유닛 중 5329호, 5643호의 정비과정에 재생부품이 사용된 사실을 미처 파악하지 못하여 이 사건 계약상의 사전승인의무를 위반하고, 2013. 11. 26.에는 그 사유를 특정하지 아니한 채 이 사건 유닛 중 5565호, 5637호의 계약이행을 포기하였으며, 5329, 5643호에 대하여는 재차 납품기한의 연장을 요구하였다.

(3) 사정이 위와 같다면, 이 사건 계약일반조건 제26조 제1항 제2호의 계약해제사유인 '계약상대자의 귀책사유로 인하여 납품기일 내에 납품할 가능성이 없음이 명백하다고 인정될 경우'에 해당한다고 보기에 충분하므로, 해군군수사령관이 2013. 11. 27. 이 사건 계약을 해제한 조치에 어떠한 위법이 있다고 보이지 아니하고, 원고는 구 국가계약법 시행령 제76조 제1항 제6호에 규정된 '정당한 이유 없이 계약을 이행하지 아니한 자'에 해당하므로, 같은 이유에서 행해진 피고의 이 사건 처분 또한 적법하다.

3. 미국 정부조달계약에 관한 발주금지[20)]

(1) 미국에서 정부조달계약(Government Procurement Contract)에 관한 법률은 민간부문의 '연방의 재산 및 행정업무에 관한 법률'(Federal Property and Administrative Services Act)과 군사부문의 국방조달법(Armed Services Procurement Act)인데, 계약절차에 관한 자세한 내용은 1984년부터 민간부문과 군사부문을 포괄하는 행정입법인 연방조달규칙(Federal Acquisition Regulation; FAR)에 의해 규율되고 있다. 이러한 연방조달규칙(FAR) 및 기타 정부조달계약에 관한 규칙들은 우리나라의 부정당업자 입찰참가자격 제한에 상응하는 '발주금지'(Debarment)를 규정하고 있다.

(2) 발주금지의 사유는 크게 두 가지로 나뉘는데, 첫째는 노동보호, 환경보호, 부패방지, 불법취업방지 등에 관한 민사·형사법률을 위반한 행위이고, 둘째는 이전에 체결된 조달계약에 관하여 발주금지를 정당화할 만한 중대한 불이행·불완전이행이 있는 경우, 달리 표현하여, 한 개 또는 다수의 계약에 관한 '악의적 불이행'(willful failure to perform) 또는 '일련의 불이행·불완전이행의 경력'(a history of failure to perform, or of unsatisfactory performance)이 있는 경우이다. 전자는 법률에 의거한 발주금지라는 의미에서 'statutory debarment'라고 일컬어지며 또한 이를 통해 법률의 준수를 강제한다는 취지에서 'inducement debarment'(유도적 발주금지)라고도 한다. 후자는 법률이 아니라 조달규칙에 의거한 것이라는 의미에서 'regulatory debarment'라고 하고, 특정 계약의 수행에서 확인되는 '계약이행능력에 관한 신뢰성의 결여'(nonresponsibility)를 장래에 향하여 확대하는 것이라는 의미에서 'nonresponsibility debarment'라고도 한다.

(3) 발주금지는 통상 3년 이내로 부과되는데, 1988년의 작업장마약방지법(Drug-Free Workplace Act) 위반의 경우에는 5년 이내로 부과된다. 발주금지의 부과 여부 및 부과기간에 관하여 재량이 부여되어 있다. 면제

---

20) 박정훈, "부정당업자의 입찰참가자격제한의 법적 제문제", 서울대학교 법학 제46권 제1호(2005), 289~290면.

또는 감경사유에 관해서는 상대방 기업이 주장·증명책임을 부담한다. 민사·형사법률 위반행위의 경우 법원의 확정판결이 선고되기 이전에도 증거가 충분한 경우에는 발주금지가 가능하다. 형사판결의 경우에는 '합리적 의심의 배제'(beyond a reasonable doubt)가 필요하지만, 발주금지는 민사소송에서와 같이 '증거의 우월'(preponderance of evidence)로 충분하다. 이와 같이 확정판결 이전에도 충분한 증거에 의거하여 '(종국적) 발주금지'(debarment)가 가능하지만, 일단 법률위반에 관해 민사·형사소송이 계류 중인 경우에는 그것만을 이유로 '임시발주제한'(suspension)을 할 수 있다. 기간은 12개월인데, 그동안 소송이 종료되지 않으면 1차에 한해 6개월 더 연장할 수 있고, 그때까지도 소송이 종료되지 않으면 더 이상 불가능하다. 임시발주제한의 여부도 행정청의 재량에 속한다.

(4) 연방재산·기록관리청(General Services Administration)은 행정기관 또는 회계감사원(General Accounting Office)에 의해 발주금지 또는 임시발주제한이 부과된 모든 기업들의 통합 명단(Consolidated List)을 기록·관리한다. 이러한 통합 명단에 의하여 연방의 모든 기관들의 조달계약에 대해서도 발주가 금지된다.

4. 대상사안의 검토

가. 관련 조항의 내용

국가계약법 시행령 제76조 제5항은 "각 중앙관서의 장은 제1항 내지 제4항의 규정에 의하여 자격이 제한된 자를 대표자로 사용하여 그 대표자가 입찰에 관여하는 경우에는 그 사용자에 대하여도 제1항의 규정을 적용한다"고 규정하고 있고, 같은 조 제1항은 "각 중앙관서의 장은 계약상대자, 입찰자 또는 제30조 제2항에 따라 지정정보처리장치를 이용하여 견적서를 제출하는 자(이하 '계약대상자등') 또는 계약상대자등의 대리인, 지배인, 그 밖의 사용인이 다음 각 호의 어느 하나에 해당하는 경우에는 법 제27조에 따라 해당 사실이 있은 후 지체 없이 1개월 이상 2년 이하의 범위에서 계약상대자등의 입찰참가자격을 제한하여야 한다"고 규정하고 있으며, 같은 조 제9항은 “각 중앙관서의 장은 제1항 내지 제4항의 규정에 의하여 자격이 제한된 자가 상호, 대표자변경 등의 방법으로 제한기간내에 입찰에 참가하는 것을 방지하기 위하여 입찰참가자의 주민등록번호 법인등록번호, 관계법령상의 면허 또는 등록번호등을 확인하여야 한다”고 규정하고 있다.

나. 판 단

이러한 관계 규정의 형식과 내용 및 국가계약법 제27조 제1항에서 부정당업자의 입찰참가자격을 제한하는 제도를 둔 취지가 국가를 당사자로 하는 계약에서 공정한 입찰 및 계약질서를 어지럽히는 행위를 하는 자에 대하여 일정기간 동안 입찰참가를 배제함으로써 국가가 체결하는 계약의 성실한 이행을 확보함과 동시에 국가가 입게 될 불이익을 미연에 방지하기 위한 것인 점[21] 등을 종합하여 보면, 국가계약법 시행령 제76조 제5항을 적용하여 입찰참가자격을 제한하기 위해서는 제1항 내지 제4항의 규정에 의하여 자격이 제한될 수 있을 뿐 아직 자격이 제한되지 않은 대표자를 사용하고 있는 사용자라는 것만으로 부족하고, 제1항 내지 제4항의 규정에 의하여 먼저 자격이 제한되고, 그 후 그 자를 대표자로 사용하여 그로 하여금 입찰에 관여하도록 하는 경우이어야 한다.

다. 결 론

이와 같이 이 사건 처분 이전에 C의 입찰참가자격 제한되어 있지 않았음에도, 피고는 C가 원고의 대표이사라는 점만을 근거로 C와 동시에 원고에게도 6개월의 입찰참가자격을 제한하는 이 사건 처분을 하였다. 따라서 이 사건 처분은 국가계약법 시행령 제76조 제5항의 요건을 충족하지 못함에도 이를 근거로 내려진 법령상 근거 없는 처분이다. 그렇다면 이 사건 처분은 처분근거 없이 내려진 처분이므로 위법하다.

---

21) 헌법재판소 2005. 6. 30. 선고 2005헌가1 결정.

[6] 여행사에 대한 유류할증료 등 시정명령

서울고등법원 2014. 11. 26. 선고 2014누41635 판결[1)]

Ⅰ. 사실관계

(1) 원고 주식회사 ○○투어는 사이버몰[2)]을 통해 여행상품 판매에 관한 정보를 제공하고 소비자의 청약을 받아 여행상품을 판매하는 온라인 여행사로서, 「전자상거래 등에서의 소비자보호에 관한 법률」(이하 '전자상거래법') 제2조 제3호에 규정된 통신판매업자에 해당한다.

(2) 해외여행상품의 가격에 포함되는 항공료는 일반적으로 (i) 기본운임, (ii) 항공사들이 유가 인상에 따른 손실을 보전하기 위해 추가로 부과하는 금액인 유류할증료, (iii) 그 외 국내외 공항시설이용료, 전쟁보험료, 관광진흥기금 등을 합한 금액을 의미하는 항공 택스(TAX)로 세분화된다. 항공사들은 매달 16일경 다음 달에 적용될 항공 노선별 유류할증료를 달러화로 표시해 공시하고, 각 항공편에 대한 유류할증료는 각 발권일 기준 환율을 적용해 원화로 환산된 금액으로 소비자에게 청구된다. 항공 택스 역시 적용되는 기준 환율에 따라 그 금액이 달라진다. 여행사들은 컴퓨터 항공예약시스템을 통해 항공사들이 책정한 유류할증료와 항공 택스, 잔여 좌석 현황 등을 확인할 수 있다.

(3) 2014. 7. 14. 대통령령 제25455호로 일부 개정되면서 신설된 구 항공법 시행령 제45조 제2항 내지 제5항에서 항공운송사업자 및 여행업자로 하여금 유류할증료, 공항시설이용료 등 항공교통이용자가 납부해야 하는 모든 금액을 합산한 항공운임 등 총액에 관한 정보를 항공교통이용

1) 원고가 상고를 제기하였으나, 대법원 2015. 3. 26.자 2014두46737 판결로 심리불속행기각되었다.

2) 컴퓨터 등과 정보통신설비를 이용하여 재화 등을 거래할 수 있도록 설정된 가상의 영업장을 말한다(전자상거래법 제2조 제4호).

자에게 제공하도록 규정해 여행상품 가격에 총액운임 반영을 의무화하기 전까지, 원고 등 온라인 여행사들은 대부분 기본운임만 여행상품 가격에 포함시켜 표시하고, 유류할증료 및 항공 택스는 유가 및 환율변동 가능성을 이유로 별도의 항목으로 안내·청구해 왔다.

(4) 원고는 자신이 운영하는 사이버몰을 통해 판매한 2013. 6. 1. ~ 2013. 7. 31. 기간 중 출발하는 괌, 방콕, 상하이, 세부, 오사카, 하와이, 홍콩 등 7개 지역 해외여행상품(이하 '이 사건 여행상품') 중 총 1,720건에 대해 그 유류할증료 및 항공 택스 금액을 자신이 항공사에 지급해야 하는 것보다 10,000원 이상 높은 금액으로 안내해 소비자로부터 이를 지급받는 등 유류할증료 및 항공 택스 금액을 실제보다 높은 가격으로 알려 소비자와 거래하였다(이하 '이 사건 행위').

(5) 피고 공정거래위원회는 2013. 12. 19. 의결 제2013-216호로 원고가 위와 같이 전자상거래법 제21조 제1항 제1호에서 금지한 '거짓 사실을 알려 소비자와 거래하는 행위'를 했다는 이유로 원고에게 시정명령과 공표명령(이하 '이 사건 처분')을 하였다.[3]

(6) 원고는, (i) 항공운임체계의 특성상 소비자들이 여행상품을 구매하는 시점에는 아직 해당 상품에 적용될 유류할증료 및 항공 택스 금액이 확정되어 있지 않아, 원고로서는 불가피하게 위 금액을 자체 산정한 예상금액으로 안내해 거래할 수밖에 없었고, (ii) 위와 같은 자체 산정 예상금액을 안내하면서 유류할증료 및 항공 택스 금액이 추후 변동될 수 있다는 사실도 함께 표시해 소비자에게 알렸으며, (iii) 원고가 자체 산정한 유류할증료 및 항공 택스 예상금액을 안내한 것은 소비자를 유인 또는 현혹하거나 거래를 성립하도록 하기 위한 수단이라고 볼 수 없다는 점 등을 고려하면, 원고가 소비자에게 '거짓 사실'을 알렸다거나 그로 인해 소비자와 거래했다고 볼 수 없고, 설령 그렇지 않다 하더라도 원고의 이 사건 행위를 탓할 수 없는 정당한 사유가 인정된다고 주장하였다.

---

3) 피고는 원고에게 이 사건 처분과 함께 5,000,000원의 과태료 납부명령도 했으나, 원고는 과태료에 관해서는 이 사건에서 다투지 않았다.

Ⅱ. 참조 조문

1. 전자상거래 등에서의 소비자보호에 관한 법률

제21조(금지행위) ① 전자상거래를 하는 사업자 또는 통신판매업자는 다음 각 호의 어느 하나에 해당하는 행위를 하여서는 아니 된다.

1. 거짓 또는 과장된 사실을 알리거나 기만적 방법을 사용하여 소비자를 유인 또는 소비자와 거래하거나 청약철회등 또는 계약의 해지를 방해하는 행위

② 공정거래위원회는 이 법 위반행위를 방지하고 소비자피해를 예방하기 위하여 전자상거래를 하는 사업자 또는 통신판매업자가 준수하여야 할 기준을 정하여 고시할 수 있다.

제32조(시정조치 등) ① 공정거래위원회는 사업자가 다음 각 호의 어느 하나에 해당하는 행위를 하거나 이 법에 따른 의무를 이행하지 아니하는 경우에는 해당 사업자에게 그 시정조치를 명할 수 있다.

2. 제21조 제1항 각 호의 금지행위 중 어느 하나에 해당하는 행위

② 제1항에 따른 시정조치는 다음 각 호의 어느 하나에 해당하는 조치를 말한다.

1. 해당 위반행위의 중지
2. 이 법에 규정된 의무의 이행
3. 시정조치를 받은 사실의 공표
4. 소비자피해 예방 및 구제에 필요한 조치
5. 그 밖에 위반행위의 시정을 위하여 필요한 조치

③ 제2항 제3호에 따른 시정조치를 받은 사실의 공표에 필요한 사항과 같은 항 제4호에 따른 소비자피해 예방 및 구제에 필요한 조치의 구체적인 내용은 대통령령으로 정한다.

④ 공정거래위원회는 다음 각 호의 어느 하나에 해당하는 경우에는 대통령령으로 정하는 바에 따라 1년 이내의 기간을 정하여 그 영업의 전부 또는 일부의 정지를 명할 수 있다.

1. 제1항에 따른 시정조치명령에도 불구하고 위반행위가 대통령령으로 정하는 기준 이상으로 반복되는 경우
2. 시정조치명령에 따른 이행을 하지 아니한 경우

> 3. 시정조치만으로는 소비자피해의 방지가 어렵거나 소비자에 대한 피해보상이 불가능하다고 판단되는 경우

Ⅲ. 판시사항

전자상거래법 제21조 제1항 제1호에서 금지하는 '거짓 사실을 알려 소비자와 거래하는 행위'란 재화 또는 용역을 구매하는 데 영향을 미칠 수 있는 사실의 전부나 일부를 신의성실의 의무에 비추어 비난받을 정도의 방법으로 조작·은폐하거나 누락·축소해서 소비자로 하여금 이를 잘못 알게 한 채 소비자에게 불리한 내용으로 거래하는 등 공정한 거래를 저해할 우려가 있는 행위를 뜻한다.

Ⅳ. 해 설

1. 전자거래법상 '거짓 사실을 알려 소비자와 거래하는 행위'

대상사안에서는 거짓 사실을 알려서 소비자와 거래하는 행위의 의미가 문제되었다. 이하에서는 먼저 거짓의 의미가 문제된 판례를 검토하기로 한다.

가. 표시·광고의 공정화에 관한 법률상 '거짓 광고'의 의미

표시·광고의 공정화에 관한 법률(이하 '표시광고법')은 상품 또는 용역에 관한 표시·광고를 할 때 소비자를 속이거나 소비자로 하여금 잘못 알게 하는 부당한 표시·광고를 방지하고 소비자에게 바르고 유용한 정보의 제공을 촉진함으로써 공정한 거래질서를 확립하고 소비자를 보호하는 데 그 목적이 있다(제1조). 표시광고법 제3조 제1항 제1호, 제2호, 표시·광고의 공정화에 관한 법률 시행령(이하 '표시광고법 시행령') 제3조 제1항, 제2항에 의하면, '거짓·과장의 표시·광고'와 '기만적인 표시·광고'를 부당한 표시·광고의 유형으로 규정하고 있는데, 여기서 '거짓·과장의 표시·광고'라 함은 사실과 다르게 표시·광고하거나 사실을 지나치게 부풀려 표시·

광고하여 소비자를 속이거나 소비자로 하여금 잘못 알게 할 우려가 있는 표시·광고행위로서 공정한 거래질서를 저해할 우려가 있는 표시·광고를 말하고, '기만적인 표시·광고'라 함은 사실을 은폐하거나 축소하는 등의 방법으로 소비자를 속이거나 소비자로 하여금 잘못 알게 할 우려가 있는 표시·광고행위로서 공정한 거래질서를 해칠 우려가 있는 표시·광고를 말한다.[4)]

한편 일반 소비자는 표시·광고에서 직접적으로 표현된 문장, 단어, 디자인, 도안, 소리 또는 이들의 결합에 의하여 제시되는 표현뿐만 아니라 간접적으로 암시하고 있는 사항, 관례적이고 통상적인 상황 등도 종합하여 전체적·궁극적 인상을 형성하게 된다. 따라서 표시·광고가 소비자를 속이거나 소비자로 하여금 잘못 알게 할 우려가 있는지는 보통의 주의력을 가진 일반 소비자가 그 표시·광고를 받아들이는 전체적·궁극적 인상을 기준으로 하여 객관적으로 판단하여야 한다.[5)]

나. 자본시상법상 '거짓 기재'의 의미

증권신고서의 신고인이나 신고 당시 발행인의 이사 등이 증권신고서(정정신고서 및 첨부서류 포함) 중 중요사항에 관하여 거짓 기재 또는 표시를 하거나 사업보고서 제출대상법인이 사업보고서 등 중 중요사항에 관하여 거짓 기재 또는 표시를 하고, 그러한 위반행위에 대하여 고의 또는 중대한 과실이 있는 경우, 금융위원회는 과징금을 부과할 수 있다[구 자본시장과 금융투자업에 관한 법률(2013. 5. 28. 법률 제11845호로 개정되기 전의 것, 이하 '자본시장법') 제429조 제1항 제1호, 제3항 제1호, 제430조 제1항]. 최대주주에 관한 사항은 합리적인 투자자가 투자판단에 중요하게 고려할 상당한 개연성이 있는 중요사항에 해당한다. 따라서 자기의 계산으로 주식을 소유하고 있는 자와 명의상 주주가 상이함에도 증권신고서와 사업보고서 등에 명의상 주주를 최대주주로 기재하였다면, 자본시장법 제429조 제1항 제1호, 제3항 제1호에서 정한 '증권신고서와 사업보고서

4) 대법원 2019. 10. 17. 선고 2019두31815 판결.
5) 대법원 2018. 7. 12. 선고 2017두60109 판결.

등 중 중요사항에 관하여 거짓의 기재를 한 때'에 해당한다.[6)]

다. 양곡관리법상 '거짓 표시'의 의미

구 양곡관리법(2015. 1. 6. 법률 제12964호로 개정되기 전의 것, 이하 '법') 제20조의2, 제20조의3 제1항, 제2항, 제34조, 양곡관리법 시행규칙(2013. 10. 2. 농림축산식품부령 제44호로 개정된 것) 제7조의3 [별표 4], 제7조의4 제1호의 내용과 형식을 종합해 보면, 법에서 금지한 양곡의 생산연도·품질 등에 관한 사항을 거짓으로 표시한 행위 중 생산연도에 관한 표시는 쌀과 현미에 한하여 적용되고 그 이외의 양곡은 적용대상이 아니며, 또한 표시방법도 포장하여 판매하는 경우에는 포장재에, 포장하지 않고 판매하는 경우에는 용기 표면이나 푯말 등에 거짓표시를 한 경우만이 처벌대상이 된다. 그러므로 양곡가공업자나 양곡매매업자가 쌀과 현미 이외의 양곡에 관하여 생산연도를 사실과 달리 표시하거나, 포장판매하는 양곡의 포장재나 포장하지 않고 판매하는 양곡의 용기 표면, 푯말 등이 아니라 거래상대방에게 교부한 서면 등에 거짓 내용을 기재하는 것은 위 법에 의한 금지 및 처벌대상에 포함된다고 할 수 없다.[7)]

라. 전자거래법상 '거짓 사실'의 의미

전자상거래 및 통신판매 등에 의한 재화 또는 용역의 공정한 거래에 관한 사항을 규정함으로써 소비자의 권익을 보호하고 시장의 신뢰도를 높여 국민경제의 건전한 발전에 이바지하려는 것이 전자상거래법의 입법목적이다. 전자상거래법 제21조 제1항 제1호에서 '소비자를 유인하는 행위', '청약철회 또는 계약의 해제·해지를 방해하는 행위' 등은 별도의 행위유형으로 규정하고 있다. 이러한 점에 비추어 보면, 전자상거래법 제21조 제1항 제1호에서 금지하는 '거짓 사실을 알려 소비자와 거래하는 행위'란 재화 또는 용역을 구매하는 데 영향을 미칠 수 있는 사실의 전부나 일부를 신의성실의 의무에 비추어 비난받을 정도의 방법으로 조작·은폐

---

6) 대법원 2018. 8. 30. 선고 2014두9271 판결.
7) 대법원 2017. 3. 15. 선고 2016도17691 판결.

하거나 누락·축소해서 소비자로 하여금 이를 잘못 알게 한 채 소비자에게 불리한내용으로 거래하는 등 공정한 거래를 저해할 우려가 있는 행위를 뜻한다.

2. 대상사안의 검토

가. 예상금액과 확정된 금액의 차액을 원고가 수취함

원고가 사이버몰의 여행상품 안내 화면에 표시한 이 사건 여행상품의 유류할증료 및 항공 택스 예상금액은 이후 유가나 환율 변동에 따라 확정된 금액보다 높은 경우가 대부분이었는데, 원고는 이러한 경우 위 각 금액 사이 차액을 소비자에게 돌려주거나 소비자가 돌려 받을 수 있다고 알린 사실이 없다. 예를 들어 원고가 판매한 2013. 7. 11. 출발 오사카여행상품의 경우, 사이버몰의 여행상품 안내 화면에는 유류할증료 및 항공 택스의 금액을 140,000원으로 표시해 소비자로부터 위 금액을 지급받았으나, 실제로 원고가 항공사에 지불한 유류할증료 및 항공 택스는 111,200원에 불과했다. 양 금액 사이 28,800원의 차액이 발생했으나, 원고가 이를 소비자에게 돌려주지 않아 위 차액은 모두 원고의 수익으로 남았다.

이와 같이 소비자는 유류할증료 및 항공 택스 명목으로 실제 소요되는 것보다 많은 돈을 원고에게 지급하고도 그 차액을 돌려받지 못하는 손해를 입었으나, 이러한 손해의 가능성이 여행상품 구매 계약 과정에서 소비자에게 알려지지 않았다. 그렇다면 원고의 이 사건행위는 여행상품 구매에 있어 중요한 영향을 미치는 가격에 관한 사실의 일부를 은폐·누락해서 소비자로 하여금 이를 잘못 알게 함으로써 소비자에게 불리한 내용으로 거래한 것에 해당한다고 볼 수 있다.

나. 원고가 안내한 내용의 불명확성

원고는 이 사건 여행상품에 대한 사이버몰 안내 화면에 자체 산정한 유류할증료 및 항공 택스 예상금액을 표시하면서 “유류할증료 및 항공 택스는 유가와 환율에 따라 수시요금 변동될 수 있습니다” 또는 “국외여행표준약관에 준하여 유가 및 환율 변동 시 추가요금이 발생할 수 있습니다”라고 안내하였다. 그러나 위 안내는 단순히 요금 변동 또는 추가요금 발생 가능성만을 간략히 표시하고 있어, 위와 같은 안내만으로는 보통의 주의력을 가진 일반 소비자에게 자신이 지급한 금액은 여행사가 임의로 책정한 것으로 실제 유류할증료 및 항공 택스 금액보다 높은 액수일 수 있으므로 추후 그 차액을 환불받을 수 있다는 내용까지 알려주는 것이라고 보기 어렵다.

다. 차액의 환불가능성에 대한 안내의무의 불이행

(1) 원고는, 이 사건 행위는 소비자들의 여행상품 구매와 항공사들의 유류할증료 및 항공 택스 금액 확정 사이의 시간적 간격으로 인해 어쩔 수 없이 실제 금액과 차이가 있는 유류할증료 및 항공 택스 예상금액을 안내한 것에 불과해서 이를 거짓 사실을 알린 것으로 볼 수 없으므로, 이 사건 처분은 그 처분사유가 존재하지 않는다고 주장하였다.

그러나 이 사건 처분사유는 위와 같은 사정으로 실제와 차이가 나는 가격을 안내한 행위 자체가 아니라, 그와 같이 안내하면서 예상금액이 실제 발생할 유류할증료 및 항공 택스의 금액보다 높게 책정되었고, 그로 인해 차액이 발생할 가능성과 소비자가 이를 돌려받을 수 있다는 사실을 알리지 않고 거래했다는 것에 있다. 따라서 이와 다른 전제에 있는 원고의 위 주장은 이유없다.

(2) 또한 원고는 유류할증료 및 항공 택스의 예상금액을 안내한 행위가 소비자를 유인 또는 현혹하거나 거래를 성립하도록 하기 위한 수단으로 작용했다고 볼 수 없어 이 사건 처분사유가 인정되지 않는다고도 주장하였다.

그러나 전자상거래법 제21조 제1항 제1호의 ‘거짓 사실을 알려 소비자와 거래한 행위’ 규정을 ‘거짓 사실을 알린 행위’와 ‘거래의 성립’ 사이에 인과관계가 존재할 것을 요하는 의미로 해석할 아무런 근거가 없다.[8] 또한 위 규정이 금지하는 것에는 이 사건 행위와 같이 거짓 사실을 알려 소비자로 하여금 거래의 내용에 영향을 미치는 사항을 잘못 알게 한 채 소비자와 거래하는 행위가 포함되는 것으로 해석함이 타당하다. 설령 인과관계가 요구된다 하더라도 그것은 거짓 고지와 거래의 성립 사이에 요구되는 것이 아니라 거짓 고지와 불리한 조건의 용인 사이에 요구되는 것에 불과하므로, 원고의 주장은 부당하다.

라. 원고의 귀책사유

원고는 2000년부터 온라인 여행사를 운영해 오면서 항공사의 유류할증료 책정 동향 등에 관해 소비자로서는 접근이 어려운 정보들을 수집할 수 있었고, 이 사건에서도 그와 같이 수집한 정보를 바탕으로 유류할증료 및 항공 택스 예상금액을 산정했을 것으로 보이는 반면, 일반 소비자들은 이 사건 여행상품을 구매한 이후로도 실제 항공사들이 책정해서 해당 항공편에 적용한 유류할증료 등을 확인하기가 쉽지 않다.

앞서 살펴본 전자상거래법의 입법 목적 등에 비추어 보면, 위와 같이 가격 관련 정보에 대해 우월적 지위에 있는 원고로서는 자신이 책정한 유류할증료 및 항공 택스 예상금액이 실제 발생 금액보다 높은 액수일 수 있어 양 금액 사이 차액이 발생할 가능성이 있다는 점을 분명하고 적절하게 명시하는 방법으로 소비자에게 알려야 하고, 나아가 실제로 위와 같은 차액이 발생한 경우에는 이를 소비자에게 환불할 수 있는 유효하고 적절한 조치를 강구할 의무가 있다. 그럼에도 원고는 차액 발생 가능성 및 이에 대해 환불을 요청할 수 있다는 사실에 관해 소비자에게 아무런 안내나 통지를 하지 않았고, 오히려 발생한 차액을 자신의 수익으로 취한 잘못이 있다. 따라서 이 사건 행위에 관해 자신에게 아무런 귀책사유가 존재하지 않는다는 원고의 주장은 부당하다.

마. 원고가 차액을 보유함

(1) 이 사건 여행상품 중 일부는 소비자에게 안내한 유류할증료 및 항공 택스 예상금액이 원고가 실제로 항공사에 지급한 금액과 같거나 이보

---

8) 대법원 2014. 6. 26. 선고 2012두1525 판결.

다 적은 경우도 있었고, 양 금액의 차이가 10,000원 이내로 근소한 경우도 존재했던 사실은 인정된다. 그러나 양 금액의 차이로 인해 원고가 손해를 본 경우는 극소수인 반면 수익을 얻은 경우가 대부분이었고, 손해를 본 액수도 원고가 얻은 차액 수익에 비해 미미한 정도에 그쳤다. 한편 원고는 "추후 유류할증료 및 항공 택스가 예상금액보다 높게 책정되면 소비자들이 항공권을 취소·환불하는 경우가 많아, 고객을 잃게 될 위험을 줄이기 위해 예상금액을 높게 책정했다"는 취지로 주장하는데, 그와 같은 주장 내용에 비추어 보면 원고는 자체 추정 금액이 실제 항공사에 지급한 금액보다 많은 경우에는 그 차액을 그대로 보유한 반면, 자체 추정 금액이 항공사 지급금액보다 적은 경우에는 소비자에게 이를 알려 차액을 추가 청구해왔고 이로 인해 소비자의 취소·환불 요청이 발생했다는 것이 된다.

(2) 원고는 피고의 조사과정에서 유류할증료 등의 실제 지급액을 초과하는 부분은 관련지출비용에도 미치지 못하는 것이라는 취지의 주장을 한 바 있고, 원고의 대표이사는 피고에 제출한 확인서에서 항공사들이 마땅히 지급해야 할 유류할증료 관련 수수료를 회피함으로써 여행사들은 유류할증료 등의 별도부과에 따른 이익은 전혀 취하지 못한 채 비용만 부담하고 있다고 주장했다. 이로써 원고가 실제보다 높게 자체 추정 금액을 책정할 유인이 설명된다.

바. 원고에게 고의 · 과실이 없는 경우 제재처분의 부과

행정법규 위반에 대한 제재조치는 행정목적의 달성을 위해 행정법규 위반이라는 객관적 사실에 착안해서 가하는 제재이므로, 위반자에게 의무 이행을 기대하는 것이 무리인 사정이 있는 등 그 의무 해태를 탓할 수 없는 정당한 사유가 없는 한 위반자에게 고의나 과실이 없더라도 부과될 수 있다.[9)]

9) 대법원 2012. 6. 28. 선고 2010두24371 판결.

사. 결 론

따라서 이 사건 처분에 원고가 주장하는 위법사유는 인정되지 않으므로, 원고의 청구는 이유 없다.

[7] 국외여행자납부금 납부의무 규정의 위헌 여부

헌법재판소 2003. 1. 30. 선고 2002헌바5 결정[1)]

Ⅰ. 사실관계

(1) 청구인은 중화인민공화국(이하 '중국')의 외국인거류증을 발급받고 2001. 1. 20.경부터 북경시 조양구 소재 북경주황방지산신식자순 유한공사의 동사장 및 총경리로 재직하면서 계속적으로 우리나라와 중국을 왕래하고 있는 내국인으로서, 2001. 9. 12. 인천국제공항을 통해 출국하면서 국외여행자납부금 10,000원을 납부하였다.

(2) 이에 대하여 청구인은 2001. 10. 10. 문화관광부장관과 인천국제공항공사 등을 상대로 위 2001. 9. 12.자 관광진흥개발기금부과처분(이하 '이 사건 처분')의 취소를 구하는 행정소송을 제기하는 한편(서울행정법원 2001구40264호), 그 부과처분의 근거규정인 관광진흥개발기금법 제2조 제3항(이하 '이 사건 법률조항')에 대한 위헌제청신청을 하였다(2001아2321).

(3) 서울행정법원은 2001. 12. 27. 원고의 본안청구 및 위헌제청신청을 모두 기각하였는데, 청구인은 2002. 1. 3. 위 위헌제청신청에 대한 기각결정을 송달받고 1. 17. 헌법재판소법 제68조 제2항의 규정에 따라 이 사건 법률조항에 대한 헌법소원심판청구를 하였다.

Ⅱ. 참조 조문

1. 헌법재판소법

제68조(청구 사유) ① 공권력의 행사 또는 불행사(不行使)로 인하여 헌법상 보장된 기본권을 침해받은 자는 법원의 재판을 제외하고는 헌

1) 이에 대한 비판적 평석으로는 김성수, "국외여행자납부금에 대한 헌재결정의 문제점", 법률신문 제3164호(2003. 4).

법재판소에 헌법소원심판을 청구할 수 있다. 다만, 다른 법률에 구제절차가 있는 경우에는 그 절차를 모두 거친 후에 청구할 수 있다.

② 제41조 제1항에 따른 법률의 위헌 여부 심판의 제청신청이 기각된 때에는 그 신청을 한 당사자는 헌법재판소에 헌법소원심판을 청구할 수 있다. 이 경우 그 당사자는 당해 사건의 소송절차에서 동일한 사유를 이유로 다시 위헌 여부 심판의 제청을 신청할 수 없다.

제69조(청구기간) ① 제68조 제1항에 따른 헌법소원의 심판은 그 사유가 있음을 안 날부터 90일 이내에, 그 사유가 있는 날부터 1년 이내에 청구하여야 한다. 다만, 다른 법률에 따른 구제절차를 거친 헌법소원의 심판은 그 최종결정을 통지받은 날부터 30일 이내에 청구하여야 한다.

② 제68조 제2항에 따른 헌법소원심판은 위헌 여부 심판의 제청신청을 기각하는 결정을 통지받은 날부터 30일 이내에 청구하여야 한다.

2. 관광진흥개발기금법(1998. 9. 17. 법률 제5565호로 개정된 것)

제1조(목적) 이 법은 관광사업을 효율적으로 발전시키고 관광을 통한 외화 수입의 증대에 이바지하기 위하여 관광진흥개발기금을 설치하는 것을 목적으로 한다.

제2조(기금의 설치 및 재원) ① 정부는 이 법의 목적을 달성하는 데에 필요한 자금을 확보하기 위하여 관광진흥개발기금(이하 "기금"이라 한다)을 설치한다.

② 기금은 다음 각 호의 재원(財源)으로 조성한다.

1. 정부로부터 받은 출연금
2. 「관광진흥법」 제30조에 따른 납부금
3. 제3항에 따른 출국납부금
4. 「관세법」 제176조의2 제4항에 따른 보세판매장 특허수수료의 100분의 50
5. 기금의 운용에 따라 생기는 수익금과 그 밖의 재원

③ 국내 공항과 항만을 통하여 출국하는 자로서 대통령령으로 정하는 자는 1만 원의 범위에서 대통령령으로 정하는 금액을 기금에 납부하여야 한다.

> ④ 제3항에 따른 납부금을 부과받은 자가 부과된 납부금에 대하여 이의가 있는 경우에는 부과받은 날부터 60일 이내에 문화체육관광부장관에게 이의를 신청할 수 있다.
> ⑤ 문화체육관광부장관은 제4항에 따른 이의신청을 받았을 때에는 그 신청을 받은 날부터 15일 이내에 이를 검토하여 그 결과를 신청인에게 서면으로 알려야 한다.
> ⑥ 제3항에 따른 납부금의 부과·징수의 절차 등에 필요한 사항은 대통령령으로 정한다.

Ⅲ. 판시사항

(1) 국외여행자납부금은 관광사업의 효율적 발전 및 관광외화수입의 증대라는 과제를 위한 관광진흥개발기금의 재원을 마련하는 동시에, 내국인의 국외여행을 간접적으로 규제함으로써 관광수지 적자를 억제하고 국내 관광사업의 활성화를 유도하기 위하여 내국인 중 국외여행자라는 특정집단으로부터 재정충당 및 유도적 성격을 지닌 특별부담금이다.

(2) 헌법은 제37조 제2항에서 일반적 법률유보 조항을 두고 있으므로, 그 형식을 법률로 규정하고 입법목적이 정당한 경우, 재정충당 및 유도적 성격을 지닌 특별부담금제도의 도입자체는 허용된다. 다만, 그 구체적 내용이 과잉금지원칙이나 평등원칙과 같은 헌법상의 원칙들을 준수해야 한다.

(3) 국외여행자납부금의 재정충당 및 유도적 성격에 비추어 볼 때, '내국인 국외여행자'는 일반인과 구별되는 사회적으로 동질성을 가지는 특정집단으로서 관련된 공익적 과제 등에 관하여 집단적 책임이 있을 뿐만 아니라, 기금의 운용을 통한 관광시설의 개선 등 국내 관광사업의 발전과도 객관적인 관련성이 있다. 한편, 전체 인구 중 20%를 넘지 않는 상대적으로 소수인 내국인 국외여행자가 관광수지적자에 대한 직접적 원인을 제공하고 있다는 점에 비추어 보면, 입법자가 관광진흥개발기금의 재원확대를 위하여 일반 국민을 대상으로 한 조세의 방법을 선택하지 아니하고,

내국인 국외여행자만을 부과대상으로 한정한 현행 납부금제도를 선택한 것은 나름대로 합리성을 가진다. 한편, 이 사건 납부금이 일반적인 재정수입에 포함되는 것이 아니라 각종 관광시설의 건설 등 한정된 용도에만 사용된다. 또한 일반적으로 국제선 항공료 등이 이 사건 납부금보다 훨씬 고액이라는 점 등 여러 가지 사정에 비추어 볼 때, 이 사건 납부금이 이른바 '침해의 최소성의 원칙'이나 '법익균형성의 원칙'에 위배된다고 볼 수도 없다. 따라서, 이 사건 법률조항이 과잉금지의 원칙에 위배하여 내국인 국외여행자의 재산권 등의 본질적인 내용을 침해하였다고 볼 수 없다.

(4) 이 사건 법률조항은 규정의 형식이나 내용에서 내국인이 장기거주하고 있는 국가에 따른 차별을 예정하고 있지 않기 때문에, 가사 법 시행령 등에 차별적인 규정이 존재한다고 가정하더라도, 이러한 사유로 인하여 이 사건 법률조항 자체가 평등의 원칙에 위반된다고 할 수 없다.

Ⅳ. 해 설

1. 헌법소원

(1) 헌법소원은 공권력작용에 의해 헌법상 보장된 기본권이 침해되었다고 주장하는 사람이 헌법기관에 당해 공권력작용에 의한 헌법상 권리침해 여부의 심사를 청구하여 헌법상 권리를 구제받는 제도이다. 권리구제형 헌법소원은 공권력의 행사 또는 불행사로 말미암아 헌법상 보장된 기본권을 침해당한 자가 청구하는 헌법소원(헌법재판소법 제68조 제1항)으로, 법원의 재판은 헌법소원의 대상에서 제외되고, 다른 법률에 구제절차가 있는 경우에는 그 절차를 모두 거친 후에 비로소 제기할 수 있다(보충성의 원칙). 위헌심사형 헌법소원은 위헌법률심판 제청신청이 법원에 의해 기각된 경우 제청신청을 한 당사자가 청구하는 헌법소원(헌법재판소법 제68조 제2항)이다.

(2) 법률에 대한 헌법소원의 청구요건으로서, (i) 청구인 스스로가 당해 법률에 관련되어야 할 것(자기관련성), (ii) 당해 법률에 의하여 현재

기본권의 침해를 받아야 할 것(현재성), (iii) 법률에 따른 집행행위를 통하여서가 아니라 직접 당해 법률에 의하여 기본권 침해를 받아야 할 것(직접성)을 요구하고 있다.

(3) 헌법소원심판의 대상이 되는 공권력의 행사 또는 불행사는 헌법소원의 본질상 대한민국 국가기관의 공권력 작용을 의미하고, 외국이나 국제기관의 공권력 작용은 이에 포함되지 아니한다.[2)]

2. 관광진흥개발기금의 연혁과 내국인 국외여행자납부금제도

가. 기금의 설치

입법자는 관광사업의 효율적 발전과 관광외화수입의 증대에 필요한 재원을 마련하기 위한 목적으로 1972. 12. 29. 법률 제2402호로 법을 제정하였는데, 그 제정 당시 법 제2조에는 기금의 재원을 '정부로부터의 출연금, 기금의 운용에 의하여 생기는 수익금 및 기타의 재원'으로 하도록 규정되어 있었다.

나. 국외여행자 납부금제도의 도입

입법자는 1997. 1. 13. "관광목적으로 국외에 여행하는 내국인으로서 대통령령이 정하는 자는 2만 원의 범위안에서 대통령령이 정하는 금액을 기금에 납부하여야 한다"라는 내용의 법 제2조 제3항을 신설하여(법률 제5277호), '관광목적'의 내국인 국외여행자를 납부금의 부과대상으로 하는 제도(이하 '구 납부금제도')를 도입함으로써 기금의 재원을 확대하였다.

구 납부금제도는 관광산업을 국가전략산업으로 인식하여 지원·육성할 필요가 있음에도 불구하고 휴양시설, 안내체계 등 여러 가지 관광환경이 선진국에 비하여 미흡하기 때문에 내국인의 해외여행은 급증하는 반면에 외래관광객의 입국은 저조하여 관광수지적자가 매년 확대되고 있는 상태

2) 인도네시아국 경찰이 현행범이 아닌 대한민국 국민인 청구인을 체포 감금한 행위 및 청구인을 체포하면서 피의사실의 요지, 진술거부권 및 변호인선임권의 고지 등 이른바 '미란다 원칙'을 지키지 아니한 행위의 위헌확인을 구하는 심판청구는 헌법소원심판청구의 대상이 될 수 없어 부적법하다. 헌법재판소 1997. 9. 25. 선고 96헌마159 결정.

에서, 이러한 관광수지 적자를 억제함과 동시에 국내 관광산업의 진흥을 위한 기금을 확충하기 위해서는 일반국민의 조세부담을 증가시키는 것보다 국외관광을 향유하는 내국인집단에게 위 기금 재원의 일부를 부담하도록 하는 것이 타당하다는 입법자의 판단으로 도입된 것이다.

다. 국외여행자 납부금의 부과대상 확대

그런데 구 납부금제도를 시행하는 동안 공항과 같은 출국장에서 납부를 기피하는 내국인 국외여행자와 징수업무담당자 사이에 국외여행의 '관광목적' 여부에 따른 다툼이 발생하여 실무적으로 납부금의 징수에 관하여 상당한 혼란이 야기되었고, 한편, 2000년 아시아·유럽정상회의, 2002년 월드컵축구대회 등 지속적인 국제행사를 준비하기 위하여 기금의 재원을 확대할 필요성도 발생하였다. 이에 입법자는 구 납부금제도의 운영에서 발생한 실무적 문제점을 해결함과 동시에 기금의 재원을 확대할 목적으로 1998. 9. 17. "국외에 여행하는 내국인으로서 대통령령이 정하는 자는 2만 원의 범위 안에서 대통령령이 정하는 금액을 기금에 납부하여야 한다"라는 내용으로 이 사건 법률조항을 개정하여(법률 제5565호) '모든' 내국인 국외여행자를 납부금의 부과대상으로 하는 제도(이하 '현행 납부금제도')를 도입하였다.

3. 기금의 법적 성격과 현황 등

가. 기금의 설치근거, 재원 및 용도

관광진흥법에 의하면, '관광사업'은 '관광객을 위하여 운송·숙박·음식·운동·오락·휴양 또는 용역을 제공하거나 기타 관광에 부수되는 시설을 갖추어 이를 이용하게 하는 업'이라고 정의되는데(제2조 제1호), 기금은 이러한 관광사업을 효율적으로 발전시키고 관광외화수입의 증대에 기여하는 것을 목적으로 하여(제1조), 기금관리기본법에 터잡아서 정부의 출연금 또는 법률에 의한 민간부담금을 재원으로 하여 설치된 것이다(제2조의2 별표 26호).

한편 기금은 문화관광부장관이 관리·운용하고(제3조), 그 회계년도는 정부의 회계년도에 따르는데(제4조), 전반적으로 국내 관광사업의 발전을 위하여 필요한 사업에 대여 또는 보조하는 용도로 사용되고(제5조), 기금을 대여 또는 보조받은 자는 대여 또는 보조받을 때에 지정된 목적 이외에 이를 사용하지 못하며, 만일 대여 또는 보조받은 기금을 목적 이외에 사용하였을 때에는 대여 등을 취소하고 이를 회수하도록 규정되어 있다(제11조).

나. 기금의 현황

(1) 재무현황

2001년 말 현재 기금의 자본금은 342,433,129,270원으로서, 그 구성비율을 살펴보면 ① 국외여행자납부금이 117,232,566,730원(약 34.2%, 2001년 납부금액은 47,218,013,620원임), ② 정부 출연금이 40,149,850,000원(약 11.7%, 1983년부터 2001년까지 출연이 중단되었음), ③ 카지노납부금이 142,120,445,640원(약 41.5%, 2001년 납부금액은 37,531,475,330원임), ④ 일자리창출전입금이 25,298,483,320원(약 7.4%, 2000년부터 2001년까지 전입이 중단되었음), ⑤ 민간출연금이 17,464,201,580원(약 5.1%), ⑥ 카지노업체미납부금이 166,582,000원이다. 따라서, 2001년 현재 국외여행자납부금은 카지노납부금과 함께 기금의 주요재원으로 활용되고 있다고 볼 수 있다.

(2) 사용내역

2001년도에 이루어진 기금의 사용내역 등을 살펴보면, ① 관광산업 육성을 위한 조사·연구를 위하여 한국관광연구원을 운용하고, 외래관광객 유치를 위하여 종합관광안내소 등을 설치·운영하고, 안내표지판을 설치하며, 관광분야 일자리를 창출할 목적으로 근로복지진흥기금에 출연하는 등의 용도로 '경상지출'이 이루어졌고, ② 관광의 기반시설을 확충하기 위한 관광시설의 건설 및 개보수, 관광교통수단의 확보 또는 개보수, 국민관광진흥산업 및 관광사업의 활성화를 위한 관광사업체 운영자금지원 등의 용도로 '융자지출'이 이루어졌다. 위와 같은 사업내역에 비추어 볼 때, 위와 같은 기금의 운용으로 인한 전반적인 관광산업의 개선효과는 외래관광객뿐만 아니라 국내의 관광·교통시설을 이용하는 모든 사람들에게 편익을 제공하는 것으로 볼 수 있다.

다. 우리나라의 관광수지 현황

우리나라 관광수지는 1997년 당시 미화 11억 4,560만 달러의 적자를 기록했었는데(외래관광객 3,908,000명, 내국인 국외여행자 4,542,000명), 1997년 말의 외환위기로 인하여 내국인 국외여행자가 급감하여 1998년부터 2000년까지 3년 정도 흑자를 기록하였다. 그러나, 2001년에는 다시 미화 6억 440만 달러의 관광수지 적자를 기록하였고(외래관광객 5,147,000명, 내국인 국외여행자 6,084,000명), 2002년 1월부터 5월까지는 미화 7억 3,790만 달러의 관광수지 적자를 기록하고 있다(외래관광객 2,089,000명, 내국인 국외여행자 2,814,000명).

4. 현행 납부금제도의 법적 성격 등

가. 부담금

현행 납부금제도는 관광기반시설인 공항 등을 이용하여 국외여행을 함으로써 관광수지 적자에 기여하고 있는 내국인들에게 일정한 액수의 납부금을 부과함으로써 국외여행을 간접적으로 규제하면서 국내 관광의 진흥을 위한 재원을 확보하는 수단으로 볼 수 있다. 전통적인 공과금체계에 관한 분류법에 따르면 기금의 재원 중 하나로 활용되는 이 사건 국외여행자납부금은 일종의 부담금(負擔金)으로 분류될 수 있고, 관광수지 적자를 유발한 내국인 국외여행자에 부과한다는 측면에서는 원인자부담금에 유사한 성격을, 국외여행을 하는 기회에 관광기반시설을 이용함으로써 효용을 누리는 자에게 부과한다는 측면에서는 수익자부담금에 유사한 성격을 지닌다.

나. 특별부담금

그러나 국외여행자납부금은 특정한 공익사업의 경비충당을 위한 것이 아니고, 납부의무자인 내국인 국외여행자가 위와 같은 기금의 운용을 통한 구체적 목적사업에 대하여 직접적인 원인을 제공하였거나 수익을 얻었다고 보기는 어렵기 때문에, 위와 같은 목적사업 등에 관한 공익과 이해관계자의 사익(私益)을 수치적·계량적으로 비교·형량하는 방법으로 법익균형성의 구비 여부 등을 판정할 수 없다. 따라서, 이 사건 국외여행자납부금은 '관광사업의 효율적 발전'을 위하여 필요한 재원을 확보하면서 '관광수지적자의 억제'라는 국가적 목적을 달성하기 위하여 부과된다는 점에서, 새로운 공과금 유형으로 논의되고 있는 이른바 '특별부담금'에 해당한다.[3)]

다. 특별부담금제도에 관한 헌법재판소의 선례

헌법재판소는 기금의 재원 중 하나인 카지노사업자납부금에 관련된 헌법소원청구사건[4)]에서 특별부담금의 성격과 허용한계에 대하여 다음과 같이 구체적으로 판시하였다.[5)]

(1) 특별부담금은 공적 기관에 의한 반대급부가 보장되지 않는 금전급부의무를 설정하는 것이라는 점에서 조세와 유사하다. 그러나 특별부담금은 특별한 과제를 위한 재정충당을 위하여 부과된다는 점에서 일반적인 국가재정수요의 충당을 위하여 부과되는 조세와는 구분되고, 무엇보다도

---

3) 텔레비전 방송수신료는 공영방송사업이라는 특정한 공익사업의 경비조달에 충당하기 위하여 수상기를 소지한 특정 집단에 대하여 부과되는 특별부담금에 해당한다(대법원 2000. 2. 25. 선고 98다47184 판결).; 문예기금은 문화예술진흥을 위한 사업이나 활동을 지원하기 위하여 설치되어 독립된 회계로 관리되는바, 위 기금 모금의 법적 성질은 문화예술진흥을 위한 공익목적에 충당하기 위하여 문화예술진흥법 제19조 제1항 각 호가 정한 공연장 등을 이용하고자 하는 특정 집단에게 부과되는 공과금으로서 특별부담금에 해당한다(서울행정법원 2002. 10. 10. 선고 2002구합16887 판결, 확정).

4) 헌법재판소 1999. 10. 21. 선고 97헌바84 결정.

5) 헌법재판소는 특별부담금의 허용요건으로서 (i) 납부의무자들의 동질성, (ii) 납부금사용의 집단적 효용성, (iii) 부담금의 부과목적에 대한 의무자들의 근접성, (iv) 그로 인한 집단적 책임성을 들고 있다. 김성수, 12면.

특별부담금은 특정집단으로부터 징수된다는 점에서 일반국민으로부터 그 담세능력에 따라 징수되는 조세와는 다르다.

(2) 조세나 부담금과 같은 전통적인 공과금체계로는 현대국가의 새로운 행정수용에 원활하게 대처할 수 없기 때문에 특별부담금이라는 새로운 유형의 공과금을 도입할 필요성이 인정되고, 우리 헌법 제37조 제2항에 의하면 국민의 모든 자유와 권리는 국가안전보장·질서유지 또는 공공복리를 위하여 필요한 경우에 한하여 법률로써 제한할 수 있도록 하고 있으므로, 국민의 재산권을 제한하는 특별부담금제도를 도입하는 것 자체는 헌법상 문제가 없다.[6)]

(3) 다만 특별부담금을 부과함으로써 국민의 재산권을 제한하는 법률규정이 헌법에 위배되지 않기 위하여는 헌법 제37조 제2항에서 정하고 있는 과잉금지의 원칙이 지켜져야 하고, 평등의 원칙에 위배되어서는 아니됨은 물론이다. 특히 조세유사적 성격을 지니고 있는 특별부담금의 부과가 과잉금지의 원칙과 관련하여 방법상 적정한 것으로 인정되기 위해서는, 이러한 부담금의 부과를 통하여 수행하고자 하는 특정한 경제적·사회적 과제에 대하여 특별히 객관적으로 밀접한 관련이 있는 특정집단에 국한하여 부과되어야 하고,[7)] 이와 같이 부과·징수된 부담금은 그 특정과

6) 농촌근대화촉진법 제40조 규정 등에 의하여 농지개량조합은 비사업기간 중 조합시설의 사용을 원하는 일부 조합원들에게 특별부담금을 부과징수할 수 있으나, 그 수익자들의 비용 부담이나 그에 관한 각서제출이 반드시 사전에 이루어져야 된다고 볼 근거가 없다. 위 조합은 농지의 보존과 이용을 위하여 필요한 배수시설의 설치·관리 등 임무를 수행하기 위하여 같은 법을 근거로 설립된 공적 기구로서 이른바 비사업기라 하더라도 필요한 경우 수문의 개폐조작이나 양수기 등 배수시설을 가동하는 등 방법으로 농작물과 농민주택등을 수해로부터 보호하여야 할 책임이 있다. 위 특별부담금은 같은 법 제45조, 제46조 등에 의거 사후에 지방세체납처분의 예에 따라 강제징수할 수도 있으므로, 비사업기간 중이긴 하지만 몽리(蒙利) 구역 내에서 농작물을 재배하고 있던 조합원들이 폭우로 농지가 침수되는 긴급한 상황에서 배수를 위한 양수기 가동 요구를 하였다면 비록 그들이 그 비용 부담을 하겠다는 각서를 미리 제출하지 않았다 하더라도 조합으로서는 이에 응할 의무가 있다. 위 조합원들이 그 비용 부담에 관한 각서를 제출하지 않는다는 이유만으로 배수시설의 가동을 지체하여 농지의 침수를 초래한 것은 이러한 의무를 위반한 불법행위에 해당한다. 대법원 1992. 9. 14. 선고 92다19347 판결.

7) 특별부담금의 헌법적 정당화 사유 중 집단적 동질성의 개념은 입법자가 설정한 인위적이며 작위적인 동질성을 의미하는 것이 아니다. 여기에서의 집단적 동질성은 역사적 · 사회적인 개념으로서 부담금의 부과 이전에 이미 상당한 기간동안 객관적 · 경험적으로 당해 집단에 특유한 가치의 공유 또는 집단적 연대감(Gruppensolidaritaet) 등을 통하여 다른 집단과 구분될 수 있음을 의미한다. 따라서 여기에서의 집단적 동질성은 이미

제의 수행을 위하여 별도로 지출·관리되어야 하며 국가의 일반적 재정수입에 포함시켜 일반적 국가과제를 수행하는 데 사용하여서는 아니 된다.[8] 그러므로 부담금의 수입이 반드시 부담금의무자의 집단적 이익을 위하여 사용되어야 한다고는 볼 수 없으나, 부담금의무자의 집단적 이익을 위하여 사용되는 경우에는 부담금부과의 정당성이 제고되는 것이다.

라. 특별부담금의 성격에 따른 분류

특별부담금을 그 성격에 따라 다시 세분하면, (i) 일정한 임무를 수행하기 위하여 재정경비를 조성하기 위한 목적을 가진 '재정충당 특별부담금'과,[9] (ii) 법상의 명령이나 금지와 같은 직접적인 규제수단이 아니라 금전에 의한 간접적인 규제수단에 의하여 일정한 국가목적을 유도하고 조정하는 기능을 하는 '유도적 특별부담금'으로 나눌 수 있다.

마. 이 사건 국외여행자납부금의 법적 성격

현행 납부금제도는 관광사업의 효율적 발전 및 관광외화수입의 증대라는 과제를 위한 기금의 재원을 마련하는 동시에, 내국인의 국외여행을 간접적으로 규제함으로써 국내 관광사업의 활성화를 유도하기 위하여 내국인중 국외여행자라는 특정집단으로부터 재정충당 및 유도적 성격을 지닌 특별부담금을 징수하는 것으로 파악할 수 있다.

5. 이 사건 법률조항의 위헌 여부

위에서 살펴 본 바와 같이 우리 헌법은 제37조 제2항에서 일반적 법률유보 조항을 두고 있으므로, 그 형식을 법률로 규정하고 입법목적이 정

'주어진 것'이지 '법률을 통하여 만들어질 수 있는 것'과는 구별된다. 예를 들어 종중의 구성원, 동일업종에 종사하는 근로자, 의사 · 약사 등 유사한 직업윤리와 가치를 공유하는 집단 등이 이에 속한다고 볼 수 있다(김성수, 12면).

8) 헌법재판소 1998. 12. 24. 선고 98헌가1 결정.

9) 골프장 부가금은 국민체육진흥계정의 재원을 마련하는 데에 그 목적이 있을 뿐, 그 부과 자체로써 골프장 부가금 납부의무자의 행위를 특정한 방향으로 유도하거나 골프장 부가금 납부의무자 이외의 다른 집단과의 형평성 문제를 조정하고자 하는 등의 목적이 있다고 보기 어렵다는 점 등을 고려할 때, 재정조달목적 부담금에 해당한다. 헌법재판소 2019. 12. 27. 선고 2017헌가21 결정.

당한 경우 특별부담금제도의 도입자체는 허용된다. 다만, 현행 납부금제도가 허용되기 위해서는 그 구체적 내용이 과잉금지원칙이나 평등원칙과 같은 헌법상의 원칙들을 준수해야 하므로,[10] 아래에서는 이에 대하여 구체적으로 살펴본다.

가. 과잉금지의 원칙 위반 여부

(1) 문제의 제기

이 사건 법률조항은 2만 원의 범위 안에서 대통령령이 정하는 액수의 납부금을 내국인 국외여행자에게 부과할 수 있도록 하고 있으므로, 이로 인하여 내국인 국외여행자의 재산권 등이 침해될 우려가 있다. 따라서 이 사건 법률조항이 헌법에 위배되지 않기 위해서는 헌법 제37조 제2항에서 정하고 있는 입법활동의 한계라고 할 수 있는 과잉금지의 원칙이 지켜져야 한다. 다시 말하면, 입법의 목적이 헌법과 법률의 체제상 그 정당성이 인정되어야 하고, 입법자가 선택한 방법이 그 목적의 달성을 위하여 효과적이고 적절해야 하며, 입법목적을 달성하기 위하여 똑같이 효과적인 방법중에서 기본권을 보다 적게 침해하는 방법을 사용하여야 하고, 입법에 의하여 보호하려는 공익과 이로 인하여 침해되는 사익을 비교·형량하여 양자 사이에 합리적인 비례관계가 이루어져야 한다.

(2) 입법목적의 정당성

위에서 본 바와 같이 기금은 국내 관광사업의 효율적 발전 및 관광외

---

10) 문예진흥기금의 모금은 국민들에게 금전적 부담을 지운다는 점에서 그 모금방법 또한 가능한 한 구체적이고 명확한 입법적 규율이 필요한 사항이다. 설사 모금액이 낮게 책정되어 그 부담이 비교적 경미하다 하더라도 모금의 방법이나 절차에 관한 최소한의 규율은 근거법률에 유보되어야 한다. 그런데 심판대상 법조항(구 문화예술진흥법 제19조 제5항 및 제19조의2 제3항)은 모금의 절차와 방법에 관하여 아무런 제한 없이 대통령령에 위임하고 있다. 그리하여 납부고지, 납부시기, 납부방법, 미납시의 조치, 불복방법 등을 어떻게 규율할 것인지는 오로지 행정권의 임의적 판단에 맡겨져 있다. 심판대상 법조항들의 입법목적, 법의 체계나 다른 규정, 관련법규를 살펴보더라도 대통령령 등에 규정될 내용의 대강을 충분히 예측할 수 없다. 결국 심판대상 법조항들은 구체적으로 범위를 정하지 아니한 채 입법사항을 포괄적으로 대통령령에 위임한 것이어서 헌법 제75조에 규정된 포괄위임입법금지의 원칙에 위배된다. 헌법재판소 2003. 12. 18. 선고 2002헌가2 결정.

화수입의 증대에 기여하기 위하여 설치된 것이기 때문에 그 공익성이 인정된다. 한편 이 사건 법률조항은 공항이나 항만 등을 비롯한 관광기반시설을 이용하여 국외여행을 하면서 관광수지에 부의 영향을 주는 내국인 집단에 대하여 국외여행자납부금을 부담시킴으로써 관광수지적자를 억제함과 동시에 기금의 재원을 조성하는 등의 방법으로 국내 관광사업의 활성화 등을 유도하고 있다. 그렇다면, 일단 이 사건 법률조항의 입법목적은 정당하다.

(3) 방법의 적정성

(가) 기금의 조성, 국내 관광의 진흥, 관광수지적자의 억제 등과 같은 이 사건 법률조항의 입법목적에 비추어 볼 때, 이 사건 법률조항에 따라서 '모든' 내국인 국외여행자에게 국외여행자납부금을 부담시키는 것이 과연 적절한 것인지 여부를 살펴볼 필요가 있다.

(나) 내국인의 국외여행에 관한 주된 목적이 사업상의 목적 등 다른 목적인 경우에도 사실상 관광의 목적을 겸하고 있거나 이와 결부될 가능성이 매우 높고, 더욱이 '관광수지적자의 억제'라는 측면에서는 위와 같은 여행과 관광을 주된 목적으로 하는 여행을 구별해야 하는 실질적인 이유를 발견하기 어렵다. 한편 국외관광과 국내관광은 상호 대체재(代替財)적 성격이 있다고 볼 수 있는데, '내국인 국외여행자'는 잠재적인 국내여행자임에도 불구하고 현실적으로 국내 관광산업의 활성화에 적극적·긍정적인 역할을 하지 않고, 오히려 관광수지적자에 직접적인 원인을 제공하고 있는 것으로 파악할 수 있다. 또한, 내국인이 국외여행을 하기 위해서는 반드시 국내 관광기반시설인 공항이나 항만 등을 이용하게 되는데, 기금의 운용으로 인한 관광기반시설의 개선효과는 국내의 교통시설 등을 이용하는 여행자들에게 직접적 편익을 제공하게 된다. 그렇다면, '내국인 국외여행자'는 공통의 조건이나 이익상태 등에 의하여 일반인이나 다른 집단과 구별되는 사회적으로 동질성을 가지는 특정집단으로서 이 사건 납부금의 부과를 통하여 해결하고자 하는 공익적 과제 등에 관하여 집단적 책임이 있을 뿐만 아니라, 기금의 운용을 통한 관광시설 및 교통수단의 개선 등

국내 관광사업의 발전과도 객관적인 관련성이 있기 때문에, 이 사건 납부금의 부과를 통하여 관광수지적자의 발생을 억제하면서 국내관광사업의 활성화를 유도함과 동시에 일정한 재정적 부담을 지울 수 있을 만한 특별한 관계를 인정할 수 있다.

(다) 한편, 선진외국의 관광산업에 비하여 낙후된 국내 관광산업의 진흥이라는 입법목적을 달성하기 위한 기금 재원의 확대가 필요한 경우, 이를 국가의 일반예산으로 마련하여 모든 국민에게 부담을 분담시킬 것인지, 아니면 그 입법목적과 객관적으로 관련성이 있는 집단에 국한하여 이를 부담시킬 것인지 여부에 대하여는 원칙적으로 입법자가 합리적인 범위내에서 선택재량권을 행사할 수 있어야 한다. 그런데 위에서 본 바와 같이 현재까지 우리나라 전체 인구 중 매년 국외여행을 하는 사람의 비율은 20%를 넘지 않고, 따라서 상대적으로 소수인 내국인 국외여행자가 우리나라의 관광수지적자를 유발하는 데에 직접적인 원인을 제공하고 있는 것으로 파악할 수 있다. 그렇다면, 입법자가 위 기금의 재원을 확대하는 방법으로 일반 국민을 대상으로 한 조세의 방법을 선택하지 아니하고, 그 중 일부인 내국인 국외여행자만을 부과대상으로 한정한 현행 납부금제도를 선택한 것은 나름대로 합리성을 가진다. 따라서 현행 납부금제도는 한편으로는 국내 관광사업의 진흥을 위한 기금 재원을 확보하고, 다른 한편으로는 관광수지 적자를 억제하면서 국내 관광수요증가를 유도하는 적절한 수단이다.

(라) 이 사건 납부금은 국가의 일반적인 재정수입에 포함되어 일반적 국가과제를 수행하는데 쓰이는 것이 아니라 기금을 조성하는 재원으로 활용되고, 위 기금은 각종 관광시설의 건설 또는 개수, 관광교통수단의 확보 또는 개수 등 한정된 용도에 사용되며, 만일 지정된 목적 이외의 용도에 사용되는 경우 문화관광부장관이 이를 회수하도록 규정되어 있다.

(마) 그렇다면 현행 납부금제도는 규제의 형식, 규제를 받는 대상자의 선정, 부담금의 징수 및 그 용도 등의 모든 측면을 살펴보아도 입법목적 달성을 위한 적정한 수단이라고 판단된다.

(4) 피해의 최소성 및 법익의 균형성

(가) 피해의 최소성

청구인은 이 사건 법률조항이 내국인 국외여행자의 재산권 등을 과도하게 침해하고 있다고 주장한다. 그런데, 이 사건 법률조항은 국외여행자 납부금을 1회 출국시 20,000원 이하로 규정하고 있다. 2002. 12. 현재 인천국제공항을 이용하여 출국하는 여객(내국인 및 외국인)에 대한 국제여객공항이용료가 1인당 17,000원이고, 일반적으로 국제선 항공료는 이 사건 납부금보다 훨씬 더 고액이라는 점 등 여러 가지 사정에 비추어 볼 때, 이 사건 법률조항에서 규정한 납부금의 상한액이 내국인 국외여행자에게 과도한 부담을 지우는 정도에 해당한다고 단정하기는 어렵다. 그렇다면, 현행 납부금제도가 내국인 국외여행자의 재산권 등을 과도하게 침해하여 이른바 '침해의 최소성의 원칙'에 위배된다고 볼 수 없다.

(나) 법익의 균형성

이 사건 법률조항에 의하여 달성하려고 하는 기금의 조성, 국내 관광사업의 진흥, 관광수지적자의 억제 등 그 입법목적의 중요성에 비추어 볼 때, 내국인 국외여행자가 이 사건 납부금을 부담함으로써 일정한 범위 내에서 그 재산권 등이 제한된다고 하더라도, 이 사건 법률조항이 법익균형성의 원칙에 위배된다고는 볼 수 없다.

(5) 소 결

이 사건 법률조항은 과잉금지의 원칙에 대한 위배 여부를 판단함에 있어 고려되어야 하는 목적의 정당성, 방법의 적정성, 피해의 최소성, 법익의 균형성의 모든 요건을 충족하고 있다. 따라서, 이 사건 법률조항이 과잉금지의 원칙에 위배하여 내국인 국외여행자의 재산권 등의 본질적인 내용을 침해하였다고 볼 수 없다.

나. 평등원칙의 침해 여부

(1) 평등원칙위반 주장의 논거

청구인은 문화관광부장관 등이 미국의 영주권을 소지한 내국인 국외여행자 등에 대하여는 이 사건 법률조항을 근거로 한 국외여행자납부금을 부과하지 아니하면서, 중국의 외국인거류증을 소지한 내국인 국외여행자인 청구인에 대하여 이 사건 처분을 한 것이 평등의 원칙에 위반된다고 주장하고 있다.

(2) 검 토

그러나 이 사건 법률조항 자체는 규정의 형식이나 내용에서 위와 같은 유형의 차별을 예정하고 있지 않다. 따라서 설령 법 시행령 등에 내국인이 장기체류하는 국가에 따라서 이 사건 납부금의 부과 여부를 결정하는 차별적인 규정이 존재한다고 가정하더라도, 그와 같은 법 시행령 또는 이를 근거로 한 개별 처분의 위헌성 여부가 논란이 되는 것은 별론으로 하고, 이러한 사유로 인하여 이 사건 법률조항이 위헌으로 되는 것은 아니다. 따라서 이 사건 법률조항이 평등의 원칙에 위반된다고 할 수는 없다.

다. 결 론

그렇다면 이 사건 법률조항은 헌법에 위반되지 아니한다. 위 결정에 대하여는 4명의 재판관의 반대의견이 있었다.

제 2 장

군용 공항과 비행장

[8] 비행안전구역 내 건축허가
[9] 비행안전구역 내 지표면의 개념
[10] 비행안전구역에 도로를 개설한 경우 주민소송
[11] 지방자치단체의 군공항 이전 건의권

[8] 비행안전구역 내 건축허가

대법원 1992. 9. 22. 선고 91누8876 판결

Ⅰ. 사실관계

(1) 원고는 1989. 8. 29. 피고 사천군수에게 이 사건 토지상에 석유판매업(주유소) 허가신청을 하였다가, 9. 2. 및 9. 4. 허가신청을 일단 철회하였다. 피고는 원고로부터 위 허가신청을 받고는 이 사건 토지가 군사시설보호구역인 관계로, 8. 31. 구 군사시설보호법 및 구 공군기지법에 따라 인근의 공군부대장과 협의하였다. 그 결과 공군부대장은 9. 18. 이 사건 토지는 구 군사시설보호법 제3조의2 제2호 소정의 제한보호구역임과 동시에 구 공군기지법 제4조 소정의 비행안전구역으로서 각종 시설물 등이 제한되어 비행 및 작전시설물 안전거리 저촉 해결을 위한 계획을 수립·추진 중에 있으므로 위 안전저촉지역을 벗어난 다른 지역을 선정·허가하기 바란다는 내용으로 피고에게 회신하였다.

(2) 원고는 1989. 9. 22. 피고에게 다시 석유판매업(주유소) 허가신청을 하였다. 피고는, 1989. 10. 4. 위 신청에 대한 허가 여부는 그곳에 신설 중인 도로공사가 끝난 이후에 고려되어야 하고, 위 공군부대장의 1989. 9. 18.자 의견을 참작하여 이 사건 토지는 공군기지법에 저촉되는 지역이라는 이유로 위 허가신청을 반려하였다(이하 주유소허가신청반려처분을 '이 사건 처분'이라 한다).

(3) H는 1986. 6.경 피고에게 이 사건 토지와 마찬가지로 비행안전구역내에 위치한 그의 소유지상에 주유소허가신청을 하여 농지전용불허로 위 허가신청이 반려되었다. 당시 피고의 협의에 대한 위 공군부대장의 회신은 이 사건 토지에 대한 위 1989. 9. 18.자 회신내용과 같은 내용이었다. 그 후 H가 다시 1990. 1. 19. 자신 소유의 토지상에 주유소허가신청을 하여 1. 29. 위 공군부대의 요청에 의하여 "향후 이 주유소가 위 공군

부대의 사정에 의거 철거되더라도 감정가격에 의한 보상금 수령 후 철거하겠다"는 내용의 각서를 제출할 것과 이 허가 후 군보안상 또는 공익상 불가피한 경우에는 이 허가를 취소할 수 있다는 등의 조건이 붙은 주유소허가를 받아 현재 주유소 영업 중이다.

(4) 이 사건 토지와 H의 토지는 모두 구 군사시설보호법 제3조의2 제2호 소정의 군사시설제한보호구역 및 구 공군기지법 제4조 제2호 소정의 비행안전구역 중 제2구역에 해당되는데, 위 공군부대의 최외곽 경계선으로부터 이 사건 토지는 320m 거리에, H의 토지는 790m 거리에 각 위치하여 있다. 이 사건 토지와 H의 토지상에 각 주유소가 설치 운영됨으로써 위 공군부대에 미치는 영향은 위 거리의 차이에 따라 위 부대의 탄약고와의 안전거리확보에 다소 차이가 있을 뿐 그 이외 항공기의 안전비행 등에는 별다른 차이는 없고, 특히 이 사건 토지와 H의 토지상에 1층의 주유소 건물을 신축하여 운영한다면 구 공군기지법 제8조 소정의 안전비행에 저촉되지도 않는다(따라서 H는 1층의 주유소 건물을 지어 운영 중이다).

(5) 반려처분이 있은 후 1990. 2. 6. 위 공군부대에서는 'H에게 주유소허가할 때에 붙인 조건'을 원고가 수락한다면 긍정적으로 처리하겠다는 내용의 의견을 표명한 바 있다. 또한 반려처분 당시에는 이 사건 토지로부터 주유소허가기준 및 절차에 관한 경상남도 고시 제102호 소정의 면(面) 지역 주유소 상호간의 거리인 2㎞ 이내에는 주유소가 없었고, 이 사건 토지와 접하고 있는 진주·삼천포간 4차선 도로공사는 거의 완공단계에 있어 그중 2개 차선은 이미 포장되어 차량통행을 하고 있었다.

(6) 원고는 주유소허가신청반려처분의 취소를 구하는 항고소송을 제기하였다.[1] 원심[2]은, 피고가 이 사건 반려처분을 할 때 근거로 한 이유 중

---

1) 소송절차의 개시를 요구하는 당사자의 신청을 訴(Klage)라고 하고, 소의 제기에 의하여 법원이 사회에서 일어나는 이해의 충돌을 공정하게 처리하기 위하여 서로 대립되는 이해관계인을 당사자로 관여시켜 심판하는 절차를 訴訟이라고 한다[주석 민사소송법(제8판), 한국사법행정학회(2018), 총칙, 4면]. 민사소송법 제248조는 "소는 법원에 소장을 제출함으로써 제기한다"고 규정하고 있고, 행정소송법 제3절의 표제는 "소의 제기"이며, 행정소송법 제8조 제2항은 "행정소송에 관하여 이 법에 특별한 규정이 없는 사항에 대하여는 법원조직법과 민사소송법 및 민사집행법의 규정을 준용한다"고 규정하고 있다. 따라서 항고의 소를 제기한다고 표현하는 것이 옳다. 그러나 현행 행정소송법 제3조 제1호에서는 '항고소송: 행정청의 처분등이나 부작위에 대하여 제기하는 소송'이라고 규정

에 그곳에 신설 중인 도로공사가 끝난 이후에 고려되어야 한다는 이유는 법령상 아무런 근거가 없는 것이고, 이 사건 토지가 공군기지법에 저촉되는 지역이라는 이유는 위 관계 법령에 근거한 것이기는 하나 한편 앞서 본 바와 같이 이 사건 토지상에 주유소를 설치·운영하는 데 대한 위 공군부대장의 의견, 이 사건 토지상에 주유소를 설치·운영함으로써 위 공군부대에 미치게 될 영향, 위 H의 토지상에 주유소허가가 나서 주유소가 설치·운영되고 있는 점 등에 비추어 볼 때, 피고는 위에서 본 바와 같은 내용의 조건을 붙여 이 사건 주유소허가를 할 수 있는데도 그 허가신청을 전면적으로 반려한 것은 그 재량권을 일탈하거나 남용한 위법이 있다고 판단하였다. 이에 대하여 피고가 대법원에 상고를 제기하였다.

Ⅱ. 참조 조문

1. 행정소송법

제1조(목적) 이 법은 행정소송절차를 통하여 행정청의 위법한 처분 그 밖에 공권력의 행사·불행사등으로 인한 국민의 권리 또는 이익의 침해를 구제하고, 공법상의 권리관계 또는 법적용에 관한 다툼을 적정하게 해결함을 목적으로 한다.

제2조(정의) ① 이 법에서 사용하는 용어의 정의는 다음과 같다.

1. "처분등"이라 함은 행정청이 행하는 구체적 사실에 관한 법집행으로서의 공권력의 행사 또는 그 거부와 그 밖에 이에 준하는 행정작용(이하 "處分"이라 한다) 및 행정심판에 대한 재결을 말한다.
2. "부작위"라 함은 행정청이 당사자의 신청에 대하여 상당한 기간내에 일정한 처분을 하여야 할 법률상 의무가 있음에도 불구하고 이를 하지 아니하는 것을 말한다.

② 이 법을 적용함에 있어서 행정청에는 법령에 의하여 행정권한의 위임 또는 위탁을 받은 행정기관, 공공단체 및 그 기관 또는 사인

하여, 잘못된 표현을 사용하고 있다.

2) 부산고등법원 1991. 7. 31. 선고 90구271 판결.

이 포함된다.

제3조(행정소송의 종류) 행정소송은 다음의 4가지로 구분한다.

1. 항고소송: 행정청의 처분등이나 부작위에 대하여 제기하는 소송
2. 당사자소송: 행정청의 처분등을 원인으로 하는 법률관계에 관한 소송 그 밖에 공법상의 법률관계에 관한 소송으로서 그 법률관계의 한쪽 당사자를 피고로 하는 소송
3. 민중소송: 국가 또는 공공단체의 기관이 법률에 위반되는 행위를 한 때에 직접 자기의 법률상 이익과 관계없이 그 시정을 구하기 위하여 제기하는 소송
4. 기관소송: 국가 또는 공공단체의 기관상호간에 있어서의 권한의 존부 또는 그 행사에 관한 다툼이 있을 때에 이에 대하여 제기하는 소송. 다만, 헌법재판소법 제2조의 규정에 의하여 헌법재판소의 관장사항으로 되는 소송은 제외한다.

제4조(항고소송) 항고소송은 다음과 같이 구분한다.

1. 취소소송: 행정청의 위법한 처분등을 취소 또는 변경하는 소송
2. 무효등 확인소송: 행정청의 처분등의 효력 유무 또는 존재 여부를 확인하는 소송
3. 부작위위법확인소송: 행정청의 부작위가 위법하다는 것을 확인하는 소송

2. 군사기지 및 군사시설 보호법

제1조(목적) 이 법은 군사기지 및 군사시설을 보호하고 군사작전을 원활히 수행하기 위하여 필요한 사항을 규정함으로써 국가안전보장에 이바지함을 목적으로 한다.

제2조(정의) 이 법에서 사용하는 용어의 정의는 다음과 같다.

1. "군사기지"란 군사시설이 위치한 군부대의 주둔지·해군기지·항공작전기지·방공(防空)기지·군용전기통신기지, 그 밖에 군사작전을 수행하기 위한 근거지를 말한다.
2. "군사시설"이란 전투진지, 군사목적을 위한 장애물, 폭발물 관련 시설, 사격장, 훈련장, 군용전기통신설비, 군사목적을 위한 연구시설 및 시험시설·시험장, 그 밖에 군사목적에 직접 공용(供用)

되는 시설로서 대통령령으로 정하는 것을 말한다.

4. "항공작전기지"란 군의 항공작전의 근거지로서 다음 각 목의 것을 말한다.
   가. 전술항공작전기지: 군의 전술항공기를 운용할 수 있는 기지
   나. 지원항공작전기지: 군의 지원항공기를 운용할 수 있는 기지
   다. 헬기전용작전기지: 군의 회전익항공기(回轉翼航空機)를 운용할 수 있는 기지
   라. 예비항공작전기지: 전시·사변 또는 이에 준하는 비상시에 항공작전기지로 활용할 수 있는 비상활주로, 헬기예비작전기지 및 민간비행장
5. "군용항공기"란 군이 사용하는 비행기·회전익항공기·비행선(飛行船)·활공기(滑空機), 그 밖의 항공기기를 말한다.
6. "군사기지 및 군사시설 보호구역"이란 군사기지 및 군사시설을 보호하고 군사작전을 원활히 수행하기 위하여 국방부장관이 제4조 및 제5조에 따라 지정하는 구역으로서 다음 각 목의 것을 말한다.
   가. 통제보호구역: 군사기지 및 군사시설 보호구역(이하 "보호구역"이라 한다) 중 고도의 군사활동 보장이 요구되는 군사분계선의 인접지역과 중요한 군사기지 및 군사시설의 기능보전이 요구되는 구역
   나. 제한보호구역: 보호구역 중 군사작전의 원활한 수행을 위하여 필요한 지역과 군사기지 및 군사시설의 보호 또는 지역주민의 안전이 요구되는 구역
8. "비행안전구역"이란 군용항공기의 이착륙에 있어서의 안전비행을 위하여 국방부장관이 제4조 및 제6조에 따라 지정하는 구역을 말한다.

제3조(보호구역등의 지정 원칙) 보호구역, 민간인통제선, 비행안전구역 및 대공방어협조구역(이하 "보호구역등"이라 한다)은 군사기지 및 군사시설의 보호, 군사작전의 원활한 수행 및 군용항공기의 비행안전에 필요한 최소한의 범위 안에서 지정되어야 한다.

제4조(보호구역등의 지정권자 등) ① 국방부장관은 합동참모의장(이하 "합참의장"이라 한다)의 건의(관계 행정기관의 장과 미리 협의한

후 관계 행정기관의 장의 의견서를 첨부하여야 한다)에 따라 보호구역등을 지정하거나 이를 변경 또는 해제할 수 있다.

② 국방부장관은 군사기지의 용도 해제, 군사시설의 철거, 작전환경의 변화, 그 밖의 사유로 보호구역등을 유지할 필요가 없게 된 때에는 지체 없이 이를 해제하여야 한다.

③ 제2항에도 불구하고 「주한미군 공여구역주변지역 등 지원 특별법」에 따른 반환공여구역(제5조 제1항 제1호 가목과 같은 항 제2호 가목의 보호구역에 위치한 경우와 국방·군사시설로 활용할 계획이 있는 경우를 제외한다)은 반환이 완료된 때에 보호구역의 지정이 해제된 것으로 본다. 이 경우 국방부장관은 제8조 제1항에 따라 지체 없이 그 사실을 고시하여야 한다.

④ 국방부장관은 제1항 및 제2항에 따라 보호구역등을 지정·변경 또는 해제하려는 때에는 제15조 제1항에 따른 국방부 군사기지 및 군사시설 보호 심의위원회의 심의를 거쳐야 한다.

⑤ 국방부장관은 제1항 및 제2항에 따라 보호구역등을 지정·변경 또는 해제한 때에는 이를 지체 없이 관계 행정기관의 장에게 통보하여야 한다.

제6조(비행안전구역의 지정범위 등) ① 비행안전구역은 항공작전기지의 종류별로 구분하되, 그 지정범위는 별표 1과 같다.

② 제1항에 따른 항공작전기지의 종류별 위치, 비행안전구역의 지정절차 등에 관하여 필요한 사항은 대통령령으로 정한다.

제8조(보호구역등의 고시 및 표지) ① 국방부장관은 제4조부터 제7조까지의 규정에 따라 보호구역등을 지정·변경 또는 해제한 때에는 이를 고시하여야 한다.

② 국방부장관은 제4조 및 제5조에 따라 보호구역 또는 민간인통제선을 지정한 때에는 보호구역 또는 민간인통제선의 지정사실, 관할부대장 또는 관리부대장(이하 "관할부대장등"이라 한다), 보호구역에서의 제한 또는 금지사항 및 그 위반자에 대한 처벌의 취지, 그 밖에 필요한 사항을 알리는 표지를 설치하여야 한다. 다만, 민간인통제선의 경우에는 제1항에 따른 고시로써 이에 갈음할 수 있다.

③ 제1항 및 제2항에 따른 고시 및 표지의 설치에 관하여 필요한 사항은 대통령령으로 정한다.

제10조(비행안전구역에서의 금지 또는 제한) ① 누구든지 비행안전구역(예비항공작전기지 중 민간비행장의 비행안전구역을 제외한다) 안에서는 다음 각 호의 어느 하나에 해당하는 행위를 하여서는 아니 된다. 다만, 제3호의 경우 미리 관할부대장등의 허가를 받은 자에 대하여는 그러하지 아니하다.

1. 제1구역에서 군사시설(민간항공기의 항행을 지원하기 위한 항행안전시설을 포함한다)을 제외한 건축물의 건축, 공작물·식물이나 그 밖의 장애물의 설치·재배 또는 방치. 다만, 「도로법」 제2조 제1호에 따른 도로로서 같은 법 제2조 제6호에 따른 도로구역의 수평 확장, 이설 등으로 도로구역이 제1구역의 일부와 중첩되는 경우에 그 중첩되는 부분 중 도로 및 그 부속물의 가장 높은 표면의 높이가 그 제1구역의 기본표면 표고를 초과하지 않고 군용항공기(민간항공기도 포함한다)의 이륙·착륙 및 비행에 방해 또는 장애가 되지 아니하는 범위에서 설치되는 도로는 관할부대장과 협의를 거쳐 제외한다.
2. 제2구역부터 제6구역까지에서 그 구역의 표면높이(이들의 투영면이 일치되는 부분에 관하여는 이들 중 가장 낮은 표면으로 한다) 이상인 건축물의 건축, 공작물·식물이나 그 밖의 장애물의 설치·재배 또는 방치
3. 군용항공기를 제외한 항공기의 비행안전구역 상공의 비행
4. 항공등화의 명료한 인지를 방해하거나 항공등화로 오인할 우려가 있는 유사등화의 설치
5. 비행장애를 일으킬 우려가 있는 연막·증기의 발산 또는 색채유리나 그 밖의 반사물체의 진열

② 제1항 제2호에도 불구하고 비행안전구역 중 전술항공작전기지의 제3구역, 제5구역 또는 제6구역과 지원항공작전기지의 제4구역 또는 제5구역 안에서는 각 구역별로 최고장애물 지표면 중 가장 높은 지표면의 높이를 초과하지 아니하는 범위 안에서 일정 구역의 지표면으로부터 45미터 높이 이내에서 그 구역의 표면높이 이상인 건축물의 건축, 공작물·식물이나 그 밖의 장애물을 설치 또는 재배할 수 있다. 다만, 지원항공작전기지의 제4구역·제5구역의 경계부분이 연속적으로 상승하거나 하강하는 능선형태로 되어 있어서 그

경계부분의 높이가 최고장애물의 지표면 높이의 기준이 됨으로써 본문에 따른 높이까지 건축물의 건축 또는 공작물의 설치를 할 수 없게 되는 경우에는 최고장애물의 지표면 높이가 높은 구역의 최고장애물을 기준으로 하여 적용한다.

③ 제2항을 적용함에 있어서 각 구역 간의 경계부분에서의 표면높이는 다음 각 호의 구분에 따른다.

1. 전술항공작전기지 비행안전구역 제2구역과 제3구역이 접하는 부분에서는 제3구역의 바깥쪽 상방향으로 50분의 1의 경사면을 초과하지 아니하는 범위로 한다.
2. 전술항공작전기지 비행안전구역의 제4구역이 제5구역과 접하는 부분 및 지원항공작전기지 비행안전구역의 제3구역이 제4구역과 접하는 부분에서는 각각의 경계부분으로부터 상방향으로 7분의 1의 경사면을 초과하지 아니하는 범위로 한다.
3. 전술항공작전기지 비행안전구역의 제2구역이 제6구역과 접하는 부분 및 지원항공작전기지 비행안전구역의 제2구역이 제5구역과 접하는 부분에서는 제2구역의 긴 변으로부터 상방향으로 7분의 1의 경사면을 초과하지 아니하는 범위로 한다.

④ 관할부대장등은 제1항 제1호에도 불구하고 비행안전에 지장을 초래하지 아니하는 범위 안에서 비상활주로의 비행안전구역에 식물재배 및 이와 관련되는 임시시설물의 설치를 허용할 수 있다.

⑤ 관할부대장등은 제1항 제2호에도 불구하고 비행안전에 지장을 초래하지 아니하는 범위 안에서 각 기지별 지역의 특수성을 고려하여 항공작전기지의 비행안전구역에 있어서 그 구역의 표면높이 이상인 건축물의 건축, 공작물·식물이나 그 밖의 장애물의 설치 또는 재배를 허용할 수 있다.

제11조(장애물 등에 대한 조치 등) ① 관할부대장등(제9조 제1항 제1호의 경우에는 주둔지부대장을 포함한다. 이하 이 조 및 제21조에서 같다)은 제9조·제10조를 위반한 자 또는 그 위반으로 인한 장애물의 소유자와 그 밖의 권리를 가진 자(이하 "소유자등"이라 한다)에게 퇴거를 강제하거나 장애물의 제거, 그 밖에 필요한 조치를 명할 수 있다.

② 관할부대장등은 제1항에 따른 장애물의 제거, 그 밖에 필요한 조치

명령을 받은 자가 이를 이행하지 아니하는 경우에는 「행정대집행법」에 따라 직접 또는 제3자로 하여금 이를 제거 또는 이전하게 할 수 있다.

③ 관할부대장등은 제1항에 따른 소유자등을 알 수 없거나 급박한 위험이 존재하는 등 긴급을 요하는 경우에는 제1항에 따른 명령 없이 직접 이를 제거 또는 이전할 수 있다. 이 경우 그 소유자등에게 이에 사용된 비용을 징수할 수 있다.

④ 관할부대장등은 제10조 제1항 제2호, 제2항 및 제5항에 따른 장애물 외의 건축물·공작물·식물 등으로서 항공기의 비행안전에 위해를 끼칠 우려가 있는 장애물에 대하여는 소유자등에게 대통령령으로 정하는 바에 따라 소요비용을 지급하고 항공장애등 및 주간장애표지의 설치를 명할 수 있다.

⑤ 관할부대장등은 제4항에 따른 항공장애등 및 주간장애표지의 설치명령을 받은 소유자등이 이를 이행하지 아니하는 경우에는 이를 직접 설치할 수 있다.

제23조(외국군 군사기지 및 군사시설에의 적용) 이 법은 「헌법」에 규정된 절차에 따라 대한민국에 주류(駐留)하는 외국군의 군사기지 및 군사시설에 대하여도 적용한다.

Ⅲ. 판시사항

보호구역 내지 비행안전구역 내에 위치한 토지상에 건축물을 설치하고자 하는 신청에 대한 허가를 함에는 국방부장관 또는 기지부대장과 협의하도록 되어 있고, 이때 국방부장관 또는 기지부대장이 군사목적의 필요상 불가하다는 회신을 하여 온 경우에는 허가할 수 없다.

Ⅳ. 해 설

1. 비행안전구역

가. 의 의

(1) 도입 배경

국제민간항공기구(ICAO)는 공항에서 항공안전의 확보, 소유자의 재산권 보호, 공항운영의 효율성 극대화를 위하여 ICAO Annex 14, Doc 9137-AN/898 등에서 장애물 제한제도를 규정하고 있다.[3] 위 규정은 민간항공에만 적용되고 군사기지에는 적용되지 않지만, 제도의 취지는 군사기지에도 준용되므로 군사기지에는 유사한 제도를 두고 있다. 미국 국방부는 통합시설기준(Unified Facilities Criteria)[4]에서 비행장의 장애물 제한제도에 관하여 규정하고 있다.[5]

(2) 취 지

(가) 군사기지법은 군사기지 및 군사시설을 보호하고 군사작전을 원활히 수행하기 위하여 필요한 사항을 규정함으로써 국가안전보장에 이바지함을 목적으로 하는 법률로(제1조), '비행안전구역'이란 군용항공기의 이착륙 시 안전비행을 위하여 국방부장관이 군사기지법에 따라 지정하는 구역을 말한다(군사기지법 제2조 제8호). 비행안전구역은 이외에도 군용항공기의 이착륙시 발생할 수 있는 사고를 방지하고, 인근 주민들의 생명·신체·재산을 보호하려는 목적도 아울러 가지고 있다.

(나) 비행안전구역의 제한고도 및 경사도는 수많은 항공기 사고 사례에 대한 연구검토와 비행시험 등을 거쳐 항공기의 이착륙 각 단계별로 설정된 것이다. 특히 제한고도는 비행 중 계기오차나 관제사 또는 조종사

3) 공항장애물 제한표면 제도 개선방안 연구 -요약보고서-, (사) 한국항행학회, 한국항공교통관제사협회(2012. 12. 24.), 2면.

4) Airfield And Heliport Planning And Design, UFC 3-260-01, 4 February 2019.

5) 위 규정은 해외에 주둔하는 미군기지에도 적용된다. Airfield And Heliport Planning And Design, UFC 3-260-01, 4 February 2019, 1-2.2.

의 실수로 초래될 수 있는 고도를 감안하여 설정된 것으로, 제한고도를 초과하는 장애물이 있을 경우에는 항공기와 충돌할 위험이 크다.[6)]

(3) 종 류

비행안전구역은 항공작전기지별로 제1구역(장애제거구역, 障碍除去區域), 제2구역(접근경사표면, 接近傾斜表面), 제3구역(접근수평표면, 接近水平表面), 제4구역(전이표면, 轉移表面), 제5구역(내부수평면, 內部水平面), 제6구역(원추표면, 圓錐表面) 등이 설정된다.[7)] 비행안전구역은 미국 연방 항공청(Federal Aviation Administration)의 규정을 바탕으로 1970년 제정된 뒤 1981년 비행기술발달을 고려한 거리제한의 축소 및 안전구역 구분 단계의 확대 이후 현재까지 큰 틀의 변화 없이 계속 유지되어 오고 있다.[8)]

나. 법적 성질

(1) 재산권의 제약

재산권을 제약하는 법률은 (i) 재산권의 사회적 구속성에 한계를 규율하는 내용규정(Inhaltsbestimmung)과[9)] (ii) 헌법과 법률에 의해 보장되는 재산권을 공공필요에 의해 수용·사용·제한하는 수용(Enteignung)[10)]의 근거법률로 구분된다. 재산권의 사회적 제약 내지 내재적 한계를 규율하는 내용규정과 보상을 반드시 요하는 재산권의 수용을 바르게 구별하는 것이 매우 중요하다.[11)]

---

6) 정학진, 군용항공기지법 개론, 법률서원(2002), 123~124면.

7) 전술항공작전기지의 비행안전구역은 미국 국방부 UFC 3-260-01의 "Class B Army and Air Force Runway Airspace Plan and Profile Runway Imaginary Surfaces"의 내용과 동일하다. ICAO 시카고 협약 부속서 14에서는 제7구역(외부수평표면)을 추가로 규정하고 있다.

8) 차경상, 군사기지 및 군시설 보호법상 개인의 재산권 보장에 관한 연구, 고려대 법학석사 학위논문(2009), 52~53면.

9) 재산권의 내용규정이란 법률의 시행일로부터 장래를 향하여 당해 소유권의 내용을 일반적 객관적으로 규율하기 위한 법규범이다. BVerfGE 72, 66, 76.

10) 재산권의 수용이란 헌법 제23조 제1항에서 보장하는 재산권을 내용으로 하는 구체적이고 주관적 법적 지위를 특정한 공익상의 목적을 위해 제한하는 것이다. BVerfGE 70, 191, 199.

11) 이원우, "군사시설보호구역에 의한 재산권 제한과 피해구제방안", 법학논총 제19집(2002), 한양대학교 법학연구소, 18~19면.

개발제한구역의 지정에 관한 판례에 비추어 보면,[12] 비행안전구역의 지정으로 인한 재산권 제한은 국민이 수인하여야 할, 재산권의 내재적 제한에 해당한다. 이러한 견해에 따르면, 헌법 제23조 제1항에서 재산권의 내용을 법률로 정하게 하고 있으므로(형성적 법률유보), 재산권의 내용을 정하는 법률에 의한 재산권제한은 내재적 한계로서 그 자체가 재산권의 내용을 규정하는 것이므로 적법하고 또한 아무런 보상도 요구되지 않는다는 결론이 도출된다.[13]

(2) 군사제한

국가 또는 지방자치단체 등이 일정한 공익목적을 달성하기 위하여 사인의 재산권을 침해하는 것을 공용침해(公用侵害)라 하는데, 이러한 공용침해는 공용수용, 공용사용, 공용제한으로 분류된다.[14] 공용부담(公用負擔)이란 일정한 공공복리를 적극적으로 증진하기 위하여 개인에게 부과되는 공법상 경제적 부담을 말한다.[15] 공용제한(公用制限)이란 특정한 공익사업이나 복리행정을 수행하기 위하여 또는 일정한 물건의 효용을 확보하기 위하여 개인의 재산권에 과하는 공법상 제한을 의미한다.[16] 국민의 재산권은 국가안전보장을 위하여 법률로 제한할 수 있는바(헌법 제37조 제2항),[17] 비행안전구역은 국가안전보장의 구체적 내용인 군사기지의 안

---

12) 도시계획법 제21조에 의한 재산권의 제한은 개발제한구역으로 지정된 토지를 원칙적으로 지정 당시의 지목과 토지현황에 의한 이용방법에 따라 사용할 수 있는 한, 재산권에 내재하는 사회적 제약을 비례의 원칙에 합치하게 합헌적으로 구체화한 것이다. 헌법재판소 1998. 12. 24. 선고 89헌마214 결정.

13) 이러한 견해는 독일의 연속성이론(Schwellentheorie)과 맥을 같이 하는 것이다. 그러나 연속성이론에 따른다고 하더라도 재산권의 내용을 규정하는 법률은 재산권의 내용규정이고 내재적 한계에 해당하므로 보상이 필요없다고 주장하는 것은 오류이다. 연속성이론에 따른다면 그러한 제한으로 야기되는 희생이 특별한 희생인지 여부를 따져보아야 하기 때문이다. 만일 특별한 희생에 해당한다면, 제한은 수용으로 전환되며, 헌법 제23조 제3항에 따라 보상이 요청된다(이원우, 20면).; 개발제한구역의 지정으로 말미암아 일부 토지소유자에게 사회적 제약의 범위를 넘는 가혹한 부담이 발생하는 예외적인 경우에 대하여 보상규정을 두지 않은 것에 위헌성이 있다(헌법재판소 1998. 12. 24. 선고 89헌마214 결정).

14) 서울고등법원 2013. 5. 3. 선고 2012나34247 판결.

15) 박균성, 행정법론(하), 제18판, 박영사(2020), 473면.

16) 박균성, 483면; 정회근, "토지소유권의 제한과 손실보상", 토지공법연구 제20집(2003), 270~271면.

전을 위하여 군사기지 인근 주변의 재산권을 제한한다는 점에서 공용제한의 일종인 군사부담(軍事負擔) 중 군사제한(軍事制限)에 해당한다.[18)]

다. 비행안전구역의 지정

(1) 행정청

국방부장관은 비행안전구역을 지정하거나 이를 변경 또는 해제할 수 있다(군사기지법 제4조 제1항, 제6조).

(2) 성립요건

군사시설보호법에 의한 군사시설보호구역의 설정·변경·해제와 같은 행위는 행정입법행위 또는 통치행위로서 이와 같은 행위는 그 종류에 따라 관보에 게재하여 공포하거나 또는 대외적인 공고·고시 등에 의하여 유효하게 성립되고 개별적 통지를 요하지 아니한다.[19)]

(3) 지정행위의 법적 성질

군사시설보호구역 설정·고시행위는 위 토지구역내의 소유자 등에게 개별적인 통지를 요하지는 아니한다는 점에서 행정입법적 성격이 있더라도, 개인의 권리 내지는 법률상 이익을 개별적·구체적으로 규제하는 효과를 가져온다는 점에서 도시계획법상의 '도시계획결정고시'와 그 성격을 달리한다고 볼 수는 없다.[20)] "도시계획법 제12조 소정의 고시된 도시계획결정은 특정 개인의 권리 내지 법률상의 이익을 개별적이고 구체적으

---

17) 헌법상의 재산권은 토지소유자가 이용가능한 모든 용도로 토지를 자유로이 최대한 사용할 권리나 가장 경제적 또는 효율적으로 사용할 수 있는 권리를 보장하는 것을 의미하지는 않는다. 입법자는 중요한 공익상의 이유로 토지를 일정 용도로 사용하는 권리를 제한할 수 있다. 따라서 토지의 개발이나 건축은 합헌적 법률로 정한 재산권의 내용과 한계내에서만 가능한 것일 뿐만 아니라 토지재산권의 강한 사회성 내지는 공공성으로 말미암아 이에 대하여는 다른 재산권에 비하여 보다 강한 제한과 의무가 부과될 수 있다. 헌법재판소 1998. 12. 24. 선고 89헌마214 결정.

18) 군사부담이란 국방목적을 위하여 국가가 국민에게 부과하는 국방지원의무를 말한다. 정학진, 44~45면.

19) 대법원 1985. 1. 22. 선고 83누279 판결; 대법원 1983. 6. 14. 선고 83누43 판결.

20) 박영만, 군사상 필요에 의한 사인의 토지재산권에 대한 공용침해와 그 구제, 경북대 법학박사 학위논문(2000), 106~107면.

로 규제하는 효과를 가져오게 하는 행정청의 처분이라 할 것이고, 이는 행정소송의 대상이 된다"[21]는 판례의 취지에 비추어 보면, 군사시설보호구역 설정·고시행위도 행정처분으로서 항고소송의 대상이 된다고 보아야 한다.

라. 효 과

(1) 비행안전구역 내에서 그 구역의 표면높이 이상인 건축물의 건축, 공작물·식물이나 그 밖의 장애물의 설치·재배 또는 방치행위는 금지되고(군사기지법 제10조 제2항), 관할부대장 등은 제10조를 위반한 자 또는 그 위반으로 인한 장애물의 소유자와 그 밖의 권리를 가진 자에게 퇴거를 강제하거나 장애물의 제거, 그 밖에 필요한 조치를 명할 수 있다(제11조 제1항).

(2) 군사시설보호법과 군사기지 및 군사시설 보호법의 입법 취지와 규정 내용, 통제보호구역의 지정 목적과 그 범위 및 통제보호구역 내에서의 행위의 제한 등에 관한 규정 등을 종합하여 보면, 특정 토지가 통제보호구역으로 지정됨으로써 그 토지소유자의 출입 및 토지의 용도에 따른 사용·수익이 제한될 수 있다는 사정만으로는 국가가 계속적으로 그 토지를 점유·사용하는 것이 허용된다고 할 수 없고, 또한 국가가 그 토지를 점유·사용하면서 실질적인 이익을 얻고 있다고 보기 어려울 것이다. 한편 국가가 그 토지 위에 군사시설 등을 설치하여 그 부지 등으로 계속적·배타적으로 점유·사용하는 경우에는, 국가가 그 토지를 점유·사용할 수 있는 정당한 권원이 있음을 주장·증명하지 아니하는 이상, 그 토지에 관하여 차임 상당의 이익을 얻고 이로 인하여 원고에게 동액 상당의 손해를 주고 있다고 봄이 타당하므로, 국가는 그 토지소유자에게 위 차임 상당의 이득을 부당이득금으로 반환할 의무가 있다.[22]

---

21) 대법원 1982. 3. 9. 선고 80누105 판결.
22) 대법원 2012. 12. 26. 선고 2011다73144 판결.

2. 협의제도

가. 의 의

비행안전구역내에 위치한 토지상에 건축물을 설치하고자 하는 신청에 대한 허가를 함에는 국방부장관 또는 관할부대장과 협의(協議)하여야 하고(군사기지법 제13조 제1항 제1문), 이때 국방부장관 또는 관할부대장이 군사목적의 필요상 불가하다는 회신을 하여 온 경우에는 허가할 수 없다.[23] 이와 같이 군사시설법상 특수한 제도로 관할 군부대에의 협의절차로서 작전성 검토를 들 수 있다. 관할 군부대의 작전성 검토절차는 군사시설 등을 보호하기 위하여 군사시설보호구역 내의 각종 건축물을 신·개축하는 행위에 대해 군부대가 이를 직접적인 통제방식을 채택하고 있지 아니하고 관계 행정기관의 허가 등에 간접적으로 관여하는 형식으로 그 목적을 달성하고 있다.

나. 협의의 법적 성질

(1) 구 군사시설보호법(1993. 12. 27. 법률 제4617호로 전문 개정되기 전의 것) 제7조 제3호, 제6호, 제7호 등에 의하면, 관계 행정청이 군사시설보호구역 안에서 가옥 기타 축조물의 신축 또는 증축, 입목의 벌채 등을 허가하고자 할 때에는 미리 관할 부대장과 협의를 하도록 규정하고 있고, 구 군사시설보호법 시행령(1994. 7. 20. 대통령령 제14329호로 전문 개정되기 전의 것) 제10조 제2항에 비추어 보면, 여기서 협의는 동의(同意)를 뜻한다.

(2) 구 군사시설보호법 시행령(1994. 7. 20. 대통령령 제14329호로 전문 개정되기 전의 것) 제10조 제3항에 의하면, 관계 행정청이 이러한 협의를 거치지 않거나 협의를 한 경우에도 협의조건을 이행하지 아니하고 건축허가 등을 한 경우에는 당해 행정청에 대하여 그 허가의 취소 등을 요구할 수 있고, 그 요구를 받은 행정청은 이에 응하여야 한다고 규정하고 있

23) 대법원 1992. 9. 22. 선고 91누8876 판결.

으므로, 군사시설보호구역으로 지정된 토지는 군 당국의 동의가 없는 한 건축 또는 사용이 금지된다.[24)]

다. 협의의 대상

(1) 관계 행정기관의 장은 보호구역 안에서 (i) 건축물의 신축·증축 또는 공작물의 설치와 건축물의 용도변경, (ii) 도로·철도·교량·운하·터널·수로·매설물 등과 그 부속 공작물의 설치 또는 변경, (iii) 하천 또는 해면의 매립·준설(浚渫)과 항만의 축조 또는 변경, (iv) 광물·토석(土石) 또는 토사(土砂)의 채취, (v) 해안의 굴착, (vi) 조림 또는 임목(林木)의 벌채, (vii) 토지의 개간 또는 지형의 변경, (viii) 해저시설물의 부설 또는 변경, (ix) 통신시설의 설치와 그 사용, (x) 총포의 발사 또는 폭발물의 폭발, (xi) 해운의 영위, (xii) 어업권 또는 양식업권의 설정, 수산동식물의 포획 또는 채취, (xiii) 부표(浮標)·입표(立標), 그 밖의 표지의 설치 또는 변경의 어느 하나에 해당하는 사항에 관한 허가나 그 밖의 처분(이하 '허가등')을 하려는 때에는 대통령령으로 정하는 협의절차와 국방부장관이 정하는 작전성 검토 등 협의기준에 따라 국방부장관 또는 관할부대장등과 협의하여야 한다. 국가기관 또는 지방자치단체가 위 각 호에 해당하는 행위를 하려는 경우에도 이와 같다(군사기지법 제13조 제1항).

(2) 다만 보호구역의 보호·관리 및 군사작전에 지장이 없는 범위 안에서 시행령 제13조 제3항으로 정하는 사항은 그러하지 아니하다(군사기지법 제13조 제1항 단서).

(3) 관계 행정기관의 장이 (i) 비행안전구역 안에서 제10조 제1항 제2호·제4호 및 제2항에 저촉될 우려가 있는 건축물의 건축, 공작물·등화의 설치·변경 또는 식물의 재배, (ii) 대공방어협조구역 안에서 대공방어협조구역 안의 대공방어진지에 배치된 대공화기의 사정거리안의 수평조준선 높이 이상의 건축물의 건축 및 공작물의 설치의 어느 하나에 해당하는 사항에 관한 허가등을 하려는 때에도 제1항을 적용한다(군사기지법 제13조

---

24) 대법원 1995. 3. 10. 선고 94누12739 판결.

제2항).

라. 협의의 절차

(1) 사전상담

허가등을 받으려는 자(이하 '허가등의 신청인')는 허가등을 신청하기 전에 관할부대장등에게 제1항 각 호 또는 제2항 각 호의 어느 하나에 해당하는 사항이 보호구역의 보호·관리나 군사작전 등에 지장이 없는지 등에 관하여 대통령령으로 정하는 바에 따라 사전상담을 요청할 수 있다. 이 경우 관할부대장등은 요청을 받은 날부터 10일 이내에 사전상담 결과를 요청인에게 알려주어야 한다(군사기지법 제13조 제3항).

(2) 심의위원회의 심의와 통보

국방부장관 또는 관할부대장등은 제1항 또는 제2항에 따른 협의요청을 받은 경우 제15조에 따른 소관 군사기지 및 군사시설 보호 심의위원회의 심의를 거쳐 30일(제3항에 따른 사전상담 결과를 요청인에게 알려준 경우에는 20일) 이내에 그 의견을 관계 행정기관의 장에게 통보하여야 한다. 이 경우 그 의견에 대한 구체적인 사유를 명시하여야 한다(군사기지법 제13조 제4항). 국방부장관 또는 관할부대장등은 제4항에 따른 통보기한을 1회에 한하여 10일의 범위 안에서 연장할 수 있다. 이 경우 미리 그 연장 사유, 처리현황, 연장 기한을 명시하여 알려주어야 한다(군사기지법 제13조 제5항).

(3) 조건부 동의

제4항에 따라 의견을 통보하는 국방부장관 또는 관할부대장등은 허가등의 신청인이 (i) 기존 군사시설의 대체 시설(공작물을 포함한다)의 설치, (ii) 군사기지 및 군사시설 보호와 작전수행에 필요한 물자 또는 장비의 제공, (iii) 그 밖에 제1호 또는 제2호에 준하는 사항으로서 국방부장관 또는 관할부대장등이 필요하다고 인정한 사항을 이행하는 것이 군사적인 장애 요소를 해소하기 위하여 필요한 경우에 한하여 해당 사항을 이행하

도록 하는 조건을 붙여 동의할 수 있다. 이 경우 (i) 부대 복지시설의 설치 또는 비품의 제공 등 해당 협의 사안과 직접 관련이 없는 사항, (ii) 군사적인 장애 요소 해소에 필요한 수준 이상의 과다한 물자 및 장비, (iii) 그 밖에 불합리하거나 과다한 조건으로서 ㈎ 국방부장관이 정하는 기준을 초과하는 시설의 설치, ㈏ 부대방향 창문 설치 금지, ㈐ 건물의 방향 통제에 해당하는 사항을 요구하거나 재협의를 제한하여서는 아니 된다(군사기지법 제13조 제6항, 시행령 제13조 제6항, 제7항).

(4) 이의와 재협의

제4항 및 제5항에 따라 의견을 통보받은 관계 행정기관의 장은 그 의견에 이의가 있는 경우 대통령령으로 정하는 절차에 따라 국방부장관 또는 관할부대장등(당초 협의기관의 직근상급기관을 말하되, 제10조 제5항의 사항에 대하여는 국방부장관을 말한다. 이하 제8항 및 제9항에서 같다)에게 재협의를 요청할 수 있다(군사기지법 제13조 제7항). 제4항 및 제5항에 따른 협의결과에 이의가 있는 허가등의 신청인은 그 사유를 명시하여 관계 행정기관의 장에게 국방부장관 또는 관할부대장등과 재협의하여 줄 것을 요청할 수 있다. 이 경우 관계 행정기관의 장은 특별한 사유가 없는 한 이에 따라야 한다(군사기지법 제13조 제8항, 시행령 제13조 제10항).

국방부장관 또는 관할부대장등이 제7항 및 제8항에 따라 재협의 요청을 받은 경우에는 제4항 및 제5항을 준용한다. 다만 국방부장관이 제10조 제5항의 사항에 대하여 재협의하는 경우에는 제15조 제1항에 따른 국방부 군사기지 및 군사시설 보호 심의위원회의 심의에 갈음하여 같은 조 제2항에 따른 합동참모본부 군사기지 및 군사시설 보호 심의위원회의 심의를 거쳐야 한다(군사기지법 제13조 제9항).

(5) 협의절차 미이행시 조치

국방부장관 또는 관할부대장등은 관계 행정기관의 장이 제1항 또는 제2항에 따른 협의를 거치지 아니하거나 협의조건을 이행하지 아니하고 제1항 또는 제2항에 해당하는 사항에 관하여 허가등을 한 경우에는 당해 행정기관의 장에게 그 허가등의 취소, 행위의 중지, 시설물의 철거 등 원상회복에 필요한 조치를 할 것을 요청할 수 있고, 그 요청을 받은 행정기관의 장은 특별한 사유가 없는 한 이에 응하여야 한다(군사기지법 제13조 제10항).

(6) 협의업무의 위탁

국방부장관 또는 관할부대장등은 도시 지역 안의 보호구역, 농공 단지 등 작전에 미치는 영향이 경미하면서 지역사회발전 및 주민 편익을 도모할 수 있는 지역으로 시행령 제14조 제1항으로 정하는 일정한 보호구역, 비행안전구역 또는 대공방어협조구역에서의 제13조에 따른 협의업무를 제15조에 따른 소관 군사기지 및 군사시설 보호 심의위원회의 심의를 거쳐 관계 행정기관의 장에게 위탁할 수 있다. 다만 관할부대장등이 협의업무를 위탁하려는 때에는 제15조 제3항에 따른 관할부대 또는 관리부대 군사기지 및 군사시설 보호 심의위원회의 심의를 거친 후 합참의장의 승인을 받아야 한다(군사기지법 제14조 제1항). 제1항에 따라 위탁할 협의업무의 범위와 위탁절차 등에 관하여 필요한 사항은 시행령 제14조로 정한다(군사기지법 제14조 제1항).

3. 세법상 정당한 사유와의 관계

재단법인이 군사시설보호구역으로 지정된 토지에 대하여 산림훼손허가 신청을 하였으나 군(軍) 당국이 건축에 부동의한다는 이유로 허가신청이 반려되었는데도 같은 해 그 토지를 취득하였고, 그 후 다시 산림훼손허가 신청을 하였으나 역시 같은 이유로 신청이 반려되었다면, 그 재단법인은 취득 전에 이미 군 당국이 건축에 대하여 동의를 하지 않는 사실을 알고 그 토지를 취득한 것이다. 취득 후에 그 토지를 고유업무에 사용하지 못한 이유도 결국 군 당국의 부동의라는 동일한 사유이므로, 취득 전에 군 당국이 부동의한 사유가 충분히 해소가능한 것이고, 실제 그 해소를 위하여 노력을 하여 이를 해소하였고, 그런데도 예측하지 못한 전혀 다른 사유로 다시 군 당국이 부동의하였다는 등의 특별한 사정이 없는 한, 군 당국이 건축에 동의하지 않는다는 사유는 그 토지를 그 법인의 고유업무에 사용하지 못한 정당한 사유가 될 수 없다.[25)]

4. 기속행위와 재량행위

(1) 행정행위가 그 재량성의 유무 및 범위와 관련하여 이른바 기속행위 내지 기속재량행위와 재량행위 내지 자유재량행위로 구분된다고 할 때, 그 구분은 당해 행위의 근거가 된 법규의 체재·형식과 그 문언, 당해 행위가 속하는 행정 분야의 주된 목적과 특성, 당해 행위 자체의 개별적 성질과 유형 등을 모두 고려하여 판단하여야 한다. 이렇게 구분되는 양자에 대한 사법심사는, 전자의 경우 그 법규에 대한 원칙적인 기속성으로 인하여 법원이 사실인정과 관련 법규의 해석·적용을 통하여 일정한 결론을 도출한 후 그 결론에 비추어 행정청이 한 판단의 적법 여부를 독자의 입장에서 판정하는 방식에 의하게 되나, 후자의 경우 행정청의 재량에 기한 공익판단의 여지를 감안하여 법원은 독자의 결론을 도출함이 없이 당해 행위에 재량권의 일탈·남용이 있는지 여부만을 심사하게 된다. 이러한 재량권의 일탈·남용 여부에 대한 심사는 사실오인, 비례·평등의 원칙 위배, 당해 행위의 목적 위반이나 동기의 부정 유무 등을 그 판단 대상으로 한다.[26)] 재량권 일탈·남용에 관하여는 그 행정행위의 효력을 다투는 사람이 주장·증명책임을 부담한다.[27)]

(2) 수익적 행정행위의 취소에서는, 그 취소로 인하여 개인의 기득의 권리 또는 이익을 침해하게 되므로 그 처분을 취소하여야 할 공익상 필요와 그 취소로 인하여 당사자가 입게 될 기득권과 신뢰보호 및 법률생활안정의 침해 등의 불이익을 비교·교량한 후 공익상 필요가 당사자가 입을 불이익을 정당화할 만큼 강한 경우에 한하여 취소할 수 있다.[28)]

(3) 행정행위를 한 처분청은 그 행위에 하자가 있는 경우에는 별도의

25) 대법원 1995. 3. 10. 선고 94누12739 판결.
26) 대법원 2001. 2. 9. 선고 98두17593 판결.
27) 대법원 2019. 1. 10. 선고 2017두43319 판결.
28) 대법원 1997. 12. 26. 선고 97누11287 판결.

법적 근거가 없더라도 스스로 이를 취소할 수 있고, 수익적 행정처분의 하자가 당사자의 사실은폐나 기타 사위(詐僞)의 방법에 의한 신청행위에 기인한 것이라면 당사자는 처분에 의한 이익이 위법하게 취득되었음을 알아 취소가능성도 예상하고 있었으므로, 그 자신이 처분에 관한 신뢰이익을 원용할 수 없음은 물론 행정청이 이를 고려하지 아니하였더라도 재량권의 남용이 되지 아니한다. 한편 당사자의 사실은폐나 기타 사위의 방법에 의한 신청행위가 있었는지 여부는 행정청의 상대방과 그로부터 신청행위를 위임받은 수임인 등 관계자 모두를 기준으로 판단하여야 한다.[29)]

5. 대법원 2020. 7. 9. 선고 2017두39785 판결

(1) 협의 요청의 대상인 행위가 군사작전에 지장을 초래하거나 초래할 우려가 있는지, 그러한 지장이나 우려를 해소할 수 있는지, 항공등화의 명료한 인지를 방해하거나 항공등화로 오인될 우려가 있는지 등은 해당 부대의 임무, 작전계획, 군사기지 및 군사시설의 유형과 특성, 주변환경, 지역주민의 안전에 미치는 영향 등을 종합적으로 고려하여 행하는 고도의 전문적·군사적 판단 사항으로서, 그에 관해서는 국방부장관 또는 관할부대장 등에게 재량권이 부여되어 있다.

(2) 국방부장관 또는 관할부대장 등의 전문적·군사적 판단은 그 판단의 기초가 된 사실인정에 중대한 오류가 있거나 그 판단이 객관적으로 불합리하거나 부당하다는 등의 특별한 사정이 없는 한 존중되어야 하고, 국방부장관 또는 관할부대장 등의 판단을 기초로 이루어진 행정처분에 재량권을 일탈·남용한 특별한 사정이 있다는 점은 처분의 효력을 다투는 자가 증명하여야 한다.

6. 대상사안의 검토

(1) 피고가 원고의 철회 전 허가신청을 처리하기 위하여 그 인근의 공

29) 대법원 2014. 11. 27. 선고 2013두16111 판결.

군부대장과 협의한 결과, 위 공군부대장이 이 사건 토지는 구 군사시설보호법 제3조의2 제2호 소정의 제한보호구역임과 동시에 구 공군기지법 제4조 소정의 비행안전구역으로서 각종 시설물 등이 제한되어 비행 및 작전시설물 안전거리 저촉해결을 위한 계획을 수립 추진 중에 있으므로 위 안전저촉지역을 벗어난 타지역을 선정, 허가하기 바란다는 내용으로 피고에게 회신한 날은 1989. 9. 18.이고, 이 사건 허가신청을 반려한 날은 그 해 10. 4.로서 공군부대장으로부터 위 회신을 받은 지 보름 남짓 지난 시점이어서 특별한 사정이 없는 한 피고가 이 사건 허가신청을 처리함에 있어 다시 위 공군부대장과 협의할 필요는 없다.

(2) 당시 공군부대장의 회신은 원고가 신청한 이 사건 토지가 위치한 지역은 안전저촉지역에 해당하니 다른 지역을 선정하여 허가하기 바란다는 내용만으로 되어 있어서 이러한 회신을 받은 피고로서는 당시에는 그 후 위 H에게 붙인 조건과 같은 내용의 조건을 붙이면 아무런 지장을 주지 않으리라는 점을 예측할 수 없다.

(3) H가 위와 같은 허가를 받아낼 수 있었던 것은 그 자신이 공군부대에 진정을 하는 등으로 위와 같은 각서를 제출하고 1층 건물을 지으면 관계없다는 요지의 긍정적인 답변을 받은 후 피고에 대하여 주유소허가신청을 하여 피고가 위 공군부대장과 협의 결과 위와 같은 조건을 붙이면 허가해 주어도 무방하다는 위 공군부대장의 긍정적인 회신이 있었기 때문에 비로소 위와 같은 조건부허가를 하였다.

(4) 따라서 피고가 위와 같은 조건부 허가를 하지 아니하고 이 사건 주유소허가신청을 반려처분한 것이 재량권 일탈이나 재량권 남용에 해당한다고는 보기 어렵다.[30)]

---

30) 처분의 근거 법령이 행정청에 처분의 요건과 효과 판단에 일정한 재량을 부여하였는데도, 행정청이 자신에게 재량권이 없다고 오인한 나머지 처분으로 달성하려는 공익과 그로써 처분상대방이 입게 되는 불이익의 내용과 정도를 전혀 비교형량 하지 않은 채 처분을 하였다면, 이는 재량권 불행사로서 그 자체로 재량권 일탈·남용으로 해당 처분을 취소하여야 할 위법사유가 된다. 대법원 2019. 7. 11. 선고 2017두38874 판결.

[9] 비행안전구역 내 지표면의 개념

대구고등법원 2019. 12. 6. 선고 2018누4107 판결[1)]

Ⅰ. 사실관계

가. 당사자들의 지위

(1) 원고 대한민국 산하 중앙행정기관의 장인 국방부장관은 군용항공기의 안전한 비행과 이·착륙을 위하여 「군사기지 및 군사시설 보호법」(이하 '군사기지법') 제4조 및 제6조에 따라 K-2 전술항공작전기지 주변을 비행안전구역으로 지정하면서 대구 동구 D 일원과 E 일원을 비행안전구역 제5구역으로 지정하였다.

(2) 피고 대구광역시 동구청장은 대구광역시 산하 지방자치단체의 장으로서 재개발·재건축 정비사업의 사업시행인가권자이다.

(3) 피고보조참가인 A지구 주택재개발 정비사업조합(이하 '제1참가인'), 피고보조참가인 B재정비촉진구역 주택재개발 정비사업조합(이하 '제2참가인')은 주택재개발·재건축 정비사업 시행을 위해 설립된 조합이다.

나. 제1참가인에 대한 사업시행인가

(1) 제1참가인은 2015. 9. 21. D 일원 79,900㎡에서 주택재개발 정비사업을 시행하기 위하여 구 「도시 및 주거환경정비법」(2017. 2. 8. 법률 제14567호로 전부개정되기 전의 것, 이하 '도시정비법') 제28조 제1항에 따라 피고에게 사업시행인가를 신청하였다.

(2) 피고는 위 정비사업 시행구역이 군사기지법 제2조 제8호, 제10조에서 정한 비행안전구역에 해당한다는 이유로, 2015. 10. 12. 군사기지법 제13조에 따라 해당 사업 지역을 관할하는 원고 산하 공군제11전투비행

1) 피고 대구광역시 동구청장이 상고를 제기하였으나, 대법원 2020. 4. 9.자 2019두63362 판결로 상고 기각되었다.

단장에게 피고의 행정처분에 관한 협의를 요청하였다.

(3) 공군제11전투비행단장은 2015. 11. 10. 피고에게 주택재개발 정비사업시행인가 및 이에 따라 의제되는 건축허가에 대하여 아래와 같이 해소방안 준수를 조건으로 동의한다고 통보하였다.

대구 동구 D 일원 건축물(공동주택) 건축 협의에 대하여 군보(군사기지 및 군사시설 보호 심의위원회를 말한다. 이하 같다) 심의결과 통보서에 명시한 [해소방안]을 준수하는 조건으로 동의하니 협조바랍니다.

군보 심의결과 통보서

[검토 결과]

○ 비행안전구역: 비행안전 제5구역 해당(제1구역에서부터 1,821.01m 이격)

가. 군사기지법 제10조 제1항에서 정한 기준(제한고도): 초과

▷ 제한고도: 81.57m, 건축고도: 100.80m(지반고 56m, 건축고 44.80m), 초과고도: 19.23m

나. 군사기지법 제10조 제2항에서 정한 기준(각 구역별로 최고장애물의 지표면 중 가장 높은 지표면의 높이를 초과하지 아니하는 범위 안에서 일정구역의 지표면으로부터 45m 이내에서 그 구역의 표면높이 이상인 건축물을 건축할 수 있음): 충족

▷ 최고장애물: 103m(F산), 건축가능고도: 45m, 건축물고도: 44.80m, 여유고도: 0.20m

다. 작전성 검토 결과: 문제점 없음

[해소방안]

○ 군사시설 보호구역 내 금지 및 제한사항 준수 [별지 1]

[군사시설 보호구역 내 금지 및 제한사항]

■ 제10조(비행안전구역에서의 금지 또는 제한)

○ 비행안전구역 내(제2구역~제6구역)에서 그 구역의 표면높이 이상인 건축물의 건축, 공작물·식물이나 그 밖의 장매물의 설치·재배 또는 방치

(4) 이에 따라 피고는 2016. 4. 25. 도시정비법 제28조 제1항, 제4항에

따라 제1참가인에게 사업시행인가를 하고 그 내용을 공보에 공시하였다.

다. 제2참가인에 대한 사업시행인가

(1) 제2참가인은 2016. 8. 22. E 일원 48,330㎡에서 주택재개발 정비사업을 시행하기 위하여 구 도시정비법 제28조 제1항에 따라 피고에게 사업시행인가를 신청하였다.

(2) 피고는 위 정비사업 시행구역이 군사기지법 제2조 제8호, 제10조에서 정한 비행안전구역에 해당한다는 이유로, 2016. 8. 26. 군사기지법 제13조에 따라 해당 사업지역을 관할하는 원고 산하 공군제11전투비행단장에게 피고의 행정처분에 관한 협의를 요청하였다.

(3) 공군제11전투비행단장은 2016. 10. 16. 피고에게 주택재개발 정비사업시행인가 및 이에 따라 의제되는 건축허가에 대하여 아래와 같이 해소방안 준수를 조건으로 동의한다고 통보하였다.

> [해소방안]
> ○ 군사시설 보호구역 내 금지 및 제한사항 준수 [별지 1]
> ○ 건축주는 건축 예정지 해발고도 및 건축물 높이를 설계도에 따라 유지하고, 준공 전에 공인감리결과 자료(건축지 해발고도, 건축물 높이·면적 등)를 해당 행정기관을 경유하여 공군부대 제출

(4) 이에 따라 피고는 2017. 2. 9. 도시정비법 제28조 제1항, 제4항에 따라 제2참가인에게 사업시행인가를 하고 그 내용을 공보에 고시하였다(이하, 제1, 2참가인이 피고에게 한 각 사업시행인가신청을 '이 사건 신청'이라 하고, 피고가 제1, 2참가인에게 한 각 사업시행인가처분을 '이 사건 처분'이라 한다).

라. 원고의 주장

참가인들은 이 사건 신청에서 주택건축을 위해 인위적 변경을 가한 상태의 지표면을 기준으로 높이 45m 이내의 건축물을 신축하는 내용으

로 사업시행인가 및 이에 따라 의제되는 건축허가 신청을 하였음에도, 공군제11전투비행단장은 참가인들이 형질변경 등 인위적인 변경이 이루어지지 아니한 자연적 상태의 지표면을 기준으로 위와 같은 높이의 건축물을 신축하려는 것으로 잘못 이해하는 바람에 참가인들의 이 사건 신청에 대하여 조건부 동의를 하고 말았다.

군사기지법 제10조 제2항이 비행안전구역 제한고도(45m)의 기준으로 삼고 있는 '지표면'이란 구 군사기지법 시행령(2019. 6. 25. 대통령령 제29893호로 개정되기 전의 것, 이하 같다) 제10조 [별표 5] 제2호에 따라 형질변경 등 인위적인 변경이 이루어지지 아니한 자연적 상태의 지표면을 의미하므로 이 사건 신청은 군사기지법 제10조 제2항에 위배되며, 원고는 이를 발견한 직후 피고와 참가인들에게 위 협의의 의사표시를 취소하기도 하였다.

만일 참가인들이 신청한 대로 사업이 시행될 경우에는 원고 소속 전투기 조종사들은 물론 아파트 입주민을 포함한 주민들의 생명·신체·재산에 심각한 위해가 발생할 우려가 있고, 나아가 국가의 안전보장에도 중대한 장애를 초래하게 된다. 따라서 이 사건 처분은 중대하고도 명백한 위법사유가 있어 무효이므로, 원고는 피고에 대하여 그 확인을 구한다.

Ⅱ. 참조 조문

1. 행정소송법

제12조(원고적격) 취소소송은 처분등의 취소를 구할 법률상 이익이 있는 자가 제기할 수 있다. 처분등의 효과가 기간의 경과, 처분등의 집행 그 밖의 사유로 인하여 소멸된 뒤에도 그 처분등의 취소로 인하여 회복되는 법률상 이익이 있는 자의 경우에는 또한 같다.

제13조(피고적격) ① 취소소송은 다른 법률에 특별한 규정이 없는 한 그 처분등을 행한 행정청을 피고로 한다. 다만, 처분등이 있은 뒤에 그 처분등에 관계되는 권한이 다른 행정청에 승계된 때에는 이를 승계한 행정청을 피고로 한다.

② 제1항의 규정에 의한 행정청이 없게 된 때에는 그 처분등에 관한 사무가 귀속되는 국가 또는 공공단체를 피고로 한다.

제14조(피고경정) ① 원고가 피고를 잘못 지정한 때에는 법원은 원고의 신청에 의하여 결정으로써 피고의 경정을 허가할 수 있다.

② 법원은 제1항의 규정에 의한 결정의 정본을 새로운 피고에게 송달하여야 한다.

③ 제1항의 규정에 의한 신청을 각하하는 결정에 대하여는 즉시항고할 수 있다.

④ 제1항의 규정에 의한 결정이 있은 때에는 새로운 피고에 대한 소송은 처음에 소를 제기한 때에 제기된 것으로 본다.

⑤ 제1항의 규정에 의한 결정이 있은 때에는 종전의 피고에 대한 소송은 취하된 것으로 본다.

⑥ 취소소송이 제기된 후에 제13조 제1항 단서 또는 제13조 제2항에 해당하는 사유가 생긴 때에는 법원은 당사자의 신청 또는 직권에 의하여 피고를 경정한다. 이 경우에는 제4항 및 제5항의 규정을 준용한다.

제15조(공동소송) 수인의 청구 또는 수인에 대한 청구가 처분등의 취소청구와 관련되는 청구인 경우에 한하여 그 수인은 공동소송인이 될 수 있다.

제16조(제3자의 소송참가) ① 법원은 소송의 결과에 따라 권리 또는 이익의 침해를 받을 제3자가 있는 경우에는 당사자 또는 제3자의 신청 또는 직권에 의하여 결정으로써 그 제3자를 소송에 참가시킬 수 있다.

② 법원이 제1항의 규정에 의한 결정을 하고자 할 때에는 미리 당사자 및 제3자의 의견을 들어야 한다.

③ 제1항의 규정에 의한 신청을 한 제3자는 그 신청을 각하한 결정에 대하여 즉시항고할 수 있다.

④ 제1항의 규정에 의하여 소송에 참가한 제3자에 대하여는 민사소송법 제67조의 규정을 준용한다.

제17조(행정청의 소송참가) ① 법원은 다른 행정청을 소송에 참가시킬 필요가 있다고 인정할 때에는 당사자 또는 당해 행정청의 신청 또는 직권에 의하여 결정으로써 그 행정청을 소송에 참가시킬 수 있다.

② 법원은 제1항의 규정에 의한 결정을 하고자 할 때에는 당사자 및 당해 행정청의 의견을 들어야 한다.
③ 제1항의 규정에 의하여 소송에 참가한 행정청에 대하여는 민사소송법 제76조의 규정을 준용한다.

2. 군사기지 및 군사시설 보호법

제10조(비행안전구역에서의 금지 또는 제한) ① 누구든지 비행안전구역(예비항공작전기지 중 민간비행장의 비행안전구역을 제외한다) 안에서는 다음 각 호의 어느 하나에 해당하는 행위를 하여서는 아니 된다. 다만, 제3호의 경우 미리 관할부대장등의 허가를 받은 자에 대하여는 그러하지 아니하다.

1. 제1구역에서 군사시설(민간항공기의 항행을 지원하기 위한 항행안전시설을 포함한다)을 제외한 건축물의 건축, 공작물·식물이나 그 밖의 장애물의 설치·재배 또는 방치. 다만, 「도로법」 제2조 제1호에 따른 도로로서 같은 법 제2조 제6호에 따른 도로구역의 수평 확장, 이설 등으로 도로구역이 제1구역의 일부와 중첩되는 경우에 그 중첩되는 부분 중 도로 및 그 부속물의 가장 높은 표면의 높이가 그 제1구역의 기본표면 표고를 초과하지 않고 군용항공기(민간항공기도 포함한다)의 이륙·착륙 및 비행에 방해 또는 장애가 되지 아니하는 범위에서 설치되는 도로는 관할부대장과 협의를 거쳐 제외한다.
2. 제2구역부터 제6구역까지에서 그 구역의 표면높이(이들의 투영면이 일치되는 부분에 관하여는 이들 중 가장 낮은 표면으로 한다) 이상인 건축물의 건축, 공작물·식물이나 그 밖의 장애물의 설치·재배 또는 방치
3. 군용항공기를 제외한 항공기의 비행안전구역 상공의 비행
4. 항공등화의 명료한 인지를 방해하거나 항공등화로 오인할 우려가 있는 유사등화의 설치
5. 비행장애를 일으킬 우려가 있는 연막·증기의 발산 또는 색채유리나 그 밖의 반사물체의 진열

② 제1항 제2호에도 불구하고 비행안전구역 중 전술항공작전기지의

제3구역, 제5구역 또는 제6구역과 지원항공작전기지의 제4구역 또는 제5구역 안에서는 각 구역별로 최고장애물 지표면 중 가장 높은 지표면의 높이를 초과하지 아니하는 범위 안에서 일정 구역의 지표면으로부터 45미터 높이 이내에서 그 구역의 표면높이 이상인 건축물의 건축, 공작물·식물이나 그 밖의 장애물을 설치 또는 재배할 수 있다. 다만, 지원항공작전기지의 제4구역·제5구역의 경계부분이 연속적으로 상승하거나 하강하는 능선형태로 되어 있어서 그 경계부분의 높이가 최고장애물의 지표면 높이의 기준이 됨으로써 본문에 따른 높이까지 건축물의 건축 또는 공작물의 설치를 할 수 없게 되는 경우에는 최고장애물의 지표면 높이가 높은 구역의 최고장애물을 기준으로 하여 적용한다.

③ 제2항을 적용함에 있어서 각 구역 간의 경계부분에서의 표면높이는 다음 각 호의 구분에 따른다.

1. 전술항공작전기지 비행안전구역 제2구역과 제3구역이 접하는 부분에서는 제3구역의 바깥쪽 상방향으로 50분의 1의 경사면을 초과하지 아니하는 범위로 한다.
2. 전술항공작전기지 비행안전구역의 제4구역이 제5구역과 접하는 부분 및 지원항공작전기지 비행안전구역의 제3구역이 제4구역과 접하는 부분에서는 각각의 경계부분으로부터 상방향으로 7분의 1의 경사면을 초과하지 아니하는 범위로 한다.
3. 전술항공작전기지 비행안전구역의 제2구역이 제6구역과 접하는 부분 및 지원항공작전기지 비행안전구역의 제2구역이 제5구역과 접하는 부분에서는 제2구역의 긴 변으로부터 상방향으로 7분의 1의 경사면을 초과하지 아니하는 범위로 한다.

④ 관할부대장등은 제1항 제1호에도 불구하고 비행안전에 지장을 초래하지 아니하는 범위 안에서 비상활주로의 비행안전구역에 식물재배 및 이와 관련되는 임시시설물의 설치를 허용할 수 있다.

⑤ 관할부대장등은 제1항 제2호에도 불구하고 비행안전에 지장을 초래하지 아니하는 범위 안에서 각 기지별 지역의 특수성을 고려하여 항공작전기지의 비행안전구역에 있어서 그 구역의 표면높이 이상인 건축물의 건축, 공작물·식물이나 그 밖의 장애물의 설치 또는 재배를 허용할 수 있다.

3. 대구광역시 도시계획 조례

제1조(목적) 이 조례는 국토의 계획 및 이용에 관한 법률, 같은 법 시행령, 같은 법 시행규칙 및 관계 법령에서 위임된 사항과 그 시행에 관하여 필요한 사항을 규정함을 목적으로 한다.

제2조(도시계획 및 관리의 기본방향) 대구광역시(이하 '시'라 한다)의 도시계획 및 관리는 국토의 계획 및 이용에 관한 법률(이하 '법'이라 한다) 제3조의 기본원칙을 바탕으로 자연환경의 보전 및 자원의 효율적 활용을 통하여 환경적으로 건전하고 지속가능한 발전을 이루는 것을 기본방향으로 한다.

제6조(도시기본계획의 위상) 법 제22조에 따라 확정된 도시기본계획은 관할구역 안에서 시장, 구청장·군수가 수립하는 도시개발 및 도시관리 등에 관한 각종 계획의 기본이 된다.

제102조(권한의 위임) ① 법 제139조 제2항에 따라 시장의 권한에 속하는 사무 중 별표 3의 사무를 구청장·군수에게 위임한다.

[별표 3]

위임사무 명	근거 법규
2. 개발행위의 허가 등에 관한 다음의 권한 가. 개발행위의 허가 나. 준공검사 다. 개발행위허가의 제한 라. 도시계획시설부지에서의 개발행위 마. 개발밀도관리구역 바. 기반시설부담구역에 관한 사항	법 제56조, 제62조부터 제64조까지, 제66조부터 제70조 및 조례 제19조부터 제30조까지

Ⅲ. 판시사항

(1) 원고 대한민국은 비록 이 사건 처분의 직접 상대방이 아니라 하더라도, 군사기지법 등에 의하여 보호되는 개별적·직접적·구체적 이익이 있으므로, 이 사건 처분에 관하여 행정소송을 제기할 법률상 이익을 가지고 있다.

(2) 관계 법령의 문언과 취지 등 다음과 같은 사정을 종합하면, 군사기지법 제10조 제2항에 정해진 '지표면'은 구 군사기지법 시행령 [별표 5] 제2항에 정해진 '형질변경 등 인위적인 변경이 이루어지지 아니한 자연적 상태의 지표면'을 의미한다.

Ⅳ. 해 설

1. 행정소송법상 항고소송에서 대한민국의 원고 적격 여부

대상사안에서 피고와 피고보조참가인들은 원고 대한민국은 항고소송에서 원고 적격이 없다고 주장하였다. 먼저 대한민국의 항고소송에서 원고 적격에 관하여 살펴보기로 한다.

가. 피고 및 참가인들의 주장

(1) 원고는 이 사건 처분의 상대방도 아니고, 이 사건 처분에 관하여 국가안전보장 등 일반적·간접적·추상적 이익 외에 근거 법규나 관련 법규에 의하여 보호되는 개별적·직접적·구체적 이익을 가지고 있지도 않다.

(2) 국가는 지방자치단체 등 다른 공권력 주체가 한 행정처분의 상대방으로 되는 경우 그 행정처분에 대한 법적 분쟁을 해결할 실효적인 다른 법적 수단이 없고, 그로 인하여 국가가 사인(私人)과 유사한 지위에서 갖는 법률상 이익이 제한되거나 침해되는 경우에만 당해 행정처분의 취소 또는 무효확인을 구할 수 있는데, 원고는 피고에게 시정명령, 직무이행명령, 행정협의조정 등 법적 분쟁을 해결할 수 있는 실효적인 다른 법적 수단을 가지고 있으므로 원고 적격이 없다.

(3) 따라서 원고가 피고를 상대로 이 사건 처분의 무효확인을 구하는 취지로 제기한 이 사건 소는 부적법하다.

나. 제1심의 판단

제1심[2]은, 원고가 이 사건 각 처분으로 침해당하였다고 주장하는 공익은 1차적으로 내부적인 행정통제절차를 통해 그 위법상태를 시정하고, 예외적으로 지방자치법 제169조·제170조에서 정한 요건이 충족된 경우에 기관소송을 통해 그 위법상태를 시정할 수 있으므로, 결국 원고는 아래와 같은 이유로 무효 등 확인소송을 통하여 이 사건 각 처분의 효력 유무의 확인을 구할 법률상 이익이 없다는 이유로 원고의 소를 각하하였다.

(i) 국가인 원고는 원칙적으로 사인과 마찬가지로 공법상 권리·의무의 귀속주체로서 자신의 구체적인 법률상 이익이 제한되거나 침해되는 경우에만 행정처분의 취소 또는 무효등 확인을 구할 원고 적격이 있다. (ii) 그러나 원고가 이 사건 각 처분으로 침해당하였다고 주장하는 이익은 국가안전보장 등 공익보호의 결과로 국민 일반이 공통적으로 가지는 일반적·간접적·추상적 이익에 불과하다. (iii) 현행 행정소송법이 항고소송과 기관소송을 분명하게 구분하고 있는 점에 비추어 순수한 공익이나 일반적인 국가적 법익은 행정소송법이 항고소송을 통하여 보호하고자 하는 법률상 이익이라고 보기 어렵다. (iv) 특히 행정소송법이 이 사건과 같이 순수한 공익과 관련된 국가 또는 공공단체의 기관 상호간의 분쟁은 일차적으로는 내부적인 행정통제절차를 통해 신속하고 적정하게 이를 해결하고, 특별히 법률이 정한 경우에 법률이 정한 자에 한하여 사법통제를 절차에 따라 해결할 수 있도록 규정한 것이라고 해석하여야 한다. (v) 만약 국가에게 순수한 공익이나 일반적인 국가적 법익의 침해를 이유로 항고소송을 제기하는 것을 허용한다면 국가는 행정처분의 직접 상대방이 아니라 제3자인 경우에도 사인과는 달리 사실상 모든 행정처분의 위법을 다툴 수 있는 원고 적격과 법률상 이익이 있다고 해석할 수밖에 없는 지극히 부당한 결과를 초래하게 된다.

다. 법률상 이익

행정처분의 직접 상대방이 아닌 제3자라 하더라도 당해 행정처분으로 인하여 법률상 보호되는 이익을 침해당한 경우에는 취소소송을 제기하여 그 당부의 판단을 받을 자격이 있다. 여기에서 말하는 법률상 보호되는 이익이라 함은 당해 처분의 근거 법규 및 관련 법규에 의하여 보호되는

2) 대구지방법원 2018. 7. 25. 선고 2018구합20667 판결.

개별적·직접적·구체적 이익이 있는 경우를 말하고,[3] 공익보호의 결과로 국민 일반이 공통적으로 가지는 일반적·간접적·추상적 이익이 생기는 경우에는 법률상 보호되는 이익이 있다고 할 수 없다.[4]

라. 대한민국의 원고 적격

아래와 같은 사정을 종합하면, 원고는 비록 이 사건 처분의 직접 상대방이 아니라 하더라도, 군사기지법 등에 의하여 보호되는 개별적·직접적·구체적 이익이 있으므로, 이 사건 처분에 관하여 행정소송을 제기할 법률상 이익을 가지고 있다.

(1) 법에 의하여 국방부장관 또는 관할부대장에게 부여된 동의권은, 하급관청의 권한행사에 대하여 그 비위를 미연에 방지하고 국가의사의 통일적 실현을 기하게 할 목적으로 상급관청에 부여되는 각종 인가·승인권이나 상호 대등한 관청 사이에서 상호협력의 차원에서 이루어지는 각종 협의권과는 성격이 다른 것으로서, 원고 소속 국방부장관 또는 관할부대장에게 동의권을 부여함으로써 국방부장관 또는 관할부대장으로 하여금 부대 운영에 직접적으로 위해가 될 수 있는 군사시설보호구역 내 건축행위 등에 대하여 적절한 통제를 할 수 있도록 하는 데에 주된 취지가 있다.

(2) 군사기지법은 군사기지 및 군사시설을 보호하고 군사작전을 원활히 수행하도록 할 목적으로 제정된 법률이고(제2조 참조), 군사기지법 제

---

3) 법률상 이익이란 해당 처분의 근거 법률로 보호되는 직접적이고 구체적인 이익을 가리키고, 간접적이거나 사실적·경제적 이해관계를 가지는 데 불과한 경우는 포함되지 않는다. 대법원 2019. 8. 30. 선고 2018두47189 판결.

4) 대법원 2006. 3. 16. 선고 2006두330 전원합의체 판결; 대법원 2007. 12. 27. 선고 2005두9651 판결; 제주특별자치도지사가 도의회 사무처장이 포함된 2015년도 상반기 4급 이상 인사발령을 하자, 제주특별자치도의회의장이 위 인사발령은 헌법과 지방자치법에 의하여 보장되는 추천권을 침해했다며 항고소송의 방법으로 무효확인이나 취소를 구하는 소송을 제기한 사안에서, 관계 법령 및 법리와 여러 사정을 종합하면, 지방의회 의장의 추천권은 지방자치법에 따라 지방의회의 대표자인 의장에게 부여된 공법상의 권한에 해당할 뿐, 항고소송을 통해 침해를 주장할 수 있는 개별적·직접적·구체적 권리라고 할 수 없으므로, 위 인사발령으로 도의회 의장이 항고소송을 통하여 구제받을 수 있는 법률상 보호되는 이익을 침해받았다고 볼 수 없어, 도의회 의장에게는 무효확인 또는 취소를 구할 원고적격이 없다고 한 사례로는 제주지방법원 2015. 6. 3. 선고 2015구합145 판결.

10조가 비행안전구역 내에서 일정한 행위를 금지 또는 제한하고 있는 1차적인 취지 역시 원고 소유의 군사기지 및 군사시설을 안전하게 보호하고, 원고가 군사작전을 원활하게 수행하도록 하며, 원고 소유의 군용항공기가 비행안전을 확보하도록 하는 데에 있다(제3조 참조).

(3) 이 사건 처분에서 인가된 대로 참가인들의 사업이 시행되는 경우 원고는 비행안전사고 위험의 증가로 인해 위와 같은 재산 관리와 직무수행에 중대한 차질을 받게 된다.

마. 행정소송의 보충성 여부

(1) 행정처분의 근거 법률에 의하여 보호되는 직접적이고 구체적인 이익이 있는 경우에는 행정소송법 제35조에 규정된 '무효 등 확인을 구할 법률상 이익'이 있다고 보아야 하고, 이와 별도로 무효 등 확인소송의 보충성이 요구되는 것은 아니므로 행정처분의 유·무효를 전제로 하는 이행소송과 같은 직접적인 구제수단이 있는지 여부를 따질 필요가 없다.[5)]

(2) 원고에게 처분의 근거 법률에 의하여 보호되는 직접적이고 구체적인 이익이 있다고 인정되는 이상, 피고가 주장하는 바와 같은 별도의 구제수단이 있는지 여부와는 상관없이 원고는 이 사건 처분의 무효확인을 구할 수 있다. 또한 이 사건 처분의 대상인 건축허가 및 건축협의 사무는 지방자치단체의 고유사무에 해당하므로,[6)] 시정명령과 같이 피고가 들고 있는 구제수단만으로는 원고가 피고와의 법적 분쟁을 실효적으로 해결하기 곤란하다고 보인다.[7)]

바. 소 결

원고는 이 사건 처분에 관하여 원고 적격과 법률상 이익을 가지고 있으므로, 이와 다른 전제에 서 있는 피고 및 참가인들의 주장은 이유 없다.

---

5) 대법원 2008. 3. 20. 선고 2007두6342 전원합의체 판결; 대법원 2019. 2. 14. 선고 2017두62587 판결.
6) 대법원 2014. 3. 13. 선고 2013두15934 판결.
7) 대법원 2014. 2. 27. 선고 2012두22980 판결.

2. 군사기지법 제10조 제2항에 정해진 '지표면'의 의미

가. 문제의 소재

대상사안에서는 군사기지법 제10조 제2항에 정해진 '지표면'이 구 군사기지법 시행령 [별표 5] 제2항에 정해진 '형질변경 등 인위적인 변경이 이루어지지 아니한 자연적 상태의 지표면(地盤高)'을 의미하는지, 아니면 '주택건축을 위해 인위적 변경을 가한 상태의 지표면(計劃高)'을 의미하는지 여부가 문제되었다.

나. 검 토

(1) 군사기지법 제10조 제1항 및 구 군사기지법 시행령 [별표 5] 제2항에 의하면, 군사기지법 제10조 제1항이 적용되는 지표면은 인위적 변경이 이루어지지 아니한 자연적 상태의 지표면(이하 '지반고')을 의미하는 것이 분명하다. 그런데 법률에 사용된 용어는 그 법률에서 동일한 의미를 가지는 것이 원칙이므로, 군사기지법 제10조 제2항에 정해진 '지표면' 또한 특별한 사정이 없는 한 군사기지법 제10조 제1항의 경우와 마찬가지로 지반고를 의미한다고 보아야 한다.

(2) 군사기지법 제10조 제2항은 같은 조 제1항과 별개의 요건을 설정하거나 대상을 다르게 규율하려는 것이 아니라 제1항이 정한 일반적인 금지행위를 일정한 범위에서 완화·경감해주는 내용이므로, 군사기지법 제10조 제1항과 같은 조 제2항 사이에 용어의 의미를 서로 다르게 해석하는 것은 위 법률 조항의 체계나 문맥에도 어긋난다.

(3) 구 군사기지법 시행령 [별표 5] 제2항 이외에 '지표면'의 의미를 설명하고 있는 규정을 찾아보기도 어렵다. 한편 군사기지법 시행규칙 제7조 제1항 제6호는 관계 행정기관의 장으로 하여금 지표면 변경계획도를 첨부하여 관할부대장에게 협의를 요청하도록 규정하고 있는데, 이 역시 지반고를 확인하기 위한 것이라고 여겨진다(계획고는 건물 설계도에 기재되기 때문에 별도로 지표면 변경계획도가 필요하지 않다).

(4) 구 군사기지법 시행령 제10조는 군사기지법 제10조 제1항, 제4항, 제5항에 따른 행위제한을 [별표 5]에 정해진 기준(지반고)에 따르도록 규정하면서 군사기지법 제2항에 따른 행위제한에 대하여는 위 기준에 의할 것인지 여부를 명시적으로 표시하고 있지 않다. 그러나 구 군용항공기지법 시행령(2008. 9. 22. 대통령령 제21025호로 폐지된 것) 제2조의3이 구 군용항공기지법 제8조 제2항 단서에 따라 설치가 가능한 건축물 또는 구조물의 높이를 산정할 때 그 기준을 지반고에 의하도록 일괄적으로 규정하고 있었던 점이나 최근 개정된 군사기지법 시행령(2019. 6. 25. 대통령령 제29893호로 개정된 것) 제10조가 각 항에 대한 구별 없이 “법 제10조에 따른 비행안전구역 안에서의 행위제한 등의 세부기준은 별표 5와 같다”고 규정하고 있는 점 등에 비추어, 구 군사기지법 시행령 제10조가 그 [별표 5]의 기준(지반고)을 군사기지법 제10조 제1항에 한하여 적용하고 같은 조 제2항에 대하여는 적용하지 않겠다는 취지는 아니었던 것으로 보인다.

(5) 만일 구 군사기지법 시행령 제10조가 군사기지법 제10조 제2항에 따른 행위제한에는 그 시행령 [별표 5]의 기준을 적용할 것인지 여부를 명시하고 있지 않다는 이유로 군사기지법 제10조 제2항에 정해진 지표면의 의미를 같은 조 제1항의 경우와 다르게 해석한다면, 이는 구 군사기지법 시행령이 모법인 군사기지법의 의미나 취지를 변경하는 것이 되어 위임의 한계를 벗어나는 결과가 된다.

(6) 특히 참가인들의 주장과 같이 군사기지법 제10조 제2항에 정해진 지표면이 형질변경 등 인위적인 변경이 이루어진 상태의 지표면(이하 ‘계획고’)을 의미하는 것이라면, 건축물 자체의 높이가 법률에 정해진 제한을 넘지 않는 이상 건축허가 신청인이 그 편의에 따라 부지를 임의로 성토한 후 위 건축물을 건축함으로써 비행안전에 실질적인 지장을 초래하는 경우에도 이를 규제할 방법이 없게 되므로, 군사기지법 제10조 제2항은 존재 이유를 잃게 된다.

다. 소 결

따라서 군사기지법 제10조 제2항에 정해진 '지표면'은 구 군사기지법 시행령 [별표 5] 제2항에 정해진 '형질변경 등 인위적인 변경이 이루어지지 아니한 자연적 상태의 지표면'을 의미한다.

3. 이 사건 처분의 하자 유무

가. 행정처분의 성립과 하자(瑕疵)

(1) 일반적으로 처분이 주체·내용·절차와 형식의 요건을 모두 갖추고 외부에 표시된 경우에는 처분의 존재가 인정된다. 행정의사가 외부에 표시되어 행정청이 자유롭게 취소·철회할 수 없는 구속을 받게 되는 시점에 처분이 성립하고, 그 성립 여부는 행정청이 행정의사를 공식적인 방법으로 외부에 표시하였는지를 기준으로 판단해야 한다.[8]

(2) 항고소송에서 행정처분의 위법 여부는 행정처분이 있을 때의 법령과 사실 상태를 기준으로 판단하여야 한다. 이는 처분 후에 생긴 법령의 개폐나 사실 상태의 변동에 영향을 받지 않는다는 뜻이지, 처분 당시 존재하였던 자료나 행정청에 제출되었던 자료만으로 위법 여부를 판단한다는 의미는 아니다. 따라서 법원은 행정처분 당시 행정청이 알고 있었던 자료뿐만 아니라 사실심 변론종결 당시까지 제출된 모든 자료를 종합하여 처분 당시 존재하였던 객관적 사실을 확정하고 그 사실에 기초하여 처분의 위법 여부를 판단할 수 있다.[9]

(3) 행정행위의 '취소'는 일단 유효하게 성립한 행정행위를 그 행위에 위법한 하자가 있음을 이유로 소급하여 효력을 소멸시키는 별도의 행정처분을 의미함이 원칙이다. 반면 행정행위의 '철회'는 적법요건을 구비하여 완전히 효력을 발하고 있는 행정행위를 사후적으로 효력의 전부 또는 일부를 장래에 향해 소멸시키는 별개의 행정처분이다. 그리고 행정행위의

---

8) 대법원 2019. 7. 11. 선고 2017두38874 판결.
9) 대법원 2018. 6. 28. 선고 2015두58195 판결.

'취소 사유'는 원칙적으로 행정행위의 성립 당시에 존재하였던 하자를 말하고, '철회 사유'는 행정행위가 성립된 이후에 새로이 발생한 것으로서 행정행위의 효력을 존속시킬 수 없는 사유를 말한다.[10]

(4) 2개 이상의 행정처분이 연속적 또는 단계적으로 이루어지는 경우 선행처분과 후행처분이 서로 합하여 1개의 법률효과를 완성하는 때에는 선행처분에 하자(흠)가 있으면 그 하자는 후행처분에 승계된다. 이러한 경우에는 선행처분에 불가쟁력이 생겨 그 효력을 다툴 수 없게 되더라도 선행처분의 하자를 이유로 후행처분의 효력을 다툴 수 있다. 그러나 선행처분과 후행처분이 서로 독립하여 별개의 법률효과를 발생시키는 경우에는 선행처분에 불가쟁력이 생겨 그 효력을 다툴 수 없게 되면 선행처분의 하자가 당연무효인 경우를 제외하고는 특별한 사정이 없는 한 선행처분의 하자를 이유로 후행처분의 효력을 다툴 수 없는 것이 원칙이다.[11]

나. 대상사안의 검토

(1) 이 사건 사업지구는 비행안전구역 중 제5구역에 해당하고, 이에 따라 최고 장애물인 F산(103m)의 고도를 초과하지 않는 범위 안에서 당해 지역 지표면으로부터 45m 높이 이내에서 건축물의 건축이 가능하다. 이 사건 신청의 대상인 아파트는 성토 및 절토를 반영한 계획고를 기준으로 하여 높이 45m 이내(44.80m)로 건축될 예정이다.

(2) 그런데 참가인들의 사업시행계획에는 부지조성 과정에서 절토작업 외에 지반고를 약 1~7m 가량 높이는 성토작업 구간이 포함되어 있으므로, 지반고를 기준으로 이 사건 아파트의 높이를 산정할 경우에는 그 중 일부가 군사기지법 제10조 제2항에 정해진 제한고도 '지표면으로부터 45m 높이'를 초과하게 된다. 제한고도를 초과하는 건물의 구체적인 내역과 초과정도의 최소값과 최대값은 아래 기재와 같다(단위 m).

---

10) 대법원 2018. 6. 28. 선고 2015두58195 판결.
11) 대법원 2017. 7. 18. 선고 2016두49938 판결.

구분	건축고	제한고도	초과고도
L동	100.80	92.93	7.87
V동	94.50	94.45	0.05

(3) 공군제11전투비행단장은 담당 군무원이 이 사건 신청 대상인 건축물이 지반고를 기준으로 높이를 산정한 것으로 착각하는 바람에 이 사건 신청에 따른 협의에서 조건부 동의 의견으로 회신하였다.

(4) 원고는 2017. 7. 비행안전구역 내 건축 기준에 관한 탄원서가 접수됨에 따라 기존 협의사항을 전부 검토한 후 참가인들을 포함한 위반사례 4건을 확인하고, 2017. 9. 28. 피고에게 참가인들의 사업계획 중 군사기지법상 제한고도를 초과하는 개별 건축물에 대하여 부동의한다고 의견을 수정하여 통보하였다.

(5) 위 인정사실에 의하면, 이 사건 처분에 관계된 원고의 비행안전 협의는 군사기지법 제10조 제2항의 고도제한을 위반한 위법이 있고, 피고는 원고의 비행안전 협의가 적법함을 전제로 이 사건 처분에 이르게 된 것이므로, 이 사건 처분에는 법령위반의 하자가 존재한다.

4. 이 사건 처분의 무효 여부

가. 하자의 유형과 행정처분의 효력

행정처분이 당연무효라고 하기 위해서는 처분에 위법사유가 있다는 것만으로는 부족하고 그 하자가 법규의 중요한 부분을 위반한 중대한 것으로서 객관적으로 명백한 것이어야 하는데, 이를 판별할 때는 그 법규의 목적·의미·기능 등을 목적론적으로 고찰하는 동시에 구체적 사안 자체의 특수성에 관하여도 합리적으로 고찰할 필요가 있다.[12)]

행정청이 어느 법률관계나 사실관계에 대하여 어느 법률 규정을 적용하여 행정처분을 한 경우에 그 법률관계나 사실관계에 대하여 그 법률의

12) 대법원 1995. 7. 11. 선고 94누4615 전원합의체 판결; 대법원 2005. 6. 24. 선고 2004두10968 판결.

규정을 적용할 수 없다는 법리가 명백히 밝혀져 그 해석에 다툼의 여지가 없음에도 불구하고 행정청이 위 규정을 적용하여 처분을 한 때에는 그 하자가 중대하고 명백하고, 그 법률관계나 사실관계에 대하여 그 법률의 규정을 적용할 수 없다는 법리가 명백히 밝혀지지 아니하여 그 해석에 다툼의 여지가 있는 때에는 행정관청이 이를 잘못 해석하여 행정처분을 하였더라도 이는 처분 요건사실을 오인한 것에 불과하여 그 하자가 명백하다고 할 수 없다.[13] 그러나 행정청이 법령 규정의 문언상 처분 요건의 의미가 분명함에도 합리적인 근거 없이 그 의미를 잘못 해석하여 처분 요건이 충족되지 아니한 상태에서 해당 처분을 한 경우에는 법리가 명백히 밝혀지지 아니하여 그 해석에 다툼의 여지가 있었다고 볼 수 없다.[14]

나. 하자의 중대성

다음과 같은 사정을 종합하면, 이 사건 처분은 군사기지법 제10조 제2항의 중요한 부분을 위반한 것으로서 그 하자가 중대하다고 인정된다.

(1) 비행안전구역은 군용항공기의 이착륙에서의 안전비행을 위하여 국방부장관이 군사기지법 제3조, 제4조, 제6조에 따라 지정한 구역으로서, 이러한 안전조치가 없다면 군용항공기의 충돌이나 추락 등 사고로부터 군사기지 및 군사시설을 안전하게 보호하고 군사작전의 원활한 수행과 군용항공기의 비행안전을 확보할 수 없게 되는 것은 물론이고, 사고가 발생하는 경우 그 인근 주민에 대한 인명 및 재산피해와 국가적 손실을 가져오게 된다.

(2) 이 사건 신청 대상인 건축물은 제1참가인의 경우 총 15개 동 중 8개 동이, 제2참가인의 경우 총 28개 동 중 14개 동이 제한 고도를 초과하고 있고, 초과 높이 역시 7.87m(아파트 3개층)에 이르므로, 위반 정도가 가볍지 않다.

---

13) 대법원 2004. 10. 15. 선고 2002다68485 판결; 대법원 2012. 10. 25. 선고 2010두25107 판결.

14) 대법원 2014. 5. 16. 선고 2011두27094 판결.

(3) 우리나라는 2002. 8. 26. 법령의 개정을 통해 기존에 12m이던 제한고도를 45m로 완화하였는데, 이는 외국의 입법과 비교하여 상대적으로 완화된 측면이 있으므로, 그 적용을 완화하거나 예외를 인정하는 것은 신중할 필요가 있다.

(4) 참가인들은, 영구장애물에 의한 차폐면 이하에서 새로 추가되는 장애물은 비행안전의 장애물로 보지 않는다는 이른바 차폐이론[15]을 들어 위반사항이 중대하지 않다고 주장한다. 그러나 차폐이론은 군사기지법 제10조 제5항의 적용에서 하나의 기준이 되는 이론으로 비행안전에 지장을 초래하지 않을 것을 전제로 하므로, 비행안전영향평가 없이 군사기지법 제10조 제2항에 따라 내려진 이 사건 처분에 위 이론을 그대로 적용하여 위반사항이 중대하지 않다고 볼 수 없다.

다. 하자의 명백성

다음과 같은 사정을 종합하면, 이 사건 처분의 하자는 객관적으로 명백하다고 봄이 타당하다.

(1) 앞서 본 바와 같이 군사기지법 제10조 제2항의 해석상 그 처분요건인 지표면의 의미는 지반고를 의미하는 것이 분명하다. 비록 구 군사기지법 시행령 제10조에서 그 [별표 5]가 군사기지법 제10조 제2항에 적용된다고 명시하지는 않았지만, '지표면'이라는 하나의 단어를 각각의 조항마다 계획고 또는 지반고로 달리 해석하는 것은 법령의 통일적 해석을 심각하게 저해하는 것이다. 일반적인 평균인으로서도 위 지표면의 의미를 구 군사기지법 시행령 [별표 5] 제2항에 정해진 '지반고'와 동일한 의미로 이해할 수 있다고 보인다.

(2) 국방부는 1994. 12. 26. 구 군용항공기지법에 의하여 예외적으로 건축물의 설치가 허용되는 건축물의 높이 산정기준에 관한 질의에서 인

---

15) 고도제한에서 차폐이론에 관한 연구로는 김휘양·전종진·유광의, "장애물 제한표면과 항공학적 검토방법의 제도개선에 관한 제언", 항공우주정책·법학회지 제34권 제1호(2019. 6.); 하홍영·김해마중·홍상범, "군용항공기지법상 고도제한의 개선방향 - 차폐이론을 중심으로-", 항공우주법학회지 제19권 제1호(2004. 6.); 양한모, "차폐이론의 적용에 관한 연구", 대한교통학회지 제20권 제5호(2002) 각 참조.

위적인 변경이 이루어지지 않은 자연적인 상태가 기준이라고 회신한 이래, 구 군사기지법 시행령 [별표 5]의 기준은 군사기지법 제10조 제2항의 경우에도 적용된다고 해석해왔고, 「군사기지 및 군사시설 보호구역 등 관리훈령」 역시 제2조 제9호에서 비행장애물의 설치 허용높이란 비행안전구역의 해당 지점의 표면높이의 표고에서 지반고를 뺀 값을 말한다고 규정하고 있다.

(3) 법제처 역시 2017. 9. 22. 군사기지법 제10조 제2항에서 말하는 지표면은 형질변경 등 인위적인 변경이 이루어지지 아니한 자연적 상태의 지표면을 의미한다고 해석하였다.

(4) 원고는 2016년부터 2018년 12월까지 비행안전구역 중 제3, 5, 6구역에 대한 협의에서 군사기지법 제10조 제2항을 적용한 총 38건 중에 대하여 자연적 상태의 지표면을 기준으로 협의해왔고, 이 사건 신청에 따른 협의 사무에서도 지반고가 적용되어야 한다는 전제에서 동의 여부를 검토하였다.

(6) 피고는, 대구 북구 AC에 있는 AD아파트의 경우 계획고를 기준으로 협의가 이루어졌다고 주장한다. 그러나 을 제15호증의 7 기재에 비추어 을 제8, 9호증의 각 기재만으로는 원고가 AD에 대한 협의 과정에 계획고를 기준으로 삼았다고 인정하기에 부족하고, 달리 이를 인정할 증거가 없으며, 설령 원고가 AD에 대하여 계획고를 기준으로 협의를 하였다 하더라도 이러한 예외적인 사정만으로 법규에 대한 해석에 합리적인 의문이 있다고 볼 수는 없다.

라. 이 사건 처분의 무효 범위

비록 군사기지법 제10조 제2항에 위배되는 하자가 이 사건 신청 대상인 건축물 전부에 걸쳐 존재하는 것은 아니라고 하더라도, 다음과 같은 사정에 비추어 이 사건 처분은 그 전부가 무효라고 봄이 타당하다.

(1) 주택재개발 정비사업 시행인가를 받기 위하여 제출하는 사업시행계획서는 건축물의 높이나 용적률 등 건축계획 외에 토지이용계획, 정비기반시설 및 공동이용시설의 설치계획 등이 포함되므로(도시정비법 제52조

제1항), 그에 따른 사업시행인가 처분은 종합적인 하나의 처분으로 보아야 하고, 각 건축물별로 분리된 별도의 행정처분이라고 보기 어렵다.

(2) 일부 무효가 가능하기 위해서는 잔존 부분이 그 내용의 변경 없이도 의미 있고 적법하게 존속할 수 있어야 하는데, 군사기지법 제10조 제2항에 위배되는 동별 건축물을 무효라고 할 경우 잔존 부분만으로 각 주택재개발 정비사업시행인가 처분이 적법하게 존속할 수는 없을 것으로 보인다.

(3) 주택재개발 정비사업 시행인가 처분은 수익적 행정처분으로서 행정청의 재량행위에 속하므로, 원칙적으로 처분 전체가 취소되거나 무효로 확인되어야 하는 것이고, 재량권의 한계 내에서 어느 정도가 적정한지 가리는 일은 사법심사의 범위를 벗어나는 것이다.[16)]

(4) 일부 무효로서 나머지 부분이 유효하기 위해서는 그 무효 부분 없이도 피고가 본체인 행정행위를 발령하였을 것이 요구되는데, 제1참가인의 경우 총 15개 동 중 8개 동에, 제2참가인의 경우 총 28개 동 중 14개 동에 법령 위반의 하자가 있어 무효사유가 전체 건축물의 절반을 넘어서고 있으므로, 피고가 일부 무효로 확인되는 부분을 제외하고도 이 사건 처분을 하였으리라고 보기 어렵다.

마. 소 결

따라서 이 사건 처분은 군사기지법 제10조 제2항에 관한 법령위반의 하자가 있고 그 하자가 중대·명백하므로 이 사건 처분은 그 전부가 무효라고 할 것인데, 피고가 이를 다투고 있는 이상 원고는 그 확인을 구할 이익이 있으므로, 원고의 주장은 이유 있다.

---

16) 대법원 2007. 7. 12. 선고 2007두6663 판결; 대법원 1998. 4. 10. 선고 98두2270 판결.

[10] 비행안전구역에 도로를 개설한 경우 주민소송

대법원 2011. 12. 22. 선고 2009두14309 판결[1)]

Ⅰ. 사실관계

(1) 성남시장은 1996. 2. 21. 탄천제방 우회도로 개설계획을 수립하고 2001. 3. 이를 도시교통정비 중기계획에 반영하였으며, 2001. 11. 8. 위 도시교통정비 중기계획에 따라 상습 교통체증 지역인 성남대로 모란 지역의 교통난을 해소하고 용인, 광주, 판교 개발에 따른 교통난을 해소하기 위하여 중앙로(수진정수장)-수정로(삼부아파트) 1.1km 구간(2단계 도로 개설구간으로 예정되어 있었다. 이하 '2단계 구간')에 있는 기존의 탄천변도로(폭 6m)를 확장하여 도로를 개설하는 내용을 포함한 탄천변도로 확장공사계획(이하 '이 사건 도로 확장공사계획')을 수립하였다.

(2) 공군 제3368부대장은 2001. 2. 27. 성남시 수진동 및 태평동 일원을 구 군용항공기지법(2004. 1. 20. 법률 제7083호로 개정되기 전의 것, 이하 같다) 제4조에 의한 비행안전구역으로 고시하였다.

(3) 성남시장은 2003. 2. 6. 주식회사 태영에게 이 사건 도로 확장공사계획에 따라 비행안전 제1구역 내에 확장·개설될 도로 270m(이하 '이 사건 도로')를 포함한 2단계 구간 확장공사(왕복 4차로, 사업기간 2003. 2. 14.부터 2005. 12. 21.까지, 사업비 178억 원)를 발주하는 내용의 공사도급계약(이하 '이 사건 공사도급계약')을 체결하였고, 이에 따라 주식회사 태영은 2. 14. 위 2단계 구간 확장공사에 착수하여 2005. 9.경 위 공사의 공정을 마무리하였다(성남시장은 2003. 5. 26. 이 사건 도로를 포함한 2단계 구간을 도로구역으로 결정하고 이를 고시하였다).

(4) 공군 제15혼성비행단장(이하 '공군비행단장')은 2005. 10. 7. 및 10.

---

1) 이에 대한 평석은 김태호, "지방자치법상 손해배상청구를 요구하는 주민소송의 대상과 위법사유의 심사 방법", 대법원판례해설 제89호(2012), 1013~1036면.

14. 성남시장에게 이 사건 도로가 구 군용항공기지법 제8조에 위반하여 비행안전 제1구역에 개설되었다는 이유로 같은 법 제9조에 기하여 이 사건 도로와 위 도로상에 설치된 가로등, 교통표지판 등의 구조물을 제거할 것과 2단계 구간 도로개통식을 개최하지 말 것을 요구하였다.

이에 성남시장은 일단 위 도로개통식을 취소하였다가 2005. 12. 21. 2단계 구간 도로공사를 준공한 다음, 다시 공군비행단장에게 이 사건 도로의 개설을 허용해 줄 것을 계속 요청하였으나, 공군비행단장이 이를 받아들이지 아니하고 계속하여 이 사건 도로 등의 제거와 이 사건 도로의 노선변경을 요구하자, 2006. 2.경 위 가로등, 교통표지판 등을 제거하고 이 사건 도로를 흙으로 덮었다.

이후 이 사건 도로가 위와 같은 상태로 방치되던 중, 이 사건 도로 관련 관계기관회의가 2007. 12. 20. 국무조정실의 주관으로 개최되어 위 회의에 참석한 관계자들(외교안보심의관, 국방부 시설기획관, 공군 전력기획처장, 경기도 교통국장, 성남시 건설교통국장, 청와대 안보정책실, 감사원 감사관) 사이에 이 사건 도로의 노선을 변경하는 것은 불가능하므로 그 노선을 그대로 유지하는 대신 이 사건 도로를 군사시설로 지정하여 작전도로로 편입하고 연결교량 및 진입로를 개설하여 활용하기로 하는 방안이 채택되었고, 이에 따라 성남시와 공군비행단은 2008. 1. 25. 성남시는 위 공군 부대 출입문으로부터 이 사건 도로로 연결되는 탄천교량과 이 사건 도로에서 공군 경원진지로 진입하는 진입로를 건설하여 이 사건 도로를 개통하고 이에 관한 유지·관리를 담당하며, 공군비행단은 작전상 긴급출동을 요하는 경우에 위 탄천교량에서부터 이 사건 도로를 경유하여 위 진입로까지에 이르는 도로 구간을 작전도로로서 우선적으로 무상사용할 수 있다는 내용의 합의(이하 '이 사건 합의')를 하였다.

(5) 국무조정실 조사심의관실은 2006. 2. 14.부터 2006. 2. 16.까지 사이에 성남시 소속 공무원들의 이 사건 도로개설 업무처리에 관하여 감사를 실시하였고, 이에 따라 행정자치부장관은 2006. 4. 7.경 경기도지사에게 성남시 부시장, 건설교통국장 등의 관련 공무원에 대하여 징계조치 할 것을 요구하였으며, 이에 경기도지사는 2006. 9.경 성남시 건설교통국장

소외 2, 건설교통국 도로과장 소외 3, 4, 건설교통국 도로시설팀장 소외 5, 도로시설팀 직원 소외 6 등 관계공무원 5인에 대하여 소외 2, 3, 5는 각 견책으로, 소외 4, 6은 각 불문으로 의결하되, 다만 소외 4, 6에게는 각 경고할 것을 권고한다는 내용의 경기도인사위원회 징계의결결과를 성남시에 통보하였고, 이에 따라 성남시장은 2006. 9. 14. 소외 2, 3, 5에 대하여 각 견책의 징계처분을 하였다.

(6) 원고(선정당사자, 이하 '원고')들과 선정자들은 2006. 2. 16. 경기도지사에게 성남시장을 비롯한 성남시 소속 공무원들이 위법하게 비행안전제1구역 내에 이 사건 도로를 개설하는 사업을 강행함으로써 예산을 낭비하고 공익을 해하였다고 주장하면서 '성남 탄천변 불법도로 건설공사'를 감사청구 대상행위로 하여 구 지방자치법(2007. 5. 11. 법률 제8423호로 개정되기 전의 것, 이하 같다) 제13조의4(주민의 감사청구)에 기한 주민감사청구(이하 '이 사건 감사청구')를 한 후, 같은 해 5. 25. 피고를 상대로 구 지방자치법 제13조의5(주민소송)에 기하여 청구취지 기재와 같은 손해배상청구를 할 것을 요구하는 이 사건 소를 제기하였고, 경기도지사는 2006. 6. 22. 국무조정실 조사심의관실에서 이 사건 감사청구의 대상에 관하여 이미 감사를 실시하였기 때문에 이 사건 감사청구는 감사청구의 대상으로 할 수 없는 '다른 기관에서 감사한 사항'을 대상으로 하는 것으로서 부적법하다는 이유로 이를 각하하였다.

(7) 원고들은 성남시장 소외 1이 이 사건 도로의 개설이 구 군용항공기지법에 위반된 것임을 잘 알면서도 성남시 소속 공무원들에게 이 사건 도로의 개설을 강행할 것을 지시함에 따라 성남시에서 이 사건 도로를 개설하였다가 공군비행단으로부터 도로제거 요청을 받게 되어 위 도로의 시설물을 철거하고 다시 위 도로를 사용하기 위하여 공군비행단과 이 사건 합의를 하게 됨으로써 이 사건 도로 시설물의 철거 및 재설치비용, 이 사건 합의 내용을 이행하기 위한 비용, 금융비용 등의 손해가 발생하였으므로, 피고를 상대로 소외 1에게 그 손해의 배상을 청구할 것을 구하였다.

Ⅱ. 참조 조문

1. 지방자치법

제17조(주민소송) ① 제16조 제1항에 따라 공금의 지출에 관한 사항, 재산의 취득·관리·처분에 관한 사항, 해당 지방자치단체를 당사자로 하는 매매·임차·도급 계약이나 그 밖의 계약의 체결·이행에 관한 사항 또는 지방세·사용료·수수료·과태료 등 공금의 부과·징수를 게을리한 사항을 감사청구한 주민은 다음 각 호의 어느 하나에 해당하는 경우에 그 감사청구한 사항과 관련이 있는 위법한 행위나 업무를 게을리 한 사실에 대하여 해당 지방자치단체의 장(해당 사항의 사무처리에 관한 권한을 소속 기관의 장에게 위임한 경우에는 그 소속 기관의 장을 말한다. 이하 이 조에서 같다)을 상대방으로 하여 소송을 제기할 수 있다.

1. 주무부장관이나 시·도지사가 감사청구를 수리한 날부터 60일(제16조 제3항 단서에 따라 감사기간이 연장된 경우에는 연장기간이 끝난 날을 말한다)이 지나도 감사를 끝내지 아니한 경우
2. 제16조 제3항 및 제4항에 따른 감사결과 또는 제16조 제6항에 따른 조치요구에 불복하는 경우
3. 제16조 제6항에 따른 주무부장관이나 시·도지사의 조치요구를 지방자치단체의 장이 이행하지 아니한 경우
4. 제16조 제6항에 따른 지방자치단체의 장의 이행 조치에 불복하는 경우

② 제1항에 따라 주민이 제기할 수 있는 소송은 다음 각 호와 같다.

1. 해당 행위를 계속하면 회복하기 곤란한 손해를 발생시킬 우려가 있는 경우에는 그 행위의 전부나 일부를 중지할 것을 요구하는 소송
2. 행정처분인 해당 행위의 취소 또는 변경을 요구하거나 그 행위의 효력 유무 또는 존재 여부의 확인을 요구하는 소송
3. 게을리한 사실의 위법 확인을 요구하는 소송
4. 해당 지방자치단체의 장 및 직원, 지방의회의원, 해당 행위와 관련이 있는 상대방에게 손해배상청구 또는 부당이득반환청구를

할 것을 요구하는 소송. 다만, 그 지방자치단체의 직원이 「회계관계직원 등의 책임에 관한 법률」 제4조에 따른 변상책임을 져야 하는 경우에는 변상명령을 할 것을 요구하는 소송을 말한다.

③ 제2항 제1호의 중지청구소송은 해당 행위를 중지할 경우 생명이나 신체에 중대한 위해가 생길 우려가 있거나 그 밖에 공공복리를 현저하게 저해할 우려가 있으면 제기할 수 없다.

④ 제2항에 따른 소송은 다음 각 호의 어느 하나에 해당하는 날부터 90일 이내에 제기하여야 한다.

1. 제1항 제1호의 경우: 해당 60일이 끝난 날(제16조 제3항 단서에 따라 감사기간이 연장된 경우에는 연장기간이 끝난 날을 말한다)
2. 제1항 제2호의 경우: 해당 감사결과나 조치요구내용에 대한 통지를 받은 날
3. 제1항 제3호의 경우: 해당 조치를 요구할 때에 지정한 처리기간이 끝난 날
4. 제1항 제4호의 경우: 해당 이행 조치결과에 대한 통지를 받은 날

⑤ 제2항 각 호의 소송이 진행 중이면 다른 주민은 같은 사항에 대하여 별도의 소송을 제기할 수 없다.

⑥ 소송의 계속(繫屬) 중에 소송을 제기한 주민이 사망하거나 제12조에 따른 주민의 자격을 잃으면 소송절차는 중단된다. 소송대리인이 있는 경우에도 또한 같다.

⑦ 감사청구에 연서한 다른 주민은 제6항에 따른 사유가 발생한 사실을 안 날부터 6개월 이내에 소송절차를 수계(受繼)할 수 있다. 이 기간에 수계절차가 이루어지지 아니할 경우 그 소송절차는 종료된다.

⑧ 법원은 제6항에 따라 소송이 중단되면 감사청구에 연서한 다른 주민에게 소송절차를 중단한 사유와 소송절차 수계방법을 지체 없이 알려야 한다. 이 경우 법원은 감사청구에 적힌 주소로 통지서를 우편으로 보낼 수 있고, 우편물이 통상 도달할 수 있을 때에 감사청구에 연서한 다른 주민은 제6항의 사유가 발생한 사실을 안 것으로 본다.

⑨ 제2항에 따른 소송은 해당 지방자치단체의 사무소 소재지를 관할하는 행정법원(행정법원이 설치되지 아니한 지역에서는 행정법원의

권한에 속하는 사건을 관할하는 지방법원본원을 말한다)의 관할로 한다.

⑩ 해당 지방자치단체의 장은 제2항 제1호부터 제3호까지의 규정에 따른 소송이 제기된 경우 그 소송 결과에 따라 권리나 이익의 침해를 받을 제3자가 있으면 그 제3자에 대하여, 제2항 제4호에 따른 소송이 제기된 경우 그 직원, 지방의회의원 또는 상대방에 대하여 소송고지를 하여 줄 것을 법원에 신청하여야 한다.

⑪ 제2항 제4호에 따른 소송이 제기된 경우에 지방자치단체의 장이 한 소송고지신청은 그 소송에 관한 손해배상청구권 또는 부당이득반환청구권의 시효중단에 관하여 「민법」 제168조 제1호에 따른 청구로 본다.

⑫ 제11항에 따른 시효중단의 효력은 그 소송이 끝난 날부터 6개월 이내에 재판상 청구, 파산절차참가, 압류 또는 가압류, 가처분을 하지 아니하면 효력이 생기지 아니한다.

⑬ 국가, 상급 지방자치단체 및 감사청구에 연서한 다른 주민과 제10항에 따라 소송고지를 받은 자는 법원에서 계속 중인 소송에 참가할 수 있다.

⑭ 제2항에 따른 소송에서 당사자는 법원의 허가를 받지 아니하고는 소의 취하, 소송의 화해 또는 청구의 포기를 할 수 없다. 이 경우 법원은 허가하기 전에 감사청구에 연서한 다른 주민에게 이를 알려야 하며, 알린 때부터 1개월 이내에 허가 여부를 결정하여야 한다. 위 통지에 관하여는 제8항 후단을 준용한다.

⑮ 제2항에 따른 소송은 「민사소송 등 인지법」 제2조 제4항에 따른 소정의 비재산권을 목적으로 하는 소송으로 본다.

⑯ 소송을 제기한 주민은 승소(일부 승소를 포함한다)한 경우 그 지방자치단체에 대하여 변호사 보수 등의 소송비용, 감사청구절차의 진행 등을 위하여 사용된 여비, 그 밖에 실제로 든 비용을 보상할 것을 청구할 수 있다. 이 경우 지방자치단체는 청구된 금액의 범위에서 그 소송을 진행하는 데에 객관적으로 사용된 것으로 인정되는 금액을 지급하여야 한다.

⑰ 제1항에 따른 소송에 관하여는 이 법에 규정된 것 외에는 「행정소송법」에 따른다.

Ⅲ. 판시사항

(1) 구 지방자치법(2007. 5. 11. 법률 제8423호로 전부 개정되기 전의 것, 이하 '구 지방자치법') 제13조의4 제1항, 제13조의5 제1항, 제2항 제4호, 구 지방재정법(2006. 10. 4. 법률 제8050호로 개정되기 전의 것) 제67조 제1항, 제69조, 제70조의 내용·형식 및 취지 등을 종합해 보면, 구 지방자치법 제13조의5 제1항에 규정된 주민소송의 대상으로서 '공금의 지출에 관한 사항'이란 지출원인행위 즉, 지방자치단체의 지출원인이 되는 계약 그 밖의 행위로서 당해 행위에 의하여 지방자치단체가 지출의무를 부담하는 예산집행의 최초 행위와 그에 따른 지급명령 및 지출 등에 한정되고, 특별한 사정이 없는 한 이러한 지출원인행위 등에 선행하여 그러한 지출원인행위를 수반하게 하는 당해 지방자치단체의 장 및 직원, 지방의회 의원의 결정 등과 같은 행위는 포함되지 않는다고 보아야 한다.

(2) 구 지방자치법 제13조의5 제1항에 규정된 주민소송의 대상인 '공금의 지출에 관한 사항'에는 지출원인행위에 선행하는 당해 지방자치단체의 장 및 직원, 지방의회 의원의 결정 등과 같은 행위가 포함되지 않으므로 선행행위에 위법사유가 존재하더라도 이는 주민소송의 대상이 되지 않는다. 그러나 선행행위가 현저하게 합리성을 결하여 그 때문에 지방재정의 적정성 확보라는 관점에서 지나칠 수 없는 하자가 존재하는 경우에는 지출원인행위 단계에서 선행행위를 심사하여 이를 시정해야 할 회계관계 법규상 의무가 있다고 보아야 한다. 따라서 이러한 하자를 간과하여 그대로 지출원인행위 및 그에 따른 지급명령·지출 등 행위에 나아간 경우에는 그러한 지출원인행위 등 자체가 회계관계 법규에 반하여 위법하다고 보아야 하고, 이러한 위법사유가 존재하는지를 판단할 때에는 선행행위와 지출원인행위의 관계, 지출원인행위 당시 선행행위가 위법하여 직권으로 취소하여야 할 사정이 있었는지 여부, 지출원인행위 등을 한 당해 지방자치단체의 장 및 직원 등이 선행행위의 위법성을 명백히 인식하였거나 이를 인식할 만한 충분한 객관적인 사정이 존재하여 선행행위를 시정할 수 있었는지 등을 종합적으로 고려해야 한다.

Ⅳ. 해 설

1. 주민소송

가. 민중소송(民衆訴訟)

(1) 국가 또는 공공단체의 기관이 법률에 위배되는 행위를 한 때에 직접 자기의 법률상 이익과 관계없이 그 시정을 구하기 위하여 제기하는 소송이다(행정소송법 제3조 제3호). 개인의 권리구제보다는 행정법규의 적정한 집행을 보장하기 위하여 일반인에게 소 제기를 할 수 있게 한 예외적인 행정소송이다. 일반인이 제소할 수 있다고 하여도 그 범위가 무제한이 아니고, 또한 모든 위법사항에 대하여 제소를 인정할 수도 없어서 어느 범위의 일반인이 어떤 위법사항에 대하여 시정을 소구(訴求)할 수 있는지는 입법 정책적으로 결정될 사항으로, 결국 민중소송은 법률이 정한 경우에 법률에 정한 자만이 제기할 수 있는 특수한 소송이다. 기관소송과 함께 원고 자신의 권리구제를 목적으로 하지 않는 객관적 소송에 속한다.

(2) 현행법상 인정되는 민중소송의 예로는, 국민투표법이 정한 국민투표무효의 소송(국민투표법 제92조) 및 공직선거법이 정한 선거소송, 당선소송(공직선거법 제222조, 제223조), 지방자치법이 정한 주민소송(지방자치법 제17조) 등이 있다.

나. 지방자치법상 주민소송

(1) 의 의

주민소송은 지방자치법 제17조에 규정된 제도로서 지방자치단체의 주민이 지방재무행정의 적정한 운영을 확보할 목적으로 해당 지방자치단체(그 기관 또는 직원)가 행한 위법한 재무회계행위를 방지·시정하거나 그로 말미암은 손해를 회복하기 위하여 제기하는 소송이다.[2] 주민소송은 지방자치법 제16조에 규정된 주민감사청구제도의 실효성을 담보하기 위하여

2) 주민소송 제도는 주민으로 하여금 지방자치단체의 위법한 재무회계행위의 방지 또는 시정을 구할 수 있도록 함으로써 지방재무회계에 관한 행정의 적법성을 확보하려는 데 목적이 있다. 대법원 2015. 9. 10. 선고 2013두16746 판결.

도입되었는데, 2005년에 해당 법률이 공포되어 2006. 1. 1.부터 시행되었다.

(2) 종 류

공금의 지출에 관한 사항, 재산의 취득·관리·처분에 관한 사항, 해당 지방자치단체를 당사자로 하는 매매·임차·도급 계약이나 그 밖의 계약 체결·이행에 관한 사항 또는 지방세·사용료·수수료·과태료 등 공금의 부과·징수를 게을리한 사항에 관하여 지방자치법 16조에 따라 감사청구한 주민은, (i) 해당 행위를 계속하면 회복하기 곤란한 손해를 발생시킬 우려가 있는 경우에 그 행위의 전부나 일부의 중지를 요구하는 소송, (ii) 행정처분인 해당 행위의 취소 또는 변경을 요구하거나 그 행위의 효력 유무 또는 존재 여부의 확인을 요구하는 소송, (iii) 게을리한 사실의 위법 확인을 요구하는 소송, (vi) 해당 지방자치단체의 장 및 직원, 지방의회 의원, 해당 행위와 관련이 있는 상대방에게 손해배상청구 또는 부당이득반환청구를 요구하는 소송을 제기할 수 있다(지방자치법 제16조, 제17조).

(3) 재산의 취득·관리·처분에 관한 사항[3)]

주민소송은 원칙적으로 지방자치단체의 재무회계에 관한 사항의 처리를 직접 목적으로 하는 행위에 대하여 제기할 수 있고, 지방자치법 제17조 제1항에서 주민소송의 대상으로 규정한 '재산의 취득·관리·처분에 관한 사항'에 해당하는지도 그 기준에 의하여 판단하여야 한다. 특히 도로 등 공물이나 공공용물을 특정 사인이 배타적으로 사용하도록 하는 점용허가가 도로 등의 본래 기능 및 목적과 무관하게 그 사용가치를 실현·활용하기 위한 것으로 평가되는 경우에는 주민소송의 대상이 되는 재산의 관리·처분에 해당한다.

(4) 공금의 부과·징수를 게을리한 사항의 의미[4)]

주민소송의 대상이 되는 '재산의 관리·처분에 관한 사항'이나 '공금의

3) 대법원 2016. 5. 27. 선고 2014두8490 판결.
4) 대법원 2015. 9. 10. 선고 2013두16746 판결.

부과·징수를 게을리한 사항'이란 지방자치단체의 소유에 속하는 재산의 가치를 유지·보전 또는 실현함을 직접 목적으로 하는 행위 또는 그와 관련된 공금의 부과·징수를 게을리한 행위를 말하고, 그 밖에 재무회계와 관련이 없는 행위는 그것이 지방자치단체의 재정에 어떤 영향을 미친다고 하더라도, 주민소송의 대상이 되는 '재산의 관리·처분에 관한 사항' 또는 '공금의 부과·징수를 게을리한 사항'에 해당하지 않는다. 이행강제금은 지방자치단체의 재정수입을 구성하는 재원 중 하나로서 '지방세외수입금의 징수 등에 관한 법률'에서 이행강제금의 효율적인 징수 등에 필요한 사항을 특별히 규정하는 등 그 부과·징수를 재무회계 관점에서도 규율하고 있으므로, 이행강제금의 부과·징수를 게을리한 행위는 주민소송의 대상이 되는 공금의 부과·징수를 게을리한 사항에 해당한다.

(5) 위법성의 판단[5)]

주민소송에서 다툼의 대상이 된 처분의 위법성은 행정소송법상 항고소송에서와 마찬가지로 헌법, 법률, 그 하위의 법규명령, 법의 일반원칙 등 객관적 법질서를 구성하는 모든 법규범에 위반되는지 여부를 기준으로 판단하여야 하는 것이지, 해당 처분으로 지방자치단체의 재정에 손실이 발생하였는지만을 기준으로 판단할 것은 아니다.

다. 공금의 지출에 관한 사항

(1) 구 지방재정법(2006. 10. 4. 법률 제8050호로 개정되기 전의 것) 제67조 제1항은 "지방자치단체의 지출의 원인이 되는 계약 그 밖의 행위(이하 '지출원인행위')는 지방자치단체의 장이 하되, 소속 공무원에게 위임하여 지출원인행위를 하게 할 수 있다"고 규정하고 있고, 제69조는 "경리관이 그 소관에 속하는 세출예산에 의하여 지출원인행위를 한 때에는 지방자치단체의 장이 임명한 공무원(이하 '지출원')에게 지출원인행위 관계서류를 송부하여야 한다"고 규정하고 있으며, 제70조는 "지출원이 지출원인행위에 의하여 지출을 하는 때에는 현금의 지급에 갈음하여 그 지방자

5) 대법원 2019. 10. 17. 선고 2018두104 판결.

치단체의 금고에 대하여 지급명령을 발하여야 한다"고 규정하고 있다.

(2) 이러한 관계 법령의 내용, 형식 및 취지 등을 종합하여 보면, 구 지방자치법 제13조의5 제1항에 규정된 주민소송의 대상으로서 '공금의 지출에 관한 사항'이라 함은 지출원인행위 즉, 지방자치단체의 지출의 원인이 되는 계약 그 밖의 행위로서 당해 행위에 의하여 지방자치단체가 지출의무를 부담하는 예산집행의 최초 행위와 그에 따른 지급명령 및 지출 등에 한정되고, 특별한 사정이 없는 한 이러한 지출원인행위 등에 선행하여 그러한 지출원인행위를 수반하게 하는 당해 지방자치단체의 장 및 직원, 지방의회 의원의 결정 등과 같은 행위는 포함되지 않는다.

2. 대상사안의 검토

가. 이 사건 도로확장공사의 추진에 중대·명백한 위법이 있는지 여부[6)]

(1) 비행안전구역 내 구조물 설치 금지

구 군용항공기지법 제8조 제1항이 "비행안전구역 중 제1구역 안에서는 군사시설(민간항공기의 항행을 지원하기 위한 항행안전시설을 포함한다)을 제외한 건축물·구조물·식물 그 밖의 장애물을 설치·재배하거나 방치하여서는 아니된다"고 규정하고 있다.

(2) 인정사실

(i) 이 사건 도로확장계획은 현 성남시장인 소외 1이 세운 것이 아니라 전임 성남시장이 수립한 것인 점, (ii) 공군비행단의 서편활주로는 1970. 12. 30., 동편활주로는 1978. 12. 30.에 각 개설되었음에도, 성남시 수진동 및 태평동 일원은 2001. 2. 27.에 이르러서야 비로소 비행안전구역으로 고시되기에 이른 점, (iii) 비행안전 제1구역에 속하는 탄천 둔치에는 이미 상당한 면적에 걸쳐 광역상수도 배기변, 자전거 및 인라인스케이트용 도로, 물놀이장, 농구연습장 등 비행장애물로 볼 수 있는 시설들이 존재하고 있었고, 앞서 본 바와 폭이 6m인 기존의 포장도로가 존재

---

6) 서울고등법원 2009. 7. 7. 선고 2008누35943 판결.

하였는바(이 사건 도로 중 3차로가 폐쇄된 이후에도 위 기존도로 부분은 차량 통행이 이루어졌다), 이 사건 도로확장공사는 위 기존도로를 폭 16m의 4차로 도로로 확장한 것에 불과하여 종전과는 전혀 다른 새로운 비행장애물이 설치된 것이라고 보기 어려운 측면이 있는 점, (iv) 이 사건 도로확장공사는 상습 교통체증 지역인 성남대로 모란 지역의 교통난을 해소하고, 용인, 광주, 판교 개발에 따른 교통난을 해소하기 위한 것으로서 그 추진이 불가피하다고 보이는 반면에, 이 사건 도로 대신 비행안전 제1구역을 벗어나 우회도로를 건설하기 위해서는 약 241억 원으로 추산되는 막대한 추가비용이 소요될 것으로 예상되고 있을 뿐만 아니라(이에 비하여 원고들이 주장하는 손해액은 약 37억 원에 불과하고, 그 중 대부분은 이 사건 도로확장공사와 인과관계가 있다고 보기도 어렵다), 이 사건 도로 부근에 위치한 성남IC 및 수진가압장 부지 일부를 침범하게 되는 등 지형여건상 여러 가지 문제점이 있어(성남시는 탄천변 도로 총 5.8㎞ 구간 중 비행안전 제1구역에 저촉되는 부분으로서 이 사건 도로와 같은 불가피한 사정이 없는 1.47㎞ 부분에 관하여는 약 198억여 원의 예산이 증액됨에도 비행안전 제1구역을 우회하여 건설하도록 하기도 하였다), 비행안전 제1구역에서의 이 사건 도로확장공사는 성남시로서는 부득이한 선택이었던 것으로 보이는 점, (v) 공군비행단장은 이 사건 도로확장공사가 진행되고 있는 동안에는 별다른 이의를 제기하지 않다가 이 사건 도로공사가 마무리된 시점에 이르러서야 비로소 도로제거 요청을 한 점, (vi) 성남시가 국무조정실 등을 통하여 관계기관과 지속적으로 협의를 추진한 결과, 이 사건 도로를 군사시설로 지정하는 조건으로 2008. 1. 29.경 이 사건 도로가 개통되기에 이른 점 등이 인정된다.

(3) 검 토

이러한 사정 등을 종합하면, 이 사건 선행행위에 중대하고도 명백한 위법성이 있었다고는 보기 어렵고, 가사 선행행위에 일부 위법성이 있었다고 하여도, 성남시장이 그러한 점을 시정하지 아니한 채 이 사건 공금지출행위를 하였다고 해서 그러한 사유만으로 위 공금지출행위가 당연히 위법하다고는 볼 수 없다.

나. 공금지출에 관한 사항

이 사건 도로확장계획으로 인한 공금의 지출에 관한 사항은 이 사건 공사도급계약의 체결과 그에 따른 공사비 지급명령 및 지출에 관한 사항을 의미하는 것이지 이 사건 도로확장계획 및 이에 관련된 결정을 의미하는 것은 아니다.

다. 지출원인행위의 위법사유 존재 여부의 판단

(1) 선행행위의 위법

구 지방자치법 제13조의5 제1항에 규정된 주민소송의 대상인 공금의 지출에 관한 사항에는 지출원인행위에 선행하는 당해 지방자치단체의 장 및 직원, 지방의회 의원의 결정 등과 같은 행위가 포함되지 아니하므로 그 선행행위에 위법사유가 존재하더라도 이는 주민소송의 대상이 되지 아니한다.

(2) 지출원인행위의 단계에서 그 선행행위를 심사하여 이를 시정하여야 할 의무

지출원인행위 등을 하는 행정기관이 선행행위의 행정기관과 동일하거나 선행행위에 대한 취소·정지권을 갖는 경우 지출원인행위 등을 하는 행정기관은 지방자치단체에 직접적으로 지출의무를 부담하게 하는 지출원인행위 단계에서 그 선행행위의 타당성 또는 재정상 합리성을 다시 심사할 의무가 있는 점, 이러한 심사를 통하여 선행행위가 현저하게 합리성을 결하고 있다는 것을 확인하여 이를 시정할 수 있었음에도 그에 따른 지출원인행위 등을 그대로 진행하는 것은 부당한 공금의 지출이 되어 지방재정의 건전하고 적정한 운용에 반하는 점, 지출원인행위 자체에 고유한 위법이 있는 경우뿐만 아니라 선행행위에 간과할 수 없는 하자가 존재하고 있음에도 이에 따른 지출원인행위 등 단계에서의 심사 및 시정의무를 소홀히 한 경우에도 당해 지출원인행위를 위법하다고 보아야 하는 점 등에 비추어 보면, 선행행위가 현저하게 합리성을 결하여 그 때문에 지방재정의 적정성 확보의 견지에서 간과할 수 없는 하자가 존재하는 경우에는 지출원인행위의 단계에서 그 선행행위를 심사하여 이를 시정하여야 할 회계관계 법규상의 의무가 있다.

(3) 위법사유의 존재여부에 대한 판단

따라서 이러한 하자를 간과하여 그대로 지출원인행위 및 그에 따른 지급명령 및 지출 등의 행위에 나아간 경우에는 그러한 지출원인행위 등 자체가 회계관계 법규에 반하여 위법하다고 보아야 하고, 이러한 위법사유가 존재하는지 여부를 판단할 때는 선행행위와 지출원인행위의 관계, 지출원인행위 당시 선행행위가 위법하여 직권으로 취소하여야 할 사정이 있었는지 여부, 지출원인행위 등을 한 당해 지방자치단체의 장 및 직원 등이 선행행위의 위법성을 명백히 인식하였거나 이를 인식할 만한 충분한 객관적인 사정이 존재하여 선행행위를 시정할 수 있었는지 여부 등을 종합적으로 고려하여야 한다.

(4) 검 토

이 사건 선행행위인 도로확장계획 및 이에 관련된 결정에 일부 위법사유가 존재한다고 하더라도, 이러한 내용이 현저하게 합리성을 결하여 그 때문에 지방재정의 적정성 확보의 견지에서 이 사건 지출원인행위인 공사도급계약의 체결에 간과할 수 없는 하자가 존재한다고 보기 어려울 뿐만 아니라, 이 사건 공사도급계약 체결 단계에서 이 사건 선행행위를 다시 심사하여 이를 시정하여야 할 회계관계 법규상 의무를 위반하여 그대로 지출원인행위 등의 행위로 나아간 경우에 해당한다고 볼 수 없다.

라. 결 론

따라서 원고들의 청구는 이유 없으므로 이를 기각하여야 한다.

[11] 지방자치단체의 군공항 이전 건의권

헌법재판소 2017. 12. 28. 선고 2017헌라2 결정

Ⅰ. 사실관계

(1) 수원 군 공항(6,294,141㎡, 이하 '이 사건 공항')은 1954. 10.경 수원시 권선구 장지동 99번지 일원에 설치되어 현재 공군 제10전투비행단이 주둔하고 있다. 이 공항은 화성시 배양동 4-126에 있는 탄약고 시설 부지(1,073,049㎡, 이하 '이 사건 탄약고부지')와 수원시 권선구 장지동 99 및 같은 구 권선동 235에 있는 비행장 부지, 체력단련장 부지 등(5,221,092㎡, 이하 '이 사건 비행장 등 부지')으로 구성되어 있다.

(2) 수원시장은 2014. 3. 20. '군 공항 이전 및 지원에 관한 특별법'(이하 '군공항이전법') 제4조 제1항에 따라 피청구인(국방부장관)에게 이 사건 공항의 이전을 건의하였다(이하 '이 사건 최초건의'). 위 건의는 수원시가 관할하는 지역에 있는 이 사건 비행장 등 부지만을 대상으로 했으며, 청구인(화성시)이 관할하는 지역에 있는 이 사건 탄약고부지는 제외하였다. 수원시장은 이후 국방부의 보완요청 등에 따라 2014. 12. 3. 이 사건 탄약고부지도 이전대상에 포함하는 내용으로 다시 건의하였다(이하 '이 사건 수정건의').

(3) 청구인은 수원시로부터 이 사건 수정건의에 이 사건 탄약고부지가 포함된 것과 관련된 의견회신 요청을 받고 2015. 1. 14. 이에 대해서는 동의한다는 의견을 회신하였다. 그러나 다시 피청구인이 2015. 1. 26. 청구인에게 이 사건 수정건의의 내용에 대한 동의여부 회신을 요청한 것에 대해, 청구인은 2015. 1. 30. 부동의 의견을 회신하였다. 수원시장은 2015. 3. 20. 이 사건 탄약고부지를 제외하는 내용으로 이 사건 공항 이전을 다시 건의하였고(이하 '이 사건 최종건의'), 피청구인은 2015. 6. 4. 이를 승인한 후 이 사건 공항 이전을 계속 추진하였다. 청구인은 이 사건

공항을 이전하는 것에 대해서는 찬성하나, 청구인 관할 내로 이전하는 것은 반대한다는 입장이다.

(4) 피청구인은 이 사건 최종건의에 기초해 군공항이전법 제4조 제2항에 따라 2017. 2. 16. 화성시 우정읍에 있는 화옹지구일대를 이 사건 공항의 예비이전후보지로 선정하고(이하 '이 사건 처분'), 수원시 및 청구인 등에 이를 통보하였다.

(5) 이에 청구인은 2017. 4. 14. "이 사건 탄약고부지는 이 사건 비행장 등 부지와 일체·불가분적으로 결합되어 있는 시설이므로 양 부지의 분리 이전은 불가능하다. 그러나 피청구인은 청구인의 이전건의권을 잠탈할 의도로 청구인의 이전건의가 없었음에도 수원시 행정구역에 위치한 이 사건 비행장 등 부지만을 이전하려는 수원시의 이전건의를 수용함으로써 청구인의 자치권한과 군 공항 이전건의권을 침해하였다"고 주장하면서, 이 사건 처분에 대한 무효 확인 또는 취소를 구하는 권한쟁의심판을 청구하였다.

Ⅱ. 참조 조문

1. 군 공항 이전 및 지원에 관한 특별법(2013. 4. 5. 법률 제11733호로 제정된 것)

제1조(목적) 이 법은 군 공항 이전사업에 대한 지원 및 군 공항 이전부지 주변지역에 대한 지원체계를 마련함으로써 군 공항 이전사업을 원활하게 시행하고, 군 공항 이전부지 주변지역 주민의 복리증진에 이바지함을 목적으로 한다.

제2조(정의) 이 법에서 사용하는 용어의 뜻은 다음과 같다.

1. "군 공항"이란 「군사기지 및 군사시설 보호법」 제2조 제4호 가목의 전술항공작전기지 중 소음피해 정도, 재원조달 및 작전운용 측면 등을 고려하여 대통령령으로 정하는 군 공항을 말한다.
2. "군 공항 이전사업"(이하 "이전사업"이라 한다)이란 기존에 설치되어 있는 군 공항을 이전부지로 이전하는 사업을 말한다.

3. "종전부지"란 군 공항이 설치되어 있는 기존의 부지를 말한다.
4. "이전부지"란 군 공항이 이전되어 설치될 부지를 말한다.
6. "종전부지 지방자치단체"란 종전부지를 관할하는 시·군·구 또는 특별시·광역시·도를 말한다.

제4조(예비이전후보지의 선정) ① 종전부지 지방자치단체의 장은 군 공항을 이전하고자 하는 경우 대통령령으로 정하는 바에 따라 국방부장관에게 이전을 건의할 수 있다.

② 제1항의 건의를 받은 국방부장관은 군 공항을 이전하고자 하는 경우 군사작전 및 군 공항 입지의 적합성 등을 고려하여 대통령령으로 정하는 요건을 충족하는 지역을 군 공항 예비이전후보지(이하 "예비이전후보지"라 한다)로 선정할 수 있다.

③ 국방부장관은 제2항에 따라 예비이전후보지를 선정하는 경우 이를 관계 지방자치단체의 장과 협의하고 선정 결과를 통보한다.

제8조(이전부지의 선정) ① 국방부장관은 제7조에 따라 이전부지 선정계획이 공고된 이전후보지 지방자치단체의 장에게 「주민투표법」 제8조에 따라 주민투표를 요구할 수 있다.

② 제1항의 지방자치단체의 장은 주민투표 결과를 충실히 반영하여 국방부장관에게 군 공항 이전 유치를 신청한다.

③ 국방부장관은 제2항에 따라 유치를 신청한 지방자치단체 중에서 선정위원회의 심의를 거쳐 이전부지를 선정한다.

④ 국방부장관은 이전부지 선정과정을 공정하고 투명하게 진행하여야 한다.

제9조(이전사업의 방식 등) ① 이전사업은 「국유재산법」 제13조(기부채납), 제55조(양여) 및 「국방·군사시설 사업에 관한 법률」 제12조(기부 및 양여의 특례)에 따라 일정한 자격을 갖춘 사업시행자가 군 공항 대체시설을 기부하고, 국방부는 용도 폐지된 재산을 양여하는 방식으로 추진한다.

② 사업시행자는 「국유재산법」에도 불구하고 용도 폐지된 재산의 가액에서 신규로 건설되는 군 공항의 가액을 뺀 금액의 범위에서 지원사업을 할 수 있다. 이 경우 지원사업으로 설치되는 시설은 제1항의 대체시설에 포함되는 것으로 본다.

③ 국방부장관은 군 공항시설의 원활한 이전을 위하여 필요한 경우에

는 「국유재산법」에도 불구하고 이전주변지역 지방자치단체에 지원사업으로 설치되는 시설을 양여할 수 있다. 이 경우 국방부장관은 기획재정부장관과 미리 협의하여야 한다.

2. 지방자치법(2007. 5. 11. 법률 제8423호로 전부개정된 것)

제11조(국가사무의 처리제한) 지방자치단체는 다음 각 호에 해당하는 국가사무를 처리할 수 없다. 다만, 법률에 이와 다른 규정이 있는 경우에는 국가사무를 처리할 수 있다.

1. 외교, 국방, 사법(司法), 국세 등 국가의 존립에 필요한 사무

3. 국방·군사시설 사업에 관한 법률(2011. 7. 25. 법률 제10926호로 전부개정된 것)

제4조(국방·군사시설사업계획의 승인) ① 사업시행자는 다음 각 호의 국방·군사시설사업을 시행하려는 경우에는 국방·군사시설사업계획(이하 "사업계획"이라 한다)을 작성하여 국방부장관의 승인을 받아야 한다. 사업계획을 변경(대통령령으로 정하는 경미한 사항을 변경하는 경우는 제외한다)하거나 폐지하려는 경우에도 또한 같다.

1. 토지등의 소유자가 50인 이상인 사업
2. 사업 시행면적이 33만 제곱미터 이상인 사업
3. 그 밖에 국방부장관이나 사업시행자가 국민의 재산권 보호, 국방 및 군사 목적의 달성을 위하여 필요하다고 인정하는 사업

③ 국방부장관은 토지등의 수용 또는 사용에 관한 내용을 포함하는 사업계획을 승인하려는 경우에는 대통령령으로 정하는 바에 따라 사업계획을 공고하여 사업예정지역의 토지소유자 및 이해관계인의 의견을 듣고, 관계 중앙행정기관의 장 및 지방자치단체의 장과 협의하여야 한다.

4. 군 공항 이전 및 지원에 관한 특별법 시행령(2013. 10. 4. 대통령령 제24782호로 제정된 것)

제4조(군 공항의 이전 건의) ① 종전부지 지방자치단체의 장은 법 제4

조 제1항에 따라 군 공항의 이전을 건의하려면 다음 각 호의 사항이 포함된 이전건의서를 작성하여 국방부장관에게 제출하여야 한다.

1. 종전부지의 활용방안
2. 군 공항 이전사업(이하 "이전사업"이라 한다) 및 이전주변지역 지원사업(이하 "지원사업"이라 한다)의 시행방법, 소요재원 및 재원조달계획
3. 공청회 등을 통한 해당 지방자치단체의 주민 및 지방의회의 의견 수렴 결과

② 국방부장관은 제1항에 따른 이전건의서의 타당성을 검토한 후 그 결과를 종전부지 지방자치단체의 장에게 통보하여야 한다.

5. 헌법재판소법

제61조(청구 사유) ① 국가기관 상호간, 국가기관과 지방자치단체 간 및 지방자치단체 상호간에 권한의 유무 또는 범위에 관하여 다툼이 있을 때에는 해당 국가기관 또는 지방자치단체는 헌법재판소에 권한쟁의심판을 청구할 수 있다.

② 제1항의 심판청구는 피청구인의 처분 또는 부작위(不作爲)가 헌법 또는 법률에 의하여 부여받은 청구인의 권한을 침해하였거나 침해할 현저한 위험이 있는 경우에만 할 수 있다.

제62조(권한쟁의심판의 종류) ① 권한쟁의심판의 종류는 다음 각 호와 같다.

1. 국가기관 상호간의 권한쟁의심판
   국회, 정부, 법원 및 중앙선거관리위원회 상호간의 권한쟁의심판
2. 국가기관과 지방자치단체 간의 권한쟁의심판
   가. 정부와 특별시·광역시·특별자치시·도 또는 특별자치도 간의 권한쟁의심판
   나. 정부와 시·군 또는 지방자치단체인 구(이하 "자치구"라 한다) 간의 권한쟁의심판
3. 지방자치단체 상호간의 권한쟁의심판
   가. 특별시·광역시·특별자치시·도 또는 특별자치도 상호간의 권

한쟁의심판

나. 시·군 또는 자치구 상호간의 권한쟁의심판

다. 특별시·광역시·특별자치시·도 또는 특별자치도와 시·군 또는 자치구 간의 권한쟁의심판

② 권한쟁의가 「지방교육자치에 관한 법률」 제2조에 따른 교육·학예에 관한 지방자치단체의 사무에 관한 것인 경우에는 교육감이 제1항 제2호 및 제3호의 당사자가 된다.

제63조(청구기간) ① 권한쟁의의 심판은 그 사유가 있음을 안 날부터 60일 이내에, 그 사유가 있은 날부터 180일 이내에 청구하여야 한다.

② 제1항의 기간은 불변기간으로 한다.

Ⅲ. 판시사항

(1) 이 사건 공항의 예비이전후보지 선정사업은 국방에 관한 사무이므로 그 성격상 국가사무임이 분명하다. 군공항이전법도 이 사건 공항의 예비이전후보지 선정사업이 국가사무임을 전제로 하고 있다. 따라서 국가사무인 군 공항 이전사업이 청구인의 의사를 고려하지 않고 진행된다고 하더라도 이로써 지방자치단체인 청구인의 자치권한을 침해하였다거나 침해할 현저한 위험이 있다고 보기 어렵다.

(2) 이전건의권은 군 공항 이전사업에 대한 국가권한의 행사를 촉구하고 그에 대한 검토 결과를 통보받을 수 있는 권한에 불과하므로 모든 종전부지 지방자치단체의 장이 함께 행사하여야 하는 것은 아니다. 또한 청구인은 이 사건 처분으로 인하여 이전건의권을 행사하지 못한 것이 아니라, 수원시와 공동으로 또는 단독으로 이전건의권을 행사할 수 있었음에도 스스로 행사하지 않은 것이다. 그러므로 수원시장의 이전건의권 행사를 근거로 이 사건 처분이 내려진 것이더라도 청구인의 이전건의권이 침해되거나 침해될 현저한 위험이 있다고 볼 수 없고, 청구인은 여전히 자신의 이전건의권을 행사할 수 있다.

Ⅳ. 해 설

1. 권한쟁의심판

가. 의 의

우리 헌법상 권한쟁의심판제도를 최초로 도입한 것은 제2공화국 헌법에서였다. 제2공화국 헌법은 헌법재판소를 두기로 하면서 제83조의3 제3호에서 헌법재판소의 관장사항 중 하나로 '국가기관간의 권한쟁의'를 규정하고 있었다. 그러나 헌법재판소는 발족되지도 못한 채 제2공화국은 막을 내리게 되었고 권한쟁의심판은 법조문에서 사라지게 되었다. 1987년 개정된 현행 헌법에 의하여 다시 헌법재판소가 창설되고 헌법 제111조 제1항 제4호에서는 헌법재판소의 권한의 하나로서 '국가기관 상호간, 국가기관과 지방자치단체간 및 지방자치단체 상호간의 권한쟁의에 관한 심판'을 규정하게 되었다. 헌법상 권한쟁의심판에 관한 규정을 구체화하여 헌법재판소법 제4장 제4절(제61조 내지 제67조)에서 권한쟁의심판에 관한 여러 조항을 두고 있다.

일반적으로 권한쟁의심판제도에 관하여 국가기관 또는 지방자치단체 등간에 권한의 존부나 범위에 관하여 분쟁이 발생한 경우 이를 유권적으로 심판함으로써 분쟁을 해결하여 국가기능의 수행을 원활히 하고, 권력 상호간의 견제와 균형을 도모하려는 제도라고 설명한다.[1] 그런데 국가기관이나 지방자치단체, 나아가 지방자치단체기관의 권한을 둘러싼 분쟁은 다양한 주체에 의하여 다양한 형태로 나타날 수 있고, 그에 대한 사법적 해결방법은 권한쟁의심판에 한정되는 것이 아니다. 국가기관이나 지방자치단체 및 지방자치단체기관간의 권한분쟁은 현행 행정소송법이나 지방자치법 등에서 기관소송이나 항고소송 등 다양한 형태로도 사법적 판단의 대상으로 될 수 있다.[2]

---

1) 최승원, "권한쟁의심판과 기관소송", 법학논집 제4권 제4호(2000. 2.), 이화여자대학교 법학연구소, 122면; 김기진, "지방자치단체의 사법적 구제-기관소송과 권한쟁의를 중심으로-", 연세법학연구 제5집 제1권(1998), 166면.

2) 홍기태, "권한쟁의심판", 재판자료 제92집(2001), 619~620면.

나. 독일의 권한쟁의심판제도[3)]

(1) 독일 헌법재판소가 관장하는 광의의 권한쟁의에는 연방헌법기관 상호간의 기관쟁송(Organstreit)(기본법 제93조 제1항 제1호, 연방헌법재판소법 제13조 제5호), 연방과 란트(Land)간의 헌법적 쟁송(기본법 제93조 제1항 제3호, 연방헌법재판소법 제13조 제7호)과 연방과 란트간의 비헌법적 쟁송, 란트 상호간의 공법상 쟁송 및 란트 내부에서 발생하는 헌법적 쟁송(기본법 제93조 제1항 제4호, 연방헌법재판소법 제13조 제8호)이 포함된다.

(2) 독일의 기관쟁송(협의의 권한쟁의)은 연방최고기관 및 여타의 관련기관 즉, 연방대통령, 연방하원, 연방상원, 연방정부 및 기본법 또는 연방상하원의 직무규정이 고유한 권리를 부여한 연방최고기관의 일부에 관하여 그들 사이의 권한분쟁이 발생하였을 때를 요건으로 하고 있다(연방헌법재판소법 제63조). 독일 기본법 제93조 제1항 제1호는 연방헌법재판소가 "연방의 최고기관 및 기본법이나 연방최고기관의 규칙에 의하여 독자적인 권리를 부여받은 여타 관련기관의 권리 및 의무의 범위에 관한 분쟁을 계기로 이 기본법의 해석에 관하여" 결정한다고 규정하고 있고, 연방헌법재판소법 제13조 제5항도 이와 동일한 내용을 규정하고 있으며, 제64조는 "청구인이 피청구인의 처분 또는 부작위로 인하여 자신 및 자신에게 속하는 기관의 기본법상 부여된 권리와 의무를 침해당하였거나 침해의 직접적 위험이 있음을 주장하는 경우에 한하여 청구가 허용된다"고 규정하며, 동법 제67조는 "연방헌법재판소는 다투어지고 있는 피청구인의 처분 또는 부작위가 기본법의 조항에 위배되는지를 결정을 통하여 심판한다"고 규정한다.

위와 같은 조항들을 종합해 보면, 독일의 권한쟁의심판의 성격은 국가

---

3) 이에 관한 자세한 논의는 명재진, "국가기관간의 권한쟁의에 관한 독일의 이론과 판례", 연세법학연구, 제5집 제1권(1998), 77면 이하; 박승호, "권한쟁의심판-독일의 권한쟁의를 중심으로-", 공법연구, 제26집 제1호(1998. 5.), 351면 이하; 신봉기, "권한쟁의심판제도소고(상), (하)-한국과 독일의 제도를 중심으로-", 사법행정 제32권 제9호(1991. 9.), 66면 이하 및 제32권 제10호(1991. 10.), 41면 이하; 최갑선, "독일과 한국에서의 권한쟁의심판절차", 헌법논총 제7집(1996), 385면 이하 등 참조.

기관의 주관적 권리 및 의무보호를 목적으로 하는 주관적 쟁송의 성질과 합법적인 헌법행위의 보장과 객관적 헌법의 보호를 목적으로 하는 객관적 쟁송으로서의 성질을 겸하고 있다고 보는 것이 일반적이다.

(3) 한편 독일의 행정법원법은 국가 또는 공법인의 내부영역의 분쟁에 관하여 어떠한 규정을 두지 않고 있음에도 불구하고, 법원은 지방자치단체, 대학법인, 기타 공공조합 등의 기관 상호간의 소송을 기관소송으로 인정하여 왔으며, 그 근거는 행정법원법 제40조 제1항의 비헌법적인 공법상 분쟁에 해당한다고 보는 데에 있다. 이렇게 독일은 연방헌법기관 상호간의 권한분쟁심판을 헌법적 권한쟁송으로 보고 이를 헌법재판소에, 나머지 기관들의 권한분쟁심판을 비헌법적 공법상 권한쟁송으로 보고 이를 법원에 분장시키고 있는 점에 특징이 있다.

다. 권한쟁의심판청구의 적법성

청구인은 이 사건 처분이 군공항이전법상 이전건의권(이하 '이전건의권')을 침해하고, 이는 헌법상 지방자치단체의 자치권한을 침해한 것이라고 주장한다. 헌법재판소법 제61조에 의하면, 지방자치단체인 청구인이 국가기관인 피청구인을 상대로 권한쟁의심판을 청구하려면 청구인과 피청구인 상호간에 권한의 존부 또는 범위에 관하여 다툼이 있어야 하고, 피청구인의 처분 또는 부작위가 헌법 또는 법률에 의하여 부여받은 청구인의 권한을 침해하였거나 침해할 현저한 위험이 있는 경우이어야 한다.[4)]

2. 이 사건 공항의 예비이전후보지 선정사무와 관련된 청구인의 자치권한의 존부

가. 문제의 소재

청구인은 이 사건 처분으로 인해 자치권한이 침해되었다고 주장하므로, 청구인이 관할구역 내에서 이 사건 공항의 예비이전후보지 선정사무

4) 헌법재판소 1998. 6. 25. 선고 94헌라1 결정; 헌법재판소 2012. 7. 26. 선고 2010헌라3 결정.

와 관련된 자치권한을 가지는지에 관하여 살펴본다.

나. 자치사무와 국가사무의 준별

자치사무는 지역의 이익에 관한 사무로 지역적 특성에 따라 달리 다루어야 할 필요성이 있는 사무임에 반하여(지방자치법 제9조 제2항 참조), 국가사무는 국가적 이익에 관한 사무로 국가의 존립에 필요하거나 전국적인 통일을 기할 필요성이 있는 사무 등을 일컫는다(지방자치법 제11조 참조). 법령상 지방자치단체가 처리하도록 규정하고 있는 사무가 자치사무인지 또는 국가사무인 기관위임사무인지를 판단할 때에는, 그에 관한 법령의 규정 형식과 취지를 우선 고려하여야 하지만, 그 밖에도 그 사무의 성질이 전국적으로 통일적인 처리가 요구되는 사무인지 여부나 그에 관한 경비부담과 최종적인 책임귀속의 주체 등도 아울러 고려하여 판단하여야 한다.[5)]

다. 대상사안의 검토

만약 이 사건 공항의 예비이전후보지 선정사무가 국가사무에 해당한다면, 이 사건 처분으로 인해 청구인의 자치권에 대한 침해가 발생한다고 보기 어렵다. 그런데 국방과 같이 국가의 존립에 필요한 사무는 국가사무에 해당하는데(지방자치법 제11조 제1호), 이 사건 공항의 예비이전후보지 선정사업(또는 더 나아가 군 공항 이전 사업)도 국방에 관한 사무이므로 그 성격상 국가사무임이 분명하다. 군공항이전법도 피청구인에게 군 공항 예비이전후보지를 선정할 수 있는 권한을 부여하여(제4조 제2항) 그 사무의 권한과 책임을 피청구인에게 귀속시키고 있으므로, 이 사건 공항의 예비이전후보지 선정사업(또는 더 나아가 군 공항 이전사업)이 국가사무임을 전제로 하고 있다. 따라서 국가사무인 군 공항 이전사업이 청구인의 의사를

5) 대법원 2018. 8. 1. 선고 2016추5131 판결; 지방자치단체가 조례를 제정할 수 있는 사항은 지방자치단체의 고유사무인 자치사무와 개별 법령에 따라 지방자치단체에 위임된 단체위임사무에 한정되고, 국가사무가 지방자치단체의 장에게 위임되거나 상위 지방자치단체의 사무가 하위 지방자치단체의 장에게 위임된 기관위임사무에 관한 사항은 원칙적으로 조례의 제정범위에 속하지 않는다(대법원 2017. 12. 5. 선고 2016추5162 판결).

고려하지 않고 진행된다고 하더라도 이로써 지방자치단체인 청구인의 자치권한을 침해하였다거나 침해할 현저한 위험이 있다고 보기 어렵다.

3. 이 사건 처분으로 인한 청구인의 이전건의권이 침해 여부

가. 이전건의권의 법적 성격

(1) 군공항이전법 제정 이전

군공항이전법이 제정되기 전 국방·군사시설 이전사업은 '국방·군사시설 사업에 관한 법률'(이하 '국방시설사업법'), '공익사업을 위한 토지 등의 취득 및 보상에 관한 법률', 국유재산법 등에 따라 진행되었다. 국방시설사업법에 따르면, 사업시행자가 국방·군사시설사업을 시행하려는 경우 국방·군사시설사업계획을 작성하여 국방부장관의 승인을 받아야 하는데, 국방부장관이 위 승인을 하기 위해서는 사업계획을 공고하여 사업예정지역의 토지소유자 및 이해관계인의 의견을 듣고, 관계 중앙행정기관의 장 및 지방자치단체의 장과 협의하여야 한다(국방시설사업법 제4조 제1항, 제3항). 그 결과 이 사건 공항과 같이 대규모의 국방·군사시설로 구성된 군 공항 이전사업의 경우에는 사업진행의 비민주성과 이해관계의 대립으로 인해 지방자치단체와 주민의 반발이 심하여 사업 시행이 용이하지 않았다.

(2) 군공항이전법의 제정 이후 이전건의권

이러한 문제점을 극복하고자 제정된 군공항이전법은 군 공항 이전사업에 대한 지원 및 군 공항 이전부지 주변지역에 대한 지원체계를 마련함으로써 군 공항 이전사업을 원활하게 시행하고, 군 공항 이전부지 주변지역 주민의 복리증진에 이바지하는 것을 목적으로 한다. 이에 따라 군공항이전법은 군 공항 이전사업의 절차마다 관련 지방자치단체의 참여를 보장하고, 군 공항 이전부지 주변지역에 대한 지원에 관하여 확실한 법률적 근거를 마련하여, 군 공항 이전사업이 민주적으로 진행되는 동시에 각 지역 주민들의 이해관계를 합리적으로 조정할 수 있도록 하고 있다.

(3) 이전건의권의 주체

이전건의권은 군공항이전법 상 종전부지 지방자치단체의 장에게 주어진다(군공항이전법 제4조 제1항). 종전부지 지방자치단체의 장이 국방부장관에게 군 공항의 이전을 건의하면, 국방부장관은 그 이전건의의 타당성을 검토한 후 그 결과를 종전부지 지방자치단체의 장에게 통보하여야 한다(군공항이전법 시행령 제4조 제2항). 종전부지 지방자치단체는 종전부지를 관할하는 지방자치단체를 의미하고(군공항이전법 제2조 제6호), 종전부지는 군 공항이 설치되어 있는 기존의 부지를 의미한다(군공항이전법 제2조 제3호). 따라서 청구인과 수원시는 모두 종전부지 지방자치단체로서 이전건의권을 행사할 수 있다. 다만 청구인은 이 사건 탄약고부지의 한도 내에서, 수원시는 이 사건 비행장 등 부지의 한도 내에서 이전건의권을 행사할 수 있다.

(4) 지방자치단체 사이의 절차적 권한의 합리적 배분

군공항이전법은 군 공항 이전사업을 기부 대 양여 방식으로 추진하도록 정하면서, 이전주변지역 지원사업으로 설치되는 시설도 기부의 대상에 포함시키고 있으며, 국방부장관이 위 시설을 이전주변지역 지방자치단체에 양여할 수 있도록 하고 있는데 특징이 있다(군공항이전법 제9조 제1항, 제2항, 제3항). 이에 따르면 군 공항 이전을 희망하는 종전부지 지방자치단체에게 이전건의권을 부여하고, 향후 사업시행자로서 군 공항 이전사업을 진행할 경우 이전주변지역 지방자치단체에 귀속될 지원시설을 매개로 다른 지방자치단체를 설득할 유인을 제공하도록 한 것이다. 반면 이전후보지 지방자치단체는 주민투표를 통해 군 공항 이전 유치에 대한 주민의 반대 의사가 확인될 경우 그 유치를 포기함으로써 군 공항 이전을 수용하지 않을 수 있으므로(군공항이전법 제8조), 군 공항 이전사업이 국가나 특정 지방자치단체의 일방적인 입장에 따라 추진되지 않도록 보장하고 있다. 이처럼 군공항이전법은 군 공항 이전사업이 국가사무임을 전제하면서 동시에 이해관계가 충돌하는 지방자치단체 사이에 절차적 권한을 합리적으로 배분하고 있다.

(5) 국가권한의 행사 촉구 및 결보를 통보받을 수 있는 권한

위와 같은 군공항이전법의 전체 체계에 비추어 보았을 때, 종전부지 지방자치단체의 장에게 부여된 이전건의권은 군 공항 이전사업에 대한 국가권한의 행사를 촉구하고 그에 대한 국방부장관의 검토 결과를 통보받을 수 있는 권한에 불과하지만, 이전건의권을 행사함으로써 군공항이전법의 절차상 종전부지 지방자치단체가 향후 사업시행자로 선정될 수 있다는 측면에서 다른 지방자치단체를 적극적으로 설득하는 등 군 공항 이전 절차에 주도적으로 참여한다는 의미도 포함하고 있다.

나. 청구인의 이전건의권 침해 여부

(1) 청구인의 주장

청구인은 이 사건 탄약고부지와 이 사건 비행장 등 부지가 불가분적 일체를 이루고 있으므로 이 사건 공항 이전사업을 진행하기 위해서는 청구인의 이전건의권 행사가 필수적이고, 수원시의 이 사건 최종건의를 근거로 이 사건 공항을 이전대상으로 삼아 이 사건 처분이 내려진 것은 청구인의 이전건의권을 침해한 것이라고 주장한다.

(2) 지방자치단체장의 이전건의권 행사 불요

이전건의권은 군 공항 이전사업에 대한 국가권한의 행사를 촉구하고 그에 대한 검토 결과를 통보받을 수 있는 권한에 불과하므로 모든 종전부지 지방자치단체의 장이 함께 행사하여야 하는 것은 아니다. 군 공항 이전 건의를 받은 국방부장관은 군사작전 및 군 공항 입지의 적합성 등을 고려하여 군 공항 예비이전후보지를 선정할 권한이 있으며(군공항이전법 제4조 제2항), 국방부장관이 중립적 지위에서 객관적으로 예비이전후보지를 선정하는 것이므로 종전부지 지방자치단체의 장 중 일부 또는 전부가 이전건의권을 행사한 경우라고 해서 그 결과에 차이가 있는 것이 아니다. 또한 군공항이전법이 군 공항 이전사업을 기부 대 양여 방식으로

추진하도록 정하고 있기 때문에, 복수의 종전부지 지방자치단체의 장이 있는 경우 각 지방자치단체는 자신의 이익을 고려하여 이전건의권을 단독으로 행사할지 공동으로 행사할지를 결정할 수 있다.

(3) 청구인의 이전건의권에 대한 침해의 부재

따라서 수원시장이 단독으로 이전건의권을 행사하여 이 사건 처분이 내려진 것일지라도, 그것이 청구인의 이전건의권을 침해하는 것은 아니다. 다만, 이 사건 탄약고부지도 이 사건 공항의 부분이므로 이 사건 공항의 이전 시 함께 이전되는 것이 합리적이고, 청구인과 수원시가 함께 이전건의권을 행사하는 것이 바람직하다. 그런데 청구인은 최초 수원시에 대해 이 사건 수정건의에 이 사건 탄약고부지가 포함된 것에 관하여 동의한다는 의견을 회신하였다가, 그 후 피청구인에 대해서는 부동의한다는 의견으로 변경하여 회신하였고, 이에 따라 수원시장이 재차 이 사건 탄약고부지를 제외하는 내용의 이 사건 최종건의를 하여 이를 근거로 이 사건 처분이 내려지게 되었다. 이를 종합해 보면, 청구인은 이 사건 처분으로 인하여 이전건의권을 행사하지 못한 것이 아니라, 수원시와 공동으로 또는 단독으로 이전건의권을 행사할 수 있었음에도 스스로 행사하지 않은 것이다.

(4) 소 결

그러므로 수원시장의 이전건의권 행사를 근거로 이 사건 처분이 내려진 것이더라도 청구인의 이전건의권이 침해되거나 침해될 현저한 위험이 있다고 볼 수 없고, 청구인은 여전히 자신의 이전건의권을 행사할 수 있다. 그렇다면 이 사건 처분은 청구인의 권한을 침해하거나 침해할 현저한 위험이 있다고 할 수 없다.

다. 결 론

그렇다면 이 사건 공항의 예비이전후보지 선정사업은 국방에 관한 사무로서 성격상 국가사무임이 분명하므로, 국가사무인 군 공항 이전사업이 청구인의 의사를 고려하지 않고 진행된다고 하더라도 이로써 지방자치단체인 청구인의 자치권한을 침해하였다거나 침해할 현저한 위험이 있다고 보기 어렵다. 따라서 청구인이 국가기관인 피청구인을 상대로 제기한 이 사건 권한쟁의심판 청구는 부적법하므로, 이를 각하하여야 한다.

제 3 장

공항시설법

[12] 공항개발사업과 인허가 의제
[13] 공역절토구역 내 토지의 환매권
[14] 공항공단의 국유재산 전대계약
[15] 국제공항 버스터미널 사업면허처분 취소소송의 원고적격
[16] 항공사의 공항 사용료 납부의무
[17] 모노레일 미설치와 공항내 상업시설 임차인의 손해
[18] 비행안전영향평가 연구용역의 해제
[19] 비행장 인근의 풍력발전소 공사금지가처분

[12] 공항개발사업과 인허가 의제

대법원 2018. 10. 25. 선고 2018두43095 판결

Ⅰ. 사실관계

(1) 서울지방항공청장은 2000. 7. 18. 한국공항공단에 '김포공항 완충녹지대 조성사업'(이하 '선행사업')의 실시계획을 승인하였는데, 그 승인 전에 농지전용허가를 관할하는 행정청과 그 사업구역 내 농지(이하 '이 사건 토지')의 전용에 관하여 협의를 요청한 바 없다.

(2) 한국공항공단을 승계하여 김포공항을 관리·운영하는 공법인인 한국공항공사는 2008. 2. 무렵 선행사업을 완료하고, 2008. 3. 4. 서울지방항공청장으로부터 선행사업의 준공검사필증을 받았다. 한국공항공사는 2007년 말 무렵 이 사건 토지를 인근농민들에게 임대하는 것을 중단하였고, 그에 따라 2008년부터 이 사건 토지에서의 경작이 중단되었다.

(3) 그 후 한국공항공사는 지적소관청인 서울특별시 강서구청장에게 "선행사업이 준공되어 이 사건 토지를 포함한 그 사업구역 내 토지 총 572필지가 김포공항의 부속시설(완충녹지대)이 되었으니 그 지목을 모두 잡종지로 변경하여 달라"'는 내용의 지목변경신청을 하였고, 서울특별시 강서구청장은 2008. 12. 26. 위 신청을 수리하여 지목변경등록을 마쳤다. 이로써 이 사건 토지의 지목은 종전의 '전·답'에서 '잡종지'로 변경되었다.

(4) 원고 I골프클럽 주식회사는 위와 같이 조성된 김포공항 완충녹지대에 민간투자방식으로 골프장을 조성하여 활용하는 사업(이하 '이 사건 사업')의 시행자이다. 서울지방항공청장은 이 사건 토지가 포함된 이 사건 사업구역 내 농지 합계 747,647㎡의 전용에 관하여 피고 농림축산식품부장관과 협의를 한 다음, 2016. 5. 19. 원고에게 이 사건 사업의 실시계획 승인을 하였다.

(5) 피고 농림축산식품부장관은 위 농지전용협의에 따라 2016. 6. 20.

원고에게 이 사건 농지보전부담금 부과처분을 하였다.

Ⅱ. 참조 조문

1. 구 항공법(2002. 2. 4. 법률 제6655호로 개정되기 전의 것)

제96조 (다른 법률과의 관계) ① 건설교통부장관이 제95조 제1항 및 제3항의 규정에 의하여 실시계획을 수립하거나 이를 승인한 때에는 다음 각 호의 승인·허가·인가·결정·지정·면허·협의·동의 또는 심의등을 받은 것으로 본다.

9. 농지법 제36조의 규정에 의한 농지전용의 허가 또는 협의

③ 건설교통부장관은 제95조 제1항 및 제3항의 규정에 의하여 실시계획을 수립하거나 이를 승인하고자 하는 때에는 제1항 각 호의 규정에 의한 관계법령에의 적합여부에 관하여 소관행정기관의 장과 미리 협의하여야 한다. 이 경우 소관행정기관의 장은 협의요청을 받은 날부터 대통령령이 정하는 기간내에 의견을 제출하여야 한다.

2. 공항시설법

제8조(인·허가등의 의제 등) ① 국토교통부장관이 제7조 제1항 및 제3항에 따라 실시계획을 수립하거나 승인하였을 때에는 다음 각 호의 승인·허가·인가·결정·지정·면허·협의·동의·심의 또는 해제 등(이하 "인·허가등"이라 한다)을 받은 것으로 보고, 국토교통부장관이 제7조 제6항에 따라 실시계획의 고시 또는 실시계획의 승인을 고시하였을 때에는 다음 각 호의 법률에 따른 인·허가등의 고시 또는 공고가 있는 것으로 본다.

8. 「농지법」 제34조에 따른 농지전용의 허가 또는 협의

② 국토교통부장관은 제7조 제1항 또는 제3항에 따라 실시계획을 수립 또는 승인을 하려는 경우에는 그 실시계획에 제1항 각 호의 어느 하나에 해당하는 사항이 포함되어 있으면 그 실시계획이 제1항 각 호에 따른 법률에 적합한지에 관하여 미리 관계 행정기관의 장과 협의하여야 한다.

> ③ 제2항에 따라 협의를 요청받은 관계 행정기관의 장은 협의 요청을 받은 날부터 20일 이내에 의견을 제출하여야 한다. 이 경우 관계 행정기관의 장이 그 기간 내에 의견을 제출하지 아니한 경우에는 협의가 이루어진 것으로 본다.

Ⅲ. 판시사항

구 항공법(2002. 2. 4. 법률 제6655호로 개정되기 전의 것) 제96조 제1항, 제3항은 건설교통부장관이 공항개발사업의 실시계획을 수립하거나 이를 승인하고자 하는 때에는 제1항 각 호의 규정에 의한 관계 법령상 적합한지 여부에 관하여 소관행정기관의 장과 미리 협의하여야 하고, 건설교통부장관이 공항개발사업의 실시계획을 수립하거나 이를 승인한 때에는 제1항 각 호의 승인 등을 받은 것으로 본다고 규정하면서, 제1항 제9호에서 '농지법 제36조 규정에 의한 농지전용의 허가 또는 협의'를 규정하고 있다. 이러한 규정들의 문언, 내용, 형식에다가 인허가 의제 제도는 목적사업의 원활한 수행을 위해 창구를 단일화하여 행정절차를 간소화하는 데 입법 취지가 있고 목적사업이 관계 법령상 인허가의 실체적 요건을 충족하였는지에 관한 심사를 배제하려는 취지는 아닌 점 등을 아울러 고려하면, 공항개발사업 실시계획의 승인권자가 관계 행정청과 미리 협의한 사항에 한하여 그 승인처분을 할 때에 인허가 등이 의제된다고 보아야 한다.

Ⅳ. 해 설

1. 농지전용부담금

가. 농지법상 농지의 개념

농지법 제2조 제1호 가목 전단은 "전·답, 과수원, 그 밖에 법적 지목을 불문하고 실제로 농작물 경작지 또는 다년생식물 재배지로 이용되는 토지"를 '농지'로 정의하고 있다.[1] 한편 농지법 제42조 제1항, 제2항은 농지전용허가 등을 받지 아니하고 농지를 전용하거나 다른 용도로 사용한 경우 관할청이 그 행위를 한 자에게 기간을 정하여 원상회복을 명할 수 있고, 그가 원상회복명령을 이행하지 아니하면 관할청이 대집행으로 원상회복을 할 수 있도록 규정하여 농지가 불법 전용된 경우에는 농지로 원상회복되어야 함을 분명히 하고 있다.

따라서 어떤 토지가 농지법 제2조 제1호 가목 전단에서 정한 '농지'인지 여부는 공부상의 지목과 관계없이 그 토지의 사실상 현상에 따라 판단하여야 하지만, 농지법상 '농지'였던 토지가 현실적으로 다른 용도로 이용되고 있다고 하더라도 그 토지가 농지전용허가 등을 받지 아니하고 불법 전용된 것이어서 농지로 원상회복되어야 하는 것이라면 그 변경 상태는 일시적인 것에 불과하고 여전히 농지법상 '농지'에 해당한다고 보아야 한다.[2)]

나. 농지전용부담금의 부과요건

농지법 제38조 제1항, 제4항, 제5항, 제7항, 농지법 시행령 제53조에 따르면, 농지전용허가·협의·신고절차를 거친 후 농지를 전용하려는 자는 농지전용허가·신고(다른 법률에 따라 농지전용허가·신고가 의제되는 경우 포함) 전까지 전용면적에 비례하여 산정된 농지보전부담금을 납부하여야 하고, 일단 농지보전부담금을 납부하였다가 허가가 취소되거나 허가를 받지 못한 경우, 사업계획이 변경된 경우, 그 밖에 이에 준하는 사유로 전용하

---

1) 산지전용허가·신고 등의 절차를 거치지 아니한 채 불법으로 개간된 산지는, 비록 그것이 개간 후 농지로 이용되고 있다고 하더라도, 특별한 사정이 없는 한 산지관리법 제44조 제1항에 따른 산지복구명령의 대상이 되는 '산지'에 해당할 뿐, 농지법상 '농지'에는 해당하지 않는다고 봄이 원칙이다. 대법원 2018. 6. 28. 선고 2015두55769 판결.

2) 당해 계쟁 토지가 그 건축허가신청 당시에 이미 농지로서의 성질을 상실하고 사실상 대지화되었다고 보기 어렵고, 가사 위 토지가 종전의 토지형질변경허가에 터잡은 공사로 인하여 농지로서의 현상이 변경되었다고 하더라도 위 공사가 준공되기 이전에 그 토지형질변경허가가 적법하게 취소되었고, 이로 인하여 위 토지를 농지로 원상회복하는 것이 가능한 점 등에 비추어 그 현상변경이 일시적인 것에 불과하므로, 당해 계쟁 토지는 여전히 구 농지의 보전 및 이용에 관한 법률(1994. 12. 22. 법률 제4817호 농지법 부칙 제2조에 의하여 폐지)에서 말하는 농지에 해당하고, 따라서 위 토지 전부에 대한 당해 농지조성비 및 농지전용부담금 부과처분이 적법하다. 대법원 1998. 4. 10. 선고 97누256 판결.

려는 농지의 면적이 당초보다 줄어든 경우 등에는 그에 해당하는 농지보전부담금을 환급하여야 한다.

따라서 농지보전부담금을 부과하기 위해서는 전용하려는 토지가 농지법상 농지로서 농지전용허가·협의·신고절차의 대상이어야 하고, 농지보전부담금은 원칙적으로 농지전용허가·신고 전에 그에 따른 농지전용면적을 기준으로 산정·부과되어 납부까지 이루어져야 한다.[3)]

2. 인·허가 의제

가. 의 의

주된 인·허가에 관한 사항을 규정하고 있는 어떠한 법률에서 주된 인·허가가 있으면 다른 법률에 의한 인·허가를 받은 것으로 의제(擬制)한다는 규정을 둔 경우를 인허가 의제 제도라고 한다. 행정법에서 인·허가 의제 제도를 둔 취지는, 인·허가의제사항과 관련하여 관할 행정청으로 그 창구를 단일화하고 절차를 간소화하며 비용과 시간을 절감함으로써 국민의 권익을 보호하려는 것이다.[4)] 주된 인·허가가 있으면 다른 법률에 의한 인·허가가 있는 것으로 보는 데 그치고, 거기에서 더 나아가 다른 법률에 의하여 인·허가를 받았음을 전제로 한 다른 법률의 모든 규정들까지 적용되는 것은 아니다.[5)]

나. 심사의 대상

(1) 건축법에서 인·허가의제 제도를 둔 취지는, 인·허가의제사항과 관련하여 건축허가 또는 건축신고의 관할 행정청으로 그 창구를 단일화하고 절차를 간소화하며 비용과 시간을 절감함으로써 국민의 권익을 보호하려는 것이지, 인·허가의제사항 관련 법률에 따른 각각의 인·허가 요건에 관한 일체의 심사를 배제하려는 것으로 보기는 어렵다.[6)] 왜냐하면, 건

---

3) 대법원 2019. 2. 14. 선고 2017두65357 판결; 대법원 2007. 5. 31. 선고 2006두8235 판결.

4) 대법원 2011. 1. 20. 선고 2010두14954 전원합의체 판결.

5) 대법원 2016. 12. 15. 선고 2014두40531 판결; 대법원 2015. 4. 23. 선고 2014두2409 판결.

축법과 인·허가의제사항 관련 법률은 각기 고유한 목적이 있고, 건축신고와 인·허가의제사항도 각각 별개의 제도적 취지가 있으며 그 요건 또한 달리하기 때문이다.

나아가 인·허가의제사항 관련 법률에 규정된 요건 중 상당수는 공익에 관한 것으로서 행정청의 전문적이고 종합적인 심사가 요구되는데, 만약 건축신고만으로 인·허가의제사항에 관한 일체의 요건 심사가 배제된다고 한다면, 중대한 공익상의 침해나 이해관계인의 피해를 야기하고 관련 법률에서 인·허가 제도를 통하여 사인의 행위를 사전에 감독하고자 하는 규율체계 전반을 무너뜨릴 우려가 있다. 또한 무엇보다도 건축신고를 하려는 자는 인·허가의제사항 관련 법령에서 제출하도록 의무화하고 있는 신청서와 구비서류를 제출하여야 하는데, 이는 건축신고를 수리하는 행정청으로 하여금 인·허가의제사항 관련 법률에 규정된 요건에 관하여도 심사를 하도록 하기 위한 것으로 볼 수밖에 없다.

따라서 인·허가의제 효과를 수반하는 건축신고는 일반적인 건축신고와는 달리, 특별한 사정이 없는 한 행정청이 그 실체적 요건에 관한 심사를 한 후 수리하여야 하는 이른바 '수리를 요하는 신고'로 보는 것이 옳다.

(2) 국토계획법 제56조에 따른 개발행위허가는 그 금지요건·허가기준이 불확정개념으로 규정된 부분이 많아 그 요건·기준에 부합하는지를 판단하는 데 행정청에 재량이 부여되어 있으므로, 개발행위허가의 요건을 충족하는지 여부는 행정청의 재량판단의 영역에 속한다. 그리고 국토계획법이 정한 일정한 용도지역 안에서 토지의 형질변경행위를 수반하는 건축신고의 수리는 건축법 제14조 제2항, 제11조 제5항, 제6항의 인·허가의제로 인해 건축법상 건축신고와 국토계획법상 개발행위허가의 성질을 아울러 갖게 되므로, 국토계획법상의 개발행위허가를 받은 것으로 의제되는 건축신고가 국토계획법령이 정하는 개발행위허가기준을 갖추지 못한 경우 행정청으로서는 이를 이유로 그 수리를 거부할 수 있다.[7]

(3) 도시계획시설인 주차장에 대한 건축허가신청을 받은 행정청으로서

---

6) 대법원 2011. 1. 20. 선고 2010두14954 전원합의체 판결.
7) 대법원 2017. 10. 26. 선고 2017두50188 판결.

는 건축법상 허가 요건뿐 아니라 국토의 계획 및 이용에 관한 법령이 정한 도시계획시설사업에 관한 실시계획인가 요건도 충족하는 경우에 한하여 이를 허가해야 한다.[8)]

다. 행정기관의 장과 협의

구 주한미군 공여구역주변지역 등 지원 특별법(2008. 3. 28. 법률 제9000호로 개정되기 전의 것, 이하 '구 법') 제29조의 인허가의제 조항은 목적사업의 원활한 수행을 위해 행정절차를 간소화하고자 하는 데 입법 취지가 있는데, 만일 사업시행승인 전에 반드시 사업 관련 모든 인허가의제 사항에 관하여 관계 행정기관의 장과 협의를 거쳐야 한다고 해석하면 일부의 인허가의제 효력만을 먼저 얻고자 하는 사업시행승인 신청인의 의사와 맞지 않을 뿐만 아니라 사업시행승인 신청을 하기까지 상당한 시간이 소요되어 그 취지에 반한다. 또한 '주한미군 공여구역주변지역 등 지원 특별법'이 2009. 12. 29. 법률 제9843호로 개정되면서 제29조 제1항에서 인허가의제 사항 중 일부만에 대하여도 관계 행정기관의 장과 협의를 거치면 인허가의제 효력이 발생할 수 있음을 명확히 하고 있다. 따라서 구 법 제11조에 의한 사업시행승인을 하는 경우 같은 법 제29조 제1항에 규정된 사업 관련 모든 인허가의제 사항에 관하여 관계 행정기관의 장과 일괄하여 사전 협의를 거칠 것을 요건으로 하는 것은 아니고, 사업시행승인 후 인허가의제 사항에 관하여 관계 행정기관의 장과 협의를 거치면 그때 해당 인허가가 의제된다고 보는 것이 타당하다.[9)]

라. 승인기간 도과와 승인의 의제

A 주식회사가 식료품 제조업을 하고자 공장건물과 부대건물을 건설하겠다는 내용으로 중소기업 창업사업계획 승인신청을 하였으나 관할 시장이 30여 일이 지나서 그 신청을 불승인하는 처분을 한 경우, 중소기업창업 지원법 제33조 제3항에서 정한 창업사업계획 승인기간인 20일에는 그

---

8) 대법원 2015. 7. 9. 선고 2015두39590 판결.
9) 대법원 2012. 2. 9. 선고 2009두16305 판결.

승인으로 의제되는 다른 법률에 의한 인·허가의 처리기간이 포함되는 점 등에 비추어 보면, 관할 시장이 위 승인신청을 받은 날부터 20일 이내에 A 회사에 승인 여부를 알리지 않았으므로 위 창업사업계획은 승인된 것으로 의제된다.[10)]

마. 의제되는 공유수면점용허가의 거부와 원처분의 불인가

채광계획이 중대한 공익에 배치된다고 할 때에는 인가를 거부할 수 있고, 채광계획을 불인가 하는 경우에는 정당한 사유가 제시되어야 하며 자의적으로 불인가를 하여서는 아니 되므로 채광계획인가는 기속재량행위에 속하는 것으로 보아야 한다. 구 광업법(1999. 2. 8. 법률 제5893호로 개정되기 전의 것) 제47조의2 제5호에 의하여 채광계획인가를 받으면 공유수면 점용허가를 받은 것으로 의제되고, 이 공유수면 점용허가는 공유수면 관리청이 공공 위해의 예방 경감과 공공복리의 증진에 기여함에 적당하다고 인정하는 경우에 그 자유재량에 의하여 허가의 여부를 결정하여야 하므로, 공유수면 점용허가를 필요로 하는 채광계획 인가신청에 대하여도 공유수면 관리청이 재량적 판단에 의하여 공유수면 점용 허가 여부를 결정할 수 있고, 그 결과 공유수면 점용을 허용하지 않기로 결정하였다면, 채광계획 인가관청은 이를 사유로 하여 채광계획을 인가하지 아니할 수 있는 것이다.[11)]

바. 의제된 인허가에 대한 쟁송

(1) 대법원 2018. 11. 29. 선고 2016두38792 판결

구 주택법(2016. 1. 19. 법률 제13805호로 전부 개정되기 전의 것) 제17조 제1항에 따르면, 주택건설사업계획 승인권자가 관계 행정청의 장과 미리 협의한 사항에 한하여 승인처분을 할 때에 인허가 등이 의제될 뿐이고, 각 호에 열거된 모든 인허가 등에 관하여 일괄하여 사전협의를 거칠 것을 주택건설사업계획 승인처분의 요건으로 규정하고 있지 않다. 따라서

10) 대법원 2013. 3. 14. 선고 2012두23785 판결.
11) 대법원 2002. 10. 11. 선고 2001두151 판결.

인허가 의제 대상이 되는 처분에 어떤 하자가 있더라도, 그로써 해당 인허가 의제의 효과가 발생하지 않을 여지가 있게 될 뿐이고, 그러한 사정이 주택건설사업계획 승인처분 자체의 위법사유가 될 수는 없다. 또한 의제된 인허가는 통상적인 인허가와 동일한 효력을 가지므로, 적어도 '부분 인허가 의제'가 허용되는 경우에는 그 효력을 제거하기 위한 법적 수단으로 의제된 인허가의 취소나 철회가 허용될 수 있고, 이러한 직권 취소·철회가 가능한 이상 그 의제된 인허가에 대한 쟁송취소 역시 허용된다. 따라서 주택건설사업계획 승인처분에 따라 의제된 인허가가 위법함을 다투고자 하는 이해관계인은, 주택건설사업계획 승인처분의 취소를 구할 것이 아니라 의제된 인허가의 취소를 구하여야 하며, 의제된 인허가는 주택건설사업계획 승인처분과 별도로 항고소송의 대상이 되는 처분에 해당한다.

(2) 대법원 2018. 7. 12. 선고 2017두48734 판결

구 중소기업창업 지원법(2017. 7. 26. 법률 제14839호로 개정되기 전의 것, 이하 '중소기업창업법') 제35조 제1항, 제33조 제4항, 중소기업창업 지원법 시행령 제24조 제1항, 중소기업청장이 고시한 '창업사업계획의 승인에 관한 통합업무처리지침'(이하 '업무처리지침')의 내용, 체계 및 취지 등에 비추어 보면 다음과 같은 이유로 중소기업창업법에 따른 사업계획승인의 경우 의제된 인허가만 취소 내지 철회함으로써 사업계획에 대한 승인의 효력은 유지하면서 해당 의제된 인허가의 효력만을 소멸시킬 수 있다.

(i) 중소기업창업법 제35조 제1항의 인허가의제 조항은 창업자가 신속하게 공장을 설립하여 사업을 개시할 수 있도록 창구를 단일화하여 의제되는 인허가를 일괄 처리하는 데 입법 취지가 있다. 위 규정에 의하면 사업계획승인권자가 관계 행정기관의 장과 미리 협의한 사항에 한하여 승인 시에 그 인허가가 의제될 뿐이고, 해당 사업과 관련된 모든 인허가의 제 사항에 관하여 일괄하여 사전 협의를 거쳐야 하는 것은 아니다. 업무처리지침 제15조 제1항은 협의가 이루어지지 않은 인허가사항을 제외하고 일부만을 승인할 수 있다고 규정함으로써 이러한 취지를 명확히 하고 있다.

(ii) 사업계획을 승인할 때 의제되는 인허가 사항에 관한 제출서류, 절차 및 기준, 승인조건 부과에 관하여 해당 인허가 근거 법령을 적용하도록 하고 있으므로(업무처리지침 제5조 제1항, 제8조 제5항, 제16조), 인허가 의제의 취지가 의제된 인허가 사항에 관한 개별법령상의 절차나 요건 심사를 배제하는 데 있다고 볼 것은 아니다.

(iii) 사업계획승인으로 의제된 인허가는 통상적인 인허가와 동일한 효력을 가지므로, 그 효력을 제거하기 위한 법적 수단으로 의제된 인허가의 취소나 철회가 허용될 필요가 있다. 특히 업무처리지침 제18조에서는 사업계획승인으로 의제된 인허가 사항의 변경 절차를 두고 있는데, 사업계획승인 후 의제된 인허가 사항을 변경할 수 있다면 의제된 인허가 사항과 관련하여 취소 또는 철회 사유가 발생한 경우 해당 의제된 인허가의 효력만을 소멸시키는 취소 또는 철회도 할 수 있다고 보아야 한다.

(iv) 이와 같이 사업계획승인으로 의제된 인허가 중 일부를 취소 또는 철회하면, 취소 또는 철회된 인허가를 제외한 나머지 인허가만 의제된 상태가 된다. 이 경우 당초 사업계획승인을 하면서 사업 관련 인허가 사항 중 일부에 대하여만 인허가가 의제되었다가 의제되지 않은 사항에 대한 인허가가 불가한 경우 사업계획승인을 취소할 수 있는 것처럼(업무처리지침 제15조 제2항), 취소 또는 철회된 인허가 사항에 대한 재인허가가 불가한 경우 사업계획승인 자체를 취소할 수 있다.

3. 구 항공법상 농지전용허가의 의제

가. 농지전용허가 의제와 사전협의의 필요

구 항공법(2002. 2. 4. 선고 제6655호로 개정되기 전의 것) 제96조 제1항, 제3항은 건설교통부장관이 공항개발사업의 실시계획을 수립하거나 이를 승인하고자 하는 때에는 제1항 각 호의 규정에 의한 관계 법령상 적합한지 여부에 관하여 소관행정기관의 장과 미리 협의하여야 하고, 건설교통부장관이 공항개발사업의 실시계획을 수립하거나 이를 승인한 때에는 제1항 각 호의 승인 등을 받은 것으로 본다고 규정하면서, 제1항 제9호에서 "농지법 제36조 규정에 의한 농지전용의 허가 또는 협의"를 규정하고 있다.

이러한 규정들의 문언, 내용, 형식에다가, 인허가 의제 제도는 목적사업의 원활한 수행을 위해 창구를 단일화하여 행정절차를 간소화하는 데 그 입법 취지가 있고 목적사업이 관계 법령상 인허가의 실체적 요건을 충족하였는지에 관한 심사를 배제하려는 취지는 아닌 점 등을 아울러 고려하면, 공항개발사업 실시계획의 승인권자가 관계 행정청과 미리 협의한 사항에 한하여 그 승인처분을 할 때에 인허가 등이 의제된다고 보아야 한다.[12)]

나. 대상사안의 검토

(1) 서울지방항공청장이 2000. 7. 18. 한국공항공단에 선행사업의 실시계획승인 전에 미리 농지법상 농지전용허가를 관할하는 행정청과 이 사건 토지의 농지전용에 관하여 협의하는 절차를 거치지 않았다. 따라서 선행사업의 실시계획승인에 따라 구 항공법 제96조 제1항 제9호가 정하는 농지전용허가 의제의 효력이 발생하였다고 볼 수 없다.

(2) 선행사업 시행으로 이 사건 토지가 2008년 무렵에 '김포공항의 완충녹지대'(잡종지)로 변경되었다고 하더라도, 이는 농지전용허가 등을 받지 않고 불법 전용된 것이므로 농지로 원상회복되어야 하고 그 '완충녹지대'(잡종지) 상태는 일시적인 것에 불과하다. 따라서 2016. 5. 19. 이 사건 사업의 실시계획승인 당시를 기준으로 이 사건 토지는 여전히 농지법상 '농지'에 해당한다고 보아야 한다.

(3) 한편 원심[13)]은 이와 달리, 서울지방항공청장이 선행사업의 실시계획승인을 하기 전에 미리 농지법상 농지전용허가를 관할하는 행정청과 이 사건 토지의 농지전용에 관하여 협의하는 절차를 거치지 않았다고 하더라도 선행사업의 실시계획승인에 따라 구 항공법 제96조 제1항 제9호

12) 대법원 2009. 2. 12. 선고 2007두4773 판결; 대법원 2012. 2. 29. 선고 2009두16305 판결.

13) 서울고등법원 2018. 4. 4. 선고 2017누80792 판결.

에 따른 농지전용허가 의제의 효력이 발생하였다고 봄으로써, 이 사건 토지는 의제된 농지전용허가에 따라 적법하게 '완충녹지대'(잡종지)로 전용되어 농지법상 '농지'가 아니게 되었다고 판단하였다.

[13] 공역절토구역 내 토지의 환매권

대법원 2010. 5. 13. 선고 2010다12043 판결[1]

Ⅰ. 사실관계

(1) 피고 인천국제공항공사는 수도권신공항건설촉진법에 따른 신공항건설사업의 시행자로서 2001년경 인천국제공항에 입·출항하는 항공기의 안전운행에 장애가 되는 오성산을 절토(切土)하기 위하여 항공기 안전운항을 위한 공역(空域)절토구역 내 편입토지의 보상사업을 추진하고 그에 기하여 2002년경부터 2006년경 사이에 인천국제공항 2단계 건설사업 부지조성공사와 인천국제공항 2단계 건설사업 장애구릉제거공사를 시행하였다(이하 위 사업과 그에 따른 공사를 총칭하여 '이 사건 사업'이라 한다).

(2) 이 사건 사업 이전 그 사업구역 안에 원고 1은 인천 중구 ○○ 임야 38,395㎡[당시에는 같은 동 ○○ 임야 48,793㎡의 일부였는데, 2003. 12. 13.에 같은 동 ○○ 임야로 분할되었다. 이하에서는 위 임야를 '이 사건 제1토지'라 한다]를, 원고 2는 같은 동 ○○ 임야 49,965㎡[당시에는 같은 동 ○○ 임야 66,116㎡의 일부였다가, 2003. 12. 13.에 같은 동 ○○ 임야 3,193㎡와 함께 분할되고 ○○는 12,958㎡만 남게 되었다. 이하에서는 위 임야를 '이 사건 제2토지'라 한다]를 각 소유하고 있었다.

(3) 피고는 공공용지의 협의취득의 방법으로, 원고 1과 사이에 이 사건 제1토지에 관하여 2001. 12. 27. 매매대금을 861,967,750원(㎡당 22,450원)으로 하여 매매예약을 체결하였고, 2005. 5. 26.에 피고 앞으로 소유권이전등기를 마쳤으며, 원고 2와 사이에 이 사건 제2토지에 관하여

---

1) 이에 대한 평석은 곽병훈, "「공익사업을 위한 토지 등의 취득 및 보상에 관한 법률」 제91조에 정한 환매권의 행사요건 및 그 판단 기준", 대법원판례해설 제83호(2010), 364~380면.

2001. 12. 27. 매매대금을 1,404,016,500원(㎡당 28,100원)으로 하여 매매예약을 체결하였고, 2005. 6. 29.에 피고 앞으로 소유권이전등기를 마쳤다[실제로는 애초에 위 분할 전 ○○ 임야 중 46,350㎡에 관하여, 위 분할 전 ○○ 임야 중 62,810㎡에 관하여 각 매매예약이 맺어졌다가 계약면적이 줄어 2005년경 분할 후 이 사건 각 토지에 관하여만 ㎡당 매매대금을 동일하게 책정하여 매매계약이 맺어진 것인데, 편의상 처음부터 이 사건 각 토지에 관하여 각 매매예약이 맺어진 것으로 서술하였고, 이하에서도 같은 취지로 서술하기로 한다].

(4) 그 후 이 사건 각 토지에 대한 절토작업은 완료되었다. 원고들은 2008. 5. 25. 이 사건 소장부본의 송달로서 피고에게 이 사건 각 토지에 대한 환매의 의사표시를 하였고, 이 사건 소송 계속 중에 피고를 피공탁자로 하여 2009. 1. 21.에 피고로부터 지급받은 보상금 상당액을 공탁하였는데, 원고 1은 이 법원 2009년 금제501호로 1,404,016,500원을, 원고 2는 이 법원 2009년 금제502호로 861,967,750원을 각 공탁하였다.

(5) 원고들은, 이 사건 사업목적인 구릉 제거공사가 종료된 이상 이 사건 각 토지는 더 이상 사용할 필요가 없게 되었으므로, 피고는 이 사건 각 토지에 관하여 환매에 기한 소유권이전등기절차를 이행할 의무가 있다고 주장하였다. 이에 대하여 피고는, 이 사건 사업의 목적은 항공기 안전운항에 장애가 되는 장애구릉의 제거 및 제거된 상태의 유지로 보아야 하고, 이 사건 각 토지에 관하여 도시계획이 결정된 상태로서 공원조성공사도 시행하여야 하므로, 이 사건 각 토지를 계속 사용할 필요가 있다고 주장하였다.

Ⅱ. 참조 조문

1. 공익사업을 위한 토지 등의 취득 및 보상에 관한 법률

> **제91조(환매권)** ① 토지의 협의취득일 또는 수용의 개시일(이하 이 조에서 "취득일"이라 한다)부터 10년 이내에 해당 사업의 폐지·변경 또는 그 밖의 사유로 취득한 토지의 전부 또는 일부가 필요 없게

된 경우 취득일 당시의 토지소유자 또는 그 포괄승계인(이하 “환매권자”라 한다)은 그 토지의 전부 또는 일부가 필요 없게 된 때부터 1년 또는 그 취득일부터 10년 이내에 그 토지에 대하여 받은 보상금에 상당하는 금액을 사업시행자에게 지급하고 그 토지를 환매할 수 있다.

② 취득일부터 5년 이내에 취득한 토지의 전부를 해당 사업에 이용하지 아니하였을 때에는 제1항을 준용한다. 이 경우 환매권은 취득일부터 6년 이내에 행사하여야 한다.

③ 제74조 제1항에 따라 매수하거나 수용한 잔여지는 그 잔여지에 접한 일단의 토지가 필요 없게 된 경우가 아니면 환매할 수 없다.

④ 토지의 가격이 취득일 당시에 비하여 현저히 변동된 경우 사업시행자와 환매권자는 환매금액에 대하여 서로 협의하되, 협의가 성립되지 아니하면 그 금액의 증감을 법원에 청구할 수 있다.

⑤ 제1항부터 제3항까지의 규정에 따른 환매권은 「부동산등기법」에서 정하는 바에 따라 공익사업에 필요한 토지의 협의취득 또는 수용의 등기가 되었을 때에는 제3자에게 대항할 수 있다.

⑥ 국가, 지방자치단체 또는 「공공기관의 운영에 관한 법률」 제4조에 따른 공공기관 중 대통령령으로 정하는 공공기관이 사업인정을 받아 공익사업에 필요한 토지를 협의취득하거나 수용한 후 해당 공익사업이 제4조 제1호부터 제5호까지에 규정된 다른 공익사업(별표에 따른 사업이 제4조 제1호부터 제5호까지에 규정된 공익사업에 해당하는 경우를 포함한다)으로 변경된 경우 제1항 및 제2항에 따른 환매권 행사기간은 관보에 해당 공익사업의 변경을 고시한 날부터 기산(起算)한다. 이 경우 국가, 지방자치단체 또는 「공공기관의 운영에 관한 법률」 제4조에 따른 공공기관 중 대통령령으로 정하는 공공기관은 공익사업이 변경된 사실을 대통령령으로 정하는 바에 따라 환매권자에게 통지하여야 한다.

제92조(환매권의 통지 등) ① 사업시행자는 제91조 제1항 및 제2항에 따라 환매할 토지가 생겼을 때에는 지체 없이 그 사실을 환매권자에게 통지하여야 한다. 다만, 사업시행자가 과실 없이 환매권자를 알 수 없을 때에는 대통령령으로 정하는 바에 따라 공고하여야 한다.

> ② 환매권자는 제1항에 따른 통지를 받은 날 또는 공고를 한 날부터 6개월이 지난 후에는 제91조 제1항 및 제2항에도 불구하고 환매권을 행사하지 못한다.

Ⅲ. 판시사항

(1) '공익사업을 위한 토지 등의 취득 및 보상에 관한 법률'(이하 '공익사업법') 제91조에서 정하는 환매권은 '당해 사업의 폐지·변경 그 밖의 사유로 인하여 취득한 토지의 전부 또는 일부가 필요 없게 된 경우'에 행사할 수 있다. 여기서 '당해 사업'이란 토지의 협의취득 또는 수용의 목적이 된 구체적인 특정 공익사업을 가리키는 것이고, 취득된 토지가 '필요 없게 된 경우'라 함은 그 토지가 취득의 목적이 된 특정 공익사업의 폐지·변경 그 밖의 사유로 인하여 그 사업에 이용할 필요가 없어진 경우를 의미하며, 위와 같이 취득된 토지가 필요 없게 되었는지의 여부는 당해 공익사업의 목적과 내용, 토지 취득의 경위와 범위, 당해 토지와 공익사업의 관계, 용도 등 제반 사정에 비추어 객관적·합리적으로 판단하여야 한다.

(2) 수도권신공항건설 촉진법에 따른 신공항건설사업의 시행자가 인천국제공항 2단계 건설사업의 공항시설공사 선행작업인 부지조성공사를 시행하면서, 그 부대공사로서 항공기 안전운항에 장애가 되는 구릉을 제거하는 공사를 하기 위해 그 구릉 일대에 위치한 토지를 협의취득한 후 절토작업을 완료하였다. 절토작업이 완료된 토지의 현황을 그대로 유지하는 것은 인천국제공항에 입·출항하는 항공기의 안전운행을 위해 반드시 필요한 것이므로 당해 사업의 목적은 장애구릉의 제거에 그치지 않고 그 현상을 유지하는 것까지 포함하는 것이라고 봄이 상당하고, 그 토지는 당해 사업에 계속 이용되는 것이거나 필요한 것으로서 공익상 필요가 소멸하지 않았다고 볼 수 있다는 점 등 여러 사정을 고려하면, 절토작업이 완료되었다는 사정만으로 그 토지가 당해 사업에 필요 없게 되었다고 보기 어려워 그 토지에 관한 환매권이 발생하지 않았다.

Ⅳ. 해 설

1. 환매권(還買權)

가. 의 의

토지소유자가 정당한 손실보상을 받고 수용 목적물이 계속적으로 공익 목적에 제공되는 한 해당 토지에 대한 공용수용은 정당한 수용이라 할 것이며, 이는 헌법 제23조 제3항으로부터 의문의 여지없이 도출 가능하다. 그러나 공용수용의 목적물인 토지가 공익사업의 폐지·변경 기타의 사유로 인하여 필요 없게 되거나 수용 후 오랫동안 그 공익사업에 현실적으로 이용되지 아니한 경우에는 수용 당시의 토지소유자 또는 그 포괄승계인이 일정 요건 하에 그 소유권을 다시 회복할 수 있는 권리, 즉 환매권을 보장하는 것이 헌법상 재산권 보장 이념에 합치하며, 이에 따라 공익사업법 및 개별 법률에서는 환매권 관련 규정을 두고 있다.[2] 환매권(Rückenteignung)이라 함은 공익사업에 필요한 토지 등의 협의취득 내지 강제취득 후에 그 토지가 공익사업의 폐지·변경 등으로 인하여 필요 없게 되거나 현실적으로 협의취득·수용 등의 전제가 된 공익사업에 공용되지 아니한 경우에 원소유자가 일정한 대가를 지불하고 다시 그 소유권을 취득하는 권리를 말한다.

나. 법적 성질

환매권은 환매기간 내에 환매의 요건이 발생하면 환매권자가 수령한 보상금에 상당한 금액을 사업시행자에게 지급하고 일방적으로 의사표시를 함으로써 사업시행자의 의사에 관계없이 성립하는 형성권(形成權)의 일종으로 보아야 한다.[3] 환매권 행사를 위하여 사업시행자의 동의를 득

---

2) 김병기, "「공익사업을 위한 토지 등의 취득 및 보상에 관한 법률」상 환매권의 법적 성질과 환매기간규정의 위헌 여부", 행정법연구 제26호(2010. 4.), 109면.

3) 대법원 1995. 2. 10. 선고 94다31310 판결; 헌법재판소 1994. 2. 24. 선고 92헌마283 결정; 환매기간 내에 환매의 요건이 발생하는 경우, 환매대상토지의 가격이 취득 당시에 비하여 현저히 하락하거나 상승하였다고 하더라도, 환매권자는 수령한 보상금 상당액만을 사업시행자에게 미리 지급하고 일방적으로 매수의 의사표시를 함으로써 사업시행자

하여야 할 것은 아니며, 설령 사업시행자가 원소유자 등의 환매권 행사를 부인하는 의사표시를 하더라도 환매권 행사의 효과가 이에 좌우되는 것은 아니다.[4)]

공익사업법 제91조 제5항은 "환매권은 부동산등기법이 정하는 바에 의하여 공익사업에 필요한 토지의 협의취득 또는 수용의 등기가 된 때에는 제3자에게 대항할 수 있다"고 규정하고 있다. 이는 협의취득 또는 수용의 목적물이 제3자에게 이전되더라도 협의취득 또는 수용의 등기가 되어 있으면 환매권자의 지위가 그대로 유지되어 환매권자는 환매권을 행사할 수 있고, 제3자에 대해서도 이를 주장할 수 있다는 의미이다.[5)]

다. 환매권 행사의 요건

환매권은 당해 공공사업의 폐지·변경 기타의 사유로 인하여 취득한 토지 등의 전부 또는 일부가 필요 없게 된 때에 행사할 수 있다. 여기서 '당해 공공사업'이란 협의취득의 목적이 된 구체적인 특정 공공사업을 가리킨다. 당해 공공사업의 '폐지·변경'이라 함은 당해 공공사업을 아예 그만두거나 다른 공공사업으로 바꾸는 것을 의미한다.[6)] '취득한 토지가 필요 없게 되었을 때'라 함은 사업시행자가 취득한 토지 등이 일정한 기간 내에 그 취득의 목적이 된 사업인 공공사업의 폐지·변경 등의 사유로 공공사업에 이용할 필요가 없어진 경우를 의미하고, 협의취득된 토지가 필요 없게 되었는지의 여부는 당해 도시계획사업의 목적, 도시계획과 사업실시계획의 내용, 협의취득의 경위와 범위, 당해 토지와 도시계획 및 실시계획과의 관계, 용도 등 제반 사정에 비추어 객관적 사정에 따라 합리적으로 판단하여야 한다.[7)]

의 의사와 관계없이 환매가 성립된다(대법원 2000. 11. 28. 선고 99두3416 판결).

4) 김병기, 120면.

5) 대법원 2017. 3. 15. 선고 2015다238963 판결.

6) 대법원 1997. 11. 11. 선고 97다36835 판결.

7) 대법원 2009. 10. 15. 선고 2009다43041 판결.

라. 환매권 행사[8)]

(1) 공법상 당사자소송

사업시행자가 환매권자를 상대로 하는 소송은 공법상 당사자소송으로 사업시행자로서는 환매가격이 환매대상토지의 취득 당시 지급한 보상금 상당액보다 증액 변경될 것을 전제로 하여 환매권자에게 그 환매가격과 위 보상금 상당액의 차액의 지급을 구할 수 있다. 행정소송법 제8조 제2항에 의하면 행정소송에도 민사소송법의 규정이 일반적으로 준용되므로 법원으로서는 공법상 당사자소송에서 재산권의 청구를 인용하는 판결을 하는 경우 가집행선고를 할 수 있다.

(2) 환매대금의 지급의무

환매권자의 환매대금 지급의무는 환매권 행사 당시에 이미 발생하는 것인데, 환매대상토지의 취득 당시 지급한 보상금 상당액과 재결이나 행정소송 절차에서 환매가격으로 정하여진 금액과의 차액 역시 환매대상토지와 대가관계에 있는 것이므로 그 차액이 환매권 행사 당시 지급되지 아니한 이상 이에 대하여 지연손해금이 발생하는 것이고 현실적으로 구체적인 환매가격이 재결이나 행정소송 절차에 의하여 확정된다고 하여 달리 볼 것은 아니다.

(3) 환매가격의 결정을 위한 절차

환매대상토지의 가격이 취득 당시에 비하여 현저히 변경된 경우 환매가격을 결정하기 위하여 사업시행자 또는 환매권자가 협의 및 재결신청을 할 수 있는 기간을 특별히 제한하지 않고 있다. 환매권의 행사와 환매가격 결정을 위한 절차는 그 성질을 달리하는 것이므로 공공용지의 취득 및 손실보상에 관한 특례법 제9조 제5항에 의하여 준용되는 토지수용법 제72조 제2항에 의하여 환매권의 행사기간이 통지를 받은 날로부터 6개월로 정하여져 있다고 하여 환매가격 결정을 위한 협의 및 재결 신청도

8) 대법원 2000. 11. 28. 선고 99두3416 판결.

그 기간 내에 하여야 한다고 볼 것은 아니다. 환매대상토지가 수용되었다고 하더라도 환매대상토지 또는 환매권이 소멸하는 것이 아니라 단지 소유권이전등기의무만이 이행불능으로 되는 것이고, 환매권자로서는 환매가 성립되었음을 전제로 사업시행자에 대하여 대상청구를 할 수 있으므로, 여전히 환매가격 결정을 위한 협의 및 재결절차에 나아갈 수 있다.

(4) 환매대상토지의 가격이 취득 당시에 비하여 현저히 변경된 경우

공공용지의 취득 및 손실보상에 관한 특례법 및 같은 법 시행령에는 환매대상토지의 가격이 취득 당시에 비하여 현저히 변경된 경우 어떠한 방법으로 정당한 환매가격을 결정할 것인지에 관하여 명시적으로 정하고 있는 규정은 없다. 그러나 같은 법 제9조 제1항, 제3항, 같은 법 시행령 제7조 제1항, 제3항의 규정을 종합하여 보면, 환매권 행사 당시의 환매대상토지의 가격, 즉 환매권 행사 당시를 기준으로 한 감정평가금액이 협의취득 당시 사업시행자가 토지소유자에게 지급한 보상금에 환매 당시까지의 당해 사업과 관계 없는 인근 유사토지의 지가변동률을 곱한 금액보다 적거나 같을 때에는 사업시행자가 취득할 때 지급한 보상금의 상당금액이 그 환매가격이 되는 것이 그 규정에 비추어 명백하다. 그러므로 환매권 행사 당시의 환매대상토지의 가격이 현저히 상승하여 위 보상금에 인근 유사토지의 지가변동률을 곱한 금액을 초과할 때에도 마찬가지로 인근 유사토지의 지가상승분에 해당하는 부분은 환매가격에 포함되어서는 안 된다. 그 경우의 환매가격은 인근 유사토지의 지가변동률을 기준으로 하려면 위 보상금에다 환매대상토지의 환매 당시의 감정평가금액에서 위 보상금에 인근 유사토지의 지가변동률을 곱한 금액을 공제한 금액을 더한 금액, 즉 '보상금+[환매 당시의 감정평가금액-(보상금×지가변동률)]'로, 지가상승률을 기준으로 하려면 환매대상토지의 환매 당시의 감정평가금액에서 위 보상금에 인근 유사토지의 지가상승률을 곱한 금액을 뺀 금액, 즉 '환매 당시의 감정평가금액−(보상금×지가상승률)'로 산정하여야 한다.

2. 환매권행사의 요건에 관한 판례의 동향

가. 공공사업의 폐지·변경으로 당해 토지가 필요 없게 되었음을 인정한 사례

(1) 대법원 1997. 11. 11. 선고 97다36835 판결

사업시행자가 도로의 확장 및 포장공사를 위해 취득한 토지 중 일부만을 도로 부지로 편입시켜 공사를 완성하고 나머지 토지는 도로 양측의 절개지로 이용될 예정이었으나 그 곳의 토사를 채취하여 현재는 평탄하게 되었고, 그 후 도시계획법에 의한 미관지구로 지정·고시되었으나 구체적 공공사업의 시행 없이 방치되다가 사업시행자가 그 토지에 대한 건설부 행정재산으로서의 용도를 폐지하고 재무부에 인계한 경우, 그 나머지 토지는 당해 도로의 확·포장사업에 필요 없게 되었고, 공공용지의 취득 및 손실보상에 관한 특례법 제9조 제1항은 환매권 행사의 요건으로서 협의취득된 토지 전부가 당해 공공사업에 필요 없게 될 것을 요구하고 있지는 아니하므로 그에 대하여 환매권을 행사할 수 있다.

(2) 대법원 1995. 6. 30. 선고 94다13435 판결

토지의 협의취득의 원인이 된 구체적인 공공사업인 창원공업전문대학 설립을 위한 개발사업은 그 학교법인 설립 및 전문대학 설립계획 승인신청이 1979. 7. 23. 문교부장관에 의하여 불승인됨으로써 특례법 제9조 제1항 소정의 기타 사유로 인하여 그 토지가 필요 없게 된 경우에 해당하여 원고들에게 환매권이 발생하였다.

(3) 대법원 1995. 2. 10. 선고 94다31310 판결

토지의 취득목적인 도로개설 및 녹지조성의 도시계획사업이 일부 시행된 상태에서 그 토지를 포함한 일대의 토지들에 대한 택지개발사업실시계획이 승인되어 그 계획에 맞추어 토지이용계획이 정하여지고 택지조성 및 아파트건축공사가 시행되고 있는 경우, 토지의 원소유자가 공공용지의 취득 및 손실보상에 관한 특례법에 따라 그 토지를 환매할 수 있다.

(4) 대법원 1994. 1. 25. 선고 93다11760 판결

서울특별시가 '공용의 청사 건립 및 도로의 설치'를 목적으로 도시계획사업에 따라 토지를 수용하였으나, 시청청사 등의 건립계획을 백지화하고 사업구역 내 일부 토지를 대법원·대검찰청 부지와 교환하였다면, 당초의 취득목적인 서울시청 등의 청사의 건립사업에는 더 이상 필요 없게 된 것이다.

(5) 대법원 1992. 4. 28. 선고 91다29927 판결

토지의 취득목적사업인 공원조성사업이 시행되어 그 토지를 포함한 그 일대의 토지들 위에 공원조성공사가 완료되고 공중의 공동사용에 제공되었다가, 그 후 위 토지를 포함한 그 일대의 토지들이 택지개발예정지구로 지정되고 이에 대한 택지개발계획이 승인되자, 위 토지 위의 공원시설을 철거하고 그 지상에 아파트건축공사를 착수하여 현재에 이르기까지 그 공사를 시행하고 있다면, 위 토지는 당초의 취득목적사업인 위 공원조성사업에는 더 이상 필요 없게 된 것임이 객관적으로 명백하다고 하지 않을 수 없고, 당초의 목적사업인 공원조성사업은 토지수용법 제3조 제3호에 해당하는 공익사업인 반면, 그 후 시행한 택지개발사업은 같은 법 제3조 제5호에 해당하는 공익사업임이 법문상 명백하므로, 토지수용법 제71조 제7항과 공공용지의 취득 및 손실보상에 관한 특례법 제1조·제2조·제9조 등 관계 법령의 규정 취지로 미루어 볼 때, 위 토지 위에 택지개발사업이 새로 시행되고 있다는 이유만으로는 공원조성사업에 필요 없게 된 위 토지의 원소유자가 위 특례법 제9조 제1항에 따라 위 토지를 환매할 수 없는 것이 아니다.

(6) 대법원 1990. 1. 12. 선고 88다카25342 판결

징발재산인 토지는 국가안전기획부가 1973. 5. 15. 국방부로부터 무상대여 받아 그때부터 현재까지 청사부지로 사용하고 있고, 그 부지 내에는 군사시설도 없으며, 장차 국방부에서 인도받으면 군인아파트 등 복지시설을 건립할 예정이라는 것인바, 비군사적 정보기관의 성격을 가진 국가안

전기획부가 그 청사부지로 사용하고 있다고 하여 징발재산정리에 관한 특별조치법 제20조 제1항 소정의 '군사상 긴요하여 군이 계속 사용할 필요'가 있는 경우에 해당한다고 보기 어렵고, 군 복지시설인 군인아파트 등을 건립할 계획이 있다고 하더라도 마찬가지이다.

나. 공공사업에 당해 토지가 필요 없게 되었음을 부정한 사례

(1) 대법원 2009. 10. 15. 선고 2009다43041 판결

한국농어촌공사가 영산강 유역 농업개발사업을 위하여 협의취득한 토지 중 일부 토지에 관하여 환매가 청구된 사안에서, 그 일부 토지에 설치하기로 예정하였던 시설물이 다른 곳에 설치되었다고 하여 그와 같은 구체적인 토지이용계획의 변경이 그 토지가 위 사업에 이용될 필요가 없어지게 하는 공공사업의 변경에 해당한다고 단정할 수 없고, 그 토지의 일부를 일시적으로 다른 사람에게 임대하였다는 사정만으로 그 토지가 위 사업에 필요 없게 되었다고 보기도 어렵다.

(2) 대법원 1996. 2. 9. 선고 94다46695 판결

제주경찰서 청사신축사업을 목적으로 토지를 취득하여 청사를 건축한 후 남은 공터의 일부에 제주경찰 후생복지주택(아파트)을 건축하고 나머지 부지에 평탄 작업을 하여 이를 제주경찰서 운동장으로 사용하다가 1993년 초에 이르러 그 지상에 석분포장을 함으로써 경찰공무원 및 방범순찰대원의 교육훈련장(연병장) 및 경찰버스 주차장으로 이를 사용한 경우 당초의 사업목적이 변경됨으로써 당해 공공사업이 변경된 것으로 볼 수는 없다.

(3) 대법원 1995. 11. 28. 선고 95다24845 판결

충주댐 수몰에 따른 신단양이주단지 조성사업을 위하여 취득한 토지에 관하여 신단양이주단지 조성사업이 진행되어 2,864세대가 이주를 완료하였으나 그 중 일부 토지가 신단양도시계획상 자연녹지지역으로 편입된 채 방치되어 인근 주민들의 작물재배지로 이용되고 있는 경우, 신단양이

주단지 조성사업이 공식적으로 완료되었다고 할 수도 없고 녹지지역도 역시 도시계획에 해당하므로 당해 공공사업이 폐지·변경되었다고 볼 수 없다.

(4) 대법원 1995. 11. 28. 선고 94다61441 판결

신단양이주단지 조성사업을 위하여 도시계획법상 일단의 주택지 조성사업 및 일단의 공업용지 조성사업 등의 공공사업의 필요로 인하여 협의취득한 후 피고(단양군)가 이 사건 부동산을 관광호텔의 신축을 위하여 임대하였다고 하더라도 당시 도시계획 결정에는 그 사업구역 내에 주거지역, 상업지역, 녹지지역 등의 지역지정을 포함시키고 있으므로, 이 사건 공공사업이 폐지·변경되어 이 사건 부동산이 필요 없게 된 경우에 해당한다고 볼 수 없다.

(5) 대법원 1994. 5. 24. 선고 93다51218 판결

대한주택공사가 하수종말처리장을 설치할 목적으로 택지개발예정지구 지정을 받았다가, 집단민원으로 어렵게 되자, 택지개발사업시행자를 서울특별시로 변경하고, 서울특별시가 이 사건 토지를 대한주택공사로부터 기부채납받아 아파트와 학교를 건설하고 있던 사안에서, 하수종말처리장, 아파트 및 학교부지는 모두 택지에 해당하므로 전체로써 택지개발사업의 범주에 포함된다.

(6) 대법원 1993. 9. 14. 선고 92다56810 판결

차룡단지 중 일부 지역을 주거지역으로 변경한 것은 이주민들의 이주대책 요구에 응하여 이주택지를 조성할 필요가 있게 되었기 때문이었으며, 또한 그 변경은 실시계획의 변경 승인을 받아 이루어진 것이므로, 피고(한국수자원공사)가 차룡단지의 일부 지역을 주거지역으로 변경하고 그 부분에 주택지를 조성하여 이주민에게 공급할 아파트를 건립하게 한 것은 산업기지개발사업의 기본계획과 실시계획에 의한 것으로 위 사업에 포함되는 사업의 하나인 구 산업기지개발촉진법 제2조 제2항 제2호, 제7호 소정의 주택지조성사업에 해당하고, 따라서 위와 같은 사유가 있다고

하여 이 사건 산업기지개발사업이 폐지 또는 변경되었다거나 이 사건 토지들이 위 개발사업에 필요 없게 되었다고 할 수 없다.

(7) 대법원 1992. 10. 27. 선고 91다483 판결

군인은 비상시의 신속한 출동에 대비하여 군의 영내나 근접지 거주의 필요성이 크고 부사관 이상의 군인들이 군의 인사명령에 따라 수시로 근무부대를 이동하는 경우가 많으며 대개의 경우 군 주둔지 주변의 주거사정이 열악한 점 등 군의 제반 특수성을 고려하면 영내외의 독신용 숙소는 물론 군인과 그 가족들의 주거용으로 사용되는 군인아파트 등 군관사는 군 복지시설의 차원을 넘어 군사상으로 긴요한 시설이므로 특별한 사정이 없는 한 그 아파트 등의 이용을 위하여 필요한 범위의 토지는 당연히 군사상 긴요하지 않게 된 때에 해당한다고 할 수 없다.

3. 대상사안의 검토

(1) 이 사건 각 토지는 인천국제공항에 입·출항하는 항공기의 안전운행에 장애가 되는 구릉제거공사를 위하여 협의취득된 것으로서, 절토작업이 완료된 이 사건 각 토지의 현황을 그대로 유지하는 것은 인천국제공항에 입·출항하는 항공기의 안전운행을 위하여 반드시 필요하므로 이 사건 사업의 목적은 위와 같은 장애구릉을 제거하는 것에 그치지 않고 그 현상을 유지하는 것까지 포함한다.

(2) 따라서 이 사건 각 토지는 이 사건 사업에 계속 이용되는 것이거나 필요한 것으로서 공익상 필요가 소멸하지 않았다고 볼 수 있으며, 한편 환매에 의하여 원고들에게 일단 이 사건 각 토지의 소유권이 회복된 후에는 개발행위권자 내지 건축허가권자가 아닌 피고로서는 항공기 안전운행에 방해가 되는 행위의 실행을 막을 방법이 없는 점 등도 고려하면, 이 사건 각 토지에 대한 절토공사가 완료되었다는 사정만으로 이 사건 각 토지가 이 사건 사업에 필요 없게 되었다고 보기는 어렵다.

(3) 그렇다면 이 사건 각 토지에 관한 환매권은 발생하지 않았다고 봄이 타당하다.

[14] 공항공단의 국유재산 전대계약

대법원 2004. 1. 15. 선고 2001다12638 판결

Ⅰ. 사실관계

(1) 원고 A는 피고 한국공항공단의 울산지사가 1997. 10. 29. 실시한 울산 중구 송정동 522 소재 울산공항 여객청사(이는 국유재산으로서 피고가 법령에 따라 사용·수익·관리하는 재산이다) 내 식당 등에 대한 운영자 선정을 위한 입찰절차에서 2층 식당 117.8㎡(이하 '이 사건 식당')에 관하여 국유재산사용료율을 이 사건 식당 가액의 120%로 하여 낙찰자로 선정되었다. 원고 B는 같은 입찰절차에서 2층 스낵코너 36㎡(이하 '이 사건 스낵코너')에 관하여 국유재산사용료율을 이 사건 스낵코너 가액의 469%로 하여 낙찰자로 선정되었다.

(2) 원고들은 1997. 11. 27. 피고로부터 임대기간을 각 1997. 12. 3.부터 1998. 12. 31.까지로 하여 국유재산사용승인을 받은 다음 1997. 12. 22.부터 이 사건 식당과 스낵코너를 운영하였다.

(3) 그 후 이 사건 식당과 스낵코너의 가액이 확정됨에 따라 원고 A가 피고에게 지급할 사용료는 1997년분 10,265,440원, 1998년분 129,203,040원(월별로 계산하면 10,766,920원임)으로, 원고 B가 피고에게 지급할 사용료는 1997년분 12,261,020원, 1998년분 154,319,760원(월별로 계산하면 12,859,980원임)으로 각 확정되었다.

(4) 이 사건 식당과 스낵코너에 대한 입찰은 소위 IMF 경제위기가 개시되기 직전에 이루어졌고, 원고들을 비롯한 입찰 참가자들도 이를 예상하지는 못하였는데, 위 경제위기 개시 후 위 여객청사 이용객의 급격한 감소와 소비위축으로 그 수입이 이 사건 식당과 스낵코너의 사용료에도 미치지 못하는 등 적자가 누적되자 원고들은 1998. 8. 26. 납부기한이 경과한 사용료를 일부 납부하면서 피고에 대하여 경제사정의 변경과 영업

부진 등을 이유로 하여 사용료를 감액해 달라고 요청하였다. 그러나 피고는 국유재산관리 총괄청인 재정경제부장관에 대한 질의결과에 따라 그 감액요청을 거절하였다.

(5) 피고가 1998. 12. 11.경 이 사건 식당과 스낵코너에 대하여 새로이 입찰을 실시한 결과 이 사건 식당은 1년 사용료 29,756,000원 상당, 이 사건 스낵코너는 1년 사용료 3,290,000원 상당으로 낙찰되었으며, 원고들과 피고 사이의 위 각 국유재산 사용관계는 1998. 12. 20.에 이르러 당사자 사이의 의사합치로 종료되었는데, 원고들이 현재까지 피고에게 지급하지 않은 사용료(부가가치세, 분납이자, 가산금, 중가산금 포함)는 원고 A는 110,281,870원, 원고 B는 191,384,480원이다.

Ⅱ. 참조 조문

1. 구 한국공항공단법(2002. 1. 4. 법률 제6607호에 의하여 폐지된 것)

제1조(목적) 이 법은 한국공항공단(이하 "公團"이라 한다)을 설립하여 공항시설의 건설과 이의 효율적인 관리·운영을 통하여 항공수송의 원활화를 도모하고, 항공의 종합적인 발달에 이바지함을 목적으로 한다.

제16조(국유재산의 무상대부등) 정부는 제7조의 규정에 의한 공단의 사업을 효율적으로 수행하기 위하여 필요한 때에는 공단에 국유재산(物品을 포함한다. 이하 같다)을 무상으로 대부·양여하거나 사용하게 할 수 있다.

제17조(국유재산등의 전대) ① 공단은 공항시설의 관리·운영에 지장을 초래하지 아니하는 범위안에서 제15조 제1항 및 제16조의 규정에 의하여 출연 또는 대부받은 재산을 대여하거나 전대할 수 있다.

② 공단이 제1항의 규정에 의하여 대여 또는 전대를 하고자 할 때에는 미리 그 계획을 작성하여 건설교통부장관에게 제출하고 승인을 얻어야 한다. 이를 변경하고자 할 때에도 또한 같다.

③ 제1항의 규정에 의하여 대여 또는 전대를 받은 자는 당해 재산을 타인으로 하여금 사용·수익하게 하거나 대여하지 못한다.

> ④ 제1항의 규정에 의하여 대여 또는 전대를 받은 자는 당해 재산상에 건물 기타의 영구시설물을 축조하지 못한다. 다만, 건설교통부장관이 행정목적 또는 공단의 업무수행에 필요하다고 인정하는 시설물로서 기부를 전제로 하는 경우의 축조는 그러하지 아니하다.

2. 민 법

> **제628조(차임증감청구권)** 임대물에 대한 공과부담의 증감 기타 경제사정의 변동으로 인하여 약정한 차임이 상당하지 아니하게 된 때에는 당사자는 장래에 대한 차임의 증감을 청구할 수 있다.

Ⅲ. 판시사항

한국공항공단이 정부로부터 무상사용허가를 받은 행정재산을 구 한국공항공단법(2002. 1. 4. 법률 제6607호로 폐지) 제17조에서 정한 바에 따라 전대하는 경우에 미리 그 계획을 작성하여 건설교통부장관에게 제출하고 승인을 얻어야 하는 등 일부 공법적 규율을 받고 있다고 하더라도, 한국공항공단이 그 행정재산의 관리청으로부터 국유재산관리사무의 위임을 받거나 국유재산관리의 위탁을 받지 않은 이상, 한국공항공단이 무상사용허가를 받은 행정재산에 대하여 하는 전대행위는 통상의 사인간의 임대차와 다를 바가 없고, 그 임대차계약이 임차인의 사용승인신청과 임대인의 사용승인의 형식으로 이루어졌다고 하여 달리 볼 것은 아니다.

Ⅳ. 해 설

1. 공항공사의 국유재산 무상사용과 전대

가. 공항공사에 대한 국유재산의 무상대부와 사용·수익권의 부여

국가가 하는 공항개발사업 및 공사가 하는 사업을 효율적으로 시행하기 위하여 국토교통부장관이 필요하다고 인정하면 국유재산법에도 불구하고 공사에 국유재산을 무상으로 대부(貸付)하거나 사용·수익하게 할 수

있다(한국공항공사법 제10조 제1항, 인천국제공항공사법 제11조 제1항).[1]

나. 국유재산의 전대와 법적 성질

공항공사는 국가가 하는 공항개발사업 및 공사가 하는 제9조 제1항 각 호의 사업을 효율적으로 추진하기 위하여 필요한 경우에는 제10조에 따라 대부받거나 사용·수익의 허가를 받은 국유재산을 전대(轉貸)할 수 있다(한국공항공사법 제11조 제1항, 인천국제공항공사법 제12조 제1항). 공항공사가 제1항에 따라 국유재산을 전대하려면 국토교통부장관의 승인을 받아야 한다(한국공항공사법 제11조 제2항). 제1항에 따라 국유재산을 전대받은 자는 그 재산을 타인에게 대부하거나 사용·수익하게 하여서는 아니 된다(한국공항공사법 제11조 제3항).

공항공단이 그 행정재산의 관리청으로부터 국유재산관리사무의 위임을 받거나 국유재산관리의 위탁을 받지 않은 이상, 공항공단이 무상사용허가를 받은 행정재산에 대하여 하는 전대행위는 통상의 사인간의 임대차와 다를 바가 없고, 그 임대차계약이 임차인의 사용승인신청과 임대인의 사용승인의 형식으로 이루어졌다고 하여 달리 볼 것은 아니다.[2]

다. 재산관리규정에 따른 국유재산사용승인조건의 법적 성질

한국공항공단은 내부규정인 재산관리규정을 제정함에 있어서 구 공항시설관리규칙 제8조에 의하여 사용승인을 하는 경우, 위 공단의 내부규정인 재산관리규정에 따른 국유재산사용승인조건은 위 공단이 임차인과 임대차계약을 체결하기 위하여 일정한 형식에 의하여 미리 마련한 것으로서 계약의 내용이 되는 것이므로 약관의 규제에 관한 법률 소정의 약관에 해당한다.[3]

---

1) 김포세관장으로부터 지정장치장의 화물관리인으로 지정받은 사단법인 관우회가 김포공항 무환화물창고 건물 내에서 사용하는 사무실은 지정장치장에 대한 지배·이용관계와는 별도로 위 사단법인이 독립한 주체로서 점유·사용하여 온 것으로 봄이 상당하다고 한 사례로는 대법원 2000. 11. 24. 선고 2000다28568 판결.

2) 대법원 2003. 10. 24. 선고 2001다82514 판결.

3) 대법원 2003. 10. 24. 선고 2001다82514 판결.

라. 공개경쟁입찰이 거래상 지위의 남용행위로서 불이익제공행위에 해당하는지 여부[4)]

(1) 인정사실

원고 한국공항공사는 1988년 매장임대방식을 수의계약에서 공개경쟁입찰로 변경하라는 감사원의 지적과 1991년 국유재산을 사용, 허가받고자 하는 자가 2인 이상인 경우 특별한 사유가 없는 한 경쟁의 방식으로 사용, 수익자를 선정하여야 한다는 내용의 국유재산법시행규칙 신설에 따라 1994. 4. 8. 김포공항 임대매장에 대하여 향후 공개경쟁입찰을 통하여 매장을 임대한다는 내용의 '공항시설임대제도개선안'을 수립하고, 위 개선안에 의거 같은 해 12. 30. 김포공항청사 내 38개 매장의 수의계약업체에 대하여 1995년도 1년간은 공개경쟁입찰 실시를 유예하되 1996년부터는 공개경쟁입찰을 통하여 임대업체를 선정하기로 하는 내용의 '기존 임대업체 재선정 시행방안'을 수립하고 이를 기존의 수의계약업체들에게 통보하였다. 원고는 1995. 1. 21. 임대기간종료로 반납받은 김포공항 국제선 1청사 3층에 있는 3개 매장을 사용기간을 사용승인일로부터 3년(1회 연장가능)으로 하고 최고 임대료율을 제시하는 자를 낙찰자로 선정하여 임대한다는 내용의 공개경쟁입찰 공고를 하였다.

H는 1995. 2. 20. 국제선 1청사 3층 제과점 매장(이하 '이 사건 매장') 임대에 관한 공개경쟁입찰에 참여하여 ㎡당 건물공시지가와 토지감정가격을 합하여 계산한 금액에 당해 매장면적을 곱한 금액(이하 '사용요율기준금액')의 345%를 입찰요율로 제시하여 낙찰받고 원고로부터 1995. 3. 11.부터 1998. 3. 10.까지 위 매장에서 제과점 영업을 하는 것을 승인받아 영업해 왔다. 그런데 김포공항기념품상사 등 23개 기존 수의계약업체들은 1995. 5. 12.경 전업보장의 기회 및 재고처리 등을 위해서는 1년간의 유예기간으로 부족하다고 주장하면서 공개경쟁입찰시기를 유예해 줄 것을 요구하였고, 원고는 같은 해 10. 25. 기존 수의계약업체들에게 연간 임대료를 사용요율기준금액의 45.3%로 정하고 계약기간을 1998년까지

4) 대법원 2005. 12. 8. 선고 2003두5327 판결.

연장해 주는 내용의 조치를 취하였다.

H는 공개경쟁입찰과 매장전문화계획이 제대로 실시되지 아니하여 자신만 부당하게 높은 임대료율을 적용받고 있음을 들어 원고에게 위 임대료를 인하해 줄 것을 요청하였으나, 위 임대료가 입찰에 의하여 결정된 금액이라는 이유로 거부되었다. H는 이 사건 매장 사용기간이 종료될 무렵 다시 갱신요구를 하여 2000. 12. 31.까지 재사용승인을 받았는데, 이때 종전(1995년)의 임대료율인 345%를 그대로 적용받았다. 한편 1998년에 기존의 수의계약업체들에 대한 수의계약기간 연장조치가 종료되었고 이에 따라 해당 매장에 대하여 공개경쟁입찰이 실시되었는데, 당시 위 공항 내 다른 매장에 대한 낙찰요율이 1,665%에서 4,862%에 이른 것도 있었다.

피고 공정거래위원회는 H가 높은 입찰요율로 응찰하여 낙찰을 받았는데 원고가 그 이후 기존의 수의계약업체들에 대하여 낮은 임대료율을 적용하여 수의계약기간을 연장하여 주면서 H에 대한 임대료를 감액해 주지 않은 행위를 원고의 H에 대한 불이익제공이라고 보고 시정명령을 하였다.

(2) 거래상 지위의 남용행위로서 불이익제공행위

독점규제 및 공정거래에 관한 법률 제23조 제1항 제4호, 제2항, 같은 법 시행령 제36조 제1항 [별표 1] 제6호 라목, 제2항의 각 규정을 종합하면, 거래상 지위의 남용행위로서 불이익제공행위에 해당한다고 하기 위해서는 당해 행위의 내용이 상대방에게 다소 불이익하다는 점만으로는 부족하고, 구입강제, 이익제공강요, 판매목표강제 등과 동일시할 수 있을 정도로 일방 당사자가 자기의 거래상의 지위를 부당하게 이용하여 그 거래조건을 설정 또는 변경하거나 그 이행과정에서 불이익을 준 것으로 인정되어야 하고, 여기서 불이익제공이라 함은 사업자가 거래상 지위를 이용하여 거래를 함에 있어 거래상대방에 대한 거래조건의 설정 또는 변경이나 그 이행과정에서 거래상대방에게 불이익을 주는 행위를 의미하므로, 그 사업자가 제3자에 대한 거래조건의 설정 또는 변경이나 이행과정에서 제3자에게 이익을 제공함으로써 거래상대방이 제3자에 비하여 상대적으로 불이익한 취급을 받게 되었다고 하여 사업자가 거래상대방에게 불이익을 제공한 것으로 볼 수는 없다.

(3) 판시사항

독점규제 및 공정거래에 관한 법률에서 불이익제공과 가격차별을 불공정거래행위로 규정한 근거와 입법 취지, 요건 및 처분의 내용이 다른 점 등 여러 사정을 합목적적으로 고려하여 보면, 가격차별을 사유로 하는 시정조치와 불이익제공을 사유로 하는 시정조치는 별개의 처분이라 할 것이므로, 가격차별의 사유를 불이익제공을 사유로 하는 시정조치의 적법성의 근거 사유로 삼을 수 없다. 위와 같은 사실관계에 의하면, H가 자유로운 의사에 따라 이 사건 매장임대에 관한 공개경쟁입찰에 참가하여 낙찰을 받게 되었고 낙찰 당시 제시한 입찰요율에 따라 원고와 사이에 체결한 임대차계약의 거래조건이 기존 수의계약업체의 계약기간이 연장된 이후에도 그대로 유지된 이상, 수의계약기간의 연장과 함께 낮은 임대료율을 적용받은 위 수의계약업체들에 비하여 상대적으로 불이익한 취급을 받게 되었다고 하여 이를 원고가 H에게 불이익을 제공한 것으로 볼 수는 없다.

2. 차임증감청구권

가. 의 의

부동산임대차계약을 체결함에 있어서 임차인은 임차목적물을 사용·수익하는 대가로 임대인에게 일정한 차임을 지급하기로 약정하게 되는바(통상 매월 일정한 액수를 지급하는 것으로 차임을 약정하고 있다. 또한 이와 함께 임대차계약을 체결하면서 보증금계약을 체결하는 것이 거래의 관행으로 자리잡았다), 그 기준은 특별한 사정이 없는 한 당시 경제적인 사정에 따라 형성된 시세가 될 것이다. 그런데 부동산의 임대차기간은 최소 1년 이상의 상당기간인 경우가 대부분이므로 당사자들은 임차기간 동안 차임 또는 보증금에 대한 시세가 다소간은 변동될 것을 예견하면서도 소폭의 상승 또는 하락은 어느 정도 묵인하기로 하고 계약을 체결하는 것으로 보아야 한다.

그러나 계약체결 이후 경제적인 사정이 급격하게 변동되어 차임 또는 보증금의 시세 역시 급상승하거나 반대로 급락한 경우 단지 임대차계약에서 차임 또는 보증금의 액수를 약정하였다는 이유만으로 당사자들로 하여금 임차기간이 만료할 때까지 이를 준수하도록 강요하는 것은 때로는 심히 형평성을 상실하여 부당한 결과를 초래할 수 있다.

이러한 이유로 민법 제628조에서는 "임대물에 대한 공과부담의 증감 기타 경제사정의 변동으로 인하여 약정한 차임이 상당하지 아니하게 된 때에는 당사자는 장래에 대한 차임의 증감을 청구할 수 있다"라고 규정하고, 또 주택임대차보호법 제7조, 상가건물 임대차보호법 제11조에서도 위와 같은 취지의 규정을 두고 있는바, 위와 같은 규정에 의하여 임대차 당사자에게 인정되는 권리를 차임증감청구권이라고 한다.

나. 법적 성질

차임증감청구권은 상대방의 승낙을 기다릴 필요 없이 행사자의 의사표시가 상대방에게 도달함으로써 그 효력이 발생하는 형성권이라는 데에는 이론이 없다. 그러나 이때 효력이 발생하는 것은 차임증감청구권을 행사하는 당사자가 주장하는 금액으로 바로 증액 또는 감액된다는 것이 아니고 객관적으로 상당한 범위로 증감된다는 것을 의미한다. 따라서 당사자 사이에 그 적정 금액에 대한 분쟁이 발생하는 경우에는 결국 소송을 통하여 이를 확정할 수밖에 없다. 다만 법원에 의하여 적정 금액이 확정되는 경우에도 그 확정액에 따라 증감의 효력이 발생하는 것은 판결확정시부터가 아니라 증감청구의 의사표시가 상대방에게 도달한 때로 소급하게 됨은 차임증감청구권의 법적 성질에 비추어 볼 때 당연하다.[5] 이러한 차임증감청구권은 임대차계약의 존속을 전제로 하는 것이므로 임대차종료 후 임차인이 임차목적물을 계속해서 사용, 수익하는 경우 임대인이 임차인을 상대로 부당이득반환을 구하면서 차임증액청구권을 행사하는 것은

5) 대법원 1974. 8. 30. 선고 74다1124 판결.

허용되지 않는다.[6)]

다. 차임증감청구권 행사의 요건[7)]

(1) 경제사정의 변동

임대차계약 체결 후 임차목적물에 대한 공과부담의 증감 등 경제사정이 변동되어야 한다. 민법은 경제사정의 변동의 예로 공과부담의 증감을 들고 있는데 그 이유는 임대차에 있어서 내부적으로 각종 공과금을 임차인이 부담하기로 하고 이를 차임에 반영한 경우가 대부분이기 때문이 아닌가한다. 그러나 그 이외에도 천재지변의 발생, 임차목적물 자체의 가격변동, 임차목적물에 대한 유지·관리·수선비용의 변동, 금리의 변동 등도 경제사정의 변동사유로 볼 수 있다.

(2) 종래 차임의 불상당

약정차임이 상당하지 아니하게 되어야 하는바 그 의미는 종래의 차임으로 당사자를 구속하는 것이 정의와 형평에 어긋난다는 것이다. 이는 구체적인 사정에 따라 결정될 것이지만 그 판단을 함에 있어서는 경제사정의 변동 원인, 정도 및 그 급박성, 당사자들이 차임 및 보증금을 정하면서 그러한 경제사정의 변동을 예상할 수 있었는지의 여부, 차임의 변동률, 계약체결 후의 기간의 경과 등을 종합적으로 판단하여야 한다.

(3) 차임증감청구권과 관련된 약정의 해석

(가) 임차인이 차임감액청구권을 포기하기로 하거나 또는 임대인이 일방적으로 차임증액청구를 한 경우 이에 대하여 임차인은 이의를 제기할

---

6) 대법원 1993. 12. 7. 선고 93다30532 판결.

7) 서울지방법원 동부지원 1998. 12. 11. 선고 98가합19149 판결(항소심에서 조정성립되어 확정)에서는 차임증감청구권이 인정될 수 있는 기준으로 ① 계약 당시 그 기초가 되었던 사정이 현저히 변경되었을 것, ② 그 사정변경을 당사자들이 예견하지 않았고 예견할 수 없었을 것, ③ 그 사정변경이 당사자들에게 책임 없는 사유로 발생하였을 것, ④ 당초의 계약 내용에 당사자를 구속시키는 것이 신의칙상 현저히 부당할 것 등을 제시하면서 이를 보다 구체화하여 보증금 시세의 증감정도가 상당한 수준(일반적인 예로서 당초 약정금액의 20% 이상 증감하는 경우)에 달하고, 나머지 임차기간 또는 전세기간이 적어도 6개월 이상은 되어야 보증금의 증감청구권을 받아들일 정당성과 필요성이 인정된다고 한다.

수 없도록 한 약정[8]은 임차인에게 불리하여 무효이다. 따라서 위 사례에 있어서도 당사자 사이에 보증금 및 차임의 조정에 대한 특약이 있더라도 민법 제628조에 의한 임차인의 차임감액청구권이 배제되는 것으로 볼 수는 없다.

(나) 당사자 사이에 차임의 증액을 금지하는 특약이 있는 경우에는 원칙적으로 임대인은 임차인에게 차임 증액을 청구할 수 없다. 그러나 이러한 차임불증액특약이 있는 경우에도 약정 후 그 특약을 그대로 유지시키는 것이 신의칙에 반한다고 인정될 정도의 사정변경이 있다고 보여지는 경우에는 형평의 원칙상 임대인에게 차임증액 청구를 인정하여 주어야 한다는 것이 판례[9]이므로 민법 제628조에 의한 차임증액청구권의 행사에는 별다른 영향이 없다.

라. 적정 차임의 결정

차임증감청구권이 적법한 경우 법원으로서는 적정 차임(보증금)을 결정하여야 할 것인데 이는 통상 시가감정 결과를 토대로 한 경제사정의 변동의 정도와 그 지속정도, 계약의 안정성, 당사자들이 용인할 수 있는 경제사정의 변동의 폭, 그 밖에 변론에 나타난 모든 사정을 종합적으로 고려하여야 결정하게 된다.

마. 증액된 차임의 이행기

임대인이 민법 제628조에 의하여 장래에 대한 차임의 증액을 청구하였을 때에 당사자 사이에 협의가 성립되지 아니하여 법원이 결정해 주는 차임은 증액청구의 의사표시를 한 때에 소급하여 그 효력이 생기는 것이므로, 특별한 사정이 없는 한 증액된 차임에 대하여는 법원 결정 시가 아니라 증액청구의 의사표시가 상대방에게 도달한 때를 이행기로 보아야 한다.[10]

---

8) 대법원 1992. 11. 24. 선고 92다31163 판결.
9) 대법원 1996. 11. 12. 선고 96다34061 판결.
10) 대법원 2018. 3. 15. 선고 2015다239508 판결.

3. 대상사안의 검토

가. 전대계약의 법적 성질

피고가 그 행정재산의 관리청으로부터 국유재산관리사무의 위임을 받거나 국유재산관리의 위탁을 받지 않은 이상, 피고가 무상사용허가를 받은 행정재산에 대하여 하는 전대행위는 통상의 사인간의 임대차와 다를 바가 없고, 그 임대차계약이 임차인의 사용승인신청과 임대인의 사용승인의 형식으로 이루어졌다고 하여 달리 볼 것은 아니므로, 피고가 무상사용허가를 받은 행정재산 중 일부인 이 사건 식당과 스낵코너에 대하여 하는 전대행위로 인한 법률관계에 차임증감청구권에 관한 민법 제628조의 적용이 배제되는 것은 아니다.

나. 차임감액청구에 대한 판단

(1) 원 심[11)]

이 사건 식당과 스낵코너에 대한 원고들과 피고 사이의 국유재산사용관계는 그 성질상 민법의 임대차에 해당하고, 그 사용료는 임대차계약상 차임의 성질을 가지는 것으로서 이는 민법 제628조 소정의 차임감액청구권의 대상이 되는데, 이 사건 식당과 스낵코너에 대한 입찰 당시에는 예상하지 못하였던 경제위기로 인하여 경제사정이 현저히 변경되었고, 이러한 경제사정의 변경은 원고들에게 책임없는 사유로 발생한 것으로서 이 사건 식당과 스낵코너에 대한 사용료약정에 원고들을 그대로 구속시키는 것이 현저히 부당하다고 보이므로 원고들은 피고에 대하여 그 사용료의 감액을 청구할 수 있다. 그 감액 비율은 30% 정도로 봄이 상당하므로, 원고들의 피고에 대한 사용료(부가가치세, 분납이자, 가산금, 중가산금 포함) 지급채무액은 원고 A가 93,350,031원, 원고 B가 171,161,127원이다.

---

11) 부산고등법원 2001. 1. 10. 선고 2000나935 판결.

(2) 대법원의 판단

(i) 원고들이 이 사건 식당과 스낵코너에 대한 입찰을 한 날은 1997. 10. 29.로서 앞서 본 경제위기가 시작되기 직전이었고, 이 사건 사용계약이 체결된 이후로서 본격적으로 경제위기가 시작된 1997년 말경부터 1998년까지 사이에 울산공항 이용 여객이 감소하여 1998년에는 1997년 대비 28.7% 감소(1996년 대비 15.5% 감소)하였다.

(ii) 원고들이 이 사건 식당과 스낵코너를 반납한 후에 실시된 입찰에서 이 사건 식당은 사용료율 약 30%, 이 사건 스낵코너는 사용료율 약 10%에 각 낙찰된 점을 종합하면 원고들의 영업수익이 당초 예상과 달리 저조하게 되었으리라고 추정된다.

(iii) 이 사건 식당과 스낵코너의 구체적인 영업실적은 물론 울산 신공항 이용 여객수의 감소와 이 사건 식당 및 스낵코너 영업실적과의 상관관계를 알 수 있는 자료가 기록상 전혀 없을 뿐만 아니라, 울산공항 여객이 1997년에는 1996년 대비 18% 증가하기도 하였던 것에 비추어 1998년의 1997년 대비 여객수 변동폭이 1997년의 1996년 대비 변동폭의 약 1.6배에 불과하였다.

(iv) 사용료 산정의 또 다른 기준이 되는 이 사건 식당의 재산가액에 변동이 있었음을 찾아볼 증거도 없고, 새로이 실시된 입찰에서 사용료율이 대폭 낮아진 것은 경쟁방법에 의한 가격의 결정에는 수요와 공급의 요소 외에 참가자들의 심리적 요소도 무겁게 고려되므로 위와 같이 사용료율이 낮아졌다는 사정만으로 종전의 사용료율이 부당하였다고 단정할 수도 없다.

(v) 위와 같은 사정에 비추어 보면, 울산 신공항청사의 개청과 함께 이 사건 식당과 스낵코너를 임대받은 원고들의 영업실적이 예상보다 저조하였다고 하여도 이는 경영예측과 이에 따른 투자의 실패로서 원고들 스스로가 이를 감수하여야 할 사정에 불과하고, 이 사건 식당과 스낵코너에 대한 사용료 약정이 임차물에 대한 공과부담 기타 경제사정 등의 변경으로 인하여 현저히 부당하게 된 것이라고 할 수는 없다. 따라서 이 사

건 식당과 스낵코너의 사용료에 대한 원고들의 감액청구를 받아들일 수 없다.

[15] 국제공항 버스터미널 사업면허처분 취소소송의 원고적격

인천지방법원 2018. 1. 18. 선고 2017구합51048 판결[1)]

Ⅰ. 사실관계

(1) 원고들은 서울 일대 및 전국의 여러 도시를 기점으로 하고 인천국제공항을 종점으로 하는 공항버스를 운행하는 노선여객자동차 운송사업자이다. 당초 제2여객터미널이 신설(2018. 1. 18. 개항 예정)되기 전의 인천국제공항에는 여객자동차터미널이 설치되어 있지 않아, 원고들은 제1여객터미널에 위치한 노선만을 운행하면서 직접 또는 별도의 판매회사(원고 K공항무진버스 주식회사를 제외한 나머지 원고들과 일부 여객자동차 운송사업자들이 2001. 11. 15. 함께 설립한 법인으로, 종래 '주식회사 인천에어네트워크'라는 상호를 사용하다가 2017. 6. 2. '인천공항서비스 주식회사'로 변경하였다. 이하 '이 사건 판매회사')를 설립하여 위탁하는 방식으로 승차권을 판매해 왔다.

(2) 피고 보조참가인 인천국제공항공사(이하 '참가인')는 제2여객터미널이 신설됨에 따라 여객자동차터미널(이하 '이 사건 버스터미널')을 제2여객터미널에 설치하여 직접 운영(공항버스 승차권 판매를 포함한다)하기 위해서 2016. 1. 12. 피고 인천광역시장에게 여객자동차 터미널사업면허를 신청하였고, 피고는 2016. 2. 18. 참가인의 위 신청을 받아들여 여객자동차 터미널사업 면허를 발급(이하 '이 사건 처분')하였다.

(3) 원고들은 참가인의 설립 목적 범위에 여객자동차터미널사업이 포함되어 있지 않고 종래 제1여객터미널 시설 일부를 임차하여 자체적으로 승차권을 판매하여 온 원고들의 신뢰를 침해하였다는 등의 이유로 2016. 5. 24. 중앙행정심판위원회에 이 사건 처분의 취소를 구하는 행정심판을

1) 원고들이 항소하였으나, 서울고등법원 2018. 6. 21. 선고 2018누36495 판결로 항소기각되었고, 2018. 7. 7. 확정되었다.

청구하였으나, 위 청구는 2016. 12. 6. 기각되었다.

(4) 이에 대하여 원고들이 항고소송을 제기하였다. 이에 참가인은 "참가인은 원고들과 경업관계에 있는 여객자동차운수사업을 하려는 것이 아니라 그와 상관없는 여객자동차터미널사업을 하려는 것에 불과하고, 이 사건 버스터미널이 개항됨으로써 원고들이 이 사건 버스터미널을 무조건 사용하여야 한다거나 참가인에게 승차권 판매를 위탁하여야 하는 것이 아니라 처분청의 사용명령 등 별도의 처분이 있어야 비로소 그와 같은 관계 법령상 의무가 부과된다. 따라서 원고들이 주장하는 각종 의무부담에 따른 불이익은 이 사건 처분과 직접적인 인과관계가 없거나 반사적 또는 사실상의 경제적 불이익에 불과하므로 원고들에게는 이 사건 처분의 취소를 구할 법률상 이익이 없다"고 주장하면서 이유로 본안전 항변을 제기하였다.

Ⅱ. 참조 조문

1. 여객자동차운수사업법

제1조(목적) 이 법은 여객자동차 운수사업에 관한 질서를 확립하고 여객의 원활한 운송과 여객자동차 운수사업의 종합적인 발달을 도모하여 공공복리를 증진하는 것을 목적으로 한다.

제2조(정의) 이 법에서 사용하는 용어의 뜻은 다음과 같다.

3. '여객자동차운송사업'이란 다른 사람의 수요에 응하여 자동차를 사용하여 유상(有償)으로 여객을 운송하는 사업을 말한다.

5. '여객자동차터미널'이란 다음 각 목의 어느 하나에 해당하는 장소가 아닌 곳으로서 승합자동차를 정류(停留)시키거나 여객을 승하차(乘下車)시키기 위하여 제36조에 따라 설치된 시설과 장소를 말하며, 그 종류는 국토교통부령으로 정한다.
   가. 도로의 노면(面)
   나. 그 밖에 일반교통에 사용되는 장소

6. '여객자동차터미널사업'이란 여객자동차터미널을 여객자동차운송사업에 사용하게 하는 사업을 말한다.

제4조(면허 등) ③ 국토교통부장관 또는 시·도지사는 제1항에 따라 면허나 대통령령으로 정하는 여객자동차운송사업을 등록하는 경우에 필요하다고 인정하면 국토교통부령으로 정하는 바에 따라 운송할 여객 등에 관한 업무의 범위나 기간을 한정하여 면허(이하 '한정면허'라 한다)를 하거나 여객자동차운송사업의 질서를 확립 하기 위하여 필요한 조건을 붙일 수 있다.

제36조(여객자동차터미널사업의 면허) ① 여객자동차터미널사업(이하 '터미널사업'이라 한다)을 경영하려는 자는 국토교통부령으로 정하는 바에 따라 시·도지사의 면허를 받아야 한다.

② 터미널 사업의 결격사유에 관하여는 제6조를 준용한다.

제37조(면허기준) 터미널사업의 면허기준은 다음 각 호와 같다.

1. 여객자동차터미널(이하 '터미널'이라 한다)의 위치가 여객이 이용하기 편리하고 다른 교통수단과 쉽게 연계될 것
2. 터미널의 규모가 그 지역의 장기적인 수송 수요에 적합할 것
3. 그 사업을 개시하는 것이 터미널 이용객의 편의를 증진하고 그 지역의 여객자동차운송사업 발전에 도움이 될 것

2. 행정소송법

제12조(원고적격) 취소소송은 처분등의 취소를 구할 법률상 이익이 있는 자가 제기할 수 있다. 처분등의 효과가 기간의 경과, 처분등의 집행 그 밖의 사유로 인하여 소멸된 뒤에도 그 처분등의 취소로 인하여 회복되는 법률상 이익이 있는 자의 경우에는 또한 같다.

제13조(피고적격) ① 취소소송은 다른 법률에 특별한 규정이 없는 한 그 처분등을 행한 행정청을 피고로 한다. 다만, 처분등이 있은 뒤에 그 처분등에 관계되는 권한이 다른 행정청에 승계된 때에는 이를 승계한 행정청을 피고로 한다.

② 제1항의 규정에 의한 행정청이 없게 된 때에는 그 처분등에 관한 사무가 귀속되는 국가 또는 공공단체를 피고로 한다.

Ⅲ. 판시사항

원고들이 주장하는 여객자동차운수사업법령의 규정은 이 사건 처분과 관련하여 개별적·직접적·구체적으로 원고들의 법률상 이익을 보호하는 규정이라고 단정하기 어렵고, 참가인은 원고들과 경업관계에 있는 여객자동차운수사업을 하려는 것이 아니라 그와 상관없는 여객자동차터미널사업을 하려는 것에 불과하고, 이 사건 버스터미널이 개항됨으로써 원고들이 이 사건 버스터미널을 무조건 사용하여야 한다거나 참가인에게 승차권 판매를 위탁하여야 하는 것이 아니라 처분청의 사용명령 등 별도의 처분이 있어야 비로소 그와 같은 관계 법령상 의무가 부과되는 점에 비추어 보면, 원고들에게는 이 사건 처분으로 인하여 개별적이고 직접적·구체적으로 침해될 만한 법률상 이익이 존재한다고 보기 어렵다.

Ⅳ. 해 설

1. 항고소송의 원고적격

가. 당사자적격

당사자적격이란 특정한 소송사건에서 당사자로서 소송을 수행하고 본안판결을 받기에 적합한 자격을 말한다. 당사자적격은 소송요건에 해당하므로, 법원이 당사자의 주장에 구애되지 않고 직권으로 심리 판단하여 흠결이 있는 경우에는 소를 각하하여야 한다. 모든 국민은 재판을 받을 권리를 가지므로(헌법 제27조), 법률에 특별한 규정이 없더라도 그것이 법률상 쟁송인 한 제소가 가능하여야 하나, 아무런 법적 가치가 없는 제소까지도 허용한다면 법원으로서는 사건의 홍수 속에서 보호할 가치가 있는 소송조차 적정하게 심판할 수 없을 뿐만 아니라 피고도 부당하게 강요된 응소에 시달리는 폐단이 있어 이를 막기 위하여 인정된 제도이다.

당사자적격은 본안판단을 구하는 것을 정당화시킬 수 있는 이익 내지 필요, 즉 넓은 의미에서의 소의 이익 개념에 포함되는 것으로, 당사자의 측면에서 본 주관적 이익이라는 점에서 좁은 의미의 소의 이익인 권리보호의 자격과 권리보호의 필요 내지 이익과 관념상 구별된다. 그러나 양자는 서로 밀접하게 관계되어 있어 그 한계가 분명하지 아니하고, 특히 확인의 소에서는 당사자적격과 권리보호의 이익이 불가분의 관계에 있다.

나. 취소소송의 원고적격

(1) 법률상 이익을 가진 자

행정처분등의 직접 상대방이 그 처분등의 취소를 구할 수 있는 점에 대하여는 다른 견해가 없다. 그러나 행정처분등의 직접 상대방이 아닌 제3자에 대하여는 어느 범위까지 원고적격을 인정할 것인지에 관하여, 행정소송의 기능 내지 목적과 관련하여 여러 견해의 대립이 있다.

(i) 권리를 침해받은 자만이 원고가 될 수 있다는 권리구제설, (ii) 권리뿐만 아니라 법률에 의하여 보호되는 이익을 침해받은 자도 원고가 될 수 있다는 법률상 보호이익설, (iii) 법률상 보호되고 있지 않더라도 보호할 가치가 있는 이익을 침해받은 자도 원고가 될 수 있다는 보호할 가치 있는 이익구제설, (iv) 개인의 이익침해 여부와는 관계없이 처분의 위법을 주장하는 모든 자에 대하여 원고적격을 인정하여야 한다는 적법성 보장설이 그것이다.[2)]

판례는 행정소송법 제12조 전문이 "취소소송은 처분등의 취소를 구할 법률상의 이익이 있는 자가 제기할 수 있다"고 규정하고 있음에 터잡아 '법률상 보호이익설'을 취하고 있다.[3)]

(2) 법률상 보호이익설의 내용

법률상 보호이익설에 따를 경우, 처분등으로 권리뿐만 아니라 이익을 침해받은 자도 그 처분등의 취소를 구할 원고적격을 갖게 되나, 그 이익은 법에 의하여 보호되고 있는 직접적이고 구체적인 이익이어야 하고, 공익보호의 결과로 국민 일반이 공통적으로 가지는 추상적·평균적·일반적

---

2) 법원실무제요 행정, 법원행정처(2016), 51면.
3) 대법원 2006. 3. 16. 선고 2006두330 전원합의체 판결.

이익이나 반사적 이익과 같이 간접적이거나 사실적·경제적 이익까지 포함하는 것은 아니다. 법에 의하여 보호되는 이익을 침해받은 자가 원고적격을 갖는다고 할 때, 그 법이 당해 처분의 근거법규만을 말하는지 관련 법규까지 포함하는지 또는 헌법 등 상위법이나 법의 일반원리까지 포함되는지에 관하여 다시 견해의 대립이 있다.

판례는 해당 처분의 근거 법규를 기본으로 하되, 개인의 이익을 보호하는 명문의 규정이 없더라도 근거 법규와 관련 법규의 합리적 해석상 처분의 근거가 된 법규에 행정청을 제약하는 이유가 순수 공익이 아닌 개인적·구체적 이익을 보호하는 취지가 포함되어 있다고 해석되는 경우에는 법률상 보호되는 이익으로 취급하는 태도를 취하고 있다.

그런데 순수 공익만을 위한 행정법규나 관계자의 사익만을 위한 행정법규는 오히려 드물고 행정법규는 대부분 공익 및 사익을 함께 보호하기 위한 것이어서, 행정법규가 행정권행사에 일정한 법적 제한을 가하는 경우, 그것이 관계자의 개인적 이익을 보장하기 위한 것인지, 직접적 목적은 공익 보호를 위한 것이고 그로 인한 관계자의 이익은 공익보호로 인한 반사적 이익에 불과한 것인지 여부의 판단 자체도 쉽지 아니할 뿐만 아니라, 양자의 구별은 상대적이며 유동적이기까지 한다. 따라서 실제에서 법에 의하여 보호되는 이익을 침해받았는지 여부는 일률적으로 말할 수 없고, 해당 행정법규의 취지·목적, 그 처분으로 침해되는 이익의 내용·성질·태양 등을 종합하여 개별법규의 해석에 의하여 구체적으로 판단할 수밖에 없다.

오늘날에는 환경권과 소비자권리, 문화적 생활을 누릴 권리 등의 중요성이 커짐으로써 과거 공익 내지 단순한 반사적 이익에 불과한 것으로 여겨졌던 것들이 법에 의하여 보호되는 이익으로 해석되는 등 법적 이익의 개념이 확대되고 당사자적격을 인정하는 범위가 넓어져 가는 추세이다.

다. 원고적격을 인정한 사례

(1) 특허사업 등의 경업자(競業者)

선박운항사업면허처분에 대한 기존업자,[4] 자동차운송사업면허에 대한 당해 노선의 기존업자,[5] 광업법이 정한 거리제한을 위배한 광구허가에 대한 인접 광업권자,[6] 직행버스정류장설치인가처분에 대하여 그로부터 70여 m 떨어져 정류장을 운영하는 기존업자,[7] 기존 시외버스를 시내버스로 전환하는 사업계획변경인가처분에 대한 기존 시내버스업자,[8] 시외버스운송사업계획변경 인가처분으로 시외버스 운행노선 중 일부가 시내버스 운행노선과 중복될 경우 그 인가처분에 대한 기존 시내버스업자,[9] 시외버스운송사업계획변경 인가처분으로 운행노선 등이 일부 중복될 경우에 그 인가처분에 대한 기존 시외버스운송사업자,[10] 직행형 시외버스운송사업자에 대한 사업계획변경인가처분에 대한 기존 고속형 시외버스운송사업자,[11] 분뇨 등 관련 영업허가를 받아 영업을 하고 있는 기존업자,[12] 신규 담배 일반소매인 지정처분에 대하여 기존 담배 일반소매업자[13] 등은 원고적격이 인정되었다.

(2) 경원자(競願者)

수인의 신청을 받아 우선순위에 따라 일부에 대하여서만 인허가 등의 수익적 행정처분을 하는 경우 심사의 잘못 등으로 우선순위 있는 자신에 대하여 허가 등이 되지 아니하고, 타인에 대하여 허가 등이 되었다고 주장하는 자[14]도 원고적격이 인정된다. 이 경우 타인에 대한 허가처분과 자신에 대한 불허가처분은 표리의 관계에 있는 것으로 타인에 대한 허가 등 처분의 취소를 구하거나 자신에 대한 불허가처분의 취소를 구하거나 또는 양자를 병합하여 제기할 수도 있다. 다만 명백한 법적 장애로 인하여 원고 자신의 신청이 인용될 가능성이 처음부터 배제되어 있는 경우에

4) 대법원 1969. 12. 30. 선고 69누106 판결.
5) 대법원 1974. 4. 9. 선고 73누173 판결.
6) 대법원 1982. 7. 27. 선고 81누271 판결.
7) 대법원 1975. 7. 22. 선고 75누12 판결.
8) 대법원 1987. 9. 22. 선고 85누985 판결.
9) 대법원 2002. 10. 25. 선고 2001두4450 판결.
10) 대법원 2010. 6. 10. 선고 2009두10512 판결.
11) 대법원 2010. 11. 11. 선고 2010두4179 판결.
12) 대법원 2006. 7. 28. 선고 2004두6716 판결.
13) 대법원 2008. 3. 27. 선고 2007두23811 판결.
14) 대법원 1992. 5. 8. 선고 91누13274 판결; 대법원 1998. 9. 8. 선고 98두6272 판결.

는 해당 처분의 취소를 구할 정당한 이익이 없다.[15)]

(3) 근거법률 등에 의하여 보호받는 이익이 침해된 인근 주민

주거지역 내에 설치할 수 없는 공장이나 공설화장장을 설치함으로써 주거의 안녕과 생활환경을 침해받는 주민,[16)] 건축법상의 이격거리나 고도 제한 등을 위반한 건축허가로 말미암아 일조·통풍·채광 등의 생활상의 이익을 침해받는 인근 주민,[17)] 원자로설치허가에 대하여 방사성물질에 의하여 직접적이고 중대한 피해를 입으리라고 예상되는 지역 내의 주민,[18)] 환경영향평가대상의 인가 등에 따른 인근 주민의 원고적격과 관련하여 환경영향평가 대상지역 안의 주민과 환경상 이익에 대한 침해 등을 증명하는 환경영향평가 대상지역 밖의 주민,[19)] 공장설립으로 수질오염 등이 발생할 우려가 있는 취수장에서 물을 공급받는 주민,[20)] 구 국토의 계획 및 이용에 관한 법률 등의 건축제한을 받는 건축허가처분에 대하여 인근 주거지역에 거주하는 주민[21)] 등은 원고적격이 인정되었다.

(4) 제2차 납세의무자 등

원납세의무자에 대한 과세처분에 대하여, 납부통지서를 받은 제2차 납세의무자 및 물적 납세의무자, 납세보증인 등, 다른 공동상속인에 대한 상속세부과처분에 대하여 그 상속세에 대한 연대납부의무를 지는 공동상속인,[22)] 자신이 점유하고 있는 제3자 소유 동산을 압류당한 체납자[23)] 등은 원고적격이 인정되었다.

15) 대법원 2009. 12. 10. 선고 2009두8359 판결.
16) 대법원 1975. 5. 13. 선고 73누96 판결; 대법원 1995. 9. 26. 선고 94누14544 판결.
17) 대법원 1992. 4. 24. 선고 91누11131 판결.
18) 대법원 1998. 9. 4. 선고 97누19588 판결.
19) 대법원 2006. 3. 16. 선고 2006두330 전원합의체 판결.
20) 대법원 2010. 4. 15. 선고 2007두16127 판결.
21) 대법원 2015. 7. 9. 선고 2015두39590 판결.
22) 대법원 2001. 11. 27. 선고 98두9530 판결.
23) 대법원 2006. 4. 13. 선고 2005두15151 판결.

라. 원고적격을 부정한 사례

(1) 경찰허가를 받은 경업자(競業者)

목욕탕영업허가에 대하여 기존 목욕탕업자,[24] 양곡가공업허가에 대하여 기존업자,[25] 약사들에 대한 한약조제권 인정에 대하여 한의사[26] 등은 원고적격이 부정되었다.

(2) 반사적 이익을 침해받은 자

도로용도폐지처분에 의하여 산책로를 이용할 이익을 침해받은 자나 주택건설사업계획승인처분에 의하여 문화재를 향유할 이익을 침해받은 자,[27] 산림훼손허가처분에 대하여 농경지의 풍수해를 우려한 인근 주민,[28] 구 공장배치 및 공장설립에 관한 법률과 구 산업입지 및 개발에 관한 법률에 근거한 콘크리트 제조업종의 공장입지 지정승인처분에 대하여 그 공장으로부터 발생할 공해로 피해를 입을 우려가 있는 인근 주민,[29] 당초 병원설치가 불가능한 용도에서 병원설치가 가능한 용도로 건축물 용도를 변경하여 준 처분에 대한 인근 기존 병원경영자,[30] 경제학적 접근이 필요한 조세정책과목의 담당교수에 행정학 전공 교수를 임용함으로써 학습권이 침해되었음을 주장하는 학생,[31] 부교수임용처분에 대하여 같은 학과의 기존 교수,[32] 노동조합설립신고 수리행위에 대하여 사용자인 회사,[33] 구 건축법과 구 도시계획법상의 용적률을 위반한 건축물에 대한 건축허가처분에 대하여 인근 거주자,[34] 구 주택법상 주택의 사용검사처분

---

24) 대법원 1963. 8. 31. 선고 63누101 판결.
25) 대법원 1981. 1. 27. 선고 79누433 판결; 대법원 1990. 11. 13. 선고 89누756 판결.
26) 대법원 1998. 3. 10. 선고 97누4289 판결.
27) 대법원 1992. 9. 22. 선고 91누13212 판결.
28) 대법원 1991. 12. 13. 선고 90누10360 판결.
29) 대법원 1995. 2. 28. 선고 94누3964 판결.
30) 대법원 1990. 5. 22. 선고 90누813 판결.
31) 대법원 1993. 7. 27. 선고 93누8139 판결.
32) 대법원 1995. 12. 12. 선고 95누11856 판결.
33) 대법원 1997. 10. 14. 선고 96누9829 판결.
34) 대법원 2002. 6. 11. 선고 2002두1656 판결.

에 대하여 입주자나 입주예정자[35] 등은 원고적격이 부정되었다.

2. 대상사안의 검토

가. 법률상 보호되는 이익

행정처분의 직접 상대방이 아닌 제3자라 하더라도 당해 행정처분으로 인하여 법률상 보호되는 이익을 침해당한 경우에는 취소소송을 제기하여 그 당부의 판단을 받을 자격이 있으나, 여기에서 말하는 법률상 보호되는 이익이라 함은 당해 처분의 근거 법규 및 관련 법규에 의하여 보호되는 개별적 직접적·구체적 이익이 있는 경우를 말하고, 다만 공익보호의 결과로 국민 일반이 공통적으로 가지는 일반적·간접적 추상적 이익과 같이 사실적·경제적 이해관계를 가지는 데 불과한 경우는 여기에 포함되지 아니한다.

당해 처분의 근거 법규 및 관련 법규에 의하여 보호되는 법률상 이익이라 함은 당해 처분의 근거 법규(근거 법규가 다른 법규를 인용함으로 인하여 근거 법규가 된 경우까지를 아울러 포함한다)의 명문 규정에 의하여 보호받는 법률상 이익, 당해 처분의 근거 법규에 의하여 보호되지는 아니하나 당해 처분의 행정목적을 달성하기 위한 일련의 단계적인 관련 처분들의 근거 법규(이하 '관련 법규')에 의하여 명시적으로 보호받는 법률상 이익, 당해 처분의 근거 법규 또는 관련 법규에서 명시적으로 당해 이익을 보호하는 명문의 규정이 없더라도 근거 법규 및 관련 법규의 합리적 해석상 그 법규에서 행정청을 제약하는 이유가 순수한 공익의 보호만이 아닌 개별적·직접적·구체적 이익을 보호하는 취지가 포함되어 있다고 해석되는 경우까지를 말한다.[36]

나. 사용명령에 대한 불복

여객자동차 운수사업법(이하 '법') 제45조 제1항은 "시·도지사는 터미널이 있는 주변 지역에 노선을 정하여 여객자동차운송사업을 경영하고

35) 대법원 2014. 7. 24. 선고 2011두30465 판결.
36) 대법원 2004. 8. 16. 선고 2003두2175 판결.

있는 자가 자동차를 정류시키거나 여객을 승하차시키는 데에 그 터미널을 사용하고 있지 아니하면, 공중의 편의와 여객자동차운송사업의 운송망 정비를 위하여 그 운송사업자에게 그 터미널 사용을 명할 수 있다"고 규정하고 있다. 위 규정에 의하면 이 사건 버스터미널이 개항한다고 하여 그로써 곧바로 원고들에게 이 사건 버스터미널을 사용하여야 할 의무가 발생하는 것이 아니라 시·도지사가 터미널 사용현황이나 공익(공중의 편의 등) 등을 고려한 재량권 행사로서 별개의 '사용명령처분'을 하여야만 비로소 그러한 의무가 발생한다.

따라서 이 사건 버스터미널 사용을 원하지 않는 원고들로서는 이 사건 버스 터미널에 대한 사용명령이 이루어질 경우 그에 대하여 취소 등을 구하면 족하고, 아직 사용의무가 발생하지도 않았을 뿐 아니라 그 의무 발생 여부조차 불분명한 현재 시점에서 이 사건 처분의 취소를 구할 수는 없다(법 제45조 제2항은 "제1항에 따라 시·도지사가 터미널 사용을 명하는 기준은 국토교통부령으로 정한다"고 규정하고 있는데, 아직까지 위임에 따른 하위법령조차 제정되지 않았는바, 현재로서는 사실상 사용명령이 이루어질 가능성이 있다고 단정하기 어렵다. 또한 서울특별시장의 검토의견은 아래에서 보는 바와 같이 한정면허의 효과로서 새로이 개항하는 제2여객터미널 노선을 운행함이 바람직하다는 취지일 뿐 반드시 관계 법령상 원고들에게 이 사건 버스터미널을 사용할 의무가 있다는 의미로 보기는 어렵다).

다. 터미널 사용료 납부의무의 불발생

법 제41조 제1항은 "터미널사업자는 그 터미널을 사용하는 운송사업자(이하 '터미널사용자')에게서 시설 사용료를 받으려면 시·도지사의 인가를 받아야 한다. 시설 사용료를 변경하려는 경우에도 또한 같다"고 규정하고 있다. 위 규정에 의하면 참가인이 원고들로부터 이 사건 버스터미널에 대한 사용료를 받으려면 우선 원고들의 이 사건 버스터미널에 대한 사용이 전제되어야 하는데, 그 사용 여부는 1차적으로 원고들의 의사에 달려 있고 사용을 강제하는 사용명령 또한 시·도지사의 재량권 행사에 의하여 비로소 결정되는 것이므로 이 사건 처분만으로 원고들에게 터미널 사용료를 납부할 의무가 발생한다고 볼 수 없다(사용료를 징수하기 위해서는 시·도지사의 인가를 받아야 하는바, 원고들로서는 이 사건 버스터미널에 대한 사용이 개시되고 시·도지사에 의한 사용료 징수 인가가 이루어지면 그 인가의 취소 등을 구하는 방법으로 법적인 구제가 가능하다).

법 제46조 제1항은 "터미널사용자는 터미널사업자에게 승차권 판매를 위탁하여야 한다. 다만, 여객의 편의를 위하여 필요하다고 인정하면 국토교통부령으로 정하는 바에 따라 운송사업자가 직접 판매하거나 터미널사업자가 아닌 자에게 승차권 판매를 위탁할 수 있다"고 규정하고 있는바, 앞서 본 바와 같은 맥락에서 원고들이 이 사건 버스터미널을 사용하지 않는 이상 이 사건 처분에 의하여 직접 승차권 판매 위탁 및 위탁수수료 지급의무가 발생하지 않으므로 원고들로서는 이후에 위와 같은 의무를 발생시키는 사용명령에 대하여 다투면 족하다.

법인의 주주는 행정처분으로 인하여 법인이 더 이상 영업 전부를 행할 수 없게 되고, 영업에 대한 인·허가의 취소 등을 거쳐 해산 청산되는 절차 또한 처분 당시 이미 예정되어 있으며, 그 후속절차가 취소되더라도 그 처분의 효력이 유지되는 한 당해 법인이 종전에 행하던 영업을 다시 행할 수 없는 예외적인 경우가 아닌 한 법인에 대한 행정처분에 관하여 사실상이나 간접적인 이해관계를 가질 뿐이어서 스스로 그 처분의 취소를 구할 원고적격이 없는 것이 원칙인데,[37] 원고 1~3은 이 사건 판매회사의 주주로서 이 사건 판매회사를 통하여 승차권을 위탁판매하고 있음에 불과하므로 위와 같은 측면에서도 승차권 판매 위탁 강제와 관련하여 직접 이 사건 처분의 취소를 구할 원고 적격이 없다.

라. 단계적 행정처분인지 여부

원고들은 이 사건 처분과 이 사건 버스터미널에 대한 사용명령, 승차권 판매위탁 강제 등이 일종의 단계적 행정처분에 해당하여 후행처분이 이루어지지 않은 단계에서도 선행처분에 해당하는 이 사건 처분에 대하여 다툴 수 있다는 취지로 주장한다.

37) 대법원 2010. 5. 13. 선고 2010두2043 판결.

단계적 행정처분이란 확약, 가행정행위, 사전결정 및 부분허가 등과 같이 행정청의 결정이 여러 단계의 행정결정을 통하여 연계적으로 이루어지는 것을 말하는바, 여객자동차터미널사업자에 대하여 이루어지는 여객자동차터미널사업면허와 여객자동차운송사업자에 대하여 이루어지는 사용명령, 승차권 판매위탁 강제 등이 동일한 목적을 달성하기 위한 단계적 행정처분이라고 볼 만한 뚜렷한 근거가 없고, 이 사건 처분이 있었다고 하여 사용명령이나 승차권 판매위탁 강제가 필연적으로 이루어지는 것도 아니므로, 원고들의 위 주장은 부당하다.

마. 운송 수입 감소의 불이익

원고들은 이 사건 버스터미널이 개항하면 인천국제공항을 종점으로 하는 노선이 확충되고 여기에 새로운 노선여객자동차 운송사업자들이 참여하게 되어 원고들의 운송 수입이 줄어드는 불이익이 발생한다는 취지로 주장한다.

노선의 확충 및 새로운 운송사업자의 추가 선정은 이 사건 버스터미널이 개항하기 전에도 이미 가능했던 일이므로 이 사건 버스터미널이 개항함으로써 비로소 발생한 문제라고 볼 수 없다. 즉 이 사건 버스터미널의 개항과 원고에게 발생할 가능성 있는 불이익 사이에 직접적인 인과관계가 있다고 보기 어렵고, 원고들로서는 원고들과 경업관계에 있는 새로운 운송 사업자들이 노선에 추가될 경우 그러한 추가 선정 처분에 대하여 다투어야 한다.

바. 여객운송사업에 지장이 발생함

원고들은 이 사건 버스터미널이 개항하면 원고들의 의사와 상관없이 필연적으로 제2여객터미널 노선을 경유하여야 하는데, 제1여객터미널과 제2여객터미널 사이의 도로상 거리가 약 15km나 되어 여객운송사업을 함에 있어 심각한 지장이 발생한다는 취지로 주장한다.

원고들의 제2여객터미널 노선에 대한 경유 의무는 원고들이 받은 노선여객자동차 운송사업면허가 법 제4조 제3항, 제17조에 따른 한정면허로서 인천국제공항을 종점으로 하여 운행하도록 지정되었기 때문에 발생하는 것이지 이 사건 버스터미널의 개항으로 인하여 비로소 발생하는 것이 아니다. 따라서 제2여객터미널 노선이 추가되는 것에 이의가 있다면 이 사건 처분에 대하여 다툴 것이 아니라 기존 한정면허의 내용이나 조건에 대하여 변경신청을 하는 등의 방법을 통해 제2여객터미널 노선을 원고들의 경유 노선에서 배제함이 타당하다.

사. 결 론

이러한 사정들을 종합하면, 원고들이 주장하는 법 제1조, 제37조, 제40조, 제41조, 제42조, 제45조, 제46조 및 같은 법 시행규칙 제79조, 제80조 등은 이 사건 처분과 관련하여 개별적·직접적·구체적으로 원고들의 법률상 이익을 보호하는 규정이라고 단정하기 어렵고, 오히려 이후 이루어질지조차 불확실한 사용명령 등과 같은 별개의 처분과 관련하여 기존 노선여객자동차 운송사업자인 원고들 또는 승차권 위탁판매 법인인 이 사건 판매회사의 법률상 이익을 보호하는 규정으로 볼 여지가 있을 뿐이다. 따라서 원고들에게는 이 사건 처분으로 인하여 개별적이고 직접적·구체적으로 침해될 만한 법률상 이익이 존재한다고 보기 어려우므로, 원고들의 이 사건 소를 모두 각하하여야 한다.

[16] 항공사의 공항 사용료 납부의무

대법원 1994. 5. 27. 선고 93다36080 판결

Ⅰ. 사실관계

(1) 피고 한국공항공단이 관리하는 김포국제공항의 활주로에는 활주로 중심선등을 비롯하여 13개 종류의 등화 5,287개가 설치되어 있는데 항공기 이·착륙시 야간이나 시정거리가 5000m 이하인 주간계기비행상태에서는 위 활주로 중심선등을 비롯하여 거의 모든 등화가 점등된다.

(2) 주간시계비행상태에서는 항공기조종사의 요청에 의하거나 관제사가 필요하다고 인정하는 일부등화만이 점등되는 것이 원칙이나 현실적으로는 대개의 경우 진입각지시등(PAPI등) 32개만이 점등되고, 이 진입각지시등은 조종사의 요청이 없어도 항상 점등되고 있다.

(3) 피고는 원고 주식회사 대한항공과 공항시설사용료에 관하여 계약을 체결한 이후 20여 년간에 걸쳐 항공기가 주간시계비행상태에서 이·착륙할 때에는 비록 일부등화가 점등된 경우라고 하더라도 아예 조명료를 부과하지 않다가 1991. 12.경 감사원의 지적을 받게 되자 1992. 5. 12. 원고에 대하여 1990. 11. 1.부터 1991. 11. 30.까지의 주간시계비행상태에서 조명등이 사용된 조명료 427,015,695원을 추가납부할 것을 통지하여 이를 징수하였다.

(4) 원고는 조명료납부의 반환을 구하는 소를 제기하였고, 원심[1]은 조명료징수의 근거가 되는 한국공항공단법 제18조, 구 항공시설관리규칙(1992. 1. 17. 교통부령 제970호로 개정되기 전의 것) 제2조, 제12조의 규정상으로는 조명료징수의 대상이 되는 등화의 종류에 아무런 제한이 없고, 구 항공법(1991. 12. 14. 법률 제4435호로 개정되기 전의 것), 항공법 시행규

1) 서울고등법원 1993. 6. 17. 선고 92나71897 판결.

칙(1993. 2. 13. 교통부령 제999호로 개정되기 전의 것) 제6조, 제120조, 제132조 제7호의 규정은 항공기의 안전항행을 위하여 항공등화의 점등시기와 항공등화의 종류·방법 등을 규정한 것에 불과하여 위의 각 규정을 근거로 위 항공시설관리규칙 제12조 소정의 조명료를 야간 또는 주간계기 비행상태에서 활주로중심선등을 점등한 경우에만 징수할 수 있는 것으로 제한해석할 수 없다고 판시하여 원고의 청구를 기각하였다.

Ⅱ. 참조 조문

1. 구 항공시설관리규칙(1992. 1. 17. 교통부령 제970호로 개정되기 전의 것)

제12조 (착륙료 등) ① 항공시설을 사용하거나 이용하는 자는 별표에서 정하는 방법과 액에 의한 사용료를 다음의 구분에 의하여 납부하여야 한다.

요 금 종 별	납 부 처
1. 착륙료, 정류료, 격납고사용료, 조명료, 국제공항장 또는 비행장장 주차장사용료, 입장료, 국제여객공항이용료, 계류장사용료, 특별대합실사용료, 항공보안시설이용료(국제항공에 종사하는 항공기에 한한다)	지방항공관리국장, 비행장장 또는 공단이사장
2. 토지·건물·공작물 또는 기계기구의 사용료, 시설유지비, 상·하수도료, 오수정화시설사용료, 전기사용료, 전기 및 통신시설이용료와 주차장사용료 및 입장료를 제외한 제1호의 후불사용료	지방항공관리국장 또는 공단이사장

② 제1항의 경우에 항공기의 중량은 당해 항공기의 최대이륙중량[2])으로 하고, 계류장을 사용하는 장비 및 차량의 중량은 당해 장비 또

2) 항공사가 공항공사에게 항공기 최대이륙중량을 허위로 신고(실제중량보다 적게 신고함)한 경우, 항공사는 불법행위로 인하여 공항공사가 입은 손해(실제 최대이륙중량을 기준으로 납부하였어야 할 공항시설사용료와 피고가 실제 납부한 사용료의 차액에 해당하는 손해액)를 배상할 책임이 있다고 판시한 사례로는 서울남부지방법원 2015. 12. 3. 선고 2015가합101574 판결.

는 차량의 자체중량으로 한다.
③ 제1항의 경우에 있어서 착륙료는 착륙할 때마다, 조명료는 이륙 또는 착륙할 때마다, 항공보안시설이용료는 착륙 또는 통과할 때마다 각각 이를 납부한다.

2. 공항시설법

제32조(사용료의 징수 등) ① 공항시설 또는 비행장시설을 관리·운영하는 자는 국토교통부령으로 정하는 바에 따라 공항·비행장·항행안전시설을 사용하거나 이용하는 자로부터 사용료를 징수할 수 있다.
② 제1항에 따라 사용료를 받으려는 자는 사용료의 금액을 정하거나 변경하려는 경우에는 국토교통부장관에게 신고하여야 한다. 다만, 지방자치단체의 장과 「공공기관의 운영에 관한 법률」 제4조에 따른 공공기관을 제외한 자가 사용료를 정하거나 변경하려는 경우에는 국토교통부장관의 승인을 받아야 한다.
③ 국토교통부장관은 제2항 본문에 따른 신고를 받은 날부터 10일 이내에 신고수리 여부를 신고인에게 통지하여야 한다.
④ 국토교통부장관이 제3항에서 정한 기간 내에 신고수리 여부 또는 민원 처리 관련 법령에 따른 처리기간의 연장을 신고인에게 통지하지 아니하면 그 기간(민원 처리 관련 법령에 따라 처리기간이 연장 또는 재연장된 경우에는 해당 처리기간을 말한다)이 끝난 날의 다음 날에 신고를 수리한 것으로 본다.

3. 공항시설법 시행규칙

제20조(사용료의 징수 등) ① 법 제32조 제1항에 따라 지방항공청장이 징수하는 공항·비행장·항행안전시설 사용료의 종류 및 산정기준은 별표 5와 같다.
② 지방항공청장은 공항운영자에게 법 제32조 제1항에 따른 사용료의 징수업무를 대행하게 할 수 있다.
③ 공항운영자는 항공권을 판매하는 항공운송사업자 등에게 법 제32조 제1항에 따른 사용료의 징수업무를 대행하게 할 수 있다.
④ 법 제32조 제2항에 따른 사용료 금액의 신고(변경신고를 포함한다)

> 를 하려는 자 또는 승인(변경승인을 포함하다)을 받으려는 자는 별지 제13호 서식의 신청서에 다음 각 호의 서류를 첨부하여 국토교통부장관에게 제출하여야 한다. 이 경우 담당 공무원은 「전자정부법」 제36조 제1항에 따른 행정정보의 공동이용을 통하여 법인등기사항증명서(법인인 경우만 해당한다)를 확인하여야 한다.
> 1. 예상 사업수지계산서
> 2. 다음 각 목의 사항을 포함한 사용료 요금표
>   가. 사용료 부과 대상시설
>   나. 사용료의 종류 및 산정기준
>   다. 사용료의 징수 방법 및 절차
> 3. 다음 각 목의 사항을 포함한 사용료 감면 규정
>   가. 감면대상 사용료의 종류
>   나. 사용료 감면절차 및 감면비율
> 4. 변경 사유 및 변경 전의 사업수지계산서(사용료 변경의 경우만 해당한다)

Ⅲ. 판시사항

공항시설의 특수한 사정과 항공등화의 사용실태 등을 고려하여 조명료 징수의 근거 규정인 항공시설관리규칙이 개정되어 나간 사정을 감안하면, 구 항공시설관리규칙 제12조 제3항의 "조명료는 이륙 또는 착륙할 때마다 납부한다"의 의미를 "조명료는 이륙 또는 착륙을 위하여 착륙지대의 항공등화(진입각지시등을 제외한다)가 점등된 상태에서 이륙 또는 착륙할 때마다 납부한다"로 해석하는 것이 타당하다.

Ⅳ. 해 설

1. 행정재산의 이용관계

가. 공물과 공공시설

(1) 행정이 그 목적을 달성하기 위하여는 행정조직이나 공무원 외에

물적 수단을 필요로 하는 경우가 있는데, 그 물적 수단 가운데 고유한 법적 규율(민법의 배제·공물관리권의 성립)을 적용하는 것이 되는 물적 수단을 공물(公物)이라고 부르고 있다. 공물은 직접 일반공중의 사용을 위하여 제공되어 있는 공공용물(公共用物)과 국가나 지방자치단체 스스로가 사용하기 위하여 제공된 공용물(公用物)로 구별된다. 공공시설이란 국가나 지방자치단체 등이 국민이나 주민의 복지를 증진시킬 목적으로 그 이용에 제공하기 위하여 설치·관리하는 시설이라 할 수 있다.

(2) 공물의 일반사용은 원칙상 무료이나, 일정한 경우 법률의 근거가 있는 경우에 한하여 예외적으로 사용료를 징수할 수 있다. 공물의 특허사용의 경우에는 그 특허사용의 대가로 사용료를 납부하여야 한다. 특허사용의 사용료는 특별한 이익에 대한 대가의 징수이므로 법률의 근거 없이도 징수할 수 있는 것으로 보아야 한다. 사용료 부과의 성질에 관하여 판례는, 국유재산의 관리청이 행정재산의 사용·수익을 허가한 다음 그 사용·수익하는 자에 대하여 하는 사용료 부과는 순전히 사경제주체로서 행하는 사법(私法)상 이행청구라 할 수 없고, 이는 관리청이 공권력을 가진 우월적 지위에서 행한 것으로서 항고소송의 대상이 되는 행정처분이라고 보았다.[3)]

나. 국유재산사용에 대한 변상금[4)]

피고 사단법인 관우회는 김포세관장으로부터 지정장치장의 화물관리인으로 지정되어 지정장치장에 반입된 화물의 화주들로부터 수령하는 수수료 명목의 용역비를 토대로 지정장치장 내에서 화물의 하역과 보관, 재포장 등의 용역업무와 이와 관련된 사무를 처리하면서 이로 인한 수익을 얻기 위하여 독자적으로 이 사건 사무실을 사용하여 온 것으로서, 피고가 그 직원들을 통하여 이 사건 사무실에서 처리하여 온 사무는 화주들로부터 대가를 받고 제공하는 그 자신의 용역업무 중의 일부일 뿐이므로, 지정장치장에 대한 지배·이용관계와는 별도로 이 사건 사무실에 관한 한

---

3) 대법원 1996. 2. 13. 선고 95누11023 판결.
4) 대법원 2000. 11. 24. 선고 2000다28568 판결.

피고가 독립한 주체로서 점유·사용하여 온 것으로 봄이 상당하다.

국유재산법 제51조 제1항에 의한 변상금 부과처분은 국유재산을 무단으로 사용하는 자에 대하여 그 관리청이 부과하는 행정처분이고, 구 국유재산법(1999. 12. 31. 법률 제6072호로 개정되기 전의 것) 제51조 제2항, 제25조 제3항 및 현행 국유재산법 제51조 제3항에 의하면, 국유재산의 무단사용자가 국유재산법 제51조에 의한 변상금을 체납한 경우에는 관리청은 관할 세무서장 또는 지방자치단체장에게 위임하여 국세징수법의 체납처분에 관한 규정에 의하여 징수할 수 있도록 되어 있으므로, 국유재산법 제51조 제1항에 의한 변상금 부과처분을 근거로 한 변상금의 청구를 민사소송의 방법에 의할 수는 없다.

다. 공항시설의 이용관계

(1) 행정재산의 전대

한국공항공단이 정부로부터 무상사용허가를 받은 행정재산을 구 한국공항공단법(2002. 1. 4. 법률 제6607호로 폐지) 제17조에서 정한 바에 따라 전대하는 경우에 미리 그 계획을 작성하여 건설교통부장관에게 제출하고 승인을 얻어야 하는 등 일부 공법적 규율을 받고 있다고 하더라도, 한국공항공단이 그 행정재산의 관리청으로부터 국유재산관리사무의 위임을 받거나 국유재산관리의 위탁을 받지 않은 이상, 한국공항공단이 무상사용허가를 받은 행정재산에 대하여 하는 전대행위는 통상의 사인간의 임대차와 다를 바가 없다.[5]

(2) 공항시설의 사용료

항공사 등 공항시설(주기장, 조명료 등)을 이용하는 자가 공항공사에 대하여 부담하는 사용료납부의무는 사법상 시설이용계약에 해당하므로 행정법이 아닌 민사법이 적용된다. 법원은 태국 국적 항공기 소유자인 S유한회사가 인천국제공항공사에 대하여 항공기 주기료 상당의 부당이득반환 의무를 부담한다고 판시하였다.[6]

5) 대법원 2003. 10. 24. 선고 2001다82514 판결.

(3) 사용료의 징수방법 (공항시설법 시행규칙 [별표 5]의 3)

(가) 면허를 받은 국내항공운송사업자, 국제항공운송사업자, 소형항공운송사업자 및 항공기사용사업자(공항을 정치장으로 등록한 항공기 소유자를 포함한다)가 사용하는 항공기의 운항에 의한 각종 사용료는 계약에 의하여 납부하도록 하되, 납부기일은 사용료의 납부사유가 발생한 날이 속하는 달의 다음 달 말일 내로 한다.

(나) 가목 외의 자가 일시적으로 운항허가를 받아 사용하는 항공기의 운항에 의한 사용료는 납부사유가 발생한 때에 납부하고, 그 밖의 사용료는 계약에 의하여 징수하되, 납부기일은 사용료의 납부사유가 발생한 날이 속하는 달의 다음 달 말일 내로 한다. 다만 토지·건물·공작물 및 기계·기구를 사용하는 경우에는 계약과 동시에 납부하도록 하되, 사용료가 50만 원을 초과하는 때에 한하여 연 4회 이내로 분할하여 납부하게 할 수 있고, 분할하여 납부하는 경우의 그 납부 잔액에 대하여는 연 8%의 이자를 붙여 함께 납부하게 할 수 있다.

(다) 사용료 중 10원 미만의 단수가 있는 때에는 이를 계산하지 않는다.

2. 대상사안의 검토

가. 민사소송

조명료 징수에 대한 반환을 구하는 소송은 민사소송이므로, 이 사건에서 원고는 민사소송법에 따라 소를 제기하였다.

나. 항공등화의 설치기준 (공항시설법 시행규칙 [별표 14])

(1) 조종사 및 관제사의 눈이 부시지 않도록 하고, 노출된 등화설비(활주로등, 정지로등, 유도로등 등을 말한다. 이하 이 목에서 같다)는 항공기와 접촉할 때 항공기에 손상을 주지 않고 등화설비가 부서지도록 경구조물(輕構造物)로 하며, 매립된 등화설비는 항공기 바퀴와 접촉으로 인하여

---

6) 인천지방법원 2010. 1. 29. 선고 2009가합13428 판결; 공항시설사용료를 피보전권리로 하여 외국항공기를 가압류한 사례로는 인천지방법원 2014. 5. 21.자 2014카합724 결정.

항공기 및 등화설비에 손상을 주지 않도록 제작·설치하여야 한다.

(2) 항공등화의 활주로등에 대한 광도비(光度比)는 다음 기준에 적합하여야 한다.[7]

<table>
<tr><th colspan="2">항공등화의 종류</th><th>활주로등의 평균광도와
해당 등화의 평균광도와의 비율</th><th>색상</th></tr>
<tr><td rowspan="2">진입등
시스템</td><td>중심선 표시등 및
횡선 표시등</td><td>1.5～2.0</td><td>흰색</td></tr>
<tr><td>측렬 표시등</td><td>0.5～1.0</td><td>붉은색</td></tr>
<tr><td rowspan="2">활주로
시단등</td><td>시단등(始端燈)</td><td>1.0～1.5</td><td>녹색</td></tr>
<tr><td>시단연장등</td><td>1.0～1.5</td><td>녹색</td></tr>
<tr><td colspan="2">접지구역등</td><td>0.5～1.0</td><td>흰색</td></tr>
<tr><td rowspan="3">활주로
중심선등</td><td>30미터 간격의 등</td><td>0.5～1.0</td><td>흰색</td></tr>
<tr><td rowspan="2">15미터 간격의 등</td><td>0.25～0.5(제1종 및 제2종 활주로)</td><td rowspan="2">흰색</td></tr>
<tr><td>0.5～1.0(제3종 활주로)</td></tr>
<tr><td colspan="2">활주로 종단등(終端燈)</td><td>0.25～0.5</td><td>붉은색</td></tr>
<tr><td colspan="2">활주로등</td><td>1</td><td>흰색</td></tr>
</table>

(3) 항공등화의 광도 및 색상 등이 다음 기준에 적합하여야 한다.

<table>
<tr><th rowspan="3">항공등화 종류</th><th colspan="5">육상비행장</th><th rowspan="3">육상
헬기장</th><th rowspan="3">최소
광도
(cd)</th><th rowspan="3">색상</th></tr>
<tr><th rowspan="2">비계기
진입
활주로</th><th colspan="4">계기진입 활주로</th></tr>
<tr><th>비정밀</th><th>카테고리
Ⅰ</th><th>카테고리
Ⅱ</th><th>카테고리
Ⅲ</th></tr>
<tr><td>비행장등대</td><td>○</td><td>○</td><td>○</td><td>○</td><td>○</td><td></td><td>2,000</td><td>흰색, 녹색</td></tr>
<tr><td>진입등시스템</td><td></td><td>○</td><td>○</td><td>○</td><td>○</td><td></td><td>5,000</td><td>흰색,
붉은색</td></tr>
<tr><td>진입각지시등</td><td>○</td><td>○</td><td>○</td><td>○</td><td>○</td><td></td><td>1,500</td><td>흰색,
붉은색</td></tr>
</table>

7) 위 표의 제1종(category Ⅰ)·제2종(category Ⅱ) 및 제3종(category Ⅲ) 활주로의 구분은 「국제민간항공조약」 부속서 14의 기준에 따른다.

활주로등	○	○	○	○	○		10,000	노란색, 흰색
활주로시단등	○	○	○	○	○		10,000	녹색
활주로중심선등				○	○		2,500	흰색, 붉은색
접지구역등				○	○		5,000	흰색
활주로종단등	○	○	○	○	○		2,500	붉은색
유도로등	○	○	○	○	○		2	파란색
유도로중심선등					○		20	노란색, 녹색
일시정지위치등					○		20	노란색
정지선등				○	○		20	붉은색
활주로경계등			○	○	○		30	노란색
풍향등	○	○	○	○	○	○	-	흰색
지향신호등	○	○	○	○	○		6,000	붉은색, 녹색 및 흰색
정지로등	○	○	○	○	○		30	붉은색
유도로안내등	○	○	○	○	○		10	붉은색, 노란색 및 흰색
착륙구역등						○	3	녹색

다. 원고의 조명료 납부의무

(1) 조명료 징수의 근거 규정인 구 항공시설관리규칙(현 공항시설관리규칙) 제12조 제3항이 1992. 1. 17. 개정 교통부령 970호로 개정되기 전에는 "조명료는 이륙 또는 착륙할 때마다 납부한다"로 되어 있었는데, 1992. 1. 17. 개정 교통부령 970호로 "조명료는 이륙 또는 착륙을 위한 항공등화가 점등된 상태에서 이륙 또는 착륙할 때마다 납부한다"로, 1992. 7. 30. 개정 교통부령 983호(제목 '항공시설관리규칙'이 '공항시설관리규칙'으로 변경됨)에서는 "조명료는 야간비행시 또는 주간의 계기비행 기

상상태에서 착륙지대에 있는 항공등화의 점등시 납부한다"로, 1993. 3. 4. 개정 교통부령 1001호에서는 "조명료는 이륙 또는 착륙을 위하여 착륙지대의 항공등화(진입각지시등을 제외한다)가 점등된 상태에서 납부한다"로 각 개정되어 왔다.

(2) 공항시설의 특수한 사정과 항공등화의 사용실태 등을 고려하여 조명료 징수의 근거규정인 항공시설관리규칙이 개정되어 나간 사정을 감안하면 구 항공시설관리규칙 제12조 제3항의 "조명료는 이륙 또는 착륙할 때마다 납부한다"의 의미를 "조명료는 이륙 또는 착륙을 위하여 착륙지대의 항공등화(진입각지시 등을 제외한다)가 점등된 상태에서 이륙 또는 착륙할 때마다 납부한다"로 해석하는 것이 타당하다. 따라서 원심이 위 항공시설관리규칙 제12조 제3항 소정의 조명료를 야간 또는 주간계기비행상태에서 활주로중심선등을 점등한 경우에만 징수할 수 있는 것으로 제한해석할 수 없다고 판시한 것은 부당하다.

라. 결 론

그러므로 진입각지시등만이 점등된 경우와 그 밖의 항공등화가 점등된 경우를 나누어서 각각의 경우에 해당하는 조명료가 얼마나 되는지를 심리하여야 한다.

[17] 모노레일 미설치와 공항내 상업시설 임차인의 손해

대법원 2009. 8. 20. 선고 2008다51120 판결

Ⅰ. 사실관계

(1) 인천국제공항 내 상업시설의 임대인인 피고 2 주식회사(이하 '피고 회사')로부터 상업시설을 임차한 원고들은, 피고 회사가 이 사건 임대차계약의 교섭단계에 있는 원고들에게 PMS(People Mover System, 모노레일) 설치에 관한 정확하고도 충분한 정보를 구체적으로 고지하거나 설명하지 아니한 채 객관적으로 PMS 완공이 가능한지 여부를 정확히 확인해보려는 별다른 노력도 기울여 보지 아니하고 이 사건 상업시설을 경유하는 PMS가 설치될 것이라는 잘못된 정보를 제공한 것은 통상의 선전·영업활동을 넘어서서 임차인들에게 의사결정에 영향을 줄 수 있는 중요한 사정에 관한 신의칙상 고지의무 내지 설명의무를 위반하였고, 피고 인천국제공항공사(이하 '피고 공사')도 PMS 설치에 대한 정확하고 충분한 정보를 피고 회사에게 고지하지 아니하고 PMS 설치에 대한 확정된 계획이 없음에도 2단계 공사기간 내에 PMS가 완공될 예정이라는 안내문을 설치하여 피고 회사의 임대차를 조장·방치함으로써 피고 회사나 원고들에 대한 신의칙상의 의무를 위반하였으므로, 피고들은 공동불법행위자로서 연대하여 원고들에게 그로 인한 손해를 배상할 의무가 있다고 주장하면서 소를 제기하였다.

(2) 1992. 6. 16. 건설교통부고시 제1992-16호로 고시된 '수도권신공항건설예정지역 및 기본계획'의 내용에는 국제업무지역 내에 PMS를 설치한다는 내용이 포함되어 있지 않고, 그 후 1995. 11. 28. 건설교통부고시 제1995-387호로 변경 고시된 수도권신국제공항건설기본계획(1단계사업계획) 변경, 1998. 7. 22. 건설교통부고시 제1998-236호로 변경 고시된 인천국제공항건설기본계획(1단계사업) 변경, 2001. 12. 31. 건설교통부고시

제2001-356호로 변경 고시된 인천국제공항건설기본계획(2단계사업) 변경에도 역시 PMS 설치사업에 관한 내용은 포함되어 있지 않다.

(3) 피고 공사가 2002년 초경 발간한 인천국제공항교통센터건설지 I에서 공항교통센터 등과 국제업무지역을 운행하는 PMS의 설치와 이를 위한 승강장, 차량, 여객수요 산정 등 시설계획을 소개하고 있고, 인천일보의 2003. 12. 12.자, 2003. 12. 18.자, 2003. 12. 19.자 기사에 "인천공항과 국제업무지역의 분리된 권역의 이동편의를 위해 경량전철인 PMS를 내년 10월부터 개발할 계획이다"라고 기재되어 있다.

(4) 또한, 피고들은 2001. 10.경 이 사건 상업시설에 관한 사업실시협약을 체결하면서 작성한 실시협약서에서는 "PMS 개통시 정거장과 건물간의 연결통로는 공사와 협의하여 설치하되 설치비는 본 사업계획서상의 총 민간투자비에서 제외하며, 연관사업 시행자 공동부담으로 한다"고 규정하였으며, 위 PMS 연결통로공사 관련규정은 위 실시협약서가 2003. 7. 22.까지 4차례에 걸쳐 변경된 후에도 계속하여 유지되었다.

(5) 한편 1996. 5. 작성된 '인천국제공항 여객터미널 남측지역 시설배치계획 종합보고서'에는 PMS 설치계획을 두면서, 향후 과제로 "PMS 설치 여부 및 운용타당성에 관하여는 보다 체계적인 검토가 필요하며, 추후 여객터미널 남측지역 관련한 '세부평면 배치계획'의 결과에 의한다"라고 되어 있다.

(6) 2001. 7. 27. 피고 공사 등이 작성한 '인천국제공항 마스터플랜 재검토 최종성과보고서 제2권 공항시설보고서 (2) (LANDSIDE시설)'에서는 PMS시설에 관한 설계기준, 노선계획, 차량기지, 정거장, 본선단면, 차량시스템 등에 대하여 상세한 검토를 하면서 2005년부터 2020년까지 단계를 나누어 이용객 및 소요차량 등에 대한 연구·보고가 있었다.

(7) 그 후 2004. 12. 피고 공사가 작성한 '인천국제공항 유휴지개발 기본계획 최종보고서'에서는 피고 공사는 장기적으로는 국제업무지역의 교통부담문제를 해결하기 위하여 PMS 설치를 검토할 필요를 인정하고 있으나, 수요 및 경제성 부족으로 단기간 내에 이를 설치할 계획은 없고, 국제업무지역에 대한 개발이 완료되는 2020년 이후 재검토하여 반영할

계획으로 되어 있다.

(8) 인천국제공항 교통관제센터 내부에는 이미 PMS 승강장이 설치되어 있고, 피고 공사는 2002년 말경 위 PMS 승강장 앞에 "본 지역은 PMS 승강장으로서 교통센터와 국제업무단지 간의 여객을 수송하는 시설입니다. 본 시설은 향후 2단계 공사시 완공될 예정입니다. 인천국제공항 공사"라는 안내문을 붙여 두었으며, 위 2단계 공사기간은 2002년부터 2008년까지이다.

(9) 피고 회사는 위 PMS승강장 및 그 앞에 설치한 안내문을 촬영한 사진과 이 사건 상업시설을 경유하는 PMS가 설치된 것으로 만들어진 국제업무지구의 대형 조형물을 분양사무실에 비치해 두고 임대차계약 체결시에 위와 같은 내용을 원고들을 포함한 이 사건 상업시설 임차인들에게 설명하였고, 피고 공사도 위와 같은 사정을 잘 알고 있었다.

(10) 이 사건 상업시설에 PMS 연결지점이 준비되어 있음에도 피고 공사는 현재까지도 인천국제공항 교통관제센터와 국제업무지구를 연결하는 모노레일방식의 PMS를 설치하지 아니하고 있고, 향후 교통수요가 확보된다면 피고 공사 및 인천광역시, 국고 분담으로 예산을 마련하여 자기부상열차방식의 PMS를 설치하는 것으로 계획 중에 있으나, 구체적인 일정은 수립된 바 없다.

(11) 그런데 피고들은 이 상업시설에 대한 실시협약을 체결하면서 사업시행자가 제출할 사업계획서와 앞으로 제출될 실시계획을 기반으로 하여 건설기간 내에 본 시설을 준공하고, 인천국제공항의 운영에 부합하도록 상호 최선을 다하며, 시설소유기간이 종료되는 날까지 본 시설의 용도에 부합되게 항상 최상의 기능을 발휘할 수 있도록 시설의 유지·관리·보수에 노력을 경주할 뿐 아니라 나아가 본 시설의 운영 중 선의의 피해자가 발생하지 않도록 하고 본 시설의 효율적 관리와 공항시설로서의 역할을 수행하기 위하여 상호 신의에 따라 협약을 성실히 준수·이행할 것을 확약하였다.

Ⅱ. 참조 조문

1. 민 법

제760조(공동불법행위자의 책임) ① 수인이 공동의 불법행위로 타인에게 손해를 가한 때에는 연대하여 그 손해를 배상할 책임이 있다.
② 공동 아닌 수인의 행위중 어느 자의 행위가 그 손해를 가한 것인지를 알 수 없는 때에도 전항과 같다.
③ 교사자나 방조자는 공동행위자로 본다.

Ⅲ. 판시사항

수도권 신공항 건설사업시행자가 임대차계약의 교섭단계에 있는 자들에게 객관적으로 PMS 완공이 가능한지 여부를 정확히 확인해보려는 별다른 노력도 기울여보지 않고 상업시설을 경유하는 PMS가 설치될 것이라는 잘못된 정보를 제공한 것은, 통상의 선전·영업활동을 넘어서서 임차인들에게 의사결정에 영향을 줄 수 있는 중요한 사정에 관한 신의칙상 고지의무 내지 설명의무를 위반한 것이며, 인천국제공항공사도 PMS 설치에 대한 정확하고 충분한 정보를 시행자에게 고지하지 아니하고 PMS 설치에 대한 확정된 계획이 없음에도 2단계 공사기간 내에 PMS가 완공될 예정이라는 안내문을 설치하여 시행자의 임대차를 조장·방치함으로써 시행자나 임차인들에 대한 신의칙상의 의무를 위반하였으므로, 시행자와 인천국제공항공사는 공동불법행위자로서 연대하여 임차인들에게 그로 인한 손해를 배상할 의무가 있다.

Ⅳ. 해 설

1. 공동불법행위

가. 의 의

수인이 공동의 불법행위로 타인에게 손해를 가한 때에는 연대하여 그 손해를 배상할 책임이 있다(민법 제760조). 공동불법행위에서 행위자 상호간의 공모는 물론 공동의 인식을 필요로 하지 아니하고, 다만 객관적으로 그 공동행위가 관련 공동되어 있으면 족하고,[1] 그 관련 공동성 있는 행위에 의하여 손해가 발생함으로써 그에 대한 배상책임을 지는 공동불법행위가 성립한다.[2]

나. 방 조

공동불법행위에 있어 방조(幇助)라 함은 불법행위를 용이하게 하는 직접·간접의 모든 행위를 가리키는 것으로서 작위에 의한 경우뿐만 아니라 작위의무 있는 자가 그것을 방지하여야 할 여러 조치를 취하지 아니하는 부작위로 인하여 불법행위자의 실행행위를 가능하게 하거나 용이하게 하는 경우도 포함하고, 형법과 달리 손해의 전보를 목적으로 하여 과실을 원칙적으로 고의와 동일시하는 민법의 해석으로서는 과실에 의한 방조도 가능하다. 이 경우의 과실의 내용은 불법행위에 도움을 주지 않아야 할 주의의무가 있음을 전제로 하여 이 의무에 위반하는 것을 말하고,[3] 방조자에게 공동불법행위자로서의 책임을 지우기 위해서는 방조행위와 피방조자의 불법행위 사이에 상당인과관계가 있어야 한다.[4]

---

1) 대법원 2019. 6. 27. 선고 2018다226015 판결.
2) 대법원 2006. 1. 26. 선고 2005다47014 판결.
3) 대법원 2009. 4. 23. 선고 2009다1313 판결.
4) 대법원 2007. 6. 14. 선고 2005다32999 판결.

다. 상당인과관계

민법 제760조 제1항, 제3항의 공동불법행위자에게 불법행위로 인한 손해배상책임을 지우려면, 그 위법한 행위와 원고가 입은 손해 사이에 상당인과관계가 있어야 하고,[5] 그 상당인과관계의 유무는 결과발생의 개연성, 위법행위의 태양 및 피침해이익의 성질 등을 종합적으로 고려하여 판단하여야 한다.[6]

라. 손해배상책임의 범위

(1) 불법행위로 인한 재산상 손해는 위법한 가해행위로 인하여 발생한 재산상 불이익, 즉 그 위법행위가 없었더라면 존재하였을 재산상태와 그 위법행위가 가해진 현재의 재산상태의 차이를 말한다(차액설).[7]

(2) 불법행위로 인한 손해배상청구소송에서, 재산적 손해의 발생사실이 인정되고 그의 최대한도인 수액은 드러났으나 구체적인 손해의 액수를 증명하는 것이 사안의 성질상 곤란한 경우, 법원은 증거조사의 결과와 변론 전체의 취지에 의하여 밝혀진 당사자들 사이의 관계, 불법행위와 그로 인한 재산적 손해가 발생하게 된 경위, 손해의 성격, 손해가 발생한 이후의 제반 정황 등의 관련된 모든 간접사실들을 종합하여 상당인과관계 있는 손해의 범위인 수액을 판단할 수 있다.[8]

(3) 공동불법행위책임은 가해자 각 개인의 행위에 대하여 개별적으로 그로 인한 손해를 구하는 것이 아니라 가해자들이 공동으로 가한 불법행위에 대하여 그 책임을 추궁하는 것이므로, 공동불법행위로 인한 손해배상책임의 범위는 피해자에 대한 관계에서 가해자들 전원의 행위를 전체적으로 함께 평가하여 정하여야 하나, 이는 과실상계를 위한 피해자의 과실을 평가함에 있어서 공동불법행위자 전원에 대한 과실을 전체적으로 평가하여야 한다는 것이지, 공동불법행위자 중에 고의로 불법행위를 행한

---

5) 대법원 2012. 11. 15. 선고 2010다92346 판결.
6) 대법원 2018. 7. 12. 선고 2017다249516 판결.
7) 대법원 1998. 7. 10. 선고 96다38971 판결.
8) 대법원 2005. 11. 24. 선고 2004다48508 판결.

자가 있는 경우에는 피해자에게 과실이 없는 것으로 보아야 한다거나 모든 불법행위자가 과실상계의 주장을 할 수 없게 된다는 의미는 아니다.[9)]

2. 대상사안의 검토

가. 신의칙상 고지의무

(1) 상업시설 임대차계약의 경우 임대인은 계약체결과정에 있는 임차인들에게 임대차계약의 성립과 실현 등 의사결정에 중대한 영향을 줄 수 있는 사정에 대하여는 적시에 정확하고 충분한 정보를 고지하고 설명할 신의칙상 의무가 있다.

(2) 인천국제공항에 근무하는 상주인구와 위 공항을 이용하는 유동인구의 유입을 쉽게 해 줌으로써 이 사건 상업시설의 시장가치를 증대시켜 줄 수 있는 교통시스템인 PMS가 현재까지도 설치되지 아니하거나 아예 시공조차 되지 아니한다면, 보통의 주의력을 가진 일반인으로서도 인천국제공항과 1㎞ 이상 떨어져 있는 이 사건 상업시설을 임차받기 주저하거나 적어도 이 사건 임대료와 같은 가격으로는 이 사건 상업시설을 임차받지 않으려고 하였을 것으로 예상된다.

(3) 이러한 점을 감안하면, 임대인인 피고 회사로서는 임차인인 원고들에게 PMS가 설치될 것으로 설명, 광고하기에 앞서 인천국제공항건설기본계획에 PMS 설치사업에 관한 내용이 포함되어 있는지, 피고 공사가 위 기본계획을 변경해서라도 PMS 설치사업을 추진할 의지나 구체적인 계획이 있는지 등을 최대한 신중하게 확인한 후 이에 관한 정확하고 충분한 정보를 원고들에게 제공해 주었어야 하고, 적어도 피고 회사가 PMS 시설이 완공되리라고 판단하게 된 구체적인 근거자료 등을 있는 그대로 임차인인 원고들에게 충분히 설명하고 고지할 의무가 있었다.

9) 대법원 2020. 2. 27. 선고 2019다223747 판결.

나. 피고들의 고지의무 위반

(1) 피고 회사의 고지의무 위반

피고 회사는 이 사건 임대차계약의 교섭단계에 있는 원고들에게 위와 같이 PMS 설치에 관한 정확하고도 충분한 정보를 구체적으로 고지하거나 설명하지 아니한 채 만연히 객관적으로 PMS 완공이 가능한지 여부를 정확히 확인해 보려는 별다른 노력도 기울여 보지 아니하고, 이 사건 상업시설을 경유하는 PMS가 설치될 것이라는 잘못된 정보를 제공한 것은 통상의 선전·영업활동을 넘어서서 임차인들에게 의사결정에 영향을 줄 수 있는 중요한 사정에 관한 신의칙상 고지의무 내지 설명의무를 위반한 것으로 이는 민법상의 불법행위를 구성한다.

2001. 12. 31. 고시된 인천국제공항건설의 2단계사업(2002년~2008년) 기본계획에 PMS 설치사업에 관한 내용이 포함되어 있지 아니하였으므로, 피고 회사로서는 임차인들에게 선전·광고를 하기 전에 위 고시내용을 확인해 보거나 피고 공사측에 PMS 설치계획에 대하여 문의를 해 보았더라면 객관적으로 2008년까지는 PMS가 완공될 수 없는 상황임을 알 수 있었음에도, 이러한 확인이나 문의절차 없이 장기적으로는 PMS 설치에 대하여 긍정적인 생각을 가지고 있었던 피고 공사가 제공한 몇 가지 간접적인 자료를 가지고 그 실현가능성과 완공시기를 부풀려 임차인들에게 선전·광고한 것은 소비자를 속이거나 잘못 알게 할 우려가 있는 허위·과장 광고행위에 해당한다. 따라서 피고 회사는 표시·광고의 공정화에 관한 법률 제10조 제1항에 따라 PMS 광고 부분으로 인하여 원고들이 입은 손해를 배상할 책임을 지며, 이러한 손해배상책임에 대하여는 같은 법 제10조 제2항에 따라 고의 또는 과실이 없음을 이유로 한 면책주장이 허용되지 아니한다.

(2) 피고 공사의 고지의무 위반

이 사건 상업시설이 위치한 국제업무단지를 포함한 인천국제공항의 효율적인 관리·운영 등을 목적으로 설립된 피고 공사로서도 피고 회사에게 이 사건 상업시설의 부지를 제공하고 그 운영 등에 관한 실시협약을 체결하면서 피고들이 이 사건 상업시설의 운영과 관련하여 선의의 피해자가 발생하지 아니하도록 상호 신의에 따라 성실히 협약을 준수·이행하기로 확약하는 등으로 이 사건 상업시설을 경유하는 PMS 설치에 대한 정확하고 충분한 정보를 피고 회사 또는 원고들에게 고지하는 등의 신의칙상 의무가 있다. 피고 공사는 PMS 설치에 대한 확정된 계획이 없음에도 마치 2단계 공사기간 내에 PMS가 설치될 것처럼 안내하거나 이를 이용한 피고 회사의 임대차를 조장·방치함으로써 신의칙상 의무를 위반하였다고 봄이 상당하다.

다. 피고들의 공동불법행위 책임

피고들은 위와 같은 공동불법행위로 인하여 불리한 임대차계약을 체결하게 된 원고들의 손해를 연대하여 배상할 책임이 인정된다.

라. 과장광고와 계약의 취소

(1) 사업자가 자신의 상품을 선전·광고함에 있어 일체의 과장을 금지하는 것은 현실적으로 기대할 수 없으므로, 일반 상거래의 관행과 신의칙에 비추어 사회적으로 용인될 수 있는 사소한 과장은 의사표시 취소의 사유가 되는 기망이나 불법행위를 구성하는 과장광고에 해당되지 아니한다.[10] 그러나 일반 상거래의 관행과 신의칙에 비추어 사회적으로 용인될 수 있는 한도를 넘은 과장이나 허위를 담은 선전·광고는 법적으로 허용될 수 없지만, 법적으로 허용되지 않는 과장 또는 허위가 있었다고 하여 언제나 의사표시 취소의 사유가 되는 기망에 해당하는 것은 아니다. 그 과장 또는 허위의 정도와 중요성, 그 선전·광고에 대한 책임의 정도 등이 중대한 경우에는 의사표시의 취소 사유가 되는 기망행위를 인정할 수 있지만, 그 정도가 의사표시 취소의 사유가 되는 기망행위까지는 인정되지 않고 손해배상책임의 원인이 되는 불법행위만을 구성하는 경우도 있다.

---

10) 대법원 2001. 5. 29. 선고 99다55601 판결; 대법원 2009. 4. 23. 선고 2009다1313 판결.

(2) 이 사건의 경우 PMS 완공에 관한 피고 회사의 선전, 광고는 PMS가 인천국제공항건설의 2단계 사업 기본계획에 포함되어 있지 않았다는 면에서는 객관적으로 허위광고이고, 피고 공사도 PMS에 관하여 호의적인 전망을 하고 있었다는 점을 참작하더라도 PMS 완공을 확언한 면에서는 과장광고임이 명백하며, 그 허위 또는 과장의 정도와 PMS가 이 사건 상업시설의 가치를 판단함에서 차지하는 비중을 참작하면 그 허위 또는 과장은 일반 상거래의 관행과 신의칙에 비추어 사회적으로 용인될 수 있는 한도 내에 있다고 할 수 없다.

(3) 그러나 이 사건 상업시설의 가치를 판단함에 있어 PMS가 차지하는 비중과 허위 또는 과장에 대한 피고들의 책임의 정도를 참작하면 그 허위·과장이 취소사유로 되는 기망행위에 해당한다고 보기에는 부족하고, 다만 피고 회사의 허위·과장 광고 및 피고 공사의 방조행위는 피고들이 손해배상책임을 부담하는 불법행위를 구성한다.

마. 손해배상책임의 범위

이 사건에서 피고들의 불법행위로 인하여 원고들이 입은 손해액은 PMS가 설치되었을 경우의 이 사건 상업시설의 임차가치와 PMS가 설치되지 아니한 현재 상태대로의 이 사건 상업시설 임차가치의 차액이 된다.

[18] 비행안전영향평가 연구용역의 해제

서울고등법원 2013. 8. 29. 선고 2012나95112 판결[1])

Ⅰ. 사실관계

가. 용역계약의 체결

(1) 피고 부천시와 서울특별시 강서구, 양천구(이하 3개 지방자치단체를 함께 가리킬 때는 '피고 부천시 등'이라 한다)는 '김포국제공항 주변지역의 비행안전영향평가 연구용역'(이하 '이 사건 용역')[2]) 발주에 관한 업무 협약을 체결하고 예산집행은 피고 부천시가 일임을 받아 추진하기로 약정하였으며, 피고 부천시는 2010. 11. 19.경 피고 대한민국 산하 인천지방조달청에 위 용역 발주를 의뢰하였다.

(2) 인천지방조달청은 2011. 2. 11.경 입찰서 접수 마감일시를 2011. 2. 17. 13:30으로 정하여 이 사건 용역 발주에 관한 입찰공고를 하였고[납품기한: 계약 후 365일, 추정가격: 414,545,454원(부가가치세 별도)], 2011. 2. 17. 원고 주식회사 L컨설팅이 낙찰자로 결정되었다. 이에 원고는 2011. 3. 8. 인천지방조달청과 용역대금을 318,607,070원(부가가치세 포함)으로, 용역기간을 착수일로부터 12개월로 정하여 김포국제공항 이·착륙 항공기가 비행안전에 미치는 영향을 평가하고, 비행안전을 보장하는 전제 하에 김포공항 주변 자연지형물을 고려하여 장애물 제한표면 설정안을 제시하는 것을 내용으로 하는 '김포국제공항 주변지역의 비행안전영향평가 연구용역계약'(이하 '이 사건 용역계약')을 체결하였다.

---

1) 2013. 9. 18. 확정되었다.

2) 지역적 자연지형물이 고려된 장애물 제한표면 설정 안을 제시하여 김포국제공항 이·착륙 항공기의 비행안전에 미치는 영향을 평가하고, 비행안전을 보증하는 전제하에 건축물 높이 제한 완화 가능 여부를 결정하여 건축 가능한 높이에 따라 현 비행절차 규정 중에서 폐지·변경을 필요로 하는 항공 관련 규정에 대한 적절한 개선대안을 제시함으로써 고도제한을 완화하는 것을 그 목적으로 하는 연구용역이다.

(3) 원고는 2011. 3. 8. 서울보증보험 주식회사(이하 '서울보증보험')와 계약보증금을 47,791,060원으로, 피보험자를 인천지방조달청으로 하는 계약보증보험계약을 체결하였고, 이에 기하여 발급받은 계약보증보험증권을 피고 부천시에 제출하였다.

(4) 원고는 서울보증보험과 보험가입금액을 170,050,000원으로, 피보험자를 피고 부천시로 하여 선급금의 지급을 보증하는 이행보증보험계약을 체결한 후 보증보험증권을 발급받아 2011. 3. 28. 피고 부천시에 교부하였고, 피고 부천시로부터 이 사건 용역대금 중 선급금 155,000,000원을 지급받았다.

나. 용역 착수

(1) 원고는 2011. 5. 3. 착수보고회를 개최하여, 2011. 8.경 세미나 개최, 2011. 9.경 중간보고회(주민설명회) 및 공청회 개최, 2011. 10.경 국회 입법발의(안)근거 제공 등의 향후 일정 및 규정조사, 규정연구, 외국사례 연구에 대한 항공학적 검토를 통해 고도제한 협의방안을 도출하고 이후 국토해양부 등 관계부처와 협의한다는 내용의 용역수행흐름에 관하여 보고하였다.

(2) 원고는 2011. 6. 20. 피고 부천시에 2011. 8. 29. 국회의원회관에서 김포공항 주변 고도제한의 합리적인 방안을 주제로 세미나(이하 '이 사건 세미나')를 개최하겠다는 내용의 계획서를 제출하는 등 이 사건 용역계약 이행에 착수하였다.

다. 원고의 용역 수행 불가 의사표시와 그 후 경과

(1) 원고는 2011. 7. 28.경 피고 부천시의 담당자에게 '자금 문제로 이 사건 용역의 수행이 불가능하다'는 내용의 문자메시지를 보냈다. 원고는 2011. 8. 16. 피고 부천시에 이 사건 세미나의 개최가 불가능하다고 통보하였다. 이에 피고 부천시는 2011. 8. 17. 원고에게 '2011. 8. 23.까지 이 사건 용역의 수행 가능 여부를 통보해 주고, 이 사건 용역의 수행이 가능할 경우 같은 기한까지 자금집행계획서, 인력운영계획서, 세미나 및 공청

회의 구체적인 추진계획서를 제출할 것'을 요청하며, '향후 원고의 계약위반행위가 있을 경우 지방자치단체를 당사자로 하는 계약에 관한 법률 시행령 제91조에 의거 계약의 해제·해지 조치가 있을 수 있음을 알리는' 내용의 공문을 보냈다.

원고는 2011. 8. 23.까지 피고 부천시의 위 요청에 응하지 않았고, 8. 25. 피고 부천시에 "이 사건 세미나를 개최하지 못한 것은 원고의 책임이다. 유동성자금문제(이하 '자금문제')를 해결하기 위하여 노력하고 있으니 2011. 9. 9.까지 답변 기한을 연장하여 달라. 그러나 자금문제를 해결하지 못할 경우를 대비하여 타업체 선정절차를 병행하라"는 내용의 공문을 보냈다.

(2) 피고 부천시는 2011. 8. 30. 원고에게 "원고의 자금문제로 2011. 7. 22. 이후 주·월간보고 미제출, 이 사건 세미나 미개최, 실무직원 미출근 등의 파행운영이 이어지고 더 이상 용역 진척을 기대할 수 없는 수준에 이르고 있으므로, 2011. 9. 9.까지 정상화 계획서를 제출하지 않을 경우 이 사건 용역계약의 해제를 통보할 예정"이라는 취지의 공문을 발송하였다. 이에 원고는 2011. 9. 9. 피고 부천시에 2011. 9. 19. 원고의 사무실에서 피고 부천시 관계자들에게 직접 연구용역 및 국회세미나, 공청회 등을 충분히 수행할 수 있음을 증명하겠다는 의사를 전하였다.

(3) 피고 부천시는 2011. 9. 16. 원고에게 "2011. 9. 20. 원고 사무실을 방문하여 수정된 계획서 세부내용을 확인하고 이 사건 용역 수행 가능성에 대한 검증을 실시할 것이며 검증 결과, 용역에 대하여 소기의 목적을 달성할 수 없다고 판단될 경우 <지방자치단체 용역계약 일반조건> 제7절 제3항 가목의 5) 계약상대자가 정당한 이유 없이 계약이행을 하지 않거나 계약담당자의 이행 촉구에 따르지 않은 경우 및 7) 계약상대자의 귀책사유로 인하여 용역수행기한까지 해당 용역을 완료하지 못하거나 완료할 가능성이 없다고 인정될 경우에 해당되어 계약의 해제를 통보할 예정이다"라는 내용의 통보를 하였다.

(4) 원고는 2011. 9. 20. 오전 피고 부천시에 "투자금 유치가 무산되었으므로 오늘 방문하는 것은 시간 낭비만 될 것 같다. 이 사건 용역 수

행이 지체된 것은 전적으로 원고의 잘못이며 이에 대한 책임을 지겠다. 이 사건 용역을 원고가 더 이상 수행하고 싶어도 수행할 수 없음을 통탄하게 생각한다. 그러나 가능한 한 용역을 계속 수행하고 싶다"는 취지의 이메일을 보냈다. 같은 날 피고 부천시 등의 담당 직원 6명은 원고를 방문하여 면담을 실시한 결과 원고로부터 이 사건 용역을 더 이상 수행할 수 없다는 답변을 얻었고, 위 출장 담당 직원들은 위와 같은 취지의 출장 보고서를 작성하였으며, 원고는 같은 날 피고 부천시에 계약이행포기서를 제출하였다.

라. 이 사건 용역계약에 관한 계약이행포기서 제출 이후의 경과

(1) 원고는 2011. 9. 25. 피고 부천시에 "이 사건 용역이 특정정치인의 정치일정을 위한 것이었는지에 대한 의문이 있다. 6억 원의 예산을 모아 놓고 강서구가 독자적으로 낸 액수보다 적은 액수로 용역을 진행하고 있으며, 원고에게 자금문제가 생긴 것은 이와 인과관계가 있다. 원고가 이 사건 용역을 계속 수행하거나 다른 방법으로도 기여할 수 있는 기회를 주기 바란다"는 취지의 공문을 보냈다. 원고는 2011. 9. 28. 피고 부천시에 "자금문제를 해결하려고 최선의 노력을 하고 있으며 투자의향서를 작성하는 상태에까지 왔다. 자금문제가 해결되면 추가 인력을 확보하여 기(旣)계획된 시간 내에 충분히 좋은 결과를 가져 올 것이다"라는 취지의 공문을 보냈다. 이어서 원고는 2011. 10. 1. 피고 부천시에 "K와 5억 5천만 원의 투자계약을 체결 중에 있다"라는 취지의 공문을 보냈다.

(2) 피고 부천시는 2011. 10. 4. 인천지방조달청에 원고가 계약이행포기서를 제출하였으니 처리하여 달라고 통보하였다. 원고는 2011. 10. 6. 피고 부천시에 "캐다나 투자자로부터 5억 5천만 원의 투자계약서 완성본이 왔다"라는 취지의 공문을 보냈다. 원고는 2011. 10. 11. 피고 부천시에 "캐나다 투자 회사 사장이 귀국하여 회의를 하고 10. 14. 계약을 체결할 예정이다"는 취지의 공문을 보냈다. 이어서 원고는 2011. 10. 18 피고 부천시에 "투자 회사와 계약을 하였다""는 취지의 공문을 보냈다.

(3) 원고는 2011. 11. 3. 피고 부천시에 '김포공항 프로젝트 관련 국회

국제공청회계획(안)'이라는 제목의 공문을 보냈다. 원고는 2011. 12. 5. 인천지방조달청에서 피고 부천시 등의 담당 직원, 위 조달청의 담당 직원 등과 이 사건 용역계약 파기와 관련하여 발주처인 피고 부천시 등과 원고의 의견을 확인하는 면담 모임을 가졌고, 원고 대표이사는 "자금문제로 포기공문을 보냈지만 지금까지 용역 공정률 60%를 이행하고 있으며, 자료를 인쇄해 왔다. 원고는 많은 용역을 수행하였고 실력을 인정받고 있으니 이 사건 용역도 계속 수행할 수 있다. 이 사건 용역은 공정표대로 진행될 수 없는 용역임을 알아주었으면 좋겠다"는 의견을 표시하였고, 아울러 중간보고서를 제출하려고 하였으나, 피고 부천시 담당 직원은 인수 및 검수를 거절하였다. 피고 부천시 등의 각 담당 직원은 "용역 미이행 책임은 원고에게 있으므로 2011. 9. 20.자 포기 문서에 따라 해제를 요망한다. 공정률 60%를 인정할 수 없고, 자료도 받을 이유가 없다. 원고가 2011. 12. 5.부터 2012. 3. 초까지 계약을 완료할 수 있다고 하는 것은 졸속처리에 불과하여 인정할 수 없다. 조달청에서 약 2개월간 아무 조치를 취하지 않은 것도 큰 문제이므로 발주청의 뜻에 따라 조속한 정리를 요망한다"는 의견을 표시하였다. 원고는 2011. 12. 9. 피고 부천시에 "원고는 기계획된 용역기간 내에 용역을 수행하기 위하여 최선을 다하고 있다"는 취지의 공문을 보냈다.

마. 이 사건 용역계약에 관한 해제 통보와 그 후속 조치

(1) 피고 부천시는 2011. 12. 14. 원고에게 "원고가 회사의 파행 운영 등으로 더 이상 이 사건 용역계약을 수행할 수 없다고 판단되고, 이는 지방자치단체를 당사자로 하는 계약에 관한 법률 시행령 제91조 제1항 제5호에서 규정한 '계약상대자가 정당한 이유 없이 계약이행을 하지 않거나 계약담당자의 이행 촉구에 따르지 않은 경우'에 해당한다"는 이유로 이 사건 용역계약을 해제하겠다고 통보하였다.

(2) 인천지방조달청은 2011. 12. 27. 원고에게 "지방자치단체를 당사자로 하는 계약에 관한 법률 시행령 제91조, 제54조에 따라 이 사건 용역계약을 해제하고 계약보증금을 국고에 귀속조치 한다"고 통보하였고,

이는 2011. 12. 29. 원고에게 도달하였다. 인천지방조달청은 2012. 1. 3. 서울보증보험에 계약보증금의 지급을 요청하였고, 서울보증보험은 원고의 동의를 받아 2012. 1. 13. 인천지방조달청에 계약보증금 47,791,060원을 지급하였다.

(3) 피고 부천시는 2012. 1. 6. 원고에게 이 사건 용역계약의 해제를 이유로 선급금 155,000,000원 및 이자 4,729,620원 합계 159,729,620원의 반환을 청구하는 동시에 서울보증보험에 이행보증보험증권에 기한 보험금의 지급을 청구하였고, 서울보증보험은 2012. 3. 8. 원고에게 "2012. 3. 16. 피고 부천시에 이 사건 선급금 155,000,000원과 이자 6,088,315원의 합계인 161,088,315원을 지급할 예정"임을 통지하였다.

(4) 원고는 2012. 2. 초경 중간보고서 3부를 피고 부천시에 제출하였다.

Ⅱ. 참조 조문

1. 지방자치단체를 당사자로 하는 계약에 관한 법률

> **제15조(계약보증금)** ① 지방자치단체의 장 또는 계약담당자는 지방자치단체와 계약을 체결하려는 자로 하여금 계약보증금을 내도록 하여야 한다.
> ③ 지방자치단체의 장 또는 계약담당자는 계약상대자가 계약상의 의무를 이행하지 아니하면 그 계약보증금을 해당 지방자치단체에 귀속시켜야 한다.

2. 지방자치단체를 당사자로 하는 계약에 관한 법률 시행령

> **제54조(계약보증금의 세입조치)** ① 지방자치단체의 장 또는 계약담당자는 계약상대자가 정당한 이유 없이 계약상의 의무를 이행하지 아니하면 계약보증금을 법 제15조 제3항에 따라 지방자치단체에 세입조치하여야 한다.
> **제91조(계약의 해제·해지)** ① 지방자치단체의 장 또는 계약담당자는 계

약을 체결하는 경우 다음 각 호의 어느 하나의 사유에 해당하면 해당 계약을 해제 또는 해지할 수 있음을 계약내용에 포함시켜야 한다.

5. 계약상대자가 정당한 이유 없이 계약이행을 하지 않거나 계약담당자의 이행 촉구에 따르지 않은 경우

3. 지방자치단체 용역계약 일반조건(행정안전부 예규 제334호, 2010. 10. 26., 이하 '일반조건')

제4절 계약이행의 보증

3. 계약보증금의 처리

가. 계약상대자가 정당한 이유없이 계약상의 의무를 이행하지 아니한 때에는 계약보증금을 지방자치단체에 세입조치한다.

제7절 계약이행의 지체 및 계약의 해제·해지

3. 계약상대자의 책임 있는 사유로 인한 해제·해지

가. 다음 각 호의 어느 하나의 사유에 해당하는 경우에는 계약상대자의 책임 있는 사유로 인한 계약의 해지 또는 해제사유가 된다.

5) 계약상대자가 정당한 이유 없이 계약이행을 하지 않거나 계약담당자의 이행 촉구에 따르지 않은 경우

라. 계약담당자는 "가"의 규정에 의하여 계약을 해제 또는 해지한 경우 기성부분을 검사하여 인수하는 때에는 인수한 날로부터 14일 이내에 해당 부분에 상당하는 대가를 계약상대자에게 지급하여야 한다.

마. "가"의 규정에 의하여 계약이 해제 또는 해지되는 경우 계약상대자는 지급받은 선금에 대하여 미정산잔액이 있는 경우에는 그 잔액에 대한 약정이자상당액을 가산하여 발주기관에 상환하여야 한다. 이 경우 계약담당자는 상환할 금액과 기성부분의 대가를 상계할 수 있다.

4. 사정변경에 의한 계약의 해제·해지

가. 발주기관은 "3-가"의 각 호의 경우외의 객관적으로 명백한 발주기관의 불가피한 사정이 발생한 때에는 계약을 해제 또

는 해지할 수 있다.

다. 발주기관은 "가"의 규정에 의하여 계약을 해제 또는 해지할 경우에는 다음 각 호에 해당하는 금액을 해제 또는 해지한 날부터 14일 이내에 계약상대자에게 지급하여야 한다. 이 경우 제4절의 "2"규정에 의한 계약보증금을 동시에 반환하여야 한다.

1) 제8절의 "8-나-1)-2)"에 해당하는 수행부분의 대가 중 지급하지 아니한 금액

2) 전체용역의 완성을 위하여 계약의 해제 또는 해지일 이전에 투입된 계약상대자의 인력, 자재 및 장비의 철수 비용

라. 계약상대자는 선금에 대한 미정산잔액이 있는 경우에는 이를 발주기관에 상환하여야 한다. 이 경우 미정산잔액에 대한 이자는 가산하지 아니한다.

제8절 용역의 완성 및 대가의 지급

1. 용역 완성의 검사

가. 계약상대자는 용역을 완성하였을 때에는 그 사실을 서면으로 계약담당자에게 통지하고 필요한 검사를 받아야 한다. 기성부분에 대하여 완성 전에 대가의 전부 또는 일부를 지급받고자 할 때에도 또한 같다.

2. 용역목적물의 인수

가. 계약담당자는 "1"의 규정에 의한 검사에 의하여 용역의 완성을 확인한 후 계약상대자가 서면으로 인수를 요청하였을 때에는 즉시 해당 용역 목적물을 인수하여야 한다.

3. 기성부분의 인수

가. 계약담당자는 전체 계약목적물이 아닌 기성부분(성질상 분할할 수 있는 용역에 대한 완성부분에 한한다)에 대하여 이를 인수할 수 있다.

나. "2"의 규정은 기성부분 인수의 경우에도 준용한다.

Ⅲ. 판시사항

원고는 자금문제로 인해 2011. 7. 말경부터 주간보고서 등을 제출하지 않고 이 사건 세미나 개최를 포기하는 등 이 사건 용역을 제대로 수행하지 못하였고, 이에 피고 부천시가 계약의 이행 가능 여부에 대해 문의함과 동시에 정상적인 용역수행에 관한 계획서 등을 제출하지 못할 경우 이 사건 용역계약을 해제할 수 있음을 수차례 통보하였음에도 원고는 자금문제를 해결하지 못해 이 사건 용역을 수행할 수 없다는 취지의 답변을 하였으며, 결국 원고는 2011. 9. 20. 피고 부천시에 이 사건 용역계약의 이행을 포기하겠다는 의사를 표시하였으므로, 이는 '원고가 정당한 이유 없이 계약이행을 하지 않거나 계약담당자의 이행촉구에 따르지 않은 경우'에 해당한다 할 것이어서 이를 이유로 한 인천지방조달청의 2011. 12. 27.자 해제 통보에 의하여 이 사건 용역계약은 적법하게 해제된 것으로 봄이 상당하다.

Ⅳ. 해 설

1. 원고의 주장

피고 부천시는 원고가 자금문제로 인하여 이 사건 세미나를 개최하지 않는 등 정당한 이유 없이 계약을 이행하지 않았다는 이유로 이 사건 용역계약을 해제하고 계약보증금을 국고에 귀속시켰으나, 원고는 정당한 이유 없이 계약을 이행하지 않은 사실이 없고, 오히려 피고 부천시가 이 사건 용역계약을 해제한 것은 정치적인 이유 등 피고 부천시의 사정변경 때문이다. 따라서 피고 대한민국은 계약보증금을 국고에 귀속시킬 수 없고 이를 원고에게 반환하여야 한다.

원고는 이 사건 용역계약이 해제될 때까지 이 사건 용역의 61%를 수행하였고, 그 과정에서 비용으로 인건비 87,541,389원 및 운영경비 79,783,930원, 합계 167,325,319원을 투입하였으므로 피고 대한민국은 원고에게 기성고에 따른 기성대가 및 투입비용을 지급할 의무가 있고, 이는 원고가 지급받은 선급금과 서로 상계하여 정산되어야 한다. 원고가 지급받아야 할 기성대가(계약금액 318,607,070원×61%=194,250,312원) 또는 투입비용(합계 167,325,319원)은 원고가 지급받은 선급금 155,000,000원보다 많으므로, 원고의 선급금 반환채무는 존재하지 않고, 오히려 피고 대한민국이 원고에게 선급금을 초과하는 기성대가 또는 투입비용을 지급하여야 하므로, 그 중 일부청구로 1,000,000원의 지급을 구한다.

따라서 피고들에 대하여 원고의 선급금 반환채무가 존재하지 아니한다는 확인을 구하고, 피고 대한민국에 대하여 국고에 귀속시킨 계약보증금 47,791,060원과 위 1,000,000원 합계 48,791,060원 및 이에 대한 지연손해금을 원고에게 지급하여 줄 것을 구한다.

2. 용역계약의 해제의 적법성

가. 이행불능으로 인한 계약해제

(1) 계약해제는 계약당사자 사이에 계약에 대한 신뢰가 깨어진 경우 그러한 계약관계를 신속하게 종료하는 제도이다. 그러나 계약해제는 동시에 당사자 일방의 해제권 행사로 계약에 투자된 양당사자의 신뢰를 깨뜨리는 결과를 가져오므로 해제권의 운명에 대한 합리적인 기준이 요구된다. 여기서 채권자의 계약해제가 정당화될 수 있는가의 문제는 계약당사자의 전형적인 이익상태에 따라 판단되므로 계약해제에는 다양한 요소가 고려되어야 한다. 즉 계약해제의 법적 구성은 급부장애의 본질에 따른 계약해제의 정당성과 이를 실현하는 절차의 상호관계를 통하여 이루어진다.[3]

(2) 채무자가 급부를 이행하는 것이 지속적으로 불가능한 경우에 급부장애는 항상 본질적인 계약위반에 해당된다. 이 경우에 채권자가 계약으로부터 벗어날 수 있음은 자명하므로 채무자에게 최종적인 유예기간을

3) 정진명, “계약해제의 요건 -비교법적 법원리를 중심으로-”, 재산법연구 제21권 제2호(2005), 201면.

부여하거나 또는 법원의 판단을 필요로 하지 않는다. 이와 같이 채무자가 현재에 그리고 장래에 더 이상 급부를 이행할 수 없는 경우에 채무자는 채권자로부터 반대급부를 얻을 것을 기대할 수 없으며, 또한 채권자에게 잠정적으로 자신의 반대급부를 유지하도록 요구할 수도 없다. 채무의 이행이 불능이라는 것은 단순히 절대적·물리적으로 불능인 경우가 아니라 사회생활에서의 경험법칙 또는 거래상의 관념에 비추어 볼 때 채권자가 채무자의 이행의 실현을 기대할 수 없는 경우를 말한다.[4)]

나. 이 사건 용역계약이 적법하게 해제되었는지 여부

원고는 자금문제로 인해 2011. 7. 말경부터 주간보고서 등을 제출하지 않고 이 사건 세미나 개최를 포기하는 등 이 사건 용역을 제대로 수행하지 못하였고, 이에 피고 부천시가 계약의 이행 가능 여부에 대해 문의함과 동시에 정상적인 용역수행에 관한 계획서 등을 제출하지 못할 경우 이 사건 용역계약을 해제할 수 있음을 수차례 통보하였음에도 원고는 자금문제를 해결하지 못해 이 사건 용역을 수행할 수 없다는 취지의 답변을 하였으며, 결국 원고는 2011. 9. 20. 피고 부천시에 이 사건 용역계약의 이행을 포기하겠다는 의사를 표시하였으므로, 이는 '원고가 정당한 이유 없이 계약이행을 하지 않거나 계약담당자의 이행촉구에 따르지 않은 경우'에 해당한다 할 것이어서 이를 이유로 한 인천지방조달청의 2011. 12. 27.자 해제 통보에 의하여 이 사건 용역계약은 적법하게 해제된 것으로 봄이 상당하다.

다. 원고의 귀책사유의 존부

(1) 원고는 2011. 9. 20. 이 사건 용역에 관한 계약이행포기서를 제출한 이후 포기 의사를 번복하여 2011. 12. 초경까지 이 사건 용역의 61%를 완성하였고 2012. 3.경까지 이 사건 용역을 완성할 수 있었으므로 원고가 정당한 이유 없이 계약을 이행하지 않았다거나 계약담당자의 이행촉구에 따르지 않았다고 볼 수 없고, 원고의 자금문제 역시 애초에 이 사

4) 대법원 2014. 6. 12. 선고 2013다75892 판결.

건 용역대금이 이 사건 용역을 수행하기에 부족한 금액이었음에도 피고들이 추가적인 지원을 하지 않아 발생한 것이므로 이를 원고의 책임으로 볼 수 없다고 주장한다.

(2) 원고가 2011. 7. 28.경 피고 부천시의 담당자에게 '자금문제로 이 사건 용역의 수행이 불가능하다'는 내용의 문자메시지를 보낸 이래 2011. 8. 16. 이 사건 세미나의 개최가 불가능하다고 통보하였으며 피고 부천시의 용역 이행 정상화 계획 등 제출 요청에 불구하고 2011. 9. 20. 결국 이 사건 용역계약의 이행을 포기하였음은 앞서 인정한 바와 같고, 피고 부천시나 인천지방조달청이 그 이후 원고의 계약이행포기 의사 철회에 대하여 이를 수용하겠다는 의사를 표시하였다고 볼 만한 자료가 없으며, 오히려 피고 부천시는 2011. 10. 4. 인천지방조달청에 원고가 계약이행포기서를 제출하였으니 처리하여 달라고 통보한 사실 등을 고려할 때, 2011. 9. 20. 이후 원고와 피고 부천시 또는 인천지방조달청 사이에 원고의 계약이행포기 의사 철회를 수용하는 합의가 있었다고 보기 어렵다.

(3) 원고가 2011. 12. 초경까지 이 사건 용역의 61%를 완성한 사실을 인정하기 부족하고, 원고가 처음 용역을 수행할 수 없다고 한 이래 계약이행포기서를 제출할 때까지의 기간, 원고가 계약이행포기서를 제출하게 된 경위, 이 사건 세미나를 개최하지 못한 점, 원고 대표이사 스스로 2011. 12. 5. 인천지방조달청 면담 모임 때 이 사건 용역은 공정표대로 진행될 수 없는 용역임을 알아주었으면 좋겠다는 의견을 표시한 점 등에 비추어 원고가 2012. 3.경까지 이 사건 용역을 완성할 수 있었다고 보기도 어렵다.

(4) 또한 당초 피고 부천시 등이 이 사건 용역 발주를 위하여 편성한 예산액은 600,000,000원이고, 그 설계액은 459,465,600원인데, 원고가 318,607,070원에 입찰하여 같은 금액으로 이 사건 용역계약을 체결한 사실은 인정할 수 있다. 그러나 이 사건 용역계약은 원고가 결정한 입찰가 318,607,070원에 체결된 것으로 원고는 위 입찰가에 의해 이 사건 용역을 수행할 수 있다는 판단 하에 위 입찰가를 결정한 것으로 봄이 상당한 점, 피고 부천시는 원고의 요청에 의해 2011. 3. 28. 선급금 155,000,000

원을 지급하였는데 이는 이 사건 용역대금의 49%에 해당하는 금액으로서 2011. 7. 22.경까지 원고가 달성하였다고 주장하는 기성률 35%를 상회하는 금액이었던 점, 이 사건 세미나의 개최는 2011. 5. 3. 실시한 착수보고회에서부터 예정하고 있었던 것으로서 이 사건 용역계약 내용에 포함되는 것으로 보이는바, 세미나의 개최가 피고 부천시의 무리한 요구였다고 보기 어려운 점, 달리 피고 부천시가 원고에게 추가 자금을 지원해주거나 용역대금을 증액해주어야 할 사정이 보이지 않는 점(일반조건에 의하면 물가변동 또는 계약내용 변동으로 인한 계약금액의 조정이 가능하지만, 원고의 자금문제는 물가변동 또는 계약내용 변동과는 무관하고, 2010. 8.경부터 체불이 시작된 점에 비추어 보아 이 사건 용역계약 체결 이전부터 잠재해 있었던 문제로 판단된다. 또한 원고가 사정변경 등을 이유로 피고 부천시에 자금지원 또는 용역대금의 증액을 요청한 바도 없다) 등을 고려할 때, 원고의 위 주장은 이유 없다.

3. 기성대가 청구에 대한 판단

가. 일반조건의 규정

일반조건은 제7절 '계약이행의 지체 및 계약의 해제·해지'의 제3항 '계약상대자의 책임 있는 사유로 인한 해제·해지'의 라목에서, 계약상대자의 책임 있는 사유로 인한 해제·해지의 경우,[5)] 기성부분을 검사하여 인수하는 때에는 그에 상당하는 대가를 계약상대자에게 지급하여야 한다고 규정하고 있고, 제8절 제3항에서 계약담당자는 전체 계약목적물이 아닌 기성부분에 대하여 이를 인수할 수 있으나 이는 성질상 분할할 수 있는 용역에 대한 완성부분에 한한다고 규정하고 있다.

나. 기성부분의 검사와 인수 여부

피고 대한민국 또는 피고 부천시가 원고의 이 사건 용역에 관한 기성

---

5) 이 사건 용역계약의 해제 사유인 '계약상대자가 정당한 이유 없이 계약이행을 하지 않거나 계약담당자의 이행 촉구에 따르지 않은 경우'는 계약상대자의 책임 있는 사유로 인한 해제 사유에 해당한다.

부분을 검사하여 인수하였다고 볼 자료가 없고, 위 제8절 제3항의 규정은 계약담당자가 기성부분을 인수할 수 있다는 재량규정에 불과하여 원고가 피고 대한민국에 대하여 기성부분의 대가를 청구할 수 있는 근거로 보기 어려우므로, 원고가 피고 대한민국에 대하여 기성부분의 대가를 청구할 수 있는 권리가 있다고 볼 수 없다.

다. 미정산잔액의 상환 규정과 정산이행의무의 관계

(1) 일반조건 제7절의 제3항 마목에서 "계약당사자의 책임 있는 사유에 의하여 계약이 해제 또는 해지되는 경우 계약상대자는 지급받은 선금에 대하여 미정산잔액이 있는 경우에는 그 잔액에 대한 약정이자상당액을 가산하여 발주기관에 상환하여야 한다. 이 경우 계약담당자는 상환할 금액과 기성부분의 대가를 상계할 수 있다"고 규정하고 있다.

(2) 위 규정의 첫째 문장은 원고와 같은 계약상대자가 선금에 대한 미정산잔액을 상환하여야 한다는 내용으로서 이는 선금에 대하여 만약 일부 정산이 이루어진 경우 미정산잔액을 상환하여야 한다는 취지로 보이고 이를 들어 반드시 기성부분에 대한 대가를 지급하는 정산이 이루어져야 한다는 근거규정으로 볼 수는 없다.

위 규정의 두 번째 문장은 계약상대자가 아니라 '계약담당자'가 앞서 살펴본 제7절 제3항 라목에 따라 기성부분을 검사하여 인수함으로써 해당 부분에 상당하는 대가를 계약상대자에게 지급할 의무를 부담할 때 이를 계약상대자에게 직접 지급하지 않고 계약상대자가 상환할 금액과 상계할 수 있다는 취지여서, 이 역시 기성부분에 대한 대가 지급의무를 부과하는 근거 규정으로 볼 수 없다.

(3) 이 사건 용역계약은 지역적 자연지형물이 고려된 장애물 제한표면 설정 안을 제시하여 김포국제공항 이·착륙 항공기의 비행안전에 미치는 영향을 평가하고, 비행안전을 보증하는 전제하에 건축물 높이 제한 완화 가능 여부를 결정하여 건축 가능한 높이에 따라 현 비행절차 규정 중에서 폐지·변경을 필요로 하는 항공 관련 규정에 대한 적절한 개선대안을 제시함으로써 고도제한을 완화하는 것을 그 목적으로 하는 연구용역인

점, 비록 이 사건 용역과 관련하여 그 예정 공정표상 자료수집, 비행안전 영향평가, 개선 대안 비행절차 연구, 완화 가능 높이 도출, 외국 사례 연구, 조종사 및 관제사 등 인적요소 평가 등으로 그 과업수행 내용이 나누어져 있기는 하나, 위와 같은 과업수행 내용들은 각기 독자적 의미를 가진다기보다는 최종 대안을 제시하기 위한 과정에서 검토해야 하는 요소들로서 위 대안을 도출하는 과정에서 상호 보완하는 유기적 관계에 있는 것으로 보이는 점, 위와 같은 각 수행 내용은 용역을 수행하는 연구자의 역량, 연구 계획 및 연구 방법 등에 따라 그 필요 여부 및 연구 결과에 미치는 영향이 다르고 후행연구자가 최종 대안 등 결론을 도출하기 위해서는 앞선 결과물에 대하여도 별도의 검토를 하여야 하는 점, 이 사건 용역계약상 용역성과물은 '착수계, 과업수행계획서, 착수보고서, 중간보고서, 종합보고서(안), 종합보고서' 등으로 나누어 제출하게 되어 있으나, 이는 연구의 내용에 따른 구분이 아니고 다만 전체적인 수행 정도에 따라 일정 시점에 진행 상황을 확인하기 위한 것으로 보이는 점(제출시기가 진도 20% 부근, 진도 60% 부근, 진도 100% 부근 등으로 정하여져 있다) 등을 고려할 때, 이 사건 용역은 분할할 수 있는 용역으로 보기 어렵다.

4. 투입비용 청구에 관한 판단

가. 원고의 주장

원고가 제출한 이 사건 용역의 과업지시서상 "계약이 해제되는 경우 계약상대자는 지급받은 선금 중 미정산잔액 및 이에 대한 이자상당액을 발주기관에 상환하여야 한다. 이 경우 계약담당자는 상환할 금액과 기성부분의 대가를 상계할 수 있다"는 규정을 근거로 피고들은 원고에게 원고가 이 사건 용역계약에 따라 이 사건 용역계약 해제시까지 투입한 비용을 지급할 의무가 있다.

나. 검 토

(1) 위 규정의 첫째 문장은 원고와 같은 계약상대자가 선금에 대한 미

정산잔액을 상환하여야 한다는 내용으로서 이는 만약 선금에 대하여 일부 정산이 이루어진 경우 미정산잔액을 상환하여야 한다는 취지로 보이고 이를 들어 반드시 투입비용을 지급하는 정산이 이루어져야 한다는 근거규정으로 볼 수는 없다.

(2) 위 규정의 두 번째 문장은 계약상대자가 아니라 '계약담당자'가 앞서 살펴본 제7절 제3항 라목에 따라 기성부분을 검사하여 인수함으로써 해당 부분에 상당하는 대가를 계약상대자에게 지급할 의무를 부담할 때 이를 계약상대자에게 직접 지급하지 않고 계약상대자가 상환할 금액과 상계할 수 있다는 취지여서, 이 역시 투입비용 지급의무를 부과하는 근거규정으로 볼 수 없다.

(3) 일반조건은 계약상대자의 책임 있는 사유로 인해 계약이 해제·해지된 경우 기성부분을 검사하여 인수하는 때에는 그에 상당하는 대가를 계약상대자에게 지급하여야 한다고 규정하고 있을 뿐, 투입비용 지급 등에 관하여는 정하지 않고 있는 것에 비하여, 사정변경에 의한 계약의 해제·해지의 경우 전체 용역의 완성을 위하여 계약의 해제 또는 해지일 이전에 투입된 계약상대자의 인력, 자재 및 장비의 철수비용을 계약상대자에게 지급해야 하는 것으로 규정하고 있는바, 일반조건은 사정변경에 의한 계약의 해제·해지시와 달리 계약상대자의 책임 있는 사유로 인한 해제·해지시에는 계약상대자가 투입한 비용을 지급하지 않는 것으로 규정한 것으로 보인다.

(4) 따라서 원고가 들고 있는 위 규정만으로는 원고가 피고 대한민국에게 이 사건 용역에 따른 투입비용을 청구할 수 있다고 보기 어렵다.

[19] 비행장 인근의 풍력발전소 공사금지가처분

광주고등법원 2019. 6. 24.자 (제주)2019라508 결정

Ⅰ. 사실관계

(1) 채권자 주식회사 대한항공은 국내외 항공운송업 등을 목적으로 하는 법인으로, 서귀포시 (주소 생략) 잡종지 836,351㎡를 소유하면서 1983년경부터 구 항공법[2016. 3. 29. 법률 제14113호 및 제14116호로 공항시설법 및 항공안전법이 제정됨으로써(2017. 3. 30. 시행) 폐지되기 전의 것] 제75조 등 규정에 따라 그 지상에 비행장(이하 '이 사건 비행장')을 설치하여 관리·운영하고 있다.

(2) 채무자 수망풍력 주식회사(이하 '채무자 수망풍력')는 이 사건 비행장으로부터 남서쪽 방향으로 약 4.5km 떨어져 있는 이 사건 각 토지 지상에 풍력발전소를 운영하기 위하여 제주특별자치도에 전기사업(풍력발전) 허가 및 개발사업 시행승인을 신청하였고, 제주특별자치도지사는 2016. 10. 17. "구 항공법 시행규칙(2017. 3. 30. 국토교통부령 제410호로 폐지되기 전의 것) 제246조의2 제2항이 정한 바에 따라 항공기의 비행안전에 지장이 있는지 여부를 비행장설치자인 채권자와 협의하기 바란다"는 취지의 제주지방항공청의 의견을 비롯한 관련 기관 및 부서 협의사항을 철저히 이행할 것 등을 조건으로 하여 이를 승인하였다.

(3) 채권자는 2016. 12. 6.경 제주특별자치도지사에게 조속한 시일 내에 위와 같은 협의가 이루어질 수 있도록 절차를 진행해 줄 것을 요청하는 문서를 보냈으나, 제주특별자치도지사는 2017. 4. 11. 채권자에게 구 항공법 관련 규정은 공공용 비행장에만 적용되므로 채권자와 협의할 의무가 없다는 취지로 회신하였다.[1)]

---

1) 구 항공법 시행규칙 제246조의2와 현행 공항시설법 시행규칙 제22조의 규정은 항공기의 안전한 운항이라는 공익을 위한 것이므로, 모든 비행장 또는 공항(공항시설을 갖춘

(4) 채무자 수망풍력은 2018. 3. 28.경 채무자 주식회사 한화건설(이하 '채무자 한화건설') 및 신청외 1과 사이에 풍력발전소 공사(이하 '이 사건 공사')를 위한 공사도급계약을 체결하였다.

(5) 채무자 수망풍력은 제주특별자치도에 풍력발전소 공사계획 인가 및 개발사업 착공 신고를 하였고, 제주특별자치도지사는 2018. 6. 28. 이를 수리하였다.

(6) 채권자는, 이 사건 공사로 설치될 풍력발전기가 이 사건 비행장을 이용하는 항공기의 운항상 안전을 위협함에 따라 채권자는 이 사건 비행장을 본래 용도로 사용할 수 없게 되는바, 이와 같은 풍력발전기의 설치는 채권자 토지 등 소유권에 대한 방해 행위에 해당하므로, 소유권에 기한 방해배제·예방청구권의 보전을 위하여 가처분신청을 하였다.

Ⅱ. 참조 조문

1. 공항시설법

제2조(정의) 이 법에서 사용하는 용어의 뜻은 다음과 같다.

2. "비행장"이란 항공기·경량항공기·초경량비행장치의 이륙[이수(離水)를 포함한다. 이하 같다]과 착륙[착수(着水)를 포함한다. 이하 같다]을 위하여 사용되는 육지 또는 수면(水面)의 일정한 구역으로서 대통령령으로 정하는 것을 말한다.
3. "공항"이란 공항시설을 갖춘 공공용 비행장으로서 국토교통부장관이 그 명칭·위치 및 구역을 지정·고시한 것을 말한다.

제4조(공항개발 기본계획의 수립) ① 국토교통부장관은 공항 또는 비행장을 개발하려면 공항 또는 비행장의 개발에 관한 기본계획(이하 "기본계획"이라 한다)을 수립하여야 한다. 다만, 공항시설 또는 비행장시설의 개량에 관한 사업 등 대통령령으로 정하는 경미한 개발사업의 경우에는 기본계획을 수립하지 아니할 수 있다.

② 기본계획에는 다음 각 호의 사항이 포함되어야 한다.

공공용 비행장으로서 국토교통부장관이 그 명칭·위치 및 구역을 지정·고시한 것)에 적용된다. 따라서 위 회신은 타당하다고 보기 어렵다.

3. 공항·비행장개발예정지역 및 장애물 제한표면

제34조(장애물의 제한 등) ① 누구든지 제4조 제5항에 따른 기본계획의 고시(변경 고시를 포함한다) 또는 제7조 제6항에 따른 실시계획의 고시(변경 고시를 포함한다) 이후에는 해당 고시에 따른 장애물 제한표면의 높이 이상의 건축물·구조물(고시 당시 이미 관계 법령에 따라 행위허가를 받았거나 허가를 받을 필요가 없는 행위에 관하여 그 공사에 착수한 건축물 또는 구조물은 제외한다)·식물 및 그 밖의 장애물을 설치·재배하거나 방치해서는 아니 된다. 다만, 다음 각 호의 어느 하나에 해당하는 경우에는 그러하지 아니하다.

1. 관계 행정기관의 장이 국토교통부령으로 정하는 바에 따라 국토교통부장관 또는 사업시행자등과 협의하여 설치 또는 방치를 허가하거나 그 공항 또는 비행장의 사용 개시 예정일 전에 제거할 예정인 가설물이나 그 밖에 국토교통부령으로 정하는 장애물의 경우
2. 국토교통부령으로 정하는 항공학적 검토 기준 및 방법 등에 따른 항공학적 검토 결과에 대하여 제35조에 따른 항공학적 검토 위원회의 의결로 국토교통부장관이 항공기의 비행안전을 특히 해치지 아니한다고 결정하는 경우

2. 공항시설법 시행규칙

제22조(장애물의 제한에 관한 협의) ① 법 제34조 제1항 제1호에서 "국토교통부령으로 정하는 장애물"이란 다음 각 호의 것을 말한다.

1. 「건축법」에 따른 가설건축물 및 피뢰설비
2. 건축물 옥상에 설치되어 있는 7미터 미만의 안테나(유사 구조물을 포함한다)
3. 공항시설 또는 비행장시설로서 공항 또는 비행장 운영에 필요한 시설
4. 지형적 특성으로 인하여 인위적으로 제거하기 곤란한 산악 및 구릉
5. 레이저광선 발사 장치의 위치, 발사 방향 등 국토교통부장관이 정하여 고시하는 기준에 적합한 레이저광선

6. 별표 6의 기준에 적합한 건축물이나 구조물

② 법 제34조 제1항 제1호에 따라 협의를 하려는 관계 행정기관의 장은 별지 제15호 서식의 요청서에 다음 각 호의 서류를 첨부하여 비행장설치자에게 제출하여야 한다.

1. 사업계획서
2. 설계도

③ 제2항에 따른 협의 요청서를 받은 비행장설치자는 다음 각 호의 구분에 따라 처리하여야 한다.

1. 협의대상이 장애물 제한표면의 높이 미만인 경우에는 설치 또는 방치할 수 있음을 통지한다.
2. 협의대상이 장애물 제한표면의 높이 이상이고 제1항 각 호의 어느 하나에 해당하지 아니하는 경우에는 설치 또는 방치할 수 없음을 통지한다.
3. 협의대상이 장애물 제한표면의 높이 이상이나 제1항 각 호의 어느 하나에 해당하는 경우에는 지방항공청장이 별표 7의 비행안전 확인기준에 따라 검토한 결과 항공기의 비행안전에 지장이 없다고 인정하면 설치 또는 방치할 수 있음을 통지하고 항공기의 비행안전에 지장이 있다고 인정하면 설치 또는 방치할 수 없음을 통지한다.

④ 관계 행정기관의 장은 제3항 제1호 또는 제3호에 따른 통지를 받아 건축물 또는 구조물을 설치한 경우에는 다음 각 호의 구분에 따른 기한 내에 해당 건축물 또는 구조물의 설치·변경 현황을 별지 제16호 서식의 서식에 따라 비행장설치자에게 통보하여야 한다.

1. 공사 개시 후: 5일 이내
2. 최고높이 도달 후: 7일 이내
3. 준공 또는 사용승인 전: 5일 이내

3. 민사집행법

제300조(가처분의 목적) ② 가처분은 다툼이 있는 권리관계에 대하여 임시의 지위를 정하기 위하여도 할 수 있다. 이 경우 가처분은 특히 계속하는 권리관계에 끼칠 현저한 손해를 피하거나 급박한 위험

을 막기 위하여, 또는 그 밖의 필요한 이유가 있을 경우에 하여야 한다.

제303조(관할법원) 가처분의 재판은 본안의 관할법원 또는 다툼의 대상이 있는 곳을 관할하는 지방법원이 관할한다.

제304조(임시의 지위를 정하기 위한 가처분) 제300조 제2항의 규정에 의한 가처분의 재판에는 변론기일 또는 채무자가 참석할 수 있는 심문기일을 열어야 한다. 다만, 그 기일을 열어 심리하면 가처분의 목적을 달성할 수 없는 사정이 있는 때에는 그러하지 아니하다.

제305조(가처분의 방법) ① 법원은 신청목적을 이루는 데 필요한 처분을 직권으로 정한다.

② 가처분으로 보관인을 정하거나, 상대방에게 어떠한 행위를 하거나 하지 말도록, 또는 급여를 지급하도록 명할 수 있다.

Ⅲ. 판시사항

이 사건 비행장은 당초 주활주로의 동쪽 장주(場周, Traffic Pattern)만 이용되었고, 서쪽 장주는 접근범주 A등급 항공기에 대하여만 설정되어 있었으며 그마저도 사용이 금지되어 있다가 이 사건 개발사업 승인이 이루어진 후인 2017. 8. 31.경에 이르러서야 서쪽 장주의 사용이 허용되고 접근범주 B, C등급 항공기에 대하여도 서쪽 장주가 설정되었는데, 이 사건 구조물이 완공되더라도 채권자가 종전처럼 동쪽 장주를 이용하여 비행장을 운용하는 것이 가능한 점 등 이 사건 각 토지와 이 사건 비행장 사이의 거리, 이 사건 비행장의 용도, 토지의 합리적이고 효율적인 이용관계, 이 사건 개발사업 승인 경위 및 경과 등에 비추어 보면, 채권자가 제출한 자료만으로는 위와 같은 방해가 수인한도를 넘어선다고 보기 어렵다.

Ⅳ. 해 설

1. 임시의 지위를 정하기 위한 가처분

가. 의 의

당사자 사이에 현재 다툼이 있는 권리 또는 법률관계가 존재하고 그에 대한 판결이 있기까지 현상의 진행을 그대로 방치한다면 권리자가 현저한 손해를 입거나 급박한 위험에 처하는 등 소송의 목적을 달성하기 어려운 경우에 그로 인한 위험을 방지하기 위해 잠정적으로 권리 또는 법률관계에 관하여 임시의 지위를 정하는 보전처분이다(민사집행법 제300조 제2항). 청구권의 보전을 위한 가압류 또는 다툼의 대상에 관한 가처분과는 달리 보전하고자 하는 권리 또는 법률관계의 종류는 묻지 아니한다.

나. 피보전권리

(1) 권리관계가 현존할 것

임시의 지위를 정하기 위한 가처분은 장래의 집행보전이 아닌 현존하는 위험방지를 위한 것이므로 엄밀한 의미에서는 피보전권리라고 할 것이 없지만 보통 다툼이 있는 권리관계를 피보전권리라고 한다. 그 권리확정이 아직 이루어지기 전에 임시의 권리자인 지위를 채권자에게 주려는 것이므로, 그 피보전권리는 반드시 집행에 적합하지 않는 것이라도 상관없다. 임시의 지위를 정하기 위한 가처분은 가처분에 의하여 보전될 권리관계의 존재를 그 요건으로 한다.[2)]

(2) 권리관계에 다툼이 있을 것

임시의 지위를 정하기 위한 가처분은 다툼이 있는 권리관계에 관하여 현재의 위험을 방지할 것을 목적으로 하여 권리확정이 이루어지기 전에 임시로 채권자에게 권리자의 지위를 주려는 것이므로, 그 개념요소로서 다툼이 있는 권리관계의 존재를 그 요건으로 한다. 다툼이라 함은 권리관

---

2) 대법원 1993. 1. 14.자 92마916 결정.

계에 관하여 당사자의 주장이 대립되기 때문에 소송에 의한 권리보호가 요구되는 것을 말한다. 권리관계가 부인되는 것, 의무를 인정하더라도 이행하지 아니하는 것, 또는 주주총회결의취소처럼 형성의 소가 제기될 것이 요구되는 것 등이 이에 속한다. 그러나 반드시 재판이 계속 중임을 필요로 하지 아니함은 물론 당사자가 적극적으로 분쟁을 벌이고 있는 상태에 있을 필요도 없다. 따라서 가처분채권자의 점유가 침해되거나 이행기가 도래하였는데도 상대방이 이행을 하지 아니하는 경우 또는 권리에 대한 위법한 침해의 위험이 가까워진 것도 다툼 있는 경우에 포함된다. 그러나 상대방이 단순히 다툰다고 하는 태도 이상의 구체적인 방해행위에 나아가지 아니한 경우는 보전의 필요성이 없다고 볼 경우가 적지 아니한다.

다. 보전의 필요성

민사집행법 제300조 제2항은 이 가처분의 필요성에 관하여 “현저한 손해를 피하거나 급박한 위험을 막기 위하여, 또는 그 밖의 필요한 이유가 있을 경우에 하여야 한다”라고 규정하여, 가압류나 다툼의 대상에 관한 가처분과 달리 이 가처분은 현재의 위험방지가 주목적임을 밝히고 있다.

이 가처분의 보전의 필요성에 관한 “현저한 손해를 피하거나 급박한 위험을 막기 위하여”라는 사유는 단순한 예시규정에 지나지 않으며, 그러한 예시적 사유 외에는 “그 밖의 필요한 이유가 있을 경우에”라고 하는 일반조항만을 두고 있기 때문에 이 가처분의 필요성은 법원의 재량적 판단에 맡겨질 문제이다. 그러나 이 가처분은 본안판결 전에 채권자에게 만족을 주는 경우도 있는 것이어서 채무자의 고통 또한 크므로 그 필요성의 인정은 신중을 기하여야 하고, 그 심리에서는 원칙적으로 변론기일 또는 채무자가 참석할 수 있는 심문기일을 열어야 한다(민사집행법 제304조).

임시의 지위를 정하기 위한 가처분이 필요한지 여부는 당해 가처분신청의 인용 여부에 따른 당사자 쌍방의 이해득실관계, 본안소송에 있어서의 장래의 승패의 예상, 그 밖의 제반 사정을 고려하여 합목적적으로 결정하여야 한다.[3] 특히 가처분채무자에 대하여 본안판결에서 명하는 것과 같은 내용의 의무를 부담시키는 만족적 가처분에서는 보다 고도의 보

전의 필요성이 존재하지 않으면 안 된다.[4)]

2. 법원의 판단

가. 인정사실

(1) 채권자는 항공운송업 등을 영위하는 회사로서 이 사건 비행장을 주로 항공기 조종인력 양성 교육과정에 활용하고 있고, 항공운항학과 학생들의 비행훈련 등 교육 지원에도 활용하고 있다.

(2) 위와 같은 특성에 따라 이 사건 비행장을 이용하는 항공기는 세스나 172 스카이호크(C172) 등 접근범주(Approach Category, 착륙속도에 따른 항공기 분류 방법으로, 민항기의 경우 A, B, C, D등급으로 분류되며, A등급 항공기는 주로 소형 비행기이고, 일반 여객기는 대부분 C, D등급임) A등급의 소형 항공기가 주류를 이루고, 2008년 이후 비행장의 교통량 중 시계비행규칙(Visual Flight Rules, VFR)에 따른 운항이 전체의 약 85%를 차지한다.

(3) 이 사건 공사로 설치될 풍력발전기 7기 중 6기(이하 '이 사건 구조물')가 공항시설법이 정한 '장애물 제한표면' 중 원추표면의 높이를 초과하고, 인근에 있는 자연 장애물을 고려하여 같은 법 시행규칙 제22조 제1항 제6호 [별표 6]에 따른 '차폐'를 적용하더라도 이 사건 구조물의 높이가 장애물 제한표면보다 약 76~96m 높게 된다.

(4) 이 사건 구조물은 이 사건 비행장에 남북 방향으로 설치된 주활주로인 활주로 19/01(현재 이 활주로만 사용하고 있다)에 설정된 시계비행교통장주(이하 '장주')들 가운데 접근범주 C등급 항공기용 서쪽 장주 아래 지상에 설치될 예정이고, 이는 접근범주 A등급 항공기의 서쪽 장주 진입방법 중 특정한 경우[항공정보간행물(국토교통부령 '항공정보간행물발간규정'에 따라 발간된 것)의 이 사건 비행장에 관한 부분에 명시된 시계비행방식 항공기 입출항 경로 중 시계비행 보고지점 M(이하 'M 지점')을 거쳐 입항하는 경우로서, 활주로 01(남→북 방향) 착륙을 위하여 M 지점 접근 도중

---

3) 대법원 2003. 11. 28. 선고 2003다30265 판결.

4) 대법원 2009. 1. 20.자 2006마515 결정.

장주 베이스 레그(Base Leg, 활주로에 수직방향으로 접근하는 구간)에 바로 진입하는 때 등] 또는 장주 혼잡에 따른 M 지점 체공 시에도 영향을 줄 수 있는 위치이다.

(5) 이 사건 비행장의 활주로 운용은 최근 4년 평균 위 활주로 01 방향 입출항이 70.4%를 차지한다.

나. 이 사건 공사 완공으로 인한 이 사건 비행장의 활용 방해

이 사건 공사가 완공되는 경우 이 사건 비행장은 본래의 용도대로 완전히 활용하는 것을 방해받게 된다. 이 사건 비행장 부지 및 시설의 소유자인 채권자로서는 위와 같은 방해가 사회통념상 일반적으로 수인할 정도(이하 '수인한도')를 넘어선다고 인정되는 한 그 소유권에 기하여 그 방해의 제거나 예방을 청구할 수 있다.

다. 방해가 수인한도를 넘어서는지 여부

(1) 방해가 사회통념상 수인한도를 넘어서는지 여부는 피해의 성질 및 정도, 피해이익의 공공성과 사회적 가치, 가해행위의 태양, 가해행위의 공공성과 사회적 가치, 공법적 규제 및 인허가 관계, 지역성, 토지이용의 선후관계 등 모든 사정을 종합적으로 고려하여 판단하여야 한다.[5)]

(2) (i) 이 사건 비행장은 당초 주활주로의 동쪽 장주만 이용되었고, 서쪽 장주는 접근범주 A등급 항공기에 대하여만 설정되어 있었으며 그마저도 사용이 금지되어 있다가 이 사건 개발사업 승인이 이루어진 후인 2017. 8. 31.경에 이르러서야 서쪽 장주의 사용이 허용되고 접근범주 B, C등급 항공기에 대하여도 서쪽 장주가 설정되었는데, 이 사건 구조물이 완공되더라도 채권자가 종전처럼 동쪽 장주를 이용하여 비행장을 운용하는 것이 가능한 점(채권자는 2014년 이후 다른 훈련원에서 이루어지던 훈련이 이 사건 비행장으로 이전됨에 따라 교통량이 급격히 증가하여 서쪽 장주를 이용하지 않으면 비행장을 운용할 수 없다는 취지로 주장하나, 채권자가 제출한 자료만으로는 이를 인정하기에 부족하다), (ii) 이 사건 비행장을 이용하는

5) 대법원 1995. 9. 15. 선고 95다23378 판결.

비행기는 주로 접근범주 A등급의 소형 항공기인데, 원칙적으로 이 사건 구조물이 설치될 이 사건 각 토지 상공은 A등급 항공기의 서쪽 장주에 포함되지 아니한 것으로 보이고, 그 장주 입항절차는 다운윈드 레그(Downwind Leg, 활주로에 평행한 구간)에 45° 각도로 진입하는 것이 일반적이므로, 이 사건 구조물로 인하여 A등급 항공기가 서쪽 장주의 베이스 레그에 바로 진입하는 절차의 운용이 제한된다고 하더라도 전체적으로 보아 이 사건 비행장 활용에 대한 제한의 폭이 크지 않을 것으로 보이고, 이 사건 비행장의 경우 접근범주 C등급 항공기의 입출항 비율은 미미한 수준이므로 C등급 항공기용 서쪽 장주 운용이 제한되는 것의 영향도 크지 않을 것인 점, (iii) 채권자는 장주 혼잡 시 M 지점에 체공하여야 하는 것이 어려워지는 점도 주장하나, 이 사건 비행장은 주로 훈련비행용으로 사용되므로 채권자가 장주 혼잡도를 상당 부분 통제할 수 있을 것으로 보이는 점, (iv) 그 밖에 이 사건 각 토지와 이 사건 비행장 사이의 거리, 이 사건 비행장의 용도, 토지의 합리적이고 효율적인 이용관계, 이 사건 개발사업 승인 경위 및 경과 등에 비추어 보면, 채권자가 제출한 자료만으로는 위와 같은 방해가 수인한도를 넘어선다고 보기에 부족하고, 달리 이를 인정할 자료가 없다.

라. 결 론

따라서 이 사건 신청은 그 피보전권리에 대한 소명이 부족하다. 그렇다면 이 사건 신청은 이유 없어 이를 기각하여야 한다.

3. 검 토

위 사안은 피보전권리를 소유권에 기한 방해배제로 구성하였고, 피보전권리에 대한 소명이 부족하다는 이유로 기각되었다. 그러나 비행장의 운영을 위해서는 항공기를 안전하게 운항할 수 있도록 주변 장애물을 관리하여야 하는데, 항공기의 안전한 운항은 사법상 권리인 소유권의 내용이 아니라 공항시설법(구 항공법)에 의해 보호되는 공익상 법익이므로, 이를 피보전권리로 주장하였어야 한다. 또한 구 항공법과 공항시설법에 의한 비행안전에 지장이 있는지 여부에 관한 협의규정은 공공비행장에 한정되는 것이 아니라 이 사건 비행장과 같은 사설비행장에도 적용되는 것임에도 이와 다른 결론에 도달한 대상결정은 부당하다.

제 4 장

항공사업법

[20] 운수권배분 실효처분의 적법성
[21] 경쟁항공사가 제기한 국제항공노선면허처분 집행정지신청의 적법성
[22] 화물운수권 배분처분
[23] 운항시각(Slot) 배분에 관한 연방항공청의 규율권한
[24] 정기항공운송사업 면허의 취소
[25] 부관(附款) 위반을 이유로 한 항공운송주선업 면허의 취소
[26] 유류할증료 공동결정에 대한 시정조치와 과징금부과

[20] 운수권배분 실효처분의 적법성

대법원 2004. 11. 26. 선고 2003두10251 판결[1]

Ⅰ. 사실관계

(1) 대한민국 정부는 중화인민공화국(이하 '중국') 정부와 사이에, 1994. 7. 27. 양국의 항공기 정기편 운항에 관하여 서울/북경 노선을 제외한 특정노선에 대해 양국에서 각 1개의 항공사만을 지정하기로 합의하는 '정기편 운항에 관한 한·중 비밀양해각서'(Confidential memorandum of understanding on scheduled air services)를 체결하였다. 또한 1997. 11. 7. 서울/계림(주 3회), 서울/무한(주 3회), 서울/곤명(주 2회), 서울/우루무치(주 3회), 부산/청도(주 3회), 대구/청도(주 3회), 서울/천진(화물, 주 3회) 간 국제항공노선(이하 '이 사건 각 노선')을 양국 각 1개 지정항공사로 하여금 운항하도록 하는 '비밀양해각서'(Confidential memorandum of understanding)를 체결하였다.

(2) 이에 따라 피고 건설교통부장관은 1998. 1. 24. 원고 주식회사 대한항공에 대하여 '한·중 항공노선 배분' 공문을 통하여 이 사건 각 노선을 국제선 단일노선의 신규노선으로 배분하면서, 항공법 및 항공협정 등의 규정에 의한 노선면허 신청, 사업계획 변경인가 신청, 상무협정(Commercial Arrangement)의 변경과 체결 등 필요한 절차를 취하도록 하였고, '한·중 항공노선 운항항공사 지정통보' 공문을 통하여 외무부장관에게 한중항공협정 제3조에 의하여 우리측의 노선별 지정운항항공사의 지

1) 서울고등법원 2003. 7. 24. 선고 2001누12392, 12408 판결(원심); 서울행정법원 2001. 7. 5. 선고 2000구7291, 18901(병합) 판결(제1심). 대상판결에 대한 평석은 하종대, "어떠한 처분의 근거가 행정규칙에 규정되어 있는 경우, 그 처분이 항고소송의 대상이 되는 처분에 해당하기 위한 요건 나. 정부 간 항공노선의 개설에 관한 잠정협정 및 비밀양해각서와 건설교통부 내부지침에 의한 항공노선에 대한 운수권배분처분이 항고소송의 대상이 되는 행정처분에 해당한다고 한 사례", 대법원판례해설 제52호(2005), 207~221면.

정사실을 중국측에 서면통보하도록 요청하였다.

(3) 한편, 피고는 보조참가인 주식회사 아시아나항공(이하 '참가인 항공사')이 1988. 2. 17. 설립되어 국적항공사가 복수로 되자, 원고와 참가인 항공사에 신규 국제항공노선을 배분하는 문제에 관하여 아래와 같은 지침을 제정하여 그 노선배분의 원칙을 정한 다음, 이에 따라 노선을 배분하여 왔다.

(4) 피고가 제정한 1990. 10. 15.자 '정기항공운송사업자지도·육성지침'(교통부 예규 제188호) 제6조 제3항은 "정기항공운송사업자에게 배분한 운항회수의 전부 또는 일부에 대하여 운항할 수 있는 날로부터 6월 내에 운항을 개시하지 않는 경우 당해 운항회수를 다른 정기항공운송사업자에게 배분할 수 있다. 단, 1차에 한하여 정기운송사업자의 신청에 의하여 6월 내의 기간을 정하여 연장할 수 있다"고 규정하고 있고, 1994. 8. 27.자 '국적항공사경쟁력강화지침'(교통부 예규 제194호) 제4조 제4항은 "특정국적항공사에 배분한 신규노선권에 대하여 노선권을 행사할 수 있는 날로부터 1년 이내에 이를 행사하지 않는 경우 당해 노선배분은 무효로 한다"고 규정하고 있었다.

국적항공사경쟁력강화지침은 1995. 7. 28. 건설교통부 예규 제2호(이하 '이 사건 지침')로 개정되면서 그 명칭이 교통부에서 건설교통부로 변경되고 그 내용은 그대로 유지되었다가, 1998. 7. 16. 한미항공자율화협정 등 국제항공시장의 자유화추세에 따른 항공사의 자율성 제고 및 법령미근거 행정규제정비지침(국무총리지시 제1998-5호)에 의하여 폐지되었는데, 피고는 1999. 7.경 '국제항공정책방향'이라는 문서를 통하여 국제항공노선의 배분기준을 정하면서 노선배분 이후 1년 이상 취항하지 아니하는 경우 노선권을 회수한다는 방침을 다시 정하여 원고와 참가인 항공사에 통보하였다.

(5) 대한민국 정부와 중국 정부 간의 민간항공운수에 관한 잠정협정 제7조, 양국 정부 간의 1994. 7. 27.자 정기편 운항에 관한 비밀양해각서 제8조, 1997. 11. 7.자 비밀양해각서 제12조는, 양국 간 노선을 운항하는 지정항공사는 취항에 선행하여 상대국 지정항공사와 상무협정을 체결하

여 양국 항공 당국의 승인을 받도록 규정하고 있다.

(6) 중국 민용항공총국(民用航空總局, 이하 '민항총국')은 1998. 2. 13. 중국측 지정항공사로 서울/계림, 서울/무한 노선에 대하여는 남방항공공사(이하 '남방항공')를, 서울/곤명 노선에 대하여는 운남항공공사(이하 '운남항공')를, 부산/청도, 대구/청도 노선에 대하여는 국제항공공사(이하 '국제항공')를, 서울/우루무치 노선에 대하여는 신강항공공사(이하 '신강항공')를 각 지정·통보하였고, 이에 원고는 수 차례에 걸쳐 공식 상협회의 및 비공식 접촉을 벌인 결과 1999. 11. 3. 남방항공과 사이에 이 사건 각 노선 중 서울/계림 노선에 대한 상무협정을 체결하였다.

(7) 이에 원고는 1999. 11. 5. 피고에게 위 상무협정에 대한 인가를 신청하는 한편, 11. 12. 이 사건 서울/계림노선에 관한 국제선 정기항공운송사업(여객) 노선면허 신청을 하였고, 1999. 12. 2. 중국 민항총국으로부터 이 사건 서울/계림노선에 관한 경영허가를, 12. 7. 취항허가(Inauguration Approval)를 각 취득하였다.

(8) 그러나 피고는 1999. 12. 10. 원고에 대하여, 원고가 서울/계림노선의 운수권을 배분받은 이후 1년 이내에 노선권을 행사하지 않아 운수권 배분의 효력이 상실되어 위 노선에 대한 위 인가신청과 노선면허신청이 불가하다는 이유로 이를 반려하는 한편, 1999. 12. 16.에는 원고와 참가인 항공사에 대하여 '국제항공노선 운수권 배분 실효 통보'라는 제목의 서면을 통하여 "1997. 2. 20., 1998. 1. 24. 및 1998. 5. 14.자로 배분한 국제항공노선 운수권 중 1년이 경과하도록 취항하지 않은 노선에 대해서는 노선배분의 효력이 상실되었다"고 통보하였다.

(9) 피고는 1999. 12. 30. 참가인 항공사에 대하여 12. 16.자로 배분이 실효된 이 사건 각 노선 중 서울/계림노선에 대한 주 3회의 운수권을 재배분하고, 12. 31. 외교 경로를 통하여 중국측에 위 노선의 우리나라측 지정항공사가 원고에서 참가인 항공사로 변경되었음을 통보하였다.

(10) 참가인 항공사는 2000. 3. 9. 남방항공과 사이에 이 사건 서울/계림노선에 대한 상무협정을 체결하고, 3. 10. 피고에게 그에 대한 인가신청 및 국제선 정기항공운송사업(여객) 노선면허를 신청하여 3. 15. 그

면허를 취득한 다음, 3. 30. 중국 민항총국으로부터 이 사건 서울/계림노선에 관한 취항허가를 취득하였으며, 2000. 4. 3. 위 노선에 취항하고, 4. 24. 경영허가를 취득하였다.

(11) 원고는 2000. 3. 15. 피고의 위 1999. 12. 16.자 이 사건 각 노선의 운수권배분실효처분 취소를 구하는 이 사건 소를 제기하는 외에, 피고의 참가인 항공사에 대한 1999. 12. 30.자 서울/계림노선의 운수권배분처분 및 2000. 3. 15.자 노선면허처분과 관련하여, 2000. 3. 20. 서울행정법원 2000구7895호로 위 운수권배분처분의 취소를 구하는 소를 제기하고, 2000. 3. 27. 위 법원 2000구8713호로 위 노선면허처분의 취소를 구하는 소를 각 제기하였다가 그 후 위 2000구7895호를 취하하였는데, 위 2000구8713호 사건은 2001. 7. 5. 위 법원에서, 선행처분인 원고에 대한 위 노선의 운수권배분실효처분 및 면허신청반려처분에 불가쟁력이 발생하였고 위 선행처분이 당연무효라고 볼 수 없으므로 후행처분인 참가인에 대한 위 노선의 면허처분에 관하여 선행처분의 효력을 더 이상 다툴 수 없으며 위 후행처분에도 고유한 하자가 없다는 이유로 원고의 청구를 기각하는 판결이 선고되었고, 항소심인 서울고등법원 2001누12415호에서도 2003. 2. 6. 같은 이유로 원고의 항소를 기각하는 판결이 선고되었다.

(12) 원고는 참가인 항공사가 서울/계림노선에 취항한 이후인 2000. 4. 22. 피고에게 위 노선에 대한 부정기노선면허를 신청하는 한편, 4. 24. 위 노선에 대한 정기노선면허 및 상무협정 인가를 다시 신청하였으나 피고가 4. 26. 원고의 위 각 신청을 반려하자 위 노선에 대한 위 정기노선면허반려처분의 취소를 구하는 이 사건 소를 제기하였다.

(13) 피고는 현재 이 사건 소송이 종료될 때까지 이 사건 각 노선에 대한 정기노선 면허발급 거부방침을 밝히고 있고, 원고는 부산/청도, 서울/곤명, 서울/무한, 서울/천진(화물) 등 4개 노선에서 2001. 9.경 및 11.경부터 피고로부터 1개월 단위로 국제부정기편운항인가를 받아 대중이용전세(Public Charter)의 형태로 전세기를 운항 중이다.

Ⅱ. 참조 조문

1. 항공사업법

제16조(국제항공 운수권의 배분 등) ① 국토교통부장관은 외국정부와의 항공회담을 통하여 항공기 운항 횟수를 정하고, 그 횟수 내에서 항공기를 운항할 수 있는 권리(이하 “운수권”이라 한다)를 국제항공운송사업자의 신청을 받아 배분할 수 있다.

② 국토교통부장관은 제1항에 따라 운수권을 배분하는 경우에는 제8조 제1항 각 호의 면허기준 및 외국정부와의 항공회담에 따른 합의사항 등을 고려하여야 한다.

③ 국토교통부장관은 운수권의 활용도를 높이기 위하여 국제항공운송사업자가 다음 각 호의 어느 하나에 해당하는 경우에는 배분된 운수권의 전부 또는 일부를 회수할 수 있다.

1. 제25조에 따라 폐업하거나 해당 노선을 폐지한 경우
2. 운수권을 배분받은 후 1년 이내에 해당 노선을 취항하지 아니한 경우
3. 해당 노선을 취항한 후 운수권의 전부 또는 일부를 사용하지 아니한 경우

④ 제1항 및 제3항에 따른 운수권의 배분신청, 배분·회수의 기준 및 방법과 그 밖에 필요한 사항은 국제항공운송사업자의 운항 가능 여부, 이용자의 편의성 등을 고려하여 국토교통부령으로 정한다.

2. 대한민국 정부와 중국 정부간의 민간항공운수에 관한 잠정협정

제2조(제권리의 부여) ① 각 체약당사자는 타방 체약당사자의 지정항공사들이 부속서에 규정된 노선에서의 국제항공업무(이하 각각 “합의된 업무” 및 “특정노선”이라 한다)를 개설하고 운영할 수 있도록 타방 체약 당사자에겐 이 협정에 규정된 제권리를 부여한다.

제3조(항공사의 지정 및 허가) ① 각 체약당사자는 타방 체약당사자에게 특정노선에서 합의된 업무를 운영할 항공사들을 서면으로 지정하거나 이러한 지정을 철회 또는 변경할 권리를 가진다.

> ④ 타방 체약당사자는 상기 지정을 접수하는 즉시 이 조 제2, 3항의 규정에 따를 것을 조건으로 동 지정항공사들에 대하여 부당한 지체 없이 적절한 운항허가를 부여한다.
> ⑤ 상기에 따라 지정되고 허가된 항공사는 이 협정의 관련규정에 따라 양 체약 당사자의 항공당국간 합의된 일자부터 합의된 업무를 시작할 수 있다.

3. 국적항공사경쟁력강화지침(교통부예규 제194호)

> **제4조(신규노선의 배분)** ① 신규노선은 교통부장관이 국적항공사간 균형적으로 배분한다.
> ② 교통부장관은 필요하다고 인정하는 경우, 신규노선 배분결정 절차 및 배분기준에 관하여 별도로 정할 수 있다.
> ④ 특정 국적항공사에 배분한 신규노선권에 대하여 노선권을 행사할 수 있는 날로 부터 1년 이내에 이를 행사하지 않는 경우 당해 노선배분은 무효로 한다.

Ⅲ. 판시사항

노선을 배분받은 항공사는 중국 항공당국에 통보됨으로써 이 사건 잠정협정 및 비밀양해각서에 의한 지정항공사로서의 지위를 취득하고, 중국의 지정항공사와 상무협정을 체결하는 등 노선면허를 취득하기 위한 후속절차를 밟아 중국 항공당국으로부터 운항허가를 받을 수 있게 되며, 추후 당해 노선상의 합의된 업무를 운영함에 있어 중국의 영역 내에서 무착륙비행, 비 운수목적의 착륙 등 제 권리를 가지게 되는 반면, 노선배분을 받지 못한 항공사는 상대국 지정항공사와의 상무협정 체결 등 노선면허 취득을 위한 후속절차를 밟을 수 없을 뿐만 아니라 중국 항공당국으로부터 운항허가를 받을 수도 없는 지위에 놓이게 된다. 따라서 이 사건 각 노선에 대한 운수권배분처분은 이 사건 잠정협정 등과 행정규칙인 이 사건 지침에 근거하는 것으로서 상대방에게 권리의 설정 또는 의무의 부담을 명하거나 기타 법적 효과를 발생하게 하는 등으로 원고의 권리의무에 직접 영향을 미치는 행위로서 항고소송의 대상이 되는 행정처분에 해당한다.

Ⅳ. 해 설

1. 운수권 배분

가. 국제항공노선의 개설

일반적으로 국제항공노선이 개설되려면 사업계획을 수립하고, 항공교통의 안전을 확보하기 위하여 필요한 조치를 취하는 데 상당한 시간과 비용·노력이 소요되고, 특히 이 사건과 같이 정부 간에 체결된 양해각서 등 부속문서에 상무협정 등 세부사항에 관한 조건이 설정되어 있는 경우에는 이를 충족하지 못하면 사실상 취항이 불가능하기 때문에, 통상 다음과 같은 일련의 과정을 거쳐 노선면허가 부여되어 취항하게 된다.[2)]

① 정부간 항공협정 체결 → ② 운수권배분(항공사 지정) → ③ 상무협정 등 조건의 이행[3)] → ④ 노선면허 부여 → ⑤ 취항

나. 운수권의 개념

운수권(Ttraffic Rights)은 상업운송을 목적으로 타국에 항공기를 운항하여 여객, 화물, 우편물 등을 수송하는 권리로서 통상 양국 정부간의 항공협정에 의해 성립된다. 운수권에 대한 법적 근거는 시카고 협약(Convention on International Civil Aviation)이다. 부정기편은 협약 제5조의 규정에 따라 자유롭게 운항할 권리가 있으나, 정기편은 위 협약 제6조에 "정기 국제항공업무는 체약국의 특별한 허가 또는 타의 인가를 받고

---

2) 하종대, 213면.

3) 이 사건과 같이 상무협정조건이 있는 경우에는 ① 지정항공사간 상무협정 내용 합의를 위한 교섭 → ② 지정항공사간 상무협정 체결 → ③ 항공사의 양국 정부에 상무협정 인가 신청 → ④ 정부의 상무협정 인가의 절차를 거쳐야 한다. 서울고등법원 2003. 7. 24. 선고 2001누12392 판결.

그 허가 또는 인가의 조건에 따르는 경우를 제외하고 그 체약국의 영역의 상공을 비행하거나 또는 그 영역에 진입할 수 없다"라고 하여 당사국간의 항공협정 체결을 전제로 운항할 수 있도록 하고 있다. 당사국간의 양자협정(Bilateral Agreement)은 1946년 영국과 미국 간에 체결된 '버뮤다 협정'을 효시로 오늘날까지 양국간 항공협정 체제가 국제항공질서로서 정착되어 있다.

다. 시카고 협약과 한·중 항공협정

시카고 협약에 의하면, 정기국제항공업무는 체약국의 특별한 허가나 인가를 받아 그 허가 또는 인가의 조건에 따르는 경우를 제외하고 그 체약국의 영역에 들어가거나 그 상공을 비행할 수 없도록 규정되어 있으나(제6조), 대한민국 정부는 1994. 10. 31. 중국 정부와 사이에 민간항공운수에 관한 잠정협정(이하 '한·중 항공협정')을 체결하여 항공업무의 개설 및 운영에 관하여 합의하였다.

위 협정에는 각 당사국은 타방 당사국에게 특정노선에서 합의된 업무를 운영할 항공사들을 서면으로 지정하면, 타방 당사국은 위 지정을 접수하는 즉시 일정한 조건에 맞으면 지정항공사들에 대하여 부당한 지체 없이 적절한 운항허가를 부여하도록 규정되어 있으며(제3조), 양 당사국은 타방의 지정항공사들이 부속서에 규정된 노선에서의 국제항공업무를 개설하고 운영할 수 있도록 타방 당사국에게 이 협정에 규정된 제 권리를 부여하고(제2조), 각 당사국의 지정항공사들은 특정 노선상의 합의된 업무를 운영함에 있어서, ① 타방 당사국의 항공당국에 의하여 정해진 항로를 따라 그 당사국의 영역을 통과하는 무착륙비행, ② 양 당사국의 항공당국에 의하여 합의된 타방 당사국 영역 내 제지점에서의 비운수목적의 착륙, ③ 타방 당사국의 영역을 출발지 또는 목적지로 하는 국제운송에서 승객 수하물, 화물 및 우편물의 적재 및 하륙을 위한 타방 당사국 영역 내 특정 노선상 제지점에서의 착륙, ④ 양 당사국의 항공당국의 합의에 따라 일방 당사국의 지정항공사가 제3국을 목적지나 출발지로 하는 국제운송을 타방 당사국 영역 내 제지점에서 적재하고 하륙할 권리가 있다고 규정되어 있다.

라. 구 항공법에 의한 운수권배분

구 항공법(현재는 공항시설법에서 규율하고 있음)은 시카고 협약의 규정과 동 조약의 부속서로서 채택된 표준과 방식에 따라 항공기 운행의 안전을 도모하기 위한 방법을 정하고 항공시설 설치·관리의 효율화를 기하며 항공운송사업의 질서를 확립함으로써 항공의 발전과 공공복리의 증진에 이바지함을 목적으로 제정되었는데(제1조), 항공법 제2조는 정기항공운송사업이라 함은 한 지점과 다른 지점 사이에 노선을 정하고 정기적으로 항공기를 운항하는 항공운송사업을 말한다고 규정하고 있고, 제112조 제1항은 정기항공운송사업을 경영하고자 하는 자는 '노선별'로 건설교통부장관의 면허를 받아야 한다고 규정하고 있어, 정기항공운송사업을 영위하기 위해서는 미리 정해진 노선과 그 노선배분이 있음을 전제로 하고 있고, 피고도 정기항공운송사업자에 대한 운수권 배분과정에서 원고와 참가인 항공사 사이에 발생할 수 있는 다툼과 과당경쟁을 방지하고 정기항공운송사업의 건전한 발전을 도모하기 위하여 운수권 배분에 관한 원칙과 기준을 규정하는 내부지침을 두고 있다.[4)]

마. 운수권배분의 행정처분성

노선을 배분받은 항공사는 중국 항공당국에 통보됨으로써 이 사건 잠정협정 및 비밀양해각서에 의한 지정항공사로서의 지위를 취득하고, 중국의 지정항공사와 상무협정을 체결하는 등 노선면허를 취득하기 위한 후속절차를 밟아 중국 항공당국으로부터 운항허가를 받을 수 있게 되며, 추후 당해 노선상 합의된 업무를 운영함에 있어 중국의 영역 내에서 무착륙비행, 비운수목적의 착륙 등 제 권리를 가지게 되는 반면, 노선배분을 받지 못한 항공사는 상대국 지정항공사와의 상무협정 체결 등 노선면허 취득을 위한 후속절차를 밟을 수 없을 뿐만 아니라 중국 항공당국으로부

4) 운수권 배분에 관한 외국의 사례에 관한 소개로는 김민정·김연명·권민희, "국제항공노선 운수권 배분규칙 개정 연구", 한국교통연구원 수시연구보고서(2011), 15~29면.

터 운항허가를 받을 수도 없는 지위에 놓이게 된다.

이 사건 각 노선에 대한 운수권배분처분은 이 사건 잠정협정 등과 행정규칙인 이 사건 지침에 근거하는 것으로서 상대방에게 권리의 설정 또는 의무의 부담을 명하거나 기타 법적 효과를 발생하게 하는 등으로 원고의 권리의무에 직접 영향을 미치는 행위로서 항고소송의 대상이 되는 행정처분에 해당한다.

바. 운수권배분의 재량행위성

운수권배분은 각 항공사의 노선 및 운송능력, 노선개척에 기여한 정도, 노선의 시장상황 및 노선배분시의 활용도, 공정경쟁 여건조성 등을 고려한 항공정책적 판단이 필요한 분야로서 이에 관한 행정처분은 항공행정을 통한 공익실현과 아울러 합목적성을 추구하기 위하여 구체적 타당성에 적합한 기준에 의하여야 할 것이므로 그 범위 내에서는 행정청의 재량에 속한다.[5)]

2. 대법원 2004. 11. 26. 선고 2003두3123 판결

가. 운수권배분 실효통보의 행정처분성 여부

(1) 건설교통부장관이 1999. 12. 10. 대한항공에게 한 노선면허신청 반려통보(이하 '1999. 12. 10.자 통보')는, 대한항공이 건설교통부장관으로부터 1998. 1. 24. 배분받은 국제선 정기항공운송사업에 관한 한·중 항공노선 중 서울/계림 여객노선(이하 '이 사건 노선')에 대하여 한 노선면허신청을 그 전제가 되는 위 노선에 대한 운수권을 배분 후 1년 이내에 행사하지 아니하여 그 배분의 효력이 소멸하였음을 이유로 반려한다는 내용의 통보이므로, 위 노선면허신청을 반려하는 처분을 함과 아울러 그 노선면허의 전제가 되는 이 사건 노선에 대한 운수권배분의 효력이 소멸하였음을 분명히 한 것으로 볼 수 있다.

(2) 건설교통부장관이 1999. 12. 16. 위 통보와 별도로 대한항공 및

5) 대법원 2004. 11. 26. 선고 2003두3123 판결.

아시아나항공에게 한 국제항공노선 운수권배분 실효통보(이하 '1999. 12. 16.자 통보')는, 1997. 2. 20., 1998. 1. 24. 및 1998. 5. 14.자로 배분된 노선 중 1년이 경과하도록 취항하지 않은 노선에 대한 운수권배분의 효력을 일괄적으로 소멸시킨다는 내용의 통보일 뿐,[6] 이 사건 노선을 구체적으로 특정하여 그 운수권배분의 효력을 소멸시킨 것은 아니다.

(3) 이러한 점 등에 비추어 보면, 1999. 12. 10.자 통보는 이 사건 노선에 대한 면허거부처분 및 1998. 1. 24.자 운수권배분의 효력을 소멸시키는 행정처분을 함께 한 것으로 봄이 상당하고, 1999. 12. 16.자 통보는 이 사건 노선 이외에 다른 노선들에 대한 운수권배분의 효력을 소멸시키는 행정처분으로 볼 수 있을 뿐 1999. 12. 10.자 통보로 소멸한 이 사건 노선에 대한 운수권배분의 효력을 다시 소멸시키는 행정처분으로 볼 수는 없다.

나. 하자의 승계

(1) 선행처분과 후행처분이 서로 독립하여 별개의 법률효과를 목적으로 하는 때에는 선행처분에 불가쟁력이 생겨 그 효력을 다툴 수 없게 된 경우에는 선행처분의 하자가 중대하고 명백하여 당연무효가 아닌 한 후행처분에 승계되는 것이 아니다.

(2) 건설교통부장관이 아시아나항공에게 한 이 사건 노선에 대한 운수권배분 및 이를 기초로 한 2000. 4. 15.자 이 사건 노선면허처분은 건설교통부장관이 대한항공에게 한 위 1999. 12. 10.자 운수권배분 실효처분 및 노선면허거부처분이 유효함을 전제로 하고 있기는 하나 대한항공에게 한 위 각 처분과는 독립하여 별개의 법률효과를 목적으로 하는 독립한 행정처분이므로, 선행처분인 위 운수권배분 실효처분 및 노선면허거부처분에 대하여 이미 불가쟁력이 생겨 그 효력을 다툴 수 없게 된 이상 그에 위법사유가 있더라도 그것이 당연무효 사유가 아닌 한 그 하자가 후행처분인 이 사건 노선면허처분에 승계된다고 할 수 없다.

---

6) 사실 또는 관념의 통지에 해당한다.

(3) 위 운수권배분 실효처분 당시 대한항공에게 배분된 운수권이 실효되면 그 운수권이 아시아나항공에게 배분될 수밖에 없는 상황이었다고 하여 달리 볼 것도 아니다.

3. 대상사안의 검토

가. 운수권배분과 노선면허

(1) 국제선 단일노선의 경우 정기항공운송사업을 하고자 하는 자는 자국 정부로부터 노선배분을 받고 상대국에 해당 노선의 지정항공사라는 사실이 통보되면 그 지위에서 상대국 지정항공사와 상무협정을 체결하는 등 노선개설에 필요한 절차를 밟은 뒤 양국 항공운송 주무관청으로부터 정기항공운송사업 노선면허를 받아 해당 노선에 취항하는 국제항공노선 개설의 특수성, 피고가 원고에 대하여 한 이 사건 각 노선에 관한 운수권 배분통보의 형식과 내용, 한·중 항공협정과 항공법의 관련 규정, 국제정기항공운송사업 노선면허 발급기준과 처리실태 및 그 동안의 업무관행 등을 종합하여 보면, 국제정기항공노선의 운항은 항공사가 상대국의 공항에 여객이나 화물을 수송할 수 있는 권리인 운수권의 존재를 전제로 하고 있으므로 항공사는 운수권이 없으면 상대국 공항으로의 운항이 불가능하다.

(2) 이러한 운수권은 국가 간의 항공협정에 의하여 국가가 이를 확보한 후 자국 항공사에 배분해 왔으며, 항공사로서는 피고로부터 노선면허를 받기 위하여는 먼저 피고로부터 운수권을 배분받은 다음 이를 전제로 하여 일정기간 내에 시설과 장비 등을 갖추어 해당 노선의 면허를 신청할 수 있으므로, 위와 같은 피고의 특정 노선에 대한 운수권 배분 또는 그 취소는 특정 항공사에게 해당 노선의 운항을 위한 면허와 관련된 일정한 내용의 권리를 설정하거나 제한하는 행위임과 동시에 그 운수권이 없는 경우에는 노선면허신청 자체를 제한하는 내용의 처분행위로서 노선면허의 전단계인 중간단계의 행정처분에 해당한다.

(3) 피고의 위와 같은 운수권 배분처분에 기초하여 해당 노선에 대한

노선면허까지 이루어진 경우에는 위와 같은 중간단계의 운수권 배분처분은 그 독자적인 의의를 상실하고 그 노선면허처분에 흡수되는 것이므로 그러한 경우, 항공사가 독립적으로 그 운수권 배분처분의 취소를 구할 소의 이익은 상실된다고 할 것이지만, 아직 노선면허처분까지 나아가지 아니하는 동안에는 중간단계의 행정처분으로서 그 운수권 배분처분의 취소를 구할 소의 이익이 인정된다.

나. 운수권배분 실효처분의 적법성

(1) 수익적 행정처분의 취소

행정행위를 한 처분청은 비록 그 처분 당시에 별다른 하자가 없었고, 또 그 처분 후에 이를 철회할 별도의 법적 근거가 없다 하더라도 원래의 처분을 존속시킬 필요가 없게 된 사정변경이 생겼거나 또는 중대한 공익상의 필요가 발생한 경우에는 그 효력을 상실하게 하는 별개의 행정행위로 이를 철회할 수 있으나, 수익적 행정처분을 취소 또는 철회하는 경우에는 이미 부여된 그 국민의 기득권을 침해하는 것이 되므로, 비록 취소 등의 사유가 있다고 하더라도 그 취소권 등의 행사는 기득권의 침해를 정당화할 만한 중대한 공익상의 필요 또는 제3자의 이익보호의 필요가 있는 때에 한하여 상대방이 받는 불이익과 비교·교량하여 결정하여야 하고, 그 처분으로 인하여 공익상의 필요보다 상대방이 받게 되는 불이익 등이 막대한 경우에는 재량권의 한계를 일탈한 것으로서 그 자체가 위법하다.[7]

(2) 인정사실

(i) 원고가 이 사건 각 노선(서울/계림 노선 제외)에 대한 운수권을 배분받은 후 그 실효처분일까지 위 각 노선에 취항하지 못한 것은 일명 IMF 사태로 인한 국제선 항공수요의 감소와 수지악화로 인한 경영상의 어려움과 중국 지정항공사들의 소극적인 태도로 인하여 상무협정의 체결을 위한 협상이 제대로 진행되지 못하였기 때문인 점, (ii) 원고는 위 각

7) 대법원 2004. 7. 22. 선고 2003두7606 판결.

노선에 대한 운수권배분 신청 당시부터 시장의 미성숙 등을 이유로 배분 후 상당 기간이 경과된 후에야 취항이 가능하다고 밝혔고, 그 이후인 1998. 5. 11. 피고에게 제출한 신규노선에 대한 취항계획서에도 이러한 지연된 취항일자가 포함되어 있었던 점, (iii) 피고는 위와 같은 여러 사정으로 원고가 위 각 노선에 기한 내에 취항하기 쉽지 않다는 점을 알고 있었음에도 노선배분 후 1년이 지난 후에도 아무런 조치를 취하지 않고 있다가, 원고가 서울/계림 노선에 대하여 노선면허를 신청하자 위 노선면허거부처분을 한 다음, 이 사건 각 노선배분 당시 원고 및 참가인에게 배분된 노선 중 1년 이내에 취항하지 않은 노선에 대하여 일괄하여 그 운수권배분의 효력을 소멸시키는 조치를 취하였던 점, (iv) 이러한 운수권배분에 대한 일괄적인 효력소멸조치로 참가인에게 배분되었다가 실효된 노선 및 서울/계림 노선의 운수권은 즉시 참가인에게 재배분된 반면 이 사건 각 노선(서울/계림 노선 제외)에 대하여는 새로운 노선배분절차를 밟지 아니하였고, 당시 위 각 노선을 시급히 회수하여야 할 공익상 필요가 있었다고 보이지도 않는 점 등이 인정되었다.

(3) 재량권의 남용

원고가 1998. 1. 24. 이 사건 각 노선(서울/계림 노선 제외)을 배분받았음에도 이 사건 각 실효처분을 받은 1999. 12. 16.까지 1년 10개월 남짓 위 각 노선에 실제로 취항하지 못하였다는 사정만으로는 종전 처분을 그대로 존속시킬 필요가 없게 된 사정변경이 생겼다거나 또는 원고에 대한 기득권의 침해를 정당화할 만한 중대한 공익상의 필요가 있었다고 보기 어렵고, 피고가 1999. 11. 5. 괌 여객기 추락사고의 원인이 원고에게 있다는 조사결과에 따라 원고에게 한 면허, 운수권배분 제한 등의 제재조치는 이 사건 각 실효처분의 근거와 이유로 삼은 사유가 아닐 뿐더러 이미 배분된 노선의 경우에는 예외조치가 가능하며, 기존에 배분된 운수권을 회수하겠다는 것도 아니므로 위와 같은 사유를 들어 중대한 공익상의 필요가 생긴 것이라고 할 수 없다는 이유로 이 사건 각 실효처분은 재량권을 남용한 처분으로서 위법하다.

다. 평 가

대상판결은 IMF 등 그 취항이 지연된 사유를 고려하지 아니하고 국제항공노선권을 배분받은 항공사가 단지 내부업무처리지침상의 일정기간 내에 미취항하였다는 이유만으로 그 노선권을 회수한 것은 재량권을 남용하였다고 판시하였다는 점에서 의의가 있다.

[21] 경쟁항공사가 제기한 국제항공노선면허처분 집행정지신청의 적법성

대법원 2000. 10. 10.자 2000무17 결정[1)]

Ⅰ. 사실관계

(1) 대한민국 정부는 중화인민공화국(이하 '중국') 정부와 사이에 1997. 11. 7. 비밀양해각서를 체결하여 서울/계림 간 국제항공노선(이하 '이 사건 노선')에 관하여 양국 각 1개씩 지정항공사가 주 3회 공동운항하기로 하되, 양국 정부에 의하여 지정된 항공사는 취항에 앞서 상대국 지정항공사와 상무협정을 체결하여 양국 항공 당국의 승인을 받도록 하였다.

(2) 이에 따라 피신청인 건설교통부장관이 1998. 1. 24. 이 사건 노선에 관하여 신청인 주식회사 대한항공을 지정항공사로 지정하여 노선을 배분하면서 항공법 및 항공협정 등의 규정에 의한 노선면허 신청, 사업계획 변경인가 신청, 상무협정의 체결 및 변경 등 필요한 절차를 취하도록 하고 이를 중국 정부에 통보하였다.

(3) 신청인은 중국 민용항공총국(民用航空總局, 이하 '민항총국')에 의하여 중국 측 지정항공사로 지정·통보된 남방항공공사(이하 '남방항공')와 수차례에 걸쳐 공식 상협회의 및 비공식 접촉을 벌인 결과 1999. 11. 3. 상무협정을 체결하기에 이르렀다.

(4) 이어 신청인이 1999. 11. 5. 피신청인에게 위 상무협정에 대한 인가를 신청하고, 중국 민항총국으로부터 11. 2. 경영허가를, 11. 7. 취항허가를 각 취득한 뒤, 11. 12. 피신청인에게 이 사건 노선에 관한 국제선 정기항공운송사업(여객) 노선면허(이하 '노선면허')를 신청하였다.

(5) 피신청인은 1999. 12. 10. 신청인에 대하여, "운수권을 배분받은 후 1년 이내에 노선권을 행사하지 않아 노선배분의 효력이 상실되어 위

1) 이에 대한 평석은 김재협, "국제항공노선면허처분의 효력정지를 구할 법률상의 이익 여부", 대법원판례해설 제35호(2001), 462~481면.

인가신청과 노선면허 신청이 불가하다"는 이유로 이를 반려하였고, 같은 달 16일에는 신청인에게, 운수권을 배분받은 날로부터 1년이 경과하도록 이 사건 노선에 취항하지 않음으로써 노선배분의 효력이 상실되었다고 통보하였다.

(6) 한편 피신청인은 1999. 12. 30. 피신청인 보조참가인(이하 '참가인') 아시아나항공 주식회사에게 이 사건 노선의 운수권을 배분하고, 같은 달 31일 외교 경로를 통하여 중국 측에 우리나라 측 지정항공사가 참가인으로 변경되었음을 통보하였다.

(7) 참가인은 2000. 3. 9. 남방항공과 상무협정을 체결한 뒤 3. 10. 피신청인에게 그 인가신청 및 이 사건 노선에 관한 노선면허를 신청하여, 3. 15. 그 면허를 취득하고, 중국 민항총국으로부터 2000. 3. 30. 이 사건 노선에 관한 취항허가를 취득한 다음 같은 해 4. 3. 위 노선에 취항하였으며 같은 해 4. 24. 경영허가를 취득하여 지금까지 이 사건 노선을 취항하고 있다.

(8) 신청인은 피신청인을 상대로, 참가인에게 이 사건 노선에 관한 노선권을 배분하고 노선면허를 한 것은 위법하다는 이유로 2000. 3. 21. 서울행정법원 2000구7895호로 노선권배분처분 취소소송을, 3. 28. 같은 법원 2000구8713호로 노선면허처분 취소소송을 각 제기하였다.

Ⅱ. 참조 조문

1. 행정소송법

제23조(집행정지) ① 취소소송의 제기는 처분등의 효력이나 그 집행 또는 절차의 속행에 영향을 주지 아니한다.

② 취소소송이 제기된 경우에 처분등이나 그 집행 또는 절차의 속행으로 인하여 생길 회복하기 어려운 손해를 예방하기 위하여 긴급한 필요가 있다고 인정할 때에는 본안이 계속되고 있는 법원은 당사자의 신청 또는 직권에 의하여 처분등의 효력이나 그 집행 또는 절차의 속행의 전부 또는 일부의 정지(이하 "執行停止"라 한다)를 결

정할 수 있다. 다만, 처분의 효력정지는 처분등의 집행 또는 절차의 속행을 정지함으로써 목적을 달성할 수 있는 경우에는 허용되지 아니한다.

③ 집행정지는 공공복리에 중대한 영향을 미칠 우려가 있을 때에는 허용되지 아니한다.

④ 제2항의 규정에 의한 집행정지의 결정을 신청함에 있어서는 그 이유에 대한 소명이 있어야 한다.

⑤ 제2항의 규정에 의한 집행정지의 결정 또는 기각의 결정에 대하여는 즉시항고할 수 있다. 이 경우 집행정지의 결정에 대한 즉시항고에는 결정의 집행을 정지하는 효력이 없다.

⑥ 제30조 제1항의 규정은 제2항의 규정에 의한 집행정지의 결정에 이를 준용한다.

제24조(집행정지의 취소) ① 집행정지의 결정이 확정된 후 집행정지가 공공복리에 중대한 영향을 미치거나 그 정지사유가 없어진 때에는 당사자의 신청 또는 직권에 의하여 결정으로써 집행정지의 결정을 취소할 수 있다.

② 제1항의 규정에 의한 집행정지결정의 취소결정과 이에 대한 불복의 경우에는 제23조 제4항 및 제5항의 규정을 준용한다.

Ⅲ. 판시사항

행정처분에 대한 효력정지신청을 구함에 있어서도 이를 구할 법률상 이익이 있어야 하는바, 이 경우 법률상 이익이라 함은 그 행정처분으로 인하여 발생하거나 확대되는 손해가 당해 처분의 근거 법률에 의하여 보호되는 직접적이고 구체적인 이익과 관련된 것을 말하는 것이고 단지 간접적이거나 사실적·경제적 이해관계를 가지는 데 불과한 경우는 여기에 포함되지 않는다.

Ⅳ. 해 설

1. 집행정지제도

가. 집행부정지의 원칙

(1) 의 의

행정처분이 위법함을 전제로 취소소송이 제기되더라도 권한 있는 기관에 의하여 취소되지 않는 한 처분 등의 효력이나 그 집행 또는 절차의 속행에 영향을 주지 않는다(행정소송법 제23조 제1항). 이처럼 집행부정지(執行不停止) 원칙을 채택한 근거가 무엇이냐에 대하여 견해가 나누어지고 있다. 첫째의 견해는 처분의 공정력(公定力) 내지 자력집행력(自力執行力)에 근거를 두고 있다는 것으로서, 행정처분에는 공정력이 있고, 따라서 적법의 추정을 받음으로 인하여 취소판결이 있기까지의 집행력을 상실하지 아니하기 때문이라고 한다. 둘째의 견해는 집행정지 원칙과 집행부정지 원칙의 양자 중 어느 것을 택할 수도 있으나, 법원이 행정처분의 효력을 정지하는 결정을 쉽게 할 경우에는 행정청의 행정목적 실현이 위축되고, 행정청의 권위가 손상될 우려가 있는바 현행법은 남소의 유발을 예방하고 행정목적의 원활한 실현을 도모하려는 정책적 배려에서 집행부정지 원칙을 채택한 것이라는 입장으로 통설이 취하고 있다.[2] 위 규정에서 '처분의 효력'이란 처분이 갖는 행정법상의 효력으로서 형성력 외에 행정청, 상대방 그 밖의 관계인을 처분 내용에 따라 구속하는 구속력 또는 기속력을 포함한다. '처분의 집행'이란 처분내용을 강제로 실현하는 집행력의 행사이고, '절차의 속행'은 처분이 유효함을 전제로 법률관계를 진전시키고 후속처분을 하는 것이다.

(2) 범 위

취소소송에서의 집행부정지 원칙은 무효등 확인소송에도 준용된다(행정소송법 제38조 제1항, 무효인 행정행위라도 집행부정지 원칙이 적용된다). 그

2) 김용찬, "집행정지", 행정소송 Ⅰ, 사법행정학회(2008), 344면.

러나 집행력이 있을 수 없는 부작위에 관한 위법확인소송이나 당사자소송에는 집행부정지 원칙이 적용될 여지가 없으므로 집행정지 문제도 발생하지 않는다(행정소송법 제38조 제2항, 제44조 제1항). 객관적 쟁송에서는 그 소송의 내용이 위와 같이 집행정지를 허용할 수 있는 것인가에 따라 결정된다.

(3) 집행정지제도의 도입

집행부정지 원칙을 획일적으로 적용하면 원고가 후일 승소하더라도 이미 처분의 집행이 종료되어 회복할 수 없는 손해를 입게 되는 결과가 발생할 수도 있으므로, 행정소송법은 집행정지에 관한 일반적인 규정을 두어 일정한 요건 아래 예외적으로 집행정지를 허용한다.

나. 집행정지제도의 적용범위

(1) 소의 제기

취소소송 또는 무효등 확인소송이 제기된 경우에 가능하다. 그러나 부작위위법확인소송에서는 가능하지 않다.

(2) 거부처분과 집행정지

(가) 의의

신청에 대한 불허처분, 소위 거부처분은 그 효력을 정지하여도 신청인의 법적 지위가 거부처분이 없었던 상태, 즉 신청시의 상태로 돌아가는 것에 그친다. 집행정지에 관한 행정소송법 제23조 제6항도 판결의 기속력에 관한 제30조 제1항만을 준용할 뿐 거부처분에 대한 처분의무를 규정한 제30조 제2항을 준용하지 않으므로, 거부처분의 효력이 정지되어도 처분행정청은 위 정지결정의 취지에 따라 신청에 따른 처분을 할 의무가 없다. 따라서 거부처분에 관하여 집행정지결정을 받더라도 신청인의 법적 지위는 신청시의 법적 지위 이상으로 되지 않는다.

(나) 부정설

그런데 거부처분에 관한 집행정지를 신청하는 자가 주장하는 회복하기 곤란한 손해란 일반적으로 법원이 그 신청을 받아들이지 아니함으로써(허가하지 아니함으로써) 입을 손해를 말하므로, 그것을 방지하기 위해서는 적극적으로 허가처분이 된 것과 같은 상태를 창출해야 하고 단순히 거부처분의 효력을 정지하여 거부처분이 있기 전의 상태로 돌아가는 것만으로는 충분하지 않다. 거부처분에 관한 집행정지는 당해 거부처분에 기인하여 생길 손해를 방지하는 데 무기력하다. 따라서 그 집행정지신청은 신청의 이익을 흠결한 부적법한 것이 될 수밖에 없다.

대법원은 이러한 법리에 의하여 불허가처분에 대한 집행정지신청을 부적법하다고 보고 있다(국립학교불합격처분,[3] 투전기업소허가갱신불허처분,[4] 교도소장의 접견허가거부처분,[5] 사단법인 한국컴퓨터게임인산업중앙회의 점검필증교부거부처분,[6] 신기술 보호기간 연장신청 거부처분,[7] 사법시험 2차 시험 불합격처분[8]).

(다) 예외적 긍정설[9]

다만 거부처분에 관한 집행정지신청이 부적법하다고 보는 이유가 그 거부처분의 효력을 정지하더라도 신청인이 의도한 효과를 달성할 수 없기 때문이므로, 거부처분의 집행정지, 즉 거부처분이 있기 전의 상태로 돌아가는 것만으로도 법적 이익이 있다고 인정되는 때에는 거부처분에 관한 집행정지신청이 부적법하다고 할 것은 아니다.

판례와 다수설은 현실적인 측면에서 매우 부당한 결과(예를 들면, 변호사시험에 응시한 사람에 대하여 행정청이 그 사람의 응시자격을 문제 삼아 응시원서의 접수를 거부하였는데, 사실은 그 사람의 응시 자격에 아무런 문제가 없는 경우를 상정할 수 있다. 이때 시험 날짜는 며칠 후로 다가오는데 집행정지 신청을 하여도 법원에서 무조건 각하된다)를 초래할 수 있다는 이유로, 최근 거부처분에 대하여 일률적으로 집행정지를 부정하는 것은 곤란하다

3) 대법원 1962. 6. 29.자 62두9 결정.
4) 대법원 1992. 2. 13.자 91두47 결정; 대법원 1993. 2. 10.자 92두72 결정.
5) 대법원 1991. 5. 2.자 91두15 결정.
6) 대법원 1995. 6. 21.자 95두26 결정.
7) 대법원 2005. 1. 17.자 2004무48 결정.
8) 대법원 2005. 4. 22.자 2005무13 결정.
9) 서울행정법원 편, 행정재판실무편람 -자료집-(2001), 84~85면.

는 견해들이 대두되고 있다.

위와 같이 거부처분에 대한 집행정지신청이 부적법하다고 보는 이유는 그 거부처분의 효력을 정지한다 하더라도 목적하는 효과를 달성할 수 없기 때문이므로, 인허가갱신신청거부처분과 같이 거부처분의 집행정지만으로 즉, 거부처분이 있기 전의 상태로 돌아가는 것만으로도 법적 이익이 있다고 인정되는 경우에는 거부처분에 대하여도 집행정지신청이 부적법하다고 할 것만은 아니라는 견해 등이 그것이다. 이러한 경우의 집행정지결정을 인정하는 방법은, 예컨대 면허갱신거부처분의 경우에 종전의 종기도래 이전에 갱신허가신청을 하였으면 거부처분이 있을 때까지는 잠정적으로 허가된 행위를 적법하게 계속할 수 있다고 보아 효력정지결정이 되면 갱신 거부된 종전의 면허의 효력을 원상으로 회복시켜 면허의 효력을 존속하는 것으로 보는 것이다.

이와 같이 거부처분에 대한 효력정지가 문제되는 것은 우리 행정소송법이 형성소송, 급부소송, 의무확인소송, 예방적 부작위소송 및 가처분을 인정하지 않고 있는 것과 관련이 있으므로 근본적으로는 입법적으로 개선할 필요가 있다. 법원이 행정청에게 '피고는 원고의 원서신청을 받아들이라'고 할 수만 있다면, 또 그러한 내용의 가처분을 할 수만 있다면 복잡하게 '거부처분의 집행정지'에까지 나아갈 필요가 없다.

그러나 현재의 상황에서 이러한 위헌적 현상을 타개하기 위해서는 법원이 현재의 법률에 합헌적 해석을 하거나 합헌적인 판결을 할 수 밖에 없다. 합헌적 해석은 그 해석의 대상이 되는 법규정 자체가 없으니 불가능하고, 결국 이론상으로는 다소 문제가 있더라도 합헌적 재판, 즉 '거부처분의 집행정지'를 인용함으로서 실무적으로 해결하는 방안을 생각할 수 있다. 이는 위에서 살펴본 거부처분의 집행정지만으로도 법적 이익이 있다고 인정되는 경우에는 집행정지를 인정하는 견해에서 더 나아간 것으로, 거부처분으로서 나타나는 부당한 결과를 모두 해소하기 위하여 거부처분의 집행정지를 전향적으로 인정하자는 것으로서 아주 옹색하기는 하나, 권리구제를 할 수 있는 최선의 방법이다. 즉, 응시원서 접수 거부처분에 대하여 집행정지를 명하면, 행정청은 이를 받아 응시원서를 임시로 접수하고, 그 후 만약 그 당사자가 시험을 쳐서 그 결과가 합격점수에 달하면 응시자격의 인정 여부에 대한 판결의 결과에 따라 그에 대한 합격 여부를 결정하면 된다.

행정청이 집행정지 결정을 무시할 우려가 있다는 반론이 있을 수 있으나, 사회적 문제를 야기시킬 가능성이 높고 민사적으로 손해배상 청구를 당할 우려도 있으므로 행정청으로서는 법원의 결정을 받아들일 가능성이 높다.

(3) 제3자효 행정행위[10)]

제3자효 행정행위란 행정청 이외에 2인 내지 그 이상의 당사자를 가지며, 그 중 적어도 한 사람 이상에게 이익을 부여하는 동시에 다른 한 사람 이상에게 불이익을 과하는 효과를 가지는 1개의 행정행위를 말한다. 예컨대 어떤 사람에게 건축허가나 영업허가를 부여하는 행정처분을 한 결과 그 행정청이 인인(隣人) 또는 경업자, 기존업자 등의 제3자에게는 그들의 이익이 침해되는 것으로 작용하는 경우를 말한다. 여기서 제3자효 행정행위에 의해 법률상 이익을 침해받은 자가 집행정지제도를 통해 가구제를 받을 수 있는지가 문제된다. 예를 들면, 인근 주민이 이웃에 건설되는 연탄공장건축허가처분에 대한 취소소송을 제기한 경우에, 공장이 완공되기 전에 그 집행정지신청을 할 수 있는가라는 문제이다.

우리나라에서는 집행정지제도가 행정청으로부터의 건축물 철거명령, 과세처분 등 부담적 행정행위를 통해 불이익을 받고 있는 행정행위의 직접 상대방이 그 부담적 행정행위로 인하여 발생하는 불이익을 잠정적으로 저지할 수 있도록 고안된 제도인바, 아직 실무상으로나 이론적으로 제3자효 행정행위로 인하여 불이익을 받는 제3자가 집행정지제도를 활용하여 가구제를 받는 것에 대하여 깊이 있는 고찰이 이루어지지 않고 있다.

집행정지와 관련된 처분을 부담적 행정행위에 한정할 이유가 없고, 집행정지결정에 제3자효를 인정하고 있으며, 무엇보다도 법치국가원리의 요구인 효율적인 권리구제를 충족하기 위하여 이미 마련되어 있는 권리구

10) 김철용·최광률, 주석 행정소송법, 박영사(2004), 670~671면.

제 체계에 편입시키는 것이 타당하므로, 제3자효 행정행위로 인하여 불이익을 받는 제3자는 취소소송과 아울러 집행정지의 기회가 주어져야 한다.

이러한 제3자효 행정행위에서 집행정지결정은 사인(예: 근린) 대 사인(예: 건축주)의 이해관계에 관련되므로 집행정지결정이 발령된 경우 이익자(건축주)의 대항수단이 강구되어야 할 필요가 있다. 따라서 이익자는 취소소송이 제기된 경우 행정청에 대한 참가인으로 참가할 수 있고(행정소송법 제16조), 그 성질은 공동소송적 보조참가로서 공동소송인에 준하는 지위를 가지므로 집행정지결정의 취소를 신청할 수 있다.

다. 형식적 요건

(1) 처분등의 존재

집행정지의 대상인 처분등이나 그 집행 또는 절차의 속행이 존재하여야 한다. 철거집행이 완료된 후에 계고처분의 집행정지를 구하는 경우와 같이 이미 집행이 완료되어 원상회복을 할 수 없는 때에는 집행정지신청은 신청의 이익이 없어 부적법하다. 다만 집행이 완료되었더라도 위법한 상태가 계속되거나 처분의 효력정지만으로써 사실 상태를 원상으로 복구할 수 있는 때에는 집행정지가 가능하다(교도소장의 이송명령[11]이나 국립요양원의 퇴원명령 등).

(2) 본안소송이 적법하게 계속되고 있을 것

집행정지는 민사집행법에 따른 가처분과 달리 본안소송이 계속되고 있어야 한다(행정소송법 제23조 제2항, 제38조). 집행정지만 하고 본안소송을 제기하지 않는 것은 행정법적 법률관계의 안정성을 해할 수 있기 때문이다. 따라서 집행정지신청은 원칙적으로 본안의 소를 제기한 후 또는 제기함과 동시에 하여야 한다. 다만 집행정지신청이 본안의 소보다 먼저 이루어졌더라도 그 신청에 관한 결정이 있기 이전에 본안의 소가 제기되면 하자가 치유된다.

본안소송은 집행정지사건 자체에 의하여도 소송요건인 원고적격,[12] 피

---

11) 대법원 1992. 8. 7.자 92두30 결정.

고적격, 제소기간, 처분의 무효확인을 구할 법률상 이익[13] 등을 모두 갖춘 적법한 것이어야 한다.[14] 따라서 행정심판 전치가 필요한 경우에 이를 갖추어야 하지만, 사실심 변론종결 때까지 행정심판을 거치면 하자가 치유되므로, 집행정지신청 당시에 행정심판 재결이 있을 필요는 없고, 행정심판을 청구할 수 있는 기간 내인 때에는 아직 행정심판을 청구하지 않았더라도 그 집행정지신청을 위법이라 할 수 없다.[15] 통상 본안소송과 집행정지신청(필요적 전치사건의 경우에는 행정심판청구까지)이 거의 동시에 이루어진다. 본안소송은 집행정지사건의 종결 시까지 계속되고 있어야 한다. 따라서 본안에 관한 종국판결이 선고된 후에라도 본안소송이 상소심에서 소의 적법한 취하로써 종료된 경우에는 집행정지신청이 부적법하므로 이를 각하해야 한다.[16]

본안소송의 대상과 집행정지신청의 대상은 원칙적으로 같아야 한다. 그런데 선행처분과 후속처분이 일련의 절차를 이루어 일정한 법률효과의 발생을 목적으로 하는 경우(하자의 승계가 인정되는 경우일 것이다) 또는 목적을 달리하는 별개의 처분이지만 후속처분이 선행처분의 집행으로서의 성질을 갖는 등 밀접한 관계가 있는 경우에는 선행처분의 취소소송을 본안소송으로 하여 후속처분의 효력, 집행 또는 절차의 속행을 정지할 수 있다. 그러한 예로는 과세처분취소를 본안으로 한 체납처분의 집행정지, 철거명령취소를 본안으로 한 대집행계고처분의 집행정지, 체납처분절차에서 압류처분취소를 본안으로 한 공매절차의 집행정지를 들 수 있다. 그러나 반대로 후속처분을 본안으로 하여 선행처분의 집행정지를 구하는 것은 필요성이 없어 허용되지 않는다.

---

12) 대법원 2012. 7. 5.자 2011무97 결정.
13) 대법원 2013. 1. 31.자 2011아73 결정.
14) 대법원 1999. 11. 26.자 99부3 결정.
15) 대법원 1970. 11. 30.자 70그5 결정.
16) 대법원 2013. 3. 28.자 2012아43 결정.

라. 실체적 요건

(1) 본안의 승소 가능성

행정소송법은 집행정지의 요건으로 본안의 승소 가능성을 규정하고 있지 않다. 집행정지사건의 심판대상은 행정처분 자체의 적법 여부가 아니라 행정소송법 제23조 제2항 소정 요건의 존부만이다.[17] 다만 집행정지는 신청인이 본안소송에서 승소판결을 받을 때까지 그 지위를 보호함과 아울러 그러한 승소판결이 무의미해지는 것을 방지하려는 제도이므로, 집행정지신청 자체에 의하여 신청인의 본안청구가 이유 없음이 명백하지 않아야 한다는 것도 효력정지나 집행정지의 요건에 포함된다.[18]

그런데 행정소송에서 처분이 적법하다는 점에 대한 증명책임은 행정청에 있는 것이 원칙이므로(특히 국민의 권리·이익을 침해하는 처분의 경우), 그 처분의 집행정지를 구하는 신청사건에서도 신청인은 처분이 위법하다고 주장하는 것으로 충분하고, 위법하다는 것을 소명할 필요는 없다. 그러나 신청인의 주장 자체에 의하더라도 행정처분이 위법하다고 볼 수 없거나 행정청이 적극적으로 적법함을 소명한 때에는 집행정지신청을 받아들일 수 없다.

그렇다면 집행정지사건에서 본안청구의 이유 존부를 어느 정도까지 심리 판단하여야 하는지가 문제되는데, 본안의 승소 가능성에 관하여 지나치게 자세히 심리하는 것은 자칫 집행정지절차의 본안소송화를 가져와 집행정지제도의 취지를 몰각할 우려가 있으므로 바람직하지 않다.

(2) 보전의 필요성

(가) 회복하기 어려운 손해를 예방하기 위하여 긴급한 필요가 있을 것

(i) 회복하기 어려운 손해

'회복하기 어려운 손해'란 사회 통념상 그 원상회복이나 금전배상이 불가능하다고 인정되는 손해를 말한다. 판례는 특별한 사정이 없으면 금전

---

17) 대법원 1991. 5. 2.자 91두15 결정; 대법원 2012. 5. 25.자 2012무43 결정.
18) 대법원 2004. 5. 17.자 2004무6 결정.

으로 보상할 수 없는 손해를 말하고 이는 금전보상이 불가능한 경우뿐만 아니라 금전보상으로는 사회 통념상 행정처분을 받은 당사자가 참고 견딜 수 없거나 참고 견디기가 현저히 곤란한 경우의 유형·무형의 손해로서 당해 행정처분과 상당인과관계 있는 손해를 말한다고 한다.[19]

손해는 현재 발생하고 있을 것을 필요로 하지 않고 발생의 가능성이 있으면 충분하나, 추상적 손해로는 안 되고 현실적·구체적 손해여야 한다. 그 손해는 당해 행정처분과 사이에 상당인과관계가 있는 것을 말하고, 반드시 현저하게 큰 것임을 필요로 하지 않으나, 수인성과 관계에서 볼 때 작은 손해는 여기에 포함되지 않는다.[20]

항고소송의 목적은 개인의 권리구제이므로, 집행정지로써 구제하려는 손해는 개인적(자연인, 법인, 단체 등) 손해에 한하고, 공익상 손해 또는 제3자의 손해는 여기에 포함되지 않는다. 따라서 특정 영업소를 이용하던 고객이나 인근 주민이 영업취소처분 때문에 회복할 수 없는 손해를 입을 우려가 있음을 이유로 한 집행정지는 허용되지 않는다. 지방의회 의원이나 공공조합 임원의 지위는 공적 성질과 개인적 성질을 동시에 가지므로 그에 대한 면직처분의 경우에는 집행정지가 가능하다. 그러나 일반 임명직 공무원의 직무는 특별한 경우가 아닌 한 개인성, 비대체성을 인정하기 어려우므로 그에 대한 해임처분 때문에 공무의 수행에 지장이 있다고 하여 회복할 수 없는 손해가 있다고 볼 수 없을 것이다. 다만 그러한 공무원이 봉급을 받지 못하여 가족이나 본인의 생계가 유지될 수 없다는 사정은 회복할 수 없는 손해에 해당할 수 있다.

손해가 생명, 신체에 관한 것은 물론 입영명령, 공익근무요원소집대상처분·사회복무요원소집통지,[21] 교도소장의 이송명령, 외국인 강제퇴거명령, 학생의 퇴학·정학·전학, 비영리법인에 대한 법인설립허가취소[22] 등 비재산적 처분으로 말미암은 것은 일응 회복하기 어려운 손해로 볼 것이

19) 대법원 1977. 10. 4.자 75그2 결정; 대법원 2011. 4. 21.자 2010무111 전원합의체 결정; 대법원 2012. 2. 1.자 2012무2 결정.

20) 대법원 1974. 12. 23.자 74그4 결정.

21) 대법원 2014. 3. 31.자 2014무15 결정.

22) 대법원 2014. 1. 23.자 2011무178 결정.

다. 그러나 토지수용재결, 환지처분, 과세처분,[23)] 토지 소유권 수용,[24)] 체납처분 등 재산적 처분으로 말미암은 것은 회복하기 어려운 손해로 인정하기가 어렵다. 또한 방송통신위원회가 개인휴대통신 서비스 부문의 기간통신사업자인 A 주식회사의 신청으로 2G PCS 사업폐지 승인처분을 하자, A 회사와 이용계약을 체결하여 2G 이동통신 서비스를 이용하던 B 등이 위 처분의 효력정지를 구한 사안에서, B 등에게 위 처분으로 인한 '회복하기 어려운 손해'가 인정되지 않는다.[25)]

그러나 재산적 처분이라 하여 비재산적 손해가 발생하지 않는 것은 아니므로, 재산적 처분이냐, 비재산적 처분이냐가 절대적 기준이 될 수는 없다. 과세처분이라도 손해의 내용, 태양, 성질을 구체적·개별적으로 살펴 그 손해가 '사회 관념상 참고 견딜 수 없거나 참고 견디기가 현저히 곤란한 것'으로 인정되면, '회복하기 어려운 손해'에 해당한다고 보아야 한다.

대법원도 양도소득세부과처분의 체납절차로서 이루어지는 부동산공매처분을 집행정지한 바가 있다.[26)] 그리고 사업자에 대한 과징금부과명령으로 말미암은 경제적 손실이나 기업 이미지나 신용의 훼손으로 사업자의 자금 사정이나 경영 전반에 미치는 파급효과가 매우 중대하여 사업 자체를 계속할 수 없거나 중대한 경영상의 위기를 맞게 될 것으로 보이는 등의 사정이 존재하는 때에는 '회복하기 어려운 손해'에 해당한다고 보아야 한다.

과징금납부명령으로 말미암아 기업운용 자금 수급계획의 차질 등이 예상되는 경우,[27)] 사업여건의 악화 및 막대한 부채비율 때문에 외부자금의 신규차입이 사실상 중단된 상황에서 과징금을 내기 위하여 무리하게 외부자금을 신규차입하게 되면 주거래은행과의 재무구조개선약정을 지키지 못하게 되어 사업자가 중대한 경영상의 위기를 맞게 될 것으로 보이는

---

23) 대법원 1971. 1. 28.자 70두7 결정.
24) 대법원 2011. 4. 21.자 2010무111 전원합의체 결정.
25) 대법원 2012. 2. 1.자 2012무2 결정.
26) 대법원 2000. 9. 7.자 2000아20 결정.
27) 대법원 1999. 4. 27.자 98무57 결정.

경우[28) 등이 이에 해당된다.

(ii) 긴급한 필요

‘긴급한 필요’란 회복하기 어려운 손해의 발생이 시간상으로 절박하여 손해를 피하기 위해 본안판결을 기다릴 여유가 없는 것을 말한다. 긴급한 필요가 있는지는 처분의 성질과 태양 및 내용, 처분상대방이 입는 손해의 성질·내용 및 정도, 원상회복·금전배상의 방법 및 난이 등은 물론 본안의 승소 가능성 정도 등을 종합적으로 고려하여 구체적·개별적으로 판단하여야 한다.[29) 대체로 신청인의 권익을 직접 침해하는 형성적 효과가 있는 처분등의 경우에는 긴급성이 있다.

(iii) 주장·소명책임

집행정지의 적극적 요건에 관한 주장·소명책임은 원칙적으로 신청인에게 있다.[30)

(나) 공공복리에 중대한 영향을 미칠 우려가 없을 것

처분의 집행정지가 공공복리에 중대한 영향을 미칠 우려가 있고 그것이 신청인이 입을 손해를 희생하고서라도 지킬 만한 것으로 인정되는 때에는 집행정지는 허용되지 않는다. “공공복리에 중대한 영향을 미칠 우려”란 일반적이고 추상적인 공익에 대한 침해의 가능성이 아니라 당해 처분의 집행과 관련된 구체적이고도 개별적인 공익에 중대한 해를 입힐 개연성을 말한다.[31)

공공복리에 미칠 영향이 중대한지는 절대적 기준에 의하여 판단할 것이 아니라, 신청인의 ‘회복하기 어려운 손해’와 ‘공공복리’ 양자를 비교·교량하여, 전자를 희생하더라도 후자를 옹호하여야 할 필요가 있는지에 따라 상대적·개별적으로 판단하여야 한다.[32) 이러한 집행정지의 소극적 요

28) 대법원 2001. 10. 10.자 2001무29 결정.

29) 대법원 2004. 5. 12.자 2003무41 결정; 대법원 2011. 4. 21.자 2010무111 전원합의체 결정; 대법원 2014. 1. 23.자 2011무178 결정.

30) 대법원 1999. 12. 20.자 99무42 결정; 대법원 2012. 5. 25.자 2012무43 결정; 대법원 2014. 1. 23.자 2011무178 결정.

31) 대법원 1999. 12. 20.자 99무42 결정.

32) 대법원 2001. 2. 28.자 2000무45 결정; 대법원 2010. 5. 14.자 2010무48 결정.

건에 관한 주장·소명책임은 행정청에 있다.[33)]

이 요건에 의하여 집행정지를 허가하지 않은 사례로는, 공설화장장 이전설치처분,[34)] 시외버스운송사업면허 내인가처분취소,[35)] 출입국관리법상 강제퇴거명령의 집행을 위한 보호명령[36)] 등이 있다. 또한 한국문화예술위원회 위원장이 자신의 해임처분의 무효확인을 구하는 소송을 제기한 후 다시 해임처분의 집행정지 신청을 한 사안에서, 해임처분의 경과 및 그 성질과 내용, 처분상대방인 신청인이 그로 인하여 입는 손해의 성질·내용 및 정도, 효력정지 이외의 구제수단으로 상정될 수 있는 원상회복·금전배상의 방법 및 난이, 해임처분의 효력이 정지되면 신청인이 위원장의 지위를 회복하게 됨에 따라 새로 임명된 위원장과 신청인 중 어느 사람이 위 위원회를 대표하고 그 업무를 총괄하여야 할 것인지 현실적으로 해결하기 어려운 문제가 야기됨으로써 위 위원회의 대내외적 법률관계에서 예측가능성과 법적 안정성을 확보할 수 없게 되고, 그 결과 위 위원회가 목적 사업을 원활하게 수행하는 데 지장을 초래할 가능성이 큰 점 등에 비추어, 해임처분으로 신청인에게 회복하기 어려운 손해가 발생할 우려가 있어 이를 예방하기 위하여 긴급한 필요가 있다고 인정되지 않을 뿐 아니라 위 해임처분의 효력을 정지할 경우 공공복리에 중대한 영향을 미칠 우려가 있다는 이유로, 위 효력정지 신청을 기각한 원심의 판단을 긍정한 사례가 있다.[37)]

마. 재 판

(1) 각하결정과 기각결정

신청이 본안의 계속, 당사자적격 등 신청요건을 갖추지 못한 때에는 부적법하다는 이유로 각하하여야 하고, 주장 자체로 이유 없는 경우, 적극적 요건의 소명이 없는 경우, 소극적 요건의 소명이 있는 경우에는 결

33) 대법원 2004. 5. 12.자 2003무41 결정.
34) 대법원 1971. 3. 5.자 71두2 결정.
35) 대법원 1991. 5. 6.자 91두13 결정.
36) 대법원 1997. 1. 20.자 96두31 결정.
37) 대법원 2010. 5. 14.자 2010무48 결정.

정으로 기각한다. 집행정지요건이 충족되지 않았다는 이유로 집행정지신청을 기각한 결정에 대하여 행정처분 자체의 적법 여부를 불복사유로 삼을 수 없다.[38] 다만 집행정지신청이 부적법함에도 이를 기각한 것은 잘못이지만 원심결정을 파기할 사유는 아니다.[39]

(2) 정지결정

집행정지 요건을 갖춘 신청에 관하여는 결정으로써 처분등의 효력이나 그 집행 또는 절차 속행의 전부 또는 일부를 정지할 수 있다(행정소송법 제23조 제2항).

'효력정지'란 처분의 효력이 존속하지 않는 상태에 놓는 것으로 예를 들어 영업취소나 공무원면직처분 등과 같이 별도의 집행행위 없이 의사표시만으로써 완성되는 처분에 대하여 하는 집행정지를 말한다. '집행정지'란 처분의 집행력을 박탈하여 그 처분의 내용을 실현하는 행위를 금지하는 것으로 예를 들어 대집행이나 외국인 강제퇴거명령의 집행 등에 대하여 할 수 있다. '절차속행정지'란 처분이 유효함을 전제로 법률관계가 진전되어 다른 처분이 이루어지는 경우에 그 기초가 되는 선행처분의 효력을 박탈하여 절차속행, 법률관계의 진전을 금하는 것으로 체납처분의 속행정지가 그 예이다.

민사집행법상 처분권주의가 완화되어 법원은 재량으로 집행정지의 시기, 기간, 방법, 범위 등을 적절하게 정할 수 있다. 신청인이 효력정지를 구하여도 법원은 속행정지를 할 수 있다. 신청인의 나머지 신청을 기각한다는 주문은 필요하지 않다. 그러나 처분등의 집행 또는 절차의 속행을 정지함으로써 목적을 달성할 수 있는 경우에 처분의 효력정지는 허용되지 않는다(행정소송법 제23조 제2항 단서).[40] 따라서 정지의 범위는 필요한 최소한에 그쳐야 한다.

처분의 내용이 가분(可分)인 경우에 그 일부만을 정지하는 것이 가능

---

38) 대법원 1991. 5. 2.자 91두15 결정; 대법원 2011. 4. 21.자 2010무111 전원합의체 결정; 대법원 2012. 5. 25.자 2012무43 결정.
39) 대법원 1995. 6. 21.자 95두26 결정.
40) 대법원 2000. 1. 8.자 2000무35 결정.

하다. 그 예로는 압류재산 일부에 대하여만 압류집행을 정지하고, 영업정지처분 중 일정 기간만 정지하는 것, 과징금 부과처분의 일부에 대한 집행정지[41] 등이 그 예이다. 그 반면 공무원 지위는 불가분이므로 공무원면직처분을 급료 부분과 그 밖의 공무원 지위 부분으로 구분하여 급료 부분만 정지하는 것과 같은 일부 정지는 허용되지 않는다. 정지의 대상인 처분, 정지 범위 등을 명확히 하여야 한다. 집행정지기간은 법원이 시기와 종기를 자유롭게 정할 수 있다. 그러나 처분의 효력을 소급하여 정지하는 것은 허용되지 않는다. 종기는 본안판결 선고 시, 본안판결 확정 시 또는 본안판결 선고일부터 1월까지, 신청사건 결정일부터 7일간 등의 방식으로 정할 수 있다.

실무에서는 본안판결 확정시까지로 정하는 때에는 본안에서 패소한 원고가 집행정지 기간을 연장하려는 목적에서 상소를 남용할 우려가 있다고 하여 본안판결 선고 시까지를 많이 이용한다.

그런데 효력정지의 종기가 본안판결 선고 시인 때에는 원고의 본안 승소 여부와 상관없이 본안판결의 선고로 집행정지의 효력이 종료됨과 동시에 처분의 효력이 부활하므로,[42] 예를 들어 의사면허정지처분에서 정한 정지기간(집행정지결정 당시 이미 일부 집행되었다면 나머지 기간)은 판결 선고 이후부터 다시 진행하므로, 설령 원고가 본안에서 승소하였더라도 새로운 집행정지가 없으면 본안판결 선고 후의 의료행위는 무면허의료행위에 해당할 수 있다. 그리고 본안에서 원고 승소판결을 선고하면서도 집행정지결정을 하지 않으면 상소심에서는 이미 처분의 집행이 종료되어 소의 이익이 없어지는 바람에 본안 판단을 할 수 없게 되어 원고의 권리구제에 차질이 발생할 수도 있다. 따라서 법원은 본안에서 원고 승소판결을 선고하는 때에는 직권으로 집행정지결정을 다시 하는 것이 바람직하다. 그런데 본안판결 선고 시에 직권으로 다시 집행정지를 하는 경우에 이를 본안판결 주문에서 하거나 집행정지결정문을 별도로 작성하는 방식으로 하지만, 전자의 경우에는 집행정지 효력 및 항고방법 등에 여러 문

41) 서울고등법원 2010. 12. 27.자 2010아165 결정.

42) 대법원 1993. 8. 24. 선고 92누18054 판결.

제가 있을 수 있다.

이처럼 집행정지의 종기를 본안판결 선고 시까지로 정하는 경우에 발생할 여러 문제를 예방함과 아울러 원고에게 다시 집행정지신청을 할 수 있는 시간을 확보하여 준다는 차원에서 집행정지의 종기를 애초에 본안판결 선고 시보다는 예를 들어 판결 선고 후 14일까지 등과 같이 판결 선고 후의 일정한 날까지로 정하는 것이 바람직하다.

바. 정지결정의 효력

(1) 형성력

집행정지결정이 고지되면 행정청의 별도 절차 없이 집행정지결정의 종기 때까지 잠정적으로 행정처분이 없었던 것과 같은 상태로 된다.[43] 즉 소극적 형성력이 발생한다.

집행정지결정은 잠정적·일시적인 성질을 가지나, 그 효력은 나중에 본안에서 원고 승소판결의 확정을 조건으로 하지 않는 종국적인 것이다. 예컨대 운전면허정지처분에 관한 집행정지결정이 있은 후에 본안에서 운전면허정지처분 취소청구를 기각하는 원고 패소판결이 확정되더라도 집행정지 중의 자동차운전이 무면허운전으로 되지 않는다.

일정한 납부기한을 정한 과징금부과처분에 관하여 효력정지결정이 아니라 집행정지결정이 내려진 경우에도 행정청·관계 행정청 또는 제3자에 의하여 과징금부과처분의 실현을 위한 조치가 행하여져서는 안 되므로 그 부수적인 결과인 가산금 등이 발생하지 아니하고, 그 집행정지기간 동안에는 과징금부과처분에서 정한 과징금의 납부기간이 더 이상 진행되지 않는다.[44]

(2) 기속력

집행정지결정은 당사자인 행정청과 그 밖의 관계행정청을 기속한다(행정소송법 제23조 제6항, 제30조 제1항). 따라서 행정청은 같은 내용으로 새

---

43) 대법원 1961. 11. 23. 선고 4294행상3 판결.

44) 대법원 2003. 7. 11. 선고 2002다48023 판결.

로운 처분을 하거나 그에 관련된 처분을 할 수 없다. 이에 위반하는 행정처분은 당연무효이다. 판례에 따르면, 관재국장이 매매계약취소처분이 정지되었음에도 다시 타인에게 매각한 것,[45] 정지된 불하처분에 기하여 대금완납 후 마친 소유권이전등기,[46] 정지된 이사인가처분을 원인으로 한 재단법인이사취임등기[47]는 모두 효력이 없다. 또한 집행정지의 효력은 제3자에게도 미친다.[48] 그러나 기판력은 없다.

(3) 시적 범위

집행정지결정에서 효력발생시기를 정한 때에는 그 시기에 효력이 발생하나, 이를 정하지 않은 때에는 결정이 고지된 때부터 장래에 향하여 그 효력이 발생한다. 정지결정의 효력은 장래에 향하여 작용할 뿐 소급효를 갖지 않는다. 따라서 예를 들어 국립대학생퇴학처분이 정지되어도 정지결정 이전의 기간은 수업일수에 포함되지 않으며 정지결정 이후의 기간만이 수업일수에 포함된다. 다만 집행정지결정 중 효력정지결정에는 소급효를 인정하여야 한다는 견해도 있으나 이를 부정하는 것이 다수설이다.

집행정지결정의 효력은 결정 주문에서 정한 시기까지 존속하며 그 시기의 도래와 동시에 효력이 당연히 소멸하는 것이다.[49] 따라서 일정기간 동안 업무를 정지할 것을 명한 행정청의 업무정지처분에 대하여 법원이 집행정지결정을 하면서 주문에서 당해 법원에 계속 중인 본안소송의 판결선고 시까지 처분의 효력을 정지한다고 선언하였을 경우에는 당초 처분에서 정한 업무정지기간의 진행은 그때까지 저지되다가 본안소송의 판결선고에 의하여 위 정지결정의 효력이 소멸함과 동시에 당초 처분의 효력이 당연히 부활되어 그 처분에서 정하였던 정지기간(정지결정 당시 이미 일부 진행되었다면 나머지 기간)은 이때부터 다시 진행한다.[50]

45) 대법원 1962. 1. 18. 선고 4294민상625 판결.
46) 대법원 1962. 1. 25. 선고 4294민상350 판결.
47) 대법원 1960. 9. 5. 선고 4291민상30 판결.
48) 대법원 1955. 7. 12. 선고 4288민상132 판결.
49) 대법원 2003. 7. 11. 선고 2002다48023 판결; 대법원 2007. 11. 30.자 2006무14 결정.
50) 대법원 2005. 6. 10. 선고 2005두1190 판결.

(4) 집행정지결정과 본안청구의 소의 이익

기간을 정한 제재적 행정처분에 제재기간의 시기와 종기가 특정일자로 표시된 경우에 그 제재적 처분에 관하여 집행정지(효력정지)결정이 있으면 제재기간의 진행이 정지되어 집행정지된 기간만큼 제재기간이 차례로 밀리는 데 불과하고 처분에 표시된 종기가 경과하여도 여전히 그 처분의 취소를 구할 소의 이익이 존재한다.[51] 그러나 공물점용허가기간 중의 허가취소처분에 관하여 집행정지결정이 있은 후에 점용허가기간이 만료된 때에는 집행정지결정과 관계없이 점용허가 기간의 경과로써 허가취소처분의 취소를 구할 소의 이익은 소멸한다.[52]

(5) 본안의 계속과 집행정지결정의 효력

집행정지결정은 본안소송이 계속되고 있어야 하므로, 집행정지결정을 한 후에라도 본안소송이 취하되어 본안이 계속되고 있지 않으면 집행정지결정은 당연히 효력이 소멸하고 별도의 취소 조치가 필요하지 않다.[53]

2. 대상사안의 검토

가. 효력정지에서 법률상 이익의 존재

행정처분에 대한 효력정지신청을 구할 때 이를 구할 법률상 이익이 있어야 하는바, 이 경우 법률상 이익이라 함은 그 행정처분으로 인하여 발생하거나 확대되는 손해가 당해 처분의 근거 법률에 의하여 보호되는 직접적이고 구체적인 이익과 관련된 것을 말하는 것이고 단지 간접적이거나 사실적·경제적 이해관계를 가지는 데 불과한 경우는 여기에 포함되지 않는다.

나. 신청인에게 법률상 이익은 인정되지 아니함

(1) 신청인은, 이 사건 처분으로 참가인은 신청인과의 관계에서 종래

51) 대법원 1974. 1. 29. 선고 73누202 판결.
52) 대법원 1991. 7. 23. 선고 90누6651 판결.
53) 대법원 1975. 11. 11. 선고 75누97 판결.

가지던 전세계 또는 중국 내 노선의 점유율이 증대되어 경쟁력과 대내외적 신뢰도가 제고되는 이익을 얻고, 뿐만 아니라 이 사건 노선을 바탕으로 하여 이에 연계되는 노선망의 개발이나 국제항공계의 타항공사와의 전략적 제휴기회를 얻게 되는 반면, 신청인은 참가인과의 관계에서 종전보다 그 점유율이 감소됨으로써 경쟁력과 대내외적 신뢰도가 상대적으로 감소되고 연계노선망개발이나 타항공사와의 전략적 제휴의 기회를 얻지 못하게 되는 손해를 입게 된다고 주장한다.

신청인이 주장하는 위와 같은 상대적 손해가 본안소송 종료시까지 잠정적으로 생긴다고 하더라도, 신청인이 아직 이 사건 노선에 관한 노선면허를 받지 못하고 있는 한 그러한 손해는 법률상 보호되는 권리나 이익침해로 인한 손해라고는 볼 수 없으므로, 그것이 이 사건 처분의 효력정지를 구할 법률상 이익이 될 수 없다.

(2) 신청인은 이 사건 처분이 효력정지되면 이 사건 노선에 대하여는 노선면허를 받은 항공사가 없게 되어 신청인도 참가인과 동일한 자격과 지위에서 피신청인으로부터 구 항공법 제132조, 구 항공법 시행규칙 제289조 제2항 제1호, 제302조 제1항에 의하여 부정기항공운송사업면허에 따른 전세운항계획에 관한 인가를 받아 취항할 수 있게 되는 지위를 가지게 된다고 주장한다.

이 사건 처분이 효력정지된다고 하여 피신청인이 신청인에게 위와 같은 전세운항계획에 관한 인가를 하여 줄 법률상 의무가 발생하는 것이 아니고, 다만 신청인이 참가인과 함께 그 인가를 신청할 수 있음에 그치는 것이며 그 인가 여부는 다시 행정청의 별도의 처분에 맡겨져 있으므로 이러한 이익은 처분의 효력정지를 구할 수 있는 법률상 이익이라고 할 수는 없다.

다. 결 론

따라서 이 사건 효력정지 신청은 그 법률상 이익이 없어 부적법하다.

[22] 화물운수권 배분처분

서울행정법원 2015. 5. 1. 선고 2014구합62661 판결[1)]

Ⅰ. 사실관계

(1) 원고 에어인천 주식회사는 2012. 1. 18. 국내외 항공 운송법 등을 목적으로 설립되었고, 자본금은 50억 원인 국내 최소 규모의 신생 항공사인바, 2013. 3.경부터 운항을 시작하여 현재 일본 나리타 노선, 중국 연태 노선, 러시아 사할린 노선을 각 운항하고 있다. 반면에 참가인 아시아나항공 주식회사는 1988. 2. 17., 참가인 주식회사 대한항공은 1969. 9. 19. 각 설립된 회사로 국내 1, 2위 항공사들이다.

(2) 한·중 항공회담이 2014. 4. 23. 부터 4. 24.까지 개최되었는데, 위 회담을 통해 총 주 98회(여객 주 90회, 화물 주 8회)의 한국-중국간 운수권이 추가로 확보되었다. 피고 국토교통부장관은 2014. 4. 30. 원고 및 피고보조참가인들을 포함한 항공사들에게 한·중 항공회담을 통하여 확보된 운수권 가운데 배분을 희망하는 운수권의 노선 및 횟수를 기재한 신청서를 2014. 5. 13.까지 제출하여 줄 것을 요청하였다.

(3) 한·중 항공회담을 통하여 확보된 운수권 가운데 한국 제지점-중국 8개지점간 화물운수권 주 8회(이하 '이 사건 운수권')의 배분과 관련하여 원고와 참가인 아시아나항공은 각 8회를, 참가인 대한항공은 5회를 각 신청하였다.

(4) 한국 제지점-중국 7개지점간 화물운수권의 기존 보유현황과 원고와 참가인들의 화물기 보유 현황은 아래와 같다.

1) 원고가 항소하였으나, 서울고등법원 2016. 1. 14. 선고 2015누44945 판결로 항소기각되었고, 2016. 2. 6. 확정되었다.

<table>
<tr><th rowspan="2">항공사</th><th rowspan="2">화물운수권
보유 현황</th><th colspan="3">화물기 보유 현황</th></tr>
<tr><th>기종별</th><th>최대 탑재량</th><th>전체 보유대수</th></tr>
<tr><td>원고</td><td>0</td><td>B737 2대</td><td>18톤</td><td>2대</td></tr>
<tr><td rowspan="2">참가인 아시아나항공</td><td rowspan="2">15</td><td>B747 10대</td><td>100톤</td><td rowspan="2">11대</td></tr>
<tr><td>B767 1대</td><td>52톤</td></tr>
<tr><td rowspan="2">참가인 대한항공</td><td rowspan="2">21</td><td>B747 22대</td><td>100톤</td><td rowspan="2">26대</td></tr>
<tr><td>B777 4대</td><td>86톤</td></tr>
</table>

(5) 참가인들은 기존에 보유하고 있던 화물운수권의 대부분을 상해, 천진, 광저우 노선으로 운영하고 있고, 화물 운송의 형태도 중국에서 한국을 거쳐 제3국으로 운송하는 환적화물 위주이다.

(6) 원고는 2014. 5. 30. 10:30부터 항공교통심의위원회에서 이 사건 운수권에 관한 의견발표 및 질의응답시간을 가졌으나, 항공교통심의위원들은 원고를 이 사건 운수권의 배분대상 항공사로 진입시킬지에 대한 표결에서 만장일치로 미진입 의견을 제출하였다. 이에 따라 피고는 경합노선들에 대하여 항공교통심의위원회의 심의를 거쳐 2014. 5. 30. 참가인들에게 이 사건 운수권 중 각 주 4회를 배분한다는 내용의 처분을 하였다(이하 참가인들에 대하여 한 이 사건 운수권 중 각 주 4회를 배분한 처분 및 원고에 대하여 한 이 사건 운수권 배분 거부 처분을 통틀어 '이 사건 각 처분'이라 한다).

Ⅱ. 참조 조문

1. 항공사업법

제16조(국제항공 운수권의 배분 등) ① 국토교통부장관은 외국정부와의 항공회담을 통하여 항공기 운항 횟수를 정하고, 그 횟수 내에서 항공기를 운항할 수 있는 권리(이하 "운수권"이라 한다)를 국제항공운송사업자의 신청을 받아 배분할 수 있다.

② 국토교통부장관은 제1항에 따라 운수권을 배분하는 경우에는 제8

조 제1항 각 호의 면허기준 및 외국정부와의 항공회담에 따른 합의사항 등을 고려하여야 한다.

③ 국토교통부장관은 운수권의 활용도를 높이기 위하여 국제항공운송사업자가 다음 각 호의 어느 하나에 해당하는 경우에는 배분된 운수권의 전부 또는 일부를 회수할 수 있다.

1. 제25조에 따라 폐업하거나 해당 노선을 폐지한 경우
2. 운수권을 배분받은 후 1년 이내에 해당 노선을 취항하지 아니한 경우
3. 해당 노선을 취항한 후 운수권의 전부 또는 일부를 사용하지 아니한 경우

④ 제1항 및 제3항에 따른 운수권의 배분신청, 배분·회수의 기준 및 방법과 그 밖에 필요한 사항은 국제항공운송사업자의 운항 가능 여부, 이용자의 편의성 등을 고려하여 국토교통부령으로 정한다.

2. 국제항공운수권 및 영공통과 이용권 배분 등에 관한 규칙

제7조(배분대상 항공사 수) ① 국토교통부장관은 1개의 항공사가 취항하는 기존 노선에서 이미 확보한 운수권과 증대 운수권의 합이 여객 또는 여객·화물 공용을 대상으로 주당 6회 이상, 화물만을 대상으로 주당 2회 이상이 된 경우에는 해당 노선의 시장상황, 배분신청 내용 등을 고려하여 증대 운수권을 추가로 1개 이상의 항공사에 배분한다. 다만, 기존 노선을 운항하고 있는 항공사만이 배분신청을 한 경우에는 해당 항공사에게 배분할 수 있다.

② 국토교통부장관은 2개 이상 항공사가 취항하는 기존 노선에서 증대 운수권이 발생한 경우에는 해당 노선의 시장상황, 배분희망내용 등을 고려하여 증대 운수권을 추가로 1개 이상의 항공사에게 배분할 수 있다.

제8조(배분대상 항공사 선정) ① 국토교통부장관은 제7조에 따라 결정한 배분대상 항공사 수보다 배분을 신청한 항공사 수가 같거나 적은 경우에는 배분을 신청한 모든 항공사에 해당 운수권을 배분할 수 있다.

② 국토교통부장관은 제7조에 따른 배분대상 항공사 수보다 배분을

신청한 항공사의 수가 많은 경우에는 평가결과에서 높은 점수를 획득한 항공사 순서로 배분대상 항공사를 선정한다. 평가결과가 동점인 경우에는 별표의 평가지표 중 정량평가 항목에서 획득한 점수의 합이 높은 순서로 항공사를 선정한다.

③ 국토교통부장관은 경합되는 배분노선이 2개 이상이고 2개 이상의 항공사의 평가결과가 동점인 경우에는 항공사의 노선별 선호도를 조사하여 항공사를 선정할 수 있다.

제9조(배분횟수) ① 국토교통부장관은 제8조에 따라 새로 선정된 항공사에 대해서는 다음 각 호의 기준에 따라 산정된 증대 운수권을 우선 배분하고, 나머지 증대 운수권은 평가결과에서 높은 점수를 획득한 항공사의 순서로 주당 1회씩 배분한다. 다만, 새로 선정된 항공사가 없는 경우에는 평가결과에서 높은 점수를 획득한 항공사의 순서로 주당 1회씩 배분한다.

1. 기존 노선을 운항하던 항공사 중 가장 적은 운수권을 보유한 항공사(이하 이 조에서 "기존 최소 운수권 보유 항공사"라 한다)의 운수권이 주당 2회 이하인 경우: 주당 1회
2. 기존 최소 운수권 보유 항공사의 운수권이 주당 3회 이상 6회 이하인 경우: 주당 3회
3. 기존 최소 운수권 보유 항공사의 운수권이 주당 7회 이상 12회 이하인 경우: 기존 최소 운수권 보유 항공사 운수권의 100분의 50(소수점 이하는 반올림 한다)에 해당하는 운수권
4. 기존 최소 운수권 보유 항공사의 운수권이 주당 13회 이상인 경우: 주당 7회

② 국토교통부장관은 증대 운수권의 부족에 따라 제1항 각 호의 기준에 따른 운수권을 모두 배분할 수 없는 경우에는 제1항에 따른 배분기준에도 불구하고 증대 운수권의 다음 배분시 1차에 한하여 그 부족분에 상당하는 운수권을 해당 항공사에 우선 배분할 수 있다.

③ 국토교통부장관은 제1항에도 불구하고 항공사의 신청 내용이 해당 신규 운수권 횟수의 범위 내에 있는 경우에는 신청한 대로 배분할 수 있다. 다만, 제7조 제1항 단서에 해당하는 경우에는 향후 시장 상황의 변동가능성 및 경쟁체제의 도입 필요성 등을 고려하여 신청한 대로 배분하지 않을 수 있다.

Ⅲ. 판시사항

운수배분권은 각 항공사의 노선 및 운송능력, 노선개척에 기여한 정도, 노선의 시장상황 및 노선배분시의 활용도, 공정경쟁 여건조성 등을 고려한 항공정책적 판단이 필요한 분야로서, 이에 관한 행정처분은 항공행정을 통한 공익실현과 아울러 합목적성을 추구하기 위하여 구체적 타당성에 적합한 기준에 의하여야 하므로 그 범위 내에서는 행정청의 재량에 속하고, 그에 관한 행정청의 판단이 평등 또는 신뢰원칙위배 등에 해당하지 아니하는 이상 재량권의 일탈·남용에 해당한다고 할 수 없다.

Ⅳ. 해 설

1. 원고의 주장요지

가. 절차상 위법

행정절차법 제23조 제1항은 행정청이 처분을 하는 때에는 당사자에게 그 근거와 이유를 제시하여야 한다고 규정하고 있는데, 피고는 이 사건 각 처분을 하면서 그 근거와 이유를 제시하지 않았으므로 이 사건 각 처분에는 절차상 위법이 있다.

나. 실체상 위법

(1) 피고는 다사체제에 적합한 공정경쟁환경을 조성해야 하는 점, 중국 서부지방등 새로운 시장에는 원고가 보유한 중소형 항공기가 가장 적합한 점 등의 중국 시장 현황과 노선배분시의 운수권의 활용도에 관하여 심도 있는 심사나 검토도 거치지 않은 채, 기존 운항 항공사들에게 이 사건 운수권을 배분하였는바 이 사건 각 처분은 이익형량을 하지 않았거나 부실하게 하여 비례원칙에 반하는 것으로 재량권을 일탈·남용한 하자가 있어 위법하다.

(2) 피고는 원고에게 이 사건 운수권의 배분신청시 배분희망횟수를 주

2회로 하도록 권유하였고 이로 인하여 원고는 이 사건 운수권에 대한 배분을 신청할 경우 배분대상 항공사로 선정될 수 있을 것이라는 신뢰를 갖게 되었는바, 이에 반하는 이 사건 각 처분은 신뢰보호원칙에 반하는 것으로 위법하다.

2. 절차상 위법 여부

가. 행정절차법 제23조 제1항

행정절차법 제23조 제1항은 "행정청은 처분을 할 때에는 다음 각 호의 어느 하나에 해당하는 경우를 제외하고는 당사자에게 그 근거와 이유를 제시하여야 한다"라고 정하고 있다. 이는 행정청의 자의적 결정을 배제하고 당사자로 하여금 행정구제절차에서 적절히 대처할 수 있도록 하는 데 그 취지가 있다.[2] 따라서 처분서에 기재된 내용, 관계 법령과 해당 처분에 이르기까지 전체적인 과정 등을 종합적으로 고려하여, 처분 당시 당사자가 어떠한 근거와 이유로 처분이 이루어진 것인지를 충분히 알 수 있어서 그에 불복하여 행정구제절차로 나아가는 데 별다른 지장이 없었던 것으로 인정되는 경우에는 처분서에 처분의 근거와 이유가 구체적으로 명시되어 있지 않았더라도 이를 처분을 취소하여야 할 절차상 하자로 볼 수 없다.[3]

나. 대상사안의 검토

(1) 피고는 2014. 4. 30. 원고에게 한국-중국간 운수권 배분계획을 알리면서 배분신청서 서식을 첨부하였는바, 위 서식에는 "국제항공운수권 및 영공 통화 이용권 배분 등에 관한 규칙(이하 '배분 규칙') 제13조에 따라 운수권 배분을 신청합니다"라고 기재되어 있다.

(2) 원고는 배분대상 항공사로 선정되기 위하여 항공교통심의위원회에서 의견발표 및 질의응답 시간을 가졌는바, 원고는 이 사건 운수권 배분

2) 대법원 2016. 11. 9. 선고 2016두45578 판결.
3) 대법원 2019. 12. 13. 선고 2018두41907 판결.

에서 배분 규칙이 적용됨을 고지받은 점, 원고가 운수권 배분대상 항공사로 선정될지 여부는 원고의 중국 정기노선 취항능력 여부가 충분한지 여부에 따라 결정된다는 것을 원고가 잘 알고 있었다.

(3) 위와 같은 점을 종합하면, 이 사건 각 처분에 처분의 근거와 이유 제시가 불충분하여 행정절차법 제23조 제1항의 규정을 위반한 절차상 위법이 있다고 할 수 없다.

3. 재량권의 일탈·남용 여부

가. 재량행위로서 운수권 배분

운수권 배분은 각 항공사의 노선 및 운송능력, 노선개척에 기여한 정도, 노선의 시장상황 및 노선배분시의 활용도, 공정경쟁 여건조성 등을 고려한 항공정책적 판단이 필요한 분야로서 이에 관한 행정처분은 항공행정을 통한 공익실현과 아울러 합목적성을 추구하기 위하여 구체적 타당성에 적합한 기준에 의하여야 할 것이므로 그 범위 내에서는 행정청의 재량에 속한다.[4)]

나. 운수권 배분 절차

(1) 피고는 2009. 10. 22. 국제항공운수권 배분 규칙을 제정하였는바, 배분 규칙 제7조 제2항은 "2개 이상 항공사가 취항하는 기존 노선에서 증대 운수권이 발생한 경우에는 해당 노선의 시장상황, 배분희망 내용등을 고려하여 증대 운수권을 추가로 1개 이상의 항공사에게 배분할 수 있다"고 규정하고 있고, 같은 규칙 제9조 제1항 제4호는 "기존 최소 운수권 보유 항공사의 운수권이 주당 13회 이상인 경우에는 새로 선정된 항공사에 대해서 주당 7회의 증대 운수권을 우선 배분하고, 나머지 증대 운수권은 평가결과에서 높은 점수를 획득한 항공사의 순서로 주당 1회씩 배분한다"고 규정하고 있다.

(2) 한국 제지점-중국 7개 지점간 화물운수권의 기존 보유현황은 아

4) 대법원 2004. 11. 26. 선고 2003두3123 판결.

시아나항공이 주당 15회, 대한항공이 주당 21회이므로, 배분 규칙에 의하면 원고가 배분대상 항공사로 선정되기만 한다면 기존최소 운수권 보유 항공사인 아시아나항공이 주당 15회의 운수권을 보유하고 있으므로 원고에게 주당 7회의 운수권을 우선 배분하게 된다.

다. 대상사안의 검토

(1) 재량행위에 대한 사법심사는 행정청의 공익판단에 관한 재량의 여지를 감안하여 원칙적으로 재량권 일탈·남용이 있는지 여부만을 대상으로 하는데, 그 판단 기준은 사실오인과 비례·평등의 원칙 위반 여부 등이 된다.[5] 이러한 재량권 일탈·남용에 관하여는 그 행정행위의 효력을 다투는 자가 주장·증명책임을 부담한다.[6]

(2) 배분 규칙에 따라 원고가 배분대상 항공사로 선정되기만 한다면 주당 7회의 운수권을 우선 배분받게 되므로, 이 사건 운수권의 배분대상 항공사 선정에서 고려되어야 할 점은 원고가 이 사건 운수권을 배분받아 제대로 활용할 수 있는 능력이 있는지, 능력이 부족함에도 공정경쟁환경 조성을 위해 원고를 배분대상 항공사로 선정할 공익적 필요성이 있는지 이다.

(3) (i) 피고는 원고의 운항능력 등을 확인하기 위하여 항공교통심의위원회를 개최하였고, 원고에게 의견발표시간까지 주었으며 원고의 진입 여부에 대하여 항공교통심의위원들의 표결까지 거쳤는바 이 사건 각 처분에 이익형량 판단이 없었다고 보기 어려운 점, (ii) 원고는 최대탑재량 18톤 규모의 항공기 2대만을 보유한 국내 최소 규모의 신생항공사로서 주 7회의 이 사건 운수권이 원고에게 배분된다면 이를 적절하게 운용할 수 있다고 보이지 않는 점(만약 항공기 중 1대라도 고장 등 운항이 불가능한 경우가 발생한 경우 그로 인한 원고의 피해 뿐만 아니라 이 사건 운수권을 활용하지 못함으로 인한 국가 차원의 손해가 매우 클 것으로 보인다), (iii) 원고는 중국 서부지방에서 발생하는 화물을 중소형항공기로 운송하는 것이

5) 대법원 2017. 6. 19. 선고 2016두30866 판결.
6) 대법원 2018. 5. 15. 선고 2017두63986 판결.

가장 적합하다고 주장하나 이를 인정할 뚜렷한 증거가 없는 점, (iv) 설령 원고가 이 사건 운수권을 제대로 운용한다고 하더라도 원고가 중소형 항공기로 새로운 시장을 개혁하려는 소위 블루오션의 이점과 참가인들이 대형항공기로 환적화물을 운반하여 얻는 규모의 경제적 이점은 각각 별개의 측면으로 전자가 후자보다 반드시 우월한 것이라고 보기 어려운 점, (v) 신생항공사인 원고에게 이 사건 운수권을 배분하여 다자경쟁을 통한 공정경쟁환경을 형성하는 공익이 위에서 열거한 여러 사정들보다 가장 우선이라고 볼 수도 없는 점 등을 종합하면, 이 사건 각 처분에 재량의 일탈·남용이 있다고 할 수 없다.

4. 신뢰보호원칙 위반 여부

가. 신뢰보호의 원칙

일반적으로 행정상의 법률관계에 있어서 행정청의 행위에 대하여 신뢰보호의 원칙이 적용되기 위해서는, 첫째 행정청이 개인에 대하여 신뢰의 대상이 되는 공적인 견해표명을 하여야 하고, 둘째 행정청의 견해표명이 정당하다고 신뢰한 데에 대하여 그 개인에게 귀책사유가 없어야 하며, 셋째 그 개인이 그 견해표명을 신뢰하고 이에 상응하는 어떠한 행위를 했어야 하고, 넷째 행정청이 위 견해표명에 반하는 처분을 함으로써 그 견해표명을 신뢰한 개인의 이익이 침해되는 결과가 초래되어야 하며, 마지막으로 위 견해표명에 따른 행정처분을 할 경우 이로 인하여 공익 또는 제3자의 정당한 이익을 현저히 해할 우려가 있는 경우가 아니어야 한다.[7)]

나. 대상사안의 검토

피고가 원고에게 이 사건 운수권의 배분 신청시 배분희망횟수를 주 2회로 하도록 권유하였다고 하더라도 이는 원고가 이 사건 운수권에 관하여 주 2회를 신청하면 주 2회를 배분할 수 있다는 것에 불과하고, 이를

7) 대법원 2006. 2. 24. 선고 2004두13592 판결.

가리켜 원고를 이 사건 운수권의 배분대상 항공사로 선정하겠다는 내용의 공적인 견해를 표명하였다고 볼 수 없다.

[23] 운항시각(Slot) 배분에 관한 연방항공청의 규율권한

Exhaustless Inc. v. FAA, No. 08-1329 (D.C. Cir., Aug. 2, 2019)

Ⅰ. 사실관계

(1) 미국 연방항공법(Federal Aviation Act)은 연방항공청(Federal Aviation Administration)에 항공기의 안전과 효율적인 공역 사용을 보장하기 위해 공역 사용에 필요한 규정과 명령권을 부여하였다.[1)] 비행이 가능한 공역에는 항공기의 이륙 및 착륙시 안전을 보장하는 데 필요한 공역이 포함된다.[2)]

(2) 1968년 이후 FAA는 비효율적인 비행 지연을 줄이기 위해 고도로 혼잡한 공항에서 이착륙 횟수를 제한하였다. 위와 같은 제한은 High Density Rule(HDR)로 알려진 일련의 규정으로 법제화되었다. 2000년경 HDR은 매우 혼잡한 5개의 공항(Newark Liberty, LaGuardia, JFK, O'Hare, Ronald Reagan Washington National)에서 시간당 이착륙 횟수를 제한하였다.[3)]

(3) 연방의회는 항공사의 공항접근 및 항공사 사이의 경쟁에 대한 HDR의 영향에 관심을 갖게 되었고, 2000년에 2007. 1. 1. 이후 HDR을 LaGuardia, JFK 공항에 적용하는 것을 금지하였다.[4)] 연방의회는 그때까지 소규모 공항에 취항하는 항공사와 해당 공항에 취항을 거의 또는 전혀 하지 않는 항공사에 대해 특별슬롯(Slot Exemptions)을 허용하도록 FAA에 지시하였다.[5)] 위와 같은 조치로 인하여 LaGuardia 공항에서는 지연사태가 곧바로 증가하였다. FAA가 특별슬롯을 부여하기 시작하면서

1) 49 U.S.C. § 40103(b)(1).
2) 49 U.S.C. § 40102 (a) (32).
3) 14 C.F.R. § 93.123 (2000).
4) 49 U.S.C. § 41715 (a).
5) 49 U.S.C. § 41716.

LaGuardia에서 정기노선 운항 횟수는 최적의 운영 조건에서도 공항 용량을 훨씬 초과하기 시작하였고,[6] 도착 항공편의 평균 지연 시간은 3월에서 9월 사이에 144% 증가하였다.[7] 2000. 9.까지 LaGuardia의 비행 지연이 미국 전역 지연의 25%를 차지하였다. 이에 FAA는 특별슬롯 수를 제한하여 대응하였다. 2000년 말부터 2006년 말까지, 특별슬롯의 상한이 적용되는 HDR이 LaGuardia의 슬롯 수를 관리하였다.[8]

(4) 2007. 8. HDR이 만료되므로, FAA는 2006. 8. LaGuardia에 대한 새롭고 영속적인 슬롯 관리 규칙을 제안하고 의견조회를 요청하였다.[9] 몇 주 후 FAA는 연말까지 영속적인 규칙 제정이 종료되지 않으며, 치명적인 지연을 피하기 위해 잠정적인 규칙을 제정하여야 한다고 설명하였다.[10]

(5) FAA는 2006. 12. 임시명령(interim order)을 발령하였다.[11] FAA는 위 명령이 잠정처분이었음을 밝히고, FAA의 최종 결정은 LaGuardia에서 비행 운항에 관한 규정에서 보다 합리적인 근거를 확립해야 하기 때문에 규칙 제정을 완료해야 한다고 하였다.[12] 임시명령은 HDR과 유사하며 일반적으로 종전 규정하에서 항공사가 보유했던 슬롯을 더 강화하였다.[13]

(6) JFK 공항에 대한 규제 노력은 다소 다른 경로를 따랐지만 거의 같은 결과로 끝났다. JFK와 관련하여 FAA는 2007년에 HDR이 교체없이 만료되도록 허용하였다. JFK의 비행 횟수는 급증했으며 비행기가 많을수록 더 많은 지연이 발생하였다. 2007년 JFK의 일일 평균 운항횟수 전년대비 21% 증가했으며 정시 도착률은 68.5%에서 62.2%로 감소하였다.[14] 2008년 FAA는 JFK에서 이륙 및 착륙 횟수를 제한하는 임시명령을 발령

---

6) 71 Fed. Reg. 54,331 (Sept. 14, 2006).
7) 71 Fed. Reg. 54,332 (Sept. 14, 2006).
8) 71 Fed. Reg. 54,332 (Sept. 14, 2006) & n.9.
9) 71 Fed. Reg. 51,360 (Aug. 29, 2006).
10) 71 Fed. Reg. 54,331 (Sept. 14, 2006).
11) 71 Fed. Reg. 77,854 (Dec. 27, 2006).
12) 71 Fed. Reg. 77,854 (Dec. 27, 2006).
13) 71 Fed. Reg. 77,859-61 (Dec. 27, 2006).
14) 73 Fed. Reg. 3510, 3511 (Jan. 18, 2008).

하였다.[15] LaGuardia 공항에 관한 임시명령과 마찬가지로 JFK 공항에 관한 명령은 혼잡에 대한 장기적인 해결책을 만들려는 의도가 아니고 잠정적인 조치임을 강조하였다.[16]

(7) FAA의 LaGuardia 및 JFK 공항에 대한 영구적인 해법의 첫 번째 시도는 2008. 10.에 발표된 연방규칙을 통해 이루어졌다.[17] 위 규칙에 따라 슬롯의 일부는 경매를 통해 할당된다.[18] 지역 공항 당국과 함께 여러 항공사와 단체는 연방법원에 위 규칙에 대하여 즉시 이의를 제기하였다. 신청인들은 FAA가 슬롯 경매를 수행할 법적 권한이 없다고 주장하면서 집행정지를 신청하였고, 연방법원은 위 신청을 인용하였다.[19] 이에 FAA는 위 규칙을 철회하였다.[20]

(8) FAA는 LaGuardia와 JFK 공항에 대한 임시명령을 2011. 10.까지 연장하였으며, 영구적인 해법에는 더 많은 시간이 필요하다고 언급하였다.[21] FAA는 그 후 계속하여 일련의 조치를 통하여 임시명령의 효력을 2016. 10.까지 연장하였다.[22]

(9) FAA는 2015. 1. 항공사간 슬롯 구매·판매·임대 또는 교환을 위한 2차 시장을 포함하는 뉴욕 지역 공항에 관한 최종 규칙을 제안하였다.[23] 그러나 FAA는 2016. 5. 의견을 수렴한 후 제안된 위 규칙을 철회하였다.[24] 이에 따라 FAA는 2018. 10.까지 임시명령을 다시 연장하였다.[25]

(10) FAA는 2018. 9.에 2020. 10.까지 LaGuardia 및 JFK 공항에 대

---

15) 73 Fed. Reg. 3510, 3516-42 (Jan. 18, 2008).
16) 73 Fed. Reg. 3510, 3513-14 (Jan. 18, 2008).
17) 73 Fed. Reg. 60,574 (Oct. 10, 2008); 73 Fed. Reg. 60,544 (Oct. 10, 2008).
18) 73 Fed. Reg. at 60,577; 73 Fed. Reg. at 60,547.
19) Order, Port Auth. of N.Y. & N.J. v. FAA, No. 08-1329 (D.C. Cir. Dec. 8, 2008), J.A. 365.
20) 74 Fed. Reg. 52,134 (Oct. 9, 2009); 74 Fed. Reg. 52,132 (Oct. 9, 2009).
21) 74 Fed. Reg. 51,653 (Oct. 7, 2009); 74 Fed. Reg. 51,650 (Oct. 7, 2009).
22) 76 Fed. Reg. 18,620 (Apr. 4, 2011); 76 Fed. Reg. 18,616 (Apr. 4, 2011); 78 Fed. Reg. 28,278 (May 14, 2013); 78 Fed. Reg. 28,276 (May 14, 2013); 79 Fed. Reg. 17,222 (Mar. 27, 2014); 79 Fed. Reg. 16,854 (Mar. 26, 2014).
23) 80 Fed. Reg. 1274 (Jan. 8, 2015).
24) 81 Fed. Reg. 30,218 (May 16, 2016).
25) 81 Fed. Reg. 33,126 (May 25, 2016); 81 Fed. Reg. 32,636 (May 24, 2016).

한 임시명령을 더 연장하였다.[26] 이 사건에서는 가장 최근의 연장처분이 문제되었다. 임시명령은 실질적으로 기존의 연장과 일치하지만, 영구적인 규칙에 대해서는 그다지 열성적이지 않고, 단지 FAA가 LaGuardia와 JFK의 슬롯 관리 정책을 체계화하기 위해 앞으로 잠재적인 규칙 제정을 계속 고려할 것이라고 언급하였다.[27]

(11) 신청인(Exhaustless Inc.)은 항공사에 슬롯을 할당하기 위해 'Aviation 2.0 Operating Standard'라는 특허 출원 제품을 개발하였다. 항공사는 Aviation 2.0을 사용하여 6개월 동안 사용할 슬롯을 구매하기 위해 반년마다 경매에 참여하게 되며, 신청인은 자체 기술을 사용하여 총 슬롯 수를 결정한다. 여객은 항공권을 구매할 때 수요가 보정(補正)된 혼잡 이용료(항공료와는 별도임)를 지불한다. 혼잡 이용료와 경매 수익은 모두 신청인에게 귀속된다.

(12) 신청인은 신청서에서 최근의 임시명령에 대하여 FAA가 법적 권한을 넘어 행정절차법을 위반했다는 주장을 포함하여 몇 가지 주장을 제기하였다.

Ⅱ. 참조 조문

1. 미국 연방헌법

> Article III
>
> Section 1.[28]
>
> The judicial power of the United States, shall be vested in one Supreme Court, and in such inferior courts as the Congress may from time to time ordain and establish. The judges, both of the supreme and inferior courts, shall hold their offices during good

26) 83 Fed. Reg. 47,065 (Sept. 18, 2018); 83 Fed. Reg. 46,865 (Sept. 17, 2018).

27) 83 Fed. Reg. at 47,065.

28) 미국의 사법권(司法權)은 1개의 대법원과 연방의회가 수시로 제정, 설치하는 하급 법원에 귀속된다. 연방 대법원 및 하급 법원의 판사는 적법한 직무 집행기간 동안 그 직을 유지하고, 그 직무에 대하여 정기적으로 보수를 받으며, 그 보수액은 재직 중 삭감되지 아니한다.

behaviour, and shall, at stated times, receive for their services, a compensation, which shall not be diminished during their continuance in office.

Section 2.[29)]

The judicial power shall extend to all cases, in law and equity, arising under this Constitution, the laws of the United States, and treaties made, or which shall be made, under their authority; to all cases affecting ambassadors, other public ministers and consuls; to all cases of admiralty and maritime jurisdiction; to controversies to which the United States shall be a party; to controversies between two or more states; between a state and citizens of another state; between citizens of different states; between citizens of the same state claiming lands under grants of different states, and between a state, or the citizens thereof, and foreign states, citizens or subjects.

In all cases affecting ambassadors, other public ministers and consuls, and those in which a state shall be party, the Supreme Court shall have original jurisdiction. In all the other cases before mentioned, the Supreme Court shall have appellate jurisdiction, both as to law and fact, with such exceptions, and under such regulations as the Congress shall make.

29) ① 사법권은 이 헌법, 법률 및 미국의 권한에 의하여 체결된 또는 장차 체결될 조약에 기하여 발생하는 보통법 및 형평법상의 모든 사건, 대사 기타의 외교 사절 및 영사(領事)에 관한 모든 사건, 해사(海事) 재판과 해상 관할에 관한 모든 사건, 미국이 한쪽의 당사자인 분쟁, 2개 이상의 주 간의 분쟁, 주와 다른 주의 시민 간의 분쟁, 서로 다른 주의 시민 간의 분쟁, 같은 주의 시민 간에 다른 주로부터 부여된 토지에 대한 권리에 관하여 발생하는 분쟁 및 한 주 또는 그 주민과, 외국 또는 그 시민, 또는 신민(臣民) 간에 발생하는 분쟁에 미친다.
② 대사 기타의 외교 사절 및 영사에 관한 모든 사건과 주가 당사자인 사건은 연방 대법원이 제1심의 관할권을 가진다. 그 이외의 모든 사건에서 연방대법원은 의회가 정하는 예외의 경우를 제외하고는 법률문제와 사실문제에 대하여 상고(上告)의 재판 관할권을 가진다.
③ 탄핵 사건을 제외한 모든 범죄의 심리는 배심제(jury)에 의한다. 그 심리는 그 범죄가 행하여진 주에서 하여야 한다. 그러나 그 범죄가 어느 주 내에서도 행해지지 아니하였을 때에는 의회가 법률로 정한 장소에서 이를 심리한다.

> The trial of all crimes, except in cases of impeachment, shall be by jury; and such trial shall be held in the state where the said crimes shall have been committed; but when not committed within any state, the trial shall be at such place or places as the Congress may by law have directed.

2. 항공사업법

> **제18조(항공기 운항시각의 배분 등)** ① 국토교통부장관은 「인천국제공항공사법」 제10조 제1항 제1호에 따른 인천국제공항 등 국토교통부령으로 정하는 공항의 효율적인 운영과 항공기의 원활한 운항, 항공교통의 안전 확보, 항공교통이용자 보호 및 항공교통서비스의 개선 등을 위하여 항공기의 출발 또는 도착시각(이하 "운항시각"이라 한다)을 항공운송사업자의 신청을 받아 배분 또는 조정할 수 있다.
>
> ② 국토교통부장관은 제1항에도 불구하고 다음 각 호의 어느 하나에 해당하는 경우 항공의 공공성, 안전성 또는 이용편리성 확보 등 공공복리를 위하여 직권으로 운항시각을 배분 또는 조정할 수 있다.
>
> 1. 천재지변으로 공항시설이 파손되는 등 공항운영에 차질이 발생하거나 발생할 우려가 있는 경우
> 2. 항공안전사고가 발생하거나 발생할 우려가 있는 경우
> 3. 지역 간 항공서비스의 심각한 불균형으로 지역균형 발전을 저해한다고 인정되는 경우
> 4. 항공수요의 급격한 변동으로 인해 항공서비스 제공에 중대한 차질이 발생하거나 발생할 우려가 있는 경우
> 5. 운항시각의 집중 등으로 공항운영에 차질이 발생하는 경우
> 6. 운항시각의 배분이나 운영과 관련하여 항공운송사업자의 불공정행위나 부당행위가 있는 경우
> 7. 항공운송사업자에 대한 주기적인 서비스 또는 안전 평가 결과 항공운송사업자가 항공운송사업을 수행하기에 현저히 곤란하다고 인정되는 경우
>
> ③ 국토교통부장관은 제1항 또는 제2항에 따라 운항시각을 배분하는

경우에는 공항시설의 규모, 여객수용능력 등을 고려하여야 한다.

④ 국토교통부장관은 제1항 또는 제2항에 따라 운항시각을 배분 또는 조정할 때 필요한 경우 조건 또는 기한을 붙이거나 이미 붙인 조건 또는 기한을 변경할 수 있다.

⑤ 국토교통부장관은 운항시각의 활용도 향상, 공항의 효율적인 운영과 항공기의 원활한 운항, 항공교통의 안전 확보, 항공교통이용자 보호 및 항공교통서비스의 개선 등을 위하여 제1항 또는 제2항에 따라 배분된 운항시각의 전부 또는 일부가 사용되지 아니하는 경우에는 배분한 운항시각을 회수할 수 있다.

⑥ 제1항부터 제5항까지의 규정에 따른 운항시각의 배분신청, 배분·조정·회수의 기준 및 방법과 그 밖에 필요한 사항은 국토교통부령으로 정한다.

⑦ 항공운송사업자가 제1항 또는 제2항에 따라 배분받은 운항시각을 다른 항공운송사업자가 배분받은 운항시각과 상호 교환하려는 경우에는 국토교통부장관의 인가를 받아야 한다.

⑧ 제7항에 따른 인가의 신청, 인가의 기준 및 그 밖에 운항시각의 상호 교환에 필요한 사항은 국토교통부령으로 정한다.

3. 운항시각 조정·배분 등에 관한 규칙

제1조(목적) 이 규칙은 「항공사업법」 제18조에 따른 운항시각의 배분·조정 대상이 되는 공항과 운항시각의 배분신청, 배분·조정·회수의 기준 및 방법 등에 관하여 필요한 사항을 규정함을 목적으로 한다.

제2조(정의) 이 규칙에서 사용하는 용어의 뜻은 다음과 같다.

1. "운항시각조정기준" 이란 해당 공항의 활주로, 주기장 및 세관·출입국관리·검역 등 분야별 수송능력을 근거로 산출된 시간당 항공기 운항가능횟수를 말한다.
2. "첨두시간대"란 해당 시간대의 항공기 운항횟수가 운항시각조정기준에 따른 시간당 항공기 운항가능횟수의 90퍼센트를 초과하는 시간대를 말한다.
3. "운항시각 정기배분"이란 서울지방항공청장이 매년 하계(3월 마지막 주 일요일부터 10월 마지막 주 일요일의 전일까지의 기간

을 말한다. 이하 같다) 및 동계(10월 마지막 주 일요일부터 3월 마지막 주 일요일의 전일까지의 기간을 말한다. 이하 같다) 기간 동안의 운항시각을 하계 또는 동계별로 미리 배분하는 것을 말한다.

4. "운항시각 수시배분"이란 서울지방항공청장이 운항시각 정기배분을 한 후 남은 운항시각(배분 후 회수된 운항시각을 포함한다)을 수시로 배분하는 것을 말한다.

4. 항공기 운항시각 조정업무 세부운영지침

1. 인천국제공항·김포국제공항(개정 2019. 6. 26.)

<table>
<tr><th colspan="2">구분</th><th colspan="2">인천</th><th>김포</th><th>세부사항</th></tr>
<tr><td rowspan="4">슬롯 조정 기준</td><td rowspan="4">정시대
(01분~00분)
및
30분대
(31분~30분)</td><td>70회/시간
(여객기 63회, 도착 39회, 출발 40회)</td><td>04시 01분
~
11시까지</td><td rowspan="4">41회/시간</td><td rowspan="4">김포국제공항 심야운항제한 (curfew) 23:00~06:00(L)</td></tr>
<tr><td>70회/시간
(여객기 65회, 도착 40회, 출발 41회)</td><td>11시 01분
~
19시까지</td></tr>
<tr><td>70회/시간
(여객기 63회, 도착 39회, 출발 40회)</td><td>19시 01분
~
23시까지</td></tr>
<tr><td>52회/시간</td><td>23시 01분
~
04시까지</td></tr>
<tr><td rowspan="4">CIQ</td><td>도착</td><td>7,285명/시간</td><td rowspan="2">그 외 시간</td><td rowspan="2">해당 없음</td><td rowspan="4">01분-00분
31분-30분
탑승율 75% 적용
(인천국제공항)</td></tr>
<tr><td>출발</td><td>9,600명/시간</td></tr>
<tr><td>도착</td><td>7,785명/시간</td><td rowspan="2">11시 01분
~
19시까지</td><td rowspan="2">해당 없음</td></tr>
<tr><td>출발</td><td>9,600명/시간</td></tr>
<tr><td>비고</td><td colspan="5">※ 국제행사 항공기·임시편·전세편 등 부정기 항공편 수요를 위해 인천·김포공항의 시간당 운항시각 중 1회를 유보한다.</td></tr>
</table>

Ⅲ. 판시사항

신청인이 연방 헌법 제3조에 의하여 이 사건에 관한 당사자적격(Standing, locus standi)을 갖기 위해서는 (i) 실제로 손해를 입어야 하고, (ii) 손해는 피신청인의 선행행위로 인한 것이라는 점이 공정하게 인정되어야 하며, (iii) 단순한 추론이 아니라 신청인에게 유리한 결정으로 손해가 회복될 가능성이 있어야 한다. 이 사건에서 신청인은 손해의 회복가능성에 대한 증명에 실패하였기 때문에, 신청인은 당사자적격이 없다. 따라서 이 사건 신청은 연방법원의 관할에 속하지 아니하므로, 신청인의 신청을 기각한다.

Ⅳ. 해 설

1. 신청인의 당사자적격 유무

가. 미국 연방헌법 제3조상 당사자적격

(1) 대상사안에서는 신청인의 당사자적격이 문제되었다. 미국 연방헌법 제3조에 규정된 바에 따라 신청인이 당사자적격을 갖기 위해서는 다음과 같은 점을 증명해야 한다.[30] (i) 원고가 실제로 손해를 입어야 한다. 손해는 구체적이고 특정되어야 하며, 실제로 발생하거나 발생이 임박하여야 한다. (ii) 손해는 피신청인의 선행행위로 인한 것이라는 점이 공정하게 인정되어야 한다. (iii) 단순한 추론과는 달리, 신청인에게 유리한 결정으로 손해가 회복될 가능성이 있어야 한다. 후자의 두 요소인 인과관계와 및 손해의 회복가능성은 인과관계에서 동전의 양면과 같다.[31] 신청인이 문제된 피신청인 행위의 대상자인 경우에는 인과관계에 관한 문제는 거의 생기지 않는다. 그러나 신청인의 손해가 피신청인의 제3자에 대한 위법한 규제(또는 규제의 부재)로 인하여 발생한 경우에는, 신청인은 제3자

30) Lujan v. Defenders of Wildlife, 504 U.S. 555 (1992)
31) Dynalantic Corp. v. Dep't of Def., 115 F.3d 1012, 1017 (D.C. Cir. 1997).

의 독립적 행위로 인한 손해가 아님을 증명해야 하기 때문에, 인과관계를 증명하는 것은 매우 어렵게 된다.

(2) 대상사안에서 신청인은 FAA의 임시명령이 존재하는 한 특허 출원 중인 Aviation 2.0으로 시장에서 경쟁할 수 있는 기회가 없다고 주장했다. 만약 LaGuardia와 JFK의 슬롯 제한을 포함하여 임시명령이 실효되면, 피신청인은 정체 방지를 위해 슬롯 관리를 신청인에게 이관할 것이라고 주장하였다.

나. 임시명령과 신청인이 주장하는 손해와의 관계

(1) 임시명령이 없으면 LaGuardia 및 JFK 공항에는 연방 차원에서 규정한 수의 이륙 및 착륙 슬롯이 없고, FAA의 경매에 대한 자원이 부족하여 최소한 연방정부 차원에서는 신청인의 제품에 대한 구매시장도 존재할 수 없다. 임시명령의 효력상실을 구하는 신청에서 신청인이 청구하는 구제명령은 신청인의 손해를 회복시킬 수 없다.

(2) 신청인이 추구하는 적절한 대체수단은 피신청인이 신청인의 기술을 사용하도록 하는 규칙 제정 신청이다. 또한 임시명령은 자유롭게 취소할 수 있기 때문에, 이 과정에서 신청인이 문제삼는 임시명령은 FAA가 규칙 제정을 통해 신청인의 기술을 채택하도록 하려는 시도에 방해가 되지 않는다. 실제로 신청인은 이미 규칙 제정에 대한 탄원서를 제출하였다. 위 신청은 FAA에 계류 중이며, FAA가 이를 거부할 경우, 신청인은 사법심사를 요구할 것이다.

(3) 구두변론절차에서 신청인은 FAA의 임시명령의 실효처분에 따라 새로운 시장접근권이 생길 것이라고 주장했다. 이론적으로 임시명령의 실효는 LaGuardia 및 JFK 공항의 비행 일정에 대한 통제권을 연방정부에서 뉴욕과 뉴저지 지방항공청으로 이전할 것이라고 주장했다. 뉴욕과 뉴저지 지방항공청은 Aviation 2.0을 사용하기로 선택할 수 있다. 사업을 위한 경쟁 기회의 상실이 헌법 제3조에 규정된 손해를 구성할 수 있지만, 최종 경쟁에서 이길 수 있는 현실적인 가능성이 있어야 한다.[32]

다. 신청인의 주장에 대한 판단

단순한 추론과는 반대로, 임시명령의 실효로 인하여 신청인의 손해가 회복될 수 있다는 것과 관련하여 지방항공청이 공항에서 항공편을 관리하기 위해 Aviation 2.0을 채택하는 것에는 아래와 같이 장애물이 매우 크고 그 종류도 너무 많다.

(1) FAA는 공역의 효율적인 사용을 보장할 의무가 있다. 1968년 이래로 연방정부는 공항에서 과도한 정체를 유발하지 않으면서 운항하려는 항공편의 수를 수용할 수 없기 때문에 LaGuardia 및 JFK에서 이륙 및 착륙 수를 제한함으로써 그 책임을 완수하였다. FAA 항공교통국(Air Traffic Administration) 최고책임자는 임시명령이 없으면 추가 비행편의 요청은 활주로 용량을 훨씬 초과하여 광범위한 현지 및 시스템 지연과 비행 취소가 발생할 것으로 예상하였다. 2000년에 슬롯 제한에서 제외되는 것만으로 LaGuardia는 전국적으로 비행 지연의 25%를 차지했다. 따라서 임시명령을 실효시켜 LaGuardia와 JFK 공항의 비행 일정에 대한 권한을 지방항공청은 위임하자는 신청인의 제안은 위와 같은 역사를 무시하고 현실을 외면하는 것이다.

(2) LaGuardia와 JFK 공항은 공항 개선 프로그램에 따라 공항 개발에 대한 연방 보조금을 수락하였다.[33] 해당 보조금을 수령하기 위한 조건으로 공항은 합리적인 조건에서 불공평한 차별없이 소비자가 공항을 이용할 수 있음을 약속해야 한다.[34] 위와 같은 조건은 항공사가 부당한 수수료를 부과하는 것을 금지한다.[35] 또한 연방의회는 공항 수수료가 합리적인지 여부를 결정하는데 교통부 장관에게 일차적인 책임을 부과하였다.[36]

---

32) Ranger Cellular v. FCC, 348 F.3d 1044, 1050 (D.C. Cir. 2003); Albuquerque Indian Rights v. Lujan, 930 F.2d 49, 56 (D.C. Cir. 1991).

33) Federal Aviation Administration, FY 2019 Primary Entitlements (May 10, 2019), https://www.faa.gov/airports/aip/grantapportion_data/media/F Y-2019-Primary-Entitlements.pdf.

34) 49 U.S.C. § 47107(a)(1).

35) Air Transp. Ass'n of Am. v. DOT, 613 F.3d 206, 210 (D.C. Cir. 2010).

36) 49 U.S.C. § 47129.

현행 규정에 따라 공항은 공항의 요금 기반에 의하여 파악한 과거의 비용을 초과하지 않는 범위내에서 착륙료를 부과할 수 있다.[37] 그러나 신청인의 기술은 비용 기반 착륙료(Cost-based Landing Fee)가 아닌 경매 가격을 항공사에 청구하고, JFK 및 LaGuardia의 보조금 지급정책과 충돌한다.

(3) 신청인이 고려하는 것처럼 여객에게 '전용 혼잡 방지 프리미엄'(Dedicated Congestion-Prevention Premium)을 청구하는데 상당한 장애물이 있다. 신청인은 지방 공항 당국이 요금을 부과할 것으로 예상하는 한, "항공 상거래를 이용하는 개인에 대한 세금, 수수료, 인두세 또는 기타 요금을 부과하거나 징수할 수 없다"고 규정하는 인두세금지법(Anti-Head Tax Act)에 위반된다.[38] FAA의 항공분석국장은 "항공사가 신청인의 제안에 따라 제3자에게 지급할 수수료를 추가로 징수하기 위해서는 요금징수체계를 재설계하도록 요구할 것이고, 이는 항공사가 자발적으로 위 작업을 수행하지는 않을 것이다"라고 설명하였다. 항공사가 자발적으로 수수료를 징수하지 않으면, 신청인은 항공사가 수수료를 징수하도록 항공사에게 강제할 권한을 설명하지 못한다.

(4) 신청인의 제안을 채택하면 미국의 상업적 항공 여행에 대한 국제협약 준수가 위태로워질 수 있다. 예를 들면, 미국과 캐나다 간의 항공협정은 캐나다 항공사에게 LaGuardia에서 최소 42개의 슬롯을 보장한다.[39] 그러나 신청인은 항공사의 국적에 관계없이 LaGuardia의 모든 슬롯을 경매하려고 한다.

(5) 신청인이 위와 같은 장애를 극복할 수 있다 하더라도, Aviation 2.0은 아직 검증되지 않은 제품이다. 대다수 공항은 FAA의 슬롯 규제 대상이 아니므로 현재 이 제품을 채택할 수도 있지만, 이 제품은 미국의 어느 공항에서도 아직 채택되지 않았다. 이 법원은 미국에서 가장 바쁜 공항 중 두 곳이 자발적으로 Aviation 2.0의 시험장 역할을 할 것이라고는

37) 78 Fed. Reg. 55,330, 55,333-35 (Sept. 10, 2013); Air Transp. Ass'n of Am. v. DOT, 613 F.3d 206, 211 (D.C. Cir. 2010).

38) 49 U.S.C. § 40116(b).

39) Air Transport Agreement Between the Government of the United States and the Government of Canada, T.I.A.S. No. 07-312, Ann. II § 1 (Mar. 12, 2007).

생각하지 않는다. 이와 같은 모든 법적·현실적인 장애물을 고려할 때, 임시명령을 실효시켜야 한다는 생각은 신청인에게 사업을 위한 기회를 부여하는 것에 불과하다.

라. 결 론

따라서 원고는 이 사건 신청이 연방법원의 관할에 속하기 위하여 필요한, 헌법 제3조에서 규정하고 있는 당사자적격을 증명하지 못하였으므로, 이 사건 신청을 기각한다.

2. 우리나라의 운항시각 배분 제도

가. 의 의

운항시각(Slot)이란 IATA의 가이드라인(WSG, Worldwide Slot Guidelines)에서 정하고 있는 바와 같이 "Level 3 공항에서 이착륙에 필요한 공항시설을 최대한 사용할 수 있도록 공항 당국에 의해 허용된 특정 일자와 시간대"[40]라고 정의할 수 있다. 즉 슬롯은 '공항의 수용능력보다 많은 항공기 이착륙 수요가 있는 공항에서 문제가 되며, 특정 항공기가 이착륙하도록 허용하는 시간대'라고 할 수 있다. 항공사로서는 고객들이 선호하는 스케줄을 운영하기 위하여 출발지와 도착지 공항에서 가장 유리한 시간대의 슬롯을 확보하는 것이 영업경쟁력의 원천이다. 따라서 교통량이 많은 공항일수록 한정된 슬롯 중에서 보다 유리한 것을 확보하기 위한 경쟁이 치열하다.[41]

우리나라의 경우 항공사업법 제18조에서는 국토교통부장관에게 운항시각의 배분권한을 부여하고 있는데, 실제로는 서울지방항공청장이 '운항시각 조정·배분 등에 관한 규칙'(이하 '규칙')에 의하여 배분권을 행사하고 있다.[42] 항공사가 배분받은 운항시각에 관한 권리는 공물인 국제공항의

40) IATA Worldwide Slot Guideline 2019. § 1.6.1.

41) 허희영, 항공운송산업론, 명경사(2003). 172면.

42) "운항시각조정기준"이란 해당 공항의 활주로, 주기장 및 세관·출입국관리·검역 등 분야별 수송능력을 근거로 산출된 시간당 항공기 운항가능횟수를 말한다(규칙 제2조 제1호).

이착륙이용시간의 우선적 사용권에 해당한다.

나. 운항시각 조정공항

운항시각 조정공항은 인천국제공항, 김포국제공항, 제주국제공항, 그 밖에 국토교통부장관이 정하는 공항을 말한다(규칙 제3조 제1항). 위 공항의 운항시각조정기준은 서울지방항공청장이 정한다(규칙 제3조 제2항).

다. 운항시각의 배분

IATA의 가이드에 의하면, 슬롯에 관하여는 기득권(historical right) 우선의 원칙, 기득권이 없는 슬롯에 대해서는 선착순 우선의 원칙(first come, first served), 일단 확보 후 사용되지 아니한 슬롯에 대하여는 가능한 한 빨리 슬롯조정자에게 반납되어야 한다(use or lose)는 원칙이 적용된다. 운항시각의 배분기준도 원칙적으로 이와 같다.[43)]

(1) 운항시각 배분신청

운항시각조정공항의 운항시각을 배분받으려는 항공운송사업자는 희망 운항시각 등을 명시하여 서울지방항공청장이 정하는 바에 따라 서울지방항공청장에게 운항시각의 배분을 신청하여야 한다(규칙 제6조).

(2) 운항시각의 배분기준

(가) 서울지방항공청장은 운항시각 정기배분을 하는 경우 다음 각 호의 우선순위에 따라 운항시각을 배분하여야 한다(규칙 제7조 제1항).

① 1순위: 전년도 하계 또는 동계의 기간에 운항시각을 배분(회수된 경우는 제외한다) 받아 국내·국제 정기편 운항(정기성 전세편 운항을 포함한다. 이하 이 항에서 같다)을 하던 자가 국내·국제 정기편 운항을 위하여 전년도와 같은 기간(하계의 경우에는 하계를, 동계의 경우에는 동계를 말한다)에 전년도와 동일한 운항시각의 배분을 신청하는 경우

② 2순위: 전년도 하계 또는 동계의 기간에 운항시각을 배분(회수된

43) 허종·하헌구, "항공운송시장의 경쟁과 슬롯배분문제", 항공산업연구 제45호(1998. 3.), 55~56면.

경우는 제외한다) 받아 국내·국제 정기편 운항을 하던 자가 국내·국제 정기편 운항을 위하여 전년도와 같은 기간(하계의 경우에는 하계를, 동계의 경우에는 동계를 말한다)에 전년도와 다른 운항시각의 배분을 신청하는 경우

③ 3순위: 전년도의 하계 또는 동계의 기간에 운항시각을 배분(회수된 경우는 제외한다) 받아 국내·국제 정기편 운항을 하던 자가 국내·국제 정기편 운항을 위하여 전년도와 다른 기간(하계의 경우에는 동계를, 동계의 경우에는 하계를 말한다)에 운항시각의 배분을 신청하는 경우

④ 4순위: 신규로 국내·국제 정기편의 운항시각의 배분을 신청하는 경우

⑤ 5순위: 국내·국제 부정기편의 운항시각의 배분을 신청하는 경우

(나) 동일한 우선순위간의 경합이 있는 경우에는 당사자 간의 협의로 결정하되, 협의가 이루어지지 아니하거나 협의를 할 수 없는 경우에는 서울지방항공청장이 정하는 기준에 따라 배분하여야 한다. 이 경우 서울지방항공청장은 당사자들에게 배분 결정에 필요한 자료를 제출하도록 요구할 수 있다(규칙 제7조 제2항).

(다) 서울지방항공청장은 운항시각 정기배분이 종료된 후 남은 운항시각에 대하여 항공운송사업자의 신청을 받아 운항시각 수시배분을 할 수 있다(규칙 제7조 제3항).

(3) 전략 운항시각 배분계획

제7조에도 불구하고 서울지방항공청장은 첨두시간대[44] 교통량 분산, 신규노선 유치 및 공항활성화 여건조성 등을 위하여 첨두시간대의 운항시각 배분에 관한 운항시각 배분계획(이하 '전략 운항시각 배분계획')을 수립하여 그에 따라 첨두시간대의 운항시각을 배분할 수 있다(규칙 제8조 제1항). 서울지방항공청장은 전략 운항시각 배분계획에 따라 운항시각을 배분받은 항공운송사업자가 첨두시간대 교통량 분산, 신규노선 유치 및 공항활성화 여건조성 등 전략 운항시각 배분계획의 목적에 따라 해당 운

44) "첨두시간대"란 해당 시간대의 항공기 운항횟수가 운항시각조정기준에 따른 시간당 항공기 운항가능횟수의 90퍼센트를 초과하는 시간대를 말한다(규칙 제2조 제2호).

항시각을 사용하지 아니하는 경우에는 그 운항시각을 회수할 수 있다(제2항).

(4) 배분결과 통보와 조건·기한의 설정

서울지방항공청장은 제7조 또는 제8조에 따라 운항시각 배분을 한 경우 그 결과를 당사자에게 통보하여야 한다(규칙 제9조). 국토교통부장관은 운항시각을 배분 또는 조정할 때 필요한 경우 조건 또는 기한을 붙이거나 이미 붙인 조건 또는 기한을 변경할 수 있다(항공사업법 제18조 제4항).

라. 운항시각의 회수

(1) 국토교통부장관은 운항시각의 활용도 향상, 공항의 효율적인 운영과 항공기의 원활한 운항, 항공교통의 안전 확보, 항공교통이용자 보호 및 항공교통서비스의 개선 등을 위하여 제1항 또는 제2항에 따라 배분된 운항시각의 전부 또는 일부가 사용되지 아니하는 경우에는 배분한 운항시각을 회수(回收)할 수 있다(항공사업법 제18조 제5항).

(2) 서울지방항공청장은 운항시각을 배분받은 항공운송사업자가 (i) 배분받은 운항시각을 해당 기간 중 100분의 80 이상 사용하지 아니한 경우, (ii) 배분받은 운항시각에 연속하여 5주 이상 운항하지 아니한 경우, (iii) 그 밖에 서울지방항공청장이 정하는 사항을 준수하지 아니한 경우의 어느 하나에 해당하는 경우에는 그 운항시각을 회수하여야 한다(규칙 제10조 제1항).

(3) 서울지방항공청장은 제1항에도 불구하고 (i) 해당 국가의 국정혼란 등으로 항공기 운항이 중단된 경우, (ii) 승무원·노조 등의 파업으로 항공기 운항이 중단된 경우, (iii) 기상 등 자연재해로 항공기 운항이 중단된 경우, (iv) 장거리 노선의 바람변화로 운항시각이 변경된 경우, (v) 정부의 항공정책 등의 사유로 운항이 중단된 경우, (vi) 그 밖에 불가피한 운항 중단이라고 서울지방항공청장이 인정하는 경우의 어느 하나에 해당하는 경우에는 운항시각을 회수하지 아니할 수 있다(규칙 제10조 제2항).

마. 운항시각 배분의 예외

(i) 외국 정부 또는 국제기구에서 외교상의 목적으로 사용하는 항공기, 국빈(수행원을 포함한다) 탑승 항공기 또는 국가행사 참여 항공기의 운항, (ii) 연료부족 또는 항공기 정비 등의 사유에 따른 비상착륙, (iii) 긴급환자 수송을 위한 운항, (iv) 그 밖에 천재지변 등 공항 또는 항공기에 특별한 사유가 있는 경우에는 운항시각 배분을 받지 아니하고도 해당 공항에서 운항할 수 있다(규칙 제5조).

바. 운항시각의 교환

항공운송사업자가 배분받은 운항시각을 다른 항공운송사업자가 배분받은 운항시각과 상호 교환하려는 경우에는 국토교통부장관의 인가를 받아야 한다(항공사업법 제18조 제7항).

사. 운항시각조정위원회의 구성 · 운영

서울지방항공청장은 운항시각 회수, 배분 통보 등의 실무 집행을 위하여 공항운영자 및 항공운송사업자 등으로 구성된 운항시각조정위원회를 구성·운영할 수 있다(규칙 제11조 제1항).

[24] 정기항공운송사업 면허의 취소

대법원 1964. 8. 31. 선고 63누192 판결

Ⅰ. 사실관계

(1) 원고 대한국민항공사(Korea National Airlines)는 1946. 3. 1. 미군정의 허가를 받아 1948년부터 항공운송영업에 종사하였다. 한편 교통부장관은 1962. 6. 24.자로 피고보조참가인 대한항공공사에 대하여 정기항공운송사업 면허를 발급하여 주었다.

(2) 피고 교통부장관은 1962. 11. 27. 원고에 대하여 (i) 원고 소유 비행기 3대가 국세 500만 원의 체납으로 세무서에 압류되었을 뿐 아니라 위 3대의 소유권이 채무불이행으로 채권자인 A은행으로 이전되어 A은행에서 인도를 요구하고 있고, (ii) 위 비행기 3대의 비행할 수 있는 잔여시간이 26 ~ 62시간 여에 불과하므로 이를 긴급히 해외에서 수리하여야 하는데 이에는 많은 외화와 시일이 요하고, (iii) 최소한 6명의 항공기 조종사가 필요한데 2명밖에 없으므로 결국 정기항공운송을 전노선에 걸쳐 중단하였고, (iv) 종업원에 대한 급여 약 500만 원이 미불되어 있다는 점 등을 들어 정기항공운송사업 면허를 취소하였다(이하 '이 사건 처분').

(3) 이에 대하여 원고는 피고를 상대로 이 사건 처분의 취소를 구하는 소를 제기하였다.

Ⅱ. 참조 조문

1. 구 항공법(법률 제591호, 1961. 3. 7. 제정, 1961. 6. 8. 시행)

제1조(목적) 본법은 국제민간항공조약의 규정과 동조약의 부속서로서 채택된 표준과 방식에 준거하여 항공기의 항행의 안전을 도모하기 위한 방법을 정하며 아울러 항공운송사업의 질서를 확립하여 항공

의 발달을 도모함을 목적으로 한다.

제80조(면허) 정기항공운송사업을 경영하고자 하는 자는 노선마다 교통부장관의 면허를 얻어야 한다.

제81조(면허기준) 교통부장관은 전조의 면허신청이 있을 때에는 그 신청이 다음 각 호의 사항에 적합한가의 여부를 심사하여야 한다.

1. 당해 사업의 개시가 공공의 이익에 적응할 것
2. 당해 사업의 개시로 당해 노선의 항공수송력이 항공수송수요에 대하여 현저한 공급과잉이 되지 아니할 것
3. 당해 사업계획이 경영상, 항공보안상 적당한 것일 것
4. 신청자가 당해 사업을 정확하게 수행할 수 있는 능력을 가질 것
5. 신청자가 다음 각 호의 1에 해당하지 아니할 것

(1) 제6조 제1항 각 호에 게기한 자

(2) 정기항공운송사업, 부정기항공운송사업 또는 항공기사용사업의 면허의 취소를 당하고 그 취소된 날로부터 2년을 경과하지 아니한 자

(3) 본법에 위반하여 금고 이상의 형의 언도를 받고 그 집행이 종료되었거나 그 집행을 받지 아니하기로 확정된 날로부터 2년을 경과하지 아니한 자

(4) 파산선고, 금치산 또는 한정치산선고를 받고 복권되지 아니한 자

(5) 법인으로서 그 임원이 (2) 내지 (4)에 해당하는 자

제96조(사업의 정지 및 면허의 취소) ① 교통부장관은 정기운송업자가 다음 각 호의 1에 해당하게 된 때에는 6월 이내의 기간을 정하여 사업의 정지를 명하거나 면허를 취소할 수 있다.

1. 본법이나 본법에 의한 명령, 처분 또는 면허, 허가, 인가에 붙인 부관에 위반한 때
2. 정당한 이유없이 본장의 규정에 의하여 면허 또는 인가를 얻은 사항을 실시하지 아니한 때
3. 제93조 제3항의 규정에 위반하여 신고를 하지 아니한 때
4. 제93조 제2항의 경우에 상속재산인 운송사업재산의 분할 기타의 사유로 인하여 정기항공운송사업을 계속할 수 없다고 인정할 만한 현저한 사유가 있는 때

② 교통부장관은 법인인 정기운송업자의 임원 중 제81조 제5호의5의

> 사항에 해당하게 된 것을 발견한 때에는 그 임원의 경질을 명하여야 한다.

Ⅲ. 판시사항

피고가 들고 있는 사유는 면허취소처분의 요건을 규정한 구 항공법(1961. 3. 7. 법률 제591호) 제96조 제1항 제1호의 '본법이나 본법에 의한 명령, 처분 또는 면허에 붙인 부관에 위반한 때', 제2호의 '정당한 이유없이 본장의 규정에 의하여 면허를 얻은 사항을 실시하지 아니한 때'에 해당한다.

Ⅳ. 해 설

대상사안은 교통부장관이 대한민국 최초의 항공사였던 대한국민항공사에 대하여 정기항공운송사업 면허를 취소하였고, 원고가 이에 대하여 불복한 사건이다. 이 사건에서는 행정심판전치주의와 면허취소사유에 대한 법원의 직권조사 여부가 쟁점이 되었다.

1. 행정심판전치주의

가. 의 의

위법 또는 부당한 행정행위로 인하여 권익을 침해당한 자가 제기할 수 있는 행정상 쟁송제도는 행정심판과 행정소송이 있다. 행정심판과 행정소송 양자의 관계를 어떻게 조정할 것인가에 관하여 필요적 전치주의(前置主義)와 임의적 전치주의의 두 가지 입법례가 있다. 우리 행정소송법은 종래 필요적 전치주의를 택하였으나, 1998. 3. 1.부터 시행된 행정소송법에서는 임의적 전치주의를 채택하였다. 행정청의 위법한 처분의 취소·변경, 기타 공법상 권리관계에 관한 소송인 행정소송에서 실질적으로 초심적 기능을 하고 있는 행정심판전치주의[1]는 행정행위의 특수성·전문성 등에 비추어 처분행정청으로 하여금 스스로 재고·시정할 수 있는 기

회를 부여함에 그 뜻이 있다.[2)]

나. 필요적 전치가 적용되는 소송: 취소소송과 부작위위법확인소송

필요적 전치를 요하는 처분이라 하더라도 그 처분의 취소소송과 부작위위법확인소송을 제기할 때만 행정심판을 거쳐야 하는 것이고(행정소송법 제38조 제2항), 무효확인소송을 제기할 때는 거칠 필요가 없다(제38조 제1항). 무효확인소송은 외형상 행정행위로서 존재할 뿐 당초부터 법률적으로 아무런 효력이 없는 처분에 대하여 그 무효임을 공적으로 확인받기 위한 소송에 불과하기 때문이다. 또한 행정심판은 항고쟁송이기 때문에 성질상 공법상의 법률관계에 관한 소송인 당사자소송에도 그 적용이 없다(제44조 제1항). 민중소송, 기관소송은 행정심판전치를 요할 수 있으나, 구체적 내용은 그 소송을 규정하고 있는 개별법에 따른다.

다. 소송요건

필요적 전치주의가 적용되는 사건에서는 행정심판의 청구와 그 재결의 존재는 소송요건이다. 이러한 사건에서는 행정심판을 청구하여 재결이 있은 다음 제소하여야 하고, 재결 전에 소를 제기하면 부적법한 소가 된다.[3)] 그러나 소송요건 충족 여부는 변론종결시를 기준으로 하므로 소를

---

1) 구 행성소송법(법률 제363호, 1955. 7. 5. 일부개정) 제2조에서는 "전조의 소송은 그 처분에 대하여 다른 법률의 규정에 의하여 소원(訴願), 심사의 청구, 이의의 신립(申立) 기타 행정청에 대한 불복의 신립(이하 '소원'이라 칭함)을 할 수 있는 경우에는 이에 대한 재결결정 기타의 처분(이하 '재결'이라 칭함)을 경한 후가 아니면 이를 제기할 수 없다. 단, 소원의 제기가 있은 날로부터 2월을 경과한 때 또는 소원의 재결을 경함으로 인하여 중대한 손해를 생할 우려가 있는 때 기타 정당한 사유가 있는 경우에는 소원의 재결을 경하지 아니하고 소송을 제기할 수 있다"고 규정하고 있었으므로, 이 사건 당시에는 '소원전치주의'라는 용어를 사용하였다.

2) 대법원 1994. 11. 22. 선고 93누11050 판결.

3) 구 국세기본법(1999. 8. 31. 법률 제5992호로 개정되기 전의 것) 제56조는 전심절차 등에 관한 행정심판법 및 행정소송법 관련 규정의 적용을 명시적으로 배제하고 있고, 같은 법 제55조 제5항은 제1항에서 말하는 '국세기본법 또는 세법에 의한 처분'에 포함되지 아니하는 처분의 유형을 규정하고 있으면서도 주류도매업면허취소처분을 들고 있지 아니하므로, 구 주세법(1999. 12. 28. 법률 제6055호로 전문 개정되기 전의 것) 제18조 제1항에 의한 종합주류도매업면허취소처분은 구 국세기본법 제55조 제1항의 처분에 해당하고, 위 취소처분의 위법을 주장하여 그 취소를 구하는 소를 제기하기 위하여는 원칙적으로 심사청구와 심판청구 또는 감사원법에 의한 심사청구를 거쳐야 한다. 대법원

각하하기 전에 재결이 있으면 그 흠이 치유되며, 행정심판의 청구조차 하지 아니하고 제기된 소송도 변론종결시까지 전치의 요건을 충족하게 되면 각하할 수 없다. 실무상으로는 행정심판 재결이 없이 소가 제기되었다 하여 바로 소를 각하하지 아니하고, 재결이 있을 때까지 기다리는 등 흠의 치유를 기다려 본안판단을 함이 보통이다.

한편 전심절차 등의 소송요건은 직권조사사항이므로 원고가 전심절차를 거치지 아니하였다고 시인하더라도 바로 전심절차를 거치지 않았다고 단정할 수 없고,[4] 원고가 스스로 처분을 고지받은 날을 진술한 바 있고 또 원고가 스스로 작성하여 제출한 심사청구서 등에도 같은 취지로 기재되어 있다 하더라도, 그러한 사정만으로 원고가 처분의 통지를 받은 날이 진술한 날과 같다고 단정할 수는 없다.[5] 다만 기록상 전치절차를 거치지 아니한 것이 명백한 경우에까지 행정심판을 거치지 않고 소를 제기한 당사자에게 전치절차를 거치도록 종용하거나 그 보정을 명하여야 할 필요까지는 없다.[6]

라. 행정심판의 의의와 적법성

행정심판전치주의라고 하는 경우의 행정심판은 행정심판이라는 명칭을 가지는 것만을 가리키는 것이 아니라, 그밖에 심사의 청구, 이의의 신청 기타 행정청에 대한 불복신청을 포함하는 모든 행정심판을 말한다. 행정심판청구가 부적법하여 각하되거나 보정요구를 받고도 이에 불응하여 각하된 경우에는 전치요건을 충족하였다고 볼 수 없다. 행정심판청구가 적법한 것인지의 여부는 법원이 판단할 문제이므로, 적법한 행정심판을 재결청이 부적법하다고 각하하였더라도 재결이 있은 이상 전치요건을 구비하였고, 부적법한 행정심판을 적법하다고 보아 재결을 하였다 하더라도 행정청의 재결로써 그 하자가 치유되지 아니한다.[7] 또한, 보정사항이 없

2002. 9. 24. 선고 2001두1727 판결.
4) 대법원 1986. 4. 8. 선고 82누242 판결.
5) 대법원 1995. 12. 26. 선고 95누14220 판결.
6) 대법원 1995. 1. 12. 선고 94누9948 판결.
7) 대법원 1991. 6. 25. 선고 90누8091 판결.

음에도 보정명령을 하거나 보정할 사항이 경미하여 직권으로 보정할 수 있음에도 보정요구를 하고, 심판 청구인이 이에 불응한다 하여 심판 청구를 각하한 경우에는 그 각하결정 자체가 위법하게 되므로, 이 경우에는 전치요건을 갖춘 것으로 본다.[8)]

마. 필요적 전치주의의 완화

서로 내용상 관련되는 처분 또는 같은 목적을 위하여 단계적으로 진행되는 처분 중 어느 하나가 이미 행정심판의 재결을 거친 때에는 행정심판을 거칠 필요가 없다(행정소송법 제18조 제3항 제2호). 선·후 수개의 행정처분 중 그 선행정처분과 후행정처분이 서로 내용상 관련되어 일련의 발전적 과정에서 이루어진 것이라든가 후행정처분이 그 선행정처분의 필연적 결과로서 이루어진 경우에 있어 그 선행정처분에 대한 행정심판의 재결을 거친 때에는 후행정처분에 대하여 별도의 행정심판을 거치지 아니하고도 소를 제기할 수 있도록 한 취지는, 비록 형식적으로는 별개의 행정처분이라 하더라도 그 별개의 행정처분에 깔려 있는 분쟁사유가 공통성을 내포하고 있어서 그 선행정처분에 대한 전치절차의 경유만으로도 이미 그 처분행정청으로 하여금 스스로 재고, 시정할 수 있는 기회를 부여한 것으로 볼 수 있어 후행정처분에 대하여는 다시 전치요건을 갖추지 아니하고서도 행정소송을 제기할 수 있도록 함으로써 무용한 절차의 반복을 피하고 행정구제제도의 취지를 살리기 위한 것이다.[9)]

바. 원고의 상고이유에 대한 판단

(1) 원고는, 피고보조참가인이 얻은 면허의 노선이 원고가 보유하고 있던 노선과 동일하다고 하여서 양처분이 동일목적물에 대하여 전후 관련있는 행정처분으로서 양 처분 사이에 원인과 결과 내지 수단과 방법의 관계가 있어 뒤의 처분에 대한 소원만으로서 앞 처분에 대한 소원전치주의의 요건을 충족시킬 수 있다고 주장하였다.

8) 대법원 1988. 9. 27. 선고 88누3758 판결.
9) 대법원 1994. 11. 22. 선고 93누11050 판결.

(2) 피고가 1962. 6. 24.자로 피고보조참가인 대한항공공사에게 한 정기항공운송사업 면허의 행정처분과 피고가 1962. 11. 27.자로 원고에게 한 정기항공운송사업 면허취소처분을 대비하여 보면 양처분의 일시가 다르고 대상자가 다르다. 전자는 정기항공운송사업의 면허처분인데 반하여 후자는 취소처분이고, 또 앞의 처분은 대한항공공사법(1962. 3. 23. 법률 제1041호)에 의하여 설립된 피고보조참가인에 대하여 같은 법 제1조에 의하여 한 면허처분이고, 뒤의 처분은 원고가 정기항공운송사업을 계속할 수 없다고 인정하고 항공법 제96조에 의하여 한 취소처분이므로, 양처분은 별개 독립의 처분이다. 따라서 원고의 주장은 부당하다.

사. 결 론

따라서 원고의 이 사건 행정소송의 제기는 소원전치주의에 위반된 것이어서 부적법하다.

2. 구 항공법 제96조 제1항 제4호

가. 피고의 주장요지

(1) 구 항공법 제96조 제1항 각 호에 해당하는 사유가 있을 때에는 정기항공운송업자에 대하여 6월내의 기간을 정하여 사업의 정지를 명하거나 면허를 취소할 수 있게 되어 있으며, 동항 제4호에는 "제93조 제2항의 경우에 상속재산인 운송사업재산의 분할 기타의 사유로 인하여 정기항공운송사업을 계속할 수 없다고 인정할만한 현저한 사유가 있는 때"로 되어 있다.

교통부장관은, 구 항공법 제96조 제1항 제4호 소정의 '기타의 사유'라 함은 제93조 제2항의 경우와 관련성이 없는 독립된 사유로서 제96조 제1항 각 호에 열거하고 있는 것 이외의 별개의 사유로 인하여 정기항공운송사업을 계속할 수 없다고 인정할만한 현저한 사유가 있을 경우를 의미하는 것으로 해석하여야 한다고 주장하였다.

나. 판 단

구 항공법 제96조 제1항 각 호의 규정내용과 배열위치로 보나 동호 자체의 문리로 보나 동호의 '기타의 사유'는 동호 모두의 '제93조 제2항의 경우에' 접속되는 것으로, 즉 '제93조 제2항의 경우에 기타의 사유'로 해석하는 것이 옳다. 따라서 동호 모두가 '기타의 사유'의 예시에 포함되었다고는 문리상 볼 수 없다.

3. 면허처분의 취소의 적법성

가. 원심[10)]의 판단

원고에게 피고가 주장하는 사유가 있다고 하더라도, 구 항공법 제96조 제1항 제1호 내지 제3호의 어느 규정에도 해당한다고 볼 수 없다고만 설시하고, 이 사건 면허처분의 취소처분이 적법하다는 피고의 주장을 간단히 배척하였다.

나. 판 단

(1) 현시점에 있어 항공기의 항행에는 고도의 위험이 수반된다 함은 어느 누구도 부인할 수 없는 사실이다. 따라서 국가는 항공법(이하 '법')을 제정하여 법 제1조에서 명시하는 바와 같이 항공기의 항행의 안전을 도모하기 위하여 동법 제2장 이하에 상세한 규정을 두어 항공운송사업면허를 함에 있어서는 여러가지 조건을 붙일 수 있게 하는 일방, 주무관청인 교통부장관은 면허를 얻은 업자에게 여러 가지 처분명령을 할 수 있고, 이에 위반되면 면허를 취소할 수 있게 되어 있으며, 더욱 제10장에는 엄중한 벌칙까지 두고 처벌하도록 되어 있다.[11)]

---

10) 서울고등법원 1963. 10. 31. 선고 63구50 판결.

11) 자동차운수사업법에 의한 개인택시운송사업 면허는 특정인에게 특정한 권리나 이익을 부여하는 행정행위로서 법령에 특별한 규정이 없는 한 재량행위이고, 그 면허를 위하여 필요한 기준을 정하는 것도 역시 행정청의 재량에 속하는 것이므로 그 설정된 기준이 객관적이고 합리적이 아니라거나 타당하지 않다고 볼 만한 다른 특별한 사정이 없는 이상 행정청의 의사는 가능한 존중되어야 한다. 대법원 1997. 10. 24. 선고 97누10772 판결.

(2) 그런데 본건에서 피고는 원고에 대한 정기항공운송사업면허의 취소처분의 이유로, (i) 원고 소유 비행기 3대가 국세 500만 원의 체납으로 세무서에 압류되었을 뿐 아니라 위 3대의 소유권이 채무불이행으로 채권자인 A은행으로 이전되어 A은행에서 인도를 요구하고 있고, (ii) 위 비행기 3대의 비행할 수 있는 잔여시간이 26 ~ 62시간 여에 불과하므로 이를 긴급히 해외에서 수리하여야 하는데 이에는 많은 외화와 시일이 요하고, (iii) 최소한 6명의 항공기 조종사가 필요한데 2명밖에 없으므로 결국 정기항공운송을 전노선에 걸쳐 중단하였고, (iv) 종업원에 대한 급여 약 500만 원이 미불되어 있다는 점등을 들고 있다. 위 사유는 위에서 판단한 바와 같이 피고가 주장하는 법 제96조 제1항 제4호에는 해당 안 된다 하더라도 법률상 판단은 법원의 직책이므로 동호와 같이 면허취소처분의 요건인 동항 제1호 내지 제3호에 해당되는 이유를 판단해야 할 것이다.

(3) 그런데 면허기준을 정한 법 제81조 제4호에는 “신청자가 당해 사업을 정확하게 수행할 수 있는 능력을 가질 것”이라고 되어 있고, 법 제13조에 의하면 항공기는 감항증명을 받지 아니하면 이를 항공이유에 공할 수 없고 이에 위반하면 법 제123조에 의하여 처벌하게 되어 있고, 법 제83조에 의하면 업자는 항공기의 운항 및 정비에 관하여 운항규정 및 정비규정을 정하여 교통부장관의 인가를 얻어야 하며, 법 제87조에 의하여 업자는 일기 기타 부득이한 사유가 없는 한 사업계획에 정한 바에 따라 그 업무를 행하여야 하며, 법 제89조에 의하여 교통부장관은 업자에게 사업개선명령 특히 항공기 기타 시설의 개선을 명할 수 있게 되어 있으며, 위 각 조항에 위반하면 법 제138조 제1호 제4호 제5호 등에 의하여 처벌하게 되어 있다.

(4) 피고가 본건 취소처분의 이유로 들고 있는 각 사유는 원고도 그 일부를 시인하고 있을 뿐 아니라, 특히 피고는 원고에게 항공기 및 장비품에 대한 시정지시를 하였으나 원고가 이 지시에 따라 시정을 하였다는 주장과 증명도 안 하고 있으므로, 과연 그렇다면 원심은 의당 피고가 들고 있는 각 사유는 위에서 본법 소정의 각 조항에 해당하는가 여부를 심리판단했어야 한다.[12] 만일 해당한다고 인정된다면 특단의 사정이 없는

한 이는 면허취소처분의 요건을 규정한 법 제96조 제1항 제1호 "본법이나 본법에 의한 명령, 처분 또는 면허에 붙인 부관에 위반한 때", 동 2호의 "정당한 이유없이 본장의 규정에 의하여 면허를 얻은 사항을 실시하지 아니한 때"에 해당한다.

(5) 행정소송법 제9조에 의하여 법원은 필요한 경우에 직권으로 증거조사를 할 수 있고, 당사자가 주장하지 않은 사실에 관하여도 판단할 수 있게 되어 있음에도 불구하고,[13] 원판결에 의하면 "가사(假使) 원고에게 피고가 주장하는 사유가 있다고 하더라도 법 제96조 제1항 제1호 내지 제3호의 어느 규정에도 해당한다고 볼 수 없다"고만 설시하고 피고 항변을 간단히 배척하였음은 판결에 이유를 명시하지 아니한 이유불비의 위법이 있다.

다. 검 토

정기항공운송사업 면허처분은 강학상 특허에 해당한다. 면허취소처분은 법 제96조 제1항에서 "교통부장관은 면허를 취소할 수 있다"고 규정하고 있으므로 재량행위에 해당한다.[14] 대상판결은 우리나라 최초의 항공

---

12) 면허의 취소처분에는 그 근거가 되는 법령이나 취소권 유보의 부관 등을 명시하여야 함은 물론 처분을 받은 자가 어떠한 위반사실에 대하여 당해 처분이 있었는지를 알 수 있을 정도로 사실을 적시할 것을 요하며, 이와 같은 취소처분의 근거와 위반사실의 적시를 빠뜨린 하자는 피처분자가 처분 당시 그 취지를 알고 있었다거나 그후 알게 되었다 하여도 치유될 수 없다. 대법원 1990. 9. 11. 선고 90누1786 판결.

13) 행정처분의 취소를 구하는 항고소송에서는 실질적 법치주의와 행정처분의 상대방인 국민에 대한 신뢰보호라는 견지에서 처분청은 당초 처분의 근거로 삼은 사유와 기본적 사실관계에 있어서 동일성이 인정되는 한도 내에서만 새로운 처분사유를 추가하거나 변경할 수 있을 뿐 동일성이 인정되지 않는 별개의 사실을 들어 처분사유로 주장하는 것은 허용되지 않는다. 대법원 1994. 9. 23. 선고 94누9368 판결.

14) 개인택시 운송사업면허와 같은 수익적 행정처분을 취소하는 경우에는 그 면허를 받은 상대방에게 이미 부여된 기득권을 침해하는 것이 되므로, 비록 법령상의 취소사유가 있다고 하더라도 그 취소권의 행사는 기득권의 침해를 정당화할 만한 중대한 공익상의 필요가 있는 때에 한하여 상대방이 받게 될 불이익과 비교·교량하여 결정하여야 하고, 그것이 잘못되었을 때에는 재량권의 일탈·남용에 해당하여 그 면허취소처분이 위법하다(대법원 1997. 8. 22. 선고 97누218 판결).; 주세법 제18조 제1항에 의하면, 주류의 판매업자가 다음 각 호의 1에 해당하는 때에는 대통령령이 정하는 구분에 의하여 정부는 그 판매업을 정지처분하거나 그 면허를 취소하여야 한다고 규정하고 있고, 동 시행령 제23조 제1항(1990. 12. 31. 대통령령 제13201호로 개정되기 전의 것)에 의하면, 법 제18조 제1항 제8호의 규정에 해당하거나 그로 인한 처분 및 처벌을 받은 때에는 주류판

사에 대한 교통부장관의 정기항공운송사업 면허취소 처분이 적법하다는 점을 판시하였다는 점에서 의의가 있다.

매업의 면허를 취소하여야 하는 것으로 하고 있어 위 제8호에 해당하는 위반사유가 있는 경우에는 주류판매업면허를 필요적으로 취소하여야 하며 그 취소 여부에 재량의 여지가 있을 수 없다(대법원 1992. 8. 14. 선고 91누12684 판결).

[25] 부관(附款) 위반을 이유로 한 항공운송주선업 면허의 취소

대법원 1980. 2. 12. 선고 79누331 판결

Ⅰ. 사실관계

(1) 피고 교통부장관은 원고 코메트항공화물 주식회사에게 항공운송주선업 면허(이하 '이 사건 면허처분')를 함에 있어 "법령 행정지시 또는 면허조건을 위반하거나 당해 업체 또는 대표자 혹은 이사의 반국가·반사회적 행위로 인하여 사회적인 중대한 물의를 야기한 때에는 임의로 언제라도 사업정지를 명하거나 면허를 취소할 수 있다"는 조건을 붙여, 위와 같은 사유를 이유로 한 영업정지권 또는 취소권(철회권)을 유보하였다.

(2) 원고 회사 소속 A는 피고의 이 사건 면허처분이 있기 전에 피고 행정청 산하에 있던 항공국장에게 뇌물 500,000원을 공여하였다.

(3) 피고는 위와 같은 행위가 부관에서 정한 "대표자 혹은 이사가 반국가·반사회적 행위를 하여 물의를 일으킨 때"에 해당하는 것으로 보고, 이 사건 면허처분을 취소하였다.

Ⅱ. 참조 조문

1. 구 항공법(법률 제3083호, 1977. 12. 31. 일부개정)

> **제96조(사업의 정지 및 면허의 취소)** ① 교통부장관은 정기운송업자가 다음 각 호의 1에 해당하게 된 때에는 6월 이내의 기간을 정하여 사업의 정지를 명하거나 면허를 취소할 수 있다.
>
> 1. 이 법이나 이 법에 의한 명령, 처분 또는 면허, 허가, 인가에 붙인 부관에 위반한 때
> 2. 정당한 이유없이 본장의 규정에 의하여 면허 또는 인가를 얻은 사항을 실시하지 아니한 때

> 3. 제93조 제3항의 규정에 위반하여 신고를 하지 아니한 때
>
> ② 교통부장관은 법인인 정기운송업자의 임원 중 제81조 제5호의5의 사항에 해당하게 된 것을 발견한 때에는 그 임원의 경질을 명하여야 한다.
>
> **제101조의6(준용규정)** 항공운송주선업등에 관하여는 제85조·제86조·제88조 내지 제96조·제100조 및 제101조의 규정을 준용한다. 이 경우에 제94조의 준용에 있어서는 동조 중 "허가"를 "신고"로 한다.

Ⅲ. 판시사항

항공법 제96조에 의한 사업의 정지 또는 면허의 취소는 사업면허처분에 붙인 부관위반사유가 그 처분 이후에 발생한 때 한하여 할 수 있으므로, 그 면허처분을 받는 과정에서 발생한 부관위반사유로는 사업의 정지 또는 면허의 취소를 할 수 없다.

Ⅳ. 해 설

1. 부관(附款)의 의의

가. 개 념

행정실무상 조건·부담·기간·기한 또는 부관 등이나 허가조건·조건부허가·내인가 혹은 부담부허가 등의 용어가 빈번하게 사용되고 있다. 이들을 총칭하여 넓은 의미의 부관이라고 부를 수 있다. 행정처분에서 부관이라 함은 당해 행정처분의 법률적 효과의 일부 또는 전부를 제한하기 위하여 또는 당해 행정처분을 전제로 일정의무를 부과하기 위하여 그 주된 의사표시에 부가하는 종적인 의사표시를 말한다.

나. 구별개념

행정처분상 부관은 구체적으로 조건, 기한, 부담, 철회권의 유보, 법률효과의 일부배제, 보충권의 유보 등으로 구분하여 볼 수 있다.

(1) 조건(條件)이라 함은 행정처분의 효과의 발생 또는 소멸을 장래의 발생불확실한 사실에 맡기는 행정권한자의 의사표시를 말한다.[1] 조건인 사실의 성부(成否)가 미정인 동안은 행정처분의 효력이 불확정상태에 있다가 조건의 성취에 의하여 비로소 그 법률적 효력이 발생되거나 그 때부터 법률적 효력이 소멸된다. 앞의 경우를 해제조건부 행정처분이라 하고 뒤의 경우를 정지조건부 행정처분이라고 한다.

(2) 기한(期限)이라 함은 행정처분 효력의 발생 또는 소멸을 확실한 장래의 사실에 의존하게 하는 행정청의 의사표시를 말한다. 그 장래 사실의 도래가 확실하다는 점에서 조건과 구별된다.[2] 기한의 도래로 행정처분의 효력이 당연히 발생하는 경우에는 이를 시기(始期)로, 그 효력이 당연히 소멸하는 경우에는 이를 종기(終期)라고 한다.

(3) 부담(負擔)이라 함은 행정처분의 주된 의사표시에 부가하여 당해 행정처분의 상대방에게 그에 부수되는 일정한 작위·부작위·수인·급부의 의무를 명하는 행정청의 의사표시를 말하며, 통상 수익적 행정처분에서 많이 볼 수 있다. 부담은 실정법상 조건이라는 용어와 혼용될 때가 많으나, 부담과 조건은 그 성질상 명확히 구별하여야 한다. 즉 정지조건부 행정처분은 조건이 미정인 동안은 그 효력이 불확정상태에 있는데 반하여, 부담부 행정처분은 처분시점부터 완전한 효력을 발생하되, 이와 관련하여 일정한 의무가 부과되는 점에서 다르다. 해제조건부 행정처분은 조건성취에 의하여 당연히 그 효력이 소멸되는 데 반하여, 부담부 행정처분은 처분의 상대방이 그 의무를 불이행한 경우에 당연히 그 효력이 소멸되지

---

1) 구 수산업법(1990. 8. 1. 법률 제4252호로 전부 개정되기 전의 것) 제15조에 의하면 공익상 필요하다고 인정할 때에는 어업의 면허 또는 허가를 할 때에 제한 또는 조건을 붙일 수 있는바, 어업권자가 면허를 받을 때 및 기간연장허가를 받을 때 개발사업의 시행으로 인한 일체의 보상청구를 포기하겠다고 하여 그러한 취지의 부관이 어업권등록원부에 기재된 경우 부관의 효력은 유효하고, 이는 그 후의 양수인에게도 미친다. 대법원 2014. 5. 29. 선고 2011다57692 판결.

2) 부관이 붙은 법률행위에서 부관에 표시된 사실이 발생하지 아니하면 채무를 이행하지 아니하여도 된다고 보는 것이 상당한 경우에는 조건으로 보아야 하고, 표시된 사실이 발생한 때에는 물론이고 반대로 발생하지 아니하는 것이 확정된 때에도 그 채무를 이행하여야 한다고 보는 것이 상당한 경우에는 표시된 사실의 발생 여부가 확정되는 것을 불확정기한으로 정한 것으로 보아야 한다. 대법원 2014. 10. 15. 선고 2012두22706 판결.

아니한다.

(4) 철회권(또는 취소권)의 유보란 행정처분의 주된 의사표시에 부가하여 일정한 사유에 해당하는 경우 행정처분을 철회할 수 있는 권리를 유보하는 행정청의 의사표시를 말하며, 수익적 행정처분의 경우에 많이 볼 수 있다. 이 경우 설사 철회권이 유보되었다고 하더라도 무조건적으로 철회권을 행사할 수 있는 것이 아니고, 철회를 하지 아니하면 안 될 만한 공익상 필요성이 있는 경우에 한하여 철회권을 행사할 수 있다.

(5) 법률효과의 일부배제란 행정처분의 주된 의사표시에 부가하여 법령에서 일반적으로 그 행위에 부여하고 있는 법률효과 일부의 발생을 배제하는 뜻을 명시하는 행정청의 의사표시를 말한다. 법령상의 효과를 특정한 경우에 배제하는 것이므로, 원칙적으로 법령상 별도의 근거가 있을 때에 한하여 붙일 수 있다.

(6) '보충권의 유보' 또는 '행정처분 사후변경의 유보'라 함은 당해 행정처분의 사후보충 또는 변경의 권리를 미리 유보하는 부관이나 부담의 사후적 변경의 권리를 미리 알리고 유보하는 부관을 말하며, 이는 예외적인 것으로서 행정처분의 효력이 장기간 계속되는 경우에 이 같은 유형의 부관을 두는 사례가 있을 수 있다.

(7) 법정부관이라 함은 법령상에서 행정처분을 하는 처분청에게 일정한 부관을 붙일 수 있는 권한을 부여함에 따라 그에 근거하여 행정처분에 종된 의사표시를 부가하는 것을 말하며, 따라서 이는 강학상 협의의 부관과는 법적 성질을 달리 한다고 본다.

다. 재량행위와 수익적 행정처분에서 부관

(1) 재량행위에는 법령에 부관을 붙일 수 있도록 한 별도의 근거가 없더라도 행정목적상 필요한 경우에는 부관을 붙일 수 있다. 재량적 행정처분에서 부관을 붙일 것인가의 여부를 정하는 것은 당해 행정청의 재량에 속한다.[3] 부관부 행정처분에서 그 부관의 내용은 적법하여야 하고 이행

---

3) 대법원 1979. 8. 28. 선고 79누74 판결; 하천부지 점용허가 여부는 관리청의 재량에 속하고 재량행위에서는 법령상 근거가 없어도 부관을 붙일 것인가의 여부는 당해 행정청

가능하여야 하며 비례의 원칙 및 평등의 원칙에 적합하고 행정처분의 본질적 효력을 해하지 아니하는 한도의 것이어야 한다.[4] 허가처분을 하면서 기부채납을 받을 수 있는 경우를 특별히 제한하고 있지 아니하고, 그와 같은 조건을 누구에게나 공평하게 붙여야 하는 것은 아니므로 유사한 경우의 다른 사람에 대하여 기부채납의 조건을 붙인 경우들이 없다 하더라도 기부채납의 조건이 평등을 규정한 헌법 제11조를 위반한 조치라고 할 수 없다.[5]

(2) 수익적 행정처분에서는 법령에 특별한 근거규정이 없다고 하더라도 그 부관으로 부담을 붙일 수 있고, 그와 같은 부담은 행정청이 행정처분을 하면서 일방적으로 부가할 수도 있지만 부담을 부가하기 이전에 상대방과 협의하여 부담의 내용을 협약의 형식으로 미리 정한 다음 행정처분을 하면서 이를 부가할 수도 있다.[6] 행정처분의 상대방이 수익적 행정처분을 얻기 위하여 행정청과 사이에 행정처분에 부가할 부담에 관한 협약을 체결하고 행정청이 수익적 행정처분을 하면서 협약상의 의무를 부담으로 부가하였으나 부담의 전제가 된 주된 행정처분의 근거 법령이 개정됨으로써 행정청이 더 이상 부관을 붙일 수 없게 된 경우에도 곧바로 그 전에 행하여진 협약의 효력이 소멸하게 되는 것은 아니다.[7]

라. 기속처분에서 부관

기속처분에는 부관을 붙일 수 없다는 것이 통설이다. 일반적으로 기속처분이나 기속적 재량처분에는 부관을 붙일 수 없고, 부관을 붙였다고 하더라도 위 처분은 무효이다.[8] 기속처분은 행정청이 당해 처분을 함에 있어 법령에 의한 기속을 받기 때문에 자유로운 판단과 의사에 따라 행정처분의 내용을 설정할 수 없기 때문이다.[9] 다만, 예외적으로 행정처분을

의 재량에 속한다(대법원 2008. 7. 24. 선고 2007두25930 판결).

4) 대법원 2004. 3. 25. 선고 2003두12837 판결; 대법원 1992. 4. 28. 선고 91후4300 판결.

5) 대법원 1992. 2. 14. 선고 91다36062 판결.

6) 대법원 2009. 2. 12. 선고 2005다65500 판결.

7) 대법원 2009. 2. 12. 선고 2008다56262 판결.

8) 대법원 1995. 6. 13. 선고 94다56883 판결.

9) 관리처분계획 및 그에 대한 인가처분의 의의와 성질, 그 근거가 되는 도시 및 주거환경

규정하고 있는 근거법령에서 부관을 붙일 수 있다는 수권조항을 함께 규정하고 있는 경우에는 가능하다.

마. 부관의 사후변경

행정처분이 발하여진 후 새로운 부담을 부가하거나 이미 부가되어 있는 부담의 범위 또는 내용 등을 변경하는 이른바 사후부담은, 법률에 명문의 규정이 있거나 그것이 미리 유보되어 있는 경우 또는 상대방의 동의가 있는 경우에 허용되는 것이 원칙이다.[10)]

2. 부관의 한계와 효력

가. 부관의 한계

(1) 부관은 그것이 법률에 위반되거나, 이행 불가능하거나, 비례 또는 평등의 원칙에 크게 어긋나거나 또는 행정처분의 본질적인 효력을 해하는 등 그 한계를 일탈하였다고 볼 만한 특별한 사정이 없는 한 쉽게 효력을 부정하여서는 안 된다.[11)] 공무원이 인·허가 등 수익적 행정처분을 하면서 상대방에게 그 처분과 관련하여 이른바 부관으로서 부담을 붙일 수 있다 하더라도, 그러한 부담은 법치주의와 사유재산 존중, 조세법률주의 등 헌법의 기본원리에 비추어 비례의 원칙이나 부당결부의 원칙에 위반되지 않아야만 적법한 것인바, 행정처분과 부관 사이에 실제적 관련성이 있다고 볼 수 없는 경우 공무원이 위와 같은 공법상 제한을 회피할 목적으로 행정처분의 상대방과 사이에 사법상 계약을 체결하는 형식을 취하였다면 이는 법치행정의 원리에 반하는 것으로서 위법하다.[12)]

(2) 부당결부금지의 원칙이란 행정주체가 행정작용을 함에 있어서 상

정비법과 그 시행령상의 위와 같은 규정들에 비추어 보면, 행정청이 관리처분계획에 대한 인가 여부를 결정할 때에는 그 관리처분계획에 도시정비법 제48조 및 그 시행령 제50조에 규정된 사항이 포함되어 있는지, 그 계획의 내용이 도시정비법 제48조 제2항의 기준에 부합하는지 여부 등을 심사·확인하여 그 인가 여부를 결정할 수 있을 뿐 기부채납과 같은 다른 조건을 붙일 수는 없다. 대법원 2012. 8. 30. 선고 2010두24951 판결.

10) 대법원 2007. 12. 28. 선고 2005다72300 판결.

11) 대법원 2014. 5. 29. 선고 2011다57692 판결.

12) 대법원 2009. 12. 10. 선고 2007다63966 판결.

대방에게 이와 실질적인 관련이 없는 의무를 부과하거나 그 이행을 강제하여서는 아니 된다는 원칙을 말한다.[13)]

나. 부관의 효력

(1) 부관은 본체인 행정처분의 상대방의 동의 여부에 관계없이 그 효력이 발생한다.[14)] 조건부 면허를 받은 자의 경우 부관인 조건을 고의로 위반한 경우에는 그 위반행위의 정도가 중하다고 보아 면허를 취소할 수 있다. 이는 비록 면허취소에 따르는 행정처분의 상대방의 경제적 손실 등 제반사정을 참작하더라도 처분청에 의하여 재량을 가지고 정당하게 행사할 수 있다.

(2) 부관 중 취소권 즉 이미 성립한 행정처분을 그 후에 발생한 새로운 사정에 의하여 취소할 것을 유보한 경우 그 취소사유는 법령에 명시적인 근거가 있는 경우에 해당되지 아니하더라도 의무위반이 있는 경우, 사정변경이 있는 경우, 좁은 의미의 취소권이 유보된 경우, 또는 중대한 공익상의 필요가 발생한 경우에는 당해 행정처분을 한 행정청이 이를 취소할 수 있다.

(3) 면허취소·정지 등의 행정처분은 사업면허처분에 붙인 부관의 위반 즉 그 처분 이후에 발생한 위반행위에 한하여 가능하다. 따라서 사업정지 또는 면허취소 등의 처분을 할 때 사업면허 등의 처분에 붙인 부관위반사유에 해당하는 행위가 당해 면허처분을 받는 과정에서 발생한 경우에는 이를 면허처분 이후에 발생한 부관위반사유로 볼 수는 없으므로 부관에 위반되었다는 사유를 들어 취소·정지 등의 불이익처분을 행할 수는 없다.

다. 부관의 하자와 본행정처분의 관계

부관은 그 스스로의 흠이나 본체인 행정처분과의 관계에서 무효가 될 수 있다. 원칙적으로 본체인 행정처분만 효력이 발생하지만, 그 부관이

13) 대법원 2009. 2. 12. 선고 2005다65500 판결.
14) 대법원 1977. 9. 13. 선고 76누146 판결.

당해 행정처분에 있어서 없어서는 안 될 본질적 요소를 담고 있어 불가분적인 관계가 성립되는 것이라면 그 부관의 무효는 본체인 행정처분까지도 무효가 되게 한다.[15] 면허처분을 하면서 사업범위를 제한하고 이를 위반할 때에는 취소한다는 취지의 취소권을 유보하였다면 이를 근거로 당연히 면허를 취소할 수 있다.[16] 행정법규에 행정처분을 할 수 있는 근거규정만 있고, 이를 거부할 수 있는 근거에 관하여 명문의 규정이 없더라도 공익을 실현하여야 하는 행정의 합목적성에 비추어 신청된 행정처분의 내용이 중요한 공익을 침해하는 것으로 인정되면 이를 거부할 수 있으므로, 광업권자가 제출한 채광계획안이 광업권설정허가 당시 공익적 합성을 고려하여 붙여진 조건에 위배되는 것인 이상 이를 인가하지 아니한 것은 적법하다.[17]

라. 부관에 대한 행정쟁송

행정처분의 부관은 행정처분의 일반적인 효력이나 효과를 제한하기 위하여 의사표시의 주된 내용에 부가되는 종된 의사표시이며, 그 자체로서 직접 법적효과를 발생하는 독립처분이 아니므로 현행 행정쟁송제도하에서는 부관만을 독립된 쟁송의 대상으로 삼을 수 없음이 원칙이나, 행정처분의 부관 중에서 행정처분에 부수하여 그 상대방에게 일정한 의무를 부과하는 행정청의 의사표시인 부담의 경우에는 다른 부관들과는 달리 행정처분의 불가분적인 요소가 아니고 그 존속이 본체인 행정처분의 존재를 전제로 하는 것일 뿐이어서 부담 그 자체로서 행정쟁송의 대상이 될 수 있다.[18]

---

15) 대법원 1985. 7. 9. 선고 84누604 판결.
16) 대법원 1984. 11. 13. 선고 84누269 판결.
17) 대법원 1993. 4. 23. 선고 92누7726 판결.
18) 대법원 1992. 1. 21. 선고 91누1264 판결.

3. 대상사안의 검토

가. 부관의 위반 여부

사업의 정지 또는 면허의 취소는 사업면허처분에 붙인 부관 위반, 즉 그 처분 이후에 발생한 위반사유가 있는 때에 한하는 것으로 풀이하여야 한다. 이 사건에서 원고 회사 소속 A는 피고의 이 사건 면허처분이 있기 전에 피고 행정청 산하에 있던 항공국장에게 뇌물 500,000원을 공여하였다. 이는 부관에서 정하고 있는 "당해 업체 또는 대표자 혹은 이사가 반국가, 반사회적 행위를 하여 물의를 일으킨 때에는 해당하는 것"이 아니다. 따라서 원고에게는 항공법 제96조를 위반한 것이 없으므로, 항공운송주선업의 취소사유에 해당하지 아니한다.

나. 관련 문제

항공운송주선업자에게 "연락사무소의 업무범위는 항공화물운송장 발급을 제외한 기타의 보조업무에 한정한다"는 면허조건을 부여한 경우, 연락사무소의 업무범위는 항공화물운송장 발급업무를 제외한 기타의 업무이고, 따라서 판매활동의 촉진·유치 등에 의한 판매실적을 올린 행위를 가리켜 곧 위 면허조건에 저촉된다고 할 수 없다.[19]

19) 서울고등법원 1978. 1. 18. 선고 76구388 판결.

[26] 유류할증료 공동결정에 대한 시정조치와 과징금부과[1)]

대법원 2014. 5. 16. 선고 2012두13689 판결[2)]

Ⅰ. 사실관계

가. 유류할증료의 도입

(1) 1999. 12. 1. L항공사 등 유럽의 항공사들은 독일에서 커피 미팅을 개최하고, 서로의 유류할증료 도입에 대한 정보를 교환한 뒤 일부 항공화물운송사업자들만 유류할증료(Fuel Surcharge)를 도입하는 것은 문제가 되므로 모두 같이 유류할증료를 도입하기로 합의하였다. 1999. 12.말경 K항공은 L항공사에게 유류할증료 도입계획에 대하여 문의하였고, 그와 동일한 시기, 동일한 금액으로 유럽발 한국행을 포함한 전세계 노선에서 유류할증료를 도입하였다. 그 밖에 나머지 항공사들도 L 항공사와 논의 하에 유류할증료를 도입하였고, 이후 유류할증료의 인상 또는 인하시 서로 정보를 교환하였다. 이후 유류할증료 계산체계 관련 합의는 L 항공사가 자신의 계산체계를 다른 항공사들에게 알려주면, 당해 항공사들은 이와 유사한 유류할증료 계산체계를 도입하는 형식이었다. 그리고 그러한 합의에 따라 수차례 유류할증료를 변경하였다.

---

1) 참고문헌으로는 권오승, “한국 독점규제법의 역외적용 -항공화물 국제카르텔사건을 중심으로”, 경쟁법연구 제24권(2011); 이창재, “공정거래법상 부당한 경쟁제한의 의미: 항공화물 유류할증료 담합사건을 중심으로”, 항공우주정책·법학회지 제30권 제1호(2015. 6.); 주진열, “한국 독점규제법의 역외적용 및 면제 요건에 대한 고찰: 항공사 국제카르텔 관련 대법원 2014. 5. 16. 선고 2012두13689 판결을 중심으로”, 통상법률 제134호(2017); 최지현, “공정거래법 역외적용의 기준과 범위: 항공화물운임 담합 판결을 중심으로”, 경제법연구 제15권 제1호(2016. 4.); 황태희, “화물운송료 담합사건과 항공시장의 경쟁”, 외법논집 제39권 제3호(2015. 8.).

2) 같은 취지의 판결로는 대법원 2014. 5. 16. 선고 2012두5237 판결; 대법원 2014. 5. 16. 선고 2012두5466 판결; 대법원 2014. 5. 16. 선고 2012두13269 판결; 대법원 2014. 5. 29. 선고 2012두25132 판결; 대법원 2014. 12. 24. 선고 2012두6216 판결 등이 있다.

(2) 2000. 1. 홍콩 BAR(Board of Airline Representatives) 화물분과 의장사인 홍콩 국적사 C항공 주도하에 홍콩발 전세계행 노선에 대하여 유류할증료를 도입하기로 결정하였고, 2000. 4. 홍콩 민항처(CAD)의 인가를 받은 뒤 IATA의 유류할증료 계산체계 또는 홍콩 BAR 화물분과의 유류할증료 계산체계에 따라 홍콩발 화물에 유류할증료를 부과하는 합의를 하였다. 그리고 그렇게 부과하기로 합의한 내용은 다른 항공사와 함께 여러 차례의 유류할증료의 변경에서 실행되었다.

(3) J항공 등의 국적 항공사가 주도가 되어 일본 국토교통성으로부터 유류할증료의 도입을 인가받고, 일본 항공화물영업모임(ICAJ)을 통하여 일본발 전세계행 노선에서 유류할증료를 함께 도입할 것을 일본에서 결정하였다. 2002. 10.부터 J항공사의 주도로 다른 항공사들과 유류할증료의 변경에 대하여 수차례 합의하고, 이를 실행하였다.

(4) 2000년부터 국적 항공사인 대한항공과 아시아나항공을 중심으로 유류할증료를 도입하기로 하였으나, 국토교통부가 인가를 해주지 않던 중, 2002. 6. K항공과 독일의 L항공사가 유류할증료 도입을 합의하고, 신고대상인 L항공사는 2002. 9. 1.부터 한국발 전세계 노선에서 유류할증료를 도입하였다. 2003. 4. 16. 대한항공과 아시아나항공이 당시 국토해양부의 인가를 받아 유류할증료를 도입하였고, 노선별 항공사 모임, 개별연락 등을 통하여 동일 또는 유사한 수준의 유류할증료를 도입하였다. 이후 대한항공과 아시아나항공이 유류할증료 적용단계를 추가하면 동일하게 추가하기로 합의하고, 이에 따라 2004. 10., 2005. 6., 2005. 10. 3차례에 걸쳐 대한항공이 유류할증료 적용단계의 상한을 2단계씩 추가하자 이에 동조하여 나머지 항공사들도 동일하게 적용단계의 상한을 추가하였다.

나. 다른 나라에서의 경과

2005. 12.경 L항공사가 EU에서 유류할증료 담합 사실을 자진신고함에 따라, 2006. 2.경 우리나라를 비롯한 미국, 유럽 등의 각 경쟁당국의 일제조사에 의하여 항공화물운송사업자들의 유류할증료 담합사실이 적발되었다. 미국 법무부는 2007년 21개 항공사에 합계 17억 달러 가량의 벌금

을 부과하고 19명을 기소하였고, EU 집행위원회는 2010. 11. 9. 11개 항공사들이 1999. 12.부터 2006. 2.까지 고정 가격의 유류할증료 부과 등에 관한 담합을 하였다는 이유로 합계 11억 달러 가량의 금전제재를 하였다. 호주법원도 2001년부터 2006년까지 사이에 유류할증료를 담합한 항공사들에게 3천만 호주달러가 넘는 과징금을 부과하였다.

다. 공정거래위원회의 이 사건 처분 내용

(1) 피고 공정거래위원회(이하 '공정위')는 원고 전일본공수(全日本空輸)를 비롯한 항공사들 간에 유류할증료를 도입 및 변경하기로 한 합의가 공정거래법 제19조 제1항 제1호에 위반한 것으로 보았다.[3] 즉 유류할증료가 항공화물운송서비스를 제공한 대가로 고객인 대리점 또는 화주로부터 받는 경제적 대가이고, 유류할증료의 도입 및 변경의 합의를 통해 항공사가 제공하는 항공화물운송서비스의 가격을 사실상 인상시키는 효과가 있기 때문에 가격 담합이라고 보았다. 특히 유류할증료를 고객들에게 부과하면서도 항공사들 간 최대한 유사하게 부과하여 고객이 할증료 차이로 인하여 항공사 변경을 하지 못하도록 하였고, 결국 유럽, 홍콩, 일본 발 한국행 노선 및 한국발 전세계행 노선에서 이러한 공동행위가 없었더라면 가격경쟁이 더욱 치열해져 가격이 인하될 수 있었기 때문에 부당하게 경쟁을 제한하는 행위로 판단하였다.

(2) 이에 따라 할증료 공동 결정행위로 인하여 직접 또는 간접적으로 영향을 받은 상품을 각 노선에서의 항공화물운송서비스의 총 매출액에서 각종 수수료, 유류할증료가 부과되지 않는 화물의 매출액을 공제한 금액을 관련매출액으로 하여 과징금을 부과하고, "항공화물운송서비스를 제공함에 있어 다른 항공화물운송사업자들과 합의하여 유류할증료를 공동으로 도입하거나 변경하는 등의 방법으로 항공화물운송서비스 시장의 경쟁을 부당하게 제한하는 행위를 금지"하는 시정조치를 부과하였다.

---

3) 공정거래위원회 2010. 11. 29. 의결 제2010-143호(한국발), 144호(유럽발), 145호(일본발), 146호(홍콩발).

Ⅱ. 참조 조문

1. 독점규제 및 공정거래에 관한 법률

제2조의2(국외행위에 대한 적용) 이 법은 국외에서 이루어진 행위라도 국내시장에 영향을 미치는 경우에는 적용한다.

제6조(과징금) 공정거래위원회는 시장지배적사업자가 남용행위를 한 경우에는 당해 사업자에 대하여 대통령령이 정하는 매출액(대통령령이 정하는 사업자의 경우에는 영업수익을 말한다. 이하 같다)에 100분의 3을 곱한 금액을 초과하지 아니하는 범위안에서 과징금을 부과할 수 있다. 다만, 매출액이 없거나 매출액의 산정이 곤란한 경우로서 대통령령이 정하는 경우(이하 "매출액이 없는 경우등"이라 한다)에는 10억 원을 초과하지 아니하는 범위안에서 과징금을 부과할 수 있다.

제19조(부당한 공동행위의 금지) ① 사업자는 계약·협정·결의 기타 어떠한 방법으로도 다른 사업자와 공동으로 부당하게 경쟁을 제한하는 다음 각 호의 어느 하나에 해당하는 행위를 할 것을 합의(이하 "부당한 공동행위"라 한다)하거나 다른 사업자로 하여금 이를 행하도록 하여서는 아니된다.

1. 가격을 결정·유지 또는 변경하는 행위

9. 제1호부터 제8호까지 외의 행위로서 다른 사업자(그 행위를 한 사업자를 포함한다)의 사업활동 또는 사업내용을 방해하거나 제한함으로써 일정한 거래분야에서 경쟁을 실질적으로 제한하는 행위

제55조의3(과징금 부과) ① 공정거래위원회는 제6조, 제17조, 제22조, 제24조의2, 제28조 또는 제31조의2에 따라 과징금을 부과하는 경우 다음 각 호의 사항을 고려하여야 한다.

1. 위반행위의 내용 및 정도
2. 위반행위의 기간 및 횟수
3. 위반행위로 인해 취득한 이익의 규모등

제58조(법령에 따른 정당한 행위) 이 법의 규정은 사업자 또는 사업자단체가 다른 법률 또는 그 법률에 의한 명령에 따라 행하는 정당한

행위에 대하여는 이를 적용하지 아니한다.

Ⅲ. 판시사항

(1) 항공화물운임을 해당 노선의 지정항공사들 사이의 합의에 의하여 정하고 항공당국의 인가를 받도록 규정한 구 항공법 제117조 제1항과 항공협정은 운임에 대한 가격경쟁 자체를 배제하는 것이 아니라 인가받은 운임을 기준으로 그 정도가 과도하지 아니한 범위 내에서 가격경쟁을 예정하고 있는 것이라고 보아야 한다. 따라서 지정항공사들 사이의 운임 등에 대한 합의내용이 단순히 운임의 체계에 관한 사항을 변경하는 것을 넘어 일정한 항목에 대한 할인을 제한하는 내용까지 포함하고 있다면, 이러한 합의는 구 항공법과 항공협정이 허용하는 범위를 벗어나는 것으로서 '자유경쟁의 예외를 구체적으로 인정하고 있는 법률 또는 그 법률에 의한 명령의 범위 내에서 행하는 필요·최소한의 행위'에 해당하지 아니한다.

(2) 국외에서 이루어진 외국 사업자의 행위가 국내시장에 영향을 미치는 경우에는 공정거래법 제2조의2의 요건을 충족하므로, 당해 행위에 대한 외국 법률 또는 외국 정부의 정책이 국내 법률과 상이하여 외국 법률 등에 따라 허용되는 행위라고 하더라도 그러한 사정만으로 당연히 공정거래법의 적용이 제한된다고 볼 수는 없다. 다만 동일한 행위에 대하여 국내 법률과 외국의 법률 등이 충돌되어 사업자에게 적법한 행위를 선택할 수 없게 하는 정도에 이른다면 그러한 경우에도 국내 법률의 적용만을 강제할 수는 없으므로, 당해 행위에 대하여 공정거래법 적용에 의한 규제의 요청에 비하여 외국 법률 등을 존중해야 할 요청이 현저히 우월한 경우에는 공정거래법의 적용이 제한될 수 있다. 그러한 경우에 해당하는지는 당해 행위가 국내시장에 미치는 영향, 당해 행위에 대한 외국 정부의 관여 정도, 국내 법률과 외국 법률 등이 상충되는 정도, 이로 인하여 당해 행위에 대하여 국내 법률을 적용할 경우 외국 사업자에게 미치는 불이익 및 외국 정부가 가지는 정당한 이익을 저해하는 정도 등을 종합적으로 고려하여 판단하여야 한다.

Ⅳ. 해 설

1. 유류할증료

가. 개 념

할증료(Surcharge)는 통상 기본운임으로 보전되던 비용(예: 유류비용, 보안비용 등)이 단기간에 급등하거나 급등할 우려가 있는 경우 추가적으로 증가한 비용을 안정적으로 보전하기 위하여 기본운임과는 별도로 징수하는 요금을 의미한다. 항공산업에서 사용되는 할증료에는 유류할증료(Fuel Surcharge)와 보안할증료(Security Surcharge)등이 있다. 유류할증료는 일반적으로 화물 운송의 경우에는 중량당, 그리고 여객운송의 경우에는 인당 부과되는 것이 일반적이다. 우리나라에 유류할증료가 도입되게 된 계기는 이라크 전쟁에 따른 유가와 환율 변동에다 2003년 당시 동남아 등지에서 발생한 괴질 파동과 세계경기 침체 등으로 항공사들이 경영상 어려움에 처해 있어 국제항공 여객 및 화물운임 인상과 별도로 유가변동에 따라 일정금액의 추가요금을 부과하도록 하여 그러한 어려움을 보전하도록 하기 위함이었다.

유가지수는 통상 항공유(Jet Fuel) 현물시장 기준가격을 기준으로 결정되는데, 일정 기간에 1개 항공유 현물시장 기준가격의 평균가격으로 자신의 유가지수를 산출하는 방식, 일정 기간에 여러 개의 항공유 현물시장 기준가격의 평균가격으로 자신의 유가지수를 산출하는 방식 등이 있다. 각 항공사들은 자신이 설정한 유가지수가 일정 수준인 경우에 유류할증료 계산체계에 따라 자동적으로 유류할증료를 계산한다. 일반적으로 항공사들이 계산된 유류할증료 금액을 적용하기 위해서는 고객들에게 일정기간 사전 공지하고 있다.

나. 유류할증료의 성격

유가는 항공사의 비용 중 가장 비중이 큰 항목 중 하나로서 직접운영비로 처리되고 있다. 그런데 유가가 급변하면서, 항공사가 유가 변동으로 인한 손실을 보전할 필요가 생겼다. 유류할증료는 그러한 상황에서 화물의 중량에 따라 할증하도록 하여 항공운송 전체 운임이 일정 부분 유가 변동에 맞춰 자동 조정되도록 할 목적으로 도입된 것이다. 그런데 미국에서는 대부분의 항공사가 장기(long-term)로 연료공급계약을 체결하고 연료비에 대한 완충장치를 두고 있기 때문에, 단기간의 가격을 기준으로 한 유류할증료 지표(index based on spot-prices)는 부적절하다는 이유로 유류할증료 도입에 대한 독점금지법 적용면제를 부인하였다.[4)]

2. 항공운송시장의 경쟁제한 행위에 대한 공정거래법 적용

가. 항공운임의 결정

항공화물운송을 국적 항공사가 담당하고 국가가 강력하게 규제하던 시대의 국제 화물운송의 경우에는 국가간 양자조약에 의하여 정해진 내용에 의한 정부 인가요금만이 유효하였고, 최종 운임은 국적 항공사간의 협상에 의하여 적절하게 정해졌다. 이러한 상황에서 화물 운송요금의 경쟁이라는 것은 존재하지 않았다. 1990년대 들어 민영화와 항공 운송시장의 형식적 경쟁이 도입되었지만, 산업별 규제도 완전히 제거되지 않았고, 항공사간의 협상문화는 지속되었다.

나. 가격담합과 법령상 정당한 행위

(1) 공정거래법은 법령상 정당한 행위에 대해서 공정거래법의 적용을 제외하고 있다. 공정거래법이 적용되지만 위법하거나 부당한지의 여부를 따지지 않는 것이 아니라 공정거래법의 적용 자체를 전면적으로 배제하는 것이다. 이 조항은 다른 법률과의 충돌을 방지하는 완충작용을 하면서, 한편으로 사업자 등의 법적 안정성을 보장하고자 하는 목적을 갖고 있다.

(2) 미국에서는 정부에 신고되었거나 정부로부터 인가된 요금에 대해

---

4) Appel, “Air cargo fuel surcharges and tacit collusion under the Sherman act: What good is catching a few bad guys if consumers still get robbed?”, 73 J. Air L. & Com.(2008) 375, 394면.

서는 신고나 인가 자체만으로 정당성을 부여하여 공정거래법을 배제하려고 하는 이론이 Koegh 사건[5]에서 적용된 승인요금이론(Filed Rate Doctrine)이다. 이 이론에 따라 독점금지법의 적용을 면제하려면, 권한이 있는 정부기관에서 요금을 승인 내지 인가하기 전에 경쟁제한성과 같은 공익적인 판단을 충분하게 하는 경우여야 한다.[6]

(3) 공정거래법 제58조에서 말하는 '법률 또는 그 법률에 의한 명령에 따라 행하는 정당한 행위'란 당해 사업의 특수성으로 경쟁제한이 합리적이라고 인정되는 사업 또는 인가제 등에 의하여 사업자의 독점적 지위가 보장되는 반면 공공성의 관점에서 고도의 공적 규제가 필요한 사업 등에서 자유경쟁의 예외를 구체적으로 인정하고 있는 법률 또는 그 법률에 의한 명령의 범위 내에서 행하는 필요·최소한의 행위를 말한다.[7]

다. 유류할증료 공동결정의 경쟁제한성

(1) 할증료 도입 이전에는 항공사들의 보안비용과 유류비용이 모두 운임에 반영되어 있었다. 1997. 8. 12. IATA의 운임회의를 통하여 할증료가 도입되면서 원칙적으로 운임체계가 '기본운임 + 할증료'로 변경되었다. 그런데 구 항공법 제117조 제1항은 국제항공운송업자의 경우 해당 국제항공협정이 정하는 바에 따라 국제항공노선의 화물의 운임이나 요금을 정하여 국토교통부 장관에게 인가를 받거나 신고하도록 하고 운임과 요금의 인가기준을 대통령령으로 정하도록 하고 있다. 같은 조 제4항에 따른 시행령 제45조 제2항에서는 제공하여야 하는 정보에 대하여 '공항시설료, 운임 및 요금, 시설사용료, 출국납부금 및 그 밖에 항공운송사업자가 제공하는 항공교통서비스를 이용하기 위하여 항공교통이용자가 납부하여야 하는 금액'이라고 규정하고 있다.

(2) 따라서 현행법상 유류할증료가 항공 운임 및 요금에 포함된 것인지, 아니면 기타 서비스 이용료로서 운임 및 요금과 별도의 내용인지가

5) Koegh v. Chicago & Northwestern Railway Co., 260 U.S. 156 (1922).
6) Hovenkamp, "Antitrust and the 'filed rate' doctrine: deregulation and the state action", University of Iowa Legal Studies Research Paper(2013. 3.), 4~5면.
7) 대법원 2011. 4. 14. 선고 2009두7912 판결.

명확하지 않다. 유럽이나 미국에서도 '유류할증료의 공동결정' 자체가 카르텔의 대상이라고 하였을 뿐 그것이 '화물운송료'에 대한 카르텔인지의 여부는 명확히 밝히지 않았다.[8] 그 이유는 유럽은 유류할증료를 별도로 인가하고 있지 않기 때문이다.[9] EU규칙 1008/2008[10] 제23조에 유류·보안 등의 명목으로 부과하는 할증료는 항공운임에 포함되는 것은 아니고, 최종요금을 표시할 때 고객에게 정보를 제공하여야 할 의무가 있다고 하여, 항공운임, 제세공과금, 공항사용료, 유류·보안 할증료를 구분하여 정보제공을 하도록 하는 의무를 부과하고 있을 뿐이다. 미국[11]의 경우에는 비용에 근거한 적절한 산정방식을 바탕으로 유류할증료의 적정성에 대한 복잡한 규제를 행하고 있다.

(3) 유류할증료는 유가에 대한 위험을 사전에 제거시켜주기 위한 것이 아니라 사후적으로 유가인상에 대한 보상의 성격을 갖고 있기 때문에 운임의 일종으로 볼 수도 있다. 공정거래위원회는 이 사건에서 유류할증료가 항공화물을 운송하는데 소요되는 유류비용을 보전하기 위한 것이라고 전제하고, 유류할증료의 본질은 기본운임이라고 하였다. 그런데 항공사들이 공시운임에서 시장운임을 인하하더라도 기본운임에 대해서는 화주 또는 운송주선인에 대하여 할인을 하고 있으나, 유류할증료 부분만은 그와 달리 할인이 이루어지지 않고, 인가받거나 신고한 금액을 그대로 징수하기 위하여 도입한 것이 문제라고 하였고, 법원도 이를 긍정하였다.

(4) 국제화물운임의 결정과정에서 최소한의 가이드라인이 IATA라는 협의체를 통하여 공동결정되고, 유류할증료의 수준을 항공사 간의 회합에서 공동으로 정한 것은 공정거래법이 금지하고 있는 부당하게 경쟁을 제한하는 경쟁사업자간의 가격에 관한 합의로서 부당한 공동행위에 해당한

8) EU Commission, Press release(2010. 11. 9.); DOJ, Press release(2007. 8. 1.).

9) Klophaus "Should jet fuel surcharges be regulated, and if so, how?", Research in Transportation Economics 45 (2014), 19면.

10) REGULATION (EC) No 1008/2008 OF THE EUROPEAN PARLIAMENT AND OF THE COUNCIL 2008. 9. 24 on common rules for the operation of air services in the Community.

11) US Department of Transportation (DOT)(2012), Additional guidance on airfare/air tour price advertisements.

다. 항공운송의 특성상 사업자간에 합의된 유류할증료를 운임과는 별도로 국토교통부가 인가하였다는 사실만으로 당연히 공정거래법의 적용이 면제되거나, 부당성이 부정되는 것은 아니다.

3. 역외적용

가. 의 의

원칙적으로 외국에서 행한 외국사업자의 경쟁제한적 행위를 통하여 국내시장에서의 경쟁질서가 침해된다 하더라도 우리나라의 주권이 미치는 영역이 아니기 때문에 이러한 문제에 적절히 대응하기 어렵다. 그런데 그 사업자의 위반행위를 통하여 국내 시장에서의 경쟁이 저해되며 소비자의 후생이 감소하게 되는 것을 막기 위하여 각국은 자국의 경쟁법 집행을 외국에서 행한 외국사업자의 경쟁제한적 행위까지 확장하게 된다. 이와 같은 관할권의 확장을 경쟁법의 역외적용(域外適用, Extraterritorial Application)이라 한다.[12)]

항공운임을 지급하는 방식은 크게 둘로 구분할 수 있다. 출발지불 화물운임지급 방식은 출발지 국가의 운송주선인이 항공사와 운임계약을 체결하면서 운임을 선지불하는 구조이고, 도착지불 화물운임지급 방식은 도착지 국가의 운송주선인이 위임을 받아 출발지 국가의 운송주선인이 항공사와 운임계약을 체결하고, 화물이 도착되면 출발지 국가의 운송주선인으로부터 운임을 지급받는 구조이다.[13)] 외국발 한국 도착 화물의 경우에 출발지불 화물운임지급방식과 한국발 화물의 도착지불 화물운임지급방식은 실행지 또는 효과 발생지가 외국이기 때문에 역외적용이 문제가 된다.

미국의 American Banana,[14)] Alcoa[15)] 판결과 유럽 Commission의 GE/Honeywell 기업결합 결정[16)]에서 외국기업의 행위가 자국 영토 외의

12) 권오승, 경제법(제12판), 법문사(2015), 150면.
13) 공정위 의결서 2010. 11. 29. 2010-144호.
14) American Banana Co. v. United Fruit Co., 213 U.S. 347 (1909).
15) United State v. Aluminium Co. of America, 148 F.2d 416 (2nd Cir. 1945).
16) Commission Decision 2001. 7. 3. Case No COMP/M.2220-General Electric/Honeywell.

외국에서 행하여지더라도 경쟁제한적인 효과 내지 영향이 자국 영토 내에서 생긴 경우에는 자국의 경쟁법을 적용할 수 있다는 이른바 영향이론(Effects Doctrine)이 근거가 되었다. 우리나라에서는 2004년 개정 공정거래법 제2조의2에 "이 법은 국외에서 이루어진 행위라도 국내시장에 영향을 미치는 경우에는 적용한다"고 하여 법적 근거를 마련하였고, 대법원도 흑연전극봉 국제카르텔[17] 사건에서 '국내시장에 영향을 미치는 경우'를 넓게 인정하였다.

그런데 역외적용의 확대는 다른 나라의 경쟁당국과의 관할권 충돌이나 국제적 분쟁이 생길 우려가 있다.[18] 따라서 역외적용의 범위를 다소 축소하고자 미국 FTAIA(Foreign Trade Anti-trust Improvements Act, 1982)는 국내의 경쟁자 또는 소비자가 '직접적·본질적이고 합리적으로 예측 가능한 영향'을 받아야만 역외적용이 가능하도록 규정하고 있다.[19]

대법원은 당해 행위로 인하여 간접적으로 국내시장의 소비자에게 영향을 주는 경우까지 공정거래법이 적용되어 사실상 외국에서의 모든 행위에 관하여 공정위의 규제관할권을 인정하는 것은 부당하다고 전제하고, 문제된 행위의 내용·의도, 행위의 대상인 재화 또는 용역의 특성, 거래구조 및 그로 인하여 국내시장에 미치는 영향의 내용과 정도 등을 종합적으로 고려하여 국내시장에 직접적이고 상당하며 합리적으로 예측 가능한 영향을 미치는 경우로 제한 해석해야 한다고 판시하였다.[20]

나. 역외적용과 이중제재

(1) 의 의

이중제재 금지(Double Jeopardy, ne bis in idem)란 동일한 위반행위에 대하여 2중의 소추와 처벌을 금지한다는 형사법상 원칙이다. 미국의 경우에는 카르텔 위반행위가 형사벌로 규정이 되어 있는 나라에서 제재를 받

17) 대법원 2006. 3. 23. 선고 2003두11155 판결.
18) 권오승, 149면.
19) Hartford Fire Insurance Co. v. California, 509 U.S. 764 (1993).
20) 대법원 2014. 5. 16. 선고 2012두13665 판결.

은 후 동일한 사안에 대하여 우리나라에서 역외적용을 통하여 제재를 하는 경우에는 2중 제재 금지가 적용되는지에 대한 논란이 있을 수 있다.

EU에서의 다수의 견해와 판례[21]는 제3국에서 제재를 받은 국제카르텔 사건에 대하여 역외적용을 통하여 다시 처벌하는 것은 원칙적으로 2중 제재에 해당하지 않는다고 보고 있다. 다만, 경쟁법 집행 당국의 입장에서 동일한 카르텔 사안에 대하여 제3국에서 제재를 받은 금액을 고려하지 않고 강한 제재를 한다면 비례성 원칙에 반할 수 있기 때문에, 과징금 등의 제재 부과에서 감경적 요소 정도로 고려될 수 있다.

(2) 감경 사례

유럽집행위원회는 (i) EU 회원국간, (ii) EU 회원국과 스위스간, (iii) EU 회원국과 제3국간 모든 노선에 대한 유류할증료 담합 전부가 유럽의 규제대상이 되며, 과징금 산정의 근거가 되는 관련매출액 역시 위 모든 노선의 항공화물운임이 되어야 한다고 보았다.[22] 다만 EU-제3국간 노선에 관한 담합의 경우 경쟁제한적 효과의 상당 부분이 EEA 역외에서 발생한다는 점을 고려하여 EU 회원국과 제3국간 노선 매출액은 50% 감액하였다.[23]

공정위도 한국발 제3국행 노선은 물론 제3국발 한국행 노선을 규제하였고 관련 노선 매출 전부를 관련매출액으로 보았다. 다만 유럽발 한국행 노선에 관하여는 "EU 경쟁당국에서도 동일한 행위에 대한 조사가 이루어지고 있으므로, 동일한 관련매출액이 양 경쟁당국에서 사용될 가능성이 있다는 점을 감안"하여 최종부과 과징금을 50% 감경하였다.

4. 대상사안의 검토

가. 부당한 공동행위

공정거래법 제19조 제1항이 금지하는 '부당한 공동행위'는 '부당하게

21) C-7/72 Boeringer Mannheim v. Commission, 1972 E.C.R. 1281.
22) Case COMP/39258 - Airfreight, 1163항.
23) Case COMP/39258 - Airfreight, 1170항.

경쟁을 제한하는 행위에 관한 합의'로서, 이 때 '합의'에는 명시적 합의뿐 아니라 묵시적인 합의도 포함되지만, 그 합의는 둘 이상 사업자 사이에 의사의 연락이 있을 것을 본질로 하므로, 단지 위 규정 각 호에 열거된 '부당한 공동행위'가 있었던 것과 일치하는 외형이 존재한다고 하여 당연히 합의가 있었다고 인정할 수는 없고, 사업자 사이에 의사연결의 상호성을 인정할 만한 사정에 대한 증명이 있어야 한다.[24] 이 사건에서 원고는 대한항공 등 다른 항공사들과 한국발 세계행 항공화물운송운임에 유류할증료를 도입하고 이후 이를 변경하기로 합의하는 이 사건 합의를 하였다.

나. 정당한 행위인지 여부

(1) 구 항공법의 규정

구 항공법(2007. 12. 21. 법률 제8787호로 개정되기 전의 것) 제117조 제1항은 "국제항공노선을 운항하는 정기항공운송사업자는 당해 국제항공노선에 관련된 항공협정이 정하는 바에 따라 국제항공노선의 여객 또는 화물의 운임 및 요금을 정하여 건설교통부장관의 인가를 받거나 건설교통부장관에게 신고하여야 한다"고 규정하고 있고, 대한민국 정부와 일본국 정부 간의 항공업무에 관한 협정(이하 '항공협정') 제7조 제2항은 "대한민국과 일본 간 운송을 위하여 체약당사자의 지정항공사가 부과하는 운임은 양 체약당사자의 항공당국에 의하여 승인되어야 하며, 합의된 업무의 운영비용·승객의 이익·적정이윤 및 동일노선의 전부 또는 일부 구간에서의 다른 항공사의 운임 등을 포함한 모든 관련 요소를 적절히 고려하여 합리적 수준에서 결정된다"고 규정하고 있으며, 같은 조 제3항 전문은 "이 조 제2항에 규정된 운임은 동 운임의 승인을 청구하는 체약당사자의 지정항공사에 의하여 합의될 수 있으며, 동 지정항공사는 동 운임을 제의하기 전에 동일 노선의 전부 또는 일부 구간에 운항 중인 다른 항공사와 협의할 수 있다"고 규정하고 있다.

한편 구 항공법 제121조 제1항 본문은 "정기항공운송사업자가 다른

---

24) 대법원 2013. 11. 28. 선고 2012두17421 판결.

항공운송사업자(외국인 항공운송사업자를 포함한다)와 공동운항협정 등 운수에 관한 협정을 체결하거나 운항일정·운임·홍보·판매에 관한 영업협력 등 제휴에 관한 협정을 체결하는 경우에는 건설교통부령이 정하는 바에 의하여 건설교통부장관의 인가를 받아야 한다"고 규정하면서, 제2항에서 그 인가요건으로 협정 내용이 '항공운송사업자 간 경쟁을 실질적으로 제한하는 내용'에 해당되어서는 아니 된다고 규정하고 있고, 구 항공법 제129조 제1항은 '정당한 사유 없이 제117조의 규정에 의하여 인가받은 운임에 관한 사항을 이행하지 아니한 때'(제3호)와 별도로 '운임 등을 과도하게 할인하는 등으로 국익에 반하는 과당경쟁행위를 한 때'(제7호)를 정기항공운송사업자에 대한 면허의 취소·정지사유로 규정하고 있으며, 구 항공법 제150조 제1항은 '정당한 사유 없이 인가받은 사항을 이행하지 아니한 때'(제3호)를 외국인 국제항공운송사업자에 대한 허가의 취소·정지사유로 규정하고 있고, 구 항공법 제152조는 제117조 제1항이 외국인 국제항공운송사업자에게도 준용되도록 규정하고 있다.

(2) 필요·최소한의 행위에 해당하는지 여부

이러한 구 항공법 규정의 내용과 취지 등에 비추어 보면, 항공화물운임을 해당 노선의 지정항공사들 사이의 합의에 의하여 정하고 항공당국의 인가를 받도록 규정한 구 항공법 제117조 제1항과 항공협정은 운임에 대한 가격경쟁 자체를 배제하는 것이 아니라 인가받은 운임을 기준으로 그 정도가 과도하지 아니한 범위 내에서 가격경쟁을 예정하고 있는 것이라고 보아야 한다. 따라서 지정항공사들 사이의 운임 등에 대한 합의내용이 단순히 운임의 체계에 관한 사항을 변경하는 것을 넘어 일정한 항목에 대한 할인을 제한하는 내용까지 포함하고 있다면, 이러한 합의는 구 항공법과 항공협정이 허용하는 범위를 벗어나는 것으로서 '자유경쟁의 예외를 구체적으로 인정하고 있는 법률 또는 그 법률에 의한 명령의 범위 내에서 행하는 필요·최소한의 행위'에 해당하지 아니한다.

(3) 인정사실

유류할증료 도입 이전에 항공화물운임은 기본운임과 기타운임으로만 구성되었는데, 유류비용은 인건비, 보험료 등과 함께 기본운임의 일부를 구성하는 것으로서 항공화물의 중량에 비례하여 징수된 사실, 국제항공화물운송은 항공사들이 제공하는 역무의 내용이 동질적이어서 수요의 가격탄력성이 높기 때문에 항공사들은 인가받은 운임을 상한으로 하여 시장 상황에 따라 상시적으로 가격할인을 해 온 사실, 이 사건 합의는 유류할증료 도입 및 변경에 관한 것으로서 이와 같이 기본운임에 대한 상시적인 가격할인으로 인하여 유가 상승 시 유류비용 보전이 어려워질 것을 우려한 항공사들이 기본운임 중 유류비용을 별도의 항목으로 책정하여 이 부분을 할인 대상에서 제외하기로 한 것인 사실, 원고를 포함한 항공사들은 이와 같은 내용의 유류할증료를 도입하기로 합의하고 구 항공법 제117조에 따라 건설교통부장관으로부터 인가를 받은 사실 등이 인정된다.

(4) 소 결

이 사건 합의는 단순히 전체 운임 중 유류비용 부분을 별도의 항목으로 책정하여 항공화물운임의 체계만을 변경한 것에 그치지 아니하고 종래 기본운임의 일부에 포함되어 상시적인 할인의 대상이 된 유류비용 부분에 대한 할인을 제한하는 행위로서, '자유경쟁의 예외를 구체적으로 인정하고 있는 법률 또는 그 법률에 의한 명령의 범위 내에서 행하는 필요·최소한의 행위'에 해당하지 아니하므로, 그에 대하여 공정거래법의 적용이 제외된다고 볼 수 없다.

다. 역외적용

(1) 합의가 국내시장에 영향을 미치는 경우[25]

공정거래법 제2조의2가 국외행위에 관하여 공정거래법을 적용하기 위

25) 대법원 2014. 12. 24. 선고 2012두6216 판결.

한 요건으로 '국내시장에 영향을 미치는 경우'라고만 규정하고 있으나, 국가 간의 교역이 활발하게 이루어지는 현대 사회에서는 국외에서의 행위라도 그 행위가 이루어진 국가와 직·간접적인 교역이 있는 이상 국내시장에 어떠한 형태로든 어느 정도의 영향을 미치게 되고, 국외에서의 행위로 인하여 국내시장에 영향이 미친다고 하여 그러한 모든 국외행위에 대하여 국내의 공정거래법을 적용할 수 있다고 해석할 경우 국외행위에 대한 공정거래법의 적용범위를 지나치게 확장시켜 부당한 결과를 초래할 수 있는 점 등을 고려하면, 공정거래법 제2조의2에서 말하는 '국내시장에 영향을 미치는 경우'는 문제된 국외행위로 인하여 국내시장에 직접적이고 상당하며 합리적으로 예측 가능한 영향을 미치는 경우로 제한 해석해야 하고, 그 해당 여부는 문제된 행위의 내용·의도, 행위의 대상인 재화 또는 용역의 특성, 거래 구조 및 그로 인하여 국내시장에 미치는 영향의 내용과 정도 등을 종합적으로 고려하여 구체적·개별적으로 판단하여야 한다. 다만 국외에서 사업자들이 공동으로 한 경쟁을 제한하는 합의의 대상에 국내시장이 포함되어 있다면, 특별한 사정이 없는 한 그 합의가 국내시장에 영향을 미친다고 할 것이어서 이러한 국외행위에 대하여는 공정거래법 제19조 제1항 등을 적용할 수 있다.

(i) 유럽발 국내행 항공화물운송계약이 출발지인 유럽에서 운송주선인과 항공사 사이에 체결된다고 하더라도, 운송주선인은 화주의 의뢰에 따라 그 계약을 체결한 것에 불과하므로 항공화물운송에서 운임의 부담자는 화주인 유럽의 송하인 또는 국내 수하인으로 보아야 하고, 송하인과 수하인 중 누가 운임의 부담자로 될 것인지는 이들 사이의 약정에 따라 정해지는 점, (ii) 국내 수하인이 도착지불 거래에 의하여 스스로 항공화물운송에 관한 운임을 부담할 것인지 또는 출발지불 거래에 의하여 송하인을 통하여 전가된 운임을 부담할 것인지는 거래 형태에 따라 선택하는 것에 불과하므로, 출발지불 거래에서도 국내 수하인을 항공화물운송의 수요자로 볼 수 있는 점, (iii) 유럽발 국내행 항공화물운송은 출발지인 유럽으로부터 도착지인 국내에 이르기까지 제공되는 일련의 역무의 총합으로서, 도착지인 국내에서도 화물의 하역이나 추적 등 그 역무의 일부가

이루어지는 점 등에 비추어 보면, 유럽발 국내행 항공화물운송 중 운임의 지급방식이 도착지불 거래인 경우는 물론 출발지불 거래인 경우에도 이에 대한 국내시장이 존재한다.

따라서 유럽발 국내행 항공화물운송에 유류할증료를 도입·변경하기로 하는 이 사건 합의의 대상에 국내시장이 포함되어 있다고 할 것이어서 이 사건 합의가 국내시장에 영향을 미치는 경우에 해당하므로, 이에 대하여는 공정거래법 제19조 제1항 등을 적용할 수 있다.

(2) 역외적용의 법리

국외에서 이루어진 외국 사업자의 행위가 국내시장에 영향을 미치는 경우에는 공정거래법 제2조의2의 요건을 충족하므로, 당해 행위에 대한 외국 법률 또는 외국 정부의 정책이 국내 법률과 상이하여 외국 법률 등에 따라 허용되는 행위라고 하더라도 그러한 사정만으로 당연히 공정거래법의 적용이 제한된다고 볼 수는 없다. 다만 동일한 행위에 대하여 국내 법률과 외국의 법률 등이 충돌되어 사업자에게 적법한 행위를 선택할 수 없게 하는 정도에 이른다면 그러한 경우에도 국내 법률의 적용만을 강제할 수는 없으므로, 당해 행위에 대하여 공정거래법 적용에 의한 규제의 요청에 비하여 외국 법률 등을 존중해야 할 요청이 현저히 우월한 경우에는 공정거래법의 적용이 제한될 수 있다고 보아야 할 것이고, 그러한 경우에 해당하는지는 당해 행위가 국내시장에 미치는 영향, 당해 행위에 대한 외국 정부의 관여 정도, 국내 법률과 외국 법률 등이 상충되는 정도, 이로 인하여 당해 행위에 대하여 국내 법률을 적용할 경우 외국 사업자에게 미치는 불이익 및 외국 정부가 가지는 정당한 이익을 저해하는 정도 등을 종합적으로 고려하여 판단하여야 한다.

(3) 인정사실

일본국 항공법 제110조는 “국내의 지점과 국외의 지점 간의 노선 또는 국외의 각지 간의 노선에서 공중 편의의 증진을 위하여 국내항공사업자가 다른 항공운송사업자와 행하는 연락운수에 관한 계약, 운임협정 기타 운수에 관한 협정의 체결에 대하여는 일정한 거래분야에서 경쟁을 실질적으로 제한하게 되어 이용자의 이익을 부당하게 해하는 경우에 해당하지 아니하는 한 「사적 독점의 금지 및 공정거래의 확보에 관한 법률」(이하 '일본국 독점금지법')의 적용이 배제된다"라고 규정하고 있는 사실, 원고는 이 사건 합의에 의한 유류할증료의 도입에 관하여 일본국 항공법에 따라 일본국 국토교통성의 인가를 받았고, 일본국 국토교통성은 이 사건 합의에 대하여 일본국 항공법 제110조에 의하여 일본국 독점금지법의 적용이 제외된다는 견해를 밝힌 사실, 원고를 포함한 이 사건 합의에 가담한 항공사들의 한국발 전세계행 항공화물 운송서비스의 시장점유율은 목적지에 따라 연도별로 51 ~ 99% 정도인 사실 등이 인정된다.

(4) 검 토

(i) 한국발 전세계행 항공운송운임의 체계를 변경하고 그 운임의 주요 구성부분에 관한 할인을 제한하는 내용의 이 사건 합의가 국내 시장에 미치는 영향이 작다고 볼 수 없는 점, (ii) 이 사건 합의에 관하여 일본국 정부는 원고를 포함한 항공사들의 신청에 따라 그 결과를 인가하였을 뿐이어서 합의에 대한 관여 정도가 높다고 볼 수 없는 점, (iii) 일본국 항공법 제110조가 국토교통성의 인가를 받은 운임협정 등에 대하여 일본국 독점금지법의 적용을 제외하고 있으나, 일정한 거래분야에서 경쟁을 실질적으로 제한하는 경우는 그 예외로 규정하고 있으므로 일본국 법률과 국내 법률 자체가 서로 충돌된다고 보기 어렵고, 원고가 일본국 법률과 국내 법률을 동시에 준수하는 것이 불가능하다고 볼 수도 없는 점 등을 앞서 본 법리에 비추어 보면, 이 사건 합의가 공정거래법의 적용이 제한되어야 하는 경우에 해당한다고 볼 수 없다.

라. 과징금부과처분

(1) 공정거래법 위반행위에 대하여 과징금을 부과할 것인지 여부와 만일 과징금을 부과할 경우 공정거래법령이 정하고 있는 일정한 범위 안에서 과징금의 액수를 구체적으로 얼마로 정할 것인지는 원칙적으로 피고

의 재량에 속하나, 피고가 이러한 재량권을 행사함에 있어 과징금 부과의 기초가 되는 사실을 오인하였거나 비례·평등의 원칙에 위배되는 등의 사유가 있다면 이는 재량권의 일탈·남용에 해당하여 그 과징금부과처분이 위법하다.[26)]

(2) 원화로 이루어진 거래에 대하여 외국 사업자의 자국 통화로 관련 매출액을 산정하고 이를 기초로 과징금을 산정한 다음 과징금 부과 기준 시점의 환율을 적용한 결과, 당해 거래시점과 과징금 부과 기준시점 사이의 환율 상승으로 외국 사업자에 대한 과징금의 액수가 과다 계상되어 외국 사업자의 매출액과 과징금 사이의 균형이 상실되고 다른 국내 사업자와 사이의 과징금 액수의 형평성도 상실된 경우에는 비례·평등원칙에 위반하는 것으로서 재량권의 일탈·남용에 해당할 수 있다.

마. 시정명령의 취소와 보조참가[27)]

(1) 행정소송 사건에서 참가인이 한 보조참가는 행정소송법 제16조가 규정한 제3자의 소송참가에 해당하지 아니하더라도, 민사소송법상 보조참가의 요건을 갖춘 경우 허용되고 그 성격은 공동소송적 보조참가이다.[28)] 민사소송법상 보조참가는 소송결과에 이해관계가 있는 자가 할 수 있는데, 여기서 이해관계란 법률상 이해관계를 말하는 것으로, 당해 소송의 판결의 기판력이나 집행력을 당연히 받는 경우 또는 당해 소송의 판결의 효력이 직접 미치지는 아니한다고 하더라도 적어도 그 판결을 전제로 하여 보조참가를 하려는 자의 법률상 지위가 결정되는 관계에 있는 경우를 의미한다.[29)]

(2) 공정거래위원회가 명한 시정조치에 대하여 그 취소 등을 구하는 행정소송에서 당해 시정조치가 사업자의 상대방에 대한 특정행위를 중지·금지시키는 것을 내용으로 하는 경우, 당해 소송의 판결 결과에 따라 해당 사업자가 특정행위를 계속하거나 또는 그 행위를 할 수 없게 되고,

---

26) 대법원 2011. 7. 14. 선고 2011두6387 판결.
27) 대법원 2013. 7. 12.자 2012무84 결정.
28) 대법원 2013. 3. 28. 선고 2011두13729 판결.
29) 대법원 2007. 2. 8. 선고 2006다69653 판결.

따라서 그 행위의 상대방은 그 판결로 법률상 지위가 결정되므로 그는 위 행정소송에서 공정거래위원회를 보조하기 위하여 보조참가를 할 수 있다.[30]

30) 이에 대한 평석은 손동환, "공정위의 제재처분을 다투는 행정소송과 참가", 대법원판례해설 제97호(2014), 451~471면.

제 5 장

항공안전법

[27] 항공기사고와 노선운항 정지처분
[28] 항공기사고와 정기화물노선면허의 취소
[29] 항공종사자 자격증명 효력정지처분
[30] 지방항공청장의 항공조종교육사업자에 대한 과징금 부과처분
[31] 업무상 과실로 항공기를 추락시킨 경우 형사책임

[27] 항공기사고와 노선운항 정지처분

대법원 2019. 10. 17. 선고 2017두47045 판결

Ⅰ. 사실관계

가. 처분의 경위

(1) 인천-샌프란시스코 노선(이하 '이 사건 노선')을 운항하던 원고 아시아나항공 소속 항공기 OZ214편(보잉 777, 등록번호 HL7742, 이하 '이 사건 항공기')은 인천국제공항을 출발하여 2013. 7. 6. 11:28(태평양 표준시, 한국시각 2013. 7. 7. 03:28)경 미국 샌프란시스코 국제공항(이하 '이 사건 공항')에 착륙하다가(이하 '이 사건 비행') 28L 활주로 앞 방파제 부분에 랜딩기어가 부딪혀 기체 후미 부분이 파손되었다(이하 '이 사건 사고').

(2) 이 사건 사고로 인하여 발생한 화재로 기체가 크게 파손되어 1,339억 원(2013년 항공기 장부가액) 상당의 재산상 피해가 발생하였고, 승객 291명 및 승무원 16명 중 승객 3명이 사망하고(그 중 1명은 당시 구조활동 중인 소방차에 치여 사망), 29명이 중상, 138명이 경상을 입었다.

(3) 피고 국토교통부장관은 2014. 12. 5. 원고에 이 사건 사고 발생을 이유로 아래와 같은 내용의 45일의 항공기 운항정지처분을 하였다(이하 '이 사건 처분').

○ 위반내용: 항공법 제116조 제3항을 위반하여 같은 법 제115조의3 제1항 제40호 및 제45호에 해당
○ 행정처분 내용: 항공기 운항정지 45일[인천-샌프란시스코 직항노선을 운항(노선병합으로 경우하는 운항은 제외한다)하는 항공기에 한함]
- 운항정지는 처분 확정일부터 6개월 이내에 종료하되, 45일의 운항정지 기간은 연속적으로 이루어져야 함

나. 이 사건 사고의 발생 경위

(1) 이 사건 항공기의 운항승무원 임무 편조(編組)는 이·착륙구간 운항을 위한 이·착륙편조와 순항구간 운항을 위한 항로편조로 구분되어 있었는데 그 중 이·착륙편조는 훈련기장 H와 교관기장 I로 구성되었다(이하 H 기장을 '훈련기장', I 기장을 '교관기장'이라고만 하고, 이들을 통틀어 '이 사건 기장들'이라 한다). 목적지인 이 사건 공항까지 약 1시간 30분을 남긴 2013. 7. 6. 09:55분 경(태평양 표준시 기준) 항로편조 승무원들은 이·착륙편조 승무원들에게 항공기 조종 임무를 이양하였다. 훈련기장은 조종실 좌측석에서 항공기 조종에 주력하는 PF(Pilot Flying)의 역할을, 교관기장은 조종실 우측석에서 운항 상태 감시에 주력하는 PM(Pilot Monitoring)의 역할을 각 수행하였고, 항로편조의 K 부기장은 11:12:33부터 조종실 보조석에 착석하여 접근 및 착륙 중 관찰자(Safety Pilot)의 역할을 수행하였다. 한편 당시 이 사건 공항은 활공각지시기(ILS Glide Slope, 자동착륙유도장치)가 작동하지 않아 시계착륙만 가능한 상황이었다.

(2) 이 사건 항공기는 11:21:49 접근관제소로부터 활주로 28L로의 시계접근을 허가받은 후 11:23:57 Pitch 모드(항공기의 수직이동에 관한 모드)를 V/S 모드(Vertical Speed 모드, 강하율 등 수직 이동 속도를 저장하면 항공기가 지정된 속도를 유지하며 이동하는 자동운항모드)로 설정하여 강하하였고, 11:25:36 접근관제소로부터 이 사건 공항 관제탑과 교신하라는 지시를 받았으며, 훈련기장은 착륙 중 복행하는 경우를 대비하여 MCP(Mode Control Panel, 항공기 운항모드를 입력하는 패널)에 복행 시 항공기가 최대한 신속하게 자동 상승할 수 있도록 접근실패고도 3,000피트를 입력하였다.

(3) 이 사건 항공기는 11:25:46 속도 약 176노트, 분당 강하율 약 1,100피트, 고도 2,250피트로 절차준수 의무지점(DUYET 지점)을, 11:25:55 속도 약 174노트, 분당 강하율 약 1,000피트, 고도 2,085피트로 활주로로부터 5마일 지점을 각 통과하였는데 이는 정상적인 통과고도보다 높은 것이었다(이 사건 비행 착륙 경로 및 정상 비행 착륙 경로는 별지 4 도면 표시와 같다). 이에 훈련기장은 11:26:26 신속히 강하하여 높은 고도를 만회

하기 위하여 Pitch 모드를 V/S 모드에서 FLCH 모드(Flight Level Change 모드, 설정된 목표 고도로 자동으로 이동하는 자동운항모드)로 변경하였고, 이에 따라 A/T(Autothrottle, 자동추력조절장치)가 SPD 모드(자동작성활성 모드)에서 THR 모드(FLCH 모드에서의 선택 고도를 달성하기 위해 추력이 자동으로 조절되는 모드)로 변경되었다.

(4) 그런데 Pitch 모드가 FLCH로 모드로 전환될 당시 MCP에는 복행을 대비한 접근실패고도인 3,000피트가 입력되어 있었기 때문에 A/P(Autopilot, 자동비행장치)는 3,000피트로 상승을 개시하였고, 이로 인하여 추력레버(Thrust Lever)가 전진 이동하였으며 기수가 약간 들렸다. 훈련기장은 신속히 강하하고자 했던 자신의 의도와 달리 오히려 A/P가 상승 전환하자 이를 막기 위하여 11:26:32 A/P를 해제한 후 추력레버를 수동으로 최소추력(Idle) 위치로 이동시켰고, 이로 인하여 의도치 않게 A/T가 HOLD 모드(선택된 추력상태를 그대로 유지하는 모드)로 변경되어 항공기의 추력이나 속도가 자동으로 제어되지 않는 상태가 되었고 실속방지(Stall Protection)기능도 작동하지 않게 되었다. 그러나 이 사건 기장들은 이를 인식하지 못하였다.

(5) 훈련기장은 11:26:36 MCP에 목표 속도(Target Speed)를 137노트로 설정한 뒤 11:26:40 'Flight director off'라고 콜아웃(Callout)하였다. 원고의 POM(조종사 운항교범) 제2.17.2항 다목에 의하면 시계접근 과정에서 F/D(Flight Director, 설정한 기수·고도·방위 등에 수렴하도록 시각적으로 조종 방향을 안내해주는 항행지시기) 스위치를 끄는 경우 PF석과 PM석 양쪽 F/D 스위치를 모두 끈 다음 PM석의 F/D 스위치만 다시 켜야 하나, 교관기장은 PF석 F/D 스위치만 껐을 뿐 PM석 스위치는 끄지 않고 그대로 두었다. 이로 인하여 A/T가 HOLD 모드에서 SPD 모드로 변경될 수 있는 기회를 상실하였다(양쪽 F/D 스위치를 동시에 끄는 경우 A/T가 SPD 모드로 전환되어 자동추력장치가 활성화될 수 있었다).

(6) 이 사건 항공기는 11:27:06 관제탑으로부터 착륙 허가를 받고 11:27:14 고도 500피트에 도달하였는데 당시 속도는 약 137노트, 분당 강하율은 1,200피트로 Stabilized Approach(안정 접근) 상태가 아니었음

에도 복행 시도를 하지 않았고, 교관기장은 11:27:19 착륙에 문제가 없다는 취지로 “on glide path”라고 콜아웃하였다. 이후 이 사건 항공기의 속도는 목표 속도인 137노트 미만으로 계속적으로 감속하였고, 11:27:23 고도 331피트 지점에서 PAPI(진입각 지시등)는 정상 활공로보다 약간 낮음을 의미하는 적색등 3개, 백색등 1개로 바뀌었으며, 11:27:31 고도 219피트 지점에서 정상 활공로보다 상당히 낮음을 의미하는 적색등 4개로 바뀌었다. 교관기장은 11:27:34 “낮다”라고 콜아웃 하였고, 훈련기장은 11:27:36 강하율이 깊어지는 것을 막기 위하여 항공기의 Pitch를 약 7°까지 증가시켰으나 속도 감속에 따른 추력 보충은 이루어지지 않았다.

(7) 이후 11:27:39 이 사건 항공기의 속도가 약 114노트가 되면서 최소기동속도(Minimum Maneuvering Speed)에 진입함에 따라 고도 124피트 지점에서 GPWS(Ground Proximity Warning System, 대지접근경보장치)에 의한 경고음(Chime Bell)이 4회 울렸다(이 사건 항공기의 착륙참조속도는 132노트, 최소기동속도는 114노트, 실속속도는 107노트였다). 이에 교관기장은 11:27:42 “Speed”라고 콜아웃 한 후 복행을 시도하기 위하여 Pitch를 들고 수동으로 추력을 증가시켰다. 그리고 이로 인하여 11:27:44 비로소 A/T 모드가 HOLD 모드에서 THR 모드로 전환되었다. 그러나 고도 100피트 이하 지점에서 복행을 시도하여 복행할 수 있는 시기를 놓치게 되었고, 이 사건 항공기의 속도가 약 103노트까지 떨어져 11:27:46 실속(Stall)을 경고하는 조종간 떨림 장치(Stick Shaker)가 작동하였으며, 그로부터 4초 뒤인 11:27:50 이 사건 항공기는 28L 활주로 앞 방조제와 충돌하였다.

Ⅱ. 참조 조문

1. 구 항공법(2014. 1. 14. 법률 제12256호로 개정되기 전의 것)

> **제115조의3(항공운송사업 운항증명의 취소 등)** ① 국토교통부장관은 제115조의2(제132조 제3항에서 준용하는 경우를 포함한다)에 따라 운항증명을 받은 항공운송사업자가 다음 각 호의 어느 하나에 해당

하면 운항증명을 취소하거나 6개월 이내의 기간을 정하여 항공기 운항의 정지를 명할 수 있다. 다만, 제1호·제37호 또는 제46호 중 어느 하나에 해당하는 경우에는 운항증명을 취소하여야 한다.

40. 제116조 제3항을 위반하여 같은 조 제1항에 따라 신고하거나 인가받은 운항규정 또는 정비규정을 지키지 아니하고 항공기를 운항하거나 정비한 경우

45. 고의 또는 중대한 과실에 의하거나 항공종사자의 선임·감독에 관하여 상당한 주의의무를 게을리함으로써 항공기사고 또는 항공기준사고를 발생시킨 경우

제115조의4(과징금의 부과) ① 국토교통부장관은 제115조의2 제1항(제132조 제3항에서 준용하는 경우를 포함한다)에 따라 운항증명을 받은 항공운송사업자가 제115조의3 제1항 제2호부터 제36호까지 또는 제38호부터 제45호까지의 어느 하나에 해당하여 항공기 운항의 정지를 명하여야 하나, 그 운항을 정지하면 항공기 이용자 등에게 심한 불편을 주거나 공익을 해칠 우려가 있는 경우에는 항공기의 운항정지처분을 갈음하여 50억 원 이하의 과징금을 부과할 수 있다.

제116조(운항규정 및 정비규정) ① 국내항공운송사업자 또는 국제항공운송사업자는 국토교통부령으로 정하는 범위에서 항공기의 운항에 관한 운항규정 및 정비에 관한 정비규정을 제정하거나 변경하려는 경우에는 국토교통부장관에게 신고하여야 한다. 다만, 최소 장비목록, 승무원 훈련프로그램 등 국토교통부령으로 정하는 사항에 대하여는 국토교통부장관의 인가를 받아야 한다.

③ 국내항공운송사업자 또는 국제항공운송사업자는 제1항에 따라 국토교통부장관에게 신고하거나 국토교통부장관의 인가를 받은 운항규정 및 정비규정을 항공기의 운항 및 정비에 관한 업무를 수행하는 종사자에게 배포하여야 하며, 국내항공운송사업자, 국제항공운송사업자, 운항 및 정비에 관한 업무를 수행하는 종사자는 운항규정 또는 정비규정을 준수하여야 한다.

Ⅲ. 판시사항

(1) 구 항공법(2016. 3. 29. 법률 제14116호로 폐지되기 전의 것) 제115조의3 제1항 제45호 후단에 따라 항공운송사업자가 항공종사자의 선임·감독에 관하여 부담하는 '상당한 주의의무'의 정도는 '항공종사자에 의하여 통상적으로 일어날 수 있는 사고 위험을 예견하여 이를 회피할 수 있을 정도의 주의의무'를 의미하는 것이다.

(2) 구 항공법 제115조의3 제1항이 정한 항공기 운항정지처분에는 이 사건 운항정지처분과 같은 '특정 노선을 운항하는 항공기의 운항 정지 처분'이 포함되고, 이 사건 운항정지처분은 원고가 항공종사자에 대한 선임·감독상 주의의무를 위반하여 항공기 사고가 발생한 것을 처분사유로 하여, 구 항공법 시행규칙(2014. 11. 28. 국토교통부령 제146호로 개정되기 전의 것) [별표 56] 제8호 각 목이 위 처분사유에 대하여 정한 운항정지 기간을 감경한 것인데, 이와 같이 원고의 선임·감독상 주의의무 위반만으로도 이 사건 운항정지처분의 처분양정(量定)의 타당성을 인정하기에 충분할 뿐 아니라, 이 사건 운행정지처분을 통해 달성하고자 하는 공익이 그로써 원고가 입게 될 불이익보다 가볍다고 할 수 없어, 이 사건 운항정지처분에 재량권을 일탈·남용한 위법이 없다.

Ⅳ. 해 설

1. 문제의 소재

대상사안에서는 항공운송사업자가 항공종사자의 선임·감독에 관하여 부담하는 '상당한 주의의무'의 정도, 항공기 운항정지처분에는 '특정 노선을 운항하는 항공기의 운항 정지 처분'이 포함되는지 여부, 이 사건 운항정지처분의 처분양정(量定)의 타당성 등이 문제되었다. 이하에서는 위와 같은 쟁점에 관하여 원심[1)]과 제1심[2)]의 판결을 중심으로 살펴보기로 한다.

---

1) 서울고등법원 2017. 5. 17. 선고 2016누39407 판결.

2. 항공법 제115조의3 제1항 제45호 전단 해당 여부

가. '고의 또는 중대한 과실'의 행위 주체

다음과 같은 사실 및 사정에 항공법 각 규정의 취지 및 내용을 더하여 보면, 이 사건 규정 중 '고의 또는 중대한 과실'의 행위 주체는 항공종사자와는 구별되는 항공운송사업자라고 봄이 타당하다.

(1) 이 사건 규정에서 '고의 또는 중대한 과실에 의하거나'의 행위 주체는 제45호에 명시되어 있지 않지만, 제1항 본문은 '항공운송사업자가 다음 각 호의 어느 하나에 해당하면'이라고 규정하고 있으므로, 문언의 해석상 같은 행위 주체를 지칭하는 것으로 보아야 하고, 그러한 이유로 생략되었다고 볼 수 있다.

(2) 같은 호 후단의 '항공종사자의 선임·감독에 관하여 상당한 주의의무를 게을리함'의 주체 역시 생략되어 있으므로, '고의 또는 중대한 과실'의 행위 주체와 동일하다고 볼 수 있는데, 이 경우 항공종사자의 선임·감독의 주체는 항공운송사업자로 해석하는 것이 자연스럽다.

(3) 항공법은, 제3장에서 '항공종사자'에 관하여, 제6장에서 '항공운송사업 등'에 관하여 각 규정하면서, 항공종사자와 항공운송사업자를 명백히 구별하고 있다. 특히 항공법 제33조 제1항 제3호는 '항공종사자로서 항공업무를 수행할 때 고의 또는 중대한 과실로 항공기사고를 일으켜 인명피해나 재산피해를 발생시킨 경우' 항공종사자의 자격증명 등을 취소하거나 효력 정지를 명할 수 있다는 제재 규정을 따로 두고 있다. 따라서 이 사건 규정에서만 항공운송사업자와 항공종사자가 구별되지 아니하고, 또는 위 두 개념이 혼재하는 것으로 사용되었다고 볼 수는 없다.

(4) 이 사건 규정과 같은 내용의 규정이 신설된 1987. 12. 4. 항공법 개정 당시 개정법률안의 의안 중 주요골자 마.항에는 "항공기사고가 정기항공운송사업자의 고의 또는 중대한 과실에 기인하거나 항공종사자의 선임 및 감독에 관하여 상당한 주의의무를 게을리함으로써 발생한 때에는

---

2) 서울행정법원 2016. 2. 19. 선고 2014구합74879 판결.

면허의 취소 또는 사업의 정지를 명할 수 있도록 함으로써 정기항공운송사업자에 대한 항공사고의 발생예방의무를 강화함(안 제96조 제1항 제6호)"이라고 되어 있다. 심사보고서 '2. 제안설명의 요지' 나.의 (8)항은 "항공기사고가 정기항공운송사업의 귀책사유에 의하여 발생한 경우에는 면허의 취소 또는 사업의 정지를 명할 수 있도록 함"이라고 정리하면서, 검토의견에서 "종전에는 항공기사고가 발생하였을 경우 … 항공종사자에 대해서만 행정처분을 할 수 있었으나 항공기사고 발생의 귀책사유가 항공종사자뿐만 아니라 항공운송사업자에게 해당되는 경우도 있겠으므로 항공운송사업자에 대하여 항공기사고 발생시, 행정처분을 할 수 있는 법적 근거를 신설한 것임"이라고 밝히고 있다. 당시 입법자가 이 사건 규정을 신설한 의도는 항공운송사업자 본인의 귀책사유에 근거하여 항공운송사업자에 대한 제재의 근거를 마련하는 것이었다.

(5) 항공운송사업자의 고의나 과실이 개입되지 않은, 즉 항공운송사업자가 좌우할 수 없는 항공종사자의 고의 또는 중대한 과실에 의한 항공기사고에 대하여도 항공운송사업자가 제재를 받아야 한다고 해석하는 것은 자기책임의 원칙에 위배된다. 이러한 자기책임의 원리는 인간의 자유와 유책성, 그리고 인간의 존엄성을 진지하게 반영한 원리로서 그것이 비단 민사법이 형사법에 국한된 원리라기보다는 근대법의 기본이념이므로 법치주의에 당연히 내재하는 원리로 볼 것이어서,[3] 행정법 관계에도 동일하게 적용된다. 물론 행정법규 위반에 대하여 가하는 제재조치는 행정목적의 달성을 위하여 행정법규 위반이라는 객관적 사실에 착안하여 가하는 제재이므로 위반자의 고의·과실이 있어야만 하는 것은 아니나,[4] 그렇다고 하여 이 사건 규정과 같이 법령에서 명시적으로 고의 또는 중대한 과실을 요건으로 정하고 있는 경우에도 귀책사유 유무와 관계없이 행정제재를 부과할 수 있는 것은 아니다.

---

3) 헌법재판소 2011. 9. 29. 선고 2010헌마68 결정.
4) 대법원 2003. 9. 2. 선고 2002두5177 판결.

나. 원고의 고의 또는 중대한 과실 존부

원고의 고의 또는 중대한 과실에 의하여 이 사건 사고가 발생하였다는 점에 관하여는, 피고도 위와 같은 사실을 전제로 이 사건 처분에 이른 것이 아닐 뿐만 아니라(피고는 항공종사자인 기장들의 중대한 과실에 의하여 이 사건 사고가 발생하였다고 주장하고 있다), 피고가 제출한 증거만으로 이를 인정하기에도 부족하다.

3. 항공법 제115조의3 제1항 제45호 후단 해당 여부

가. 이 사건 기장들의 과실 인정 여부

(1) 훈련기장은 MCP에 복행 고도인 3,000피트를 설정해 둔 상태에서 더 빠르게 강하하기 위하여 Pitch 모드를 강하율이 높은 FLCH 모드로 변경하였으나, 훈련기장의 의도대로 신속하게 고도를 낮추고자 하였다면 MCP에 당시 고도인 1,900피트보다 낮은 고도가 설정되어 있는지 확인 후 FLCH 모드로 변경하였어야 한다. 즉, 훈련기장은 MCP에 복행 고도인 3,000피트가 설정된 상태에서 더 빠르게 강하하기 위해 FLCH 모드를 사용하면 A/P가 설정된 복행 고도인 3,000피트로 강제 상승조작을 시도하게 될 것임을 사전에 인지하지 못하였다. 그리고 이와 같이 예상치 못했던 A/P의 상승전환을 막기 위하여 훈련기장은 전진 이동하는 추력레버를 강제적으로 최소추력(Idle) 상태로 이동시키는 수동 조작을 하게 되었고, 그로 인하여 의도치 않게 A/T가 HOLD 모드로 변경되었다.

(2) 원고의 POM(Pilot Operations Manual) 제2.17.2항 다목은 "Both F/D를 Off하고 PM쪽 Flight Director만 ON 시킨다"고 정하고 있으므로 이에 따라 시계착륙 전 최저강하고도 이후에 일단 양쪽 F/D 스위치를 모두 끄는 조작이 요구된다. 그러나 교관기장은 PF석 F/D 스위치만 끄고 PM석 스위치는 끄지 않음으로써 위 운항규범상 절차를 준수하지 않았다. 만일 교관기장이 양쪽 스위치를 모두 껐다면 의도치 않게 HOLD 모드로 전환된 A/T가 다시 SPD 모드로 변경되어 이 사건 항공기는 당시 MCP

에 설정되어 있던 137노트의 속도를 유지했을 것이다. 이 사건 사고 당시 J가 제공한 FCTM(Flight Crew Training Manual)에 F/D 스위치의 작동 원리 등에 관하여 구체적으로 명시되어 있지 않았고 그로 인하여 비록 이 사건 기장들이 양쪽 F/D 스위치 조작과 A/T 회복의 연관성에 대하여 인식하지 못하고 있었다 하더라도 이 사건 기장들에게 위 운항규범상 절차를 준수하여 양쪽 F/D 스위치를 모두 끌 것을 기대하기 어려웠다고 할 수 없다.

(3) 원고의 POM 제2.13.6.5항 가목은 "VCM 하에서는 500피트에서 모든 Approach는 반드시 Stabilized 되어야 한다"고 규정하면서 Stabilized Approach의 조건을 정하고 있고, 같은 항 다목은 "VCM 하에서는 500피트 이하에서 Approach가 Unstabilized 되면 즉시 Go-Around 하여야 된다"고 규정하고 있는바, 위 운항규범에 따르면 시계비행인 경우 500피트 이하의 어느 지점에서 Stabilized Approach의 조건을 하나라도 충족시키지 못하면 필수적으로 복행절차를 수행하여야 한다. 이 사건 항공기는 고도 500피트 지점에서 분당 강하율 1,000피트를 초과하는 1,200피트로 빠르게 강하하고 있었고, 고도 219피트 지점에서는 목표 속도인 137노트보다 15노트 부족한 122노트로 느리게 강하하여 위 운항규범에서 정한 Stabilized Approach 조건을 만족시키지 못하는 상황이었다. 그럼에도 이 사건 기장들은 각 지점에서 복행을 시도하지 않았고, 이로 인하여 복행 가능 시기를 놓치게 되었다. 특히 고도 219피트 지점에서는 PAPI의 적색등이 4개로 바뀌어 이 사건 항공기가 정상 활공로보다 상당히 낮은 위치에 있음을 인식할 수 있었기 때문에 이 사건 기장들이 A/T가 작동하지 않고 있던 사실을 몰랐다고 하더라도 위 지표에 따라 즉각적으로 복행을 실시하는 것이 불가능하였다고 보이지 않는다.

(4) 항공기가 고도 500피트 아래로 강하한 후에는 활주로 매우 근접하게 되므로 항공기가 안전 착륙 위치에 오도록 비행경로 이탈을 지체 없이 수정하여 정밀하게 조종하여야 하고, 이를 위해서는 계기판을 수시로 모니터하여 항공기의 고도·속도·추력 등을 정확하게 파악하는 것이 특히 중요하다. 그런데 이 사건 기장들은 계기판 모니터링을 게을리하여

FMA(비행모드표시창)에 A/T가 HOLD 모드로 전환된 상태임이 시각적으로 표시되었음에도 이를 인식하지 못하였고 이로써 A/T를 통한 자동 속도 조절이 이루어지지 않고 있음을 알지 못하게 되었다. 또한 A/T가 HOLD 모드로 전환된 후 속도가 지속적으로 감속하여 최종적으로 103노트까지 떨어졌음에도 속도계 감시를 게을리하여 저속도 경보가 작동될 때까지 실속의 위험을 인지하지 못하고 있었다. 비록 이 사건 사고 당시 시계착륙 중이어서 항공기 외부 상황에 더욱 집중할 수밖에 없는 상황이었다고 하더라도 착륙단계에서 내부 계기판을 통한 속도 확인은 조종사의 기본적 주의의무사항으로서 시계착륙 여부를 떠나 반드시 준수되어야 하므로 그러한 사정만으로 이 사건 기장들이 속도 모니터링을 소홀히 한 것이 정당화될 수는 없다.

(5) 원심은 위와 같은 사정들에 비추어 보면, 이 사건 기장들은 이 사건 비행의 착륙 과정에서 운항규범 위반 또는 판단 오류 등으로 인하여 적절하지 않은 조치를 취하거나 각 상황에 대한 대처를 미흡하게 하였고, 이와 같은 이 사건 기장들의 모든 과실이 경합하여 이 사건 사고가 발생한 것으로 판단하였다.

나. 원고의 선임 · 감독에 관한 상당한 주의의무 위반 여부

(1) 이 사건 규정의 '선임·감독에 관한 상당한 주의의무 위반'의 의미

(가) 이 사건 규정 후단은 항공운송사업자가 '항공종사자의 선임·감독에 관하여 상당한 주의의무를 게을리함으로써 항공기사고 또는 항공기준사고를 발생시킨 경우'를 항공기 운항의 정지를 명할 수 있는 사유 중 하나로 들고 있다. 여기서 '선임·감독에 관하여 상당한 주의의무를 게을리함'이란 문언의 내용 및 관련 규정과의 관계 등에 비추어 볼 때 "사회통념상 선임·감독에 관하여 일반적·객관적으로 요구되는 정도의 주의의무를 해태하였고, 그 주의의무 위반과 결과 발생 사이에 상당한 인과관계가 존재하는 경우"를 의미한다고 해석함이 타당하다. 또한 항공운송사업자가 부담하는 위 주의의무의 정도는 "항공종사자에 의하여 통상적으로 일어날 수 있는 사고 위험을 예견하여 이를 회피할 수 있을 정도의 주의의

무"를 의미하는 것으로 봄이 타당하다.

(나) 원고는 이 사건 규정 후단의 '상당한 주의의무'를 전단과 같이 '고의 또는 중과실에 준하는 주의의무'를 의미하는 것으로 보아야 한다고 주장한다. 그러나 이 사건 규정 후단은 항공종사자에 의하여 발생한 사고에 대한 항공운송사업자의 책임을 규정한 것으로서, 항공운송사업자 자신에 의하여 발생한 사고 책임에 관한 전단 규정과 구별되는 독자적인 행정제재 사유이므로 그 주의의무의 정도를 전단에 준하는 것으로 해석할 합리적 이유가 없다(일반적으로 중과실에 관하여 규정하는 경우 "주의의무를 '현저히' 게을리할 것"이라고 정하여 '현저히'가 '게을리하다'를 수식하는 반면, 이 사건 규정의 '상당한'은 '주의의무'를 직접 수식하므로 여기서의 '상당성(相當性)'은 규범적 평가요소로서의 주의의무 위반행위와 결과 발생 사이의 상당인과관계의 존재를 의미한다). 따라서 원고의 위 주장은 이유 없다.

(2) 조종사 편조에 관한 상당한 주의의무 위반 여부

(가) 이 사건 공항은 원고의 운항승무원 및 공항등급 관리 지침 제11조 제2호 각 목이 정한 공항 등급 설정 기준의 제한을 일부 받는 공항인 B등급 공항으로 분류되어 있고, 항공업계에서는 구조상 위험한 공항인 것으로 알려져 있다. 이 사건 사고 당시 훈련기장이 항공기의 조종에 주력하는 PF의 역할을, 교관기장이 항공기의 운항 상태의 감시에 주력하는 PM의 역할을 각 담당하여 이 사건 항공기를 운항하였다. 훈련기장은 이 사건 항공기의 기종인 B기 운항경험이 거의 없는 상태였고, 이 사건 비행이 B기를 운항하여 이 사건 공항으로 들어가는 최초의 비행이었으며, 다른 기종의 항공기로 이 사건 공항에 비행한지 10년만이었다. 교관기장은 이 사건 비행이 교관기장으로서의 임무를 수행한 첫 비행이었다. 이러한 훈련기장과 교관기장의 운항경력과 이 사건 공항의 이착륙 난이도에 비추어 볼 때 훈련기장과 교관기장의 편조가 적절하다고 보기 어렵다.

(나) 이에 대하여 원고는 위 운항승무원 및 공항등급 관리 지침은 피고의 관리·감독 대상으로서 피고의 인가를 받은 것이므로 위 지침에 따른 조종사 편조가 부적절하다고는 볼 수 없다고 주장한다. 그러나 구 항

공법 제116조 제1항, 구 항공법 시행규칙 제283조 제1호에 비추어 보면 이와 같은 편조 지침이 피고의 인가대상으로 보이지는 아니하고(피고는 이 사건 사고 이후 이루어진 특별점검에서 위 운항승무원 및 공항등급 관리지침을 보완할 것을 통보한 바 있으나 이는 이 사건 사고의 원인을 밝히기 위하여 통상적인 점검 범위를 벗어나 실시한 점검에 해당하고, 위 점검 이전에 피고가 원고의 편조 지침에 대하여 관리·감독하였다는 사정은 나타나지 않는다), 원고의 사내 규범에 해당하는 것으로 보이므로, 원고 스스로 사고를 미연에 예방할 수 있는 적절한 편조 지침을 운영할 의무를 부담한다. 설령 원고 주장과 같이 원고의 편조지침이 피고의 승인을 얻어 시행한 것이라 할지라도, 이러한 편조지침은 편조를 구성함에 있어서 준수하여야 하는 최소한의 규범이고, 항공운송사업자로서는 보다 안전한 비행을 위하여 공항의 이·착륙 난이도, 훈련기장의 운항 경험, 교관기장의 숙련도 등을 개별적으로 고려하여 조종사 편조를 할 주의의무가 있다. 항공운송사업자인 원고로서는 훈련기장의 경험이 미숙할수록 이를 보완하기 위한 교관기장의 역할이 강조된다는 점에서 훈련기장과 교관기장 모두를 무경험자로 편조하는 경우 다른 편조에 비하여 사고 위험에 대한 대처능력이 현저히 떨어져 사고를 방지할 수 없음을 예견할 수 있었다 할 것이고, 그럼에도 불구하고 당시 항공종사자의 인력상황 등으로 인하여 위와 같은 편조로 비행할 수밖에 없었던 특별한 사정의 존재도 찾아 볼 수 없으므로 사고의 회피가능성도 있었다고 보인다.

(다) 훈련기장의 OE(운항경험) 및 교관기장으로서의 최초 임무 수행에 대하여 별다른 제한을 두지 않는 원고의 위 지침과는 달리, M(경쟁항공사)의 LCPM(Line Check Pilot Manual)에 의하면 기장의 OE를 경험한 LIP(Line Instructor Pilot, 운항교관승무원) 또는 LIP 임용 후 최소 6개월 이상 된 LIP가 담당하도록 규정하고 있어, 교관기장으로서의 최초 임무 수행 시에는 부기장에 대한 OE 임무를 수행하도록 규정하고 있으며, 특수공항에 대한 OE는 OE 진행 50% 이후에 수행하도록 규정하고 있다. 교관기장은 교관기장으로서의 첫 비행이었으며, H 훈련기장은 20회의 OE 중 9회째의 운항이었으므로 이러한 편조는 M의 편조지침에 따를 경

우 불가능한 편조였다.

(라) 앞서 본 바와 같이 이 사건 항공기는 고도 219피트에서 속도가 122노트, 강하율 분당 900피트로 정상속도보다 15노트가 부족했으며 PAPI가 적색등 4개로 바뀌었는데, 교관기장은 이러한 저속상태를 인지하였음에도 훈련기장에게 "낮다"라고 Callout 하였을 뿐 스스로 복행시도를 하지 않아 부적절한 시기를 놓치게 되었고, 훈련기장 또한 계기판을 제대로 모니터하지 않아 추력보충의 필요성을 인지하지 못하고 항공기의 Pitch만을 조작하여 결국 이 사건 사고에 이르게 되었다. 이러한 복행지연은 훈련기장의 운항경험 부족과 교관기장의 교관경험 부족 및 그들의 부적절한 임무수행이 경합되어 발생한 것으로 이 사건 조종사들의 편조가 부적절하였음을 추단케 한다.

(마) 따라서 원고는 특수공항인 이 사건 공항에 샌프란시스코행 B기 기장으로서 역할을 처음 수행하는 훈련기장과 교관으로서의 역할을 처음 수행하는 교관기장을 함께 배치하여 조종사 편조에 관한 상당한 주의의무를 게을리하였고, 그로 인하여 이 사건 사고가 발생하였다고 봄이 타당하다.

(3) 조종사 교육에 관한 상당한 주의의무 위반 여부

(가) 자동추력조절장치 교육에 관하여

(i) 이 사건 항공기 제작사인 J사가 이 사건 사고 당시 원고에게 제공한 FCOM(Flight Crew Operation Manual, 운항승무원 운항규정)에는 FLCH 모드에서의 추력레버 수동 조작과 A/T HOLD모드 전환과의 상관관계에 관하여 명확하게 서술되어 있지 않았다. 그리하여 미국 NTSB는 이 사건 사고 발생 이후 미연방항공청(FAA)에 J사로 하여금 복잡한 자동화시스템 논리에 대하여 재검토하고 HOLD 모드 자동 적용과 실속방지시스템 미적용에 대한 설명은 매뉴얼에 명확히 할 것을 권고하였고, 이에 따라 J사는 FCOM 중 A/T 추력레버 작동에 관한 부분을 아래 표 기재와 같이 개정하여 FLCH 모드에서 추력레버를 강제로 움직일 경우 A/T가 HOLD 모드로 전환될 수 있다는 내용을 추가하였다.

(ii) 개정 전 FCOM에 “IDLE - displays while the autothrottle moves thrust levers to idle; IDLE mode is followed by HOLD mode”(A/T가 추력레버를 IDLE까지 이동시키면 IDLE이라고 표시된다. IDLE 모드는 HOLD 모드로 이어진다)라고 서술되어 있기는 하나, 이는 A/T가 자동으로 추력레버를 IDLE까지 이동시킨 경우에 HOLD 모드로 전환된다는 사실을 기재한 것일 뿐 조종사가 수동으로 추력레버를 IDLE까지 이동시킨 경우에 관한 설명이 아니다.

(iii) 개정 전 FCOM에 FLCH 모드를 사용하여 자동으로 강하하는 경우 A/T가 작동하지 않는다는 취지의 내용이 서술되어 있고, VNAV (Vertical Navigation, 수직항법장치) 모드로 강하하는 중에 A/T가 HOLD 모드로 작동되어 실속방지기능이 작동되지 않을 수 있다는 점이 명시되어 있었다 하더라도 위와 같은 내용을 기초로 이 사건 사고 상황인 FLCH 모드로 비행하던 중 추력레버를 수동으로 강제조작하는 경우 A/T가 HOLD 모드로 전환된다는 것까지 유추해내기는 어려워 보인다. 특히 위와 같은 상황에서 HOLD 모드로 전환되는 시스템 방식은 다른 항공기 기종에서는 찾아볼 수 없는 극히 예외적인 설계 방식이라는 점에서 더욱 그러하다.

(iv) 한편 피고는 N의 확인서를 근거로 M은 이 사건 사고 이전부터 J사가 제공한 개정 전 FCOM을 통하여 문제되고 있는 A/T의 HOLD 모드 적용상황을 이해하고 이를 조종사들에게 교육시켜 왔다고 주장하나, N은 원고와 경쟁관계에 있는 M 소속 학술전문교관일 뿐만 아니라 그 진술 내용도 일부 부정확하여 위 확인서의 내용을 그대로 믿기 어렵고, 달리 위 주장에 부합하는 증거도 없다.

(v) 위와 같은 사정들에 비추어 보면, FLCH 모드로 비행하던 중 추력레버를 수동으로 IDLE 위치로 강제 이동시키면 A/T(자동추력조절장치)가 HOLD 모드로 전환된다는 사실을 원고가 이 사건 사고 당시 알았거나 알 수 있었다고 보기 어렵고, 원고로 하여금 알지 못하는 사항에 대하여 적극적으로 의문을 품고 조사하여 조종사들을 교육시킬 것까지 기대할 수는 없다고 할 것이므로 이 부분에 대한 원고의 주의의무 위반은 인정

하기 어려워 피고의 주장은 받아들일 수 없다.

(나) 복행 결정 권한 교육에 관하여

(i) 이 사건 사고의 주된 요인 중 하나는 이 사건 기장들이 정상 착륙이 불가능하다고 보고 복행을 시도한 시기가 지나치게 늦어졌다는 데에 있다. 원고의 POM 2.19.1.1은 'Missed Approach(Go-Around) 결심 및 항공기 조종'이라는 표제 아래 그 가항에서 "Missed Approach의 결심은 기장이 한다. 단, 부기장이 PF임무를 수행 중일 경우 부기장이 결심하여 실시할 수 있다"고 규정하고 있고, 원고의 FOM 4.1.2.2 가목은 "기장은 PIC(지휘기장)의 임무를 수행하는 동안 항공기 운항에 대하여 최종적인 권한을 갖는다"고 규정하고 있다. 이러한 규정들을 종합하여 해석할 경우, 교관기장·훈련기장 편조에서 교관기장이 PM의 역할을, 훈련기장이 PF의 역할을 수행하는 경우 각 기장은 모두 자신의 판단 하에 복행을 결심할 수 있으나 복행에 관한 최종적인 권한은 둘 중 PIC에게 있음을 알 수 있다.

(ii) 그런데 교관기장은 항공종사자 자격증명 취소 처분 사전통지에 대한 의견제출서에 "200피트에서 고도가 낮고, 속도가 적정속도보다 적다는 조언을 하였고 바로 복행을 하지 않아 PM이 복행을 하였습니다"라고 진술하였고, 훈련기장은 항공종사자 자격증명 효력정지 처분 사전통지에 대한 의견제출서에 "PM과 저는 복행 결정에 대한 혼동과 최후 보루로 충돌을 막을 수 있었던 저속경고는 늦게 경보되고 즉각 인지되지 못하여 복행이 지연실시되었으며…"라고 진술하였다. 이 사건 비행에서 복행이 지연된 사유 중 하나는 이 사건 기장들이 복행의 주체가 서로 상대방이라고 생각했다는 것인데, 이는 위 각 교범의 내용이 명확하게 기재되어 있는지 여부를 떠나서 이 사건 기장들이 이 부분에 관하여 충분히 교육을 받지 못하였다는 것을 보여준다.

(다) 표준운항절차, 표준통화절차, Automation Surprise 대응 교육에 관하여

(i) 원고의 POM은 "Both F/D를 Off하고 PM쪽 Flight Director만 ON 시킨다"고 규정하고 있는바 이에 따르면 시계착륙 전 최저강하고도

이후에 일단 양쪽 F/D 스위치를 모두 끄는 조작이 요구된다. 그러나 교관기장은 PF석 F/D 스위치만 끄고 PM석 스위치는 끄지 않음으로써 위 운항규범상 절차를 준수하지 않았고, 이로 인하여 HOLD 모드로 전환된 자동추력조절장치가 SPD 모드로 변경될 기회를 상실하게 되었다.

(ii) 이 사건 기장들은 이 사건 비행의 착륙 과정에서 표준통화절차(Standard Callout)를 제대로 이행하지 아니하였다. 표준통화절차는 연 3회의 정기훈련(LOFT 훈련 포함) 및 1회의 심사과정을 통하여 훈련 및 심사가 이루어져 엄격히 관리되어야 할 사항이다. 특히 원고의 POM 및 표준통화절차에 의하면 고도 500피트에서 Stabilized Approach가 아니었으므로 즉시 "Unstabilized"라고 Callout하고 복행시도를 하였어야 하나 이 사건 기장들은 이를 위반하였다.

(iii) 이 사건 기장들이 원고의 POM을 준수하여 이 사건 항공기를 운항하였다면 이 사건 사고를 방지할 수 있었다. 원고는 표준운항절차, 표준통화절차 등에 관하여 원고의 POM에 규정하고 있고, 이는 타 항공사들의 규정 내용과 유사한 수준이므로 이에 대한 교육 의무를 다하였다고 주장하나, 작은 조작 실수도 대형 인명 사고로 이어지기 쉬운 항공기 사고의 특성상 운항규범의 준수는 필수적인데, 이 사건 조종사들이 위와 같이 운항규범을 위반한 것은 그와 같은 위반행위가 조종사들의 고의 또는 중과실로 인한 것이라는 특별한 사정이 없는 한, 결국 원고의 불충분한 교육 및 운항종사자들의 운항규범 준수에 대한 감시 미흡에 기인한 것으로 평가할 수밖에 없다.

(iv) 항공기의 Automation 시스템 기능에 오류가 발생하거나 기능이 저하되는 문제는 언제든지 발생할 가능성이 있는 것으로서 이러한 상황이 발생하는 경우 조종사들이 수동으로 항공기를 조종하며 신속하게 적절한 조치를 취하는 것은 평상시에 충분히 대비가 필요한 사항이다. 이 사건 사고의 경우 Automation 시스템의 오류 등 기계적 결함이 발생한 것은 아니고, 이 사건 기장들이 Automation 시스템이 정상적으로 작동하지 않는다는 것을 미처 인식하지 못하고 뒤늦게 인식한 데 따른 것이기는 하나, 이와 같은 상황에서도 다른 외부적 시각적 신호 또는 계기판의

정보 등을 수시로 확인하여 적절한 조치를 즉각적으로 취할 수 있도록 교육·훈련이 이루어져야 한다.

(v) 원고가 국토교통부의 엄격한 관리감독하에 관계 법령에서 정한 기준에 따른 교육·훈련 프로그램을 운영하여 왔고 명시적으로 관련 규정을 준수하지 못한 사실로 적발된 사례가 없었다고 하더라도, 소속 조종사들에 대하여 적절한 교육·훈련이 실제로 이루어졌는지가 중요한 것이므로, 위와 같은 사정만으로 원고가 위 의무 이행을 완료하였다고 볼 수는 없다.

(vi) 위와 같은 사정들에 비추어 보면, 표준운항절차, 표준통화절차, Automation Surprise 대응 교육 부분에 대한 원고의 주의의무 위반은 추정된다.

(4) 소 결

(가) 앞서 본 이 사건 사고 경위와 이 사건 조종사들의 과실 내용에 위와 같은 사정에 비추어보면, 원고는 소속 항공종사자들인 기장들에 대하여 항공기 사고를 방지할 수 있는 충분한 교육·훈련 등을 제공하였다고 보기 어렵고, 그러한 불충분한 교육·훈련 등이 이 사건 항공기를 운항할 당시 기장들의 과실로 이어졌다고 추정할 수 있으므로, 원고의 조종사 교육에 관한 주의의무 위반으로 인하여 이 사건 사고가 발생하였다고 봄이 타당하다.

(나) 따라서 피고가 주장하는 사유 중 자동추력조절장치 교육에 있어서 원고에게 주의의무 위반이 있음은 인정되지 아니하나, 조종사들의 복행 결정 권한 교육 및 표준운항절차, 표준통화절차, Automation Surprise 대응 교육에서는 원고가 이 사건 기장들의 선임·감독에 관하여 상당한 주의의무를 게을리함으로써 이 사건 사고가 발생하였으므로, 이는 항공법 제115조의3 제1항 제45호 후단의 운항정지처분 사유에 해당한다.

4. 항공법 제115조의3 제1항 제40호 해당 여부

(1) 항공법 제115조의3 제1항 제40호는 “항공운송사업자가 제116조 제3항을 위반하여 같은 조 제1항에 따라 신고하거나 인가받은 운항규정

또는 정비규정을 지키지 아니하고 항공기를 운항하거나 정비한 경우 항공기 운항의 정지를 명할 수 있다"고 규정하고 있고, 항공법 제116조 제3항은 "국내항공운송사업자 또는 국제항공운송사업자는 제1항에 따라 국토교통부장관에서 신고하거나 국토교통부장관의 인가를 받은 운항규정 및 정비규정을 항공기의 운항 및 정비에 관한 업무를 수행하는 종사자에게 배포하여야 하며, 국내항공운송사업자, 국제항공운송사업자, 운항 및 정비에 관한 업무를 수행하는 종사자는 운항규정 또는 정비규정을 준수하여야 한다"라고 정하고 있다.

(2) 위에서 살펴본 바와 같이 항공기 운항 정지 처분의 대상이 되는 운항규정을 지키지 아니하고 항공기를 운항하는 행위의 주체는 항공종사자가 아니라 항공운송사업자라고 보아야 한다. 이 사건 기장들이 피고로부터 승인받은 운항규정(FOM, POM)을 지키지 아니하였음은 위에서 본 바와 같으나, 피고도 원고가 운항규정을 지키지 아니하였다는 사실을 전제로 이 사건 처분에 이른 것이 아니다. 따라서 항공법 제115조의3 제1항 제40호를 이 사건 처분의 근거로 볼 수는 없다.

5. 재량권 일탈·남용 여부

가. 원고의 주장

(1) (i) J사가 B의 자동화시스템에 관하여 불충분한 매뉴얼을 제공하였다는 점이 이 사건 사고의 핵심 원인임에도 불구하고 피고는 이 사건 처분을 함에 있어 J사의 과실을 전혀 고려하지 아니하였고, (ii) 제1심에서 피고가 든 3개의 처분사유 중 2개가 인정되지 아니하였는바, 이 사건 처분은 재량권 행사의 기초가 된 사실인정에 오류가 있어 재량권을 일탈·남용한 위법한 처분에 해당한다.

(2) 이 사건 처분의 근거 법령인 구 항공법 제115조의3 제1항은 운항증명의 취소 또는 항공기 운항정지만을 규정하고 있을 뿐, 노선 운항정지 처분을 할 수 있도록 규정하고 있지 않다. 항공기 운항정지 처분의 대상을 특성 노선을 운항하는 항공기 전체로 지정함으로써 사실상의 노선 운

항정지 처분을 한 이 사건 처분은 재량권을 일탈·남용한 위법한 처분에 해당한다.

나. 판 단

(1) 제재적 행정처분에서 재량권의 일탈·남용의 법리

제재적 행정처분의 기준이 부령의 형식으로 규정되어 있더라도 그것은 행정청 내부의 사무처리준칙을 정한 것에 지나지 아니하여 대외적으로 국민이나 법원을 기속하는 효력이 없고, 당해 처분의 적법 여부는 위 처분기준만이 아니라 관계 법령의 규정내용과 취지에 따라 판단되어야 하므로, 위 처분기준에 적합하다 하여 곧바로 당해 처분이 적법한 것이라고 할 수는 없지만, 위 처분기준이 그 자체로 헌법 또는 법률에 합치되지 아니하거나 위 처분기준에 따른 제재적 행정처분이 그 처분사유가 된 위반행위의 내용 및 관계 법령의 규정 내용과 취지에 비추어 현저히 부당하다고 인정할 만한 합리적인 이유가 없는 한 섣불리 그 처분이 재량권의 범위를 일탈하였거나 재량권을 남용한 것이라고 판단해서는 안 된다.[5) 또한 수개의 처분사유 중 일부가 적법하지 않다고 하더라도 다른 처분사유로써 그 처분의 정당성이 인정되는 경우 그 처분을 위법하다고 할 수는 없다.[6)]

(2) 이 사건 처분의 정당성

(가) 원고의 제재 대상 행위는 항공법 제115조의3 제45호를 위반한 행위에 해당하므로, 이에 대한 제재 기준은 구 항공법 시행규칙(2014. 11. 28. 국토교통부령 제146호로 개정되기 전의 것) 제281조의3 제1항 관련 [별표 56] 제8호 바목이 정한 항공기 운항정지 60일(사망자 3명 이외에 중상자 29명이 사망자 14명으로 간주, 비고 3), 같은 호 거목이 정한 항공기 운항정지 30일(재산피해 1,339억 원)에 해당하고, 비고 제2호는 위 표의 제8호 가목부터 더목의 규정에 따른 항공기 운항정지처분을 할 때 인명피해

---

5) 대법원 2007. 9. 20. 선고 2007두6946 판결.
6) 대법원 2004. 3. 25. 선고 2003두1264 판결.

와 항공기 또는 제3자의 재산피해가 같이 발생한 경우에는 해당 운항정지기간을 합산하여 처분한다고 정하고 있으므로, 이 사건 처분은 위 시행규칙이 정한 처분의 범위 내에 있다.

(나) 앞서 본 이 사건 사고의 발생원인 및 피해 규모에 비추어 피고가 다른 항공기 사고 관련 항공법 위반행위에 대하여 한 별지 5 '항공기 사고 관련 제재사례'표 기재 제재처분 사례들의 경우에 비해 이 사건 처분이 특별히 더 과중하다고 보이지 않는다.

(다) 원고 소속 항공기가 별지 3 '원고의 항공기 사고 관련 제재처분 내역'표 기재와 같이 여러 차례 사고가 발생한 바 있고, 이 사건 사고 후에도 이 사건 공항 착륙 과정에서 접근 실패 및 복행한 사례가 다시 발생하였는바, 반복되는 원고 소속 항공기 사고의 추가 발생을 방지하기 위한 실효성 있는 제재가 필요하다. 이 사건 사고에 대한 과징금 제재처분의 경우 과징금 액수는 15억 원으로 운항정지 기간 45일에 해당하는 수익 상당액(약 200억 원)에 비하여 상당히 경미하여 제재의 실효성을 기대하기가 어렵다.

(라) 원고는 항공사가 제재처분에 대한 반작용으로 사고 원인 조사에 대한 비협조와 왜곡 등 안전 정보의 공유를 꺼려하여 항공 안전 시스템에 악영향을 끼칠 수 있고, 이 사건 노선의 항공기 좌석 부족 현상이 발생하며, 원고의 슬롯(Slot) 및 공항시설(카운터)의 상실로 이용자 등에게 심한 불편을 주게 되어 공익을 오히려 저해하게 되므로 이 사건 운항정지처분은 항공법 제115조의4 제1항 규정에 반한다고 주장한다. 원고가 주장하는 위와 같은 사정들은 이미 이 사건 처분의 양정 단계에서 충분히 검토 및 고려된 사항이고, 그 검토 내용에 비추어 보면, 대체 항공기의 투입 등으로 승객의 불편 등이 어느 정도는 해소된다고 볼 수 있다. 또한 이 사건 처분으로 침해되는 공익이 일부 있다고 하더라도 이 사건 처분으로 인하여 달성할 수 있는 항공기 안전 운항 및 사고예방의 공익에 비하여 크다고 보기도 어렵다.

(마) 원고는, 별지 6 '해외 처분사례' 기재와 같은 해외 항공사의 운항정지 처분사례는 항공사 내에 지속적이고 구조적인 안전, 유지보수, 훈련

문제 등이 존재하였다는 점이 증명되어 운항금지가 부과되었다는 점에 비추어 이 사건 처분으로 인하여 원고가 안전 운항 능력이 없는 항공사로 오인될 소지가 크므로 대외신인도가 추락할 우려가 크다는 취지로도 주장하나, 위 해외 처분사례들이 일부 노선에 대한 것이 아니라 항공기 운항 전체가 금지되었던 것임을 고려하면 이 사건 처분으로 원고가 위 해외 처분사례들과 동일하게 여겨질 우려가 있다고 단정하기 어렵고, 대외신인도가 어느 정도 추락한다고 하더라도, 그러한 사정만으로 이 사건 처분이 부당히 과다하다고 볼 수도 없다.

(바) 피고가 이 사건 처분을 하면서 노선의 중요성, 과실 정도, 최근 사고 유무, 인명·재산 피해 정도, 항공사 수습 대처 실태, 안전 개선 노력 등의 세부기준을 토대로 위 각 사항별로 제재처분의 가중 또는 감경요소로 모두 고려하여 가중·감경요소가 대등한 것으로 결론을 내렸으나, 실제 시행규칙상의 운항정지 기간 90일의 1/2을 감경하여 이 사건 처분 기간을 정하였고(위 제45호 위반의 경우에 한정하여도 그러하다), 처분 기간의 시기와 종기도 6개월 이내의 범위에서 원고가 피해가 적은 기간을 선택할 수 있도록 하였다.

(사) 피고가 J사의 과실을 참작하지 아니하고, 전적으로 원고의 귀책사유로 이 사건 사고가 발생하였다는 전제에서 이 사건 처분을 하였다는 점은 당사자 사이에 다툼이 없다. 그러나 설령 원고가 주장하는 대로 이 사건 사고에 원고의 귀책사유뿐만 아니라 J사의 과실이 기여하였다고 하더라도(원고는 J사가 원고와 연대하여 이 사건 사고 피해자들과 배상합의를 하였음을 근거로 J사가 자신의 과실을 인정하였다고 주장하나, J사가 자신의 과실을 인정하였는지 여부는 원고와 J사 간의 비밀유지협약의 대상이고, 이에 관한 사실인정은 이 법원의 판단에 영향이 없으므로 이 법원은 사실인정을 하지 아니한다), 앞서 인정한 바와 같이 원고가 항공종사자의 선임·감독에 관하여 상당한 주의의무를 게을리 함으로써 이 사건 사고가 발생하였고, 원고가 주장하는 J사의 과실내용에 비추어 이 사건 조종사들의 조종과실 및 원고의 조종사들에 대한 선임·감독상의 주의의무 위반행위가 이 사건 사고의 주된 원인이므로, 위 (가)~(마) 기재 사정에 비추어 보면 원고의

위와 같은 귀책사유만으로도 이 사건 처분의 타당성을 인정하기에 충분하므로, 피고가 J사의 과실을 고려하지 않았다거나 피고가 주장하는 처분사유 중 일부가 인정되지 않았다고 하여 이 사건 처분이 사실인정에 오류가 있어 재량권의 범위를 일탈하거나 재량권을 남용한 처분이라고 볼 수 없다.

다. 특정 노선을 운항하는 항공기의 운항 정지 처분의 적법성

(1) 구 항공법 제115조의3은 운항증명 취소 또는 항공기 운항 정지 처분의 사유로 제1호부터 제46호를 열거하고 있는데(단, 제1호·제37호·제46호는 운항증명 취소사유에 해당한다), 제2호부터 제13호까지와 같이 항공기 자체에 관한 사유뿐만 아니라, 제16호부터 제45호까지와 같이 물적 요인에 해당하지 아니하는 안전운항 규정 위반 사유를 함께 규정하고 있다. 항공기 자체의 결함에 관한 사유에 대하여는 특정 항공기의 운항정지 처분만으로도 그 위험을 제거할 수 있으나, 물적 요인이 아닌 사유의 경우는 그 제재사유가 특정 항공기 자체에 있는 것이 아니므로 특정 항공기만의 운항정지를 명하는 것은 적절한 처분이 될 수 없다.

(2) 따라서 '안전운항체계의 유지'라는 항공법 제115조의3 제1항의 입법목적을 달성하기 위해서는 위 조항의 '항공기 운항 정지 처분'이 '특정 노선을 운항하는 항공기의 운항 정지 처분'을 포함하는 것이라고 합목적적으로 해석해야 한다. 구 항공법 제115조의2 제7항이 항공기의 운항정지 외에 해당 항공노선의 운항정지를 추가하도록 개정된 것은 이와 같은 항공노선의 운항 정지처분의 필요성을 확인하고 이를 명확히 하기 위한 취지일 뿐, 개정 전에는 항공노선의 운항정지를 할 수 없었음을 전제로 새로운 처분형식을 창설한 것으로는 보이지 아니한다. 원고의 이 부분 주장도 이유 없다.

6. 평 가

대상판결은, 항공운송사업자가 항공종사자의 선임·감독에 관하여 부담하는 '상당한 주의의무'의 정도는 '항공종사자에 의하여 통상적으로 일어날 수 있는 사고 위험을 예견하여 이를 회피할 수 있을 정도의 주의의무'를 의미하는 것이라고 인정하고, '항공기 운항 정지 처분'에는 '특정 노선을 운항하는 항공기의 운항 정지 처분'을 포함하는 것으로 판시하였다는 점에서 의의가 있다.

[28] 항공기사고와 정기화물노선면허의 취소

서울고등법원 2004. 12. 8. 선고 2003누15401 판결[1]

Ⅰ. 사실관계

(1) 서울/상해간 정기 전세화물편인 원고 대한항공의 KAL 6316편 MD-11F 화물항공기(등록부호 HL7373, 이하, '이 사건 항공기')는 1999. 4. 15. 16:01:35(현지시간, 이하 모두 '같은 날'은 생략하고 '시 : 분 : 초' 형식으로만 표시한다.) 서울을 향하여 중국 상해 홍차오 국제공항(SHA)을 이륙한 후 고도 상승 중, 16:04:19경 4,500ft에 도달한 다음에 급강하하면서 16:04:35경 위 공항 남동쪽 약 11.6km 지점의 주택가 공사장에 추락하였고, 이로 인하여 이 사건 항공기에 탑승하고 있던 기장, 부기장, 정비사 등 3명과 지상에 있던 현지주민 5명이 사망하고, 현지 주민 40명이 부상을 입었다(이하 '이 사건 사고').

(2) 대한민국과 중국이 가입한 국제민간항공협약(Convention on International Civil Aviation) 제26조와 위 협약의 항공기사고조사(Aircraft Accident and Incident Investigation)에 관한 부속서 13(Annex 13) 제5장에 의하면, 항공기사고가 발생하였을 경우 사고발생지국의 책임하에 사고조사를 실시하여야 하고, 항공기 등록국과 설계제조국은 조사에 대표자를 참여시킬 권리의무와 관련정보를 제공할 의무가 있다고 규정되어 있다. 위 사고 직후 사고조사 주체국인 중국의 사고조사업무를 주관하는 중국 민항총국(CAAC: Civil Aviation Administration of China)은 자신의 조사관, 공안수사관 22명에 항공기 등록국인 대한민국과 항공기 설계제조국인 미국의 대표자 각 1명과 기술고문 각 4명씩을 포함한 합동조사팀(이하 '합동조사팀')을 구성한 다음, 대한민국 건설교통부(항공국), 미국 교통안전위원

1) 피고가 상고하였으나, 대법원 2007. 1. 26. 선고 2005두388 판결로 상고기각되었다.

회(NTSB: National Transportation Safety Board), 미국 연방항공국(FAA: Federal Aviation Administration), 항공기 제작사인 보잉(Boeing)사, 엔진 제작사인 Pratt & Whitney사, 항공기 운항사인 원고 및 그 밖의 다른 부품제작사들로부터 기술지원을 받아 사고조사를 수행하였다.

(3) 합동조사팀은 1999. 4. 15.부터 같은 해 5. 1.까지 사고현장에서 조사를 하였고, 이 사건 사고 조사에서 가장 필수적이고 중요한 정보인 비행경로와 각종 기계장치의 조작상태 등을 담은 이 사건 항공기의 비행자료기록장치(FDR: Flight Data Recorde)와 비행자료수집장치(QAR: Quick Access Recorder) 테이프 및 전자메모리 형태의 조종실음성기록장치(CVR: Cockpit Voice Recorder) 등을 발견하여 NTSB에서 제작사의 도움을 받아 수록된 정보에 대한 확인작업을 하였다. FDR과 비행자료수집장치 테이프는 심한 훼손으로 사고와 관련된 부분을 복구하지 못하여 위 사고조사에 관한 유용한 정보를 얻지 못하였으나, CVR에서는 승무원들 사이, 부기장과 관제사 사이의 대화내용, 항공기의 각종 경고음 등이 확인되었다.

(4) 합동조사팀은 CVR에 나타난 기장과 부기장의 대화내용을 지진관측소에서 계측된 충돌시간 06:04:35로부터 역산하여, 공항의 2차 감시레이더(SSR: Secondary Surveillance Radar, 5초마다 한 번씩 회전하면서 이륙시에는 500m 이상의 고도에서 항공기의 위치와 고도, 거리 등을 포착하여 나타낸다)가 측정한 항공기 궤적자료에 맞추어 이 사건 항공기의 비행경로와 위치, 시각별로 조종실의 대화내용 및 각종 경고음 등을 정리하고, 사고 후 수거한 항공기 잔해의 정밀조사를 통하여 모든 비행조종작동기(Flight Control Actuators)의 지상충돌 당시의 수치를 측정해 낸 다음, 이에 대한 분석과 각 부품 제조회사 및 관련 회사의 정밀조사에 의하여 사고의 원인을 추정하고, 모의비행장치에 의한 비행시험(Flight Simulation Test)을 통하여 추정한 사고원인을 검증하는 작업을 하였다.

(5) 한편 이 사건 사고와 관련하여, ① 합동조사팀에 의하여 1999. 4. 20.부터 4. 26.까지 NTSB에서 CVR의 음성기록에 대한 분석 등이 이루어졌고, 1998. 6. 8.경부터 6. 10.까지 일본 NEC사와 NTSB에 의하여 2차 감시레이더자료에 대한 분석이 이루어졌으며, ② 2000. 4. 3.부터 4. 10.

까지 미국 캘리포니아 롱비치에 있는 보잉사에서 CVR에 대한 검토 작업이 이루어져 일부 내용이 수정되었고, 그 당시까지 수집된 항공기 및 사고 관련 자료 등을 기초로 한 모의비행장치에 의한 비행시험이 실시되었으며, 2000. 6.경 스펙트럼 분석 프로그램(CVR의 음향을 분, 초 단위 등으로 세분하여 추출한 후 세밀하게 분석을 하는 프로그램)을 이용하여 CVR 분석내용에 대한 재검토가 이루어져 일부 누락된 경고음 등의 추가와 일부 내용의 수정이 있었으며, ③ 2000. 6. 28.경부터 같은 해 7. 4.경까지 중국 상해에서 한·중 기술회의가 개최되었고, 중국민항총국이 작성한 사고조사보고서 초안[피고 건설교통부장관은 2000. 6. 27. 위 초안을 교부받았고, 그 무렵 중국민항총국에게 위 초안에 대한 의견서를 제출하였다]의 CVR 분석과 사고원인 및 결론 등에 대한 토론이 이루어졌으며, 피고는 그 과정에서 이 사건 사고에 관한 FDR 자료의 부재, 2차 감시레이더자료 및 CVR 자료의 의문점 등으로 승무원의 미터(m)/피트(ft) 단위의 혼동 등으로 인한 사고라는 결론에 내리기에 불충분하고 증거자료도 없어 불명(unknown)의 원인에 의한 사고라고 주장하였으며, ④ 2000. 8. 29.부터 8. 30.까지 중국 상해에서 한·중 기술회의가 개최되었고, 2000. 9. 6.부터 9. 7.까지 중국 청도에서 한·중·미 3국의 기술회의가 개최되었으며[피고는 2000. 8. 17.경 중국민항총국에 대하여 이 사건 사고에 관한 최종 사고조사보고서(초안)의 송부를 요청하고 국제민간항공협약에 따른 60일간의 검토 시한을 요구하였으나 최종적인 기술회의는 그대로 개최되었다], 그 이후 위 사고에 관한 기술회의는 더 이상 개최되지 아니하였다.

(6) 피고는 최종적인 사고조사보고서의 작성에 앞서 개최된 2000. 9. 6. 합동조사팀의 위 기술회의에서 원고의 요청 등에 의하여, ① 원고가 주장하는 추력감소 소리를 포함한 CVR에서 식별되지 아니한 기계음에 대한 추가정밀분석과 한국어를 영어와 중국어로 번역함에 있어서 오류가 있었는지의 확인, ② 급격한 하강자세에서 반중력(Negative Gravity)이 조종사에게 미치는 영향과 실속(失速, Stall, 급격한 상승으로 항공기의 속도가 줄어듦에도 불구하고 상승을 지속하고자 하면 항공기가 더 이상 나아가지 못하고 통제불능의 상태가 되어 마치 쇳덩이처럼 중력에 의하여 추락하는 현상)의

가능성에 대한 항공역학적 분석, ③ 이 사건 항공기의 자동실속방지시스템(Automatic Stall Protection System, 급상승으로 인한 실속을 방지하기 위하여 항공기 스스로 기수를 내리는 등의 조작을 하는 제어시스템) 작동 여부와 그 작동이 조종사의 조작에 미친 영향 등에 대한 추가조사가 필요하다는 의견을 제시하였으나, 합동조사팀은 이를 받아들이지 아니하였고, 그 외에도 이 사건 항공기의 특정 경고음과 경보시스템(GPWS/CAWS)의 우선권 문제, 특정 비행경로 및 CVR의 음성과 배경 소음 주파수 분석 등의 추가 정밀조사를 제안하였다.

(7) 합동조사팀은 위와 같은 기술회의 결과를 기초로 하여, 당시 이 사건 항공기의 기체결함은 없었고, 상해 홍차오 공항을 이륙하여 고도 1,500m(이를 ft로 환산하면 4,920ft 정도 되나, 이하에서는 사고조사보고서의 기재와 같이 4,900ft로 본다)를 향하여 상승하던 중, 고도 단위를 착각한 부기장으로부터 인가된 고도 1,500m를 1,500ft로 잘못 전달받은 기장이 고도를 1,500ft로 낮추기 위하여 과도하고 급격하게 하강을 시도하면서 고도상황의 인식을 상실하는 바람에 뒤늦게 회복조작을 시도하였지만 높은 강하율로 인하여 결국 지상에 충돌한 것이 사고원인이었다고 최종결정하였으며, 중국민항총국은 위와 같은 내용에 "기수변경(Pitch-Over)을 악화시키는 갑작스런 자세변화로부터 발생하는 반중력으로 인한 실속의 가능성과 항공기의 부분적인 고장의 가능성을 배제하지는 않는다(단, 부분적인 고장이 있었더라도 그것이 사고의 원인은 아님)"는 문언만을 "발견된 사실(Findings)"의 마지막에 첨언하여 최종적인 사고조사보고서(위 보고서는 2001. 3. 이전에 작성되었다)를 작성한 후 중국의 민간항공 조종사의 훈련용 등으로 배포하였다.

(8) 피고는 중국민항총국으로부터 이 사건 사고에 관한 사고조사보고서를 송부받은 후, 그 보고서의 내용에 따라 이 사건 사고가 부기장에 의해 잘못 전달된 인가고도와 승무원의 과도하고 급격하게 조종간을 미는 조작으로 인한 운항승무원들의 고도상황 인식의 상실로 발생한 것으로 판단하고, 정기항공운송사업자인 원고의 승무원들의 중대한 과실로 이 사건 사고가 발생하였다는 이유로, 2001. 11. 20. 구 항공법(1999. 2. 5. 법

률 제5794호로 개정되어 1999. 8. 5.부터 시행되기 전의 것) 제129조 제5호의 규정에 의하여 원고의 서울/상해 정기성 전세화물노선면허를 취소하는 처분(이하 '이 사건 처분')을 하였다.

Ⅱ. 참조 조문

1. 구 항공법(1999. 2. 5. 법률 제5794호로 개정되기 전의 것)

제129조(면허의 취소 등) 건설교통부장관은 정기항공운송사업자가 다음 각 호의 1에 해당하는 때에는 그 면허를 취소하거나 6월 이내의 기간을 정하여 그 사업의 전부 또는 일부의 정지를 명할 수 있다. 다만, 제1호에 해당하는 때에는 그 면허를 취소하여야 한다.

5. 고의 또는 중대한 과실에 의하거나 항공종사자의 선임·감독에 관하여 상당한 주의의무를 게을리 함으로써 항공기사고가 발생한 때

2. 구 항공법 시행규칙(1999. 12. 17. 부령 제224호로 개정된 것)

제296조의2(면허취소 등) ① 법 제129조 제2항(법 제132조, 법 제134조, 법 제142조 및 법 제150조에서 준용하는 경우를 포함한다.)의 규정에 의한 면허취소, 등록취소, 허가취소, 영업소 폐쇄 또는 사업정지 처분은 별표 31의2의 기준에 의한다.

2. 각 위반행위에 대한 처분기준이 사업정지인 경우에는 그 정지기간을 합산할 것

② 별표 31의2의 처분기준을 적용하는 것이 현저하게 불합리하다고 인정되는 때에는 공공복리의 침해정도, 사고로 인한 피해의 정도, 항공종사자 과실의 정도와 위반행위의 내용·횟수 등을 참작하여 그 처분기준을 다음 각 호의 구분에 따라 가중하거나 경감할 수 있다.

1. 사업전부 정지 또는 사업일부 정지의 경우에는 처분 기준일수의 2분의 1의 범위 안에서 가중 또는 경감할 것. 이 경우 가중하는 때에도 그 기간은 6월을 초과할 수 없다.

> **[별표 31의2]** 면허취소 등 행정처분기준(제296조의2 제1항 관련)
> 위반행위 : 당해 항공기 사고로 인한 사망자가 5인 이상 10인 미만인 때 - 사업 일부 정지(120일)
> 당해 항공기 사고로 인한 사망자가 10인 이상인 때 - 면허취소 또는 사업 일부 정지(180일)

Ⅲ. 판시사항

사고조사보고서는 사고재발 방지를 위한 목적으로 사고조사를 거쳐 일정한 결론을 도출한 것이고, 법률적 권리관계의 분쟁으로 인한 소송에서와 같이 일정한 요건사실의 존부가 불명확한 경우 어느 당사자의 불이익으로 처리할 것인가에 대한 재판규범인 증명책임 분배의 원칙에 입각하여 결론이 내려진 것은 아니므로, 이와 관련한 법적 분쟁이 발생하여 소송과정에서 증명책임분배의 원칙에 입각하여 내려지는 결론과는 반드시 일치하지 않을 수 있다.

Ⅳ. 해 설

1. 행정소송에서 증명책임

가. 피고의 증명책임

행정소송에서 특별한 사정이 있는 경우를 제외하면 당해 행정처분의 적법성에 관하여는 행정청이 이를 주장·증명하여야 하므로,[2] 피고는 이 사건 처분사유와 같이 조종사의 고의 또는 중과실에 의하여 이 사건 사고가 발생한 것임을 증명하여야 한다.

---

2) 행정처분의 취소를 구하는 항고소송에서는 당해 처분의 적법을 주장하는 처분청인 피고에게 그 적법 여부에 대한 증명책임이 있다. 대법원 2007. 1. 12. 선고 2006두12937 판결.

나. 사고조사보고서의 증거능력

(1) 민사소송법 규정이 준용되는 행정소송에서는 형사소송과 달리 원칙적으로 유형물에 관한 증거능력의 제한을 두지 아니하므로, 문서의 경우 어떠한 것이라도 증거방법으로 쓰일 수 있는 자격을 가지고 있으며 형식적 증거력이 인정되면 일응 증거능력은 인정되고 다만 실질적 증거력의 판단만이 법관의 자유심증에 맡겨져 있을 뿐이다.[3)]

(2) 국제민간항공조약 제54조에 의하여 국제민간항공기구가 채택한 부속서 13 항공기사고조사(Annex 13 Aircraft Accident Investigation)의 5.12는, 항공기사고 조사실시국은 그 조항에 열거된 기록사항의 공개가 당해 항공기사고에 대한 조사 및 미래의 조사에 있어서 정보입수에 불리한 영향을 미친다고 판단할 경우 그 기록사항이 사고조사 이외의 목적으로 이용되지 않도록 하여야 한다고 규정하고 있다.

이는 항공기사고 조사실시국에 대하여 일정한 의무를 부담시키는 규정일 뿐 그 이외의 국가에 대하여 어떠한 의무를 부담시키는 규정이 아니어서 항공기사고의 조사실시국이 아닌 나라가 항공기사고와 관련하여 위 5.12에 의한 의무를 부담하게 되는 것이 아니며, 위 부속서의 부록(Attachment) D는 위 부속서 내용의 일부를 구성하는 것이 아니라 위 부속서의 적용에 관한 참고사항에 불과할 뿐이어서 부록 D에 기재된 내용은 국제표준(International Standards)으로서의 효력이 있는 것이 아니다.[4)]

우리나라가 국제민간항공조약에 가입하여 위 조약이 국내법과 동일한 효력을 갖게 되었다고 하더라도 위 조약의 부속서는 위 조약의 이사회가 항공기의 안전 등에 관계가 있다고 인정되는 사항에 관하여 국제표준 및 권고 관행을 수시로 채택·개정하여 이를 각 체약국에 통보하는 것으로서 위 조약의 본 규정과는 달리 체약국이 부속서의 내용에 따를 것을 강제하는 법률상의 효력은 없고, 다만 권고적인 효력을 갖는 데 불과하다.[5)]

---

3) 대법원 2001. 11. 27. 선고 2001두6319 판결; 형사소송에서 사고조사보고서의 증거능력을 인정한 사례로는 대법원 1993. 10. 12. 선고 92도373 판결.

4) 대법원 1993. 10. 12. 선고 92도373 판결.

5) 대법원 2003. 6. 27. 선고 2002도850 판결.

(3) 서울고등법원은, 국토교통부가 항공기사고와 관련하여 실시한 조사결과를 바탕으로 작성한 사실조사보고서를 행정소송에서 증거로 사용하는 데 문제가 없다고 판단하고, 국토교통부 사실조사보고서에 미국 국가교통안전위원회(NTSB)의 사고조사보고서 내용 중 일부가 포함된 이상 국제민간항공조약에 의하여 국제민간항공기구가 채택한 부속서 13에 따라 이를 증거로 사용하여서는 안 된다는 원고의 주장을 배척하였다.[6)]

2. 사고조사보고서의 신빙성

(1) 국제민간항공협약상 항공기 사고조사는 사고발생지국의 책임하에 실시하게 되는데, 사고원인의 결정 또는 안전권고를 포함한 정보의 수집과 분석 결론의 도출 등을 할 수 있고, 사고조사보고서를 관련 국가 등에게 송부·보고하고 동일한 사고의 재발방지를 위하여 예방조치, 안전권고 등을 할 수 있다. 일반적으로 항공기의 운항 중 사고의 특성상 항공기 기체의 손상이 매우 심하고 피해의 규모도 클 뿐 아니라 사고발생시 피해의 확대 방지 및 인명 구조 등을 위한 신속한 대응, 각종 장비의 투입을 통해서 잔해를 수거하는 등 그 사고수습이나 잔해수거 과정에서 사고의 원인을 밝힐 수 있는 중요한 자료들이 멸실·파손되거나 훼손될 가능성이 많은데, 항공기 사고조사에서는 항공기에 설치된 FDR과 CVR(Black Box), 비행자료수집장치(QAR) 등이 항공기의 비행경로와 각종 기기와 기계장치의 조작상태를 정확하게 기록하도록 설계되어 있어서 위 장치들에 기록된 자료들에 의하여 정확한 사고원인을 규명하게 되고, 이러한 자료들에 대한 정밀 조사와 분석작업 등은 항공기의 제작 관련회사와 항공기 사고에 대한 조사·분석을 갖춘 단체 등의 지원과 함께 이루어질 수밖에 없게 된다.

(2) 따라서 사고발생지국에서 이와 같은 과정을 거쳐서 사고조사를 한 결과물로 작성된 사고조사보고서는, 비록 사고발생지국의 위와 같은 사고조사가 사법적·행정적 처분을 위한 것이 아니고, 위 협약 부속서 13의

---

6) 서울고등법원 2017. 5. 17. 선고 2016누39407 판결.

3.1에서도 사고조사의 목적을 "사고 및 사건 조사의 기본적 목적은 사고나 사건의 재발방지이다. 사고의 책임이나 비난 문제를 확인하는 것이 본 활동의 목적이 아니다"라고 규정하고, 5.12에서는 "사고조사 기록 내용의 발표가 당해조사 내지 장래의 조사에 불리한 영향을 미친다고 사고조사를 수행하는 국가가 판단하는 경우에는 당해 기록내용을 사고조사 목적 이외의 목적에 이용할 수 없다"고 규정하며, 5.4.1는 "사법적이고 행정적인 비난이나 책임을 요구하는 절차는 이 부속서의 규정하에서 시행되는 어떠한 조사와도 분리되어야 한다"고 규정하고 있더라도, 그 사고의 원인을 분석하고 규명함에 있어서 중요한 자료가 될 수는 있다. 다만 사고조사보고서는 사고재발 방지를 위한 목적으로 사고조사를 거쳐 일정한 결론을 도출한 것이고, 법률적 권리관계의 분쟁으로 인한 소송에서와 같이 일정한 요건사실의 존부가 불명확한 경우 어느 당사자의 불이익으로 처리할 것인가에 대한 재판규범인 증명책임 분배의 원칙에 입각하여 결론이 내려진 것은 아니므로, 이와 관련한 법적 분쟁이 발생하여 소송과정에서 증명책임분배의 원칙에 입각하여 내려지는 결론과는 반드시 일치하지 않을 수 있다.

(3) 이 사건 항공기는 이륙한 직후 약 1,500m 고도에서 매우 급하게 하강하여 16초만에 지상에 충돌하면서 승무원 전원이 사망하였고, 그 충격으로 항공기 기체가 크게 파손되었으며, 그 사고수습 및 복구를 거치는 과정에서 사고원인의 규명에 중요한 역할을 하는 이 사건 항공기의 FDR과 비행자료수집장치(QAR) 등이 모두 심하게 훼손되어 운항상태에 관한 비행자료가 복구되지 아니함으로써 항공기의 각종 기기 및 기계가 실제 어떻게 작동되었는지를 확인하는 것이 거의 불가능하게 되었으므로, 합동조사팀은 항공기 제작관련 회사와 NTSB 등의 도움을 받아 이 사건 항공기의 CVR과 상해 홍차오 공항의 2차 감시레이더가 측정한 항공기의 개략적인 좌표와 항적도 및 지상에서 수거한 이 사건 항공기 기체 잔해의 각 부분에 대한 정밀검사를 통하여 수집한 여러 가지 자료를 종합하고, 사고발생지국인 중국과 항공기 제작국인 미국, 항공기 보유국인 대한민국 3국의 기술회의 등을 거쳐서 이 사건 항공기의 비행경로와 각각의 시점

에 있어서의 각종 기기의 조작상태 및 승무원의 대화 및 행동내용 등을 합리적으로 추론하는 방법에 의하여 사고원인을 밝힐 수밖에 없었다.

(4) 따라서 이러한 추론에 의하여 작성된 사고조사보고서의 결론이 다른 원인으로 이 사건 사고가 발생하였을 가능성을 배제할 수 있을 정도로 확실한 것인지, 즉 위 추론의 바탕이 된 여러 자료와 그 밖의 다른 증거에 의하여 승무원들의 m와 ft 단위의 혼동으로 인한 의도적인 급강하와 고도인식의 상실이라는 중대한 과실로 인하여 이 사건 사고가 발생한 것이라고 인정할 수 있는지가 문제된다. 이 사건 항공기의 조종이나 비행상태에 대한 불만이 담긴 승무원들의 대화내용, 고도상승 중 광폭하다고 하지 않을 수 없을 정도의 비정상적인 급강하, 하강 중의 항공기 안에서의 승무원들의 동요와 CVR에 나타난 몇 가지 원인불명의 소리, 사고조사보고서에서도 나타내고 있는 반중력으로 인한 실속(Negative Gravity Stall)의 가능성 등은 사고조사보고서에서 밝혀지지 아니한 다른 원인으로 사고가 발생하였음을 암시하는 것은 아닌가 하는 의심을 들게 하고, 원고가 비행제어컴퓨터(FCC: Flight Control Computer)의 오작동의 가능성, 횡적 조종계통의 고장을 비롯한 기체결함에 의한 사고가능성 등을 주장하고 있어서 같은 과연 사고조사보고서의 결론이 이러한 의심을 합리적으로 배제할 수 있을 정도로 신빙성이 있는 것인지 살펴볼 필요가 있다.

3. 대상사안의 검토

가. 인정사실

(1) 이 사건 항공기의 승무원들이 m 단위로 관제지시가 내려지는 공항을 이륙하여 고도를 상승하는 과정에서 ft 단위도 함께 혼용하거나, 고도단위 자체를 혼동하여 m 대신 'ft'로 잘못 말하는 등의 사정이 있다고 하더라도, 승무원들 사이에는 목표고도로 설정한 인가고도 1,500m(4,900ft)까지는 상승하여야 한다는 인식이 있었다고 할 것이며, 위와 같은 잘못으로 인하여 인가고도 자체를 혼동하거나 오인하였다고 할 수 없을 뿐 아니라, 나아가 이미 설정한 목표고도 1,500m를 1,500ft로 다시 변경 설정

하였다고 할 수도 없다.

(2) 이 사건 항공기의 승무원들은 이륙 전 단계에서 비행에 필요한 사항에 대하여는 완벽하지는 않지만 대부분 브리핑절차를 거쳤고, 다만 비상절차에 대한 브리핑 등은 실시하지 아니하였으므로 이로 인하여 비정상적인 상황이 발생하였을 경우에 사전 브리핑을 통하여 비상절차에 관한 인식이 있었던 경우에 비하여 그 대응방법이나 조치가 신속하지 못하거나, 적절하게 이루어지지 못할 가능성은 있었으나, 이 사건 항공기의 급강하가 순식간에 이루어진 것으로 보이고, 위 항공기의 승무원들이 조치가 가능한 비상상황에 대하여 비상절차에 따른 신속하고 적절한 조치를 취하지 못하게 되어 급강하하여 추락하게 된 것이라고 볼 자료는 없으며, 위와 같은 비상절차 등 이륙 전 브리핑을 실시하지 아니한 것이 사고조사보고서의 내용과 같이 승무원들 사이의 고도인식의 혼동에 큰 영향을 미쳤다거나 의도적인 급강하의 원인이 되었다고 보기 어렵다.

(3) 사고조사보고서는 승무원들의 고도단위의 혼동과 고도인식의 오인 및 수평안정판 트림의 기수내림 방향으로 작동 등의 전제하에서 엔진 시동 후 별다른 언급 없이 조종계통에 대한 점검을 수행한 점, 비행 중 계기판에 나타나는 경고(Alert, Warning, Caution 등) 및 특별한 비행조종계통 등에 대한 언급이나 토론이 없었던 점, 운항 및 비행조종 계통 중에서 명백한 중요 고장이 있었음을 나타내는 증거가 없는 점 등도 의도적인 급강하의 간접적인 근거로 보았으나, 사고조사보고서가 사고원인으로 전제한 사항이 더 이상 유지되기 어려운 상태에서 위와 같은 항공기의 기체결함이나 고장을 명백하게 인정할 증거를 발견하지 못하였다는 등의 사정만으로는 승무원들이 의도적인 급강하를 시도하였다고 인정할 수 없다.

(4) 이 사건 사고조사 과정에서 원고의 요구에도 불구하고 실속의 가능성에 대한 항공역학적인 분석 등이 이루어지지 아니하였고, 사고조사보고서 이러한 가능성을 배제하지 아니한다는 문언이 기재되어 있으나, 이는 실속으로 인한 급강하로 이 사건 사고가 발생하였을 가능성을 인정한 것이 아니라, 실속이 이 사건 사고의 원인이라고는 보이지 아니하지만 그러한 가능성조차 완전히 배제할 수는 없다는 취지에서 원고의 요구를 기

재한 것으로 보여지고, 모의비행시험결과와 이 사건 항공기에 실속경고를 위한 조종간 떨림 현상이나 실속 방지를 위하여 기수를 내리기 위한 슬랫의 펼쳐짐 현상 등이 없었음에 비추어 보면 이 사건 항공기가 급상승에서 급강하로 전환할 당시 자동실속방지시스템이 작동하였다거나, 반중력으로 인한 실속상태에 빠져 추락하였다고는 볼 수는 없다.

(5) 이 사건 항공기는 횡적 조종계통의 이상 또는 결함으로 인하여 깊은 경사각이 들어간 상태로 급강하였거나 이로 인하여 롤이 발생하면서 추락하였거나 다른 계통의 부분적인 결함 등과 결합하여 급강하하기에 이르렀다고 의심할만한 합리적인 이유가 있다.

나. 결 론

그렇다면 피고가 이 사건 사고에 관한 사고조사보고서에 근거하여, 이 사건 항공기의 승무원들이 잘못 전달받은 인가고도로 인하여 고도인식의 오인과 과도하고 급격한 조종간 조작으로 급강하를 하다가 고도인식을 상실하고 뒤늦은 회복조작을 하는 등 승무원들의 중과실로 지상에 추락하게 되었음을 전제로 이 사건 처분을 하였으나, 위에서 살펴본 바와 같이 사고조사보고서의 사고원인 분석 및 결론과 같이 이 사건 항공기의 승무원들이 고도단위의 혼동 등으로 인가고도를 오인하였다거나 의도적으로 급강하를 시도하였다고 보기 어렵고, 그 외에 승무원들의 중과실에 의하여 이 사건 사고가 발생하였다고 인정할 증거가 없어서, 이를 전제로 한 이 사건 처분은 나머지 주장에 대하여 나아가 살펴볼 필요 없이 위법하다.

[29] 항공종사자 자격증명 효력정지처분

서울행정법원 2015. 5. 22. 선고 2014구합14303 판결

Ⅰ. 사실관계

(1) 원고는 1999. 3. 31. 항공종사자 자격증명(사업용 조종사)을, 2005. 8. 18. 항공종사자 자격증명(운송용 조종사)을 각 취득하였는바, 1997. 3.부터 2008. 5. 1.까지는 아시아나항공 주식회사에서 부기장으로, 2008. 5. 12.부터 2012. 6. 5.까지는 중국 제이드카고 국제항공에서 부기장으로, 2012. 8. 1.부터 2014. 7. 28. 현재까지는 이스타항공 주식회사에서 부기장 및 기장으로 근무하고 있다.

(2) 원고는 2014. 1. 9. 6:36경 인천공항에서 이스타항공 ZE651F편(이하 '이 사건 항공기')을 이륙 조정하여 같은 날 7:10경 청주공항에 착륙하였는데(이하 '이 사건 운항'), 피고 국토교통부장관은 2014. 7. 14. 원고에게 아래와 같은 내용을 이유로 항공법 시행규칙 제99조 별표 18 제31호에 따라 항공종사자 자격증명(운송용 조종사) 효력정지 30일의 처분을 하였다(이하 '이 사건 처분').

원고는 2014. 1. 9. 이 사건 운항 중 주경고등 및 후방도어 열림 경고등이 2회[1] 시현, 객실승무원이 도어 핸들을 잡은 상태에서 비행하였으나, 이러한 결함사항을 탑재용 항공일지에 기록하지 않아 운항기술기준을 위반함

1) 경고등이 실제 시현된 횟수는 총 3회(① 6:38:21 ~ 6:38:27 7초간, ② 6:40:39 ~ 6:40:47 9초간, ③ 6:45:49 ~ 6:45:50 2초간)이나 원고가 인지한 것은 2회로 보인다.

Ⅱ. 참조 조문

1. 항공법

제74조의2(항공기 안전운항을 위한 운항기술기준) 국토교통부장관은 항공기 안전운항을 확보하기 위하여 이 법과 「국제민간항공조약」 및 같은 조약 부속서에서 정한 범위에서 다음 각 호의 사항이 포함된 운항기술기준을 정하여 고시할 수 있다.

1. 항공기 계기 및 장비
2. 항공기 운항
3. 항공운송사업의 운항증명
4. 항공종사자의 자격증명
5. 항공기 정비
6. 그 밖에 안전운항을 위하여 필요한 사항으로서 국토교통부령으로 정하는 사항

제74조의3(운항기술기준의 준수) 소유자등 및 항공종사자는 제74조의2에 따른 운항기술기준을 준수하여야 한다.

2. 항공법 시행규칙

제99조(자격증명·항공신체검사증명의 취소 등) ① 법 제33조(법 제24조 제8항, 법 제34조 제4항 및 법 제35조 제4항에서 준용하는 경우를 포함한다)에 따른 항공종사자 및 조종연습생에 대한 행정처분기준은 별표 18과 같다.

[별표 18]

항공종사자 등에 대한 행정처분 기준(제99조 제1항 관련)

위반행위 또는 사유	해당 법 조문	처분내용
31. 법 제74조의3을 위반하여 법 74조의2에 따른 운항기술기준을 지키지 아니하고 비행하거나 업무를 수행한 경우	법 제33조 제1항 제29호, 법 제74조의2, 법 제74조의3	1차 위반: 효력 정지 30일 2차 위반: 효력 정지 60일 3차 위반: 효력 정지 90일

> [비고] 5. 위반행위의 정도 및 횟수 등을 고려하여 행정처분의 2분의 1의 범위에서 늘리거나 줄일 수 있다.

3. 운항기술기준(2014. 2. 4. 국토교통부고시 제2014-62호로 개정된 것)

> **8.1.8.12 기계적인 비정상보고(Reporting Mechanical Irregularities)**
> 기장은 비행 중에 발생한 모든 기계적인 결함에 대하여 비행 종료 후 탑재용 항공일지에 기록하여야 한다.

Ⅲ. 판시사항

운항기술기준 8.1.8.12.에서 모든 기계적인 결함을 탑재용 항공일지에 기재하도록 한 취지는 기장에게 운항 중 발생한 항공기 결함과 관련된 모든 상황을 탑재용 항공일지에 기록하도록 하여 정비팀으로 하여금 결함 여부를 판단할 수 있게 함으로써 안전사고에 대비하고, 사고 발생시 원인규명의 근거 및 자료로 활용하도록 함에 있고, 기장에게 결함 여부를 판단하여 탑재용 항공일지 기록 여부를 결정할 재량을 부여하고 있다고 볼 수 없다.

Ⅳ. 해 설

대상사안에서는 피고의 원고에 대한 항공종사자 자격증명(운송용 조종사) 효력정지 30일의 처분의 적법성이 문제되었다. 이하에서는 원고 주장의 순서대로 쟁점을 검토하기로 한다.

1. 사실오인 여부

가. 원고의 주장요지

원고는 이 사건 항공기를 운항하면서 경고등이 켜졌다가 저절로 꺼지자 객실승무원에게 후방 도어를 확인하도록 하였을 뿐 객실승무원으로 하여금 후방 도어 핸들을 잡도록 한 상태로 운항한 바 없으므로, 이 사건 처분에는 사실오인의 위법이 있다.

나. 인정사실

(1) 원고는 2014. 1. 10. 이스타항공 안전보안실에 이메일을 보내면서 "이 사건 항공기 이륙 후 경고등이 들어온 후 2~3초 후에 바로 꺼짐. 원고는 승무원들에게 방송하여 L2 DOOR로 가서 잠김 상태를 확인해 보라고 함. 잠시 후 승무원에게 도어 핸들을 다시 잘 Secure and Lock했다는 보고를 받음. 약 1분 후 다시 경고등이 들어온 후 2~3초 후에 바로 꺼짐. 그래서 방송하여 청주까지 얼마 멀지 않았으니까 착륙할 때까지 도어 핸들을 잡고 가도록 지시함"이라고 기재하였다.

(2) 이 사건 운항 당시 탑승했던 사무장은 2014. 1. 9. 안전보고서를 작성하면서 "이 사건 항공기 이륙후 L2 DOOR 열림으로 조정석에 경고등이 들어와 원고로부터 연락 옴. K 승무원이 Door Operation Handle 들림 현상 발견. 원고와 인터폰하며 핸들 누르고 있으니 경고등이 꺼졌으나 핸들에서 손을 떼니 다시 경고등이 켜짐. K 승무원이 청주 도착까지 도어 핸들을 누르고 착륙함"이라고 기재하였다.

(3) 이 사건 운항 당시 탑승했던 객실승무원 K는 2014. 2. 5. 이스타항공 본사에서 진술서를 작성하면서 "이 사건 항공기 이륙 후 원고로부터 L2 DOOR를 확인해 달라는 연락이 왔고, 확인 결과 도어 핸들이 올라가 있었으며, 도어 핸들을 눌렀더니 원고가 괜찮다고 하여 자리로 돌아감. 몇 분후 다시 원고가 L2 DOOR를 확인해 달라는 연락을 재차 하였고, 착륙 전까지 도어 핸들을 손으로 잡고 있었다"라는 내용을 기재하였다.

(4) 이 사건 항공기는 이 사건 운항 이후 청주에서 제주로 운항을 하였는데, 여전히 경고등이 들어오는 현상이 발생하였고 확인 결과 도어 핸들이 위로 올라가 있어 K 승무원이 도어 핸들을 잡고 비행을 하였으며, 제주공항 정비사는 이를 확인한 후 도어 핸들에 가볍게 테이핑을 하였고, 이후 제주에서 김포로 다시 운항한 이후에서야 이스타항공의 정비팀이 이 사건 항공기의 도어 핸들 압력이 약하다고 판단하여 이를 정비하였다.

(5) 이후 이스타항공 주식회사는 사무장이 작성한 위 안전보고서를 삭제하려고 하였다.

다. 판 단

(1) 행정처분의 위법 여부는 행정처분이 있을 때의 법령과 사실 상태를 기준으로 판단하여야 하며, 법원은 행정처분 당시 행정청이 알고 있었던 자료뿐만 아니라 사실심 변론종결 당시까지 제출된 모든 자료를 종합하여 처분 당시 존재하였던 객관적 사실을 확정하고 그 사실에 기초하여 처분의 위법 여부를 판단할 수 있다.[2)]

(2) 위 인정사실에 의하여 알 수 있는 다음과 같은 사정 즉, (i) 원고 작성의 이메일, 사무장 작성의 안전보고서, K 승무원 작성의 진술서에 의하면 이 사건 운항당시 경고등이 최초 들어 왔을 때 원고가 L2 DOOR를 확인해 달라고 하였고, 경고등이 두 번째 들어 왔을 때 원고의 요구로 K 승무원이 착륙 전까지 도어 핸들을 잡고 있었던 점은 공통적으로 인정하고 있는 점, (ii) 원고는 이메일에서 경고등이 저절로 꺼졌다고 기재하고 있으나 사무장과 K 승무원은 도어 핸들을 눌러서 경고등이 꺼졌다는 취지로 안전보고서와 진술서에 기재하고 있어 이 사건 운항 당시 경고등이 어떻게 꺼지게 되었는지에 대한 진술이 상반되나, 경고등이 저절로 꺼졌다면 원고가 굳이 K 승무원에게 착륙 전까지 도어 핸들을 잡고 있으라고 지시할 필요가 없었다고 보이고, 이 사건 항공기의 조정과 관련이 없어 비교적 객관적이라고 보이는 J 사무장, K 승무원의 진술 내용을 쉽게 거짓이라고 단정할 수 없으며, 이후 이 사건 항공기의 운항에서도 같은 문제가 발생하여 승무원이 도어 핸들을 잡고 비행을 하였고, 이스타항공 주식회사는 J 사무장의 안전보고서를 삭제하려는 시도까지 하였던 점에 비추어 볼 때 승무원이 도어 핸들을 눌러서 경고등이 꺼졌을 가능성이 높은 점, (iii) 설령 원고의 주장과 같이 경고등이 켜졌다 저절로 꺼졌다고 하더라도 이 사건 처분 사유는 경고등이 2회 켜졌다가 꺼졌고, 객실승무

---

2) 대법원 2019. 7. 25. 선고 2017두55077 판결.

원이 도어 핸들을 잡은 상태로 비행하였다는 점을 원고가 탑재용 항공일지에 기록하지 않았다는 것이어서 경고등이 꺼지게 된 경위는 이 사건 처분을 함에 있어 고려되었다고 보기 어려운 점 등을 종합하면, 이 사건 처분을 함에 있어 사실오인의 위법이 있다는 원고의 이 부분 주장은 이유 없다.

2. 법령적용의 위법 여부

가. 원고의 주장요지

원고가 이 사건 항공기를 운항할 당시 경고등이 켜졌다가 저절로 꺼지는 현상이 있었으나 당시 항공기의 모든 시스템이 정상적으로 작동하여 이 사건 항공기에 결함이 있었다고 볼 수 없었는바 이러한 상황은 탑재용 항공일지에 기재할 사항이 아니어서 결국 원고는 운항기술기준을 위반한 것이 아니므로, 이 사건 처분에는 법령적용의 위법이 있다.

나. 관련 규정 및 취지

(1) 항공법 제74조의3에 의하면 "항공종사자는 운항기술기준을 준수하여야 한다"고 규정하고 있고, 운항기술기준(2014. 2. 4. 국토교통부고시 제2014-62호로 개정된 것) 8.1.8.12.에 의하면 "기장은 비행 중에 발생한 모든 기계적인 결함에 대하여 비행 종료 후 탑재용 항공일지에 기록하여야 한다"고 규정하고 있다.

(2) 운항기술기준 8.1.8.12.에서 모든 기계적인 결함을 탑재용 항공일지에 기재하도록 한 취지는 기장에게 운항 중 발생한 항공기 결함과 관련된 모든 상황을 탑재용 항공일지에 기록하도록 하여 정비팀으로 하여금 결함 여부를 판단할 수 있게 함으로써 안전사고에 대비하고, 사고 발생시 원인규명의 근거 및 자료로 활용하도록 함에 있다.

(3) 또한 운항기술기준 8.1.8.12.에서 "기재하여야 한다"고 규정하여 기장의 의무로 명시하고 있는 이상, 기장에게 결함 여부를 판단하여 탑재용 항공일지 기록 여부를 결정할 재량을 부여하고 있다고 볼 수 없다.

다. 판 단

이 사건 운항 중 경고등이 2회나 켜졌다가 꺼졌고, 객실 승무원이 도어 핸들을 잡은 상태로 비행한 사실은 앞서 본 바와 같고, 비행 중 위와 같은 상황이 발생하였다면 관계 법령에 따라 기장으로서는 비행 종료 후 탑재용 항공일지에 기록하여야 함이 당연하다.

이에 대하여 원고는 경고등이 2회 켜졌다 저절로 꺼졌고, 당시 이 사건 항공기 내의 여압을 비롯한 모든 시스템이 정상적으로 작동하였으므로 이 사건 항공기에 결함이 있었다고 볼 수 없어서 탑재용 항공일지에 기재할 사항이 아니라고 주장한다. 그러나 경고등이 2회나 켜졌다 꺼진 자체로 기계적인 결함이 있었다고 볼 수 있다. 따라서 이 사건 처분에 법령오인의 위법이 있다는 원고의 주장은 이유 없다.

3. 재량권 일탈·남용 여부

가. 원고의 주장요지

원고가 이 사건 처분 이전에 항공종사자 자격증명 효력정지 처분을 받은 전력이 없는 점, 경고등이 켜졌다 저절로 꺼진 상태가 탑재용 항공일지에 기재할 사항이 아니라고 해석될 개연성이 있는 점, 원고는 이 사건 운항을 마친 즉시 청주공항에 상주하는 정비사에게 경고등이 켜졌다가 저절로 꺼진 사실을 고지한 점 등을 고려하면 이사건 처분은 너무 무거워 재량을 일탈·남용한 위법이 있다.

나. 재량권 일탈·남용의 판단

(1) 제재적 행정처분이 사회통념상 재량권의 범위를 일탈하였거나 남용하였는지는 처분사유로 된 위반행위의 내용과 그 처분행위에 의하여 달성하려는 공익 목적 및 이에 따르는 여러 사정 등을 객관적으로 심리하여 공익 침해의 정도와 그 처분으로 개인이 입게 될 불이익을 비교·형량하여 판단하여야 한다.[3)]

(2) 재량권 일탈·남용이 있는지에 관해서는 해당 처분의 효력을 다투는 사람이 주장·증명책임을 부담한다.[4]

(3) 제재적 행정처분의 기준이 부령 형식으로 규정되어 있더라도 그것은 행정청 내부의 사무처리준칙을 규정한 것에 지나지 않아 대외적으로 국민이나 법원을 기속하는 효력이 없다. 따라서 그 처분의 적법 여부는 처분기준만이 아니라 관계 법령의 규정 내용과 취지에 따라 판단하여야 한다. 그러므로 처분기준에 부합한다고 하여 곧바로 처분이 적법한 것이라고 할 수는 없지만, 처분기준이 그 자체로 헌법 또는 법률에 합치되지 않거나 그 기준을 적용한 결과가 처분사유인 위반행위의 내용 및 관계 법령의 규정과 취지에 비추어 현저히 부당하다고 인정할 만한 합리적인 이유가 없는 한, 섣불리 그 기준에 따른 처분이 재량권의 범위를 일탈하였다거나 재량권을 남용한 것으로 판단해서는 안 된다.[5]

(4) 처분을 할 것인지 여부와 처분의 정도에 관하여 재량이 인정되는 제재적 행정처분에 대하여 그 명령이 재량권을 일탈·남용하였을 경우 법원으로서는 재량권의 일탈·남용 여부만 판단할 수 있을 뿐이지 재량권의 범위 내에서 어느 정도가 적정한 것인지에 관하여는 판단할 수 없어 그 전부를 취소할 수밖에 없고, 법원이 적정하다고 인정되는 부분을 초과한 부분만 취소할 수는 없다.[6]

다. 판 단

이 사건 항공기의 기계적 결함이 제대로 기록되지 않아 이에 대한 정비가 적시에 이루어지지 않았을 경우 대규모의 인적·물적 피해가 발생할 수 있었던 점, 항공기 사고는 그 자체로 대형 참사로 이어지므로 항공기 조종사로서는 그 직무상의 의무를 충실히 준수하여야 할 필요성이 큰 점, 항공법 시행규칙 제99조 제1항 [별표 18]의 제31호에 의하면 항공종사자 등이 운항기술기준을 지키지 아니하고 비행한 경우는 효력정지 30일(1차

3) 대법원 2020. 1. 16. 선고 2018두56237 판결.
4) 대법원 2020. 2. 6. 선고 2019두43474 판결.
5) 대법원 2019. 9. 26. 선고 2017두48406 판결.
6) 대법원 2018. 10. 12. 선고 2016두30897 판결.

위반)을 처분기준으로 규정하고 있어 이 사건 처분은 처분기준의 범위 내에서 결정된 점 등을 종합하여 보면, 원고가 주장하는 사정 등을 모두 감안하더라도 이 사건 처분으로 달성하고자 하는 공익상 필요가 그로 인해 원고가 입게 될 불이익보다 결코 가볍다고 볼 수 없으므로, 이 사건 처분은 재량권의 범위 내에서 행하여진 적법한 처분이다. 따라서 원고의 이 부분 주장도 이유 없다.

[30] 지방항공청장의 항공조종교육사업자에 대한 과징금 부과처분

부산지방법원 2015. 12. 3. 선고 2015구합1374 판결[1)]

Ⅰ. 사실관계

(1) 원고 주식회사 H조종사교육원은 2011. 11. 23. 항공기운송사업 등을 목적으로 설립된 법인으로, 2011. 12. 30. 피고 부산지방항공청장에게 항공기사용등록을 완료하고, 2012. 4. 1.부터 항공조종교육사업을 영위하고 있다.

(2) 피고는 2014. 2. 17. 김포공항에서 원고에 대한 연료품질 및 관리실태 특별점검(이하 '1차 점검')을 통해 원고로부터 항공기에 사용하는 연료(이하 '1차 점검 채취연료')를 채취하는 한편, 2014. 2. 18. 원고 측으로부터 "원고가 2013. 5. 14.부터 2014. 2. 16.까지 주유소에서 자동차용 휘발유를 구매하여 항공유 기준 ASTM(American Society for Testing and Materials, 미국 재료시험협회) D910에 맞게 자체적으로 항공유를 제조하여 이를 사용하였다"는 취지의 진술을 확보한 다음, 항공철도사고조사위원회 분석실에 위 연료의 분광분석을 의뢰하였는데, 1차 점검 채취연료의 분광분석결과 항공유가 나타내는 분광분석 그래프와 달리 자동차용 휘발유 분광분석 그래프와 유사한 것으로 분석(이하 '1차 점검 분석결과')되었다.

(3) 피고는 2014. 8. 22. 양양공항에서 재차 원고에 대한 연료품질 및 관리실태 특별점검(이하 '2차 점검')을 통해 원고의 항공기 HL1151, 항공기 HL1165 및 급유차에서 연료(이하 '2차 점검 채취연료')를 채취하여 한국석유관리원에 시험의뢰를 하였는데, 한국석유관리원의 시험검사 7개 항목 중 항공유의 품질기준에 미달한 2개 항목에 대한 분석결과(5개 항목은

---

1) 원고가 항소하였으나 부산고등법원 2016. 5. 13. 선고 2015누24376 판결로 항소기각되었고, 원고가 상고하였으나 대법원 2016. 9. 9.자 2016두39658 판결로 심리불속행 기각되었다.

항공유의 품질기준을 충족하였다. 이하 '2차 점검 분석결과')는 아래와 같다.

시험항목	품질기준 (ASTM D910)	급유차	항공기 HL1151	항공기 HL1165
증류성상[2)]종말점	max 170℃	173.3 (+3.3)	172.2 (+2.2)	174.1 (+4.1)
참발열량[3)]	min 43.5MJ/kg	43.634 (+0.134)	43.701 (+0.201)	43.382 (-0.118)

·위 시험은 전체적으로 ASTM D910-11에서 정한 방법에 따라 이루어졌고, 황분의 경우 미량으로 ASTM D5453에 따랐다.
·증류성상 시험은 ASTM D86에 따랐고, ASTM D86에서 정한 증류성상의 종말점의 정밀도는 반복성[4)]의 오차가 ±3.33℃, 재현성[5)]의 오차가 ±6.78℃이다.
·참발열량 시험은 ASTM D4809에 따랐고, ASTM D4809에서 정한 참발열량의 정밀도는 반복성의 오차가 ±0.096MJ/kg, 재현성의 오차가 ±0.324MJ/kg이다.

(4) 피고는 원고에 대한 행정처분 사전통지 절차를 거쳐 2015. 3. 3. 원고가 사용한 1, 2차 점검 채취연료들이 운항규정 17-1 규정 및 항공기 제작사가 정한 비행교범(POH: Pilot Operation Handbook)에서 정한 '승인된 연료'(Approved Fuel Grades)인 100LL 등급 항공유(파란색)[100LL Grade Aviation Fuel(Blue)] 또는 100 등급 항공유(초록색)[100 Grade Aviation Fuel(Green)]에 해당하지 않는 '비승인 연료'라고 보고, 원고가 항공법 제116조 제3항을 위반한 것으로 판단하여 아래와 같은 처분(이하 '이 사건 각 처분')을 하였다.

2) 증류성상이란 액체를 가열했을 때 시료 전체가 증류되는 시점 온도를 말하고, 그 수치가 높을수록 휘발·점화가 어렵다.
3) 참발열량이란 단위질량의 연소가 완전연소 때 방출되는 연량값을 말하고, 그 값이 낮을수록 출력이 저하된다.
4) 반복성은 동일인이 동일한 장치로 반복하여 분석하였을 때 얻어지는 정확도를 의미한다.
5) 재현성은 동일한 방법으로 동일한 측정대상을 측정자, 장치, 측정장소, 측정시기의 모든 것 또는 그 중 어느 하나가 다른 조건에서 측정하였을 때 개개의 측정치가 일치하는 성질 또는 정도를 의미한다.

위반내용	처분근거	처분
운항규정 미준수(1차 점검 채취 연료 사용)	항공법 제116조 제3항, 제115조의4 제2항, 항공법 시행령 제44조의7 제1항 [별표4] 제3호 ㈍목 2)	과징금 3,600만 원(원고가 보유한 항공기 12대 × 과징금 300만 원. 이하 '1차 처분')
운항규정 미준수(2차 점검 채취 연료 사용)	항공법 제116조 제3항, 제115조의3 제1항 제40호, 항공법 시행규칙 제281조의3 제1항, 제2항 [별표56] 제6호 ㈍목 2), 항공법 시행규칙 제281조의4 [별표57] 제4호 ㈎목 14)	항공기 HL1149, HL1151, HL1165에 대한 2015. 3. 9.부터 2015. 3. 18.까지의 운항정지 10일(이하 '2차 처분')

Ⅱ. 참조 조문

1. 항공법

제1조(목적) 이 법은 「국제민간항공조약」 및 같은 조약의 부속서(附屬書)에서 채택된 표준과 방식에 따라 항공기 등이 안전하게 항행(航行)하기 위한 방법을 정하고, 항공시설을 효율적으로 설치·관리하도록 하며, 항공운송사업 등의 질서를 확립함으로써 항공의 발전과 공공복리의 증진에 이바지함을 목적으로 한다.

제115조의3(항공운송사업 운항증명의 취소 등) ① 국토교통부장관은 제115조의2(제132조 제3항 및 제134조 제3항에서 준용하는 경우를 포함한다)에 따라 운항증명을 받은 항공운송사업자 또는 항공기사용사업자가 다음 각 호의 어느 하나에 해당하면 운항증명을 취소하거나 6개월 이내의 기간을 정하여 항공기 운항의 정지를 명할 수 있다. 다만, 제1호·제37호 또는 제46호 중 어느 하나에 해당하는 경우에는 운항증명을 취소하여야 한다.

38. 제116조 제1항을 위반하여 신고를 하지 아니하거나 인가를 받지 아니하고 운항규정 또는 정비규정을 제정하거나 변경한 경우

39. 제116조 제3항을 위반하여 같은 조 제1항에 따라 신고하거나 인가받은 운항규정 또는 정비규정을 해당 종사자에게 배포하지

아니한 경우

40. 제116조 제3항을 위반하여 같은 조 제1항에 따라 신고하거나 인가받은 운항규정 또는 정비규정을 지키지 아니하고 항공기를 운항하거나 정비한 경우

제115조의4(과징금의 부과) ② 국토교통부장관은 제115조의3 제1항 또는 제2항에 따라 항공기사용사업자에게 항공기 운항의 정지를 명하여야 하나, 그 운항을 정지하면 항공기 이용자 등에게 심한 불편을 주거나 공익을 해칠 우려가 있는 경우에는 항공기의 운항정지 처분을 갈음하여 3억 원 이하의 과징금을 부과할 수 있다.

제116조(운항규정 및 정비규정) ③ 국내항공운송사업자 또는 국제항공운송사업자는 제1항에 따라 국토교통부장관에게 신고하거나 국토교통부장관의 인가를 받은 운항규정 및 정비규정을 항공기의 운항 및 정비에 관한 업무를 수행하는 종사자에게 배포하여야 하며, 국내항공운송사업자, 국제항공운송사업자, 운항 및 정비에 관한 업무를 수행하는 종사자는 운항규정 또는 정비규정을 준수하여야 한다.

2. 항공법 시행령

제44조의7(과징금을 부과하는 위반행위와 과징금의 금액 등) ① 법 제115조의4 제3항에 따라 과징금을 부과하는 위반행위의 종류와 과징금의 금액은 별표 4와 같다

② 국토교통부장관은 사업자의 사업 규모, 사업지역의 특수성, 위반행위의 정도·횟수 및 그 밖의 특별한 사유 등을 고려하여 제1항에 따른 해당 과징금의 금액을 2분의 1의 범위에서 늘리거나 줄일 수 있다. 이 경우 과징금을 늘릴 때에도 과징금의 총액은 법 제115조의4 제1항 또는 제2항에 따른 금액을 초과할 수 없다.

③ 과징금의 부과·납부·독촉 및 징수에 관하여는 제44조의5 및 제44조의6을 준용한다.

[별표 4]

위반행위의 종류별 과징금의 금액(제44조의7 제1항 관련)

(단위: 백만 원)

위반행위	해당 법조문	사업의 종류별 과징금의 금액			
		국제항공 운송사업	국내항공 운송사업	소형항공 운송사업	항공기 사용사업
3. 항공기 안전 아. 법 제116조 제3항을 위반하여 같은 조 제1항에 따라 신고하거나 인가받은 운항규정 또는 정비규정을 지키지 않고 항공기를 운항하거나 정비한 경우	법 제115조의3 제1항 제40호, 같은 조 제2항, 제115조의4 제1항 및 제2항, 제132조 제3항				
2) 1) 외에 정비작업 미수행 등 중요한 사항을 위반한 경우		600	120	60	3

3. 운항규정

4-3 운항승무원의 임무

운항승무원은 비행임무를 실시 전에 심신이 건전한 상태로 근무에 임하고, 긴급한 경우를 제외하고 본 규정에 포함되어 있는 방식에 따르지 않으면 안 된다.

1. 비행 전 임무
   나. 항공정보, 기타 운항정보 확인
   라. 연료 및 윤활유의 탑재량 및 품질 확인, 탑승자 및 탑재물의 안전성 확인

7-4 연료 및 오일 / 지상조업 절차

항공법 제43조의 규정에 의하여 항공기에 연료를 실어야 하며, 연료의 양을 계산시 비행 중의 기상변화, 비행지연 등을 감안하여 안전하게 비행할 수 있도록 필요한 연료량을 실어야 한다.

1. 비행규칙에 따른 연료량

17-1 항공기 조작, 점검방법 및 운용한계

항공기 조작, 점검방법 및 운용한계는 항공기 제작사에서 정한 비행교

법 및 점검절차(CHECK LIST)에 의한다.

Ⅲ. 판시사항

비행교범에서 정한 승인된 연료의 '승인'의 의미는 ASTM D910-11의 기준에 부합하여야 함은 물론 국내법의 테두리 안에서 항공유의 제조·유통·판매의 적법한 절차를 준수한 것을 의미한다. 따라서 원고가 자동차용 휘발유를 구입하여 임의로 제조한 1차 점검 채취 원료는 비행교범에서 정한 승인된 연료에 해당하지 않는다.

Ⅳ. 해 설

대상사안에서는 과징금부과처분과 운항정지처분의 적법성이 문제되었다. 운항정지처분에 관하여는 앞에서 살펴보았으므로, 이하에서는 구 항공법(현행 항공안전법)상 과징금제도를 중심으로 과징금부과처분의 적법성에 관하여 논의를 한정하기로 한다.

1. 과징금제도

과징금은 행정법상의 의무위반에 대하여 행정청이 그 의무자에게 부과·징수하는 제도로서, 원래 이 제도는 주로 경제법상의 의무위반행위로 인한 불법적인 이익을 박탈하기 위하여 그 이익액에 따라 과하여지는 일종의 행정제재금의 성격을 가진 것이었다. 의무불이행에 대하여 정지명령 등 행정처분에 갈음하여 부과하는 제재적 금전부담인 변형된 과징금제도는 1981. 12. 31. 개정된 자동차운수사업법에서 처음으로 도입되었다.

가. 과징금의 개념과 종류

과징금제도는 일본을 제외한 외국의 입법례에서는 찾아볼 수 없는 독특한 제도로서, 그 개념 정의에서도 매우 다양한 견해가 제시되고 있다.[6)]

6) 채우석, "과징금제도에 관한 일고찰", 토지공법연구 제22집(2004. 7.), 317면. 과징금제

(1) 헌법재판소 2001. 5. 31. 선고 99헌가18 결정

각종 법률에 등장하고 있는 과징금제도를 유형에 따라 분류하면, 첫째, 행정상 의무이행확보수단으로서 특히 경제법상의 의무위반행위로 얻은 불법적인 이익 자체를 박탈하기 위하여 부과되는 유형의 과징금이 있는 바, 독점규제 및 공정거래에 관한 법률이나 금융실명거래 및 비밀보장에 관한 법률에서 그 예를 찾아볼 수 있고, 둘째, 다수 국민이 이용하는 사업이나 국가 및 사회에 중대한 영향을 미치는 사업을 시행하는 자가 행정법규에 위반하였을 경우 그 위반자에 대하여 허가취소·영업정지처분과 선택적으로 또는 이에 갈음하여 부과되는 과징금으로서, 여객자동차운수사업법 제79조, 석유사업법 제14조, 주차장법 제24조, 건설산업기본법 제82조 등이 그 예이고, 셋째, 법령에서 과징금이라는 용어를 사용하고 있지 않더라도 그 제도적 취지·성격 등에 비추어 과징금과 유사한 제도를 규정하고 있는 경우로서, 대표적인 예는 일정한 오염물질을 배출한 사업자에 대하여 배출한 오염물질의 종류, 배출기간, 배출량 등을 산정기준으로 하여 배출부과금을 부과하는 제도인데, 현행법상 이를 규정하고 있는 법률로는 수질환경보전법 제19조, 대기환경보전법 제19조 등이 있다.

(2) 7분설

과징금의 유형을 더욱 세분화하여 7개의 유형으로 구분하는 견해[7)]가 있는데 이에 의하면, ① 행정상 의무위반자에 대하여 영업정지처분에 갈음하여 선택적으로 부과하는 유형, ② 행정상의무위반자에 대하여 영업정지처분제도를 마련하지 아니하고 일의적으로 과징금만을 부과하도록 하

도는 일본법제의 영향을 받아 도입된 제도로서, 원래 경제법상의 의무에 위반한 자가 당해 위반행위로 경제적 이익을 얻을 것이 예정되어 있는 경우에 의무위반행위로 인한 불법적인 이익을 박탈하기 위하여 그 이익액에 따른 행정제재금으로 이해하고 있다. 일본에서 과징금은 1973년 국민생활안정긴급조치법 제11조에 의해 처음으로 도입되었으며, 1977년 사적 독점금지 및 공정거래의 확보에 관한 법률을 개정하여 가격인상카르텔 등에 대한 과징금 부과제도를 채택하였다. 배영길, "과징금 제도에 관한 연구", 공법학연구 제3권 제2호(2002. 3.), 242면; 經濟法學會 編, 獨占禁止法講座 Ⅶ, 商事法務研究會(1995), 275~279면.

7) 이상철, "과징금 법제연구 -입법례를 중심으로-", 법제처 법제개선자료 제4집, 법제연구총서(1997. 12.), 435면.

는 유형, ③ 행정상 의무위반자에 대하여 시정명령에 갈음하여 선택적으로 과징금을 부과하도록 하는 유형, ④ 행정상 의무위반 자격자에 대하여 자격정지처분에 갈음하여 선택적으로 과징금을 부과하도록 하는 유형, ⑤ 피해가격과징금, ⑥ 행정상 의무위반자에 대하여 영업정지처분에 갈음하여 선택적으로 부과하되, 그 명칭이 부과금으로 되어 있는 유형, ⑦ 동일 법률에서 제1유형 및 제2유형이 병존하는 혼합형 등이 있다고 한다.

(3) 항공안전법상 과징금

(가) 항공안전법의 과징금 규정

항공안전법상 과징금은 항공기등을 제작하려는 자에 대한 각종 증명·승인의 효력정지처분에 갈음하는 경우(제29조 제1항), 항공교통업무증명을 받은 자에 대한 항공교통업무제공정지처분에 갈음하는 경우(제87조 제1항), 항공운송사업자에 대한 항공기운항정지처분에 갈음하는 경우(제92조 제1항), 항공기사업사용자에 대한 항공기운항정지처분에 갈음하는 경우(제95조 제4항), 정비조직인증을 받은 자에 대한 효력정지처분에 갈음하는 경우(제99조 제1항), 외국인국제항공운송사업자에 대한 항공기운항정지처분에 갈음하는 경우(제106조, 제92조 제1항)가 있다.

(나) 정지처분 대체형에 해당함

이러한 점을 종합하면, 항공안전법상 과징금은 항공안전법의 수범자가 법령을 위반한 경우 각종 정지처분을 부과하면 이용자 등에게 심한 불편을 주거나 공익을 해칠 우려가 있는 경우에 각종 정지처분에 갈음하여 부과하는 금전이라고 정의할 수 있으므로, 정지처분 대체형에 해당한다. 다만 항공운송사업자에 대한 정지처분에는 노선운항정지처분과 항공기운항정지처분이 있는데(항공안전법 제90조 제7항 참조),[8] 행정청이 항공기운항정지처분[9]을 선택한 경우에 한하여 이에 갈음하는 과징금부과처분이

8) 국토교통부장관은 제6항에 따른 정기검사 또는 수시검사를 하는 중에 다음 각 호의 어느 하나에 해당하여 긴급한 조치가 필요하게 되었을 때에는 국토교통부령으로 정하는 바에 따라 항공기 또는 노선의 운항을 정지하게 하거나 항공종사자의 업무를 정지하게 할 수 있다.

9) 항공기 자체의 결함에 관한 사유에 대하여는 특정 항공기의 운항정지처분만으로도 그 위험을 제거할 수 있으나, 물적 요인이 아닌 사유의 경우는 그 제재사유가 특정 항공기

가능하다. 따라서 행정청이 위반자의 위반 정도가 무겁다고 판단하여 노선운항정지처분을 선택한 경우[10]에는 이에 갈음하는 과징금부과처분은 허용되지 아니한다.

(다) 취소처분을 대체하는 과징금은 허용되지 아니함

형식증명 취소(제20조 제5항), 형식증명승인 취소(제21조 제6항), 감항증명 취소(제23조 제6항), 감항승인 취소(제24조 제3항), 기술표준품 형식승인 취소(제27조 제4항), 부품등제작자증명 취소(제28조 제5항), 항공교통업무의 취소(제86조), 항공운송사업자의 운항증명 취소(제91조 제1항), 항공기사용사업자의 운항증명 취소(제95조 제1항), 정비조직인증의 취소(제98조), 외국인국제항공운송사업자의 운항증명승인 취소(제105조 제1항) 등 법령 위반의 정도가 중대하여 취소사유로 규정되어 있는 경우에는, 비록 취소처분으로 인하여 이용자 등에게 심한 불편을 주거나 공익을 해칠 우려가 있다 하더라도, 취소처분을 통하여 달성하려는 공익[11]이 그보다 훨씬 우월하다고 입법자가 판단한 것이므로, 각종 취소처분에 갈음하는 과징금은 허용되지 아니한다.

나. 법적 성질

(1) 재량행위

(가) 의 의

행정법규 중에는 일정 요건에 해당하는 사실이 있는 경우, 반드시 일정 처분을 하거나 하지 말도록 하여 행정청에 재량의 여지를 남겨놓지 않고 법의 기계적 집행만을 요구하는 것이 있는 반면, 행정청이 지켜야 할 일정한 준칙만을 정하거나 일정 범위만을 정하여 그 준칙 및 범위 내에서 정책적 판단에 따라 적정한 처분을 할 수 있도록 행정청에 재량을

자체에 있는 것이 아니므로 특정 항공기만의 운항정지를 명하는 것은 적절한 처분이 될 수 없다. 서울고등법원 2017. 5. 17. 선고 2016누39407 판결.

10) 국토교통부는 2013. 7. 7. 샌프란시스코공항 착륙사고를 일으킨 아시아나항공에 대해 2014. 11. 14. 행정처분심의위원회를 개최하여 심의한 결과, 인천/샌프란시스코 노선에 운항하는 항공기에 대해 운항정지 45일을 처분하였다.

11) 항공기 안전 운항 및 사고 예방의 공익 등이 이에 해당한다.

부여한 것이 있다. 통상 전자에 기한 처분을 기속행위라 하고 후자에 기한 처분을 재량행위라 한다.[12)]

종래 기속행위는 기계적인 법의 집행으로서 그 잘못은 바로 위법이 되어 사법심사의 대상이 되나, 재량행위는 설사 행정청의 판단 등에 잘못이 있다 하더라도 법이 정한 재량의 테두리 내에서의 행위인 이상, 원칙적으로 당·부당의 문제일 뿐 위법의 문제가 아니므로 사법심사의 대상에서 제외된다는 견해가 있었다. 그러나 행정소송법 제27조가 명시하고 있는 바와 같이 재량행위라 하더라도 재량권의 한계를 넘거나 그 남용이 있는 때는 위법하여 취소할 수 있다 할 것인데, 재량행위의 취소를 구하는 자는 항상 그 처분이 재량권을 일탈·남용하였음을 주장하는 취지이고, 재량권을 일탈·남용하였는지 여부는 본안심리를 해보아야 판단할 수 있는 것이므로, 결국 재량행위도 기속행위와 마찬가지로 모두 항고소송의 대상이 되고, 단지 재량권의 일탈·남용이 인정되지 않으면 처분이 적법하여 본안청구가 기각될 뿐이다.[13)]

(나) 기속행위와 재량행위의 구별

어느 행정행위가 기속행위인지 재량행위인지 나아가 재량행위라고 할지라도 기속재량행위인지 또는 자유재량에 속하는 것인지 여부는 이를 일률적으로 규정지을 수는 없고, 당해 처분의 근거가 된 규정의 형식이나 체재 또는 문언, 당해 행위가 속하는 행정 분야의 주된 목적과 특성, 당해 행위 자체의 개별적 성질과 유형 등을 모두 고려하여 판단하여야 한다.[14)] 이렇게 구분되는 양자에 대한 사법심사는, 전자의 경우 그 법규에 대한 원칙적인 기속성으로 인하여 법원이 사실인정과 관련 법규의 해석·적용을 통하여 일정한 결론을 도출한 후 그 결론에 비추어 행정청이 한 판단의 적법 여부를 독자의 입장에서 판정하는 방식에 의하게 되나, 후자의 경우 행정청의 재량에 기한 공익판단의 여지를 감안하여 법원은 독자

12) 법원실무제요 행정, 법원행정처(2016), 131면.
13) 법원실무제요 행정, 법원행정처(2016), 132면.
14) 대법원 1998. 9. 8. 선고 98두8759 판결; 대법원 2001. 2. 9. 선고 98두17593 판결; 대법원 2008. 5. 29. 선고 2007두18321 판결.

의 결론을 도출함이 없이 당해 행위에 재량권의 일탈·남용이 있는지 여부만을 심사하게 되고, 이러한 재량권의 일탈·남용 여부에 대한 심사는 사실오인, 비례·평등의 원칙 위배, 당해 행위의 목적 위반이나 동기의 부정 유무 등을 그 판단 대상으로 한다.[15)]

판례는 과징금부과처분의 근거법령이 "과징금을 부과할 수 있다"라고 규정되어 있는 경우에는 행정청의 과징금부과처분을 재량행위로 보고 있다. 예를 들면, "중고자동차매매사업정지처분이 당해 사업의 이용자들에게 심한 불편을 주거나 기타 공익을 해할 우려가 있는 때에 해당하는 것으로 보여지지는 아니하므로, 피고가 이 사건 사업정지처분에 갈음하여 과징금을 부과하지 아니하고 곧바로 사업정지처분을 하였다고 하여 재량권을 남용하거나 그 범위를 일탈한 것이라고 할 수는 없다"[16)]거나, "공정거래위원회는 공정거래법 위반행위에 대하여 과징금을 부과할 것인지 여부와 만일 과징금을 부과할 경우 공정거래법과 같은 법 시행령이 정하고 있는 일정한 범위 안에서 과징금의 액수를 구체적으로 얼마로 정할 것인지에 관하여 재량을 가지고 있으므로, 공정거래위원회의 공정거래법 위반행위자에 대한 과징금 부과처분은 재량행위"[17)]라거나, "영유아보육법 제45조 제1항 각 호의 사유가 인정되는 경우, 행정청에는 운영정지 처분이 영유아 및 보호자에게 초래할 불편의 정도 또는 그 밖에 공익을 해칠 우려가 있는지 등을 고려하여 어린이집 운영정지 처분을 할 것인지 또는 이에 갈음하여 과징금을 부과할 것인지를 선택할 수 있는 재량이 인정된다"고 판시하여, 행정청의 선택재량을 긍정하고 있다.[18)]

이와 달리 "과징금을 부과한다" 또는 "부과하여야 한다"고 규정되어 있는 경우에는 기속행위로 보고 있다. 즉 "부동산 실권리자명의 등기에 관한 법률 제3조 제1항, 제5조 제1항, 같은 법 시행령 제3조 제1항의 규

---

15) 대법원 2001. 2. 9. 선고 98두17593 판결.

16) 대법원 1995. 2. 14. 선고 94누10085 판결. 구 자동차관리법 제61조 제1항에서 "과징금을 부과할 수 있다"고 규정하였다.

17) 대법원 2011. 6. 30. 선고 2009두12631 판결. 독점규제 및 공정거래에 관한 법률 제6조에서 "과징금을 부과할 수 있다"고 규정하고 있다.

18) 대법원 2015. 6. 24. 선고 2015두39378 판결. 영유아보육법 제45조의2 제1항에서 "과징금을 부과할 수 있다"고 규정하고 있다.

정을 종합하면, 명의신탁자에 대하여 과징금을 부과할 것인지 여부는 기속행위에 해당하므로, 명의신탁이 조세를 포탈하거나 법령에 의한 제한을 회피할 목적이 아닌 경우에 한하여 그 과징금을 일정한 범위 내에서 감경할 수 있을 뿐이지 그에 대하여 과징금 부과처분을 하지 않거나 과징금을 전액 감면할 수 있는 것은 아니다"[19]고 판시한 사례가 있는바, 이는 부동산실명법 제5조 제1항이 "다음 각 호의 어느 하나에 해당하는 자에게는 해당 부동산 가액(價額)의 100분의 30에 해당하는 금액의 범위에서 과징금을 부과한다"라고 규정되어 있어, "부과한다"를 "부과하여야 한다"로 해석한 결과에서 비롯된 것이라고 생각한다.

여객자동차운수사업법 제51조 제3항은 "국토교통부장관, 시·도지사 또는 시장·군수는 여객자동차 운수사업자가 거짓이나 부정한 방법으로 제50조에 따른 보조금 또는 융자금을 받은 경우 여객자동차 운수사업자에게 보조금 또는 융자금을 반환할 것을 명하여야 하며,"라고 규정하고 있는바, 대법원은 위 규정의 형식이나 체재 등에 비추어 보면, 위 환수처분은 행정청이 지급받은 보조금을 반환할 것을 명하여야 하는 기속행위라고 보고 있다.[20]

(다) 검토

위에서 살펴본 바와 같이 항공안전법상 과징금은 모두 "○○정지를 명하여야 하는 경우로서 ○○을 정지하면 ○○등에게 심한 불편을 주거나 공익을 해칠 우려가 있는 경우에는 ○○정지처분을 갈음하여 ○○원 이하의 과징금을 부과할 수 있다"와 형태로 규정되어 있으므로, 재량행위에 해당한다. 따라서 행정청은 행정처분을 할 것인지 여부,[21] 행정처분을 한다면 정지처분을 할 것인지 아니면 정지처분에 갈음하여 과징금을 부

19) 대법원 2007. 7. 12. 선고 2005두17287 판결.

20) 대법원 2013. 12. 12. 선고 2011두3388 판결.

21) 대법원 2007. 10. 26. 선고 2005두3172 판결; 대법원 2008. 4. 10. 선고 2007두22054 판결은 "공정거래위원회는 법 위반행위에 대하여 과징금을 부과할 것인지 여부와 만일 과징금을 부과할 경우 법과 시행령이 정하고 있는 일정한 범위 안에서 과징금의 액수를 구체적으로 얼마로 정할 것인지에 관하여 재량을 가지고 있다"고 판시하여 불처분결정을 선택하는 것도 재량의 범위에 포함시키고 있다.

과할 것인지 여부, 과징금을 부과할 경우 법과 시행령이 정하고 있는 일정한 범위[22] 안에서 과징금의 액수를 구체적으로 얼마로 정할 것인지에 관하여 재량을 가지고 있다.

(2) 법규명령

(가) 판례

판례는 원칙적으로 재량준칙을 정한 규정의 형식을 중시하여, 대통령령인 경우에는 법규명령으로, 시행규칙인 경우에는 행정명령으로 보고 있다. 즉, 행정청의 처분기준을 정한 대통령령[23]은 규정 형식상 대통령령이므로 그 성질이 부령인 시행규칙이나 또는 지방자치단체의 규칙과 같이 통상적으로 행정조직 내부에서의 행정명령에 지나지 않는 것이 아니라 대외적으로 국민이나 법원을 구속하는 힘이 있는 법규명령에 해당하고,[24] 제재적 행정처분의 기준이 부령[25]의 형식으로 규정되어 있더라도 그것은 행정청 내부의 사무처리준칙을 정한 것에 지나지 아니하여 대외적으로 국민이나 법원을 기속하는 효력이 없고, 당해 처분의 적법 여부는 위 처분기준만이 아니라 관계 법령의 규정 내용과 취지에 따라 판단되어야 한다.[26]

(나) 검토

항공안전법상 과징금의 부과기준은 형식상 대통령령인 항공안전법 시행령에 규정되어 있으므로, 법규명령에 해당한다.

---

22) 가중·감경사유를 참작하면 기준금액에서 50% 증감이 가능하다.

23) 주택건설촉진법 시행령 제10조의3 제1항 [별표 1].

24) 대법원 1997. 12. 26. 선고 97누15418 판결.

25) 구 약사법(2007. 4. 11. 법률 제8365호로 전문 개정되기 전의 것) 제69조 제1항 제3호, 제3항, 같은 법 시행규칙(2005. 10. 7. 보건복지부령 제332호로 개정되기 전의 것) 제89조 [별표 6] '행정처분의 기준'.

26) 대법원 2007. 9. 20. 선고 2007두6946 판결. 도로교통법 시행규칙 제53조 제1항이 정한 [별표 16]의 운전면허행정처분기준은 관할 행정청이 운전면허의 취소 및 운전면허의 효력정지 등의 사무처리를 함에 있어서 처리기준과 방법 등의 세부사항을 규정한 행정기관 내부의 처리지침에 불과한 것으로서 대외적으로 국민이나 법원을 기속하는 효력이 없다고 판시한 사례로는 대법원 1998. 3. 27. 선고 97누20236 판결.

다. 행정청

(1) 의 의

행정청이란 국가 또는 공공단체의 기관으로서 국가나 공공단체의 의견을 결정하여 외부에 나타낸 기관을 말한다. 의사결정 표시기관이라는 점에서 행정조직법상의 행정청 개념과 반드시 일치하는 것은 아니다(행정소송법에는 행정청에 관한 정의규정을 두고 있지 아니하나, 행정절차법 제2조 제1호[27]에는 '행정청'에 관한 정의규정을 두고 있다). 입법·사법기관은 물론 법령에 의하여 행정처분을 할 권한을 위임받은 공공단체 및 그 기관을 포함하는 개념이며 행정부의 기관만을 말하는 것도 아니다. 항고소송은 다른 법률에 특별한 규정이 없는 한 그 처분등을 행한 행정청을 피고로 한다(행정소송법 제13조 제1항, 제38조 제1항).

외부적 의사표시기관이 아닌 내부기관은 실질적인 의사가 그 기관에 의하여 결정되더라도 피고적격을 갖지 못한다. 예를 들면, 처분심의위원회는 행정청이 아니므로, 항고소송에서 피고적격을 갖지 못한다. 권한의 위임이나 위탁이 있으면 위임청은 위임사항 처리에 관한 권한을 잃고 그 사항은 수임청의 권한이 되는 것이므로, 수임행정청이 위임받은 권한에 기하여 수임행정청 명의로 한 처분에 대하여는 당연히 수임행정청이 정당한 피고가 된다.[28] 반면에, 권한의 대리나 내부위임의 경우에는 처분권한이 이관되는 것이 아니므로, 그 처분권한을 가진 원행정청의 이름으로 처분등을 하여야 하고(예를 들면, 국토교통부장관의 이름으로 행하면서 단지 내부 전결규정이나 위임에 따라 항공안전국장이 전결한다는 표시가 되어 있는 처분등), 이 경우에는 원행정청이 피고적격을 갖는다.[29] 항공안전법상 원칙적으로 국토교통부장관이 처분청이 되지만, 권한위임에 따라 지방항공청장이 처분청이 될 수 있는데, 구체적인 권한배분은 다음과 같다.

---

27) 행정에 관한 의사를 결정하여 표시하는 국가 또는 지방자치단체의 기관, 그 밖에 법령 또는 자치법규에 따라 행정권한을 가지고 있거나 위임 또는 위탁받은 공공단체 또는 그 기관이나 사인(私人).

28) 대법원 2009. 7. 9. 선고 2007두16608 판결.

29) 대법원 1991. 10. 8. 선고 91누520 판결.

(2) 국토교통부장관

(i) 항공안전법 제29조에 따른 항공기등을 제작하려는 자 등에 대한 과징금의 부과 및 징수, (ii) 제87조에 따른 항공교통업무증명을 받은 자에 대한 과징금의 부과 및 징수, (iii) 제92조에 따른 국제항공운송사업자에 대한 과징금의 부과 및 징수, (iv) 제106조에 따른 외국인국제항공운송사업자에 대한 과징금의 부과 및 징수에 관한 행정청은 국토교통부장관이 된다.

(3) 지방항공청장

항공안전법에 따른 국토교통부장관의 권한은 그 일부를 대통령령으로 정하는 바에 따라 특별시장·광역시장·특별자치시장·도지사·특별자치도지사 또는 국토교통부장관 소속 기관의 장에게 위임할 수 있다(법 제135조 제1항). 항공안전법 시행령 제26조 제1항에 의하면, 국토교통부장관은 법 제135조 제1항에 따라, (i) 법 제92조에 따른 항공운송사업자(국제항공운송사업자는 제외한다)에 대한 과징금의 부과 및 징수(제35호), (ii) 법 제95조 제4항에 따른 항공기사용사업자에 대한 과징금의 부과 및 징수(제39호), (iii) 법 제99조에 따른 정비조직인증을 받은 자에 대한 과징금의 부과 및 징수(제42호)의 권한을 지방항공청장에게 위임한다. 따라서 위에 규정된 사항에 관한 과징금의 부과처분청은 지방항공청장이 된다.

라. 과징금 부과절차

행정처분 업무처리절차에 관한 지침(2015. 5. 31.부터 시행된 국토교통부 훈령 제527호)에서 절차에 관하여 규정하고 있다. 이하에서는 항공안전법과 위 지침에 규정된 내용을 중심으로 과징금부과절차를 간략하게 설명하기로 한다.

(1) 국토교통부장관의 조사권

(가) 항공기사고 등의 조사권

항공기사고, 항공기준사고 또는 항공안전장애를 발생시켰거나 항공기

사고, 항공기준사고 또는 항공안전장애가 발생한 것을 알게 된 항공종사자 등 관계인은 국토교통부장관에게 그 사실을 보고하여야 한다(법 제59조 제1항). 국토교통부장관은 제59조 제1항에 따른 보고를 받은 경우 이에 대한 사실 여부와 이 법의 위반사항 등을 파악하기 위한 조사를 할 수 있다(법 제60조 제1항). 제1항에 따른 사실조사의 절차 및 방법 등에 관하여는 제132조 제2항 및 제4항부터 제9항까지의 규정을 준용한다.

(나) 사실조사의 절차 및 방법

국토교통부장관은 이 법을 시행하기 위하여 특히 필요한 경우에는 소속 공무원으로 하여금 (i) 사무소, 공장이나 그 밖의 사업장, (ii) 비행장, 이착륙장, 공항, 공항시설, 항행안전시설 또는 그 시설의 공사장, (iii) 항공기 또는 경량항공기의 정치장, (iv) 항공기, 경량항공기 또는 초경량비행장치의 어느 하나에 해당하는 자의 어느 하나의 장소에 출입하여 항공기, 경량항공기 또는 초경량비행장치, 항행안전시설, 장부, 서류, 그 밖의 물건을 검사하거나 관계인에게 질문하게 할 수 있다. 이 경우 국토교통부장관은 검사 등의 업무를 효율적으로 수행하기 위하여 특히 필요하다고 인정하면 국토교통부령으로 정하는 자격을 갖춘 항공안전에 관한 전문가를 위촉하여 검사 등의 업무에 관한 자문에 응하게 할 수 있다(법 제132조 제2항). 검사 또는 질문을 하려면 검사 또는 질문을 하기 7일 전까지 검사 또는 질문의 일시, 사유 및 내용 등의 계획을 피검사자 또는 피질문자에게 알려야 한다. 다만, 긴급한 경우이거나 사전에 알리면 증거인멸 등으로 검사 또는 질문의 목적을 달성할 수 없다고 인정하는 경우에는 그러하지 아니하다(제4항). 제2항 및 제3항에 따른 검사 또는 질문을 하는 공무원은 그 권한을 표시하는 증표를 지니고, 이를 관계인에게 보여주어야 하며(제5항), 제5항에 따른 증표에 관하여 필요한 사항은 국토교통부령으로 정한다(제6항). 제2항 및 제3항에 따른 검사 또는 질문을 한 경우에는 그 결과를 피검사자 또는 피질문자에게 서면으로 알려야 한다(제7항).

(다) 정지처분과 시정명령

국토교통부장관은 검사를 하는 중에 긴급히 조치하지 아니할 경우 항공기, 경량항공기 또는 초경량비행장치의 안전운항에 중대한 위험을 초래할 수 있는 사항이 발견되었을 때에는 국토교통부령으로 정하는 바에 따라 항공기, 경량항공기 또는 초경량비행장치의 운항 또는 항행안전시설의 운용을 일시 정지하게 하거나 항공종사자, 초경량비행장치 조종자 또는 항행안전시설을 관리하는 자의 업무를 일시 정지하게 할 수 있다(법 제132조 제8항). 국토교통부장관은 검사 결과 항공기, 경량항공기 또는 초경량비행장치의 안전운항에 위험을 초래할 수 있는 사항을 발견한 경우에는 그 검사를 받은 자에게 시정조치 등을 명할 수 있다(법 제132조 제9항).

(2) 조사팀에 의한 사실조사 등

(가) 조사팀에 의한 사실조사

소관과[30]의 장은 제3조 제8호에 해당하는 사항이 발생한 때에는 그 사건의 구체적인 사실을 확인하기 위하여 조사팀을 구성하여 사실조사를 실시하고 그 결과를 항공행정기관의 장에게 보고하여야 한다. 이 경우 항공사고 또는 준사고에 대한 사실조사를 할 때에는 항공·철도사고조사위원회와 협조하여 사실조사를 실시할 수 있다(지침 제5조 제1항). 조사팀의 구성에 있어 해당 사건의 특성을 감안하여 그에 필요한 감독관 등 관계 공무원으로 구성한다. 이 경우 행정절차법 제8조에 따라 다른 부처의 관계 공무원에 대하여 사실조사에 참여토록 행정응원[31]을 요청할 수 있다

30) 제29조(보칙) ① 제5조부터 제8조까지에도 불구하고 사실조사 등 항공안전정책관실 내에서 소관 사무를 명확히 구분하기 위하여 운항정책과 및 운항안전과의 임무 및 처분절차 등에 대하여는 다음 각 호와 같이 구분한다.
1. 운항정책과
가. 사고·준사고: 조사팀 구성, 위반사실조사, 위원회 구성 등 처분절차 수행
나. 안전감독·항공기고장·비행장애 관련: 제2호에 따른 조사결과를 제출 받은 후 처분에 필요한 위원회 구성 등 처분절차 수행
2. 운항안전과: 안전감독·항공기고장·비행장애 관련 조사팀 구성 및 위반사실 조사 후 그 조사결과를 운항정책과장에게 제출.

31) 행정응원은 당해 행정청의 고유기능만으로는 본래의 행정목적을 달성할 수 없는 경우 다른 행정청이 그 기능의 전부 또는 일부에 대하여 원조를 하는 것을 의미한다. 행정절

(제2항). 조사팀의 구성원에 대한 지휘·감독을 위해 소관과의 장이 조사팀장을 맡은 것을 원칙으로 한다. 다만, 항공행정기관의 장은 사고, 준사고 및 안전검독 등 사안을 감안하여 조사팀의 구성원 중에서 조사팀장을 지정할 수 있다(제3항). 조사팀장은 사실조사가 완료되면 즉시 조사결과 보고서를 작성하여 항공행정기관의 장에게 보고하여야 한다(제4항).

(나) 정보공개의 제한

조사팀장은 사실조사에서 얻은 정보가 공개됨으로써 사고조사에 영향을 줄 수 있거나, 국가의 안전보장 및 개인의 사생활이 침해될 우려가 있는 경우에는 이를 공개하지 아니할 수 있다. 이 경우 공개하지 아니할 수 있는 정보의 범위는 (i) 사고조사과정에서 관계인들로부터 청취한 진술, (ii) 항공기운항과 관계된 자들 사이에서 행하여진 통신기록, (iii) 항공사고등에 대한 의학적인 정보 또는 사생활 정보, (iv) 조종실·항공관제 등의 음성자료 및 기록물과 그 번역물, (v) 비행기록장치의 음성자료 및 기록장치 등의 정보와 그 정보에 대한 분석 및 제시된 의견 등이다(지침 제5조 제5항).

(다) 조사결과 등에 대한 조치

항공행정기관의 장은 제5조에 따른 조사결과에 대하여 처분, 개선지시 및 개선명령 등 항공안전 확보를 위한 필요한 조치를 취하여야 한다(지침 제7조). 항공안전감독결과 및 조사결과에 대하여 처분이 필요한 경우 소관과는 처분심의위원회(이하 '위원회')를 구성, 심의 등 절차를 거쳐 처분할 수 있다(제8조). 이 지침에 따른 처분의 권한은 국토교통부장관 또는 지방항공청장에게 있다(제9조). 장관과 청장의 권한배분은 위에서 이미 설명하였다.

(3) 처분심의위원회 운영 등

(가) 위원회의 구성

지침에 따라 처분을 하는 경우에는 관계 공무원 및 외부 전문가로 구

차법 제8조 참조.

성된 위원회를 구성하여 심의할 수 있다(지침 제10조 제1항). 위원회는 위원장을 포함한 5인 이상 10인 이내의 위원으로 구성하되 간사 1인을 둔다(제2항). 위원장은 국토교통부 소속 4급 이상 공무원으로 항공정책실장(이하 '실장') 또는 정책관이 지정하는 자로 한다. 이 경우 위원장으로 지명 받은 자는 소관과장 또는 담당사무관·주무관을 간사로 지명한다(제3항). 위원은 (i) 업무와 직접 관련이 없는 과장, 지방항공청의 국장, (ii) 운항·항행·공항시설분야의 교수, 연구원으로 재직 중 또는 재직한 자, (iii) 운항·항행·공항시설분야에 10년 이상 재직 중 또는 재직한 자, (iv) 고문변호사 또는 변호사 중에서 실장 또는 정책관이 지정하는 자로 한다(제4항). 위원장은 회의를 소집·총괄하며, 위원회의 대표로서 원만한 회의진행을 위한 임무를 갖는다(제11조 제1항). 위원은 안건에 대한 심의와 표결을 한다(제2항). 간사는 위원장의 명을 받아 위원회의 안건상정, 회의사항 기록 등 회의진행에 관한 사무를 수행한다(제3항).

(나) 위원회의 직무

위원회의 직무는 (i) 처분 대상자의 위반사실 여부 확인에 관한 사항, (ii) 증거의 확인에 관한 사항, (iii) 위반사항에 대한 법령 등 관계 규정의 적용에 관한 사항, (iv) 처분기준의 확인에 관한 사항, (v) 그 밖에 심의에 필요한 사항 등이다(제12조).

(다) 심의의 진행

(i) 심의요구서 배포

간사는 별지 제1호 서식의 처분심의위원회심의요구서를 위원에게 배포하여야 한다(제13조).

(ii) 출석

위원장은 반드시 출석하여야 한다(제14조 제1항). 외부위원의 경우 부득이한 사유로 인하여 출석이 불가능한 경우에는 서면으로 의견을 제출할 수 있으며, 제출된 의견은 심의결과에 반영하여야 한다(제14조 제4항). 불출석한 외부위원의 경우에는 표결에 참여할 수 없으므로, 서면의견은 참고자료로 활용함에 그친다고 보아야 할 것이다. 위원회는 위원장을 포함하여 5인 이상으로 구성하므로, 위원은 4명 이상이 반드시 출석하여야 심의가 가능하다.

(iii) 심의, 표결, 권고사항 제시

위원회는 처분의 처분량을 심의결정하는 경우 처분량의 가중 또는 감경 여부를 심의하여야 한다(지침 제19조 제1항). 처분량의 감경 또는 가중 여부를 심의하고자 하는 경우에는, 제4조 제1항 제2호 자격증명의 효력정지, 제4조 제1항 제4호 사업의 일부정지, 제4조 제1항 제5호 과징금의 부과에 해당하는 법령을 참작하여야 한다(제2항). 다만 사실관계나 법령의 조사 등을 위하여 필요한 경우에는 심의를 종결하지 아니하고 속행할 수 있다. 심의사항에 대한 표결은 위원장을 포함한 과반수 이상의 찬성으로 한다(제14조 제3항). 표결사항이 찬반 동 수인 경우에는 위원장이 결정한다(제4항). 위와 같은 규정에 비추어 보면, 표결은 먼저 위원들만 진행하고, 그 결과 과반수가 되면 위원장은 표결할 필요가 없지만, 찬반 동 수인 경우에 한하여 위원장이 결정권(Casting Vote)을 가진다고 해석된다. 위원회는 처분심의시 당해 처분사건과 관련하여 유사사례 재발방지를 위해 시정·개선·보완 등 권고사항을 제시할 수 있다(제21조 제1항). 권고사항은 권고를 받은 자가 그 내용과 취지를 충분히 이해할 수 있도록 쉽게 기술하여야 한다(제2항).

(iv) 비밀유지의 원칙

위원회에서 협의된 사항은 비공개를 원칙으로 한다(제15조 제1항). 위원회에 참여한 위원은 심의사항에 관한 내용 일체에 대하여 비밀을 유지하여야 한다(제15조 제2항).

(v) 자문 및 조사자의 출석

위원장은 처분과 관련하여 전문가 등으로부터 필요한 자료나 자문을 받을 수 있다(제16조 제1항). 자문은 심의기일에 참고인으로 나와서 진술하는 방식이 있을 수 있으나, 사전에 서면으로 된 자문의견서를 제출받아 심의요구서와 같이 위원들에게 송부하는 것이 바람직하다. 위원장은 처분심의에 필요하다고 인정될 때에는 해당 위반사실조사를 한 자를 출석시켜 위반사항, 법령 등 관계규정의 적용 내용을 설명하게 할 수 있다(제3항). 항공안전감독관[32]이 위반사실을 조사한 경우에는 감독관이 출석한다.

(vi) 위반자의 지위

위원장은 처분심의에 필요하다고 인정될 때에는 법령 등 규정위반자 또는 위반 관련자를 출석시켜 처분관련 의견을 청취할 수 있다(제16조 제2항). 위 조문상 위반자의 출석 여부는 위원장의 재량으로 되어 있으나, 실무상으로는 위반자에게 의견진술의 기회를 주기 위해서 모든 사건에서 출석통지서를 보내고 있다. 위원장은 처분대상자 또는 위반관련자가 법령 및 관계규정 위반사실이 부당함을 주장하는 경우 증거에 의한 사실을 입증할 기회를 부여할 수 있다(제20조 제1항). 위원장은 처분 심의시에 위반사실조사를 한 자로 하여금 반증할 수 있는 자료를 제출토록 할 수 있다(제2항). 위반자는 감경사유에 대한 증명책임이 있다.[33] 행정처분의 적법성에 대한 증명책임은 행정청에게 있으나, 행정청의 보조기관의 지위에 있는 조사자로 하여금 반증할 수 있도록 한 것은 심의절차를 양당사자 대립주의처럼 운용하여 위반자에게 반증에 대한 의견을 진술하고 이를 배척하는 증거를 제출할 기회를 부여하기 위한 것이다.

(vii) 처분심의결과서 작성

위원장은 처분심의결과에 대하여 별지 제2호 서식에 따라 처분심의결과서를 작성하여야 한다(제17조 제1항). 처분심의 결과서에 포함될 사항은 위반내용, 처분 대상자, 처분이유 또는 위반사실, 법령의 적용, 처분에 대한 심의결과 내용, 그 밖에 필요한 사항 등이다(제2항).

(viii) 보고 및 처분의 행사

위원장은 처분심의 결과서를 실장에게 보고하여야 한다. 이 경우 실장

32) '항공안전감독관(Aviation Safety Inspector)'이란 항공기 감항 또는 운항분야의 인가·증명·승인 또는 항공안전저해요소를 제거하는 안전활동을 수행하도록 국토교통부장관으로부터 임명받은 감항감독관(Airworthiness Inspector), 운항감독관(Operation Inspector)을 말한다(항공안전감독관 업무규정 제2조 제1호).

33) 대법원 2012. 7. 5. 선고 2012두1358 판결.

은 제9조에 따라 처분의 권한을 행사할 수 있다(제17조 제3항). 그런데 지침 제9조는 "이 지침에 따른 처분의 권한은 국토교통부장관 또는 지방항공청장에게 있다"고 규정하고 있으므로, 실장의 권한행사는 권한의 대리나 내부위임에 해당하는 것으로 보아야 한다. 따라서 국토교통부장관 또는 지방항공청장 명의로 처분을 하여야 한다.

(ix) **회의록의 작성**

간사는 위원회의 회의내용을 별지 제3호 서식에 따라 처분심의위원회 회의록을 작성하여야 한다(제18조).

(라) 처분의 사전통지 및 의견제출

행정절차법 제21조 제1항은 "행정청은 당사자에게 의무를 부과하거나 권익을 제한하는 처분을 하는 경우에는 미리 다음 각 호의 사항을 당사자등에게 통지하여야 한다"고 규정하여, 행정청에게 처분의 사전통지의무를 부과하고 있다. 행정청은 처분심의결과에 대하여 처분 대상자가 의견을 진술할 수 있도록 처분내용을 별지 제4호 서식에 따라 처분사전통지서를 통지해야 하며 정당한 사유없이 의견진술 절차에 응하지 아니할 때에는 의견진술의 기회를 포기한 것으로 간주한다는 내용을 명시해야 한다(지침 제22조 제1항). 그러나 (i) 공공의 안전 또는 복리를 위하여 긴급히 처분을 할 필요가 있는 경우, (ii) 당해 처분의 성질상 의견청취가 현저히 곤란하거나 명백히 불필요하다고 인정될 만한 상당한 이유가 있는 경우에는 제1항에 따른 통지를 아니 할 수 있다(제8항).

처분내용을 사전통지시에는 별지 제5호 서식의 의견제출서를 첨부하여야 하며, 의견을 진술할 수 있는 기한은 통지(도달)일로부터 10일 이상이 되도록 하여야 한다(제2항). 처분과(課)는 통지하는 문서의 명칭, 통지받는 자의 성명 또는 명칭, 발송방법 및 발송연월일을 확인할 수 있는 기록을 보존하여야 한다(제6항). 의견진술은 서면, 구술 또는 정보통신망으로 할 수 있으며 출석하여 진술한 경우에는 그 요지를 서면으로 기록하여 본인이 확인토록 하여야 한다(제7항).

(마) 재심의

처분대상자가 위원회의 심의 시 상황과 다른 이견을 제시할 경우 필요하다고 인정되는 때에는 위원회를 재구성하여 이를 심의할 수 있다. 이 경우 제17조부터 제19조까지를 준용한다(제23조).

(바) 청문

처분과의 장은 위원회에서 심의된 처분내용이 제4조 제1항 제1호 및 제3호에 따라 취소를 할 때에는 법 제134조[34] 및 행정절차법 제21조부터 제37조까지의 절차에 따라 청문을 실시하여야 한다(제24조). 따라서 과징금부과처분은 이에 해당하지 아니하므로, 청문절차를 거칠 필요가 없다.

(사) 과징금부과처분의 확정과 시행

이 지침에 따른 처분은 (i) 제22조 제1항에 따른 처분사전통지에 대하여 처분대상자로부터 정해진 기한 내에 의견 제출이 없는 경우, (ii) 제22조 제1항에 따른 처분사전통지에 대하여 처분대상자로부터 제출된 의견이 처분심의 당시 알려진 사항으로서 심의 시 그 사항을 이미 참작한 경우, (iii) 제23조에 따라 재구성된 위원회에서 제17조 제1항에 따라 처분대상자가 제출한 의견을 감안하여 재심의하여 결정한 경우의 어느 하나에 해당하는 경우에 확정된다(지침 제25조).

제25조에 따른 처분내용이 확정된 경우 그 내용을 처분대상자에게 서면으로 통지하여야 한다(제26조). 행정절차법 제23조 제1항은 행정청이 처분을 하는 때에는 당사자에게 그 근거와 이유를 제시하도록 규정하고 있고, 이는 행정청의 자의적 결정을 배제하고 당사자로 하여금 행정구제절차에서 적절히 대처할 수 있도록 하는 데 그 취지가 있다. 따라서 처분서에 기재된 내용과 관계 법령 및 당해 처분에 이르기까지 전체적인 과정 등을 종합적으로 고려하여, 처분 당시 당사자가 어떠한 근거와 이유로 처분이 이루어진 것인지를 충분히 알 수 있어서 그에 불복하여 행정구제

---

34) 법 제134조는 취소 이외에도 (i) 법 제43조 제1항 또는 제2항에 따른 자격증명등 또는 항공신체검사증명의 효력정지(제9호), (ii) 법 제50조 제1항에 따른 항공전문의사 지정의 효력정지(제13호)의 경우에도 청문절차를 거치도록 규정하고 있다.

절차로 나아가는 데에 별다른 지장이 없었던 것으로 인정되는 경우에는 처분서에 처분의 근거와 이유가 구체적으로 명시되어 있지 않았다고 하더라도 그로 말미암아 그 처분이 위법한 것으로 된다고 할 수는 없다.[35)] 처분과의 장은 과징금부과에 해당하는 경우 이를 신속히 집행하고 재정담당관실에 과징금 부과를 의뢰한다(제27조 제3호).

마. 불복절차

(1) 행정심판 또는 행정소송(취소소송)

의무자는 과징금부과처분이 있음을 안 날부터 90일 이내에 행정심판을 청구하거나(행정심판법 제27조 제1항), 행정처분이 있음을 알고 처분에 대하여 곧바로 행정소송 중 항고소송의 일종인 과징금부과처분취소소송을 제기하는 방법을 선택한 때에는 처분이 있음을 안 날부터 90일 이내에 취소소송을 제기하여야 하며(행정소송법 제18조 제1항, 제20조 제1항), 행정심판을 청구하는 방법을 선택한 때에는 행정심판의 재결서를 송달받은 날부터 90일 이내에 취소소송을 제기하여야 한다(행정소송법 제20조 제1항).

(2) 감액처분이 있는 경우 불복대상

행정청은 처분에 하자가 있는 경우에는 별도의 법적 근거가 없더라도 스스로 이를 취소하거나 변경할 수 있는바, 과징금 부과처분에서 행정청이 납부의무자에 대하여 부과처분을 한 후 부과처분의 하자를 이유로 과징금의 액수를 감액하는 경우에 감액처분은 감액된 과징금 부분에 관하여만 법적 효과가 미치는 것으로서 당초 부과처분과 별개 독립의 과징금 부과처분이 아니라 실질은 당초 부과처분의 변경이고, 그에 의하여 과징금의 일부취소라는 납부의무자에게 유리한 결과를 가져오는 처분이므로 당초 부과처분이 전부 실효되는 것은 아니다. 따라서 감액처분에 의하여 감액된 부분에 대한 부과처분 취소청구는 이미 소멸하고 없는 부분에 대한 것으로서 소의 이익이 없어 부적법하다.[36)]

---

35) 대법원 2014. 9. 4. 선고 2012두12570 판결.

(3) 위법사유

(가) 재량권의 일탈·남용

행정청이 재량을 행사함에 있어 과징금 부과의 기초가 되는 사실을 오인하였거나, 비례·평등의 원칙에 위배하는 등의 사유가 있다면 이는 재량권의 일탈·남용으로서 위법하다.[37] 제재적 행정처분이 사회통념상 재량권의 범위를 일탈하였거나 남용하였는지 여부는 처분사유로 된 위반행위의 내용과 당해 처분행위에 의하여 달성하려는 공익목적 및 이에 따르는 제반 사정 등을 객관적으로 심리하여 공익침해의 정도와 그 처분으로 인하여 개인이 입게 될 불이익을 비교 교량하여 판단하여야 한다.[38] 감경사유가 존재하더라도 행정청이 감경사유까지 고려하고도 과징금을 감경하지 않은 채 과징금 전액을 부과하는 처분을 한 경우에 이를 위법하다고 단정할 수는 없으나, 행정행위를 함에 있어 이익형량을 전혀 하지 아니하거나 이익형량의 고려대상에 마땅히 포함시켜야 할 사항을 누락한 경우 또는 이익형량을 하였으나 정당성·객관성이 결여된 경우에는 그 행정행위는 재량권을 일탈·남용한 위법한 처분이다.[39] 수개의 처분사유 중 일부가 적법하지 않다고 하더라도 다른 처분사유로써 그 처분의 정당성이 인정되는 경우 그 처분을 위법하다고 할 수는 없다.[40] 과징금부과처분이 재량권 일탈·남용으로 위법한지는 다른 특별한 사정이 없는 한 처분이 행하여진 날의 사실상태를 기준으로 판단하여야 한다.[41]

---

36) 대법원 2017. 1. 12. 선고 2015두2352 판결.

37) 대법원 2016. 11. 10. 선고 2015두35536 판결.

38) 대법원 2001. 3. 9. 선고 99두5207 판결.

39) 대법원 2012. 7. 5. 선고 2012두1358 판결; 과징금 감경사유가 있음에도, 과징금 부과관청이 과징금을 산정하면서 이를 전혀 고려하지 않았거나 감경사유에 해당하지 않는다고 오인하여 과징금 전액을 부과한 것으로 보이므로, 위 과징금 부과처분은 재량권을 일탈·남용한 위법한 처분이라고 한 사례로는 대법원 2010. 7. 15. 선고 2010두7031 판결.

40) 대법원 2002. 2. 5. 선고 2001두7138 판결; 대법원 2004. 3. 25. 선고 2003두1264 판결.

41) 대법원 2015. 5. 28. 선고 2015두36256 판결.

(나) 최고액을 초과한 부과처분

과징금부과처분이 법이 정한 한도액을 초과하여 위법할 경우 법원으로서는 그 전부를 취소할 수밖에 없고, 그 한도액을 초과한 부분이나 법원이 적정하다고 인정되는 부분을 초과한 부분만을 취소할 수 없다.[42] 또한 수개의 위반행위에 대하여 하나의 과징금부과처분을 하였으나 수개의 위반행위 중 일부의 위반행위만이 위법하지만, 소송상 그 일부의 위반행위를 기초로 한 과징금액을 산정할 수 있는 자료가 없는 경우에는 하나의 과징금부과처분 전부를 취소할 수밖에 없다.[43]

시행령 별표에 기재된 과징금처분기준은 법규명령이기는 하나 모법의 위임규정의 내용과 취지 및 헌법상의 과잉금지의 원칙과 평등의 원칙 등에 비추어 같은 유형의 위반행위라 하더라도 그 규모나 기간·사회적 비난 정도·위반행위로 인하여 다른 법률에 의하여 처벌받은 다른 사정·행위자의 개인적 사정 및 위반행위로 얻은 불법이익의 규모 등 여러 요소를 종합적으로 고려하여 사안에 따라 적정한 과징금의 액수를 정하여야 하므로 그 수액은 정액이 아니라 최고한도액이다.[44] 즉 1개의 위반행위에 대하여는 별표에 규정된 액수에 가중사유가 있는 경우 50%를 가산한 금액이 최고액이 된다.

(4) 위반행위가 복수인 경우 과징금의 산정

(가) 판례[45]

(i) 사실관계

피고는 여객자동차운송사업면허를 받은 원고가 4회에 걸쳐 면허 받은 업무의 범위를 위반하였음을 이유로 1993. 4. 26. 자로 법령상의 1회 기준금액인 금 900,000원의 4회에 해당하는 3,600,000원의 과징금부과처분을 하고, 또 14회에 걸쳐 면허 받은 업무의 범위를 위반하였음을 이유로 1993. 5. 27. 자로 법령상의 1회 기준금액인 900,000원 내지 1,000,000원

42) 대법원 1998. 4. 10. 선고 98두2270 판결.
43) 대법원 2007. 10. 26. 선고 2005두3172 판결.
44) 대법원 2001. 3. 9. 선고 99두5207 판결(청소년보호법 시행령 제40조 [별표 6]).
45) 대법원 1995. 1. 24. 선고 94누6888 판결.

의 14회에 해당하는 12,700,000원의 과징금부과처분을 하였다.

(ii) 원심[46]의 판단

여객자동차운송사업자가 면허조건에 위반한 운송행위를 하여 이에 대해 사업정지명령에 갈음하는 과징금을 부과함에 있어서는 비록 수대의 차량이 수회에 걸쳐 위반행위를 하였다고 하더라도 1회에 부과할 수 있는 과징금의 최고한도액은 위 위반행위에 대한 자동차운수사업법시행령 제3조 제1항 [별표 1] 소정의 기준금액인 1,350,000원(기본금액 900,000원에 1/2을 가중한 금액임)으로 봄이 상당하다고 할 것이므로, 피고가 원고의 위 위반행위에 대해 1회의 기준금액에 위반 횟수를 곱하여 산정한 과징금을 부과한 이 사건 각 과징금부과처분은 1회에 부과처분할 수 있는 최고한도액인 1,350,000원을 초과한 것이어서 위법하다.

(iii) 대법원의 판단

자동차운수사업법 제31조 제1항은 자동차운수사업자가 동법에 의거한 명령이나 처분, 면허에 붙인 조건에 위반한 때 등에는 6월 이내의 기간을 정하여 사업의 정지를 명하거나 면허의 일부 또는 전부를 취소할 수 있도록 규정하고 있고, 동법 제31조의2 제1항은 이 경우 대통령령이 정하는 바에 의하여 사업정지명령에 갈음하여 5,000,000원 이하의 과징금을 부과할 수 있도록 규정하고 있는바, 수회 경합된 위반행위에 대한 것이라 하더라도 사업정지명령을 내림에 있어서는 그 기간은 6월을 초과할 수 없다고 보아야 함에 비추어 볼 때, 이에 갈음하는 과징금도 그것이 비록 수대의 차량이 수회 위반행위를 한 데 대한 것이라 하더라도 1회에 부과할 수 있는 최고한도액은 5,000,000원이라고 해석함이 상당하다.[47]

한편 동법 제31조의2 제2항에 의거한 동법시행령 제3조 제1항 [별표 1], 제2항은 위반행위의 종별에 따른 과징금의 기준금액을 정하고 있는바, 위 기준금액은 1회의 위반행위에 대한 것이라 할 것이어서 수회의 위반행위를 한 경우에는 각 위반행위에 대하여 각 그 기준에 따른 과징

46) 대전고등법원 1994. 4. 22. 선고 93구1716 판결.

47) 대법원 1993. 7. 27. 선고 93누1077 판결.

금을 병과할 수 있다고 보아야 하고, 따라서 그와 같은 수회의 위반행위에 대하여 1개의 부과처분이 행하여질 경우에는 그 부과할 과징금의 액수는 위 법령상의 각 해당 기준금액을 병과하여 산정하되 그 최고한도액은 위 인정의 5,000,000원인 것으로 해석하여야 하고, 1개의 부과처분에서 행해질 수 있는 과징금의 최고한도액이 하나의 위반행위에 대한 위 법령상의 기준금액이 되는 것으로 해석할 것은 아니다. 위 법리에 비추어 보면, 원심이 이 사건과 같은 과징금부과처분에 있어서 위반행위의 횟수에 관계없이 1회의 부과처분에서 행해질 수 있는 과징금의 최고한도액을 5,000,000원이 아닌 1,350,000원으로 본 것으로 과징금부과에 관한 법리를 오해한 위법한 것이다.

(나) 행정해석[48)]

구 항공법 제115조의4 및 같은 법 시행령 별표 4 제3호 나목 1) 다)에서는 같은 법 제74조의3을 위반하여 같은 법 제74조의2에 따른 운항기술기준을 지키지 아니하고 비행하거나 업무를 한 경우로서 쌍발비행기 장거리 운항을 위한 비행 요건을 갖추지 아니하고 쌍발비행기를 운항한 경우 항공기 운항 정지처분에 갈음하여 과징금을 부과할 수 있도록 하고 있는데, 같은 법 제69조의2에 따른 쌍발비행기 운항승인(A-B 구간)을 받은 국제항공운송사업자가, 같은 법 제74조의2에 따른 운항기술기준에 규정된 "쌍발비행기 장거리운항승인 기준"을 충족하지 못하는 특정 쌍발비행기(여객기)로, 위 구간(A-B)에서 수차에 걸쳐 일시 및 탑승자를 달리하여 운항(각각의 운항별로 A에서의 이·착륙과 B에서의 이·착륙이 있었음)한 경우, 같은 법 시행령 별표 4 제3호 나목 1) 다)를 근거로 하여 과징금을 부과할 때 위 각각의 운항행위별로 각각 과징금을 부과할 수 있는지 여부가 문제되었다.

이에 대하여 법제처는, 특정 쌍발비행기로 특정 구간(A-B)을 운항하였다 하더라도 매 회 운항이 탑승자 및 일시를 달리한 것으로서 각각의 운항별로 출발지 A에서의 이륙 및 도착지 B에서의 착륙 등이 있었던 경

48) 법제처 12-0201, 2012. 4. 20., 국토해양부 - 동일 비행기의 수차에 걸친 위법 운항에 대한 과징금 부과 방법(항공법 시행령 제44조의7 등 관련).

우에는 원칙적으로 개별 운항행위별로 각각 위반행위가 있었던 것으로 볼 수 있고, [별표 4]에서 위반행위별로 정하여진 금액은 원칙적으로 1회의 위반행위를 전제한 것으로 보이고, 수 회의 위반행위에 대하여 어떻게 과징금을 부과할 것인지에 대하여는 별다른 규정이 없으므로, 수 회의 위반행위를 한 경우에는 원칙적으로 각 위반행위에 대하여 각 그 기준에 따른 과징금을 병과할 수 있다고 해석하였다.[49)]

2. 대상사안의 검토

가. 원고의 주장

비행교범은 승인된 연료를 100LL 등급 항공유(파란색) 또는 100 등급 항공유(초록색)라고 정의하고 있을 뿐 특별히 그 범위를 한정하고 있지 않고, Av-Gas 100/100LL 등 항공유 표준사항을 규정하고 있는 ASTM D910-11은 항공유의 표준기준을 정하고 있는 것이므로 위 ASTM D910-11 기준을 충족하는 연료는 비행교범에서 정한 승인된 연료에 해당한다고 할 것인바, 인터템킴스코는 1차 점검 채취연료를 분석한 결과 위 연료가 ASTM D910-11의 품질기준을 만족한다고 분석하였으므로, 원고가 자체적으로 정제·가공한 1차 점검 채취연료의 사용이 석유사업법위반에 해당함은 별론으로 하더라도, 1차 점검 채취연료는 비행교범에서 정한 승인된 연료에 해당한다. 또한 1차 점검 분석결과는 ASTM D910-11에서 정한 검사방법에 의해 이루어진 것도 아니고, 그 밖에 객관적인 시험평가를 거쳤다고 보기 어려우므로, 1차 점검 분석결과에 의해 이루어진 1차 처분은 위법하다.

나. 비행교범에서 승인된 연료인지 여부

(1) 항공법 제116조 제3항, 제115조의3 제1항 제38호, 제39호는 항공운송사업자로 하여금 운항규정을 국토교통부장관에게 신고하거나 국토교통부장관의 인가를 받도록 정하고 있고, 항공운송사업자가 운항규정을 신

---

49) 법제처 2008. 5. 1. 회신 08-0065 참조.

고하지 않거나 인가를 받지 않는 등의 경우 행정상 제재를 가하고 있는 바, 이와 같이 엄격하게 운항규정의 신고나 인가를 거치도록 한 항공법의 취지에 비추어 볼 때, 국토교통부장관 신고나 인가를 마친 운항규정은 항공법이나 국내 관련법규와 함께 유기적·통일적으로 해석되는 것이 바람직하다.

(2) 항공유는 석유 및 석유대체연료 사업법(이하 '석유사업법') 제2조 제2호 가목에 해당하는 석유제품으로, 석유사업법 제5조 제1항에 따라 석유정제시설, 인력 등 필요한 시설과 인력을 확보하여 석유정제업 등록을 마쳐야만 그 생산이 가능하고, 이를 위반한 경우 형사상 처벌을 받는 등 그 생산주체, 방법 등을 엄격하게 정하고 있다.

(3) 항공유는 항공기의 특성(고속성, 위험성, 다중피해 가능성 등)에 따른 항공기의 안전운항을 보장하기 위해 일반 자동차연료보다 더 엄격하게 관리되고 있다.

(4) 국내법에서 정한 항공유의 제조·유통·판매 등에 관한 적법한 절차를 전혀 준수하지 않고 오로지 미국재료시험학회에서 정한 항공유의 일반적인 품질기준을 정한 ASTM D910-11의 기준에만 맞게 원고가 임의로 제조한 항공유는 검증절차를 거치지 않았기 때문에 실제 사용 시 품질의 안전성을 장담할 수 없다.

(5) 따라서 비행교범에서 정한 승인된 연료의 '승인'의 의미는 ASTM D910-11의 기준에 부합하여야 함은 물론 국내법의 테두리 안에서 항공유의 제조·유통·판매의 적법한 절차를 준수한 것을 의미한다. 따라서 원고가 자동차용 휘발유를 구입하여 임의로 제조한 1차 점검 채취 원료는 비행교범에서 정한 승인된 연료에 해당하지 않는다.

다. 검사방법의 신뢰성

(1) 원고측이 1차 점검 채취원료가 자동차용 휘발유를 구입하여 임의로 제조한 것임을 자인하였기 때문에 피고로서는 엄격한 검사방법이 아니라 1차 점검 채취원료의 함유물질을 확인하는 차원에서 항공철도사고조사위원회에 연료분광검사를 의뢰하였다.

(2) 그 분석결과 원고측이 진술한 바와 동일하게 1차 점검 채취원료가 자동차용 휘발유 그래프와 유사한 것으로 밝혀졌다.

(3) 따라서 1차 점검 분석결과가 ASTM D910-11에서 정한 검사방법이 아니었다고 하더라도, 1차 점검 분석결과는 그 검사방법으로서 타당하고 충분히 신뢰할 만한 것이다.

라. 결 론

그렇다면 1차 처분에 원고의 주장과 같은 잘못이 있다고 할 수 없으므로, 원고의 주장은 이유 없다.

[31] 업무상 과실로 항공기를 추락시킨 경우 형사책임

서울중앙지방법원 2018. 2. 8. 선고 2017노981 판결[1)]

Ⅰ. 사실관계

(1) 피고인은 주식회사 C항공회사 운항부장으로 비행기 조종업무에 종사하는 사람으로서, 이 사고 발생 전까지 비행경력 20년, 총 비행시간 2,375시간의 무사고 조종사였다.

(2) C는 D지역 항공방제를 위해 2014. 5. 9. 부산지방항공청으로부터 비행장 외 장소에서의 이착륙 및 최저비행고도 아래에서의 비행허가(부산지방항공청 항공운항과 문서 번호 2540)를 받았다.

(3) 피고인은 2014. 8. 11. 09:05경 D지역 상공에서 1인승 비행기인 D(편명: E, 이하 '이 사건 비행기')를 조종하여 항공방제(航空防除)를 실시하였다. 이 사건 비행기에 장착된 아날로그형 고도계는 20피트 이하의 고도가 표시되어 있지 않고, 비행기록장치도 장착되어 있지 않았다. 항공방제를 함에 있어 비행기의 1회 살포 폭이 20m로 한정되어 있어 기수가 흰색 깃발을 단 차량을 20m씩 이동하면서 기준을 잡아주는 역할을 하고, 비행기가 그 차량 위를 지나가면서 농약 살포작업을 하는 방식으로 진행된다.

(4) 당시에는 항공방제가 곤란할 정도의 바람이 불었고, 요란기류[2)]가 있어 비행기가 상하 좌우로 흔들려 수평 직진 비행을 유지하는 데에 상당한 어려움이 있었으며, 항공방제를 실시할 경우 지상에서 가까운 높이

1) 제1심(서울중앙지방법원 2017. 2. 10. 선고 2016고단7443 판결)은, 피고인이 이 사건 비행기를 조종하면서 허가받은 고도 20피트보다 낮은 15피트로 비행한 과실이 있다는 점을 검사가 제출한 증거만으로 인정하기 어렵다는 이유로 무죄를 선고하였다. 항소심에서 검사는 공소장을 변경하였고 법원은 변경된 공소사실에 대하여 유죄를 인정하였고, 피고인이 상고하였으나 대법원 2018. 6. 12. 선고 2018도4054 판결로 상고기각되었다.

2) Turbulence라 하고, 비행 중인 항공기에 불규칙적인 흔들림 현상을 가져다주는 기류의 흐트러짐 현상을 말한다.

(약 6m)에서 농약을 살포하여야 하므로, 이러한 경우 비행기 조종업무에 종사하는 사람으로서는 갑작스런 하강기류가 발생하는 등 비행기의 고도가 급격하게 강하할 가능성을 예견하고 그러한 상황이 발생할 경우 신속히 비행기를 상승시킴으로써 비행기가 추락하는 것을 미연에 방지하여야 할 업무상 주의의무가 있었다.

(5) 그럼에도 피고인은 이러한 주의의무를 게을리한 채, 항공방제가 곤란할 정도의 바람이 불어 비행을 중단하였다가 희석해 둔 농약의 약효가 떨어지기 전에 농약을 살포해 달라는 농민들의 요청을 받고 위 비행기를 조종하면서 그대로 항공방제 작업을 실시한 과실로, 하강기류가 발생하여 비행기 고도가 급격하게 강하하였으나 그 현상을 즉시 수정하지 못함으로써 비행기의 전방착륙장치가 농로 둑에 부딪치게 하여 위 비행기를 해남군 소재 논에 추락시켰다(이하 '이 사건 추락사고').

(6) 이 사건 이후 항공·철도사고조사위원회가 항공기사고 조사보고서를 작성하였다. 위 조사보고서에 의하면, 최저안전고도를 유지하기 위해서는 고도가 낮아 고도계를 참조하기 보다는 조종사가 눈으로 보는 높이를 결정해야 하는 어려움이 있으므로, 지상에 있는 직원이 임무 조종사가 최저안전고도 이하로 항공방제를 실시할 경우 휴대하고 있는 무전기를 이용하여 고도를 높이라고 적극적으로 조언할 필요가 있었다고 기재되어 있다.

Ⅱ. 참조 조문

1. 구 항공법(2016. 3. 29. 법률 제14114호로 개정되기 전의 것)

> **제160조(과실에 따른 항공상 위험 발생 등의 죄)** ① 과실로 항공기·경량항공기·초경량비행장치·비행장·이착륙장·공항시설 또는 항행안전시설을 파손하거나, 그 밖의 방법으로 항공상의 위험을 발생시키거나 항행 중인 항공기를 추락 또는 전복시키거나 파괴한 사람은 1년 이하의 징역이나 금고 또는 2천만 원 이하의 벌금에 처한다.
> ② 업무상 과실 또는 중대한 과실로 제1항의 죄를 지은 경우에는 3년

> 이하의 징역이나 금고 또는 5천만 원 이하의 벌금에 처한다.

2. 항공안전법

> **第149조(과실에 따른 항공상 위험 발생 등의 죄)** ① 과실로 항공기·경량항공기·초경량비행장치·비행장·이착륙장·공항시설 또는 항행안전시설을 파손하거나, 그 밖의 방법으로 항공상의 위험을 발생시키거나 항행 중인 항공기를 추락 또는 전복시키거나 파괴한 사람은 1년 이하의 징역 또는 1천만 원 이하의 벌금에 처한다.
> ② 업무상 과실 또는 중대한 과실로 제1항의 죄를 지은 경우에는 3년 이하의 징역 또는 5천만 원 이하의 벌금에 처한다.

Ⅲ. 판시사항

피고인은 하강기류가 있을 수도 있음을 예견할 수 있었으므로, 갑작스러운 하강기류에도 대처할 수 있을 정도로 높은 고도를 유지하거나, 이와 같이 높은 고도를 유지하여 농약을 살포하면 그 효과가 없을 경우 비행을 연기하는 등으로 충분히 회피가능하였다고 봄이 상당하고, 농민들이 이미 농약을 희석하였는데 시간이 지나면 효과가 없어 이 사건 당일 다시 이륙하여야 한다고 요청하였다고 하더라도, 비행기가 갑작스러운 하강기류를 만나 추락할 경우, 이보다 큰 재산적 손해가 발생할 뿐만 아니라, 비행기 조종사를 포함한 인명사고가 발생할 우려가 있으므로 피고인은 조종사로서 충분히 고민하여 이륙 여부를 결정하였어야 한다.

Ⅳ. 해 설

1. 피고인의 주장

가. 예견가능성과 관련하여

이 사건 추락사고의 발생원인은 갑작스러운 하강기류였는데, 항공기상청 또는 공항에서는 전문적인 장비를 설치하여 이를 탐지·예보하고 있으나, 이 사건 발생장소와 같은 곳에서는 이를 예견하거나 탐지하는 것이 불가능하고, 또한 구 항공법 시행규칙(2014. 8. 7. 시행 국토교통부령 제120호)은 '비행정보기관은 모든 항공기에 대하여 중요기상정보 및 저고도항공기상정보를 제공'하도록 규정하고 있는데, 피고인은 이 사건 당시 비행정보기관으로부터 이를 제공받지 못하였는바, 피고인은 하강기류를 예견할 수 없었다.

나. 회피가능성과 관련하여

피고인은 비행기 운행시 바람제한치를 준수하였고, 비행허가계획상 안전고도도 준수하는 등 피고인에게 요구되는 의무는 모두 이행하였다. 그러나 앞서 본 바와 같이 갑작스러운 하강기류는 예측할 수 없고, 특히 이 사건과 같이 낮은 고도로 비행하는 경우 이에 대응할 만한 충분한 시간적·공간적 여유가 없기 때문에 피고인으로서는 이 사건 추락사고를 회피할 방법이 없었다.

2. 예견가능성

가. 예견가능성의 형법상 의의[3)]

(1) 인식 있는 과실범에서 불법은 '결과를 야기하려는 직접적 목적성은 없는 행위'와 '객관적 주의위반성', 즉 '결과발생의 가능성·개연성에 대한 객관적 예견가능성', '발생된 위험의 비허용성' 등으로 구성된다. 여기서 상당하게 야기된 위법성 연관적 법익침해가 결과사태로 인정될 수 있으나, 칠린스키(Zielinski)는 이를 불법 판단과는 무관한 것으로 본다. 다음으로 인식 있는 과실범에서 책임은 결과발생의 가능성·개연성에 대한 예견으로서의 '위험목적성'과 발생된 위험의 비허용성에 대한 인식 내지 인식가능성으로서 '불법인식 내지 불법인식가능성'이 인정됨으로써 성립하고, 여기서 '행위자의 동기설정능력'이 당연한 전제로서 갖추어져야 한다.

---

3) 정영일, "과실범의 불법구조에 관한 존재론적 분석", 형사정책연구 제19권 제3호(2008. 9.), 13~14면.

(2) 인식 있는 과실범과 고의 위험범의 불법·책임구조에 관한 비교분석에서 가장 문제가 되는 것은 결과발생의 가능성·개연성에 대한 예견으로서의 '위험목적성'이라는 요소가 해당 범죄의 책임요소인가 불법요소인가 하는 점이다. 똑같은 행태를 입법자가 고의범과 과실범 중 어떤 형식으로 규정하느냐에 따라 달라지는 것인지, 그리고 그것이 전자에 있어선 불법을 근거지우고 후자에 있어선 책임을 근거지우는 역할을 하는 이유는 무엇인지가 문제될 수밖에 없다. 여기서 인식 있는 과실의 지적·인식적 요소인 위험목적성과 주관적 주의위반성, 위험고의는 동일한 의미를 갖는 개념으로 봄이 타당하다. 그렇게 보게 되면 그 지적·인식적 요소는 인식 있는 과실범에서도 책임 이전에 이미 불법을 구성하는 요소가 되는 것이라고 볼 수 있다. 인식 있는 과실범에서, 설사 행위자가 반가치적 결과를 직접적으로 지향하지는 않았다 하더라도, 발생가능한 이 결과요소에 의하여 당해 행위의 행위반가치를 근거지울 수 있다.

나. 인정사실

(1) 이 사건 항공회사의 직원으로서 이 사건 사고를 목격한 G는 "이 사건 비행기가 제1차로 농약을 살포한 후 다시 이륙하려고 하였는데, 바람이 세게 불어서 약 1시간 넘게 이륙하지 못하였다"는 취지로 진술하였다. 피고인도 "처음 이륙하여 농약을 살포하였는데 바람이 심하게 불었고, 이후 착륙해서 농민들에게 못하겠다고 하였다. 당시 바람이 불규칙하게 불었다"는 취지로 진술하였다.

(2) G는 "이 사건 추락사고의 원인은 갑작스러운 하강기류인 것으로 보이는데, 이 사건 추락사고가 발생한 지역의 경우 진행방향 좌·우측에 산과 수로가 있어서 하강기류가 발생할 가능성이 충분히 있는 것으로 보인다"는 취지로 진술하였다.

(3) 피고인은 항공철도사고 조사위원회에서 "요란기류가 심해서 상하좌우 흔들리는 것을 막으며 수평직진비행을 유지하려고 애를 썼다"는 취지로 진술하였다.

다. 검 토

위와 같은 점을 종합해 보면, 피고인은 농약살포를 위하여 처음 비행한 후 바람이 세게 불거나 불규칙하게 부는 등 기상조건이 좋지 않다는 점을 알았고, 특히 요란기류가 심해서 상하좌우로 흔들렸음에도 계속 비행한 점에 비추어 하강기류가 발생할 수도 있음을 충분히 예견할 수 있었다.

3. 회피가능성

가. 의 의[4)]

(1) 과실범의 경우에는 고의범과는 달리 객관적 주의침해가 행위불법의 핵심을 이루고 있다. 따라서 비록 법익침해의 결과가 발생하였다고 하더라도 만일 객관적 주의침해가 인정되지 않는다면 행위불법의 결여로 인하여 과실범의 구성요건해당성이 인정되지 않는다. 그렇다면 행위자가 객관적 주의를 침해하여 일정한 결과가 발생하였으나 비록 그가 주의를 준수하였다고 하더라도 동일한 결과가 마찬가지로 발생하였을 것이라는 사정이 존재하는 경우에 과연 당해 결과를 행위자에게 귀속시킬 수 있을 것인가 하는 문제가 제기될 수 있다. 이러한 문제를 적법한 대체행위(rechtmassiges Alternativverhalten)의 문제라고 한다.

(2) 적법한 대체행위론에서는 (i) 행위자가 법규에 위반하는 행위를 함으로써 일단 객관적 주의를 침해하는 행위가 인정되고, (ii) 행위자의 행위와 인과적 관련하에 있는 일정한 법익침해 또는 그 위태화의 결과가 발생하였고, (iii) 행위자가 비록 객관적 주의에 합치하는 행위를 하였다고 하더라도 마찬가지로 결과가 발생하였을 것이라는 사정이 존재한다는 점에 그 특징이 있다.

4) 신양균, "과실범에 있어서 적법한 대체행위의 문제", 법학연구 제14집, 전북대학교 법학연구소(1987), 98~100면.

나. 검 토

피고인은 하강기류가 있을 수도 있음을 예견할 수 있었으므로, 갑작스러운 하강기류에도 대처할 수 있을 정도로 높은 고도를 유지하거나, 이와 같이 높은 고도를 유지하여 농약을 살포하면 그 효과가 없을 경우 비행을 연기하는 등으로 충분히 회피가능하였다고 봄이 상당하다. 농민들이 이미 농약을 희석하였는데 시간이 지나면 효과가 없어 이 사건 당일 다시 이륙하여야 한다고 요청하였다고 하더라도, 비행기가 갑작스러운 하강기류를 만나 추락할 경우, 이보다 큰 재산적 손해가 발생할 뿐만 아니라, 비행기 조종사를 포함한 인명사고가 발생할 우려가 있으므로, 피고인은 조종사로서 충분히 고민하여 이륙 여부를 결정하였어야 한다.

4. 추락으로 인한 형사책임

가. 형법 제189조 제2항의 업무상 과실 항공기추락죄

(1) 형법 제187조는 "사람의 현존하는 기차, 전차, 자동차, 선박 또는 항공기를 전복, 매몰, 추락 또는 파괴한 자는 무기 또는 3년 이상의 징역에 처한다"고 규정하고 있고,[5] 제189조 제2항은 "업무상 과실 또는 중대한 과실로 인하여 제185조 내지 제187조의 죄를 범한 자는 3년 이하의 금고 또는 2천만 원 이하의 벌금에 처한다"고 규정하고 있다.

(2) 형법 제187조에서 말하는 항공기의 '추락'이라 함은 공중에 떠있는 항공기를 정상시 또는 긴급시의 정해진 항법에 따라 지표 또는 수면에 착륙 또는 착수(着水)시키지 못하고, 그 이외의 상태로 지표 또는 수면에 낙하시키는 것을 말한다.[6] 헬리콥터에 승객 3명을 태우고 운항하던

---

5) 선박매몰죄의 고의가 성립하기 위하여는 행위시에 사람이 현존하는 것이라는 점에 대한 인식과 함께 이를 매몰한다는 결과발생에 대한 인식이 필요하며, 현존하는 사람을 사상에 이르게 한다는 등 공공의 위험에 대한 인식까지는 필요하지 않고, 사람의 현존하는 선박에 대해 매몰행위의 실행을 개시하고 그로 인하여 선박을 매몰시켰다면 매몰의 결과발생시 사람이 현존하지 않았거나 범인이 선박에 있는 사람을 안전하게 대피시켰다고 하더라도 선박매몰죄의 기수로 보아야 할 것이지 이를 미수로 볼 것은 아니다. 대법원 2000. 6. 23. 선고 99도4688 판결.

6) 대법원 1990. 9. 11. 선고 90도1486 판결.

조종사가 엔진 고장이 발생한 경우에 위 항공기를 긴급시의 항법으로서 정해진 절차에 따라 운항하지 못한 과실로 말미암아 사람이 현존하는 위 항공기를 안전하게 비상착수시키지 못하고 해상에 추락시켰다면 '업무상 과실 항공기추락죄'에 해당한다.[7)]

나. 형법과 항공안전법과의 관계: 상상적 경합

업무상 과실로 항공기를 추락시킨 경우, 이는 하나의 행위가 수개의 죄(형법 제189조 제2항 소정의 '업무상 과실 항공기추락죄'와 항공안전법 제149조 제2항 소정의 '항공안전법위반죄')에 해당하지만,[8)] 항공안전법의 법정형이 더 무겁기 때문에, 상상적 경합에 관한 형법 제40조에 따라 항공안전법에 정한 형으로 처벌한다.[9)]

5. 양 형

피고인이 무리하게 이 사건 비행기를 운항하다가 추락하는 경우 그로 인하여 돌이킬 수 없는 인적·물적 손해를 불러일으킬 위험이 있음에도 피고인은 재차 농약살포를 위한 비행을 강행하였다는 점에서 피고인에 대하여 처벌의 필요성이 있다.

다만 법원은, 피고인이 이 사건 범행에 이르게 된 경위에 참작할 만한 사정이 없지 않은 점, 이 사건 추락사고로 큰 인적·물적 손해가 발생하지

7) 대법원 1990. 9. 11. 선고 90도1486 판결.

8) 상상적 경합은 1개의 행위가 실질적으로 수개의 구성요건을 충족하는 경우를 말한다. 대법원 2012. 8. 30. 선고 2012도6503 판결.

9) 법조경합은 1개의 행위가 외관상 수개의 죄의 구성요건에 해당하는 것처럼 보이나 실질적으로 1죄만을 구성하는 경우를 말하며, 실질적으로 1죄인가 또는 수죄인가는 구성요건적 평가와 보호법익의 측면에서 고찰하여 판단하여야 한다. '불가벌적 수반행위'란 법조경합의 한 형태인 흡수관계에 속하는 것으로서, 행위자가 특정한 죄를 범하면 비록 논리 필연적인 것은 아니지만 일반적·전형적으로 다른 구성요건을 충족하고 이때 그 구성요건의 불법이나 책임 내용이 주된 범죄에 비하여 경미하기 때문에 처벌이 별도로 고려되지 않는 경우를 말한다(대법원 2012. 10. 11. 선고 2012도1895 판결).; 법조경합의 한 형태인 '특별관계'란 어느 구성요건이 다른 구성요건의 모든 요소를 포함하는 외에 다른 요소를 구비하여야 성립하는 경우로서, 특별관계에서는 특별법의 구성요건을 충족하는 행위는 일반법의 구성요건을 충족하지만 반대로 일반법의 구성요건을 충족하는 행위는 특별법의 구성요건을 충족하지 못한다(대법원 2012. 8. 30. 선고 2012도6503 판결).

않도록 마지막까지 이 사건 비행기를 조종하려고 노력하는 등 손해를 회피하기 위한 노력을 다한 것으로 보이는 점 및 이 사건에 드러나는 여러 사정들을 종합하여, 피고인에게 벌금 500만 원을 선고하였다.

6. 인천지방법원 2017. 5. 31. 선고 2015고단8376 판결

가. 범죄사실

피고인은 인천 연수구 C에서 체험비행을 원하는 동호인 및 일반인들을 대상으로 체험비행을 시켜주는 D를 운영하는 자이다. 피고인은 2012. 6. 7.경 위 D에서 평소 알고 지내던 E로부터 피고인 소유인 체중이동형 초경량비행장치인 ULM COSMOS, S1045(이하 '이 사건 비행장치')를 빌려 피해자 F(여, 46세)를 비롯하여 일반인 7명을 각 번갈아가면서 뒷좌석에 탑승시켜 체험비행을 하게 해달라는 부탁을 받고 이를 승낙하였다.

피고인은 비행클럽을 운영하는 자로서 비행 시점 기상 상황을 확인하고, 이 사건 비행장치의 소유자로서 실제 위 비행장치에 탑재되어 있는 날개형식의 특성 등 구조, 최고속도 등 성능을 위 E에게 구체적으로 알려주고, 위 E의 비행 실력을 확인하여 위 비행장치를 이용하여 무리한 다이브 자세 등을 취하지 않도록 위 비행장치의 특성에 맞는 비행방법을 교육하는 등의 방법으로 사고를 미리 방지하여야 할 업무상 주의의무가 있었고, 특히 이 사건 비행장치의 연료공급장치는 기수방향으로 상반각 약 20도의 상태로 장착되어 있어 수평 약 20도 이상의 강하각을 이루는 급강하 또는 급선회시 연료의 잔량이 최소 6.8리터에 미치지 아니할 경우 연료통의 연료가 전면부로 이동하는 특성이 있어서 연료가 정상적으로 공급되지 않아 엔진 정지를 초래할 수도 있으므로 이와 같은 특성을 위 E에게 고지하고, 이 사건 비행장치는 연료흐름 감지기가 장착되어 있지 않아 조종석에서는 연료의 누적량과 연료흐름을 표시하는 계기판을 사용하고 있지 않으며 그 연료통은 검은색 플라스틱으로 불투명하여 조종자는 비행 중 잔여 연료의 양을 육안으로 확인할 수 없어 수시로 연료량을 체크하며 연료를 보충하는 등 이 사건 비행장치 추락 방지를 위한 필요한 조치를 하여 사고를 미리 방지하여야 할 업무상 주의의무가 있었다.

그럼에도 불구하고 피고인은 이를 게을리한 채 당시 인천대교 방면에서 D 방면으로 10.5kts(5.4m/sec)의 서남서풍이 부는 등 기상 상황이 좋지 않음에도 위 E에게 이 사건 비행장치 체험비행을 허락하였고, 이 사건 비행장치 날개형식인 Top14.9 날개는 빠른 속도로 비행을 할 수 있는 반면 선회시 바람을 품어 주지 못하고 새어 나가 원심력을 유지하지 못하고 비행장치의 안쪽으로 흐르는 특성이 있으며 위 E는 위 비행장치의 비행 경험이 3회에 불과하므로 피고인으로서는 위 비행장치의 특성에 맞는 교육 등을 통하여 위 E가 무리한 다이브 자세 등을 취하지 못하도록 방지하고, 약 6.61리터의 연료가 남은 상황에서 피해자를 태우고 체험비행을 하는 것을 방지하는 각 조치를 취하지 아니하여, 2012. 6. 12. 13:08경 이 사건 비행장치가 상승선회 및 하강선회 조작을 하는 과정에서 연료량의 부족으로 인해 강하자세 상태에서 연료가 원활하게 공급되지 않아 이 사건 비행장치의 엔진이 정지되고, 날개의 선회내측으로 흐르는 특성과 강한 배풍의 영향으로 실속에 진입하면서 인천 G에 있는 H 골프장 옆 6공구 매립지에 이 사건 비행장치를 추락하게 하였다.

피고인은 위와 같은 업무상 과실로 이 사건 비행장치 추락으로 탑승하고 있던 피해자가 전신 다발성 골절 및 열상으로 사망에 이르게 하였다.

나. 적용법령

위 범죄사실에 대하여 법원은 형법 제268조를 적용하여 업무상 과실치사죄를 유죄로 인정하고, 금고 8월형을 선고하였다.

다. 관련문제

항공안전법 제149조 제2항은 업무상 과실로 초경량비행장치를 추락 또는 전복시키거나 파괴시킨 경우에 적용되고, 이 사건과 같이 업무상 과실로 사람을 사망에 이르게 한 경우에는 형법 제268조 소정의 업무상 과실치사죄가 성립한다. 만약 업무상 과실로 인하여 초경량비행장치를 추락시키고 동시에 사람을 사망에 이르게 한 경우에는 항공안전법상 업무상 과실 초경량비행장치 추락죄와 형법상 업무상 과실치사죄가 성립하고, 양죄는 상상적 경합관계에 있다. 만약 고의로 사람이 현존하는 초경량비행장치를 추락시키고 이로 인하여 사람을 사망에 이르게 한 경우에는 형법 제188조 소정의 교통방해치사죄가 성립한다(결과적 가중범).

제 6 장

항공보안법

[32] 항공보안계획의 합헌성
[33] 항공보안법상 항로변경죄의 성립요건
[34] 중국 민항기 납치에 관한 형사책임
[35] 객실승무원의 직무상 지시에 따르지 않은 경우 형사책임
[36] 김포공항 보호구역 출입증 발급 불허처분의 적법성

[32] 항공보안계획의 합헌성

헌법재판소 2018. 2. 22. 선고 2016헌마780 결정

Ⅰ. 사실관계

(1) 청구인은 2016. 7. 31. 인천공항에서 미국행 대한항공편을 이용하고자 출국심사를 받는 과정에서 일반적인 보안검색을 받았다. 그런데 대한항공 측은 미국 교통안전청(Transportation Security Administration)으로부터 청구인이 추가 보안검색 대상자에 해당한다는 통보를 받았다며 항공기 탑승 전에 청구인에 대하여 추가 보안검색을 실시하였다. 추가 보안검색은 보안검색 담당자가, 청구인의 소지품에 대해서는 밖으로 꺼내도록 하여 육안으로 확인하는 방식으로, 청구인의 신체에 대해서는 손으로 더듬는 방식으로 이루어졌다(이하 '이 사건 추가 보안검색').

(2) 이후 청구인은 인천국제공항공사 사장을 상대로 이 사건 추가 보안검색을 실시한 법적 근거 등에 대하여 정보공개청구를 하였는데, 위 공사로부터 "항공운송사업자는 체약국의 요구가 있거나 필요하다고 판단되는 경우 탑승 수속 전 또는 탑승구 앞에서 추가 보안검색을 실시할 수 있다"는 내용의 '국가항공보안계획 8.1.19'를 근거로 항공사에서 추가 보안검색을 자체 실시한 것으로서 인천국제공항공사와는 관련이 없다는 답변을 받았다. 또한 항공운송사업자인 대한항공 측으로부터는 미국 교통안전청으로부터 추가 보안검색 대상임을 통보받아 부득이하게 실시한 것이라는 답변을 받았다.

(3) 이에 청구인은 항공운송사업자로 하여금 체약국의 요구가 있는 경우 추가 보안검색을 실시할 수 있도록 정한 '국가항공보안계획 8.1.19'가 법률유보원칙 및 과잉금지원칙을 위반하여 청구인의 인간의 존엄과 자유, 신체의 자유 등을 침해하였다고 주장하며, 2016. 9. 12. 그 위헌확인을 구하는 이 사건 헌법소원심판을 청구하였다.

Ⅱ. 참조 조문

1. 항공보안법(2013. 4. 5. 법률 제11753호로 개정된 것)

제1조(목적) 이 법은 「국제민간항공협약」 등 국제협약에 따라 공항시설, 항행안전시설 및 항공기 내에서의 불법행위를 방지하고 민간항공의 보안을 확보하기 위한 기준·절차 및 의무사항 등을 규정함을 목적으로 한다.

제3조(국제협약의 준수) ① 민간항공의 보안을 위하여 이 법에서 규정하는 사항 외에는 다음 각 호의 국제협약에 따른다.

1. 「항공기 내에서 범한 범죄 및 기타 행위에 관한 협약」
2. 「항공기의 불법납치 억제를 위한 협약」
3. 「민간항공의 안전에 대한 불법적 행위의 억제를 위한 협약」
4. 「민간항공의 안전에 대한 불법적 행위의 억제를 위한 협약을 보충하는 국제민간항공에 사용되는 공항에서의 불법적 폭력행위의 억제를 위한 의정서」
5. 「가소성 폭약의 탐지를 위한 식별조치에 관한 협약」

② 제1항에 따른 국제협약 외에 항공보안에 관련된 다른 국제협약이 있는 경우에는 그 협약에 따른다.

제10조 (국가항공보안계획 등의 수립) ① 국토교통부장관은 항공보안 업무를 수행하기 위하여 국가항공보안계획을 수립·시행하여야 한다.

② 공항운영자등은 제1항의 국가항공보안계획에 따라 자체 보안계획을 수립하거나 수립된 자체 보안계획을 변경하려는 경우에는 국토교통부장관의 승인을 받아야 한다. 다만, 국토교통부령으로 정하는 경미한 사항의 변경은 그러하지 아니하다.

2. 항공보안법 시행규칙(2014. 4. 4. 국토교통부령 제86호로 개정된 것)

제3조의2(국가항공보안계획의 내용 등) ① 법 제10조 제1항에 따른 국가항공보안계획(이하 "국가항공보안계획"이라 한다)에는 다음 각 호의 내용이 포함되어야 한다.

1. 법 제9조 제1항에 따른 공항운영자등(이하 "공항운영자등"이라

> 한다)의 항공보안에 대한 임무
> 6. 항공보안에 관한 국제협력
> 7. 그 밖에 항공보안에 관하여 필요한 사항

3. 국제민간항공협약[1] 부속서 17[2](항공보안)

> **2.4. 국제협력**
> 2.4.1 각 체약국은 다른 체약국으로부터 특정한 항공편에 대해 추가적인 보안조치를 요구받을 경우, 가능한 한도 내에서 조치를 취해야 한다. 추가적인 보안조치를 요구하는 체약국은 상대국이 이에 상응하는 대안 조치를 제시하는 경우 이를 고려해야 한다.

4. 국가항공보안계획(2011. 4.)

> **제8장 승객·휴대물품·위탁수하물 등 보안대책**
> 8.1 승객 및 휴대물품 등 보안검색
> 8.1.19 항공운송사업자는 체약국의 요구가 있거나 필요하다고 판단되는 경우 탑승 수속 전 또는 탑승구 앞에서 추가 보안검색을 실시할 수 있다.

Ⅲ. 판시사항

(1) 우리나라는 '국제민간항공협약'의 체약국으로서 위 협약을 준수할 의무가 있는데, '국제민간항공협약'과 동일한 효력이 있는 '국제민간항공협약 부속서 17'(항공보안)(Annex 17 to the Convention on International Civil Aviation) 2.4.1 전문에서는 "각 체약국은 다른 체약국으로부터 특정한 항공편에 대해 추가적인 보안조치를 요구받을 경우, 가능한 한도 내에서 조치를 취해야 한다"고 정하고 있다. 항공보안법은 항공운송사업자 등의 국제협약의 준수 의무와 함께 보안검색의 기준 및 절차에 관한 기본

---

1) Convention on International Civil Aviation[발효일 1952. 12. 11.][다자조약, 제38호, 1952. 12. 11.].

2) Annex 17 to the Convention on International Civil Aviation.

적인 사항을 정하고 있고, 국토교통부장관으로 하여금 그 이행을 위하여 '국가항공보안계획'을 수립·시행하도록 의무를 부과하고 있다. 따라서 이 사건 국가항공보안계획은 헌법상 법률유보원칙에 위배되지 않는다.

(2) 이 사건 국가항공보안계획은, 이미 출국 수속 과정에서 일반적인 보안검색을 마친 승객[3]을 상대로, 촉수검색(Patdown)과 같은 추가적인 보안 검색 실시를 예정하고 있으므로 이로 인한 인격권 및 신체의 자유 침해 여부가 문제된다. 이 사건 국가항공보안계획은 민간항공 보안에 관한 국제협약의 준수 및 항공기 안전과 보안을 위한 것으로 입법목적의 정당성 및 수단의 적합성이 인정되고, 항공운송사업자가 다른 체약국의 추가 보안검색 요구에 응하지 않을 경우 항공기의 취항 자체가 거부될 수 있으므로 이 사건 국가항공보안계획에 따른 추가 보안검색 실시는 불가피하며, 관련 법령에서 보안검색의 구체적 기준 및 방법 등을 마련하여 기본권 침해를 최소화하고 있으므로 침해의 최소성도 인정된다. 또한 국내외적으로 항공기 안전사고와 테러 위협이 커지는 상황에서, 민간항공의 보안 확보라는 공익은 매우 중대한 반면, 추가 보안검색 실시로 인해 승객의 기본권이 제한되는 정도는 그리 크지 아니하므로 법익의 균형성도 인정된다. 따라서 이 사건 국제항공보안계획은 헌법상 과잉금지원칙에 위반되지 않으므로, 청구인의 기본권을 침해하지 아니한다.

Ⅳ. 해 설

1. 청구인의 주장

이 사건 국가항공보안계획은 법률에 근거도 없이 추가 보안검색 실시

3) 상법 제6편 항공운송과 국제항공운송에 있어서의 일부 규칙 통일에 관한 협약(이하 '1999년 몬트리올 협약')은 2007. 12. 29. 국내에서 발효되었다)에서는 항공여객운송인과 사이에 항공운송을 체결한 당사자로서 '여객'이라는 용어를 사용한다. 이와 달리, 항공보안법에서는 항공기에 탑승하여 직무를 수행하는 승무원(duty crew) 이외의 자연인을 의미하는 '승객'이라는 용어를 사용한다. 따라서 운송인과 운송계약을 체결하지 아니한 밀항자(stowaways)는 1999년 몬트리올 협약의 적용대상이 아니지만[니콜라스 마테(Nicolas Mateesco Matte) 著, 양승규 譯, 국제항공운송법, 법문사(1987), 79면] 승객으로서 항공보안법의 적용대상이 된다.

에 대하여 정하고 있으므로 헌법상 법률유보원칙에 위반되고 청구인의 인간으로서의 존엄과 가치, 행복추구권, 신체의 자유를 침해한다. 또한 이 사건 국가항공보안계획만으로는 당사자가 추가 보안검색의 사유를 제대로 알 수 없으므로 알 권리도 침해한다.

2. 민간항공보안 법규

가. 시카고 협약

제2차 세계대전이 끝난 후 국제민간항공 수송체계 및 질서를 확립하기 위하여 52개국의 참여로 '국제민간항공협약', 일명 '시카고 협약(Chicago Convention)'이 1944. 12. 7. 미국 시카고에서 작성·채택되어 1947. 4. 4. 최초 발효되었다. 이 협약은 다자간 국제조약으로 우리나라는 1952. 12. 11. 가입하여 조약 제38호로 발효되었고, 1957. 2. 4. 국회에서 비준동의를 받았다.

헌법 제6조 제1항은 "헌법에 의하여 체결·공포된 조약과 일반적으로 승인된 국제법규는 국내법과 같은 효력을 가진다"라고 규정하고 있고, 헌법 제60조 제1항은 국회의 조약 체결·비준에 대한 동의권을 규정하고 있다. 국제민간항공협약은 우리나라가 가입과 동시에 발효되었고 사후에 국회의 비준동의도 받았으므로 국내법과 같은 효력을 가지고, 위 협약의 국내 이행을 위해서 '항공보안법'이 마련되어 있다.[4] 따라서 항공운송사업자를 포함한 공항운영자등은 위 협약에서 정한 사항의 이행을 위해 항공보안법 및 그 위임을 받은 하위법령이 정한 바가 있으면 그에 따르고, 정한 바가 없으면 위 협약에서 정한 바에 따른다(항공보안법 제1조, 제3조 참조).

4) 항공사고는 항공운항활동과 관련하여 발생한 사건으로 인해 인명 및 재산상 피해를 입히거나 운항활동이 장애를 받게 되는 상황이 유발된 것을 의미하며, 실수 또는 의도하지 않은 오류에 의해서 발생한 사고와 의도된 범죄에 의한 사고로 이분할 수 있다. 항공안전은 넓은 의미로 두 가지 요인에 의한 항공사고 모두가 연관된 것이지만 좁은 의미로 의도하지 않은(unintentional) 실수나 오류에 의한 사고와 관련하여는 항공안전(aviation safety)라는 용어를 사용하고 의도적인 범죄에 의한 사고는 항공보안(aviation security)이라는 용어를 사용한다. 유광의, "항공보안의 개념과 항공보안 활동", 항공진흥 제1호, 한국항공협회(2002), 71면.

나. 시카고 협약 부속서

시카고 협약은 총 96개 조항으로 이루어진 협약 본문과 이를 뒷받침하는 부속서가 제1부터 제19까지로 구성되어 있다. 부속서는 협약에 기초를 두고 있으나 협약 본문에 모두 포함시킬 수 없는 고도의 전문적이고 기술적인 세부사항을 규정하기 위하여 마련된 것으로, 항공과 직접 관련된 모든 분야의 국제표준을 마련해 주고 기술상의 기준을 제시한 국제규범으로, 협약의 일부로서 협약 본문과 동등한 효력이 있다. 항공보안에 관한 사항은 부속서 17에서 규정하고 있는바, '국제민간항공협약 부속서 17' 중 2.4.1 전문은 "각 체약국은 다른 체약국으로부터 특정한 항공편에 대해 추가적인 보안조치를 요구받을 경우, 가능한 한도 내에서 조치를 취해야 한다"고 규정하고 있다.

다. 항공보안법

시카고 협약 등 국제협약에 따라 공항시설, 항행안전시설 및 항공기내에서 불법방해행위(Acts of Unlawful Iinterference)를 방지하고 민간항공의 보안을 확보하기 위한 기준·절차 및 의무사항 등을 규정함을 목적으로 항공보안법이 마련되어 있다.

항공보안법은 민간항공의 보안을 위한 국제협약의 준수 의무와 함께, 항공안전 및 보안에 관한 기본계획의 수립과 시행, 공항 및 항공기 내의 보안을 위한 필요한 조치로서의 보안검색의 기준과 방법 및 승객 등의 협조 의무, 항공보안장비, 항공안전보안지시·조사 및 점검 등에 대한 구체적인 규정을 두고 있고, 그 외에 민간항공에 대한 불법방해행위에 신속하게 대응하기 위하여 국가항공보안 우발계획의 수립근거도 마련하고 있으며, 민간항공 보안업무의 효율적 추진을 위하여 항공보안 자율신고제도도 정하고 있다.

라. 국가항공보안계획

(1) 항공보안법은 국토교통부장관으로 하여금 항공보안 업무를 수행하

기 위하여 '국가항공보안계획'을 수립·시행하도록 의무를 부과하고 있는 바(제1조, 제4조, 제10조 제1항), 항공보안법 시행규칙에서는 국가항공보안계획에 항공운송사업자를 포함한 공항운영자등의 항공보안에 대한 임무 및 항공보안에 관한 국제협력 등의 내용이 포함되도록 규정하고 있다(제3조의2 제1항). 항공운송사업자를 포함한 공항운영자등은 국가항공보안계획에 따라 자체 보안계획을 수립하여 국토교통부장관의 승인을 받아야 하고, 이를 제대로 이행하지 아니하면 과태료를 부과받게 된다(법 제10조 제2항, 제51조 제1항 제1호).

(2) 국가항공보안계획[5]은 명칭은 계획이지만, 그 법적 성질은 '행정계획'[6]이 아니라 대외적으로 구속력 있는 법규명령(法規命令)에 해당한다.[7] 상급행정기관이 하급행정기관에 대하여 업무처리지침이나 법령의 해석적용에 관한 기준을 정하여 발하는 이른바 행정규칙은 일반적으로 행정조직 내부에서만 효력을 가질 뿐 대외적인 구속력을 갖지 않는다.[8] 그러나 법령의 규정이 특정 행정기관에게 그 법령 내용의 구체적 사항을 정할

---

5) ICAO에서는 국가 민간항공보안프로그램을 수립하도록 권고하였으며, Doc 8973에 세부적인 내용을 기술하고 있다. ICAO Doc 8973. 5.1.1.에 따르면, 각 국가는 자국의 민간항공보안프로그램(NCASP)을 개발·시행·유지하여야 하고, 이를 총괄하기 위한 국가항공보안 책임당국을 지정하도록 규정하였으며, 우리나라의 경우 국토교통부 항공보안과가 이에 해당한다.

6) 행정계획은 특정한 행정목표를 달성하기 위하여 행정에 관한 전문적·기술적 판단을 기초로 관련되는 행정수단을 종합·조정함으로써 장래의 일정한 시점에 일정한 질서를 실현하기 위하여 설정한 활동기준이나 그 설정행위를 말한다. 행정주체는 구체적인 행정계획을 입안·결정할 때 비교적 광범위한 형성의 자유를 가진다. 다만 행정주체의 위와 같은 형성의 자유가 무제한적이라고 할 수는 없고, 행정계획에서는 그에 관련되는 자들의 이익을 공익과 사익 사이에서는 물론이고 공익 사이에서나 사익 사이에서도 정당하게 비교·교량하여야 한다는 제한이 있으므로, 행정주체가 행정계획을 입안·결정할 때 이익형량을 전혀 행하지 아니하거나 이익형량의 고려대상에 마땅히 포함시켜야 할 사항을 누락한 경우 또는 이익형량을 하였으나 정당성과 객관성이 결여된 경우에는 그 행정계획 결정은 이익형량에 하자가 있어 위법하게 될 수 있다. 대법원 2018. 10. 12. 선고 2015두50382 판결.

7) 박정훈, "법규명령 형식의 행정규칙과 행정규칙 형식의 법규명령 -법규개념 및 형식실질 이원론의 극복을 위하여-", 행정법학 제5호(2013), 33~68면.

8) 행정규칙은 행정입법의 일종으로, 행정조직 내부에서 행정조직이나 행정사무처리의 기준으로서 제정된 일반추상적 규범을 말하고, 이는 법규성을 가지는 법규명령과 달리 행정 내부적인 조직 및 사무처리의 기준인 점에서 내부법에 불과하며, 그 결과로 법규성, 즉 외부적 구속력을 갖지 않는 행정입법으로 이해되었다. 조성규, "행정규칙의 법적 성질 재론", 행정법연구 제31호(2011. 12.), 134면.

수 있는 권한을 부여하면서 그 권한 행사의 절차나 방법을 특정하고 있지 않아 수임 행정기관이 행정규칙의 형식으로 그 법령의 내용이 될 사항을 구체적으로 정하고 있다면, 그와 같은 행정규칙은 위에서 본 행정규칙이 갖는 일반적 효력으로서가 아니라 행정기관에 법령의 구체적 내용을 보충할 권한을 부여한 법령 규정의 효력에 의하여 그 내용을 보충하는 기능을 갖고, 따라서 이와 같은 행정규칙은 당해 법령의 위임한계를 벗어나지 않는 한 그것들과 결합하여 대외적인 구속력이 있는 법규명령으로서 효력을 가진다.[9]

마. 국제협약과 항공보안법의 관계

국제법은 항공보안에 관한 범죄와 같이 초국가적 성격을 갖는 범죄에 대하여 도쿄 협약, 헤이그 협약, 몬트리올 협약 등 각종 억제조약(Suppression Convention)을 통한 처벌을 도모하고 있다. 이와 같이 항공보안에 관한 국제협약에 규정된 범죄는 조약범죄(條約犯罪, Treaty Crime) 또는 초국가범죄(超國家犯罪, Transnational Crime) 등으로 지칭된다.[10] 억제조약은 체약국에게 대상 범죄의 처벌 및 기소의무와 국제적 협력 의무를 규정하고 있다. 그러나 조약범죄 대상행위의 범죄성이 직접 국제법에 규정되어 있지 않으므로, 조약범죄를 처벌하기 위해서는 체약국이 대상행위를 처벌하는 국내법을 제정하여야 한다. 만약 체약국이 조약상 의무에 위반하여 대상행위를 처벌하는 국내법을 마련하지 않았다면 체약국이 이에 대한 국가책임을 부담할 뿐, 개인이 직접 국제법에 근거하여 처벌되지는 않는다.[11] 따라서 항공보안법은 국제협약의 체약국인 대한민국이 국제협약상 의무를 이행하기 위하여 항공보안에 관한 범죄를 처벌하는 조항을 자세히 규정하여, 대한민국이 비준한 항공보안에 관한 국제협약의 실효성을 확보하고 있다.[12]

---

9) 대법원 2008. 3. 27. 선고 2006두3742 판결.
10) 김기준, 국제형사법, 박영사(2017), 15면.
11) 김기준, 16면.
12) 박수진, 항공기내 보안제도 개선에 관한 법적 연구 -「항공운송사업자의 항공기내보안요원 등 운영지침」 개정을 중심으로-, 한국항공대 법학박사 학위논문(2020. 8.), 26면.

3. 제한되는 기본권 및 이 사건의 쟁점

가. 인격권

헌법 제10조는 모든 기본권 보장의 종국적 목적이자 기본이념이라 할 수 있는 인간의 본질적이고 고유한 가치인 인간의 존엄과 가치로부터 유래하는 인격권을 보장하고 있다.[13] 이미 탑승을 위한 출국 수속 과정에서 일반적인 보안검색을 마쳤음에도, 취항 예정지 국가인 체약국의 요구가 있다는 이유로 항공기 탑승 전 또는 탑승구 앞에서 보안 담당자로부터 신체검사 등 보안검색을 당하는 경우 해당 승객은 모욕감 내지 수치심 등을 느낄 수 있다. 따라서 이 사건 국가항공보안계획으로 인한 인격권 침해 여부가 일차적으로 문제된다.

나. 신체의 자유

헌법 제12조가 보장하는 신체의 자유는 신체활동을 자율적으로 할 수 있는 신체거동의 자유와 함께 신체의 안전성이 외부로부터의 물리적인 힘이나 정신적인 위협으로부터 침해당하지 아니할 자유를 포함한다.[14] 항공보안법상 일반적인 보안검색이 승객에 대해서는 문형금속탐지기 또는 원형검색장비를 사용하여, 휴대물품에 대해서는 엑스선 검색장비를 사용하여 이루어지는 것과 달리(항공보안법 시행령 제10조 제1항), 국가항공보안계획에서 추가 보안검색은 신체에 대해서는 촉수검색을 예정하고 있으므로(8.1.14 참조), 인격권과 더불어 신체의 자유 침해 여부도 함께 문제될 수 있다.

다. 알 권리

헌법 제21조 등에서 도출되는 기본권인 알 권리는 일반적으로 접근할 수 있는 정보원으로부터 자유롭게 정보를 수령·수집하거나, 국가기관 등에 대하여 정보의 공개를 청구할 수 있는 권리를 말한다.[15] 항공기의 취

13) 헌법재판소 2002. 7. 18. 선고 2000헌마327 결정.
14) 헌법재판소 1992. 12. 24. 선고 92헌가8 결정.

항 예정지인 체약국이 어떠한 사유로 특정인에 대해 추가 보안검색을 요구하게 되는 것인지가 일반적인 정보라고 보기 어렵고, 이 사건 국가항공보안계획은 체약국의 요구가 있으면 항공운송사업자가 그 요구에 따라 탑승 수속 전 또는 탑승구 앞에서 추가 보안검색을 실시하는 것에 대해 규정하고 있을 뿐이므로 이 사건 국가항공보안계획에 의해 알 권리가 제한된다고 볼 수 없다.

라. 이 사건의 쟁점

이와 같이 이 사건 국가항공보안계획에 의해 항공운송사업자가 승객을 상대로 체약국의 요구에 따라 추가 보안검색을 실시할 경우 승객의 인격권 등 기본권이 침해될 수 있으므로, 이 사건 국가항공보안계획이 법률적 근거를 두고 있는지, 과잉금지원칙을 위반하여 청구인의 기본권을 침해하는지 여부가 문제된다.

4. 법률유보원칙 위배 여부

가. 기본권 제한에 있어 법률유보원칙

기본권은 헌법 제37조 제2항에 의하여 국가안전보장, 질서유지 또는 공공복리를 위하여 필요한 경우에 한하여 이를 제한할 수 있으나, 그 제한의 방법은 원칙적으로 법률로써만 가능하다. 이러한 법률유보원칙은 '법률에 의한' 규율만을 뜻하는 것이 아니라 '법률에 근거한' 규율을 요청하는 것이므로, 기본권 제한의 형식이 반드시 법률의 형식일 필요는 없고 법률에 근거를 두고 있으면 된다.[16)]

나. 이 사건 국가항공보안계획의 법률유보원칙 위배 여부

(1) 항공보안법은 시카고 협약 등 국제협약에 따라 공항시설, 항행안전시설 및 항공기 내에서의 불법행위를 방지하고 민간항공의 보안을 확보하기 위한 기준·절차 및 의무사항 등을 규정함을 목적으로 마련된 법

15) 헌법재판소 1991. 5. 13. 선고 90헌마133 결정.
16) 헌법재판소 2013. 7. 25. 선고 2012헌마167 결정.

으로(제1조), 국토교통부장관으로 하여금 민간항공보안 업무를 수행하기 위하여 국가항공보안계획을 수립·시행하도록 하고(제10조 제1항), 공항운영자, 항공운송사업자 등은 위 계획에 따라 자체 보안계획을 수립하여 승인을 받는 등 항공보안을 위한 국가시책에 협조하도록 정하고 있다(제5조). 국가항공보안계획은 이와 같이 항공보안법 제10조 제1항에 직접적인 근거규정을 두고 마련된 것으로, 민간항공에 대한 불법방해행위로부터 승객·승무원·항공기 및 공항시설 등을 보호하기 위하여 체약국과 상호 협력할 사항을 정하고, 공항운영자 등의 승객·승무원·휴대물품·위탁수하물·화물·기내물품 등에 대한 구체적인 검색방법을 정하고 있다.

(2) 또한 항공보안법은 "항공운송사업자는 승객의 안전 및 항공기의 보안을 위하여 필요한 조치를 하여야 하고(제14조 제1항), 항공기에 탑승하는 사람은 신체, 휴대물품 및 위탁수하물에 대한 보안검색을 받아야 하며(제15조 제1항), 이를 거부하는 사람에 대해서 항공운송사업자는 탑승을 거절할 수 있다(제23조)"고 규정함으로써, 승객을 대상으로 하는 항공운송사업자의 보안검색 의무 및 내용에 대한 본질적인 사항을 법에서 직접 정하고 있는데, 이는 항공보안을 위한 기준·절차 및 의무사항에 관하여 국제협약에 따르기 위한 것임을 밝힌 것이다. 항공보안법 시행규칙에서도 국가항공보안계획에 국제항공운송사업자를 포함한 공항운영자등의 항공보안에 대한 임무 및 항공보안에 관한 국제협력 등의 내용이 포함되도록 규정하고 있고(제3조의2 제1항), 이 사건 국가항공보안계획은 '국제민간항공협약 부속서 17'에서 "각 체약국은 다른 체약국으로부터 특정한 항공편에 대해 추가적인 보안조치를 요구받을 경우, 가능한 한도 내에서 조치를 취해야 한다"(2.4.1 전문)고 정한 것을 반영한 것으로 보인다.

다. 소 결

그렇다면 이 사건 국가항공보안계획은 항공보안법에 직접적인 근거를 두고 있고, 항공보안법에서 이 사건 국가항공보안계획에서 정한 보안검색의 본질적 사항에 대해 규정하고 있으므로, 헌법상 법률유보원칙에 위배되지 않는다.

5. 과잉금지원칙 위반 여부

가. 목적의 정당성

이 사건 국가항공보안계획은 민간항공보안에 관하여 국제협약에서 정한 기준 및 절차에 따르고 민간항공에 대한 불법방해행위로부터 승객, 승무원, 항공기 및 공항시설 등을 보호하기 위한 것으로 입법목적이 정당하다.

나. 수단의 적합성

'시카고 협약 부속서 17' 2.4.1 전문은 "각 체약국은 다른 체약국으로부터 특정한 항공편에 대해 추가적인 보안조치를 요구받을 경우, 가능한 한도 내에서 조치를 취해야 한다"고 정하고 있는바, 앞서 본 바와 같이 부속서는 우리나라가 1952년 가입하여 발효된 국제민간항공협약의 한 부분으로 시카고 협약과 동등한 효력이 있고, 항공보안법 및 관련 규정에서도 항공보안의 기준 및 절차에 관해 국제협약에 따르도록 정하고 있으므로, 이 사건 국가항공보안계획의 심판대상규정이 위 부속서에서 정한 바에 따라 항공운송사업자로 하여금 체약국의 요구가 있는 경우 탑승 수속 전 또는 탑승구 앞에서 추가 보안검색을 실시할 수 있도록 하도록 규정한 것은 위와 같은 입법목적을 달성하기 위한 적합한 수단이다.

다. 침해의 최소성

(1) 항공보안법에 의하면 항공운송사업자를 포함한 공항운영자등은 자체 보안계획을 수립하여 국토교통부장관의 승인을 받아야 하는데(제10조 제2항), 공항운영자등이 수립하는 자체 보안계획은 국토교통부장관이 수립하는 국가항공보안계획, 법 제3조에 따른 국제협약 및 국제민간항공협약 부속서 17 등의 내용에 적합한 것이어야 국토교통부장관으로부터 승인을 받을 수 있다(시행규칙 제3조의3 제2호). 만약 공항운영자등이 자체 보안계획을 불이행하면 과태료를 부과받는다(법 제51조 제1항 제1호). 그

런데 앞서 본 바와 같이 시카고 협약 부속서 17의 2.4.1 전문은 체약국의 요구에 따른 추가 보안조치 의무에 대해 정하고 있다.

따라서 국제민간항공협약의 체약국인 우리나라의 항공운송사업자로서는 위 협약을 준수할 의무가 있고, 항공운송사업자가 체약국의 이러한 요구를 이행하지 아니하는 경우 체약국의 법이 정한 바에 따라 취항금지 등의 조치를 받을 수도 있으므로 체약국의 추가 보안검색 요구가 있는 경우 항공운송사업자의 추가 보안검색 실시는 사실상 불가피하다고 보인다.

(2) 다만 시카고 협약 부속서 17의 2.4.1 전문에 의하면, '가능한 한도 내'에서 체약국의 추가 보안검색 요구에 협력하도록 정하고 있고, 항공보안법에 의하면 항공운송사업자는 보안검색을 거부하는 등 항공기의 안전운항을 저해할 우려가 있는 사람, 또는 국가기관 또는 국제기구 등으로부터 탑승거절이 요청 또는 통보된 사람에 대하여 탑승을 거절할 수 있으므로(법 제23조 제7항), 체약국의 요구에 따른 추가 보안검색을 거부하는 승객에 대하여는 탑승을 거절하면 된다.

그리고 항공보안법이나 관련 규정에서 일반 보안검색 외에 예외적인 보안검색 실시의 기준, 절차, 방법에 관하여 정함으로써 항공운송사업자의 추가 보안검색으로 인한 관련 기본권 침해를 방지하기 위한 조치를 마련하고 있다. 구체적으로, 항공보안법은 공항운영자등이 국토교통부장관이 고시하는 항공보안장비를 사용하도록 하고, 항공보안장비의 종류, 성능 및 운영방법 등에 관한 기준을 고시하도록 하고 있다(제27조). 이에 항공보안법 시행령은 법 제27조에 따라 국토교통부장관이 고시하는 항공보안장비를 사용하여 보안검색을 하도록 하면서, 일반적인 보안검색 방법이 아닌 승객에 대한 신체검색이나 개봉검색은 검색장비의 경보음이 울리는 경우, 무기류나 위해물품을 휴대하거나 숨기고 있다고 의심되는 경우, 엑스선 검색장비에 의해 내용물을 판독할 수 없는 경우 등에 예외적으로 실시하는 것으로 정하고 있다(제10조 제3항).

국가항공보안계획도 제8장에서 승객에 대해 개별검색을 실시하는 경우 반드시 승객의 동의를 받아서 행하도록 하고 승객의 인격을 침해할 수 있는 언행을 금하고 있으며(8.1.12), 승객의 신체검색시 동일한 성(性)

을 가진 항공보안검색요원이 검색업무를 수행하도록 하고, 여성 승객에 대한 보안검색은 반드시 여성 항공보안검색요원이 검색하도록 하고 있다(8.1.9). 또한 개봉검색·촉수검색 및 폭발물탐지기를 이용한 검색을 예외적인 보안검색 방법으로 정하고 있다(8.1.14).

(3) 이러한 점들을 종합하여 보면, 이 사건 국가항공보안계획은 민간항공보안에 관한 국제협약의 준수 및 민간항공의 보안을 위해 필요 최소한도의 것을 정한 것으로서 침해의 최소성이 인정된다.

라. 법익의 균형성

항공기 이용이 보편화됨에 따라 국내외적으로 항공기 안전사고나 항고기에 대한 또는 항공기를 이용한 테러 위협이 계속 커지고 있는바, 항공기 사고는 한번 발생하면 그로 인한 인명 피해가 심각하므로 항공기 내에서의 불법행위 방지 및 민간항공의 보안 확보라는 공익은 매우 중대하다. 이에 반해 체약국의 요구가 있는 경우 승객을 상대로 실시되는 추가 보안검색은 그 방법 및 절차를 고려할 때 그로 인해 대상자가 느낄 모욕감이나 수치심, 신체의 자유의 제한 정도가 그리 크다고 보기 어렵다. 따라서 이 사건 국가항공보안계획은 법익의 균형성도 인정된다.

마. 소 결

그러므로 이 사건 국가항공보안계획은 과잉금지원칙에 위반하여 청구인의 인격권 등 기본권을 침해하지 아니한다.

[33] 항공보안법상 항로변경죄의 성립요건

대법원 2017. 12. 21. 선고 2015도8335 전원합의체 판결

Ⅰ. 사실관계

가. 피고인의 항공기 탑승 및 1등석 서비스 응대

(1) 대한항공 부사장인 피고인은 2014. 12. 5. 00:37경(뉴욕 현지시각 기준, 이하 마.항까지 같다) 뉴욕 JFK 국제공항 제1터미널 제7번 게이트에서, 같은 날 00:50 출발 예정인 인천국제공항행 주식회사 대한항공 소속 A380 KE086편 항공기 1등석 2A 좌석에 탑승하였다. 당시 1등석에는 1A 좌석에 탑승한 승객과 피고인 등 총 2명의 승객만이 탑승한 상태였다.

(2) 피고인은 같은 날 00:43경 1등석 승무원 공소외 2가 피고인으로부터 미리 주문 받은 물과 함께 미개봉 상태의 봉지에 든 마카다미아와 버터볼(Butter Bowl) 종지를 쟁반에 받쳐 서빙하면서 '견과류도 드실지' 여부를 물어보자 "이렇게 서비스하는 게 맞냐"고 되물었고, 공소외 2가 매뉴얼에 맞게 서빙한 것이라고 답변하자, 즉시 해당 서비스 매뉴얼을 가져올 것을 지시하였다.

(3) 한편, 대한항공의 웰컴 드링크(Welcome Drink) 관련 서비스 매뉴얼 및 2012. 5. 변경된 마카다미아 넛츠 제공 기준은 다음과 같다.

■ Welcome Drink (Seal Open 가능 Station)

○ Galley Work

· 마카다미아 Nuts를 준비한다.

○ Aisle Work

· 음료는 승객 Table의 오른쪽에 Coaster를 깔고 서비스하며, Nuts는 원하시는 승객에게 Galley에서 Butter Bowl에 담아 준비하여 Cocktail

Napkin과 함께 음료 왼쪽에 놓는다.

■ Welcome Drink (Seal Open 불가 Station)
· Liquor류를 제외한 음료 위주로 개별 주문받아 서비스한다.

■ 2012. 5. 마카다미아 넛츠 제공 기준 변경
· 배경 : 상위클래스 서비스 품격 유지 및 넛츠 포장 개봉 불편에 대한 개선
· 변경 : 원하시는 승객에게 포장 째로 제공(기존) → Galley에서 승무원이 Butter Bowl에 담아 제공(변경)

나. 항공기 안전 점검 및 푸시백 승인

(1) 그 무렵 위 항공기 승무원들은 이륙 준비를 위해 좌석 안전벨트, 좌석 등받이, 짐 보관 상태 등 이륙 전 안전 및 보안점검을 하는 중이었고, 기내 안전을 총괄하는 기내 사무장 공소외 3은 승객 안전에 관한 데몬스트레이션 동영상을 상영하기 위해 준비하고 있었다.

(2) 위 항공기는 2014. 12. 5. 00:51경 JFK 공항관제소로부터 푸시백(Push Back)[1]을 승인받아 탑승교를 게이트에서 분리하고 토잉카(Towing Car)를 항공기 앞바퀴에 연결하여 이동을 준비 중인 상태였다.

다. 피고인의 욕설·폭행, 항공기 운항 중단 및 승무원 하기 지시

(1) 공소외 3은 동영상 상영을 준비하다 공소외 2로부터 위와 같은 상황을 전달받고, 객실 서비스 매뉴얼이 저장된 태블릿 피시(Tablet PC)를 가지고 1등석 칸으로 와 피고인에게 건네주었다. 이후 공소외 3은 다시 1등석 갤리(Galley)로 돌아가 갤리인포 파일철을 가지고 나가 피고인을 응대하였다. 위 갤리인포 파일철에는 웰컴 드링크 서비스에 관한 매뉴얼은 기재되어 있지 않았으며, 웰컴 드링크 서비스에 관한 매뉴얼은 태블릿 피시에 저장되어 있었다.

1) 계류장의 항공기를 차량으로 밀어 유도로까지 옮기는 것.

(2) 피고인은 공소외 3에게 "여기 어디에 그런 매뉴얼이 나와 있어?", "누가 (매뉴얼이) 태블릿에 있다고 했어?"라고 화를 내며 위 갤리인포 파일철로 2A 좌석 팔걸이와 그 위에 얹힌 공소외 3의 손등을 3~4회 내리치고, "아까 서비스했던 그년 나오라고 해, 당장 불러와"라고 고함쳤다.

(3) 이때 그 뒤편에서 지켜보던 공소외 2가 놀라 피고인 앞으로 나오자, 피고인이 갑자기 자리에서 일어나 공소외 2에게 삿대질하며 "야 너, 거기서 매뉴얼 찾아. 무릎 꿇고 찾으란 말이야. 서비스 매뉴얼도 제대로 모르는데, 안 데리고 갈 거야. 저년 내리라고 해"라고 말하며, 그 곳 1등석 왼쪽 출입문(L1) 인터폰(기장과 연락하는 인터폰) 앞으로 걸어가 공소외 3을 돌아보며 "이 비행기 당장 세워, 나 이 비행기 안 띄울 거야", "당장 기장한테 비행기 세우라고 연락해"라고 고함쳤다.

(4) 그 무렵(2014. 12. 5. 00:53:40경) 항공기는 이미 제7번 게이트에서 알파 택시웨이(Taxiway, 유도로) 방면으로 진행 중인 상태였다. 항공기가 실제 이동 중임을 감지한 공소외 3은 피고인에게 '이미 비행기가 활주로에 들어서기 시작하여 비행기를 세울 수 없다'며 만류하였으나, 피고인은 공소외 3에게 "상관없어, 니가 나한테 대들어, 어따 대고 말대꾸야"라고 소리치며 "내가 세우라잖아"라고 3~4회 반복하여 당장 항공기를 세우도록 지시하였다.

라. 항공기 푸시백 정지, 램프리턴(Ramp Return)

(1) 공소외 3은 2014. 12. 5. 00:53~00:54경 L1에 설치된 인터폰으로 기장 공소외 4에게 "기장님, 현재 비정상 상황이 발생하여 비행기를 돌려야 할 것 같습니다"라고 간략히 보고하였다. 공소외 4는 즉시 위 항공기가 계류장 내에서 약 22초간, 17m 가량 이동한 상태에서 그 진행을 멈추었다.

(2) 한편, 피고인은 같은 날 00:54:02경 위 항공기가 푸시백을 정지할 무렵 다시 2A 좌석으로 돌아와, 공소외 2로 하여금 매뉴얼을 찾게 하던 중 화를 참지 못하고 위 갤리인포 파일철을 집어 공소외 2에게 세게 던져 그녀의 가슴 부위에 부딪치게 하고, 계속하여 좌석에서 일어나 공소외

2의 어깨를 밀쳐 약 3~4m 가량 L1 출입문 쪽으로 밀고 간 후 위 갤리인포 파일철을 돌돌 말아 벽을 수십 회 내리치며 “너 내려”라고 반복하여 소리치며, 공소외 3에게는 삿대질하면서 “짐 빨리 가져와서 내리게 해. 빨리”라고 반복하여 소리쳤다. 그런 다음 다시 2A 좌석으로 돌아온 피고인은 갤리로 가서 승무원 공소외 5에게 매뉴얼을 찾아오도록 지시하였다.

(3) 공소외 3은 그 사이 L1에서 인터폰으로 자세한 경위를 묻는 기장 공소외 4에게 “부사장께서 객실서비스와 관련해 욕을 하며 화를 내고 있고 승무원의 하기를 강력히 요구하고 있습니다”라는 취지의 보고를 하고 있었다.

(4) 공소외 4는 같은 날 00:54경부터 00:56경까지 JFK 공항 주기장통제소(Ramp Control)와 교신하여 00:56경 게이트로 다시 돌아가는 것에 대한 승인을 받고 00:57경 위 항공기를 진행하던 반대 방향으로 되돌려 게이트까지 다시 이동시켰다(이하 ‘이 사건 램프리턴’).

(5) 피고인은 공소외 5가 태블릿 피시에서 찾은 해당 매뉴얼을 부사무장 공소외 6으로부터 건네받아 매뉴얼 해당 부분을 읽고 난 다음, 고성으로 “사무장, 그 새끼 오라 그래”라고 고함치고, 그 소리에 달려 온 공소외 3에게 “니가 나한테 처음부터 제대로 대답 못해서 저 여승무원만 혼냈잖아, 다 당신 잘못이야, 그러니 책임은 당신이네, 너가 내려”라고 소리치고, 공소외 3에게 삿대질하며 L1 출입문으로 몰아붙인 후 “내려, 내리라고!” 라고 반복하여 소리쳤다.

마. 탑승교 연결, 도어오픈 및 사무장 하기

공소외 3은 2014. 12. 5. 01:03경 부사무장 공소외 6에게 객실 보안 및 안전업무를 인계하고, 기장에게 ‘여승무원 대신 자신이 내리게 되었고, 부사무장에게 업무를 인수인계하겠다’고 보고하였다. 그 무렵 탑승교 접안이 완료되었고, 탑승구 문을 열었다. 공소외 3은 피고인 및 1등석 승객에게 순차로 사과하였다. 피고인은 공소외 3에게 “내리자마자 본부에 보고해”라고 소리쳤다. 공소외 3은 같은 날 01:05경 위 항공기에서 내렸다.

바. 항공기 지연 출발 및 지연 도착

그 후 승객 247명을 태운 위 항공기는 2014. 12. 5. 01:13경 JFK 공항관제소로부터 다시 푸시백을 승인받고 예정된 출발시각보다 24분 지체된 01:14경에 푸시백 이동을 다시 시작하였다. 위 항공기는 위와 같은 과정에서 이 사건 램프리턴 및 지연 출발 사유 등에 대한 아무런 안내방송도 없이 도착 예정시각인 2014. 12. 6. 05:15경(대한민국 기준 시각)보다 약 11분 지체된 같은 날 05:26경 인천국제공항에 착륙하였다.

Ⅱ. 참조 조문

1. 항공보안법

> **제42조(항공기 항로 변경죄)** 위계 또는 위력으로써 운항 중인 항공기의 항로를 변경하게 하여 정상 운항을 방해한 사람은 1년 이상 10년 이하의 징역에 처한다.

Ⅲ. 판시사항

본죄의 객체는 ‘운항 중’의 항공기이다. 그러나 위계 또는 위력으로 변경할 대상인 ‘항로’는 별개의 구성요건요소로서 그 자체로 죄형법정주의 원칙에 부합하게 해석해야 할 대상이 된다. 항로가 공중의 개념을 내포한 말이고, 입법자가 그 말뜻을 사전적 정의보다 넓은 의미로 사용하였다고 볼 자료가 없다. 지상의 항공기가 이동할 때 ‘운항 중’이 된다는 이유만으로 그때 다니는 지상의 길까지 ‘항로’로 해석하는 것은 문언의 가능한 의미를 벗어난다.

Ⅳ. 해 설

1. 문제의 소재

(1) 이 사건의 쟁점은 피고인이 푸시백을 개시한 비행기를 탑승구로 되돌아가게 한 행위가 '항로'의 변경에 해당하는지 여부이다. 원심[2]은, 항로의 사전적 의미는 항공기가 하늘에서 다니는 길이고, 특별한 근거 없이 그보다 넓게 피고인에게 불리한 방향으로 해석하는 것은 죄형법정주의 원칙에 어긋나 허용되지 않으므로, 피고인의 행위는 '항로' 변경에 해당하지 않는다고 보았다.

(2) 이에 대하여 검사는, 항로의 사전적 정의는 이륙 전과 착륙 후 지상에서도 이동해야 하는 항공기의 특성을 반영하지 못한 것이고, 항공보안법은 지상의 항공기도 보호하기 위해 정의규정을 두어 항공기가 승객을 태우고 문을 닫은 때부터 '운항'이 개시되는 것으로 하였으므로, 이 정의에 따라 항공기가 '운항'하는 경로는 지상을 포함하여 전부 '항로'로 해석하더라도 죄형법정주의 원칙에 어긋나지 않는다고 주장하였다.

(3) 대상사안은 항공기 탑승구 복귀 사건(Nut Rage Incident)으로 전세계적으로 많은 파장을 가져왔다. 대법원 전원합의체에서 이 사건을 심리한 결과 다수의견은 항소기각을, 소수의견은 원심판결의 파기를 주장하였다. 대상판결에 대하여 많은 선행연구[3]가 있으므로, 이하에서는 다수설과 소수설의 견해를 간략하게 살펴보기로 한다.

---

2) 서울고등법원 2015. 5. 22. 선고 2015노800 판결. 이와 달리 제1심(서울서부지방법원 2015. 2. 12. 선고 2015고합6 판결)은 피고인의 행위를 항로 변경에 해당한다고 판시하였다.

3) 변종필, "항로변경죄상 '항로'의 의미와 죄형법정원칙 – 대법원 2017. 12. 21. 선고 2015도8335 전원합의체 판결–", 법조 제727호(2018. 2.); 임정호, "항공보안법상 항로변경죄의 문리해석에 있어서의 문제점 – 대법원 2017. 12. 21. 선고 2015도8335 전원합의체 판결", 형사정책 제30권 제1호(2018).

2. 다수의견

가. 법률 규정

항공보안법 제42조는 "위계 또는 위력으로써 운항 중인 항공기의 항로를 변경하게 하여 정상 운항을 방해한 사람은 1년 이상 10년 이하의 징역에 처한다"라고 규정하고 있다. 같은 법 제2조 제1호는 '운항 중'을 '승객이 탑승한 후 항공기의 모든 문이 닫힌 때로부터 내리기 위하여 문을 열 때까지'로 정의하였다. 그러나 항공보안법에 '항로'가 무엇인지에 관하여 정의한 규정은 없다.

나. 죄형법정주의의 원칙

죄형법정주의는 국가형벌권의 자의적인 행사로부터 개인의 자유와 권리를 보호하기 위하여 범죄와 형벌을 법률로 정할 것을 요구한다. 그러한 취지에 비추어 보면 형벌법규의 해석은 엄격하여야 하고, 문언의 가능한 의미를 벗어나 피고인에게 불리한 방향으로 해석하는 것은 죄형법정주의의 내용인 확장해석금지에 따라 허용되지 아니한다.[4] 법률을 해석할 때 입법 취지와 목적, 제·개정 연혁, 법질서 전체와의 조화, 다른 법령과의 관계 등을 고려하는 체계적·논리적 해석 방법을 사용할 수 있으나, 문언 자체가 비교적 명확한 개념으로 구성되어 있다면 원칙적으로 이러한 해석 방법은 활용할 필요가 없거나 제한될 수밖에 없다.[5] 죄형법정주의 원칙이 적용되는 형벌법규의 해석에서는 더욱 그러하다.

다. 사전적 정의

법령에서 쓰인 용어에 관해 정의규정이 없는 경우에는 원칙적으로 사전적인 정의 등 일반적으로 받아들여진 의미에 따라야 한다. 국립국어원의 표준국어대사전은 항로를 '항공기가 통행하는 공로(空路)'로 정의하고 있다. 국어학적 의미에서 항로는 공중의 개념을 내포하고 있음을 분명히

4) 대법원 2016. 3. 10. 선고 2015도17847 판결.
5) 대법원 2009. 4. 23. 선고 2006다81035 판결.

알 수 있다. 기록에 나타난 모든 자료를 살펴보아도, 항공기 운항과 관련하여 '항로'가 지상에서의 이동 경로를 가리키는 용어로 쓰인 예를 찾을 수 없다.

라. 다른 법률에서 사용된 항로

다른 법률에서 항로는 '항공로'의 뜻으로 사용되기도 하였다. 구 항공법(2016. 3. 29. 법률 제14116호로 폐지) 제115조의2 제2항은, 국토교통부장관이 항공운송사업자에게 운항증명을 하는 경우 '운항하려는 항로' 등 운항조건을 정하도록 규정하였다. 이 조문의 내용을 물려받은 항공안전법(2016. 3. 29. 법률 제14116호) 제90조 제2항은 '운항하려는 항로'를 '운항하려는 항공로'로 바꾸었으므로, 여기에서 '항로'는 항공로와 같은 뜻으로 쓰였음이 분명하다. 항공로의 법률적 정의는 '국토교통부장관이 항공기 등의 항행에 적합하다고 지정한 지구의 표면상에 표시한 공간의 길'로 규정되어 있으므로(항공안전법 제2조 제13호, 구 항공법에서의 정의도 같다), 항공기가 비행하면서 다녀야 항공로가 될 수 있다. 이처럼 항로가 법률용어로서 항공로와 혼용되기도 한 것을 볼 때, 입법자도 항로를 공중의 개념을 내포한 단어로 인식하였다고 볼 수 있다.

마. 연혁적 고찰

반면에 입법자가 유달리 본죄 처벌규정에서만 '항로'를 통상의 의미와 달리 지상에서의 이동 경로까지 포함하는 뜻으로 사용하였다고 볼 만한 입법자료는 찾을 수 없다.

본죄는 항공보안법의 전신인 구 항공기운항안전법(1974. 12. 26. 법률 제2742호) 제11조에서 처음으로 범죄로 규정되었다. 구 항공기운항안전법의 제정과정에서 법률안 심사를 위해 열린 1974. 11. 26. 국회 법제사법위원회 회의록은, 본죄의 처벌규정에 관하여는 아무런 논의가 없어서 '항로'의 의미를 알 수 있는 직접적인 단서가 되기 어렵다. 다만 제안이유에 관한 설명을 보면, 민간 항공기에 대한 범죄 억제를 위한 국제협약에 우리나라가 가입한 데 따른 협력의무의 이행으로 범죄행위자에 대한 가중 처벌규정 등을 마련하기 위해 구 항공기운항안전법이 제정된 것임을 알 수 있다.

여기서 말한 국제협약은 「항공기 내에서 범한 범죄 및 기타 행위에 관한 협약(도쿄 협약)」, 「항공기의 불법납치 억제를 위한 협약(헤이그 협약)」, 「민간항공의 안전에 대한 불법적 행위의 억제를 위한 협약(몬트리올 협약)」이다. 이들 협약 중 어느 것도 지상에서 이동하는 항공기의 경로를 변경하게 하는 행위를 독자적인 범죄 구성요건으로 다루고 있지 않다. 그런데도 우리 입법자가 그러한 행위까지 처벌하려는 의도로 본죄의 처벌규정을 두었다고 볼 자료는 없다. 만약 그런 의도가 있었다면 지상에서 이동하는 길이라는 의미가 없는 '항로' 대신 다른 말을 사용하였거나, 지상의 길도 본죄의 '항로'에 포함된다는 정의규정을 두었을 것으로 봄이 타당하다.

바. 운항 중

앞에서 보았듯이 항공보안법은 정의규정을 두어 항공기가 승객을 태우고 문을 닫을 때부터 '운항 중'이 되는 것으로 하였다. 이 정의는 구 항공기운항안전법이 제정되었을 때부터 내려온 것으로, 「항공기의 불법납치 억제를 위한 협약」이 '비행 중(in flight)'의 의미를 본래의 말뜻보다 넓히는 규정을 두어 보호대상인 항공기의 범위를 확대한 태도를 따른 것이다.

본죄의 객체는 이 정의에 따른 '운항 중'의 항공기이다. 그러나 위계 또는 위력으로 변경할 대상인 '항로'는 별개의 구성요건요소로서 그 자체로 죄형법정주의 원칙에 부합하게 해석해야 할 대상이 된다. 항로가 공중의 개념을 내포한 말이고, 입법자가 그 말뜻을 사전적 정의보다 넓은 의미로 사용하였다고 볼 자료가 없음은 앞에서 보았다. 지상의 항공기가 이동할 때 '운항 중'이 된다는 이유만으로 그때 다니는 지상의 길까지 '항로'로 해석하는 것은 문언의 가능한 의미를 벗어난다.

사. 형사정책

지상에서 이동하는 항공기의 경로를 함부로 변경하는 것은 다른 항공기나 시설물과 충돌할 수 있어 위험성이 큰 행위임이 분명하다. 그러나 처벌의 필요성만으로 죄형법정주의 원칙을 후퇴시켜서는 안 된다. 그런 행위는 기장에 대한 업무방해죄로 처벌할 수 있을 뿐만 아니라, 많은 경우 폭행·협박 또는 위계를 수반할 것이므로 10년 이하의 징역으로 처벌 가능한 직무집행방해죄(항공보안법 제43조) 등에 해당할 수 있어 처벌의 공백이 생기는 것도 아니다. 이 사건에서도 피고인은 기장 공소외 4에 대한 업무방해죄로 처벌받게 되었다.

아. 결 론

위와 같은 법리에 비추어 이 사건을 살펴보면, 피고인이 푸시백 중이던 비행기를 탑승구로 돌아오게 한 행위는 항공기의 항로를 변경하게 한 것에 해당하지 않는다. 원심의 판단은 정당하고, 검사의 상고이유 주장은 이유 없다.

3. 소수의견

가. 이 사건 행위는 운항 중인 항공기의 항로를 변경하게 한 것에 해당함

(1) 형벌법규를 해석할 때 피고인에게 불리한 방향으로 지나치게 확장해석하거나 유추해석하여서는 아니 되나, 문언의 가능한 의미 범위 안에서 입법 취지와 목적, 그 규정이 속한 법률의 체계와 구조, 다른 법령과의 관계 등을 고려하여 그 뜻을 분명하게 밝히는 것은 죄형법정주의 원칙에 부합하는 해석 방법이다.[6)]

(2) 항공보안법 제42조는 위계 또는 위력으로써 '운항 중인 항공기의 항로'를 변경하게 하여 정상 운항을 방해한 사람은 1년 이상 10년 이하의 징역에 처한다고 규정하고, 제2조 제1호는 운항 중이란 '승객이 탑승한 후 항공기의 모든 문이 닫힌 때부터 내리기 위하여 문을 열 때까지'를 말한다고 규정하고 있다.

---

6) 대법원 2007. 6. 14. 선고 2007도2162 판결.

(3) 다수의견은 국립국어원의 표준국어대사전에서 항로를 '항공기가 통행하는 공로'로 정의하고 있는 점, 항공안전법 제90조 제2항의 개정 과정에 비추어 항로는 '항공로'와 같은 뜻이 분명한 점 등을 근거로 항로를 '항공로'의 의미로 파악하고, 항공로의 법률적 정의를 '국토교통부장관이 항공기 등의 항행에 적합하다고 지정한 지구의 표면상에 표시한 공간의 길'로 내린 후, 항공기가 지상에서 이동하는 경로는 항로에 해당하지 않는 것으로 판단하고 있음을 알 수 있다.

국립국어원의 표준국어대사전에서는 항로를 '항공기가 통행하는 공로. 항공로로 순화'라고 풀이하고, 또 공로(空路)는 '항공로'를 뜻하는 것으로, 항공로는 '일정하게 운항하는 항공기의 지정된 공중 통로'를 뜻하는 것으로 각 풀이하고 있다.

그런데 항공보안법 제42조의 처벌 대상은 운항 중인 항공기가 실제 운행하는 길을 변경하게 하는 것이지, 국토교통부장관이 지정한 공중 통로 자체를 변경하게 하는 것이 아니다. 다수의견과 같이 국립국어원의 표준국어대사전의 풀이를 그대로 따라서 항로를 '항공로'의 의미로 파악하면, 항공보안법 제42조는 '국토교통부장관이 지정한 공중 통로'를 변경하게 하는 때에 성립하는 것이 되어 본래 처벌하고자 하는 입법 취지에서 벗어나는 엉뚱한 결과를 초래하게 된다.

(4) 다수의견은 구 항공법 제115조의2 제2항에 따라 국토교통부장관이 항공운송사업자에 대하여 운항증명을 하는 경우에 정해야 하는 '운항하려는 항로'와 관련하여, 이를 물려받은 항공안전법 제90조 제2항에서 위 '운항하려는 항로'를 '운항하려는 항공로'로 바꾸었으므로, 항공보안법 제42조에서의 '항로'도 '항공로'와 같은 뜻으로 쓰였음이 분명하다고 보고 있다. 그러나 '항로'라는 표현은 법문의 문맥에 따라 지상에서의 항공기 이동 경로를 포함하는 개념으로도 해석될 수 있고, 실제 이 사건 등으로 인해 '항로'의 개념 속에 지상에서의 항공기 이동 경로가 포함되는지 논란이 되자, 위와 같이 구 항공법의 '항로'가 항공안전법에서 그 문맥에 맞는 표현인 '항공로'로 바뀐 것으로 보인다. 따라서 이 부분 다수의견의 논거는 오히려 항로와 항공로를 구별되는 개념으로 보는 반대의견에 부합

하는 논거이다.

(5) 항로(航路)는 한자의 뜻에 따라 풀이하면 '배나 비행기(航) 길(路)'을 말한다. 배는 항구에서 항구로 바닷길을 따라 운행하는 반면, 항공기는 공항에서 공항으로 운행하는데, 주로 공중에서 운행하지만 이륙과 착륙을 위하여 공항 내 지상에서의 운행도 필연적으로 있을 수밖에 없다. 앞에서 보듯이 항공보안법 제2조 제1호는 '운항 중'이란 승객이 탑승한 후 항공기의 모든 문이 닫힌 때부터 내리기 위하여 문을 열 때까지를 말한다는 규정을 두고 있다. 국립국어원의 표준국어대사전에서도 운항을 '배나 비행기가 정해진 항로나 목적지를 오고 감'이라는 뜻으로 풀이하고 있다. 따라서 항로는 '항공기가 운항하는 길'로 이해하는 것이 무리가 없고 자연스럽다.

(6) 항공보안법은 「국제민간항공협약」등 국제협약에 따라 공항시설, 항행안전시설 및 항공기 내에서의 불법행위를 방지하고 민간항공의 보안을 확보하기 위한 기준·절차 및 의무사항 등을 규정함을 목적으로 한다(제1조). 그리고 앞에서 본대로 항공보안법은 「항공기의 불법납치 억제를 위한 협약」상 '비행 중(in flight)'의 의미를 따라, '승객이 탑승한 후 항공기의 모든 문이 닫힌 때부터 내리기 위하여 문을 열 때까지' 항공기가 운항 중인 것으로 정의하였다. 항공기가 움직이기 전부터 운항이 개시된다는 것은 일상적 어감이나 사전적 정의에 들어맞지 않을 수 있다. 항공보안법에서 위와 같이 특별한 정의규정을 둔 데에는, 항공기의 안전운항에 대한 위협을 억제하려는 국제적 노력에 부응하기 위해 보호대상인 항공기의 범위를 확대하려는 입법자의 의도가 반영되어 있다.

(7) 본죄의 항로가 운항과 밀접한 관계 속에서 사용되었음은 법문의 구조에서도 드러난다. 항공보안법의 전신인 구 항공기운항안전법에서부터 항로는 그 법 전체를 통틀어 오로지 본죄의 구성요건에서만 사용되었고, 바로 앞에서 '운항 중인 항공기의'라는 말이 수식하고 있다. 입법자가 항로의 정의규정을 따로 두지 않은 것을 볼 때, 수식어로 사용된 '운항'이 일반인이 인식할 수 있을 정도로 항로의 의미를 분명히 할 수 있는 것으로 여겼음을 알 수 있다.

(8) 이러한 연관관계에 비추어 볼 때, 본죄의 '항로'는 따로 떼어 해석할 것이 아니라 '운항 중인 항공기의 항로'라는 어구 속에서 의미를 파악함이 타당하다. 앞에서 보았듯이 항공보안법에서 '운항 중'은 입법자가 지상의 항공기도 범죄로부터 보호하려는 명확한 의도로 통상의 말뜻보다 의미를 넓힌 용어이다. 그렇다면 그와 어구를 이룬 '항로'도 지상과 공중을 불문하고 '운항 중인 항공기가 다니는 길'을 모두 포함하는 것으로 넓게 새겨도 가능한 의미의 범위를 벗어나지 아니한다.

(9) 다수의견도 인정하다시피, 지상에서 이동하는 항공기의 경로를 함부로 변경하게 하는 행위는 대형 참사로 이어질 수 있는 위험성이 매우 크므로, 1년 이상 10년 이하의 징역형만을 규정한 본죄로 처벌해야 안전운항을 위협하는 행위에 대한 처벌의 강도를 높이려는 입법자의 의도에 들어맞는다. 항공기는 지상에서도 승객 안전을 위해 기장의 판단과 관제당국의 통제 아래 최적의 경로를 따라 진행해야 함은 비행할 때와 다를 바 없고, 이를 방해하는 행위를 합당한 처벌로 억제할 필요가 있기 때문이다. 다수의견처럼 해석해도 처벌의 공백이 없다는 근거로 제시된 형법상 업무방해죄는 징역형의 상한이 5년에 불과할 뿐만 아니라 벌금형으로 처벌될 수도 있어 항공기 운항과 관련된 중대범죄를 처벌할 죄목에 걸맞지 않다. 항공보안법상 직무집행방해죄(제43조)는 그 행위 유형에 '위력'이 빠져 있어 이 사건과 같은 행위를 포섭하지 못한다.

나. 결 론

(1) 승객이 탑승한 후 항공기의 모든 문이 닫힌 때부터 내리기 위하여 문을 열 때까지 항공기가 지상에서 이동하는 경로는 항공보안법 제42조의 '항로'에 포함된다고 해석하여야 한다. 푸시백은 항공기가 계류장에서 유도로의 어느 지점을 향해 나아가는 과정이고, 그 상태에서 비행기는 항공보안법의 정의에 따라 '운항 중'이 된다. 피고인은 푸시백 중인 비행기를 탑승구 쪽으로 방향을 바꾸어 진행하게 하였으므로, 위력으로 '운항 중인 항공기의 항로'를 변경하게 하였다고 보는 것이 옳다.

(2) 그런데 이와 달리 원심은 피고인의 항공기 항로 변경으로 인한 항

공보안법 위반 부분을 무죄로 판단하였다. 이러한 원심의 판단에는 항공보안법 제42조에서 정한 '항로'에 관한 법리를 오해하여 판결에 영향을 미친 잘못이 있다. 그러므로 원심판결 중 피고인에 대한 위 무죄 부분은 파기되어야 할 것인데, 이는 검사의 상고로 이심된 유죄 부분과 형법 제37조 전단의 경합범 관계에 있어 하나의 형이 선고되어야 하므로, 원심판결 중 피고인에 대한 유죄 부분과 위 무죄 부분을 함께 파기하고 이 부분 사건을 원심법원에 환송하여야 한다.

[34] 중국 민항기 납치에 관한 형사책임

대법원 1984. 5. 22. 선고 84도39 판결

Ⅰ. 범죄사실

피고인들은 평소 중공의 정치·사회현실에 불만을 품어오던 중 중공여객기를 납치 자유중국(대만)으로 탈출키로 공모하고, 1983. 5. 5. 11:30경 중공민용항공 소속 심양발 상해행 항공기 296호에 탑승하여 같은 날 12:20경 위 항공기가 중공 대련시 부근 해안상공 통과시 납치행위에 착수, 이에 대항하는 항법사 H와 통신사 I에게 피고인 J가 권총 1발씩을 각 발사하여 대퇴부를 각 관통시켜 상처를 입히고, 피고인 T와 J는 기장 K와 부기장 L의 머리에 권총을 겨냥, 서울까지 비행토록 협박하여 기장과 부기장 등으로 하여금 승객 90명과 승무원 9명이 탑승한 위 항공기의 항로를 변경, 서울 방향으로 강제운항하게 하여, 같은 날 14:11경 강원도 춘천시 근화동 소재 비행장에 위 항공기를 착륙시킨 후, 같은 날 21:30경까지 위 항공기를 강점함으로써 항공기를 납치하고 이로 인하여 위 H, I에게 상처를 입혔다.

Ⅱ. 참조 조문

1. 항공기운항안전법(1974. 12. 26. 공포, 법률 제2742호)

> **제3조(적용범위)** 이 법은 "항공기내에서 범한 범죄 및 기타 행위에 관한 협약" 제1조의 규정에 의한 모든 범죄행위에 적용한다.
>
> **제8조(항공기 납치죄)** ① 폭력 또는 협박 기타의 방법으로 운항 중인 항공기를 납치한 자는 무기 또는 7년 이상의 징역에 처한다.
>
> ② 제1항의 미수범은 처벌한다.
>
> **제9조(납치 · 치사상)** 제8조의 죄를 범하여 사람을 치사상하게 한 자는

사형 또는 무기징역에 처한다.

2. 도쿄 협약[1)]

제1장 협약의 범위

제1조 1. 본 협약은 다음 사항에 대하여 적용된다.

(a) 형사법에 위반하는 범죄

(b) 범죄의 구성여부를 불문하고 항공기와 기내의 인명 및 재산의 안전을 위태롭게 할 수 있거나 하는 행위 또는 기내의 질서 및 규율을 위협하는 행위

2. 제3장에 규정된 바를 제외하고는 본 협약은 체약국에 등록된 항공기가 비행 중이거나 공해 수면상에 있거나 또는 어느 국가의 영토에도 속하지 않는 지역의 표면에 있을 때에 동 항공기에 탑승한 자가 범한 범죄 또는 행위에 관하여 적용된다.

3. 본 협약의 적용상 항공기는 이륙의 목적을 위하여 시동이 된 순간부터 착륙 활주가 끝난 순간까지를 비행 중인 것으로 간주한다.

4. 본 협약은 군용, 세관용, 경찰용 업무에 사용되는 항공기에는 적용되지 아니한다.

제2조 제4조의 규정에도 불구하고, 또한 항공기와 기내의 인명 및 재산의 안전이 요청하는 경우를 제외하고는 본 협약의 어떠한 규정도 형사법에 위반하는 정치적 성격의 범죄나 또는 인종 및 종교적 차별에 기인하는 범죄에 관하여 어떠한 조치를 허용하거나 요구하는 것으로 해석되지 아니한다.

제2장 재판관할권

제3조 1. 항공기의 등록국은 동 항공기내에서 범하여진 범죄나 행위에 대한 재판관할권을 행사할 권한을 가진다.

2. 각 체약국은 자국에 등록된 항공기내에서 범하여진 범죄에 대하여 등록국으로서의 재판관할권을 확립하기 위하여 필요한 조치

---

1) 항공기내에서 행한 범죄 및 기타 행위에 관한 협약(Convention on Offenses and Certain Other Acts Committed on Board Aircraft)[발효일 1971. 5. 20.][다자조약, 제385호, 1971. 5. 6.].

를 취하여야 한다.

3. 본 협약은 국내법에 따라 행사하는 어떠한 형사재판관할권도 배제하지 아니한다.

제4조 체약국으로서 등록국이 아닌 국가는 다음의 경우를 제외하고는 기내에서의 범죄에 관한 형사재판관할권의 행사를 위하여 비행 중의 항공기에 간섭하지 아니하여야 한다.

(a) 범죄가 상기 국가의 영역에 영향을 미칠 경우,

(b) 상기 국가의 국민이나 또는 영주자에 의하여 또는 이들에 대하여 범죄가 범하여진 경우,

(c) 범죄가 상기 국가의 안전에 반하는 경우,

(d) 상기 국가에서 효력을 발생하고 있는 비행 및 항공기의 조종에 관한 규칙이나 법규를 위반한 범죄가 범하여진 경우,

(e) 상기 국가가 다변적인 국제협정하에 부담하고 있는 의무의 이행을 보장함에 있어서 재판관할권의 행사가 요구되는 경우.

3. 헤이그 협약[2)]

제1조 비행 중에 있는 항공기에 탑승한 여하한 자도

(a) 폭력 또는 그 위협에 의하여 또는 그 밖의 어떠한 다른 형태의 협박에 의하여 불법적으로 항공기를 납치 또는 점거하거나 또는 그와 같은 행위를 하고자 시도하는 경우, 또는

(b) 그와 같은 행위를 하거나 하고자 시도하는 자의 공범자인 경우에는 죄(이하 "범죄"라 한다)를 범한 것으로 한다.

제4조 1. 각 체약국은 범죄 및 범죄와 관련하여 승객 또는 승무원에 대하여 범죄혐의자가 행한 기타 폭력행위에 관하여 다음과 같은 경우에 있어서 관할권을 확립하기 위하여 필요한 제반 조치를 취하여야 한다.

(a) 범죄가 당해국에 등록된 항공기 기상(機上)에서 행하여진 경우

2) 항공기의 불법납치 억제를 위한 협약(Convention for the Suppression of Unlawful Seizure of Aircraft)[발효일 1973. 2. 17.][다자조약, 제460호, 1973. 2. 17.].

(b) 기상에서 범죄가 행하여진 항공기가 아직 기상에 있는 범죄 혐의자를 싣고 그 영토내에 착륙한 경우

(c) 범죄가 주된 사업장소 또는 그와 같은 사업장소를 가지지 않은 경우에는 주소를 그 국가에 가진 임차인에게 승무원없이 임대된 항공기 기상에서 행하여진 경우

2. 각 체약국은 또한 범죄혐의자가 그 영토내에 존재하고 있으며, 제8조에 따라 본조 제1항에서 언급된 어떠한 국가에도 그를 인도하지 않는 경우에 있어서 범죄에 관한 관할권을 확립하기 위하여 필요한 제반조치를 취하여야 한다.

3. 본 협약은 국내법에 의거하여 행사되는 어떠한 형사 관할권도 배제하지 아니한다.

제8조 1. 범죄는 체약국들간에 현존하는 인도조약상의 인도범죄에 포함되는 것으로 간주된다. 체약국들은 범죄를 그들 사이에 체결될 모든 인도조약에 인도범죄로서 포함할 의무를 진다.

2. 인도에 관하여 조약의 존재를 조건으로 하는 체약국이 상호 인도조약을 체결하지 않은 타 체약국으로부터 인도 요청을 받은 경우에는, 그 선택에 따라 본 협약을 범죄에 관한 인도를 위한 법적인 근거로서 간주할 수 있다. 인도는 피요청국의 법률에 규정된 기타 제조건에 따라야 한다.

3. 인도에 관하여 조약의 존재를 조건으로 하지 않는 체약국들은 피요청국의 법률에 규정된 제조건에 따를 것을 조건으로 범죄를 동 국가들간의 인도범죄로 인정하여야 한다.

4. 범죄는, 체약국 간의 인도목적을 위하여, 그것이 발생한 장소에서뿐만 아니라 제4조 제1항에 따라 관할권을 확립하도록 되어 있는 국가들의 영토내에서 행하여진 것과 같이 다루어진다.

Ⅲ. 판시사항

이 사건 민간항공기 납치사건에 대하여는 항공기등록지국에 원칙적인 재판관할권이 있는 외에 이 사건 항공기의 착륙국인 우리나라에도 경합적으로 재판관할권이 생겨 우리나라 항공기운항안전법은 외국인의 국외

범까지도 모두 적용대상이 된다.

Ⅳ. 해 설

1. 항공기납치에 대한 재판관할권

가. 문제의 소재

대상사안에서는 중국인이 중국 국적의 항공기를 납치하여 대한민국 공항에 착륙시켰고, 우리나라 법원이 위 범죄에 대하여 재판관할권을 행사할 수 있는지 여부가 문제되었다.

나. 관련 규정

(1) 도쿄 협약

도쿄 협약 제3조 제1항은 "항공기의 등록국은 동 항공기내에서 범하여진 범죄나 행위에 대한 재판관할권을 행사할 권한을 가진다"라고 규정하여, 원칙적으로 등록국에 재판관할권이 있다고 선언하였다. 다만 도쿄 협약 제3조 제3항은 "본 협약은 국내법에 따라 행사하는 어떠한 형사재판 관할권도 배제하지 아니한다"고 규정하고 있다. 따라서 도쿄 협약은 등록국의 배타적 관할권을 인정하는 것이 아니라, 등록국 이외의 국가도 국내법에 따라 재판관할권을 행사하는 것을 방해하는 것은 아니다.

(2) 헤이그 협약

헤이그 협약 제1조는 항공기납치를 국제적 범죄로 규정하고, 제4조 제1항 (b)호는 항공기가 착륙한 국가에 재판관할권을 행사할 수 있도록 규정하였다. 착륙국은 항공기납치범죄가 자국의 영토상에서 발생했든 그렇지 않든 간에 관계없이 관할권을 행사할 수 있다. 만일 범죄행위가 착륙국의 영공에서 발생한 경우에는 그 영토국인 착륙국이 당연히 속지주의 원칙(Territorial Principle)에 의하여 배타적 관할권을 갖게 되는데, 이는 전통 국제법상 당연히 인정되어 온 것이므로 별로 새로운 것이 못된다. 제4조 제1항에서 헤이그 협약이 갖는 의의는 일국의 영토적 관할권의 범위 밖에서 발생하고 또한 단순히 자국의 영토상에 착륙한 것을 제외하고는 항공기납치 행위와 착륙국 사이에 명백히 아무런 관계가 없는 경우에도 납치범에 대한 관할권이 착륙국에게 확대·인정된다는 데에 있다. 이것은 영토외적 관할권(Extra-territorial Jurisdiction)의 창설에 상당하며 공해상이나 또는 여하한 국가의 관할권 밖에서의 해적행위에 대하여 제국가가 관할권을 행사하는 것과 유사하다.[3)]

(3) 항공기운항안전법

항공기운항안전법 제3조는 "이 법은 도쿄 협약 제1조의 규정에 의한 모든 범죄행위에 적용한다"고 규정하여, 도쿄 협약 제1조 제1항 소정의 형사법에 위반하는 범죄, 범죄의 구성여부를 불문하고 항공기와 기내의 인명 및 재산의 안전을 위태롭게 할 수 있거나 하는 행위 또는 기내의 질서 및 규율을 위협하는 행위에 적용된다고 규정하고 있다.

다. 소 결

위와 같은 관련 규정들을 종합하면, 이 사건 민간항공기 납치사건에 대하여는 항공기등록지국인 중국에 원칙적인 재판관할권이 있지만, 이 사건 항공기의 착륙국인 우리나라에도 경합적으로 재판관할권이 생기고, 항공기운항안전법은 외국인의 국외범까지도 모두 적용대상이 된다. 피고인들의 이 사건 항공기납치치상죄에 대하여 우리나라의 형사재판권이 미친다.

2. 정치적 피난을 위한 항공기납치 행위와 국제법상의 비호권

가. 정치범 불인도의 원칙

정치범 불인도 원칙(Political Offense Exception)이라 함은 청구국이 범죄인 인도의 모든 실체적 요건들을 충족하여 인도를 청구하였더라도 그 범죄인이 정치범죄를 행하였다고 판단하는 경우 그 범죄인을 인도대상에

---

3) 제성호, 항공기테러의 법적 규제, 서울대 법학박사 학위논문(1989), 86면.

서 제외한다는 원칙이다.[4] 세계 최초로 1833. 10. 1. 벨기에 국내법에서 정치범 불인도 원칙이 도입되었고, 현재 세계의 거의 대부분의 국가는 국내법과 범죄인도조약에서 이 원칙을 예외없이 규정하고 있으며, 특히 정치범인 경우를 '절대적 인도거절사유'로 명시하고 있다. 원래 이 원칙은 계몽주의 시대에 프랑스혁명으로 인한 자유민주사상에 영향을 받아 형성되기 시작하였는데, 1793년 프랑스 헌법 제120조는 외국인에게 정치적 비호를 부여한다고 규정함으로써 초기에는 정치범을 불인도의 대상이 아닌 비호의 대상으로만 인정하였다. 그 후 1830년 프랑스 헌법에는 '정치범죄'라는 표현이 나타났고, 학설도 정치범죄인의 불인도가 주장되었다.[5]

나. 정치적 범죄의 개념과 유형 및 판단기준[6]

(1) 오늘날 국제적으로 논의되고 있는 경향에 따르면, 범죄인 인도절차에 있어 '정치적 범죄'는 사인, 사적인 재산 또는 이익을 침해함이 없이 오로지 해당 국가의 정치질서에 반대하거나 해당 국가의 권력관계나 기구를 침해하는 행위인 '절대적 정치범죄' 내지 '순수한 정치범죄'와 그와 같은 목적을 위하여 저지른 일반범죄인 '상대적 정치범죄'로 나눌 수 있다. 여기에서 절대적 정치범죄가 정치적 범죄에 해당한다는 점에는 의견이 대부분 일치하고 있으나, 상대적 정치범죄가 정치적 범죄로서 간주되기 위한 기준은 국제적으로 아직 확립되지 못하여 국가마다 서로 다른 관행을 발전시켜 왔다.

(2) 어떠한 범죄, 특히 상대적 정치범죄가 정치적 범죄인지 판단할 때에는, ① 범행 동기가 개인적인 이익 취득이 아니라 정치적 조직이나 기구가 추구하는 목적에 찬성하거나 반대하는 것인지, ② 범행 목적이 한 국가의 정치체제를 전복 또는 파괴하려는 것이거나 그 국가의 대내외 주요 정책을 변화시키도록 압력이나 영향을 가하려는 것인지, ③ 범행 대상의 성격은 어떠하며, 나아가 이는 무엇을 상징하는 것인지, ④ 범죄인

---

4) 최태현, "한국법원에서의 정치범불인도원칙의 적용: 리우치앙 사건을 중심으로", 서울국제법연구 제20권 제1호(2013), 2면.

5) 최태현, 3면.

6) 서울고등법원 2013. 1. 3.자 2012토1 결정.

이 추구하는 정치적 목적을 실현하는 데 범행이 상당히 기여할 수 있는 수단으로서 유기적 관련성이 있는지, ⑤ 범행의 법적·사실적 성격은 어떠한지, ⑥ 범행의 잔학성, 즉 사람의 생명·신체·자유에 반하는 중대한 폭력행위를 수반하는지 및 결과의 중대성에 비춰 범행으로 말미암은 법익침해와 정치적 목적 사이의 균형이 유지되고 있는지 등 범죄인에게 유리하거나 불리한 주관적·객관적 사정을 정치범 불인도 원칙의 취지에 비추어 합목적적·합리적으로 고찰하여 종합적으로 형량하고, 여기에다 범행 목적과 배경에 따라서는 범죄인 인도 청구국과 피청구국 간의 역사적 배경, 역사적 사실에 대한 인식 차이 및 입장 대립과 같은 정치적 상황 등도 고려하여, 상대적 정치범죄 내에 존재하는 일반범죄로서 성격과 정치적 성격 중 어느 것이 더 주된 것인지를 판단하여 결정하여야 한다.

다. 대상사안에서 대법원의 판단

(1) 본국에서 정치범죄를 범하고 소추를 면하기 위하여 다른 국가로 피난해오는 경우에는 '정치범 불인도의 원칙'에 의하여 보호를 받을 수 있으며 이는 국제법상 확립된 원칙이나, 정치적 박해를 받거나 정치적 신조를 달리함으로써 다른 국가에 피난하였을 때 이를 보호하여야 할 것인가에 관해서는 기본적 인권의 국제적 보장과 관련하여 문제가 있다.

(2) 이 사건의 경우처럼 중공의 정치, 사회현실에 불만을 품고 자유중국으로 탈출하고자 이 사건 항공기를 납치하여 입국한 피고인들은 후자의 범주에 속하는 정치적 피난민이라 할 것인바, 이와 같은 정치적 피난민에 대한 보호는 소수의 국가가 국내법상으로 보장하고 있을 뿐 우리나라도 이를 보장하는 국내법규가 없으며 개개의 조약을 떠나서 일반국제법상의 보장이 확립된 것도 아니다.

(3) 우리나라가 가입한 헤이그 협약 제8조는 항공기납치범죄를 체약국간의 현행 또는 장래 체결될 범죄인 인도조약상 인도범죄로 보며 인도조약이 없는 경우에도 범죄인의 인도를 용이하게 할 수 있는 규정을 마련하고 있다.[7]

(4) 이러한 점에 비추어 볼 때, 피고인들이 주장하는 이 사건 항공기

납치행위는 순수한 정치적 동기에서 일어난 정치적 망명을 위한 상당한 수단으로 행하여진 것으로서 세계 각국이 비호권을 인정하고 있으므로 그 위법성이 조각되어야 한다는 소론 논지는 독자적 견해에 지나지 아니하여 채용할 것이 되지 못한다.

3. 위법성 조각사유로서의 정당행위에 해당하는지 여부

가. 정당행위의 인정요건

형법 제20조는 "법령에 의한 행위 또는 업무로 인한 행위 기타 사회상규에 위배되지 아니하는 행위는 벌하지 아니한다"고 하여, 위법성 조각사유로서의 정당행위를 규정하고 있다. 위법성 조각사유로서 정당행위를 인정하려면, 첫째, 건전한 사회통념에 비추어 그 행위의 동기나 목적이 정당하여야 한다는 상당성, 둘째, 그 행위의 수단이나 방법이 상당하여야 하는 상당성, 셋째, 그 행위에 의하여 보호하려는 이익과 그 행위에 의하여 침해되는 법익이 서로 균형을 이루어야 한다는 법익균형성, 넷째, 그 행위당시의 정황에 비추어 그 행위가 긴급을 요하고 부득이 한 것이어야 한다는 긴급성, 다섯째로 그 행위 이외에 다른 수단이나 방법이 없거나 또는 현저하게 곤란하여야 한다는 보충성이 있어야 한다.[8)]

나. 대상사안의 검토

(1) 피고인들의 이 사건 동기나 목적이 평소 중공의 정치, 사회현실에 불만을 품은 나머지 자유를 찾아 대만으로 탈출하려고 한 것임은 이 법원도 인정하는 바이나, 그 수단이나 방법에서 민간항공기를 납치한 행위는 상당하다고 할 수 없다.

---

7) 항공기납치는 일정한 경우 정치범죄로서 간주될 수 있다. 헤이그 협약은 "예외없이 소추의 목적상 권한있는 당국에 사건을 회부할 것"을 규정할 뿐, 예외없이 모든 경우에 항공기납치범을 인도하도록 의무지우고 있지 않다. 이는 협약이 일정한 경우 불인도를 허용하고 있는 것이며, 그러한 사유의 으뜸가는 것으로서 바로 항공기납치의 정치범죄성이 인정되는 경우를 들 수 있다. 따라서 헤이그 협약상 항공기납치는 더 이상 정치범죄로 간주되지 않게 되었다는 주장은 올바른 것이라 할 수 없다. 제성호, 117면.

8) 대법원 1983. 3. 8. 선고 82도3248 판결; 대법원 2017. 5. 30. 선고 2017도2758 판결.

(2) 피고인들이 보호하려는 이익은 피고인들의 자유였음에 반하여 피고인들의 행위로 인하여 침해되는 법익은 승객 등 불특정다수인의 생명·신체의 위험과 항공여행의 수단인 항공기의 안전에 대한 세계인의 신뢰에 대한 침해인 점에 비추어 현저하게 균형을 잃었다고 하지 않을 수 없다.

(3) 피고인들의 행위는 그 당시의 상황에 비추어 항공기납치행위가 긴급·부득이한 것이라고 인정하기 어렵다.

(4) 따라서 피고인들의 행위를 가리켜 사회상규에 위배되지 아니하는 행위로서 위법성이 조각되는 정당행위라고 할 수 없다.

[35] 객실승무원의 직무상 지시에 따르지 않은 경우 형사책임

서울동부지방법원 2018. 1. 19. 선고 2017노1203 판결

Ⅰ. 범죄사실

피고인 S와 피고인 H는 서로 자매지간이다. 피고인들은 2016. 5. 27. 02:00경(한국시간) 독일 프랑크푸르트 공항을 출발하여 같은 날 11:50경 인천국제공항에 도착하는 아시아나항공 OZ542편 기내에 S는 비즈니스 좌석 22A, H는 22B 좌석에, S의 친동생인 Y는 이코노미 좌석 27B에 H의 딸인 유아 1명을 안고 탑승하였고, Y의 아들 소아 2명은 27A, 28B좌석에 각각 탑승하였다.

항공기 내에 있는 승객은 항공기와 승객의 안전한 운항과 여행을 위하여 기내에서 폭언, 고성방가 등 소란행위를 하여서는 아니 되고 항공기의 보안이나 운항을 저해하는 행위를 금지하는 기장 등의 정당한 직무상 지시에 따라야 한다.

피고인들과 Y는 위 항공기 내에서 비즈니스석과 이코노미석을 바꿔 앉고, 이코노미석으로 좌석이 지정된 유아를 비즈니스석에서 안고 탑승하여 승무원 J로부터 "규정상 승객 간 좌석변동은 안되니 제자리로 돌아가세요"라는 내용의 지시를 받았음에도 불구하고, 이에 불응하여 H가 이코노미석에서 유아를 안고 탑승하거나, Y가 비즈니스석에 앉는 등 서로 좌석을 수시로 바꾸어 앉았다.

또한, H가 베시넷(유아 취침바구니)을 설치해 달라고 요구하여 승무원이 "아기가 커서 바구니를 설치하면 무게 때문에 떨어질 수 있으니 위험하다"는 이유로 설치가 어렵다고 하였음에도 계속 베시넷을 설치해달라고 요구하고, 승무원이 규정을 이유로 계속 거절하며 "저희도 밤새 승객 서비스로 쉬지도 못하고 일하고 있으니 배려해 달라"고 하자 H가 "니들 이럴 거야, 그건 니 사정이지 그걸 왜 나한테 말해"라며 승무원에게 반말을 하고, 옆에서 잠을 청하고 있던 S가 깨어나 승무원에게 "무슨 일이야, 니들이 사람이야, 닥치고 꺼져! 여기 있는 사람 다 깨워볼까"라며 큰 소리로 떠들어 비즈니스석 승객들이 잠에서 깨는 등 소란행위를 하였다.

이로써 피고인들은 항공기와 승객의 안전한 운항과 여행을 위해하는 폭언, 고성방가 등 소란행위 및 항공기의 보안이나 운항을 저해하는 행위를 금지하는 기장 등의 정당한 직무상 지시에 따르지 않았다.

Ⅱ. 참조 조문

1. 구 항공보안법(2017. 3. 21. 법률 제14724호로 개정되기 전의 것)

제23조(승객의 협조의무) ① 항공기 내에 있는 승객은 항공기와 승객의 안전한 운항과 여행을 위하여 다음 각 호의 어느 하나에 해당하는 행위를 하여서는 아니 된다.

1. 폭언, 고성방가 등 소란행위
2. 흡연(흡연구역에서의 흡연은 제외한다)
3. 술을 마시거나 약물을 복용하고 다른 사람에게 위해를 주는 행위
4. 다른 사람에게 성적(性的) 수치심을 일으키는 행위
5. 「항공법」 제61조의2를 위반하여 전자기기를 사용하는 행위
6. 기장의 승낙 없이 조종실 출입을 기도하는 행위
7. 기장등의 업무를 위계 또는 위력으로써 방해하는 행위

② 승객은 항공기의 보안이나 운항을 저해하는 폭행·협박·위계행위(危計行爲)를 하거나 출입문·탈출구·기기의 조작을 하여서는 아니 된다.

③ 승객은 항공기가 착륙한 후 항공기에서 내리지 아니하고 항공기를 점거하거나 항공기 내에서 농성하여서는 아니 된다.

④ 항공기 내의 승객은 항공기의 보안이나 운항을 저해하는 행위를 금지하는 기장등의 정당한 직무상 지시에 따라야 한다.

⑥ 기장등은 승객이 항공기 내에서 제1항 제1호부터 제5호까지의 어느 하나에 해당하는 행위를 하거나 할 우려가 있는 경우 이를 중

> 지하게 하거나 하지 말 것을 경고하여 사전에 방지하도록 노력하여야 한다.
>
> 제49조(벌칙) ① 제23조 제1항 제7호를 위반하여 기장등의 업무를 위계 또는 위력으로써 방해한 사람은 5년 이하의 징역 또는 5천만 원 이하의 벌금에 처한다.
>
> ② 제23조 제1항 제6호를 위반하여 조종실 출입을 기도하는 행위를 하거나 같은 조 제4항을 위반하여 기장등의 지시에 따르지 아니한 사람은 1년 이하의 징역 또는 1천만 원 이하의 벌금에 처한다.

Ⅲ. 판시사항

비행 전 객실승무원 J 등이 합동브리핑을 통해 기장으로부터 위임받은 항공기 보안에 관한 권한 중에는 피고인들에게 수시로 좌석을 바꾸어 앉는 행위를 금지하는 지시를 할 수 있는 권한도 포함되므로, J 등은 항공보안법 제23조 제4항이 규정한 '기장 등'에 해당한다.

Ⅳ. 해 설

1. 피고인들의 주장요지

기장 등의 직무상 지시 불응의 점에 관하여, 객실승무원 J, M(이하 'J 등')은 기장에게 보고하고 피고인들에게 경고장을 제시하기 전까지 기장으로부터 공소사실 기재와 같은 지시를 할 권한을 위임받은 사실이 없고, 피고인들은 J 등으로부터 경고장을 제시받은 이후에는 J 등의 지시에 불응한 사실이 없다. 그럼에도 원심이 이 부분 공소사실을 유죄로 인정한 것은 법리를 오해함으로써 판결에 영향을 미친 위법이 있다.

2. 기장의 지위

가. 의 의

항공보안법상 승무원[1]은 기장(機長, aircraft commander)[2]과 기장 이외의 승무원으로 나눌 수 있다. 기장이란 특정 항공기를 지휘·감독하는 사람으로서 통상 항공운송인으로부터 선임되고, 항공안전법 제35조 소정의 자격증명을 보유하고 있으며, 공법상·사법상 직무권한을 행사하는 사람을 말한다. 기장은 항공기의 안전운항에 대하여 책임을 지는 사람으로 그 항공기의 승무원을 지휘·감독하며, 기내항공보안에 관한 최고·최종책임자이다. 항공보안법 제22조는 기장에게 항공기권력을 부여하여 기내보안에 관하여 신속하고 효율적으로 대처하도록 하였다. 또한 기내에서 발생하는 범죄에 관하여는 기장이 특별사법경찰관의 직무를 수행한다(사법경찰관리의 직무를 수행할 자와 그 직무범위에 관한 법률 제7조 제2항).

나. 재기자(在機者)에 대한 명령권

(1) 기장은 기내에서 공법상 최고 명령권자이므로, 항공보안의 목적을 달성하기 위하여 재기자에게 명령을 할 수 있다. 기장이 직접 명령권을 행사해도 무방하고, 지휘계통을 통하여 행사해도 무방하다. 기장이 최종 명령권자이므로, 항공운송인이나 사용자도 기내에 있는 경우에는 기장의 명령권의 행사대상이 된다. 또한, 기장으로부터 권한을 위임받은 승무원도 명령권의 주체가 될 수 있다. 일반적으로 기장은 조종실에서 직무를 수행하므로, 객실에서 명령권의 주체는 객실사무장이 된다.

(2) 기내에 있는 사람은 복종의 의무가 있으며, 기장 등의 요청 및 정당한 직무상 지시에 따라야 한다. 명령권 행사의 전제가 되는 기장의 직무는 인명·항공기의 보안·안전 확보와 기내질서의 유지를 위한 공법상 직무에 한정되고, 항공운송인이나 송하인과의 계약관계에 기한 사법(私法)상 직무는 제외된다.

(3) 이때 기장의 위법한 명령에 관해 구속력의 여부가 문제된다. 공무

---

1) 항공안전법상 승무원은 운항승무원과 객실승무원으로 나눌 수 있다. '운항승무원'이란 항공안전법 제35조 제1호부터 제6호까지의 어느 하나에 해당하는 자격증명을 받은 사람으로서 항공기에 탑승하여 항공업무에 종사하는 사람을 말한다(항공안전법 제2조 제16호). '객실승무원'이란 항공기에 탑승하여 비상시 승객을 탈출시키는 등 승객의 안전을 위한 업무를 수행하는 사람을 말한다(항공안전법 제2조 제17호).

2) 항공기내 보안과 항공기의 운항 안전에 대하여 책임을 지는 사람을 말한다(도쿄 협약 제6조, 항공안전법 제62조 제1항).

원의 직무에 관한 판례의 법리를 유추하면, 기장은 재기자에게 범죄행위 등 위법한 행위를 하도록 명령할 권한은 없으며, 명백히 위법이나 불법한 명령일 때에는 이는 직무상 명령에 해당하지 아니하므로 재기자는 이에 따라야 할 의무가 없다.[3] 기장의 적법한 명령에 따른 재기자의 행위는 정당행위로서 형법 제20조에 의하여 위법성이 조각(阻却)되지만, 기장의 위법한 명령에 따라 범죄행위를 한 경우에는 기장의 명령에 따랐다고 하여 재기자가 한 범죄행위의 위법성이 조각될 수는 없다.[4] 다만 재기자가 기장의 명령이 위법함을 몰랐을 때는 금지 착오에 해당하며, 그 착오의 회피 가능성이 없다고 인정되는 한 책임이 조각된다.

다. 승무원에 대한 지휘 · 감독권

기장은 비행공동체[5]가 운항의 목적을 달성할 수 있도록 승무원들의 직무를 지휘하고, 직무수행의 적정성 여부를 감독할 수 있다. 항공안전법은 기장을 지휘·감독권의 주체로 규정하고 있으므로, 기장만이 지휘·감독권의 주체가 된다. 이와는 달리 항공운송인 등은 근로계약을 근거로 하여 노무지휘권을 행사할 수 있지만, 공법상 권한에 속하는 지휘·감독권은 행사할 수 없다. 기장의 지휘·감독권은 법률에 규정된 기장의 고유권한이므로, 항공운송인이 기장의 지휘·감독권을 제한할 수 없다. 기장의 지휘·감독권의 행사대상은 명령권의 행사대상이 재기자인 것과는 달리 승무원에 한정된다.

---

3) 대법원 1980. 5. 20. 선고 80도306 전원합의체 판결; 대법원 1999. 4. 23. 선고 99도636 판결.

4) 대법원 1997. 4. 17. 선고 96도3376 전원합의체 판결.

5) 승무원들은 기장을 지휘자로 하는 유기적인 조직체를 조직하여 그 조직체계 속에서 맡은 바 임무를 수행함으로써 근로를 제공한다는 의미에서 하나의 공동체를 구성하며, 그 공동체가 존재하는 장소인 항공기가 공중을 운항하는 인공적인 구조물인 점에서 비행공동체라 할 수 있다. 운항 중인 항공기는 지상 세계와는 독립된 세계이고, 기내에 탑승한 사람들은 비행공동체(飛行共同體)를 구성한다. 공중에서 고립되어 운항하는 항공기는 외부 공권력의 원조를 기대할 수 없으므로(孤立無援), 내부의 보안위협에 관하여 자력으로 이를 극복하여야 한다(獨力抗爭). 기장은 항공운송사업자로부터 독립하여 공동체의 수장으로서 운항의 위험을 극복하고 기내질서를 유지할 필요가 있다. 박수진, 항공기내 보안제도 개선에 관한 법적 연구 -「항공운송사업자의 항공기내보안요원 등 운영지침」 개정을 중심으로-, 한국항공대 법학박사 학위논문(2020. 8.), 2면.

라. 항공안전법상 위난방지조치 의무

(1) 기장은 운항 중 그 항공기에 위난이 발생하였을 때에는 여객을 구조하고, 지상 또는 수상(水上)에 있는 사람이나 물건에 대한 위난 방지에 필요한 수단을 마련하여야 하며, 여객과 그 밖에 항공기에 있는 사람을 그 항공기에서 나가게 한 후가 아니면 항공기를 떠나서는 아니 된다(항공안전법 제62조 제4항). 제62조 제4항을 위반하여 항공기를 떠난 기장(기장의 임무를 수행할 사람을 포함한다)은 5년 이하의 징역에 처한다(항공안전법 제143조).

(2) "항공기에 급박한 위난이 생긴 경우"라 함은 객관적으로 항공기의 추락, 전복, 파괴 등의 발생이 임박한 정도의 위험이 생긴 경우를 말하고, 주관적으로는 기장이 항공기에 급박한 위험이 생겼다는 인식과 사람의 생명·신체·재산 등에 대하여 무엇인가의 위난이 생긴다는 인식을 하면서도 구조나 위난방지에 필요한 수단을 강구하지 않은 것을 말한다.[6)]

(3) 승객이 탄 헬리콥터 조종사인 피고인은 헬리콥터의 계속 비행은 불가능하고 불시착륙을 하든가 비상착수를 하여야 할 급박한 위난이 생긴 것으로 판단하고 울릉도에 가까운 연안에 비상착수를 하려는 생각으로 회항을 서두르고 있었던 경우, 위 항공기의 기장인 피고인으로서는 비록 조종실과 승객실은 차단되어 있고, 당시 기내방송은 고장이 나서 사용할 수 없었다 하더라도 승객실에 탑승하고 있던 보안승무원인 B에게는 헤드폰으로 대화가 가능하였으므로 B를 통하여 승객들에게 그 사실을 알리고 비상착수 등 만일의 사태에 대비하여 승객들에게 안전벨트의 사용방법을 고지시키고 구명동의를 착용시키도록 하며 그 밖에 승객의 탈출 및 안전에 필요한 모든 조치를 취하도록 지시하여야 한다.

한편 당시에는 강구헬리포트와 울릉헬리포트에 설치된 위 항공기 소유회사의 무전기가 고장이 나서 교신이 불가능했다 하더라도 3,000피트 고도에서의 항공교통관제소와의 무선교신은 가능했으므로, 위 무전기의 고

6) 대법원 1990. 9. 11. 선고 90도1486 판결. 참고문헌으로는 임석원, "항공기사고의 형사책임: 한국과 일본의 사례를 중심으로", 성균관법학 제19권 제3호(2007. 12.), 437~460면.

장사실을 알고 있는 피고인으로서는 회항 당시 위 관제소와의 무전교신이 가능한 시점에서 즉시 회항코스지점에 경비정 등 구조선박을 대기시켜 비상착수등 사고가 발생하더라도 바로 승객들을 구조할 수 있도록 요청하였어야 함에도 불구하고 이러한 제반 조치를 취하지 않은 채 비상착수시에 대비하여 아무런 안전조치도 취하지 아니하였다. 따라서 원심이 피고인에게 구 항공법 제57조 제4항, 제132조에 의한 항공법위반죄[7]를 유죄로 인정한 것은 옳다.[8]

3. 객실승무원의 지위

가. 항공 보안 · 안전 관련 업무와 지위[9]

객실승무원은 항공기에 탑승하여 비상시 승객을 탈출시키는 등 안전업무를 수행하며, 승객 탑승 후 비행 전에는 (i) 기내 소화장비, 감압대처장비, 비상탈출 장비 등 비상 장비를 점검하는 '비행 전 점검', (ii) 휴대 수화물 규제와 처리, (iii) 승객의 착석과 좌석벨트 착용 및 화장실 내 잔류 승객 여부 확인, 비상구와 통로 상 장애물 확인, 객실 내 유동 물질, 컴파트먼트의 보관 및 잠김 상태 확인, 전자기기의 사용제한 등의 '이륙점검' 업무 등 일상 안전업무를 수행한다.

나. 기내질서위반자에 대한 조치권

기장으로부터 권한을 위임받은 승무원은 항공기의 보안을 해치는 행위, 인명이나 재산에 위해를 주는 행위, 항공기내의 질서를 어지럽히거나 규율을 위반하는 행위의 어느 하나에 해당하는 행위를 하려는 사람에 대하여 그 행위를 저지하는 데 필요한 조치를 할 수 있다. 이 경우 승객은 기내보안이나 운항을 저해하는 행위를 하지 말아야 하는 의무를 부담하는 비행공동체의 구성원으로서, 승무원의 정당한 직무상 지시에 따라야

7) 현행 항공안전법 제143조, 제62조 제4항에 의한 항공안전법위반죄에 해당한다.
8) 대법원 1990. 9. 11. 선고 90도1486 판결.
9) 부산지방법원 서부지원 2018. 8. 14. 선고 2018고단578 판결. 위 판결은 "항공기 내에서 승무원을 폭행하는 행위는 항공기의 보안이나 운항을 저해하여 탑승한 다른 승객들의 생명과 신체에 큰 위험을 초래할 수 있어, 엄히 처벌할 필요성이 있다"고 판시하였다.

한다. 항공보안법은 이러한 점을 고려하여, 승객에게 승무원의 정당한 직무상 지시에 따라야 할 공법상 의무를 부과하고 있다. 승무원은 근로계약상 부수적 의무의 하나인 충실의무가 인정되므로, 사용자인 항공운송인의 손해를 방지하기 위하여 노력할 의무가 있다. 따라서 승무원의 적절한 경고권 행사는 기내보안의 확보 이외에도 운송인의 책임을 감면할 수 있으므로, 적시에 행사할 필요가 있다.

다. 기내질서위반자에 대한 경고권

승무원은 승객이 항공기 내에서 항공보안법 제23조 제1항 제1호부터 제5호까지의 어느 하나에 해당하는 행위를 하거나 할 우려가 있는 경우 이를 중지하게 하거나 하지 말 것을 경고하여 사전에 방지하도록 노력하여야 한다(법 제23조 제5항). 기내보안을 확립하기 위해서는 불법방해행위의 초동단계에서 예방하거나 진압하는 것이 중요하므로, 항공보안법 제23조 제6항에서는 기내보안 위협행위를 사전에 방지하기 위하여 승무원에게 경고 의무를 부과하고 있다. 또한, 이를 승객에게 고지하기 위해 항공운송사업자는 항공기가 이륙하기 전 국토교통부장관이 정하는 바에 따라 승객의 협조 의무를 영상물 상영 또는 방송 등을 통하여 안내하여야 한다(법 제23조 제9항).

라. 특별사법경찰리의 직무수행권

고립된 환경으로 인해 기내에서 범죄가 발생한 경우 검찰과 일반사법경찰이 즉시 수사에 착수할 수 없게 된다. 이와 같이 경찰권의 부재라는 문제를 해결하기 위하여, 사법경찰관리의 직무를 수행할 자와 그 직무범위에 관한 법률 제7조 제2항은 승무원에게 특별사법경찰리의 직무수행권을 부여하여, 기내범죄에 대한 수사와 강제처분을 할 수 있도록 규정하고 있다. 기장 이외의 승무원은 특별사법경찰리로서 특별사법경찰관인 기장의 지시에 따라 사법경찰리의 직무를 수행하여야 한다. 특별사법경찰리는 특별사법경찰관의 사실상 보조자가 아니라 법률로 규정된 보조기관이므로 특별사법경찰관이 행할 수 있는 수사행위들을 특별사법경찰관을 위하여 행할 수 있다.

마. 승무원의 면책권

(1) 도쿄 협약

도쿄 협약 제10조는 “본 협약에 따라서 취해진 조치에서 기장이나 기타 승무원, 승객, 항공기의 소유자나 운항자는 물론 비행의 이용자는 피소된 자가 받은 처우로 인하여 어떠한 소송상의 책임도 부담하지 아니한다”고 규정하여 불법방해행위 제압에 나선 승무원의 면책을 선언하고 있다. 또한 제6조 제2항 제1문에서는 “기장은 자기가 감금할 권한이 있는 자를 감금하기 위하여 다른 승무원의 원조를 요구하거나 권한을 부여할 수 있으며”라고 규정하고 있으며, 제2문은 “승무원이나 승객도 누구를 막론하고 항공기와 기내의 인명 및 재산의 안전을 보호하기 위하여 합리적인 예방조치가 필요하다고 믿을만한 상당한 이유가 있는 경우에는 기장의 권한부여가 없어도 즉각적으로 상기 조치를 취할 수 있다”고 규정하여, 기장이 아닌 다른 승무원, 주변의 다른 승객 또한 기내 질서유지를 위한 권한을 행사할 수 있는 근거까지 마련하고 있다.

(2) Thede v. United Airlines, Inc.[10)]

이는 Thede v. United Airlines, Inc. 사건과 같이 대응조치의 대상이 된 승객이 사후적으로 무죄판결을 받게 된 경우와 관련하여 중요한 의미가 있다. 승무원의 관점에서 해당 승객이 기내 불법방해행위를 하였거나 하려고 한다는 것을 합리적으로 믿을 수 있었다면, 그 승객에 대하여 진행된 형사 절차에서의 결론과 관계없이 1963년 도쿄 협약에 따른 적법한 행위로서 면책의 대상이 되기 때문이다.[11)]

---

10) 9th Cir. Jan. 8, 2020.

11) 김민석, “항공기내 불법방해행위 대응 과정에서의 운송인의 손해배상책임에 대한 적용규범 -美 제9순회 연방항소법원에서 선고된 Thede v. United Airlines, Inc., (9th Cir. Jan. 8, 2020) 판결을 중심으로-”, 항공판례연구회 제2회 정기세미나(2020. 5. 8.) 발표문, 19면.

(3) Zikry v. Air Canada[12)]

Zikry v. Air Canada 사건에서는 에어 캐나다 승무원들이 항공기 내 화장실에서 흡연한 것으로 의심되는 여객의 여권을 빼앗고 목적지인 토론토 공항에서 경찰에 인계한 다음, 해당 여객의 운송을 거절한 것에 대하여 여객이 운송인을 상대로 손해배상을 청구하였다. 법원은 여객이 실제로 흡연을 하였는지는 이러한 사안에서 법원이 운송인의 책임을 판단하는 데에 있어 결정적인 요소가 아니며, 사건이 발생한 시점에서 승무원들에게 안전이 위태로워질 것이라고 믿을만한 상당한 이유가 있었는지 여부가 주된 쟁점이라고 하면서,[13)] 당시 승무원들에게는 '상당한 이유'가 있었다는 점을 인정하며 원고의 청구를 기각하였다.

4. 대상사안의 검토

가. 인정사실

(1) 항공보안법 제10조 제2항에 의하면 항공운송사업자는 국가항공보안계획에 따라 자체 보안계획을 수립하도록 규정하고 있고, 이에 따라 아시아나항공 주식회사는 자체 보안계획을 수립·시행하고 있다.

(2) 위 보안계획 7.1.8은 "기장 등은 항공기의 보안 및 안전을 확보하기 위하여 항공기 운항 전에 다음 각 호의 내용이 포함된 합동브리핑을 승무원들과 함께 실시하여야 한다"라고 규정하고 있고, 같은 항 파.호에서 합동브리핑에 포함되어야 할 사항으로 "불법방해행위 발생시 승무원의 권한과 책임, 행동요령 등"을 규정하고 있다.

(3) 위 보안계획에 따라 아시아나항공의 기장은 매 비행 전 함께 탑승하는 사무장을 포함한 승무원 전원과 합동브리핑을 실시하고 항공기 보안에 관한 권한을 승무원 전원에게 위임하고 있다.

(4) 아시아나항공의 기장은 승객의 항공기 탑승이 완료된 후에는 기내

---

12) C. F. 1716/05 (Haifa Magistrates Court).

13) Moshe Leshem, "Court Analyzes the Elements of Air Carriers Immunity Under the Tokyo Convention 1963: Zikry v. Air Canada", Air & Space Law, Vol. 32 No. 3, (2007), 222면.

안내방송을 통해 "승무원은 항공기 안전을 책임지는 보안요원"이라는 사실을 전체 승객들에게 고지하였다.

나. 판 단

(1) 이를 종합하여 보면, 비행 전 J 등이 합동브리핑을 통해 기장으로부터 위임받은 항공기 보안에 관한 권한 중에는 피고인들에게 수시로 좌석을 바꾸어 앉는 행위를 금지하는 지시를 할 수 있는 권한도 포함된다고 봄이 상당하므로, J 등은 항공보안법 제23조 제4항이 규정한 '기장 등'에 해당한다.

(2) 피고인들은 J 등이 기장에게 보고하고 피고인들에게 경고장을 제시할 것을 지시받은 시점에 비로소 기장으로부터 권한을 위임받은 것이므로, 경고장 제시 이후에는 지시 불응 사실이 없다고도 주장하나, 위에서 본 바와 같이 J 등은 이미 비행 전 합동브리핑을 통해 기장으로부터 항공기 보안에 관한 포괄적인 권한을 위임받았고, 피고인들의 지시 불응 및 소란행위에 대하여 기장에게 보고하고 피고인들에게 경고장을 제시한 시점은 피고인들의 지시 불응으로 인한 항공보안법위반죄가 기수에 이른 후이므로, 피고인들이 J 등으로부터 경고장을 제시받은 이후에는 지시에 불응한 사실이 없다는 사정은 이 부분 범죄의 성립에 영향을 미치지 아니한다.

다. 대상판결의 의의

기장으로부터 기장 외 승무원이 위임을 받는다는 점은 논란의 여지가 없으나, 위임 시점에 대한 구체적 내용이 명시되어 있지 않아 피고인들은 객실승무원으로부터 경고장을 제시받은 시점에서부터 권한을 위임받았음을 주장하였다. 그러나 법원은 항공사 자체보안계획에 따라 비행 전 합동브리핑을 통해 포괄적 위임을 받았음을 인정하였고, 따라서 기내에서 객실승무원은 별도의 권한 위임절차 없이 불법방해행위 발생시 즉각적인 대응조치가 가능하며, 기내 불법방해행위의 특성상 적법하고 신속한 대응이 매우 중요하다는 점에서 의의가 있다.[14)]

5. 인천지방법원 2018. 5. 25. 선고 2017고단8403 판결

가. 범죄사실

(1) 피고인은 2017. 8. 21. 23:30경 인천국제공항을 출발하여 베트남 하노이국제공항으로 운항 중이던 이스타항공 C 항공기 내 화장실에서 소지하고 있던 담배를 흡연하였다.

(2) 피고인은 제1항 기재 일시, 장소에서 술에 취한 상태로 담배를 피우는 피고인을 제지하며 증거자료를 확보하기 위해 휴대전화로 동영상을 촬영하던 승무원인 피해자 D(여, 23세)의 배를 우측 발로 1회 걷어차 피해자가 넘어지게 하였다. 이로써 피고인은 항공기의 보안을 저해하는 폭행을 함과 동시에 피해자에게 2주간의 치료가 필요한 우측 족부 염좌의 상해를 가하였다.[15)]

나. 양형의 이유

(1) 피고인은 항공기 내에서 흡연을 하였고, 이를 제지하며 증거자료 확보를 위하여 동영상을 촬영하던 항공기 승무원인 피해자를 폭행하여 상해를 입도록 하였다. 항공기 내에서의 흡연은 화재를 발생시켜 대형사고로 이어질 수 있는 위험이 있고, 항공기 내에서의 폭력행위는 안전한 운항을 저해하고 인명이나 재산에 큰 피해를 야기할 수 있다는 점에서 그 처벌의 필요성이 상당하다. 이러한 취지에서 항공보안법은 기장과 기장으로부터 권한을 위임받은 승무원에게 항공기의 보안을 해치는 행위 등에 대하여 필요한 조치를 할 수 있도록 권한을 부여하고 있고, 승객에게도 그러한 협조의무를 부과하고 있으며, 항공기의 보안·운항을 저해하는 폭행 등에 대하여는 10년 이하의 징역형만을 규정하고 있다. 다수의 승무원들이 피고인에 대한 통제를 위하여 동원되는 과정에서 항공기의

---

14) 박수진, 94~95면.

15) 항공기 보안 저해 폭행으로 인한 항공보안법위반죄(항공보안법 제46조 제1항, 제23조 제2항)와 상해죄(형법 제257조 제1항) 상호간은 상상적 경합관계에 있으므로, 형이 더 무거운 항공기 보안 저해 폭행으로 인한 항공보안법위반죄에 정한 형으로 처벌하였다.

기능이 저하될 우려가 있었고, 피해자는 피고인의 폭행으로 인하여 상해까지 입게 되었으며, 피고인은 범행 당시 술에 취한 상태였으므로 그 행위로 인하여 더 큰 사고가 발생될 위험성도 있었다. 피고인은 공소가 제기된 이후 소재불명 상태에서 의도적으로 재판을 기피하였다고 의심할 만한 정황이 있다.

(2) 그러나 피고인은 이 법정에서 범행을 인정하며 반성하는 모습을 보이고 있다. 피고인이 승무원들에 의하여 조기에 제압되어 더 큰 사고가 발생되지는 아니하였고, 피해자의 상해는 다행이 중한 정도에 이르지 아니한 것으로 보인다. 피해자와 합의가 이루어져 피해자가 피고인에 대한 처벌을 원하지 않고 있다. 피고인은 우울증 등을 앓고 있는 상태에서 술에 취하여 우발적으로 범행하게 된 것으로 보이고, 그 범행이 항공기의 보안이나 운항을 저해하기 위한 확정적 인식에 기초한 것으로 보이지는 아니한다.

(3) 피고인은 음주운전으로 1회의 벌금형을 받은 전력이 있을 뿐, 그 외에는 특별한 형사처벌을 받은 전력이 없다. 피고인은 일정 기간의 구금으로 인하여 반성의 기회를 가졌을 것으로 보이고, 이 법정에서 범행을 뉘우치며 성실히 살아갈 것을 다짐하고 있다.

(4) 그 밖에 피고인의 연령, 성행, 환경, 범행의 동기 및 경위, 범행 후의 정황 등 기록 및 변론 과정에서 나타난 모든 양형 조건을 종합하여 주문과 같이 형(징역 4월에 집행유예 1년, 벌금 100만 원)을 정한다.

[36] 김포공항 보호구역 출입증 발급 불허처분의 적법성

서울행정법원 2019. 12. 13. 선고 2019구합52218 판결

Ⅰ. 사실관계

(1) 피고 한국공항공사는 인천국제공항을 제외한 공항의 관리·운영 및 이에 필요한 주변지역의 개발사업 등을 위하여 「한국공항공사법」에 의하여 설립된 공법인이다. 원고는 2016. 4. 4. 당초 재직하던 항공 회사(공항상주업체)에서 퇴직하면서 그 회사로부터 소유권을 양도받은 항공기(등록기호: B, 종류: 비행기, 항공기의 형식: P206E, 항공기의 제작자: C, 이하 '이 사건 항공기')에 관한 소유권이전등록을 마치고, 2016. 9. 29. 그 지분의 10%에 관하여 D 앞으로 소유권이전등록을 경료하여 주어 현재 그 지분의 90%를 소유하고 있는 이 사건 항공기의 과반 공유지분권자이자 항공기운행을 영업으로 하는 자로서 항공정비사 자격 또한 가지고 있다. 원고는 2017. 7. 11.부터 2019. 5. 23.까지 약 20회에 걸쳐 아래에서 보는 임시출입증을 발급받아 인솔자를 대동하여 보호구역에 출입하여 항공기 정비 등 업무를 수행한 바 있다. 이 사건 항공기는 현재 피고가 관리하는 김포공항에 주기(駐機)되어 있다.

(2) 원고는 2016. 8. 25. 피고에게, 퇴직 이전 회사의 임직원 신분으로 발급받은 정규인원출입증을 반납하고 개인의 지위에서 정규출입증을 새로이 신청하였다. 피고는 원고의 위 신청에 관하여, 2016. 9. 8. 「공항시설에 대한 사용허가(임대차계약 등)가 없는 자가용 항공기 소유주 개인에 대한 정규 출입증 발급(소속변경) 승인」이라는 안건으로, 피고, 국토교통부(김포항공관리사무소), 관세청(김포공항세관), 법무부(김포출입국관리사무소), 서울지방경찰청(김포공항 경찰대), 구 국군기무사령부(현 군사안보지원사령부) 등 국가정보기관의 각 담당자 등 총 7명이 참가하는 보안기관 합동회의를 개최, 위원들 전원이 원고에 대한 정규출입증 발급에 부동의하였

고, 피고는 2016. 9. 9. 원고에게 위 의결의 취지에 따라 정규출입증 발급을 거부하는 처분을 하였다.

(3) 원고는 2018. 10. 15. 피고에게 다시 김포공항 정규출입증 발급 신청을 하였다(이하 '이 사건 신청'). 피고는 2018. 10. 26. 원고에게, 다음과 같은 내용의 공문을 보내어 이 사건 신청에 따른 정규출입증 발급을 거부하였다(이하 '이 사건 거부처분').

김포공항 정규출입증 발급 신청 관련 회신

2. 이 사건 신청에 대해서 검토한 바, 2016년도 보안기관 합동회의 심의 당시와 동일한 조건으로, 정규출입증 발급이 불가하여 신청서류 일체를 반려하오니 양지하여 주시기 바랍니다.
3. 다만, 김포공항 내에 정치(定置) 중인 귀하 소유 항공기에 대한 정비 등을 위하여 출입이 필요한 경우 보호구역출입증규정 제23조의 규정에 따라 인솔자를 대동하는 경우 당일 출입이 가능(비행 목적으로 출입하는 경우 출입증 없이도 출입 가능)하며, 인솔자를 구하기 어려우신 경우 아래와 같이 공사 직원의 협조를 받아 임시출입(1일)하실 수 있음을 알려드립니다.

○ 출입 예정일 기준으로 최소 5일 전에 출입목적(구체적), 출입구역, 출입기간 등을 서면으로 출입증관리실에 제출 후 일정 협의(인솔자 확보 등 사전 준비 시간 필요)
○ 공사 직원의 인솔시간은 평일 09:00~18:00에 한하며 중식시간 및 공휴일은 지원 곤란

(4) 원고는 2018. 11. 2. 피고에게 '정규출입증 발급이 불가한 정확한 이유와 근거를 제시하여 줄 것'을 요구하는 취지의 내용증명을 발송하였고, 피고는 2018. 11. 13. 원고에게 다음과 같은 내용의 공문을 보내어 (3)항 기재 거부행위의 이유와 근거를 보다 명확히 하였다.

행정절차법 제23조의 준수요청에 대한 회신

□ 정규출입증 발급 불가 이유와 근거 제시

○ 피고의 「보호구역출입증규정(이하 '이 사건 규정'이라 한다)」 제20조에 따르면 정규출입증의 발급대상자는 '공항에 상주하고 있는 기관, 항공사, 업체의 직원으로 보호구역에서 일상적으로 업무를 수행하는 자' 등에 한하며,

○ 원고는 공항시설에 대한 사용허가를 받아 사무실 등을 운영하거나, 상주하는 기관 항공사 업체와 용역계약 등을 체결하여 상시적으로 공항운영에 관한 업무를 수행하는 것으로 보기 어려워 보안기관 합동회의에서 출입증 발급이 불가한 것으로 심의 의결한 바 있음.

○ 이와 관련하여 이 사건 신청도 (2)항 기재 신청 당시와 변경된 사항이 없으므로 동일한 이유로 신청을 반려하였음.

□ 이 사건 신청이 보안기관 합동회의 심의대상(이 사건 규정 제6조의2 제3항 제1 내지 4호)에 해당하는지 여부

○ (2)항 기재 신청 당시(2016. 8. 25.) 이 사건 규정은 비상주자의 출입증 발급에 관한 사항을 보안기관 합동회의 심의 대상으로 하고 있어 이를 보안기관 합동회의에 심의·상정한 것임.

Ⅱ. 참조 조문

1. 항공보안법

제13조(보호구역에의 출입허가) ① 다음 각 호의 어느 하나에 해당하는 사람은 공항운영자의 허가를 받아 보호구역에 출입할 수 있다.

1. 보호구역의 공항시설 등에서 상시적으로 업무를 수행하는 사람
2. 공항 건설이나 공항시설의 유지·보수 등을 위하여 보호구역에서 업무를 수행할 필요가 있는 사람
3. 그 밖에 업무수행을 위하여 보호구역에 출입이 필요하다고 인정되는 사람

② 제1항에 따른 출입허가의 절차 등에 관하여 필요한 사항은 국토교통부령으로 정한다.

2. 보호구역출입증규정(피고 규정 제270호, 2018. 4. 27. 시행)

제1조(목적) 이 규정은 「항공보안법」, 같은 법 시행령, 같은 법 시행규칙 및 국가항공보안계획에 따라 피고 사장이 관리, 운영하는 각 공항별 보호구역 출입증발급 및 관리에 관한 세부사항을 정함을 목적으로 한다.

제3조(용어의 정의) 이 규정에 사용하는 용어의 정의는 다음 각 호와 같다.

1. '상주'라 함은 공항시설에 대한 사용허가를 받아 사무실 등을 운영하거나, 상주하는 기관 항공사 업체와 용역계약 등을 체결하여 상시적으로 공항운영에 관한 업무를 수행하는 것을 말한다.
2. '기관'이라 함은 중앙 또는 지방정부조직을 말한다.
3. '항공사'라 함은 「항공보안법」 제2조의 '항공운송사업자'를 말한다.
4. 업체'라 함은 제2호 및 제3호 이외의 자를 말한다.
5. '종사자'라 함은 상주기관의 공무원 또는 상주 항공사 업체의 임직원을 말한다.

10. '보호구역'이란 보안검색이 완료된 구역, 활주로 및 계류장 등 공항시설의 보호를 위하여 항공보안법 제12조, 같은법 시행규칙 제4조 및 국가항공보안계획에 따라 지정된 구역을 말한다.

제6조의2(공항 상주 보안기관 합동회의) ① 공항상주 보안기관 합동회의(이하 "합동회의"라 한다)는 보호구역 출입허가 등 출입증발급과 관련한 사항 중 공항상주 보안기관과의 협의가 필요한 사항을 심의한다.

② 합동회의는 의장의 요청으로 개최되며, 의장은 출입증 담당관, 의원은 각 공항상주 보안기관의 보안책임자 또는 그 권한을 위임받은 자로 구성된다.

③ 합동회의는 다음 각 호의 사항을 심의한다.

1. 제10조에 따른 신원조사 결과 신원특이자로 통보된 자 중 항공보안, 국가안보, 국민의 생명과 재산을 침해할 것으로 우려되는 자에 대한 출입증 발급

2. 제23조 제10항 제7호에 따른 상주임시출입증 발급에 대한 사항
3. 제28조 제1항 또는 제2항에 따른 임시출입증 대여에 대한 사항
4. 제36조 제2항에 따른 제재 관련 사항
5. 그 밖에 의장이 필요하다고 인정하는 사항

제7조(신원조사 대상) ① 사장은 보호구역 관리상의 취약요인을 사전에 방지하기 위하여 다음 각 호의 어느 하나에 해당하는 자에 대하여 신원조사를 의뢰하여야 한다.
1. 정규출입증 발급 및 갱신 대상
2. 최종 신원조사 이후 5년이 경과한 자
3. 기타 항공보안을 위하여 필요하다고 인정되는 자

제13조(출입증의 종류) ① 보호구역 출입증은 인원과 차량(장비포함)의 정규 및 임시출입증 등으로 구분한다.
② 정규출입증은 다음 각 호와 같이 구분한다.
1. 인원 정규출입증
2. 차량(장비포함) 정규출입증

제16조(출입증의 디자인) ③ 보호구역출입증에는 다음 사항을 표시하여야 한다. 이 경우 제1호 가목부터 바목까지의 사항은 출입증 전면에 표시하여야 한다.
1. 인원 정규출입증
   다. 출입 허가지역

제20조(인원 정규출입증 발급) ① 인원 정규출입증은 다음 각 호의 경우에 발급한다.
1. 공항에 상주하고 있는 기관, 항공사, 업체의 직원으로 보호구역에서 일상적으로 업무를 수행하는 자
2. 공항운영, 유지보수, 건설공사 등을 위하여 공사 및 상주기관(업체)과 계약을 체결한 업체의 직원으로 보호구역에서 3개월 이상 일상적으로 업무를 수행하는 자
3. 외교관(대사, 유엔산하기구 대표, 총영사, 대리대사에 한함)으로 보호구역에서 일상적으로 업무를 수행하는 자
4. 공사 소속 직원으로서 보호구역에서 업무를 수행할 필요성이 있는 자

② 비상주기관 또는 비상주업체일지라도 다음 각 호의 경우에는 위원

회의 심의·의결을 거쳐 발급할 수 있다.

1. 의전관계 등 외교상 상시 공항출입이 필요한 외국기관원
2. 항공기 운항관리, 공항안전, 의전, 경호 등 공무를 수행하기 위하여 출입이 잦은 공무원 및 정부산하단체 임직원
3. 기타 공항운영상 필요하다고 인정되는 자

제23조(인원 임시출입증 발급) ① 인원 임시출입증은 다음 각 호의 경우에 한하여 발급한다.

1. 업무상 보호구역 출입이 필요한 공항 상주근무자(전입자. 신규채용자 또는 정규출입증 분실자)로 정규출입증의 신규 또는 재발급절차 이행 중에 있는 자
2. 비상주자로 업무상 출입이 필요하다고 사장이 인정한 자

② 제1항의 규정에 의한 출입 허가기간은 다음 각 호와 같다.

1. 상주자(정규출입증 발급대상) : 신원조사 완료 및 정규출입증 발급시까지로 한다.
2. 비상주자 : 원칙적으로 업무상 소요기간 내로 하되, 3개월을 초과할 수 없다. 다만, 업무상 특별지원 또는 장기간을 요하는 각종 공사시행 등 필요하다고 인정되는 경우는 이를 재발급할 수 있다.

③ 2일 이상 3개월 이하의 장기로 보호구역을 임시출입(이하 "장기임시출입"이라 한다. 차량 임시출입의 경우에도 같다)하고자 할 때에는 해당 소속장이 출입예정일 기준으로 최소 5일전에 별지 제8호 서식에 의거 신청하여야 한다.

⑤ 1일(24시간)의 범위 내에서 보호구역을 임시출입(이하 "1일 임시출입"이라 한다. 차량 임시출입의 경우에도 같다)하고자 하는 자의 인솔자는 별지 제9호 서식의 1일 임시출입허가 신청서 또는 출입증관리시스템에 의거 출입신청을 하여야 하며, 출입증담당자는 출입자의 신분증을 확인하고 출입사유가 타당할 경우 인솔자의 신분증을 수령한 후 임시출입증과 출입증담당관이 날인한 허가서를 함께 교부한다.

⑦ 1일 임시출입이 종료된 때에는 인솔자는 임시출입증을 허가서와 함께 즉시 반납하여야 하며, 담당 직원은 해당 임시출입증의 이상유무를 확인한 후 인솔자 신분증을 교부하여야 한다.

⑧ 출입증 담당자는 장기 임시출입증발급의 경우에는 별지 제11호 서식의 임시출입증(장기) 발급대장에, 1일 임시출입증발급의 경우에는 별지 제12호 서식의 1일 임시출입증 발급 대장에 기록을 유지하거나 시스템에 입력 관리한다. 이 때 1일 임시출입증 발급대장은 출입증 주관부서 팀장의 사후 확인을 받아야 한다.

⑨ 임시출입증 소지자 및 인솔자는 다음 각 호의 사항을 준수하여야 한다.

1. 원칙적으로 임시출입허가를 받은 자는 출입처의 해당출입구역을 출입할 수 있는 정규 출입증 소지자의 인솔하에 출입하여 업무를 수행하여야 하며, 이때 인솔자는 인솔중인 출입자의 업무가 종료될 때까지 타 임시출입자를 인솔할 수 없다. 다만, 공용출입증 소지자는 인솔을 필요로 하지 아니한다.
2. 인솔자 1명은 즉시 통제 가능한 지역범위 안에서 최대 20명까지 인솔할 수 있다.
3. 임시출입자에 대해 인솔자는 여러 명을 지정할 수 있으며, 이 규정의 위반에 대한 제재시 최종 출입 인솔자를 인솔자로 본다. 단, 책임소재가 모호한 경우에는 관리책임자 또는 인솔자 중 최상급자를 인솔자로 본다.

제24조(차량 임시출입증 발급) ① 사장은 다음 각 호의 경우에 차량 임시출입증을 발급할 수 있다.

1. 각종 공사와 시설 보수물품의 납품 등을 위해 보호구역 출입이 임시로 필요한 차량으로서 자동차관리법에 의거 등록된 차량
2. 항공기 지원 및 행사를 위해 보호구역 출입이 임시로 필요한 차량(이 경우 행사라 함은 의장대 사열 및 도열을 하는 행사를 원칙으로 하며, 기타 행사에 대하여는 관련 보안기관과 협의하여 정한다)
3. 업무수행을 위해 보호구역 출입이 꼭 필요하다고 인정되는 건설기계관리법에 의한 건설기계
4. 기타 보호구역 출입이 필요한 차량

② 차량 장기임시출입증은 해당 소속장이 출입예정일 기준 최소 5일 전에 별지 제8호 서식에 의거 신청하여야 한다.

③ 차량 1일 임시출입증은 별지 제13호 서식의 차량 1일 임시출입허

가 신청서에 의거 인솔자가 신청하여야 하며, 담당직원은 차량검사 유효기간, 출입사유 등을 검토하여 타당할 경우 인솔자의 신분증을 수령한 후 차량임시출입증과 출입증담당관이 날인한 허가증을 함께 교부한다.

제32조(허가구역외 출입금지) ① 출입허가를 받은 자 및 차량은 보호구역의 제반 준수사항을 이행하여야 하며, 출입증에 명시된 허가구역 외의 지역을 출입 또는 운행할 수 없다.

② 업무상 불가피하게 허가구역 외의 구역을 출입하고자 할 때에는 제23조 및 제24조의 규정에 의한 임시출입허가를 받아야 한다.

Ⅲ. 판시사항

항공보안법 및 항공보안법 시행규칙이 피고에 대하여 보호구역 출입에서 '공항운영자의 허가 대상자 및 허가의 내용'에 대하여서까지 위임하고 있다고 볼 수는 없는데, 이에 불구하고 이 사건 규정 제20조 제1항 제1호는 '보호구역의 공항시설 등에서 상시적으로 업무를 수행하는 사람'(항공보안법 제13조 제1항 제1호, 이하 '상시업무수행자')이더라도 공항에 상주하고 있는 기관, 항공사, 업체의 직원이 아니면 보호구역에의 자유로운 출입이 보장되는 정규출입증을 발급하지 않는 것으로 규정하고 있어, 모법인 법률의 위임 없이 법률이 규정한 개인의 권리·의무에 관한 내용을 변경·보충하고 있어 위법하다.

Ⅳ. 해 설

1. 피고의 본안전 항변에 관한 판단

가. 항고소송의 대상적격

(1) 피고의 본안전 항변 요지

먼저 위 거부행위는 원고의 보호구역 출입을 불허한 것이 아니라, 단지 그 출입방식 및 출입증의 종류를 '정규출입증'이 아닌 '임시출입증'으로 정한 것뿐인바, 이로써 원고의 재산권이나 일반적 행동의 자유 등이 제한되는 법률관계의 변동이 있다고 보기 어렵다.

나아가 피고가 원고와 같은 민간항공기 소유자에게 공항시설을 대부하고 사용료를 징수하는 관계는 피고가 공권력 주체임을 전제로 한 행정관계가 아니라 사경제(私經濟)주체로서 항공기 소유자와 사법상 계약을 체결한 것에 불과한바, 피고가 공항시설이라는 국유재산에 대하여 사용계약 등을 체결한 항공기 소유자에게 해당 구역의 출입을 허가하는 것 또한 임대인이 임차인에게 임차 부동산에의 출입을 허가하는 것과 같이 사법상의 사용계약에 수반하는 사법행위에 해당하며, 위 거부행위는 사용계약을 체결한 상대방에 대하여 시설에의 진입을 불허하는 사법상의 통지에 불과하므로, 항고소송으로 위 거부행위의 취소를 구할 수 없다.

따라서 위 거부행위는 항고소송의 대상적격이 없다.

(2) 판 단

관련 법령에 의하면, 정규출입증을 발급받은 인원은 인솔자 없이, 발급시기로부터 5년간 원칙적으로 다른 신청이나 허가 없이 피고가 설정한 보호구역 내에 자유로이 출입할 수 있는 반면, 이를 발급받지 못한 인원은 원칙적으로 출입시마다 임시출입 허가를 받아야 함은 물론, 비교적 장기의 임시출입 허가를 받는다고 하더라도 3개월 단위의 재신청 및 재허가를 받아야 하며, 출입시에는 인솔자를 대동하여야 하는 등 보호구역 내의 활동에 있어 광범위한 제한을 받게 된다.

원고는 김포공항 내에 항공기를 주기한 항공기 소유자이자 이를 영업에 사용하는 사람으로서 피고의 정규출입증 발급에 관한 항공보안법 제13조 제1항 제1호에 따른 법령상 또는 조리상의 신청권이 있다고 판단되며, 결국 이 사건 신청에 대하여 정규출입증 발급을 거절하는 행위는 원고의 권리의무에 직접적인 영향을 미치는 행위로서 항고소송의 대상이 되는 처분에 해당한다.

피고는 이 사건 거부처분이 사법상 계약에 기초한 사법행위에 불과하다고 주장하나, 피고 스스로도 이 사건 거부처분 당시 그 근거를 원고와 피고 사이에 어떠한 계약에 터잡지 아니하고 이 사건 규정 제20조에 두고 있음을 명확히 밝혔음은 앞서 본 바와 같고, 이는 이 사건 규정 제20조를 처분의 근거되는 법령으로 제시하였음과 다르지 아니하며, 위 규정은 공항운영자인 피고가 국토교통부장관의 승인을 받아 공항시설의 보호를 위하여 설정한 자유로운 출입이 통제되는 보호구역에의 출입 허가에 관한 사항을 규율하기 위한 것이어서 결국 이 사건 처분은 피고가 우월한 지위에서 한 공법상 행위에 해당한다.

나. 소의 이익

(1) 피고의 본안전 항변 요지

원고는 이 사건 소 제기 이전에도 임시출입증을 통해 보호구역에 출입하여 왔고, 앞서 본 바와 같이 원고의 법익에 어떠한 침해도 없는바, 위 거부행위를 취소하여 원고의 권리를 보호할 필요성이 없다.

(2) 판 단

이 사건 거부처분이 취소되면 피고로서는 취소판결의 취지에 따라 다시 원고에게 이 사건 신청에 대한 처분을 할 의무가 있는바(행정소송법 제30조 제2항), 원고에게 임시출입증을 통한 보호구역 출입의 가능성이 있다고 하더라도 정규출입증의 발급에 따른 보다 고양된 권리관계의 확보가 예상되는 이상 이 사건 소로써 이 사건 거부처분의 취소를 구할 이익은 여전히 존재한다.

2. 이 사건 거부처분의 적법성에 관한 원고의 주장

가. 이 사건 규정 제20조 제1항 제1호의 위법성

이 사건 규정 제20조 제1항 제1호는 상위 법령의 수권범위를 일탈하여 정규출입증 발급 대상을 한정하고 있어 위법하며 이를 적용한 이 사건 거부처분 역시 위법하다. 관련 법령을 종합적으로 해석하면, 항공보안법이 하위 법령에 위임한 것은 보호구역에의 출입 허가 대상이 아닌 허가 절차에 관한 것임에도 불구하고, 이 사건 규정이 모법인 항공보안법의 수권범위를 일탈하여 모법에 전혀 규정하고 있지 않은 영리성 및 사업성을 출입허가 요건에 부가하여 보호구역의 출입 대상을 제한함은 위법하다. 원고는 항공보안법 제13조 제1항 제1호의 '상시적으로 업무를 처리하는 사람'에 해당하므로 피고는 이 사건 신청을 거부할 수 없다.

나. 재량권 일탈·남용

(1) 공항의 보호구역 출입에 상업적으로 업무를 처리하는 자가 아닌 경우에는 출입이 불가능하다고 함은 민간항공의 영역에서 상업항공과 일반항공을 근거 없이 차별하는 것으로서 평등원칙에 반하는 것이다.

(2) 영리성 및 사업자성과 항공보안 및 안전의 논리적 상관관계가 없는바 이 사건 거부처분은 피고가 의도하는 바를 달성하기 위한 유효적절한 수단이 아니며, 피고는 정규출입증 발급과정에서의 신원조사 및 보안심사를 통하여 그 발급을 거부할 수 있음에도 이 사건 규정 제20조를 통하여 영리성의 보유를 기준으로 영리성이 없는 일반항공의 경우 정규출입증 발급의 일반적 금지를 설정하였는바 이는 이미 규정상 덜 침익적인 방법을 설정하였음에도 최소침해 원칙에 반하여 원고의 법익을 침해하는 것이고, 나아가 이 사건 거부처분으로 인하여 원고의 재산권 행사의 자유 및 일반적 행동의 자유가 형해화되는바 피고가 이 사건 거부처분을 통해 달성하고자 하는 공익에 비해 사익의 침해의 정도가 너무나 크기까지 하므로, 이 사건 처분은 비례원칙에 반하는 것으로서 위법하다. 이 사건 거부처분으로 인하여 원고는 외부의 유조차를 인솔하여 항공기에 공급하지 못하고 훨씬 비싼 가격으로 공급되는 항공유를 공급받아야만 하는바 이 사건 거부처분은 원고의 계약상대방 선택의 자유를 침해하기까지 한다.

(3) 피고는 원고의 경우 임시출입증을 발급받아 출입할 수 있으므로 이 사건 거부처분이 원고의 자유를 침해하는 등으로 위법하지는 아니하다고 주장하나, 관련 법령에 따르면 임시출입증으로는 인솔자 없이 보호구역에 출입할 수 없으며, 정규출입증이 있는 경우 정규출입증이 없는 인원 및 차량까지도 인솔하여 보호구역으로 임시출입케 할 수 있는 등 그 행위허용의 범위 자체가 다르다. 피고는 인솔전담직원을 두고 있지 않아

임시출입 때마다 시간적 여유가 있는 일반 직원으로 하여금 임시출입증 소지 인원을 인솔하도록 하고 있어 인솔자를 구하지 못하는 경우에는 아예 임시출입증을 발급받는 방법으로 출입이 불가하고, 항공기는 그 관리의 특성상 비행전후마다 기계의 안전성을 점검하고 정비해야 할 필요성이 있는바, 이러한 항공기 소유자의 상시적 출입의 필요성은 임시출입증으로는 도저히 충족시킬 수가 없다.

3. 이 사건 규정 제20조 제1항 제1호의 법적 성격

(1) 법령의 규정이 특정 행정기관에 그 법령내용의 구체적 사항을 정할 수 있는 권한을 부여하면서 그 권한 행사의 절차나 방법을 특정하고 있지 않은 관계로 수임 행정기관이 행정규칙의 형식으로 그 법령의 내용이 될 사항을 구체적으로 정하고 있는 경우에는 그 법령과 결합하여 대외적으로 구속력이 있는 법규명령으로서의 효력을 갖는다.[1)]

(2) 이 사건 규정 제20조 제1항 제1호는 항공보안법 제13조 제2항, 항공보안법 시행규칙 제6조 제7항의 순차 위임에 따라 정규출입증 발급대상을 정한 것으로서, 그 위임범위를 벗어나지 않는 한 위 법령과 결합하여 대외적인 구속력이 있는 법규명령에 해당한다.

4. 재판의 전제성

(1) 법원이 법률 하위의 법규명령, 규칙, 조례, 행정규칙 등이 위헌·위법인지를 심사하려면 그것이 '재판의 전제'가 되어야 한다. 여기에서 '재판의 전제'란 구체적 사건이 법원에 계속 중이어야 하고, 위헌·위법인지가 문제된 경우에는 위 규정들의 특정 조항이 해당 소송사건의 재판에 적용되는 것이어야 하며, 그 조항이 위헌·위법인지에 따라 그 사건을 담당하는 법원이 다른 판단을 하게 되는 경우를 말한다.[2)]

(2) 피고는 이 사건 거부처분을 함에 있어 이 사건 규정 제 20조 제1항 제1호를 적용하여 "원고가 이 사건 규정 제20조 제1항 제1호에 해당

1) 대법원 2003. 10. 10. 선고 2002두4457 판결.
2) 대법원 2019. 6. 13. 선고 2017두33985 판결.

하지 않으므로 정규출입증을 발급할 수 없다"는 취지의 처분사유를 제시하였다. 만일 이 사건 규정 제20조 제1항 제1호가 위헌·위법하여 적용되어서는 아니 되는 것이라면 이 사건 거부처분은 법령상 근거 없이 국민의 권리를 제한한 것이 되어 법치행정의 원리상 위법하게 되고, 반대로 위 규정이 적법하다면 피고로서는 원고에게 법규명령인 위 규정에 반하는 내용의 처분을 할 수 없어서 이 사건 거부처분은 그 자체로 적법하게 되므로, 위 규정의 위헌·위법 여부에 따라 이 법원은 다른 결론에 이를 수밖에 없다.

(3) 따라서 이 사건 규정 제20조 제1항 제1호의 위헌·위법 여부는 이 재판의 전제가 된다.

5. 수권범위 일탈

가. 위임입법의 한계

(1) 법률의 시행령 등 위임명령, 규칙 등은 모법인 법률의 위임 없이 법률이 규정한 개인의 권리·의무에 관한 내용을 변경·보충하거나 법률에서 규정하지 아니한 새로운 내용을 규정할 수 없다.[3] 위임입법의 헌법적 근거이자 그 수권의 한계를 제시하고 있는 헌법 제75조의 규정상, 대통령령 및 기타 행정입법으로 정할 사항에 관한 법률의 위임은 구체적으로 범위를 정하여 이루어져야 하고, 이 때 구체적으로 범위를 정한다고 함은 위임의 목적 내용 범위와 그 위임에 따른 행정입법에서 준수하여야 할 목표·기준 등의 요소가 미리 규정되어 있는 것을 가리키고, 이러한 위임이 있는지 여부를 판단할 때는 직접적인 위임 규정의 형식과 내용 외에 당해 법률의 전반적인 체계와 취지 목적 등도 아울러 고려하여야 하며, 규율 대상의 종류와 성격에 따라서는 요구되는 구체성의 정도 또한 달라질 수 있으나, 국민의 기본권을 제한하거나 침해할 소지가 있는 사항에 관한 위임에 있어서는 위와 같은 구체성 내지 명확성이 보다 엄격하게 요구된다.[4]

---

3) 대법원 2017. 2. 16. 선고 2015도16014 전원합의체 판결.

(2) 특정 사안과 관련하여 법률에서 하위 법령에 위임을 한 경우 하위 법령이 위임의 한계를 준수하고 있는지 여부를 판단할 때는 당해 법률 규정의 입법 목적과 규정 내용, 규정의 체계, 다른 규정과의 관계 등을 종합적으로 살펴야 하고, 위임 규정 자체에서 그 의미 내용을 정확하게 알 수 있는 용어를 사용하여 위임의 한계를 분명히 하고 있는데도 그 문언적 의미의 한계를 벗어났는지 여부나, 수권 규정에서 사용하고 있는 용어의 의미를 넘어 그 범위를 확장하거나 축소하여서 위임 내용을 구체화하는 단계를 벗어나 새로운 입법을 하였는지 여부 등도 고려하여야 한다.[5)]

(3) 어느 하위 법령의 규정이 모법의 위임범위를 벗어난 것인지 여부를 판단할 때 중요한 기준 중 하나는 예측가능성인데, 이는 당해 하위 법령의 내용이 이미 모법에서 구체적으로 위임되어 있는 사항을 규정한 것으로서 누구라도 모법 자체로부터 그 위임된 내용의 대강을 예측할 수 있는 범위 내에 속한 것이어야 함을 의미하고, 이러한 예측가능성의 유무는 당해 특정 조항 하나만을 가지고 판단할 것은 아니고 법률의 입법 취지 등을 고려하여 관련 법조항 전체를 유기적·체계적으로 종합하여 판단하여야 한다.[6)]

나. 검 토

아래와 같이 관련 법령을 종합적으로 해석하여 보면, 항공보안법 및 항공보안법 시행규칙이 피고에 대하여 보호구역 출입에 있어서 '공항운영자의 허가 대상자 및 허가의 내용'에 대하여서까지 위임하고 있다고 볼 수는 없는데, 이에 불구하고 이 사건 규정 제20조 제1항 제1호는 '보호구역의 공항시설 등에서 상시적으로 업무를 수행하는 사람'(항공보안법 제13조 제1항 제1호, 이하 '상시업무수행자')이더라도 공항에 상주하고 있는 기관, 항공사, 업체의 직원이 아니면 보호구역에의 자유로운 출입이 보장되

4) 대법원 2000. 10. 19. 선고 98두6265 전원합의체 판결.
5) 대법원 2010. 4. 29. 선고 2009두17797 판결.
6) 대법원 2012. 7. 26. 선고 2011두28431 판결.

는 정규출입증을 발급하지 않는 것으로 규정하고 있어, 모법인 법률의 위임 없이 법률이 규정한 개인의 권리·의무에 관한 내용을 변경·보충하고 있어 위법하다.

(1) 항공보안법 제13조 제1항은 “다음 각 호의 어느 하나에 해당하는 사람은 공항운영자(즉, 피고)의 허가를 받아 보호구역에 출입할 수 있다”고 규정하고, 제1호에서 “보호구역의 공항시설 등에서 상시적으로 업무를 수행하는 사람”을 규정하고 있다. 원고는 항공기 소유자이자 공항시설에서 상시적으로 업무를 수행하는 사람으로서 위 제1호에 해당하므로 위 규정에 따라 피고의 허가를 받아 보호구역에 출입할 수 있다. 한편 항공보안법 제13조 제2항은 “제1항에 따른 출입허가의 절차 등에 관하여 필요한 사항은 국토교통부령으로 정한다”고 규정하여 명확하고 구체적인 범위를 정한 사항, 즉 ‘출입허가의 절차 등’에 관한 사항의 제정을 시행규칙에 위임하였으며, 그 밖에 항공보안법에서 공항상주업체의 정의 규정을 명시하고 있음에도(항공보안법 제2조 제6호) 공항상주업체인 상시업무수행자와 공항상주업체가 아닌 상시업무수행자 사이의 출입허가대상 여부나 출입허가의 내용을 달리 정하고 있는 내용을 찾아볼 수 없는 점까지 종합하여 보면, 항공보안법은 출입허가의 절차 및 이에 관련된 사항이 아닌 ‘출입허가의 대상자 및 내용’에 관하여서는 시행규칙 등 하위법령에 위임하지 않았다고 판단된다.

(2) 위 위임에 따라 제정된 항공보안법 시행규칙 제6조는 출입허가신청의 서면신청 등(제1항), 공항운영자의 출입허가 시의 신원조사 의무(제2항), 공항운영자의 출입증 발급 의무 등(제3항), 출입허가자의 출입시 출입증 패용의무(제4항), 공항운영자 등의 출입기록 보존의무(제5항) 등 항공보안법에서 위임한 ‘출입허가의 절차에 관한 사항’만을 규정하고 있음을 알 수 있고, 여기에 ‘출입허가의 대상 및 내용’에 관한 사항은 전혀 정하고 있지 않음을 알 수 있다. 나아가 위 시행규칙 제6조 제7항은 “이 규칙에 규정된 사항 외에 보호구역등의 출입허가 및 기록의 작성·보존 등에 필요한 세부사항”을 공항운영자로 하여금 정하도록 위임하고 있는바, 해당 문언에다가 앞서 본 항공보안법의 위임 범위를 함께 고려하여

보면, 결국 이는 항공보안법과 동법 시행규칙이 정하는 출입허가에 필요한 세부사항, 즉 절차에 관한 집행규정을 정하는 것에 대한 위임이라 할 것이지, 국민의 권리·의무의 제한에 관한 사항, 즉 출입허가의 대상자 및 내용에 관하여 새로이 정할 수 있다는 취지가 아님이 명백하다.

(3) 그런데 이 사건 규정 제20조 제1항 제1호에 따르면 원고와 같은 비상주 상시업무수행자 내지 항공기 소유자는 정규출입증을 발급받지 못하게 되고, 오직 제한된 기간 동안만 유효한 임시출입증을 통하여 인솔자를 동반한 제한된 범위 내에서의 출입만이 가능하다(이 사건 규정 제23조 제1항 제2호, 제2항 제2호, 제3항, 제5항, 제9항 제1호, [별표 3] 1. 인원출입증, '임시' 부분 참조). 이러한 출입허가 내용에서의 제한은 항공보안법 및 동법 시행규칙이 전혀 위임하고 있지 않은 사항에 대한 것이고, 나아가 '공항에 상주하고 있는 기관, 항공사, 업체의 직원'에 대하여서만 정규출입증의 발급을 통한 보호구역 내에서의 자유로운 활동을 보장한다는 출입허가의 대상자에 대한 사항 또한 마찬가지이다.

(4) 피고는 이는 허가의 절차 등에 관한 사항을 정한 것에 불과하고, 허가대상자 자체를 공항상주업체로 정한 것이 아니며, 단지 출입을 허가한 자 중에서 '정규출입증'을 발급할 대상을 따로 정한 것에 불과하다고 주장한다. 그러나 앞서 본 바와 같이, 이 사건 규정 제20조 제1항 제1호를 관철하면 결국 보호구역 내에서의 행동의 자유의 회복, 즉 강학상 허가를 통한 일반적 금지의 회복의 효과를 온전히 받는 것은 공항에 상주하고 있는 기관·항공사·업체의 직원뿐이고, 항공보안법이 정한 '보호구역의 공항시설 등에서 상시적으로 업무를 수행하는 사람'임에도 위 공항상주기관 등의 직원이 아닌 경우에는 인솔자의 필수적 동반 및 동반 인솔자가 없을 때에는 출입할 수 없고, 인솔자의 근무시간에만 출입이 허용되는 등 그 금지의 효과가 상당 부분 잔존하게 되며, 이는 정규출입증에 의한 출입과는 그 권리의 내용과 범위가 현격한 차이가 있어 실질적으로 허가의 대상자를 한정한 것과 다르지 않다. 결국 피고의 위와 같은 주장은 이를 받아들이기가 어렵다.

6. 이 사건 규정 제20조 제1항 제1호의 위헌성

법원은 직권으로 이 사건 규정의 위헌성을 검토한 후, 다음과 같은 점에서 이 사건 규정 제20조 제1항 제1호는 헌법에 위반된다고 판시하였다.

가. 법률유보원칙 위반

이 사건 규정을 종합적으로 해석하면, 이 사건 규정 제20조 제1항 제1호는 실질적으로 허가의 대상자를 항공보안법의 규정과는 달리 정함으로 말미암아 임시출입 허가의 대상자가 된 사람에 대하여 법률에 근거가 없는 기본권의 제한을 가하고 있는 것과 다르지 않다. 즉, 피고가 정한 이른바 '정규출입증'과 '임시출입증'의 효력의 차이는 전혀 법률을 통하여 규정된 바가 없는데도(오히려 항공보안법 제50조 제8항에 따르면 출입허가 없이 보호구역에 출입한 사람은 그 출입증의 형태나 허가의 내용과 관계없이 동일한 형사처벌에 처하여질 뿐이다), 그 발급대상이 되는 출입증의 형태에 따라 보호구역 내에서 누리는 행동의 자유의 폭(인솔자의 동행 여부, 자유로운 출입 가능 여부 등)이 현저하게 달라지게 되고, 그 결과 원고와 같이 임시출입증의 발급대상으로 분류된 사람에 대해서는 항공보안법 제13조 제1항에 의해 보장되는 보호구역에 출입할 권리가 실질적으로 형해화되는 결과가 초래된다. 결국 이 사건 규정 제20조 제1항 제1호는 기본권의 제한은 형식적 의미의 법률로서만 가능하다는 법률유보의 원칙에 반한다.

나. 평등원칙 위반

이 사건 규정 제20조 제1항 제1호는 상시업무수행자라고 하더라도, 공항에 상주하고 있는 기관, 항공사, 업체의 직원에 대하여서만 정규출입증을 발급함으로써 자유로운 보호구역 출입이 가능하도록 하고 있는바 공항상주기관 등의 직원과 그렇지 아니한 상시 업무수행자를 다르게 취급하고 있다.

그런데 공항 내의 자유로운 보호구역 출입의 필요성은 해당 상시업무수행자가 공항상주기관 등의 직원에 해당하거나 아니면 공항상주기관 등이 아닌 업체의 직원이거나, 개인사업자인지 여부에 따라 달라지는 것이 아님에도(피고는 이에 대하여 "자가용 항공기 보유자가 항공기 정비를 위하여 출입하는 경우는 상시적인 것이 아니므로 정비를 요하는 때마다 임시출입증을 발급받아도 충분히 정비업무를 수행할 수 있다"고 주장하나, 단순한 취미 비행이 아닌 상시업무수행자의 경우 안전한 운행을 위한 수시의 점검 및 정비 필요성이 있을 것으로 보이고, 항공기 정비 및 운행은 기상상황에 따라 그 가능 여부에 큰 영향을 받는 것으로서 원칙적으로 출입 5일 이전에 신청해야 하는 임시 출입증만으로는 적시에 정비 및 시험비행 등을 하기가 곤란할 것으로 보인다), 이 사건 규정 제20조 제1항 제1호는 '공항 상주 여부 및 기관, 항공사, 업체의 직원인지 여부'에 따라 자유로운 보호구역의 출입 및 활동이 가능한지 여부가 결정되도록 규정하고 있는바, 이는 합리적인 고려에 의해 그 기준을 설정한 것으로 보기 어렵다.

결국 이 사건 규정 제20조 제1항 제1호는 같은 것을 다르게 취급함으로써 평등원칙에 반한다.

다. 과잉금지의 원칙 위반

이 사건 규정 제20조 제1항 제1호를 통하여 피고는 보호구역 내에서의 안전과 이로 인한 항공운항에의 위험 방지라는 공익을 확보하고자 하는 것이므로 그 목적이 정당하며, 보호구역 내의 출입 통제를 통하여 보다 소수의 인원만을 보호구역에 출입시킬 경우 출입 인원의 일탈 또는 불순한 의도가 있는 인원의 출입으로 인한 안전사고가 발생할 가능성은 적어질 것으로 보이므로 이 사건 규정 제20조 제1항 제1호를 통하여 정규출입증의 발급 범위를 제한한 것은 위 목적을 달성하기 위한 적합한 수단에는 해당한다.

그러나 항공보안법 시행규칙 제6조 제2항이 위와 같은 위험의 방지를 위하여 출입허가를 위한 신원조사를 시행함을 이미 규정하고 있고, 항공보안법의 허가 및 처벌규정에 의하여서도 항공보안의 목적이 어느 정도 달성될 수 있음에도 여기에 더 보태어 보호구역에의 자유로운 출입을 위하여 원고와 같은 항공기 소유자이자 상시업무수행자로 하여금 '공항에 상주할 것'까지 요구하는 것은 공항에 상주하지 아니하는 항공기 소유자이자 항공보안법상 보호구역 내의 출입허가 대상으로 규정된 상시업무수행자의 일반적 행동자유권, 직업의 자유 및 재산권을 위 공익의 확보를 위한 필요 최소한 범위내에서 제한하는 것이라고 볼 수 없다. 또한 원고와 같은 항공기 소유자가 고가의 재산이자 상시적인 관리·정비가 필요한 항공기를 사용·수익·관리하고 이를 이용한 업무수행을 위한 보다 고양된 접근의 필요성은 큰 반면, 이미 상시업무수행자로서 신원조사를 통하여 출입허가가 가능하다고 판단되는 사람의 경우 피고가 우려하는 사고발생의 우려가 그리 크지 않다고 판단되는바 그 공익 확보를 위한 사익 제한에서의 비례성이 준수되고 있다고 보기도 어렵다.

라. 소 결

결국 이 사건 규정 제20조 제1항 제1호는 헌법에 위반하여 공항에 상주하지 아니하는 상시업무수행자의 직업의 자유, 일반적 행동자유권 및 항공기 소유자인 상시업무수행자의 재산권을 침해하는 것이다.

7. 이 사건 거부처분의 위법성

결국 위헌·위법하여 무효인 이 사건 규정 제20조 제1항 제1호에 터잡은 이 사건 거부처분 또한 위법함을 면할 수 없으므로 취소되어야 한다.

제 7 장

항공조세법

[37] 외국항공사의 리스항공기에 관한 법인세
[38] 항공기를 임차한 항공사에 대한 부가가치세 고지의 하자
[39] 공항시설 기부채납 후 무상사용에 대한 부가가치세 납부의무
[40] 군용항공기지 공사제한과 취득세의 중과
[41] 공항내 창고시설 이용권에 관한 주식 양도와 법인세
[42] 항공기 부품 수입과 FTA에 의한 관세의 면제

[37] 외국항공사의 리스항공기에 관한 법인세

대법원 2000. 2. 22. 선고 97누3903 판결

Ⅰ. 사실관계

(1) 원고 캐세이패시픽항공은 홍콩에 본점을, 우리나라를 비롯한 세계 각국에 지점을 각 설치하고, 원고가 구매하여 소유하는 항공기(이하 '소유항공기')와 리스계약에 의하여 사용권을 가지는 항공기(이하 '리스항공기')를 사용하여 국내 및 국외에 걸쳐 국제항공운수업을 영위하는 항공회사로서 법인세법(이하 '법') 제53조 제1항, 제55조 제1항 제5호 및 제58조 제1항, 법 시행령 제122조 제1항 제8호의 규정에 의하여 법 시행규칙 제59조의2에서 규정하고 있는 아래 표 기재의 산식(이하 '산식')에 따라서 계산한 국내에서 영위하는 사업으로 인한 국내원천소득금액과 법 제55조 제1항 각 호에 규정된 이자소득, 배당소득 등 그 밖의 국내원천소득을 합산한 금액에서 법 제53조 제1항 각 호의 금액을 공제한 금액을 과세표준으로 한 법인세와 그 법인세 산출세액을 과세표준으로 한 방위세를 신고납부할 의무가 있는 외국법인이다.

국내원천소득금액 = 국제노선에서 생기는 이익(1) × 국내원천소득률(2) [{국내총수입금액 / 국제노선총수입금액 + (국내고정자산의 장부가액 + 국제노선에 취항하는 항공기의 장부가액(3) * 국내에서의 출항회수/국제노선의 출항회수) / 국제노선에 관련한 총고정자산의 장부가액(4) + (국내의 급여액 + 국제노선에 취항하는 항공기승무원의 급여액 * 국내에서의 출항회수 / 국제조선 출항회수) / 국제노선에 관련한 총급여액} * 1/3]

(2) 원고는 1986년부터 1990년까지의 각 사업년도분에 대한 각 법인세신고시 위 산식에 의한 국내원천소득(이하 '국내원천소득'이라 함은 위 산

식에 의하여 산정하는 법 제55조 제1항 제5호의 국내원천소득을 말한다)을 계산하면서, 산식 중의 국제노선에서 생기는 이익은 본점의 결산재무제표상의 이익산정방법에 따라서 리스항공기에 대한 리스료 전액을 손금에 산입하여 이익을 산출하고, 산식 중의 국내원천소득율 산정의 한 요소인 고정자산의 장부가액이나 항공기의 장부가액(이하에서는 위 고정자산과 항공기를 통칭하여 '고정자산'이라 한다)에서는 소유항공기만 포함시키고 리스항공기는 이를 제외하여 국내원천소득율을 산정하는 방법으로 원고의 국내원천소득을 산정하고 그에 따른 법인세와 방위세를 계산하여 별지 3의 계산표 2(이하 '계산표 2')의 제45행(법인세) 및 제55행(방위세) 기재와 같이 각 신고·납부하였다.

(3) 피고(서대문세무서장)는 1991. 7. 19.에 이르러 원고가 보유하는 리스항공기는 모두 원고의 고정자산에 해당하고 따라서 위 산식에 의한 원고의 국내원천소득산정시 고정자산의 장부가액에 포함시켜야 하는 것을 전제로 하여, 그 리스항공기의 장부가액을 일률적으로 신규항공기의 평균취득가액인 대당 135,000,000달러로 보아 이를 고정자산의 장부가액에 포함시켜 국내원천소득을 계산하여 그에 따라 과세표준 및 세액을 산출하고, 그 세액에 과소신고가산세 및 미납부가산세를 가산하고 원고의 기납부분 세액을 차감하여 그 차액인 계산표 2의 제46행 기재 법인세와 제59행 기재 방위세를 추가로 부과·고지하는 증액경정처분을 하였다.

(4) 그 후 원고가 위 처분에 대한 행정심판을 제기하였다. 국세심판소장은 1993. 2. 17.자로 원고가 보유하고 있는 항공기 중 원고에게 소유권이 있는 항공기 2대와 리스항공기 중 리스기간이 10년 이상인 항공기(이하 '금융리스항공기') 19대는 금융리스자산으로서 원고의 고정자산에 포함시키되 그 항공기의 가액을 재조사하여 원고의 원천소득금액을 계산하고 그에 따라 과세표준과 세액을 경정할 것을 내용으로 하는 심판결정을 하였다.

(5) 피고 서대문세무서장은 1993. 7. 2.자로 위 심판결정에 따라서 금융리스항공기의 취득가액으로 원고가 신고한 금액을 위 산식의 고정자산에 포함시켜 원고의 국내원천소득금액을 재계산[1]하여, 그에 따라 과세표

준과 세액을 산출하여 당초에 부과된 법인세와 방위세의 각 액수를 계산표 2의 제48행(법인세) 및 제61행(방위세)의 각 금액으로 감액하는 경정결정을 하고, 당초의 결정금액과의 차액인 계산표 2의 제47행(법인세) 및 제60행(방위세) 기재의 각 금액을 원고에게 환급하였다(이하 당초의 부과처분 중 위 감액경정결정에 의하여 취소되지 않고 남아 있는 부분을 '이 사건 처분'이라 한다).

Ⅱ. 참조 조문

1. 구 법인세법(1990. 12. 31. 법률 제4282호로 개정되기 전의 것)

제53조 (과세표준) ① 국내에 제56조 제1항 또는 제3항에 규정하는 사업장을 가진 외국법인과 제55조 제1항 제3호에 규정하는 부동산소득이 있는 외국법인 또는 동조 동항 제8호에 규정하는 산림소득이 있는 외국법인의 각 사업연도의 소득에 대한 법인세의 과세표준은 제55조에 규정하는 국내원천소득의 총합계금액에서 다음 각 호에 게기하는 소득(또는 금액)을 순차로 공제한 금액으로 한다.

1. 각 사업연도 개시일 전 5년 이내에 개시한 사업연도에 발생한 결손금(국내에서 발생한 결손금에 한한다)으로서 그 후의 각 사업연도소득금액 또는 과세표준계산상 공제되지 아니한 금액
2. 이 법 및 다른 법률에 규정하는 비과세소득
4. 선박 또는 항공기의 외국항행으로 인하여 발생하는 소득. 다만, 그 외국법인의 본점 또는 주사무소가 있는 외국이 우리나라의 법인이 운용하는 선박 또는 항공기에 대하여 동일한 면제를 하는 경우에 한한다.

② 제1항의 규정에 해당하지 아니하는 외국법인의 경우에는 제55조 제1항 각 호에 게기하는 국내원천소득의 금액을 당해 법인의 각사업연도의 소득에 대한 법인세의 과세표준으로 한다.

④ 제1항 제4호의 규정은 제56조 제1항 또는 제3항에 규정하는 사업

1) 이 사건 항공기가 위 산식 소정의 고정자산에 해당한다고 보아 원고가 그 취득가액으로 신고한 금액을 산식 (3)과 (4)의 장부가액에 포함시켜 (2)의 소득률을 계산하고, 이를 원고가 산정하여 신고한 (1)의 이익에 곱하여 원고의 국내원천소득금액을 산출하였다.

장을 가지고 있지 아니하는 외국법인에 대하여도 이를 적용한다.

제55조 (국내원천소득) ① 제53조에서 "국내원천소득"이라 함은 다음 각 호에 게기하는 소득을 말한다.

5. 국내에서 영위하는 사업에서 발생하는 소득으로서 대통령령이 정하는 것. 다만, 제6호에 해당하는 소득을 제외한다.

2. 구 법인세법 시행령(1994. 12. 31. 대통령령 제14468호로 개정되기 전의 것)

제122조 (국내원천소득의 범위) ① 법 제55조 제1항 제5호에서 "대통령령이 정하는 것"이라 함은 소득세법 제20조에 규정하는 사업에서 발생하는 소득을 말한다. 다만, 국내 및 국외에 걸쳐 사업을 영위하는 외국법인의 경우에는 다음 각 호의 소득을 국내에서 영위하는 사업에서 발생하는 소득으로 한다.

8. 외국법인이 국내 및 국외에 걸쳐 항공기에 의한 국제운송업을 영위하는 경우에는 국내에서 탑승한 여객이나 적재한 화물에 관련하여 발생하는 수입금액과 경비, 국내업무용 고정자산의 가액 기타 그 국내업무가 당해 운송업에 대한 소득의 발생에 기여한 정도 등을 고려하여 재무부령이 정하는 방법에 의하여 계산한 그 법인의 국내업무에서 발생하는 소득

Ⅲ. 판시사항

(1) 항공기에 의한 국제운송업을 행하는 외국법인의 국내원천소득금액을 구 법인세법 시행규칙(1999. 5. 24. 재정경제부령 제86호로 전문 개정되기 전의 것) 제59조의2 소정의 산식에 의하여 산출함에 있어서 그 산식 소정의 고정자산에 해당하는지 여부의 판정 기준에 관하여 조약이나 국내법에 별도의 규정이 없으므로 외국법인이 리스계약에 의하여 사용권을 갖는 항공기 중 리스기간이 10년을 초과하는 항공기가 위 산식 소정의 고정자산에 해당하는지 여부는 국내 법령의 해석과 그 해석의 기준이 되는 일반적으로 공정·타당하다고 인정되는 회계기준에 따라 결정하여야

한다.

(2) 리스회계처리기준 제4조 제3호와 이를 이어받은 법인세법 기본통칙 2-3-56…9 제2항 제3호는 리스기간이 일정기간(리스물건의 경제적 내용연수나 법인세법 시행규칙이 정한 내용연수－항공기의 경우는 10년)을 초과하는 경우를 금융리스로 분류하였으므로 이에 의하면 위 항공기리스는 금융리스에 해당한다.

(3) 금융리스자산의 회계처리기준이 되는 법인세법 기본통칙 2-3-57…9 제1항 제2호에 따르면 금융리스자산에 대하여는 임차인이 당해 리스물건의 리스실행일 현재의 취득가액 상당액을 임대인으로부터 차입하여 그 리스물건을 구입한 것으로 보아 소유자산과 동일한 방법으로 감가상각한 당해 리스자산의 감가상각비와 대금결제조건에 따라 지급하기로 한 리스료 중 차입금에 대한 이자 상당액을 각 사업연도 소득금액 계산상 손금에 산입하여 회계처리하는 것이므로 위 항공기는 위 산식 소정의 장부가액을 가지는 고정자산에 해당한다.

Ⅳ. 해 설

1. 조세채무 총론

가. 조세채무의 성립

조세채무는 법률이 규정하고 있는 과세요건이 충족되어 발생한 납세의무를 조세채무관계설의 입장에서 파악한 개념이다. 따라서 실무상으로는 조세채무의 개념을 실체법상의 납세의무와 같은 개념으로 이해하여도 큰 무리는 없다. 우리 헌법은 개인의 재산권 보호를 위하여 조세법률주의 원칙을 채택하고 있으므로 납세의무가 발생하려면 미리 법률이 구체적으로 정하고 있는 납세의무자, 과세대상, 과세표준, 세율에 관한 요건이 충족되어야 한다. 조세채무의 성립이라 함은 이렇게 세법이 구체적으로 정하고 있는 과세요건이 충족되어 정부가 조세부과권을 행사할 수 있게 된 상태를 말하고, 조세채무의 확정은 실제로 조세부과권을 행사하여 구체적으로 조세를 징수할 수 있게 된 상태를 말한다. 조세채무의 성립을 위한 과세요건은 ① 납세의무자, ② 과세물건(과세객체, 과세대상), ③ 과세표준, ④ 세율의 4가지로 분류하는 것이 통설이다(과세요건 4분설).

(1) 납세의무자

납세의무자는 세법에 의하여 그 자신이 조세를 납부할 의무를 부담하고 있는 자로서 소득세의 원천징수의무자와 같이 납세의무자의 조세납부의무를 대행하는 징수의무자 또는 특별소비세, 주세 등 간접세에서의 소비자와 같이 납세의무는 없지만 경제적 측면에서 실질적으로 조세 부담을 지게되는 담세자와는 구별된다. 납세의무자 중에는 개별 세법에서 자신의 행위, 소득, 자산의 보유 등으로 인하여 납세의무가 부과된 고유의 납세의무자와 그 밖에 세법상의 일정한 요건에 의하여 예외적으로 납세의무가 인정되는 제2차 납세의무자, 연대 납세의무자, 납세보증인, 물적 납세의무자, 납세의무의 승계자 등이 있다.

국세기본법 제14조 제1항은 실질과세 원칙을 정하고 있는데, 소득이나 수익, 재산, 거래 등 과세대상에 관하여 그 귀속명의와 달리 실질적으로 귀속되는 사람이 따로 있는 경우에는 형식이나 외관에 따라 귀속명의자를 납세의무자로 삼지 않고 실질적으로 귀속되는 사람을 납세의무자로 삼겠다는 것이다. 따라서 재산 귀속명의자는 이를 지배·관리할 능력이 없고 명의자에 대한 지배권 등을 통하여 실질적으로 이를 지배·관리하는 사람이 따로 있으며 그와 같은 명의와 실질의 괴리가 조세 회피 목적에서 비롯된 경우에는, 그 재산에 관한 소득은 재산을 실질적으로 지배·관리하는 사람에게 귀속된 것으로 보아 그를 납세의무자로 보아야 한다.[2)]

(2) 과세물건

과세물건은 ‘과세의 대상이 되는 물건, 행위 또는 사실’이라고 정의할 수 있다. 과세물건은 각 세목마다 세법에서 구체적으로 규정하게 되므로 무엇이 과세물건인가는 각 개별 세법의 해석에 의하여 정하여진다. 세법

---

2) 대법원 2018. 12. 13. 선고 2018두128 판결.

에서 과세물건에 관하여 과세대상, 과세물품, 과세객체 등의 용어를 사용하기도 한다. 무엇을 과세물건으로 할 것인가는 국민들의 담세능력과 조세부담의 형평성, 국가의 경제정책 등과 맞물려 있는 조세정책의 핵심적 문제이다. 국세인 소득세 및 법인세(다만, 양도소득세와 법인세특별부가세는 제외)와 지방세인 농지세 및 주민세소득할 등은 '소득'을 과세물건으로 하는 세목이고, 국세인 부가가치세, 특별소비세, 교통세, 주세, 전화세 및 관세와 지방세인 담배소비세, 마권세, 도축세 등은 '소비'를 과세물건으로 하는 세목이며, 국세인 재평가세와 지방세인 재산세, 종합토지세, 자동차세, 도시계획세, 공동시설세 등은 '재산의 보유'를 과세물건으로 하는 세목이고, 국세인 양도소득세 및 법인세특별부가세, 상속 및 증여세, 증권거래세, 인지세와 지방세인 등록세, 취득세 등은 '재산의 거래'를 과세물건으로 하는 세목이다.

(3) 과세표준과 세율

과세표준은 '세법에 의하여 직접적으로 세액 산출의 기초가 되는 과세물건의 수량 또는 가액'을 말한다. 즉 조세채무의 세액을 계산하기 위하여는 그 과세물건을 일정한 가치척도에 의하여 측정하여야 하는데, 이와 같이 과세물건을 일정한 가치척도에 의하여 측정한 값, 즉 과세물건을 금액, 용량, 건수, 인원 등의 척도로 계량화, 금액화한 것을 과세표준이라고 한다. 그리고 세율은 과세표준에 대하여 납부하여야 할 세액의 비율을 말한다. 따라서 납세자가 납부할 세액은 과세표준과 세율을 곱한 금액이 된다.

과세표준의 측정단위가 금액인 것을 종가세, 수량인 것을 종량세라고 한다. 종가세에는 법인세, 소득세, 부가가치세, 상속·증여세, 재산세, 취득세, 등록세, 증권거래세, 종합토지세 등이 있고, 종량세에는 주세에 있어서의 주정, 자동차세에 있어서 배기량, 대수, 적재량 등, 특별소비세에서의 카지노·골프장·투전기설치장소의 입장인원수 등이다.

한편 세율은 납세자의 부담능력과 조세부담의 형평성, 조세제도에 의한 소득재분배기능 등을 감안하여 정책적으로 결정되는데 크게 과세표준에 대하여 비례적으로 부과되는 비례세율과 일정한 액수가 부과되는 정액세율로 나눌 수 있고, 비례세율은 다시 단순비례세율, 누진비례세율, 역진비례세율로, 정액세율은 다시 단순정액세율과 차등정액세율로 나눌 수 있다.

나. 조세채무의 성립시기

조세채무의 성립시기는 국세기본법 제21조 제1항에서 각 세목별로 규정하고 있고, 지방세 성립시기는 지방세기본법 제34조 제1항에서 이를 정하고 있다.

다. 조세채무의 확정

(1) 조세채무의 확정은 추상적으로 성립된 조세채무의 내용을 구체적으로 확정하는 것으로서 세법상 과세표준과 세액의 결정으로 나타나며 그 성격은 행정법상의 확인행위에 해당한다. 조세채무의 확정을 기초로 하여 조세행정권력작용인 납세고지, 강제징수절차, 조세불복절차 등이 이루어진다. 국세기본법 제22조 제1항은 "국세는 당해 세법에 의한 절차에 따라 그 세액이 확정된다"라고 규정하고, 같은 조 제2항에서 그 예외로서 "인지세, 원천징수하는 소득세 또는 법인세, 납세조합이 징수하는 소득세, 중간예납하는 법인세(세법에 의하여 정부가 조사·결정하는 경우는 제외)"는 위 규정에도 불구하고 납세의무가 성립하는 때에 특별한 절차 없이 그 세액이 확정되는 것으로 규정하고 있다. 지방세법 제5조에 의하여 지방세의 부과와 징수에 관하여 지방세법, 지방세기본법과 지방세징수법을 적용하도록 규정하고 있으므로 지방세의 경우에도 각 세법 규정의 해석에 의하여 각 조세의 확정방식이 결정될 것이다. 보통 조세채무의 확정방식은 신고납세방식, 부과납세방식, 자동확정방식으로 분류된다.

(2) 성립과 동시에 확정되는 조세의 경우를 제외하고는 조세채무의 확정을 위하여 조세채무 확정절차를 거쳐야 한다. 조세채무의 확정절차는 납세신고, 수정신고, 부과처분의 단계로 진행된다.

(3) 조세부과처분은 정부가 조세채무를 확정시키는 행정처분을 말하는

데, 이는 이미 객관적, 추상적으로 성립하여 있는 납세의무의 내용을 구체적으로 현실화하여 확정하는 절차로서 준법률행위적 행정행위에 속한다. 과세처분은 주로 부과납세방식의 조세채무를 확정하기 위하여 행하여지나, 신고납세방식의 조세에 있어서도 납세의무자가 신고하지 않거나 신고 내용에 오류, 탈루 등이 있어 과세관청의 결정에 의하여 조세채무가 확정되는 경우에는 과세처분이 행하여진다. 과세처분은 결정이나 경정결정의 형식으로 이루어진다.

2. 원심[3]의 판단

(1) 산식 규정은 원고 법인과 같이 세계의 각 국가로 연결되는 항공노선에 항공기를 운항하는 외국법인이 그 운송사업으로 인하여 얻는 소득 중에서 우리나라가 과세권을 행사할 수 있는 소득의 범위를 국내사업장의 영업으로 인한 익금(益金)에서 손금(損金)을 차감하는 일반적인 소득 산출의 방식에 의하여 산출하기 어려운 국제항공운송업의 특성을 감안하여 이를 법인이 전세계를 통한 영업으로 얻는 이익(국제노선에서 생기는 이익)에 국내업무부분이 그 이익 산출에 기여한 비율(국내원천소득율)을 곱하여 산출하는 방식을 취하고, 그 기여비율을 보다 정확하게 산정하기 위하여 국내업무부분이 전세계영업 중에서 수입요인, 고정자산요인, 급여요인의 3가지 요인에서 차지하는 비율을 각 산출한 후 이를 산술평균한 비율을 국내원천소득율로 삼도록 규정하고 그 3가지 요인 중 고정자산요인에서의 비율을 고정자산의 장부가액에 의하여 산정하도록 한 것이다.[4]

---

3) 서울고등법원 1997. 1. 30. 선고 93구9226 판결.

4) 구 법인세법(2006. 12. 30. 법률 제8141호로 개정되기 전의 것) 제40조는 제1항, 제2항 등에서 권리의무확정주의를 선언하고, 거래유형 등에 따라 익금과 손금의 구체적인 귀속시기를 규정하고 있다. 그러나 이러한 거래유형 등에 따른 세법상의 손익귀속에 관한 규정은 현대사회의 다종다양한 모든 거래유형을 예측하여 그 자체로서 완결적으로 손익의 귀속을 정한 규정이라고 할 수 없으므로, 위 규정들만으로 손익의 귀속을 정하기 어려운 경우에는 법인세법상의 권리의무확정주의에 반하지 아니하는 한, 구 법인세법 제43조에서 정하였듯이 일반적으로 공정·타당한 회계관행으로 받아들여지는 기업회계기준에 따라 손익의 귀속을 정할 수도 있다고 해석함이 타당하며, 이러한 해석이 구 국세기본법(2010. 1. 1. 법률 제9911호로 개정되기 전의 것) 제20조의 취지에도 부합한다. 대법원 2017. 12. 22. 선고 2014두44847 판결.

이와 같은 산식규정의 입법취지와 실질과세의 원칙에 비추어 보더라도 국내원천소득율을 보다 정확하게 산정하기 위하여서는 항공회사의 자산 중 가장 큰 비중을 차지하고 있는 항공기에 대하여는 그 실질적·경제적인 보유형태에 의하여 위 산식의 고정자산에 포함시킬 것인지 여부를 가려야 하고 법률적인 소유권귀속여부에 의하여서만 결정하여서는 안 된다.

리스기간이 10년이 넘는 금융리스항공기의 보유는 실질에서는 원고가 리스회사로부터 항공기구입자금을 융자받아 항공기를 구입하여 사용하고 그 융자대금에 이자를 합산하여 리스료의 형태로 분할상환하는 물적 금융에 해당하므로, 위 금융리스항공기는 이를 위 산식의 고정자산에 포함시켜야 한다.

(2) 이를 전제로 위 산식에 의한 원고의 국내원천소득금액을 산출함에 있어, 위 산식 (2)의 소득률은 이 사건 항공기의 취득가액 상당액에서 그 항공기를 소유자산과 동일한 방법으로 감가상각하였을 경우의 감가상각 충당금 상당액을 차감한 가액을 (3)과 (4)의 장부가액에 포함시켜 계산함이 상당하다.

(3) (1)의 이익은 원고가 손금에 산입한 리스료를 손금산입에서 제외하는 대신에 이 사건 항공기를 금융리스자산으로 회계처리할 경우 손금산입되는 감가상각비 및 리스료 중 차입금에 대한 이자 상당액을 손금에 산입하는 방식으로 재계산하여야 한다.

(4) 리스료 중 이자 상당액을 제외한 나머지 금액은 즉시상각의제 규정인 법인세법 시행령(1998. 12. 31. 대통령령 제15970호로 전문 개정되기 전의 것) 제56조 제1항 소정의 '법인이 고정자산을 취득하기 위하여 지출한 금액과 고정자산에 대한 자본적 지출에 해당하는 금액'에 해당되어 같은 조항에 의하여 원고가 그 금액을 감가상각한 것으로 의제된다. 그 금액은 임의상각 규정인 법인세법(1998. 12. 28. 법률 제5581호로 전문 개정되기 전의 것) 제16조 제12호와 법인세법 시행령 제48조 제1항에 의하여 법령상 허용된 감가상각비 범위와 결산시 손금에 계상한 범위내에서 손금산입이 시인되는데, 리스료 중 이자 상당액을 제외한 금액이 법령상 허용된 감가상각비 범위내이어서 그 금액은 전액 손금산입이 시인되므로, 결

국 위 방식으로 재계산한 (1)의 이익은 원고가 산정한 이익과 같은 금액이 된다.

3. 이 사건 항공기가 고정자산에 해당하는지 여부

가. 외국법인의 국내원천소득금액 산출 준거 법령

(1) 자국의 과세권의 행사는 자국의 법령에 기초하여 이루어지므로, 외국법인의 국내원천소득금액을 산출할 때도 그 준거할 법령 등에 관하여 조약이나 국내법에 별도의 규정이 없는 한 국내의 법령과 회계기준에 따르는 것이 원칙이다.

(2) 재산권에 관한 매매계약에서 매수인이 외국법인인 매도인에게 국내에서 계약금을 지급하였다가 매매계약에서 정한 채무를 불이행함으로써 계약금을 위약금으로 하는 내용의 약정에 따라 계약금이 몰취된 경우, 매수인은 구 법인세법 제98조 제1항 제3호에 따라 외국법인의 국내원천소득인 위약금에 대한 법인세를 원천징수하여 납부할 의무가 있다.[5)]

(3) 재산권에 관한 계약의 위약 또는 해약으로 인하여 국내에서 지급받는 외국법인의 위약금과 배상금이 계약상대방의 채무불이행 등으로 인하여 발생한 재산의 실제 감소액에 대한 배상으로서 순자산의 증가가 없는 경우에는 '본래의 계약내용이 되는 지급 자체에 대한 손해'에 해당하여 이를 기타소득으로 볼 수 없지만, 이를 초과하여 위약금과 배상금을 지급받았다면 이는 손해의 전보를 넘어 새로운 수입이나 소득을 발생시키기 때문에 외국법인의 국내원천소득인 기타소득에 해당하므로 과세대상이 된다.[6)]

(4) 외국의 법인격 없는 사단·재단 기타 단체가 구 소득세법(2013. 1. 1. 법률 제11611호로 개정되기 전의 것) 제119조 또는 구 법인세법(2013. 1. 1. 법률 제11607호로 개정되기 전의 것, 이하 같다) 제93조에 정한 국내원천소득을 얻어 이를 구성원들에게 분배하는 영리단체에 해당하는 경우, 구

---

5) 대법원 2019. 7. 4. 선고 2017두38645 판결.
6) 대법원 2019. 4. 23. 선고 2017두48482 판결.

법인세법상 외국법인으로 볼 수 있다면 단체를 납세의무자로 하여 국내원천소득에 대하여 법인세를 과세하여야 하고, 구 법인세법상 외국법인으로 볼 수 없다면 단체의 구성원들을 납세의무자로 하여 그들 각자에게 분배되는 소득금액에 대하여 그 구성원들의 지위에 따라 소득세나 법인세를 과세하여야 한다. 그리고 여기서 단체를 외국법인으로 볼 수 있는지 여부에 관하여는 구 법인세법상 외국법인의 구체적 요건에 관하여 본점 또는 주사무소의 소재지 외에 별다른 규정이 없는 이상 단체가 설립된 국가의 법령 내용과 단체의 실질에 비추어 우리나라의 사법(私法)상 단체의 구성원으로부터 독립된 별개의 권리·의무의 귀속주체로 볼 수 있는지 여부에 따라 판단하여야 한다.[7]

(5) 구 법인세법(2008. 12. 26. 법률 제9267호로 개정되기 전의 것, 이하 '구 법인세법') 제120조의2 제1항 단서, 제98조의4, 구 법인세법 시행령(2010. 2. 18. 대통령령 제22035호로 개정되기 전의 것) 제162조의2 제1항 제1호, 제6호의 문언과 체계에 의하면 조세조약에 따라 법인세 비과세 또는 면제대상이 되는 외국법인의 국내원천소득에 관하여는 외국법인이 납세지 관할 세무서장에게 신청을 하여 비과세 또는 면제대상임이 확인되는 소득인 경우에만 지급명세서 제출의무가 면제되도록 규정되어 있는데, 이는 원천징수 대상 소득의 금액과 귀속자 등을 기재한 지급명세서를 제출할 의무를 원천징수의무자에게 부과함으로써 과세관청으로 하여금 소득의 귀속자인 외국법인의 실체와 국내원천소득의 종류 및 성격 등을 원천징수단계에서 확인하여 어떠한 조세조약을 적용할 것인지 등을 판단할 수 있는 기회를 갖도록 하여 적정한 과세권의 실현을 도모하는 한편, 비과세 또는 면제신청을 통하여 이러한 기회가 부여된 것으로 볼 수 있는 때에 한하여 그와 같은 의무를 면제하기 위한 것이다. 구 법인세법 제76조 제7항 단서 또한 지급명세서 미제출 가산세의 경우 본세의 산출세액이 없는 때에도 가산세는 징수한다고 규정함으로써 지급명세서 제출의무가 본세의 납부의무와는 무관하게 부과되는 것임을 명시하고 있다. 따

7) 대법원 2017. 12. 28. 선고 2017두59253 판결.

라서 외국법인이 납세지 관할 세무서장에게 비과세 또는 면제 신청을 하지 아니한 경우에는 국내원천소득이 조세조약에 따라 법인세 비과세 또는 면제 대상에 해당하더라도 원천징수의무자의 지급명세서 제출의무가 면제되지 아니한다.[8)]

나. 기본통칙의 효력

기본통칙은 과세관청이 과세처분을 할 때 따라야 할 내부적인 기준을 정한 것에 불과하여 국민과 법원을 기속하는 법규적인 효력은 없다.[9)] 그러나 그 규정 내용이 법령의 규정에 위반되지 아니하는 범위내에서 법령을 해석하여 집행하는 합리적인 기준을 정한 것이므로 과세관청이 이에 따라서 한 과세처분은 정당하다. 위 기본통칙은 시설대여업법의 규정에 의한 시설대여의 요건과 실질에 해당하는 경우에는 그 리스회사가 국내회사인지 외국회사인지를 불문하고 모두 적용되는 것이며 시설대여업법에 의하여 설립된 국내리스회사로부터의 리스에 대하여만 적용되는 것은 아니다.

다. 리스회계처리기준에 의한 판단

(1) 원고의 국내원천소득금액을 위 산식에 의하여 산출함에 있어서 그 산식 소정의 고정자산에 해당하는지 여부의 판정기준에 관하여 조약이나 국내법에 별도의 규정이 없으므로, 이 사건 항공기가 위 산식 소정의 고정자산에 해당하는지 여부는 국내 법령의 해석과 그 해석의 기준이 되는 일반적으로 공정·타당하다고 인정되는 회계기준에 따라 결정하여야 한다.

(2) 리스회계처리기준 제4조 제3호와 이를 이어받은 법인세법 기본통칙 2-3-56…9 제2항 제3호는 리스기간이 일정기간(리스물건의 경제적 내용연수나 법인세법 시행규칙이 정한 내용연수 - 이 사건 항공기의 경우는 10년)

---

8) 대법원 2016. 12. 1. 선고 2014두8650 판결.

9) 국세청의 기본통칙은 과세관청 내부에 있어서 세법의 해석기준 및 집행기준을 시달한 행정규칙에 불과하고, 법원이나 국민을 기속하는 효력이 있는 법규가 아니므로, 기본통칙 그 자체가 과세처분의 적법한 근거가 될 수 없음은 조세법률주의의 원칙상 당연하다. 대법원 2007. 2. 8. 선고 2005두5611 판결.

을 초과하는 경우를 금융리스로 분류하였고, 이것이 이 사건 과세기간 이전부터 리스자산의 회계처리의 기준이 되어 왔으므로, 이에 의하면 이 사건 항공기리스는 금융리스에 해당한다.

(3) 금융리스자산의 회계처리기준이 되는 법인세법 기본통칙 2-3-57…9 제1항 제2호에 따르면, 금융리스자산에 대하여는 임차인이 당해 리스물건의 리스실행일 현재의 취득가액 상당액을 임대인으로부터 차입하여 그 리스물건을 구입한 것으로 보아, 소유자산과 동일한 방법으로 감가상각한 당해 리스자산의 감가상각비와 대금결제조건에 따라 지급하기로 한 리스료 중 차입금에 대한 이자 상당액을 각 사업연도 소득금액 계산상 손금에 산입하여 회계처리하는 것이므로, 이 사건 항공기는 위 산식 소정의 장부가액을 가지는 고정자산에 해당한다.[10)]

라. 결 론

따라서 원심이 같은 기준에 따라 이 사건 항공기가 위 산식 소정의 고정자산에 해당한다고 본 것은 정당하고, 거기에 원고가 상고이유로 주장하는 바와 같은 리스자산의 세무처리에 관한 법리오해가 있다고 할 수 없다.

---

10) 구 법인세법(1998. 12. 28. 법률 제5581호로 전문 개정되기 전의 것) 제9조 제1항, 제3항, 구 법인세법 시행령(1998. 12. 31. 대통령령 제15970호로 전문 개정되기 전의 것) 제12조 제2항 제5호 각 규정의 취지와 관련 법령의 내용 등을 종합하여 보면, 감가상각의 대상이 되는 고정자산은 법인의 사업에 실질적으로 제공된 것으로서 법인 소유의 자산은 물론 법인이 사실상의 소유권을 취득하여 현실적인 지배력을 행사하고 있는 자산도 포함되며 그 자산을 취득하게 된 원인행위가 반드시 적법하고 유효한 것이어야 하는 것은 아니다. 법인의 대표이사가 대표권을 남용하거나 이사회 결의를 거치지 않고 특수관계에 있는 금융리스이용회사와 리스물건의 매매계약을 체결하여 그 물건을 사용하던 중 특수관계회사의 부도 후 리스회사의 요구에 따라 그 물건을 반환한 사안에서, 법인이 특수관계회사로부터 리스물건의 대가를 지급하고 구입하여 실제로 제품생산 등에 사용하면서 현실적으로 지배하고 있었던 이상 법인은 리스물건을 구입한 것이고, 그 리스물건은 반환될 때까지는 여전히 법인이 현실적인 지배력을 행사하면서 사업에 실질적으로 제공한 자산으로서 감가상각의 대상이 된다. 대법원 2009. 7. 9. 선고 2007두4049 판결.

[38] 항공기를 임차한 항공사에 대한 부가가치세 고지의 하자

대법원 1988. 2. 9. 선고 83누404 판결

Ⅰ. 사실관계

(1) 국내 및 국외의 항공운수업을 영위하는 원고 주식회사 대한항공은 1978년 국내에 사업장이 없는 미국의 아이텔항공사 등으로부터 항공기 3대를 임차 도입하여 이를 국제선항로에 투입사용하면서 임차기간 동안 임대료를 위 아이텔항공사 등에게 지급하였다.

(2) 피고 중부세무서장은 원고가 지급한 임대료는 부가가치세법 제34조 제1항 소정의 국내에 사업장이 없는 외국법인으로부터 용역을 공급받고 지급한 대가에 해당하고 원고에게 그에 대한 부가가치세 대리납부의무가 있다는 이유로 부가가치세 부과처분을 하였다.

(3) 피고는 이 사건 부가가치세를 부과하기에 앞서 1981. 4. 30.경 원고의 계리2과에 근무하는 담당자 H를 불러 감사원으로부터 시정요구가 있었다는 사실을 알린 다음 이 사건 부가가치세를 징수하기 위한 결정결의서를 작성하는 과정에 H를 참여시켜 하나하나 그 내용을 확인하고 설명하였다. 피고가 이 사건 부가가치세를 부과처분을 할 때 과세년도, 세목, 세액, 납부기한 및 납부장소만 기재하고 세액산출근거란을 명시하지 아니한 고지서를 원고에게 송달하였다.

Ⅱ. 참조 조문

1. 국세징수법

> **제9조(납세의 고지 등)** ① 세무서장은 국세를 징수하려면 납세자에게 그 국세의 과세기간, 세목, 세액 및 그 산출 근거, 납부기한과 납부 장소를 적은 납세고지서를 발급하여야 한다. 다만, 「국세기본법」

> 제47조의4에 따른 납부지연가산세 및 같은 법 제47조의5에 따른 원천징수납부 등 불성실가산세 중 납세고지서에 따른 납부기한이 지난 후의 가산세를 징수하는 경우에는 납세고지서를 발급하지 아니할 수 있다.
> ② 세무서장은 납세자가 체납액 중 국세만을 완납한 경우에 체납처분비를 징수하려면 납세자에게 체납처분비의 징수와 관계되는 국세의 과세기간, 세목 및 체납처분비의 산출근거, 납부기한과 납부장소를 적은 체납처분비고지서를 발급하여야 한다.

Ⅲ. 판시사항

국세징수법 제9조 제1항의 규정은 단순한 세무행정상의 편의를 위한 훈시규정이 아니라 헌법과 국세기본법이 정한 조세법률주의의 원칙에 따라 과세당국의 자의를 배제하고 신중하고 합리적인 처분을 하게 함으로써 조세행정의 공정을 기함과 아울러 납세자에게 부과처분의 내용을 자세히 알리고 이에 대한 불복여부의 결정과 불복신청에 편의를 주고자 하려는데 그 근본취지가 있으므로 위 규정은 강행규정으로 보아야 하고, 따라서 납세고지서에 세액산출근거 등 기재사항이 누락되었다면 이는 적법한 부과결정의 고지라고 볼 수 없고 그 부과처분 자체가 위법한 것이 되어 취소의 대상이 된다.

Ⅳ. 해 설

1. 임대료 지급이 면세대상인인지 여부

가. 원고의 주장요지

이 사건 임대료의 지급이 외국법인의 용역공급에 대한 대가라 하여도 위 아이텔항공사 등은 자국에서 금융업 또는 시설대여업을 영위하는 회사들이니 위 용역의 공급은 금융용역으로서의 시설대여업 또는 이와 유사한 용역의 제공으로 보아야 된다. 따라서 이는 부가가치세법 제12조

제1항 제10호, 시행령 제33조 제1항9의2호, 제33조 제2항에 의하여 부가가치세가 면제되어야 한다.

나. 판 단

(1) 부가가치세법(1980. 12. 13. 법률 제3273호로 개정되기 전의 것) 제12조 제1항 제10호의 규정에 의하면 용역의 공급 중 금융·보험용역은 면세라고 규정되어 있고, 같은 법 시행령 제33조 제1항9의 2호에 의하면 위 금융용역업 중의 하나로 시설대여산업육성법에 의한 시설대여업을 규정하고 있다. 여기서 말하는 시설대여업이라고 함은 시설대여산업육성법의 규정에 의하여 재무부장관의 인가(동법 제3조)를 받은 시설대여 회사의 용역공급만을 의미한다.

(2) 따라서 아이텔항공사등이 자국에서 금융업 및 시설대여업을 영위하였다 하더라도 국내법률인 위 시설대여산업육성법에 의한 재무부장관의 인가를 받지 아니한 이상 그 용역공급을 위 규정에 의하여 부가가치세가 면제되는 금융용역이라 할 수는 없다.

(3) 원고가 주장하는 대한민국과 미합중국 간의 우호·통상 및 항해조약의 관계규정에 의하더라도 미합중국의 금융업자 등이 내국에서 영리활동 등에 종사하는 경우에 내국민과 차별대우를 하지 아니한다는 취지이지, 우리나라 관계 법률에서 요구하는 재무부장관의 인가없이도 당연히 그 인가받은 내국법인과 같이 취급하여야 한다는 의미는 아니다.

2. 납세고지서의 필요적 기재사항이 누락된 납세고지의 효력

가. 납세의 고지

(1) 의 의

조세채무는 과세요건의 충족에 의하여 자동적으로 성립하지만, 조세채무에 따르는 납부나 징수라고 하는 채무내용의 구체적인 실현을 위해서는 당해 채무의 수액을 구체적으로 확인한 다음 이를 납세의무자에게 통지하는 절차를 밟음으로써 조세채무가 확정된다. 조세채무의 확정은 추상적으로 성립한 납세의무를 구체적인 금전채권으로 변환시키는 절차이고, 그 후 이와 같이 구체적으로 특정된 금전채권을 실현시키기 위한 징수절차가 진행된다. 납세의 고지는 조세의 부과처분이라고도 하며 이미 성립한 조세채무의 내용을 확인하여 이를 납세의무자에게 통지하는 절차를 말한다. 이는 추상적 조세채무가 구체적 조세채무로 발전하는 단계이며, 이와 같은 납세의 고지가 없으면 자동확정방식이나 신고납세방식에 의하여 확정되는 경우를 제외하고는 징수절차로 나아갈 수가 없다. 이 납세의 고지는 행정행위 중 강학상 재정명령(부과처분 또는 징수절차의 개시)의 성질을 갖는다.[1)]

따라서 납세고지서는 다른 수단에 의해서 대체될 수 없다. 법인세의 경우 소득금액변동통지서나 국세환급금충당통지서에 의하여 납세의무자가 과세처분의 존재를 알 수 있었다 하더라도 이로써 납세고지서에 갈음할 수 없고,[2)] 전화통화에 의하여 과세처분의 내용을 알려 주었더라도 마찬가지이다.[3)] 상속인의 연부연납허가신청에 대한 허가통지를 한 것만으로도 상속세부과처분을 한 것으로 볼 수 없다.[4)]

(2) 국 세

국세징수법 제9조 제1항 본문은 "세무서장은 국세를 징수하려면 납세자에게 그 국세의 과세기간, 세목, 세액 및 그 산출 근거, 납부기한과 납부장소를 적은 납세고지서를 발급하여야 한다"고 규정하고 있다. 위 규정에 의한 납세의 고지는 객관적·추상적으로 이미 성립되어 있는 조세채무를 구체적으로 확정하는 부과처분의 성격과 아울러 확정된 조세채무의 이행을 명하는 징수처분으로서의 성격을 겸유하고 있으므로 납세고지서 기재사항 흠결의 위법은 양 처분에 대하여 영향을 미치게 된다.[5)]

납세고지에 관한 위 규정들은 헌법상의 조세법률주의의 대원칙에 따라

1) 오진환, "납세고지서의 기재사항과 송달", 재판자료 제60집(1993), 166면.
2) 대법원 1983. 12. 27. 선고 82누484 판결.
3) 대법원 1971. 7. 29. 선고 71누72 판결.
4) 대법원 1991. 9. 10. 선고 91다16952 판결.
5) 소순무, "납세고지서 기재사항 하자의 치유", 대법원판례해설 제24호(1996), 401~402면.

과세관청으로 하여금 자의를 배제하고 신중하고도 합리적인 처분을 행하게 함으로써 조세행정의 공정을 기함과 동시에 납세의무자에게 부과처분의 내용을 상세히 알려 불복 여부의 결정 및 그 불복신청에 편의를 주려는데 그 입법취지가 있는 만큼, 납세고지서에는 납세의무자가 부과처분의 내용을 상세하게 알 수 있도록 과세대상재산을 특정하고 그에 대한 과세표준액, 적용할 세율 등의 세액의 산출근거가 되는 사항을 구체적으로 기재하여야 하고, 위 규정들은 강행규정으로서 위 법령이 요구하는 사항 중 일부를 누락시킨 하자가 있는 경우는 그 부과처분은 위법하다.[6)]

(3) 지방세

지방세법 제1조 제1항 제5호, 제25조 제1항, 같은 법 시행령 제8조의 각 규정을 종합하여 보면, 지방세의 납세고지는 납부할 지방세의 연도와 세목, 그 부과의 근거가 되는 법률 및 당해 지방자치단체의 조례의 규정, 납세의무자의 주소, 성명, 과세표준액, 세율, 세액, 납기, 납부장소, 세액의 산출근거, 납기한까지 미납한 경우 취해질 조치 및 부과의 위법 또는 착오에 대한 구제방법 등을 기재한 납세고지서에 의하도록 되어 있는바, 위 규정들은 헌법에 규정하는 조세법률주의의 대원칙에 따라 과세관청으로 하여금 자의를 배제하고 신중하고도 합리적인 처분을 행하게 함으로써 조세행정의 공정성을 기함과 동시에 납세의무자에게 부과처분의 내용을 상세하게 알려서 불복 여부의 결정 및 그 불복신청에 편의를 주려는데 그 입법취지가 있는 만큼, 납세고지서에는 납세의무자가 부과처분의 내용을 상세하게 알 수 있도록 과세대상재산을 특정하고 그에 대한 과세표준액, 적용할 세율 등의 세액의 산출기초가 되는 사항을 구체적으로 기재하여야 하고 위 규정들은 강행규정으로서 위 법령이 요구하는 사항 중 일부를 누락시킨 하자가 있는 경우는 그 부과처분은 위법하다.[7)]

---

6) 대법원 1982. 5. 11. 선고 81누319 판결.
7) 대법원 1994. 6. 14. 선고 93누11944 판결.

나. 현저히 공공복리에 적합하지 아니한지 여부

(1) 과세관청은 납세고지서 기재사항에 일부 흠결이 있다고 하더라도 납세의무자로서는 과세관청에 문의하는 등으로 처분내용을 용이하게 확인할 수 있고, 위 하자를 이유로 처분을 취소하더라도 추상적으로 조세채무가 확정되어 있는 한 납세의무자는 당해 조세를 납부할 의무를 면하는 것은 아니어서, 당초 처분을 취소하고 재차 납세고지를 하여 절차를 되풀이 하는 것은 현저히 공공복리에 적합하지 아니한 경우에 해당하여 행정소송법 제12조가 적용되어야 한다고 주장하였다.

(2) 이에 대하여 대법원은 행정소송법 제12조 소정의 '현저히 공공의 복리에 적합하지 아니한다고 인정하는 때'라 함은 국가통치권에 기한 행정작용상 일반 국민의 직접적인 중요한 권리를 저해하고 그 저해가 현저한 경우를 말하는 것으로, 어차피 원고가 세금을 납부할 의무가 있으므로 무용한 과세처분을 되풀이함으로써 경제적·시간적·정신적 낭비만을 초래한다는 사정만으로는 위법한 과세처분을 취소하는 것이 현저히 공공복리에 적합하지 아니한다고 할 수 없다고 판시하였다.[8)]

다. 기재사항의 범위

국세징수법 제9조에서 과세연도, 세목, 세액 및 그 산출근거, 납부기한과 납부장소를 명시할 것을 규정하고, 국세징수법 시행규칙 제6조에서 그 납세고지서의 서식에 대하여 규정하고 있다. 부과의 근거가 되는 법률의 의미는 세액의 산출근거의 의미와 관계가 있는데, 일반적으로 세액의 산출근거란 과세대상, 과세표준, 세율을 뜻하므로, 이에 관한 법규정도 과세대상을 정하는 규정, 과세표준을 정하는 규정, 세율에 관한 규정 등이 있으나, 이 모두를 납세고지서에 상세하게 기재하도록 요구하는 것은 무리일 뿐 아니라, 과세표준과 세율을 기재하므로 과세표준과 세율을 정하는 규정은 그 기재가 없어도 세액의 산출근거를 아는 데는 지장이 없는 경우가 많다. 따라서 부과의 근거가 되는 법률이란 과세대상을 정하는 규

8) 대법원 1983. 7. 26. 선고 82누420 판결.

정을 뜻하는 것으로 해석하여 총괄적인 조항을 기재하는 것으로 무방하나, 이는 당해 세목의 성격을 떠나서는 판단하기 어렵기 때문에 세목의 성격과 납세의무자에게 부과처분의 내용을 상세히 알려야 한다는 입법취지 및 과세행정의 수준에 비추어 개별적으로 판단할 수밖에 없다.[9)]

라. 기재사항 하자의 효과

(1) 과세처분이 당연무효라고 하기 위하여는 처분에 위법사유가 있다는 것만으로는 부족하고 하자가 법규의 중요한 부분을 위반한 중대한 것으로서 객관적으로 명백한 것이어야 하며, 하자가 중대하고 명백한지를 판별할 때에는 과세처분의 근거가 되는 법규의 목적·의미·기능 등을 목적론적으로 고찰함과 동시에 구체적 사안 자체의 특수성에 관하여도 합리적으로 고찰하여야 한다. 그리고 어느 법률관계나 사실관계에 대하여 어느 법령의 규정을 적용하여 과세처분을 한 경우에 그 법률관계나 사실관계에 대하여는 그 법령의 규정을 적용할 수 없다는 법리가 명백히 밝혀져서 해석에 다툼의 여지가 없음에도 과세관청이 그 법령의 규정을 적용하여 과세처분을 하였다면 하자는 중대하고도 명백하다고 할 것이나, 그 법률관계나 사실관계에 대하여 그 법령의 규정을 적용할 수 없다는 법리가 명백히 밝혀지지 아니하여 해석에 다툼의 여지가 있는 때에는 과세관청이 이를 잘못 해석하여 과세처분을 하였더라도 이는 과세요건사실을 오인한 것에 불과하여 하자가 명백하다고 할 수 없다.[10)]

(2) 납세고지서의 기재사항이 누락되거나 미비된 경우 그것이 필요적 기재사항이 아닌 경우에 강행규정위반으로 되는 것은 아니고, 필요적 기재사항에 누락이나 미비가 있는 경우 언제나 위법한 것으로 취소사유가 되는 것은 아니다. 기재사항의 하자의 유형이 다양하기 때문에 그 효과도 그 하자의 형태에 따라 달라진다. 법정의 필요적 기재사항이라도 내용이 간단하고 일의적인 과세연도, 세목, 세액, 납부기한 및 납부장소 등은 별 문제가 없으나 내용이 다양하고 다의적일 수밖에 없는 산출근거의 경우

9) 소순무, 405~406면.
10) 대법원 2019. 5. 16. 선고 2018두34848 판결.

는 확정하기가 어렵다. 전체적인 과세처분이 내용에 비추어 인식이 가능하거나 그 기재 누락의 정도가 극히 사소한 경우에는 이를 부적법한 것이라고 할 수 없다.[11] 결국 위법판단의 기준은 필요적 기재사항의 범위와 관련되는 것으로 세목의 성격과 납세의무자에게 부과처분의 내용을 상세히 알려야 한다는 입법취지 및 과세행정의 수준에 비추어 개별적으로 판단할 수밖에 없다. 하자가 중대하고 명백한 경우에는 그 과세처분이 무효로 된다.

마. 하자의 치유

(1) 의 의

행정처분의 하자(흠)의 치유는 그 처분의 성립당시는 요건이 불비되었으나 사후에 그 요건이 보완되었다든가 취소의 필요가 없어진 경우에 그 하자에도 불구하고 처분의 효력을 다툴 수 없는 것으로 인정하는 제도로서, 법치행정이라는 적법의 원칙, 행정목적 달성이라는 공익의 원칙에 충실하면서 개인의 신뢰보호, 법률생활안정, 기득권존중 또는 공평의 원칙 등 관계 제이익의 조화를 도모하려는 취소권제한이론의 한 적용형태이다. 흠이 있는 행정행위의 치유는 행정행위의 성질이나 법치주의 관점에서 볼 때 원칙적으로 허용될 수 없는 것이고, 예외적으로 행정행위의 무용한 반복을 피하고 당사자의 법적 안정성을 위해 이를 허용하는 때에도 국민의 권리나 이익을 침해하지 않는 범위에서 구체적 사정에 따라 합목적적으로 인정하여야 한다.[12]

(2) 하자치유의 방법

납세고지는 서면(납세고지서)으로 하여야 하므로, 그 하자의 보정도 서면으로 하여야지 구두 또는 전화로 보정하는 것은 허용되지 않는다.[13] 따라서 납세의무자가 그 나름대로[14] 또는 사실상[15] 세액산출의 근거를 알

11) 오진환, 175면.
12) 대법원 2010. 8. 26. 선고 2010두2579 판결.
13) 대법원 1991. 3. 27. 선고 90누3409 판결.
14) 대법원 1985. 2. 26. 선고 83누629 판결.

고서 쟁송에 이르렀다 하여도 하자가 치유되지는 않는다. 서면으로 보정하는 경우에도 보정하는 서면에 의하면 법령의 규정에 의한 기재 사항이 완전히 보정되어야지, 보정서면에 의하더라도 부과대상토지와 세액산출근거를 구체적으로 밝히지 않은 것이라면 역시 하자는 치유되지 않는다.[16] 보정하는 서면은 완전한 납세고지서를 재발부하거나, 별도로 누락사항에 대한 보정통지를 하는 것이 일반적이며, 소득금액변동통지서에 의한 것은 허용되지 않는다.[17] 납세고지서에 과세표준과 세액의 계산명세가 기재되어 있지 아니하거나 그 계산명세서를 첨부하지 아니하였다면 그 납세고지는 위법하나, 과세관청이 과세처분에 앞서 납세의무자에게 보낸 과세예고통지서 등에 납세고지서의 필요적 기재사항이 제대로 기재되어 있어 납세의무자가 그 처분에 대한 불복 여부의 결정 및 불복신청에 전혀 지장을 받지 않았음이 명백하다면 이로써 납세고지서의 하자가 보완되거나 치유될 수 있다.[18]

3. 대상사안의 검토

가. 부과처분의 하자

국세징수법 제9조 제1항은 강행규정으로 보아야 하고 따라서 납세고지서에 세액산출근거 등 기재사항이 누락되었다면 이는 적법한 부과결정의 고지라고 볼 수 없고 그 부과처분자체가 위법한것이 되어 취소의 대상이 된다. 이 사건에 납세고지서에 세액산출근거를 전혀 명기하지 아니하였다면 설사 과세관청이 사전에 원고의 직원을 불러 과세의 근거와 세액산출근거 등을 사실상 알려준 바 있다 하더라도 이로써 그 하자가 치유될 수는 없다.[19]

---

15) 대법원 1984. 6. 26. 선고 83누679 판결.
16) 대법원 1993. 4. 13. 선고 92누10623 판결.
17) 대법원 1984. 7. 10. 선고 83누68 판결.
18) 대법원 2001. 3. 27. 선고 99두8039 판결.
19) 대법원 1985. 1. 29. 선고 84누111 판결.

나. 하자의 치유 여부

과세처분시 납세고지서에 과세표준, 세율, 세액의 산출근거 등이 누락된 경우에는 늦어도 과세처분에 대한 불복여부의 결정 및 불복신청에 편의를 줄 수 있는 상당한 기간 내에 보정행위를 하여야 그 하자가 치유된다.[20] 이 사건에 피고가 이 사건 소송계속 중인 1982. 6. 22. 이 사건 납세고지서의 세액산출근거를 밝히는 보정통지를 하였으나, 이것을 종전에 위법한 부과처분을 스스로 취소하고 새로운 부과처분을 한 것으로 볼 수 없는 이상, 이미 항고소송이 계속 중인 단계에서 위와 같은 보정통지를 하였다 하여 그 위법성이 이로써 치유된다고 할 수도 없다.[21]

다. 결 론

따라서 피고가 이 사건 부과처분을 하면서 그 납세고지서에 그 세액산출근거가 누락된 것은 이 사건 부과처분에 취소될 하자가 있다고 보아야 한다.

---

20) 대법원 1983. 7. 26. 선고 82누420 판결.
21) 대법원 1983. 7. 26. 선고 82누420 판결.

[39] 공항시설 기부채납 후 무상사용에 대한 부가가치세 납부의무

대법원 1990. 4. 10. 선고 89누7863 판결

Ⅰ. 사실관계

(1) 원고 대한항공은 ① 서울 강서구 ○○동 904 지상에 철골 철근콘크리트슬라브조 김포 캐터링센터 건물(지상3층, 지하2층) 건평 18,730.08㎡, 5,947,754,240원 상당을 신축하여 1986. 6. 2.국유재산의 관리청인 서울 지방항공관리국에, ② 강릉시 ○○동 산13 지상에 조립식 철골조 단층건물인 강릉비행여객청사 건평 1,033.5㎡, 273,310,000원 상당을 신축하여 1986. 12. 31. 위 서울지방항공관리국에, ③ 포항시 ○○동 21의 18 외 8필지 지상에 비행장여객청사등 건평 6,740㎡, 278,832,000원 상당을 신축하여 1986. 12. 29. 국유재산 관리청인 부산지방항공관리국에, ④ 경남 사천읍 수석리 소재 사천 비행장내의 지상에 계류장, 유도로 및 기타 부대시설 면적 8,146㎡, 200,000,000원 상당을 건축하여 1987. 4. 16. 위 부산지방항공관리국에 각 기부채납하여 국가에 소유권을 귀속시켰다.

(2) 원고는 위 각 재화를 신축 후에 국가에 기부·채납하는 것을 조건으로 교통부장관으로부터 위 각 재화에 대한 건축계획을 승인받아 이를 각 건축한 후, 위 ① 기재 재화는 항공기운항에 따른 업무지원 및 관리시설로 사용하기 위하여, 위 ②~④기재 재화는 각 해당 비행장의 항공시설로 사용하기 위하여 이를 국가에 각 기부하여 국가로부터 채납되었다.

(3) 국유재산으로 된 위 각 재화의 관리청(서울지방 및 부산지방항공관리국)은 원고가 위 기부목적에 맞추어 위 각 재화의 사용수익허가를 신청해옴에 따라 위 ① 기재 재화는 그 전체에 대하여 사용기간을 1986. 4. 28.부터 1988. 12. 31.까지로 하여, 위 ② 기재 재화는 그중 106.65㎡에 대하여 사용기간을 1987. 1. 10.부터 1988. 12. 31.까지로 하여, 위 ③

기재 재화는 그 중 142.8㎡(여객청사 101.4㎡와 장비고 41.4㎡)에 대하여 사용기간을 1986. 12. 29.부터 1988. 12. 31.까지로 하여, 위 ④ 기재 재화는 그 중 5,152㎡에 대하여 사용기간을 1987. 5.부터 1989. 12. 31.까지로 하여 각 사용수익을 허가하면서, 그 사용료는 매년 기부재산가액의 5% 상당액으로 책정하여 위 각 기부재산의 가액에 달할 때까지(계산상 모두 20년 동안이다) 이를 면제하기로 하였다.

(4) 위 재화의 각 사용수익허가기간은 1회의 기간이 종료된 뒤에도 국유재산법 제27조의 규정에 따라 연장된다.

(5) 피고 서대문세무서장은 원고가 위와 같이 이 사건 재화를 기부·채납하여 국가에 소유권을 귀속시키어 재화를 공급하고서도 부가가치세 신고시에 이를 누락하였다는 사유로, 1988. 6. 16. 원고에게 각 당초의 신고과세표준에 위 각 재화의 가액(시가)을 보태고, 이에 따른 가산세를 부과하는 등으로 청구취지 기재와 같은 각 부가가치세[1)]를 경정결정하여 이를 고지하였다.

Ⅱ. 참조 조문

1. 부가가치세법(시행 1981. 1. 1., 법률 제3273호)

제1조(과세대상) ① 부가가치세는 다음 각 호의 거래에 대하여 부과한다.
1. 재화 또는 용역의 공급

② 제1항에서 재화라 함은 재산적 가치가 있는 모든 유체물과 무체물을 말한다.

③ 제1항에서 용역이라 함은 재화 이외의 재산적 가치가 있는 모든 역무 및 기타 행위를 말한다.

④ 주된 거래인 재화의 공급에 필수적으로 부수되는 재화 또는 용역의 공급은 주된 거래인 재화의 공급에 포함되고 주된 거래인 용역의 공급에 필수적으로 부수되는 재화 또는 용역의 공급은 주된 거

1) 1986년 제1기 부가가치세 773,208,050원, 같은 해 제2기분 부가가치세 71,778,460원, 1987년 제1기분 부가가치세 26,000,000원.

래인 용역의 공급에 포함되는 것으로 본다.

제12조(면세) ① 다음 각 호의 재화 또는 용역의 공급에 대하여는 부가가치세를 면제한다.

18. 국가·지방자치단체·지방자치단체조합 또는 대통령령이 정하는 공익단체에 무상으로 공급하는 재화 또는 용역

제13조(과세표준) ① 재화 또는 용역의 공급에 대한 부가가치세의 과세표준은 다음 각 호의 가액의 합계액(이하 "공급가액"이라 한다)으로 한다. 다만, 부가가치세는 포함하지 아니한다.

2. 금전 이외의 대가를 받는 경우에는 자기가 공급한 재화 또는 용역의 시가

Ⅲ. 판시사항

항공운송업자가 그 고유업무인 항공운송업의 수행에 사용할 목적으로 항공시설 등을 신축하여 국가에 기부하였고, 이를 채납한 관리청이 그 항공운송업자의 사용목적에 맞추어 무상으로 그에게 사용수익을 허가하였다면, 위 재화의 기부와 그에 대한 무상사용수익권의 취득과는 경제적 대가관계에 있다고 보아야 할 것이고, 기부한 재화의 일부분에 대하여만 사용허가가 있었다고 하더라도 재화 전체의 공급과 관련하여 경제적 실질에서 무상의 공급으로 볼 수 없을 정도의 이익을 그 대가로 취득할 것이라면 이는 유상의 공급이므로, 부가가치세의 면제대상인 부가가치세법 제12조 제1항 제18호 소정의 '국가에 무상으로 공급하는 재화 또는 용역'에 해당한다고 할 수 없다.

Ⅳ. 해 설

1. 원고의 주장요지

가. 재화의 공급은 면세대상임

원고가 위 각 재화를 국가에 기부채납함에 있어서 국가로부터 위 각 재화에 대한 무상사용허가등 어떠한 반대급부의 약정이나 아무런 조건도

없이 무상으로 기부채납이 이루어졌고, 설령 관리청이 이러한 사정을 고려하여 원고에게 위 각 재화에 대하여 무상의 사용수익허가를 하였다 하더라도 이는 국유재산법의 관계 규정에 따른 관리청의 재량적인 행정처분의 결과이므로, 위 기부채납과 무상의 사용수익허가는 별개의 법률행위로서 그들 사이에는 아무런 법률상의 견련(牽連)이 없다. 따라서 원고의 위 각 재화의 공급은 부가가치세법 제12조 제1항 제18호 소정의 면세대상이어서 이 사건 부과처분은 위법하다.

나. 재화의 공급가액전체를 과세표준으로 한 것은 위법함

위 각 재화 중 강릉비행장 여객청사는 그 기부·채납한 면적 1,033.5㎡ 중 106.65㎡에 한하여, 위 포항비행장 여객청사등은 그 기부·채납한 면적 6,740㎡ 중 142.8㎡에 한하여, 위 사천비행장 계류장등은 그 기부·채납한 면적 8,146㎡ 중 5,152㎡에 한하여 각 무상의 사용수익허가처분이 있었을 뿐이고, 그 나머지 사용수익하지 않는 부분은 대가관계없이 기부채납된 것인데도, 피고가 위 각 재화의 공급가액전체를 과세표준으로 하여 이사건 부과처분을 하였음은 위법하다.

2. 시설물의 기부채납과 부가가치세

가. 의 의

(1) 국가 또는 지방자치단체는 국민 또는 주민의 다양한 수요에 부응하기 위하여 도로, 항만, 철도, 학교, 환경시설 등의 공공시설을 설치하여 운영한다. 과거에는 국가 또는 지방자치단체가 공공시설을 스스로의 비용부담으로 설치하는 것이 일반적이었다. 그러나 국가 또는 지방자치단체의 재정부담을 줄이고 사업의 효율성을 높이기 위하여 민간참여를 유도함에 따라 민간기업이 공공시설을 설치하여 국가 또는 지방자치단체에 기부하는 현상이 증가하고 있다. 이 경우 민간기업은 공공시설에 대한 투자금액을 회수하기 위한 방편으로 일정 기간 동안 시설사용수익권 내지 시설관리운영권을 제공받는다. 이렇게 시설사용수익권을 제공받는 대가로 시설

을 기부하는 것을 가리켜 순수한 기부금과 구별하여 기부채납(寄附採納)이라고 부른다. 기부를 받는 기관은 국가 또는 지방자치단체인 경우가 많지만 사립학교 등 민간기관을 상대로 기부채납이 이루어지기도 한다. 세법상 순수한 기부금의 경우 기부금의 성격과 종류에 따라 기부자의 손금 내지 필요경비 산입한도를 정하면 되므로 과세관계가 비교적 간명한 반면, 시설사용수익권을 제공받는 기부채납의 경우 기부자는 물론 시설을 기부받는 자에게도 법인세, 부가가치세, 취득세 등의 각종 과세문제가 뒤따른다.[2)]

(2) 기부채납의 개념을 직접 규정하는 법률은 국유재산법과 공유재산 및 물품관리법인데, 이 법률들은 기부채납을 "국가 또는 지방자치단체 외의 자가 부동산을 비롯한 재산의 소유권을 무상으로 국가 또는 지방자치단체에 이전하여 국가 또는 지방자치단체가 이를 취득하는 것"이라고 규정하고 있다(국유재산법 제2조 제2호, 공유재산 및 물품관리법 제2조 제3호). 기부채납은 국가 또는 지방자치단체 외의 자가 국가 또는 지방자치단체에게 그 소유재산을 국·공유재산으로 증여하는 기부의 의사표시를 하고, 국가 또는 지방자치단체는 이를 승낙하는 채납의 의사표시를 함으로써 성립하는 증여계약이며, 그 주된 내용은 기부자가 그 소유재산에 대하여 가지고 있는 사용·수익권 및 처분권 등의 소유권을 무상으로 국가 또는 지방자치단체에게 양도하는 것이다.[3)]

나. 재화의 공급인지 용역의 공급인지의 여부

부가가치세법 제1조는 제1항에서 "재화 또는 용역의 공급에 대하여 부가가치세를 과세한다"고 규정하고, 제2항에서 "재화라 함은 재산적 가치가 있는 모든 유체물과 무체물을 말한다"고 하고, 제3항에서 "용역이라 함은 재화 이외의 재산적 가치가 있는 모든 역무 및 기타 행위를 말한다"고 규정하고 있다.

---

2) 이중교, "기부채납과 과세문제: BTO방식과 BTL방식을 중심으로", 토지공법연구 제53집 (2011), 291~292면.

3) 이중교, 293면.

이미 설치되어 있는 개인 소유의 시설물을 국가 등에 기부채납한 경우에는 재화의 공급에 해당한다. 공급대상이 건물 기타 시설물인 경우 그 공급은 일단 건축이나 축조를 거친 뒤 다시 인도 또는 양도되는 과정을 거치므로, 이 경우 공급되는 것이 용역으로서의 건축이나 축조행위인지 아니면 그 결과로서의 재화인 시설물인지 문제되는 바, 이는 일률적으로 말할 것은 아니고 당사자 사이의 계약관계나 법률관계의 실질에 따라 파악하여야 한다.[4]

판례는, 기부자가 국가 등과 사이에 시설물의 소유권 귀속 및 그 설치의 대가로서의 무상사용권의 부여 등에 관한 약정을 하고 그 약정에 따라 시설물을 설치하여 국가 등에 그 소유권을 귀속시킨 경우 공급되는 것은 용역으로서의 시설물의 건축 내지 설치라고 보아 용역의 공급으로 보고 있으며,[5] 특히 그 시설물이 도시계획시설에 해당하여 도시계획법 제83조 제5항에 의하여 사업시행자인 기부자가 준공검사를 필한 후 관리청에 사업완료통지를 함으로써 그 소유권이 원시적으로 그 관리청에 귀속되는 경우에는 예외없이 용역의 공급으로 보고 있다.[6] 그러나 용역의 공급을 재화의 공급으로 보고 한 부가가치세 부과처분이라 할지라도 이는 부과처분을 취소할 사유에 해당하지 아니한다.[7]

다. 시설물의 기부채납과 무상사용권 등의 부여의 대가관계

(1) 부가가치세법 제7조 제3항은 "대가를 받지 아니하고 타인에게 용역을 공급하거나 고용관계에 의하여 근로를 제공하는 것은 용역의 공급으로 보지 아니한다"고 규정하고 있고, 제12조 제1항 제18호는 "국가·지방자치단체·지방자치단체조합 또는 대통령령이 정하는 공익단체에 무상으로 공급하는 재화 또는 용역"에 대하여는 부가가치세를 면제한다고 규

---

4) 이호원, "시설물의 기부채납과 부가가치세", 특별법연구 제4호(1994), 105면.

5) 대법원 1990. 4. 13. 선고 89누3496 판결; 대법원 1990. 4. 24. 선고 88누11773 판결.

6) 대법원 1990. 4. 27. 선고 89누596 판결.

7) 원고의 위 시설물설치행위가 건설업에 해당하는 범위내에서는 부가가치세법 시행령 제18조 제1항의 규정에 의하여 용역의 공급으로 볼 여지가 있으나 재화의 공급으로 보든 용역의 공급으로 보든 판결의 결론에는 영향이 없다. 대법원 1990. 2. 27. 선고 89누1797 판결.

정하고 있다.

(2) 시설물의 기부채납을 용역의 공급으로 보는 경우에는 부가가치세법 제7조 제3항에 의하여 시설물의 기부채납과 무상사용권 등의 부여와의 사이에 대가성이 있어야 부가가치세의 과세대상이 되고 재화의 공급으로 보는 경우에는 별도로 대가성의 요건이 필요한 것은 아니지만, 그 공급의 상대방이 국가·지방자치단체·지방자치단체조합 또는 대통령령이 정하는 공익단체로서 대가성이 없는 때에는 무상으로 공급하는 재화 또는 용역에 해당하여 같은 법 제12조 제1항 제18호에 정한 면세사유가 있다고 보아야 한다.[8)]

(3) 판례는 단순히 법률형식상으로 재화의 기부행위라는 법률행위와 그에 대한 사용수익허가라는 행정처분이 별도로 이루어졌다 하더라도 기부채납을 통한 재화 또는 용역의 공급과 그에 대한 무상사용권의 취득과는 서로 경제적·실질적 대가관계에 있다고 보아,[9)] 경제적·실질적 관점에서 대가성 유무를 판단하고 있다. 시설물의 기부채납과는 별개의 법령을 근거로 하여 별개의 처분으로 그 시설의 무상사용이 허가된 경우,[10)] 무상사용허가가 1년의 단위로 갱신되고 있고 허가조건에 위배되면 언제나 취소될 수 있다든가 시설물의 부지에 대하여 많은 사용료를 내고 있다는[11)] 등의 사정만으로는 그 대가성이 부정되지 않는다. 대가성이 긍정되는 이상 국가 등에 무상공급한 것으로 볼 수 없으므로 부가가치세법 제12조 제1항 제18호의 면세사유가 있다고 볼 수 없다.[12)]

라. 공급시기

시설물의 건축과 기부채납에 의한 용역의 공급시기는 그 시설물의 건축이 완료된 때이거나 늦어도 이에 관한 기부채납 절차가 완료된 때로 봄이 상당하고, 이와는 달리 위 용역이 그 대가로서의 무상사용권이 존속

8) 이호원, 108~109면.
9) 대법원 1991. 4. 26. 선고 90누7272 판결.
10) 대법원 1990. 4. 27. 선고 89누596 판결.
11) 대법원 1990. 5. 25. 선고 90누2017 판결.
12) 대법원 1990. 8. 14. 선고 90누400 판결.

하는 전 기간에 걸쳐 계속적으로 공급되는 것으로 볼 것은 아니다.[13]

구 도시계획법(2000. 1. 28. 법률 제6243호로 전문 개정되기 전의 것) 제83조 제2항 전단은, 행정청이 아닌 자가 관계 규정에 의한 실시계획의 인가 또는 허가를 받아 새로이 설치한 공공시설은 그 시설을 관리할 행정청에 무상으로 귀속된다고 규정하고 있으므로, 도시계획사업의 시행으로 공공시설이 설치되면 그 사업완료와 동시에 당해 공공시설을 구성하는 토지와 시설물의 소유권이 그 시설을 관리할 국가 또는 지방자치단체에 직접 원시적으로 귀속되고, 이때 사업완료시는 준공검사를 마친 때라고 볼 것이지만, 사업자가 자기의 비용을 투입하여 공공시설인 지하도 및 상가시설 등을 완성하여 기부채납하고 그에 대한 반대급부로 일정기간 무상사용권 등을 취득하는 것을 부가가치세 과세대상이 되는 용역의 공급에 해당한다고 보는 것은 그 기부채납과 무상사용권 등 사이에 실질적·경제적 대가관계가 있다는 데 있으므로, 부가가치세법 제9조 제2항, 같은법 시행령 제22조 제1호에서 용역의 공급시기로 규정한 '역무의 제공이 완료되는 때'를 정함에 있어서는, 서로 대가관계에 있는 기부채납과 무상사용권 등에 관한 구체적 사정을 종합적으로 살펴 판단하여야 하고, 기부채납의 대상이 도시계획사업의 시행에 따른 공공시설이라고 하여 그 공급시기를 일률적으로 사업완료시인 준공검사를 마친 때라고 단정할 것은 아니다.[14]

마. 과세표준

(1) 기부자가 기부의 대가로 그 시설의 무상사용권 등을 취득하였다면 이는 금전 이외의 대가를 받은 경우로서 부가가치세법 제13조 제1항 제2호에 의하여 재화 또는 영역의 시가인 공사비총액을 공급가액으로 보아 부가가치세의 과세표준으로 삼아야 한다.[15] 기부의 대가로 그 시설 중 일부만의 무상사용권 등을 취득하였거나,[16] 그 시설비의 일부만을 보전받은

13) 대법원 1990. 12. 21. 선고 90누6842 판결.
14) 대법원 2003. 3. 28. 선고 2001두9950 판결.
15) 대법원 1990. 4. 27. 선고 89누596 판결.
16) 대법원 1990. 3. 27. 선고 89누3656 판결.

경우[17]라 할지라도 그것이 시설 전부의 기부에 대한 대가로 인정되는 이상 과세표준은 그 시설 전부의 공사비총액이다.

(2) 시설물의 기부채납 및 그 대가로서의 무상사용권 등의 부여가 연불판매 형식의 재화의 공급 내지 연불조건부의 용역의 공급 또는 공급단위를 구획할 수 없는 용역의 계속적 공급으로 볼 수는 없는 이상, 그 무상사용허가를 일정한 기간별로 나누어 갱신하여야 할지라도 그 기간별로 면제된 사용료 상당액이 과세표준이 된다고 볼 수는 없다.[18]

(3) 시설물의 기부채납을 과세대상으로 볼 경우 기부자가 국가로부터 징수하여야 할 부가가치세를 징수한 바 없으므로 공급한 시설물의 가액 중에는 부가가치세가 포함된 것으로 보아 공급가액을 1.1로 나눈 금액을 과세표준으로 하여야 한다는 주장이 있다. 그러나 부가가치세법 제13조 제1항 제2호에 의하여 금전 이외의 대가를 받은 경우에는 자기가 공급한 재화 또는 용역의 시가를 과세표준으로 보도록 규정되어 있으므로 그 공급가액 전액을 과세표준으로 삼아야 하고, 부가가치세법 기본통칙 5-1-1…(13)의 “사업자가 재화 또는 용역을 공급하고 그 대가로 받은 금액에 공급가액와 세액이 별도 표시되어 있지 아니한 경우와 부가가치세가 포함되어 있는지 불분명한 경우에는 거래금액 또는 영수할 금액의 100/110에 해당하는 금액이 과세표준이 된다”라는 것은 그 대가를 금전으로 받는 경우에 관한 것이므로 위와 같은 경우 적용할 수 없다.[19]

바. 영세율의 적용

부가가치세가 면제되는 여객운송사업을 영위하기 위하여 철도시설 등을 국가에 기부채납한 경우, 구 조세특례제한법(2004. 12. 31. 법률 제7322호로 개정되기 전의 것) 제105조 제1항 제3의2호는 부가가치세가 과세되는 사업을 영위할 목적이 있어야 함을 그 적용 요건으로 규정하고 있지 않으므로, 그 기부채납사업이 구 사회간접자본시설에 대한 민간투자법

---

17) 대법원 1990. 8. 14. 선고 90누400 판결.
18) 대법원 1990. 5. 25. 선고 90누2017 판결.
19) 대법원 1991. 8. 27. 선고 90누9247 판결.

(2005. 1. 27. 법률 제7386호 사회기반시설에 대한 민간투자법으로 개정되기 전의 것) 제4조 제1호의 방식에 의하여 사회간접자본시설을 국가에 기부채납하는 것인 이상 비록 그것이 부가가치세가 면제되는 여객운송사업을 영위하기 위한 것이라 할지라도 구 조세특례제한법 규정에서 정한 영세율 적용대상에 해당한다.[20]

사. 국가가 부가가치세를 부담하는 관행의 부존재

부가가치세법 제15조가 사업자가 재화 또는 용역을 공급하는 때에는 부가가치세 상당액을 그 공급을 받는 자로부터 징수하여야 한다고 규정하고 있으나, 공급자가 위 규정을 근거로 공급을 받는 자로부터 부가가치세 상당액을 징수할 권리가 없는 이상,[21] 부가가치세의 부담에 관한 별도의 약정이 없을 경우에 공급받는 자가 부가가치세를 부담한다는 일반적인 거래관행이 확립되어 있거나 기부채납에 있어 부가가치세를 국가가 부담하는 관행이 있다고 단정할 수 없다.[22]

3. 대상사안의 검토

가. 경제적 대가관계

원고는 그 고유업무인 항공운송업의 수행에 사용할 목적으로 항공시설 등을 신축하여 국가에 기부하였고 이를 채납한 관리청이 원고의 사용목적에 맞추어 무상으로 원고에게 사용수익을 허가한 것은 원고가 위 재화를 기부한 대가로 이를 허가하여 준 것이다. 따라서 원고의 위 각 재화의 기부와 그에 대한 무상사용수익권의 취득과는 경제적 대가관계에 있다고 보아야 한다.

나. 유상의 공급

부가가치세법 제12조 제1항 제18호는 "국가에 무상으로 공급하는 재

---

20) 대법원 2010. 1. 28. 선고 2007두26681 판결.
21) 대법원 2002. 11. 22. 선고 2002다38828 판결.
22) 대법원 2006. 11. 23. 선고 2005다13288 판결.

화 또는 용역"을 부가가치세의 면제대상으로 규정하고 있으므로 재화의 공급자가 그 공급과 관련하여 경제적 실질에 있어서 무상의 공급으로 볼 수 없을 정도의 이익을 그 대가로 취득하였다면 이는 유상의 공급이라 할 것이다. 이 사건 ② ~ ④ 기재 재화에 대하여 일부분에 대하여만 그 사용허가가 있었다 하더라도 이러한 무상사용수익허가는 각 재화전체의 공급에 대한 대가라고 보아야 한다.

다. 과세표준

부가가치세법 제13조 제1항 제2호에 의하면 "금전 이외의 대가를 받는 경우에는 자기가 공급한 재화 또는 용역의 시가를 과세표준으로 한다"고 규정하고 있다. 원고가 위 항공시설의 기부의 대가로 그 시설의 전부 또는 일부에 대한 사용수익권을 취득하였다면 이것은 금전 이외의 대가를 받은 경우에 해당하여 원고가 기부한 위 각 재화의 시가가 이 사건 부가가치세의 과세표준이 된다.[23)]

라. 결 론

피고의 이 사건 부과처분이 위법하다 하여 그 취소를 구하는 원고의 이 사건 청구는 이유 없다.

---

23) 구 지방세법(2015. 7. 24. 법률 제13427호로 개정되기 전의 것) 제54조 제1항은 "제조자 또는 수입판매자가 담배를 다음 각 호의 어느 하나의 용도에 제공하는 경우에는 담배소비세를 면제한다"라고 규정하면서, '국제항로에 취항하는 항공기 또는 여객선의 승객에 대한 판매'(제5호)를 들고 있고, 구 지방세법 제49조 제5항은 "제54조에 따른 면세담배를 반출한 후 해당 용도에 사용하지 아니하고 매도, 판매, 소비, 그 밖의 처분을 한 경우에는 그 처분을 한 자가 담배소비세를 납부할 의무가 있다"고 규정하고 있다. 대법원 2017. 1. 12. 선고 2016두49679 판결.

[40] 군용항공기지 공사제한과 취득세의 중과

대법원 1999. 10. 8. 선고 98두15139 판결

Ⅰ. 사실관계

(1) 건축업을 목적 사업으로 하는 원고 정리회사 주식회사 우성건설(이하 '우성건설')이 주상복합건물 신축을 목적으로 1990. 11. 20. 이 사건 제1토지를 1992. 7. 30. 이 사건 제2토지를 각 매수·취득하였는데, 이 사건 각 토지를 비롯한 수영만 매립지는 1987년 무렵 그의 매립공사가 완료되었으며, 그 무렵 도시계획법상 상업지역 및 도시설계구역으로 지정되었고, 1991. 1. 1. 수영만 매립지를 비롯한 수영비행장 일대 8.4㎢가 기지보호구역으로 지정되어 피고 부산광역시 해운대구청장은 그 구역내 건축물에 대한 건축허가시 건축물의 높이를 비롯한 건축 전반에 관하여 관할 부대장과 사전협의를 거쳐야 하였다.

(2) 부산직할시가 1991. 5. 고시한 수영만 상업지역 도시설계기준(이하 '이 사건 도시설계기준') 4-4항은 이 사건 각 토지를 공동주택의 건축이 가능한 구역으로 지정하면서, 공동주택이 허용된 블록은 복합건축물로서 가능하고 이때 공동주택은 6층 이상층에 허용하며, 주택의 비율은 건축물 연면적의 50% 미만으로 하여야 한다고 규정하고, 4-5항은 건축물의 높이는 비행고도제한과 관계 군부대와의 협의에 따르며, 추후 비행고도제한 해제시 구역 내 건축물의 전체 균형을 위하여 건축물 높이에 대한 계획을 수립, 부산시 건축위원회에서 별도 심의 조정할 수 있다고 규정하고 있었다.

(3) 정부의 '건축경기과열 및 건설자재 수급불균형 조절을 위한 건축허가제한조치'가 1993. 1. 1.로 해제되었으며, 1993. 5. 26. 수영비행장이 군용항공기지법상 군용항공기지로 지정되고 수영비행장 일대 토지 11,600,000평이 비행안전구역으로 고시됨으로써 이 사건 각 토지 지상에

는 높이 30m 이하인 건축물만을 건축할 수 있게 되었다.

(4) 우성건설은 피고로부터 이 사건 도시설계기준에 따라 1993. 3. 6. 이 사건 제1토지상에 주상복합건물 1동(상가 부분 29,282.48㎡, 공동주택 부분 7,560.5㎡)의 신축에 대한 건축허가를 받아, 1994. 2. 28. 착공신고를 하고, 1995. 4. 7. 이 사건 제2토지상에 주상복합건물 1동(상가 부분 33,422.8㎡, 공동주택 부분 6,717.369㎡)의 신축에 대한 건축허가를 받아, 1995. 5. 24. 착공신고를 하였으나, 실제 공사에는 착수하지 아니하였다.

(5) 1996. 2. 16.에 이르러 수영비행장이 군용항공기지법상 군용항공기지에서 제외되어 이 사건 각 토지를 비롯한 수영비행장 일대 토지에 대한 비행고도제한이 해제되고 이에 따라 그에 대한 건축물 높이 제한이 없어졌다.

(6) 피고는 이 사건 각 토지 가운데 건축허가된 주상복합건물의 연면적에서 상가 부분이 차지하는 비율에 해당하는 토지 부분(이하 '이 사건 각 토지 중 상가 부분')을 비업무용 토지로 보아 1996. 2. 26. 원고에 대하여 취득세 6,294,902,100원을 부과하는 처분을 하였다가, 1996. 5. 11. 계산상의 착오를 이유로 취득세를 금 6,237,073,340원으로 감액하는 내용의 경정결정(이하 위 당초 처분 중 이 경정결정에 의하여 감액되고 남은 부분을 '이 사건 과세처분'이라 한다)을 하였다.

(7) 이후 우성건설은 이 사건 각 토지를 나대지 상태로 방치하여 오다가 1996. 5. 30. 이후에 깊이 1~1.5m 깊이로 약간의 터파기공사를 시공한 후로는 아무런 공사를 시행하지 아니하였다가 1997. 2. 27.자로 이 사건 도시설계기준 중 공동주택은 6층 이상층에 허용한다는 부분이 3층 이상층에 허용하는 것으로 변경된 후에도 건축허가변경 또는 설계변경을 신청한 바 없고, 기존 건축허가에 따른 공사도 속행하지 아니하였다.

Ⅱ. 참조 조문

1. 구 지방세법(1998. 12. 31. 법률 제5615호로 개정되기 전의 것)

제112조(세율) ② 대통령령으로 정하는 별장·골프장·고급주택·고급오락장·법인의 비업무용 토지·고급선박을 취득한 경우의 취득세율은 제1항의 세율의 100분의 750으로 한다. 별장등을 구분하여 그 일부를 취득하는 경우에도 또한 같다.

2. 구 지방세법 시행령(1993. 3. 6. 대통령령 제13870호로 개정되기 전의 것)

제84조의4 (법인의 비업무용 토지의 범위) ① 법 제112조 제2항의 규정에 의한 법인의 비업무용 토지는 법인이 토지를 취득한 날로부터 1년(내무부장관이 상공부장관과 협의하여 정하는 공장용 부지는 2년) 이내에 정당한 사유없이 그 법인의 고유업무에 직접 사용하지 아니하는 토지를 말한다.

④ 다음 각 호의 1에 해당하는 토지는 제1항 내지 제3항의 규정에 불구하고 법인의 비업무용 토지로 보지 아니한다.

10. 주택의 건설·공급 또는 임대를 목적사업으로 하는 법인이 주택건설을 목적으로 취득한 토지로서 취득한 날로부터 4년이 경과되지 아니한 토지

Ⅲ. 판시사항

취득세 중과대상인 법인의 비업무용 토지를 규정하고 있는 구 지방세법 시행령(1993. 3. 6. 대통령령 제13870호로 개정되기 전의 것) 제84조의4 제1항 소정의 '정당한 사유'라 함은 법령에 의한 금지·제한 등 그 법인이 마음대로 할 수 없는 외부적인 사유를 뜻하는 것이 원칙이고, 그 법인의 내부적인 사유의 경우에는 고유업무에 사용하기 위한 정상적인 노력과 추진을 다하고도 시간적인 여유가 없어 그 법인의 과실없이 그 기간을

넘긴 경우에 한한다고 보아야 한다.

Ⅳ. 해 설

1. 법인의 비업무용 토지에 대한 취득세 중과세

가. 문제의 소재

구 지방세법 제112조 제2항은 대통령령으로 정하는 법인의 비업무용 토지를 취득한 경우에 취득세를 7.5배 중과하도록 규정하고, 구 지방세법 시행령 제84조의4 제1항은 법인의 비업무용 토지는 법인이 토지를 취득한 날로부터 1년 이내에 정당한 사유 없이 그 법인의 고유업무에 직접 사용하지 아니하는 토지를 말한다고 규정하고 있다. 대상사안에서는 정당한 사유의 존재 여부가 문제되었다.

나. 입법목적[1)]

당해 부동산을 법인의 고유업무 또는 당해 업종에 직접 사용하지 아니하는 경우에 해당한다 하더라도 '정당한 사유'가 있을 때에는 추징 및 중과세 대상이 되지 아니한다. 그 입법목적은 법인이 고유목적 이외에 토지를 취득함으로 인한 비생산적인 투기의 조장을 막아 기업자금을 생산자본으로 전환시킴과 동시에 토지의 효율적인 이용을 꾀함으로써 국민경제의 건전한 발전을 도모하는 데에 있다.

다. 합헌성[2)]

(1) 조세법률주의 및 포괄위임입법금지의 원칙

'법인의 비업무용 토지'의 일상적 의미, 심판대상규정의 입법목적, 민법·상법·법인세법 등 관련규정의 내용, 취득세중과세제도의 전문성·기술성[3)] 등 제반 사정에 비추어 볼 때 국민으로서도 심판대상규정의 위임에

---

1) 대법원 2000. 5. 12. 선고 2000두1300 판결.
2) 헌법재판소 2000. 2. 24. 선고 98헌바94 결정.
3) 법인의 비업무용 토지에 대한 취득세 중과세제도는 법인의 부동산투기를 억제하는 데에

따라 대통령령으로 정하게 될 '법인의 비업무용 토지에 관한 기준과 범위'의 대강을 어느 정도 예측할 수 있다고 봄이 상당하고, 따라서 심판대상규정이 가지고 있는 개념의 불명확성이나 위임의 포괄성이 조세법률주의 및 포괄위임입법금지의 원칙상 수긍할 수 없을 정도로 심대한 것으로는 보기 힘들다.

(2) 과잉금지의 원칙

법인에 의한 비생산적인 투기의 방지, 기업자금의 건전화, 토지의 효율적 이용, 국민 경제의 건전화 등 이 사건 법률조항의 입법목적이 정당하다. 이 사건 법률조항이 채택하고 있는 취득세 중과세제도는 법인으로 하여금 비업무용 토지의 보유를 일반적으로 금지하는 것이 아니라 통상보다 높은 세율의 취득세를 부과함으로써 간접적으로 이를 억제하는 것으로서 입법목적의 달성을 위한 적정한 수단이다. 그 기본권 침해의 정도가 비교적 작은 방법일 뿐만 아니라 이 사건 법률조항의 세율이 통상의 취득세율의 7.5배라 하더라도[4] 전체적으로는 취득물건 가액의 100분의 15에 불과하다. 이러한 점을 고려하여 보면 이 사건 법률조항의 입법목적의 달성에 필요한 정도를 넘는 자의적인 세율이라고 할 수도 없고, 입

일차적 목적이 있는 것이므로, 경제상황의 변화에 따라 그 규제의 폭과 정도가 달라질 수밖에 없다. 예컨대 고유업무에 사용하기까지의 유예기간은 당초 1년(공장용 부지는 2년, 매매용 토지는 3년)으로 하던 것을, 부동산투기가 과열되던 1990년경에는 매매용 토지에 대하여도 유예기간을 1년으로 단축하여 비업무용 토지의 범위를 확대하였고(1990. 6. 29. 대통령령 제13033호로 개정된 구 지방세법시행령 제84조의4 제1항 참조), 부동산경기가 어느 정도 진정된 1995년경부터는 공장용 용지는 3년, 대형점 및 농·수·축산물 판매장용 토지는 3년, 물류시설용 토지는 2년, 비영리사업자의 고유목적사업용 토지는 3년, 그 외 토지는 1년으로 세분화하였으며(1994. 12. 31. 개정된 대통령령 제14481호의 같은 조항 참조), 1997년 말 IMF 경제위기를 맞아 경제여건의 전반적인 악화와 더불어 기업의 경영활동이 현저히 위축되자 이 제도가 오히려 기업의 경쟁력을 약화시키는 요인이 되고 기업회생을 위한 구조조정에 걸림돌이 된다는 문제가 제기됨에 따라 유예기간을 원칙적으로 3년으로 연장하고 공유수면매립토지 등에 대하여는 4년으로 연장하였다(1998. 12. 31. 개정된 대통령령 제15982호의 같은 조항 참조).

4) 청구인들은, (i) 기업의 부동산투기에 대하여는 법인세법상 차입금에 대한 지급이자와 비업무용 부동산 유지관리비에 대한 손금불산입, 투기이익에 대한 법인세와 특별부가세 징수 등의 조치가 마련되어 있어, 취득단계에서 과중한 과세는 토지거래를 위축시키며 조세의 본질적인 기능을 벗어나 징벌적인 처벌에 해당하고, (ii) 더구나 법인의 경우 취득가액이 100% 노출되어 있어 일반개인에 비하여 통상의 경우 2배 이상, 비업무용의 경우 15배 이상 중과세당하여 개인과의 형평을 잃고 있다고 주장하였다.

법목적의 중대성에 비추어 볼 때, 비업무용 토지를 취득한 법인에 대하여 통상 취득세율의 7.5배를 중과세하였다 하여 이 사건 법률조항에 의하여 보호되는 공익과 제한되는 기본권 사이에 현저한 불균형이 있다고 볼 수 없으므로 심판대상규정은 과잉금지의 원칙에 위반되지 않는다.

(3) 조세평등주의

일반적으로 법인은 자연인에 비하여 월등한 자금동원능력을 보유하고 있고 취득하는 토지의 규모도 막대하므로, 법인이 자금을 생산자본으로 사용하지 않고 목적사업에 불요불급한 토지를 투기적으로 취득할 경우에는 급격한 지가상승을 유발하고, 기업자금을 토지매입자금으로 사장시킴으로써 기업의 재무구조가 부실해지고 경쟁력이 약화되는 결과를 초래하는 등 국민경제의 건전한 발전을 저해하게 될 것이기 때문에 심판대상규정이 비업무용 토지를 취득하는 법인을 자연인보다 불이익하게 차별취급하는 데에는 합리적인 이유가 있어 조세평등주의에 위반되지 아니한다.

라. 정당한 사유

(1) 개 념

'정당한 사유'라 함은 법령에 의한 금지·제한 등 법인이 마음대로 할 수 없는 외부적 사유는 물론 고유업무에 사용하기 위한 정상적인 노력을 다하였음에도 시간적인 여유가 없어 유예기간을 넘긴 내부적 사유도 포함한다.[5)]

(2) 판단기준[6)]

정당 사유의 유무를 판단함에 있어서는 그 중과의 입법 취지를 충분히 고려하면서 당해 법인이 영리법인인지 아니면 비영리법인인지 여부, 토지의 취득 목적에 비추어 고유목적에 사용하는 데 걸리는 준비기간의 장단, 고유목적에 사용할 수 없는 법령·사실상의 장애사유와 장애정도,

5) 대법원 2000. 5. 12. 선고 2000두1300 판결.
6) 대법원 2004. 7. 8. 선고 2002두6668 판결.

당해 법인이 토지를 고유업무에 사용하기 위한 진지한 노력을 다하였는지 여부, 행정관청의 귀책사유가 가미되었는지 여부 등을 아울러 참작하여 구체적인 사안에 따라 개별적으로 판단하여야 한다.

(3) 사 례

(가) 사옥신축 목적으로 토지를 매입한 후, 건축허가제한기간이 해제된 후 1년의 유예기간이 종료될 무렵에야 설계용역 및 감리계약을 체결하고 건축허가를 받고도 예산상 문제 및 겨울철 공사 문제로 인하여 유예기간을 넘겼다면, 토지를 법인의 고유업무에 사용하기 위한 정상적인 노력을 다하였음에도 시간적인 여유가 없어 유예기간을 넘긴 내부적 사유가 있어 직접 사용하지 아니할 정당한 사유가 있다고 보기가 어렵다.[7)]

(나) 계열사의 금융사고나 법인의 부도위기 등과 같은 사태의 발생은 법인의 내부적 사정에 불과한 것으로서 그것만으로는 정당한 사유에 해당한다고 보기 어렵다.[8)]

(다) 서울우유협동조합은 1992. 9. 22. 이 사건 토지를 취득한 뒤, 이 사건 토지가 1993. 12. 31. 건물신축이 가능하게 되었음에도, 위 토지 취득일로부터 2년간의 유예기간이 도래한 1994. 9. 22.까지 9개월 남짓 동안은 물론, 그 후로도 건축허가일인 1995. 12. 19.까지 도합 약 1년 11개월 남짓 동안 이 사건 토지를 고유의 업무에 직접 사용함에 장애가 되는 외부적 사유는 물론 내부적 사유도 전혀 없었음에도 불구하고 이 사건 토지를 방치해 오다가, 1996. 1. 30. 위의 취득세부과처분이 내려지자 1996. 2. 11.에 이르러서야 이 사건 토지에 건축공사를 착공한 것이므로, 원고가 유예기간 내에 이 사건 토지를 고유업무에 직접 사용하지 아니한 것에 정당한 사유가 있다고 할 수 없다.[9)]

(라) 주택건설업 등을 목적사업으로 하는 법인이 주택건설을 목적으로 토지를 취득한 후 조건부 주택건설사업계획을 승인받았다가 그 승인조건을 불이행하였다는 이유로 착공신고서가 반려되고, 이후 일부 토지에 관

7) 대법원 1995. 11. 10. 선고 95누7482 판결.
8) 대법원 2000. 10. 24. 선고 99두10582 판결.
9) 대법원 1999. 7. 9. 선고 97누11843 판결.

하여만 설계변경을 한 후 주택건설사업계획의 변경승인을 받았으나 착공에 나아가지 못하고 주택건설사업계획승인을 모두 취소당하였으며, 그러한 중에 자금사정이 악화되어 타 회사에 위 토지를 매각하였는바, 위 법인의 착공신고서가 반려된 경위와 주택건설사업계획변경승인신청을 한 시점이 위 법인이 자금사정 등으로 위 토지를 타 회사에 매각한 이후인 점, 위 토지의 일부에 대하여는 아예 주택건설사업계획승인을 받은 바도 없을 뿐만 아니라 설계를 변경한 일부 토지에 대하여도 결국 착공에 이르지 아니한 점 등에 비추어, 위 법인은 위 토지를 고유목적에 사용하기 위하여 진지한 노력을 다하였다고 보기 어렵다.[10)]

2. 대상사안의 검토

가. 지방세법 시행령 제84조의4 제4항 제10호의 입법취지

구 지방세법 시행령 제84조의4 제4항 제10호는 제1항의 규정에 불구하고 법인의 비업무용 토지로 보지 아니하는 토지로서 '주택의 건설 공급 또는 임대를 목적사업으로 하는 법인이 주택건설을 목적으로 취득한 토지로서 4년이 경과되지 아니한 토지'를 들고 있는바, 이와 같이 주택건설을 목적으로 취득한 토지에 대하여 여타의 경우보다 긴 유예기간을 부여하는 것은 이로써 주택건설을 촉진하려는 데에 그 입법 취지가 있다. 그러므로 원고가 주택건설을 목적으로 취득한 토지를 그 취득일로부터 4년 이내에 주택건설 이외의 용도에 사용하거나 4년이 경과되도록 주택건설에 사용하지 아니할 경우, 당해 토지는 법인의 비업무용 토지로 보지 아니하는 토지에 해당하지 아니하여 중과세율의 적용을 면할 수 없다.[11)]

나. 주상복합건물부지의 경우

주상복합건물과 같이 주택용으로 사용되는 부분과 그렇지 않은 부분이 단일한 건물을 이루고 있어 주택건설의 용도로 사용된 토지 부분을 물리

---

10) 대법원 1998. 2. 13. 선고 97누17827 판결.
11) 대법원 1991. 2. 26. 선고 90누7050 판결.

적으로 구분할 수 없는 경우에는 전체 건물의 연면적에 대한 주택용 건물의 연면적 합계의 비율을 산정하여 그 비율에 걸맞는 토지 부분에 대해서만 주택건설의 용도로 사용된 토지로서 위 제4항 제10호의 규정을 적용할 수 있다. 따라서 복합건물부지 또는 그 예정지의 비업무용 토지 해당 여부는 건축물의 용도별 면적이 전체 연면적에서 차지하는 비율에 해당하는 토지 부분에 대하여 용도별 유예기간을 기준으로 판정되어야 한다.

다. 정당한 사유의 존부

(1) 이 사건 제2토지에 관하여는 그 취득일로부터 1년의 유예기간이 경과한 1993. 7. 31. 당시에는 위 건축제한조치가 이미 해제되었을 뿐만 아니라, 이 사건 제1토지에 관하여는 그 취득일로부터 1년의 유예기간이 경과한 1990. 11. 21. 당시에 건축제한조치에 의하여 건축이 제한되고 있었지만 이는 위 토지의 취득 이전에 이미 행하여지고 있었던 것이고 이 사건 각 토지에 관하여 관계 법령 등에 의한 비행고도제한으로 인하여 건축물 높이에 제한이 있기는 하였으나, 우성건설이 위 제한에 따른 건축허가를 받았을 뿐만 아니라 그 제한 해제 후에도 공사에 착공하지 아니하였다.

(2) 따라서 그 제한이 이 사건 각 토지를 취득 목적으로 사용함에 장애가 되는 사유라고 볼 수는 없으며, 그 밖에 이 사건 각 토지를 고유업무에 사용하지 못한 데 대한 우성건설이 마음대로 할 수 없는 외부적인 사유가 있었다고 할 수 없을 뿐만 아니라, 원고가 정당한 사유로 내세우는 자금사정의 악화 등 사정들은 모두 우성건설의 내부적인 사유에 불과한 것으로서, 우성건설이 이 사건 각 토지 중 상가 부분을 고유업무에 사용하기 위하여 정상적인 노력을 다하였음에도 시간적인 여유가 없어 유예기간을 넘기게 된 경우라고 볼 수 없다.

라. 결 론

따라서 이 사건 각 토지 중 상가 부분을 그 판정 유예기간이 경과하도록 우성건설의 고유업무에 직접 사용하지 못한 데 대한 정당한 사유가 있다고 볼 수 없다는 취지에서 원고의 주장을 배척한 원심의 조치는 정당하다.

[41] 공항내 창고시설 이용권에 관한 주식 양도와 법인세

대법원 2001. 2. 23. 선고 98두16644 판결

Ⅰ. 사실관계

(1) 원고 아세아항공해운 주식회사를 비롯한 31개의 항공화물 주선업자들은, 항공법상 항공운송 주선업자는 국제공항이 위치한 지역에 건축법 규정에 의한 면적 165㎡ 이상의 창고를 소유(사용권 취득 포함)하는 것이 그 등록요건으로 규정되어 있었으므로 그 등록요건을 충족시키기 위하여 1987. 11. 19. 균등하게 출자하여 자본금 5억 원의 주식회사 항공화물터미널(이하 'H')을 설립하였다.

(2) 그리하여 H는 1987. 12. 31. 국제공항 관리공단으로부터 국유지인 서울 ○○구 ○○동 873 토지 11,700㎡에 대한 사용승인을 받아, 지하 1층, 지상 2층 연건평 6,376.3㎡의 창고를 신축한 다음, 1989. 3. 16. 위 건물을 국가(소관청 서울지방항공관리국)에 기부채납하고 그 대신 20년간 건물에 대한 무상사용을 허여받아, 이를 원고를 비롯한 32개 출자회사에 대하여 166.05㎡씩 균등하게 임대하였다.

(3) H는 32개 출자회사의 일탈과 타인의 참여를 방지하기 위해, 설립당시의 정관에서, 주주는 설립에 참여한 출자회사로 제한하고 창고시설 이용권은 회사설립에 참여한 출자회사에게 있으며, 창고시설 이용권의 지분은 주주의 소유주식 비율에 따라 결정되고, 주주의 자격을 상실한 때는 동시에 창고시설 이용권도 상실하고, 주식과 창고시설 이용권은 회사 설립에 참여한 출자회사 상호간에는 자유로이 양도할 수 있으나, 제3자에게 양도할 때는 이사회에서 과반수의 동의를 얻어야 하며, 만약 이를 위반한 경우 H에 그 효력이 미치지 아니하고 그로 인한 손해도 배상하여야 한다고 규정함으로써, 주식과 창고시설 이용권의 양도 제한에 관한 규정을 두었다.

(4) 한편 H는 설립자본금이 5억 원에 불과하였으므로, 위 창고건물 신축자금 20억 원을 조달하기 위하여 출자회사들로부터 임차 건물 부분에 대한 20년간의 차임을 선급받아 건축비용으로 사용하였는데, 원고도 1988년 12월경 20년간의 선급차임 70,470,000원을 납입하였으며, 또한 H는 위 선급차임과는 별도로 출자회사들로부터 추가출자를 받아 1993. 12. 31. 당시 자본금이 22억 2,100만 원에 달하였다. 그리하여 H와 원고를 비롯한 32개 출자회사는 20년간의 선급차임의 회계처리에 관하여 임차기간에 균분하여 매 6개월마다 수익과 비용으로 계상하고 이에 따른 부가가치세는 별도로 수수하였다.

(5) 그런데 위 창고는 수출화물에 대한 보세장치장으로만 허가받은 것이어서 수입화물은 취급할 수 없었고, 창고 위치상 비행기 이·착륙장까지는 상당히 떨어져 있어 상당히 불편한 까닭에 제대로 이용되지 못하는 반면 관리운영비 등은 고정적으로 지출되었기 때문에 갈수록 자금부담이 가중되어 오던 중, 대한항공과 아시아나항공 사이에 H를 인수하려는 경쟁이 붙었는데, 결국 원고 회사를 비롯한 출자회사들은 H의 주식을 대한항공에 양도하게 되었다. 원고는 1993. 9. 20. H의 주식 13,125주를 대금 199,000,000원에, 1993. 11. 30. 신주 1,800주 액면금 9,000,000원 상당을 액면가대로 대금 9,000,000원에 주식회사 대한항공에 각 양도하고, 그 양도일자에 대금을 수령하였다.

(6) 한편 원고가 주식을 양도한 1993. 9. 20. 당시에는 주식과 창고시설 이용권의 양도를 제한한 정관 제15조가 남아 있었으나, 그 후 1994. 2. 16. 주주총회에서 정관 제15조가 삭제되었으며, 원고를 제외한 나머지 출자회사들은 정관변경 후에 주식을 양도하였다.

(7) 피고 서울지방국세청 남대문세무서장은, 원고의 1993년 회계연도 법인세에 관하여는 법인세를 15,378,630원으로 산정하고 원고가 이를 전액 납부하였으므로 과세하지 아니하기로 하였다. 반면, 원고가 결산서상 주식처분이익을 74,349,388원으로 계상하여 신고한 사실에 기초하여, 원고가 양도한 주식은 소득세법 제44조의2 제4호에 규정된 특정시설물의 이용권, 회원권 기타 명칭 여하를 불문하고 당해 시설물을 배타적으로 이

용하거나 일반이용자에 비하여 유리한 조건으로 이용할 수 있도록 약정한 단체의 일원이 된 자에게 부여되는 시설물이용권(특정법인의 주식등을 소유하는 것만으로 특정시설물을 배타적으로 이용하거나 일반이용자에 비하여 유리한 조건으로 시설물이용권을 부여받게 되는 경우 당해 주식등을 포함한다)에 해당하는 것으로 보고, 1995. 12. 30. 1993년도 귀속분 법인세 특별부가세 25,197,000원을 부과하였다. 또한 원고가 양도한 주식 및 특정시설물의 이용권은 재산적 가치가 있는 권리로서 부가가치세법상 과세대상인 재화에 해당한다고 보고, 1995. 12. 30. 1993년도 귀속분 부가가치세 24,870,000원을 부과하였다.

(8) 그 후 피고는, 원고가 받은 주식 양도대금 208,000,000원에는 10%의 부가가치세가 포함되어 있는 것으로 보아 이를 공제한 가액을 189,090,908원(= 208,000,000×100/110)으로 인정한 다음, 법인세에 관하여는 11,596,812원으로 감액결정하였다. 특별부가세에 관하여는 6,418,285원을 감액하여 특별부가세를 18,778,715원으로 재산정한 다음 앞서 설시한 바와 같이 법인세가 감액됨으로써 초과 징수된 셈이 된 법인세액 3,781,818원을 특별부가세에 충당하여, 1997. 3. 15. 특별부가세를 14,996,897원으로 감액하였다. 부가가치세에 대해서도 재계산하여 1997. 4. 4. 원고에 대하여 부가가치세 1,602,720원을 추가로 부과함으로써 부가가치세를 합계 26,472,720원으로 증액하였다(이하에서 특별부가세에 관하여는 1995. 12. 30. 부과한 25,197,000원 중 1997. 3. 15. 감액되고 남은 14,996,897원 부분, 부가가치세에 관하여는 1997. 4. 4. 부가가치세를 26,472,720원으로 증액한 처분을 '이 사건 각 과세처분'이라 한다).

Ⅱ. 참조 조문

1. 법인세법(법률 제4282호, 1990. 12. 31. 일부개정)

제59조의2(과세표준) ① 특별부가세의 과세표준은 대통령령이 정하는 토지, 건물, 부동산에 관한 권리, 주식 또는 출자지분(이하 "土地등"이라 한다)의 양도로 인하여 발생한 양도차익으로 한다.

> ② 제1항에서 "양도"라 함은 토지등에 의한 등기에 관계없이 매도, 교환, 법인에 대한 현물출자등으로 인하여 그 토지등이 유상으로 사실상 이전되는 것을 말한다. 다만, 법인의 합병 또는 조직변경으로 인하여 소유권이 이전되는 경우에는 양도로 보지 아니한다. 다만, 법인의 합병 또는 조직변경으로 인하여 소유권이 이전되는 경우 및 토지구획정이사업법 기타 법률의 규정에 의한 환지처분으로 지목 또는 지번이 변경되거나 체비지로 충당되는 경우에는 양도로 보지 아니한다.

2. 법인세법 시행령(1994. 12. 31. 대통령령 제14468호로 개정되기 전의 것)

> **제124조의3(토지등의 범위)** ⑨ 법 제59조의2 제1항에서 "주식 또는 출자지분"이라 함은 소득세법 시행령 제44조의2 제1항 제1호·제4호 및 제5호에 규정된 자산(제44조의2 제4호의 자산의 경우에는 동호에 규정된 주식등에 한한다)을 말한다.

3. 소득세법 시행령(대통령령 제13802호, 1992. 12. 31. 일부개정)

> **제44조의2(기타자산의 범위)** ① 법 제23조 제1항 제5호에서 "기타자산"이라 함은 다음 각 호의 1에 해당하는 것을 말한다.
>
> 4. 특정시설물의 이용권 회원권 기타 명칭 여하를 불문하고 당해 시설물을 배타적으로 이용하거나 일반이용자에 비하여 유리한 조건으로 이용할 수 있도록 약정한 단체의 일원이 된 자에게 부여되는 시설물이용권(특정법인의 주식등을 소유하는 것만으로 특정시설물을 배타적으로 이용하거나 일반이용자에 비하여 유리한 조건으로 시설물이용권을 부여받게 되는 경우 당해 주식등을 포함한다)

4. 부가가치세법(법률 제4663호, 1993. 12. 31. 일부개정)

> **제6조 (재화의 공급)** ① 재화의 공급은 계약상 또는 법률상의 모든 원인에 의하여 재화를 인도 또는 양도하는 것으로 한다.

Ⅲ. 판시사항

(1) 창고시설에 대한 임대료 등을 선급하여 취득하게 되는 구체적인 창고시설이용권은 비록 주식과 불가분적으로 결합되어 있다 하여도 그 양도행위가 특별부가세 과세대상에 해당될 수 없다고 할 것이나, 주식의 보유에 의하여 배타적인 창고시설 이용의 기회를 부여받도록 되어 있었다면 이는 소득세법시행령 제158조 제1항 제4호 괄호 부분에서 정한 특정법인의 주식 등을 소유하는 것만으로 특정시설물을 배타적으로 이용하게 되는 경우 등의 당해 주식 등에 해당하므로, 그 주식의 양도는 특별부가세 과세대상에 해당한다.

(2) 사업자가 계약상 또는 법률상의 원인에 의하여 재화를 인도 또는 양도하는 경우에는 부가가치세를 면제하거나 부과하지 아니한다는 특별한 규정이 없는 한, 모두 부가가치세를 납부할 과세대상이 되는 것으로, 사업자가 주된 사업으로서 계속적으로 반복하여 재화 등을 공급하는 것이 아니라 주된 사업과 관련하여 우연히 또는 일시적으로 재화 등이 공급되는 경우에도 과세대상이 되고, 그 공급의 목적이 사업의 유지·확장을 위한 것이든 아니면 사업의 청산·정리를 위한 것이든 간에 과세대상이 되는 것이다.

Ⅳ. 해 설

1. 주식이 법인세 특별부가세의 과세대상인지 여부

가. 원고의 주장

(1) 원고가 보유한 H의 주식의 성격은 피고가 주장하는 것처럼 주식 형태의 특정시설물의 이용권이 아니라 통상적인 주식과 동일한 것으로 보아야 한다. 창고시설의 이용권은 그 실질상 임차권으로서 H의 주식과는 별개·독립의 것이었는데, 다만 출자회사들이 그 출자목적 관철의 편의상 그 양도등을 제한하는 등 주식 보유와 연계시켜 관리해온 것에 불과

하므로 위 주식을 법인세 특별부가세의 과세대상인 주식 형태의 특정시설물 이용권이라고 볼 수 없다.

(2) 원고가 주식을 보유하고 있다고 해서 곧바로 창고시설의 임차권을 취득하는 것이 아니라 별도로 차임을 납부해야 한다는 점, 창고시설 임차권은 창고 전체가 아니라 그 중 166.05㎡만을 이용하게 된다는 점, 창고시설 임차권은 선납한 차임을 매 6개월마다 수익·비용처리하고 별도로 부가가치세를 수수한다는 점, 창고시설 임차권은 골프장, 스키장, 콘도, 헬스클럽 회원권과는 달리 일반적 유통성이 전혀 없다는 점 등에 비추어 볼 때, 위와 같은 창고시설의 임차권은 H의 주식과는 법률상·사실상 구분된 전혀 별개의 것으로 볼 수 있다.

나. 관련 법령

법인세법 제59조의2 제1항은 특별부가세의 과세대상은 대통령령이 정하는 주식 또는 출자지분의 양도로 인하여 발생한 양도차익으로 한다고 하고, 법인세법 시행령 제124조의3 제9항은 법 제59조의2 제1항에서 주식 또는 출자지분이라 함은 소득세법 시행령 제44조의2 제1항 제1호, 제4호 및 제5호에 규정된 자산(제44조의2 제4호의 자산의 경우에는 동호에 규정된 주식등에 한한다)을 말한다고 규정하고 있고, 소득세법 시행령 제44조의2 제1항 제4호는 특정시설물의 이용권, 회원권 기타 명칭 여하를 불문하고 당해 시설물을 배타적으로 이용하거나 일반이용자에 비하여 유리한 조건으로 이용할 수 있도록 약정한 단체의 일원이 된 자에게 부여되는 시설물이용권(특정법인의 주식등을 소유하는 것만으로 특정시설물을 배타적으로 이용하거나 일반이용자에 비하여 유리한 조건으로 시설물이용권을 부여받게 되는 경우 당해 주식등을 포함한다)을 그 주식 또는 출자지분에 해당하는 것으로 규정하고 있다.

다. 판 단

(1) 이 사건에서 문제가 된 창고시설의 이용권은 H의 주주만이 취득할 수 있도록 되어 있고, 주주의 자격을 상실한 때는 동시에 창고시설 이

용권도 상실하는 것으로 정관에 규정함으로써 주주라 하더라도 주식을 창고시설 이용권과 분리하여 양도할 수 없고 오직 창고시설 이용권과 결합해서만 양도할 수 있도록 되어 있었을 뿐만 아니라, 주식을 출자회사가 아닌 제3자에게 양도할 때는 H 이사회의 동의를 얻도록 되어 있었으므로, 창고시설 이용권은 H의 주식 내지 주주권과 불가분적으로 결합되어 있었던 것임을 알 수 있다. 그러므로 H의 주식은 소득세법 시행령 제44조의2 제1항 제4호에서 규정하는, 특정법인의 주식등을 소유하는 것만으로 특정시설물을 배타적으로 이용하거나 일반이용자에 비하여 유리한 조건으로 시설물이용권을 부여받게 되는 경우의 당해 주식에 해당하는 것으로 볼 수 있다.

(2) 한편 원고를 비롯한 출자회사들이 H의 주식을 취득하는 이외에 별도로 창고시설에 대한 임대차계약을 체결하고 차임을 지급하였지만, 이는 H가 창고시설을 신축하기 위한 자금 20억 원을 조달하기 위하여 출자액에 비례하는 신축자금 분담액을 창고시설에 대한 차임 명목으로 납입하기로 한 것뿐이므로, H와 출자회사들이 선급차임 명목으로 납입한 창고 신축자금 분담액에 대한 회계처리를 어떻게 했든지 간에, 이로써 H 주식의 성격이 달라질 여지가 없다.

(3) 설사 창고시설 이용권이 출자회사들과 H 사이에 별도로 체결한 임대차계약에 기한 것으로 본다 하더라도, 주주만이 창고시설의 이용권은 취득할 수 있도록 되어 있었던 이상, 그 주식에 대해서는 H의 주식을 소유하는 것만으로 창고시설을 배타적으로 이용하거나 일반이용자에 비하여 유리한 조건으로 시설물이용권을 부여받게 되는 경우에 해당한다고 보지 않을 수 없다.

라. 소 결

그렇다면 H의 주식은 법인세법상 특별부가세의 과세대상이 된다고 보아야 한다.

2. 양도목적물에는 주식 이외에 창고시설 이용권도 포함되는지 여부

가. 원고의 주장요지

대한항공과 체결한 양도계약의 목적물은 H의 주식 14,925주 이외에 창고시설에 대한 임차권과 선급차임에 대한 채권도 포함되어 있고 그 양도대금 중에는 주식대금 뿐만 아니라 위 임차권등에 대한 대가도 포함되어 있으므로, 이를 공제한 나머지 가액에 대해서만 과세해야 한다.

나. 판 단

창고시설의 이용권(선급차임에 대한 권리는 창고시설 이용권의 지분권에 불과하므로 이에 포함되는 것으로 본다)은 원고를 비롯한 출자회사들만이 취득할 수 있고 이는 H의 주식과 결합해서만 양도할 수 있도록 되어 있었던 점에 비추어 볼 때, 그 창고시설 이용권은 소득세법 시행령 제44조의2 제1항 제4호에서 규정하는 특정시설물의 이용권·회원권 기타 명칭 여하를 불문하고 당해 시설물을 배타적으로 이용하거나 일반이용자에 비하여 유리한 조건으로 이용할 수 있도록 약정한 단체의 일원이 된 자에게 부여되는 시설물이용권에 해당하며 이 또한 특별부가세의 과세대상임이 명백하므로, 원고가 대한항공과 체결한 양도계약의 목적물이 H의 주식뿐이든 아니면 창고시설의 이용권도 포함되어 있든 간에 모두 특별부가세의 과세대상이 됨은 차이가 없으므로 이 사건 과세처분의 적법성에는 아무런 영향이 없다.

3. 양도시기가 주식양도를 제한한 정관 제15조를 삭제한 이후이므로 특별부가세를 과세할 수 없는지 여부

가. 원고의 주장요지

대한항공과 체결한 양도계약은 장차 주식양도를 제한한 정관 제15조가 삭제되거나 주식양도에 대해 이사회의 동의가 있을 것을 정지조건으로 하는 계약인데, 원고를 비롯한 주주들은 1994. 2. 16. 주주총회에서 정관 제15조를 삭제하였고, 원고가 대한항공에 주식을 양도한 날짜를 1994. 6. 30.로 하기로 했으므로 이제 위 주식은 창고시설 이용권과 분리하여 자유로이 양도할 수 있는 통상적인 주식으로 바뀌었고 이는 특별부가세의 과세대상이 될 수 없다. 그렇기 때문에 피고는 위 정관변경 이후에 주식을 양도한 다른 출자회사들에 대해서는 특별부가세를 부과하지 않았던 것이다.

나. 판 단

원고는 1993. 9. 20. H의 주식 13,125주를, 1993. 11. 30. 신주 1,800주를 각 양도하고 그 양도일자에 대금을 수령하였으므로, 주식의 양도일자는 1993. 9. 20. 및 1993. 11. 30.임이 명백하고, 양도계약을 체결한 이후에 양도일자를 정관변경 이후인 1994. 6. 30.로 하기로 했다고 해서 주식의 양도일자가 변경되는 것으로 볼 수는 없다.

또한 주식양도를 제한한 정관 제15조가 삭제된 이후에 양도한 것으로 본다 하더라도 위와 같이 H의 정관을 변경하게 된 것은 원고를 비롯한 출자회사들이 위 대한항공에 주식을 양도하기로 한 다음에 특별부가세가 부과되는 것을 회피하기 위하여 형식상 정관에서 주식양도를 제한한 제15조를 삭제한 다음 양도계약을 체결하는 절차를 밟게 된 데 불과하다.

H의 주식은 창고시설의 이용권과 불가분적으로 연계되어 있고 대한항공이 그 주식을 모두 취득함으로써 창고시설의 독점적 이용권을 확보하게 된 점을 감안하여 볼 때, 위 주식양도는 창고시설의 이용권을 대한항공으로 하여금 취득하도록 하기 위한 것에 불과하므로, 위 정관변경 및 양도계약의 순서와 형식 여하에 불구하고 그 실질을 파악하면, H의 주식의 성격은 여전히 H의 주식을 소유하는 것만으로 창고시설을 배타적으로 이용하거나 일반이용자에 비하여 유리한 조건으로 시설물이용권을 부여받게 되는 경우에 해당하고 특별부가세의 과세대상이 된다.

4. 부가가치세 과세대상에 해당하는지 여부

가. 원고의 주장요지

주식은 부가가치세법상 과세대상이 아니며, 주식에 창고시설물이용권이 부착되어 있었다 하더라도 주식과 시설물이용권의 성질을 겸유한 재화에 대해서는 부가가치세법상 아무런 규정이 없어 입법의 불비에 해당하므로 과세할 수 없다.

나. 재화의 공급과 부가가치세

부가가치세 납세의무자인 사업자가 계약상 또는 법률상의 원인에 의하여 재화를 인도 또는 양도하는 경우에는 부가가치세를 면제하거나 부과하지 아니한다는 특별한 법률규정이 없는 한 모두 부가가치세의 과세대상이 되는 것이므로 사업자가 사업상 독립적으로 재화를 공급하기만 하면 과세요건이 충족된다.[1] 사업자가 주된 사업과 관련하여 우연히 또는 일시적으로 재화를 공급하는 경우에도 그 목적이 사업의 유지·확장을 위한 것인지 청산·정리를 위한 것인지에 관계없이 과세대상이 되며, 공급받는 자가 누구인지에 따라 과세대상인지 여부가 달라지지 않는다.[2] 반면 이러한 사업자로부터 재화를 공급받는 사업자로서도 장차 자신의 전체 매출세액에서 당해 매입세액을 공제받을 것을 기대하고 이러한 거래에 임하는 것이 통례이므로, 이러한 사업자 사이에 이루어지는 재화의 공급거래의 경우 그 공급계약서에 공급가액과 별도로 부가가치세를 구분·특정하고 그에 따라 세금계산서도 발행하면서 그 공급대가를 일괄적으로 수수하였다면, 특별한 사정이 없는 한 이러한 상거래당사자 사이에는 공급가액의 수수와 별도로 그 부가가치세도 실제로 거래징수되었다고 보아야 한다.[3]

---

1) 대법원 1999. 4. 13. 선고 97누6100 판결.
2) 대법원 1995. 10. 13. 선고 95누8225 판결.
3) 대법원 2005. 5. 27. 선고 2004다60065 판결.

다. 원심[4)]의 판단

무릇 부가가치세는 경제활동으로 인하여 새로 창출된 부가가치가 타인에게 이전되는 경우에 그 이전되는 부가가치를 과세대상으로 하여 부과되는 것인데, 주식은 화폐와 마찬가지로 부가가치 창출을 위해 투입되는 자본에 해당할 뿐, 경제활동으로 인하여 창출된 부가가치라고 볼 수 없으므로 주식의 이전에 대해 부가가치세를 부과할 수는 없다. 또한 이 사건 원고가 대한항공에 양도한 것은 주식 그 자체뿐만 아니라 그 주식에 부착되어 있는 창고시설물 이용권도 함께 양도한 것이지만, 우리 부가가치세법은 모든 부가가치의 이전에 대해 부가가치세를 과세하는 것으로 규정하고 있는 것이 아니라, 영리목적의 유무에 불구하고 사업상 독립적으로 재화 또는 용역을 공급하는 자를 부가가치세의 납세의무자로 규정함으로써, 사업상 독립적으로 재화 또는 용역을 공급하는 경우 에 한하여 부가가치세를 부과하는 것으로 규정하고 있다.

그런데 원고는 항공화물운송주선업을 영위하고 있을 뿐이고 창고시설물이용권과 같은 권리를 공급하는 것을 사업으로 하고 있는 것은 아니며, 단지 자신의 사업인 항공화물운송주선업을 영위하기 위해 보유하고 있던 창고시설물이용권을 1회적으로 타인에게 처분한 데 불과하므로 이러한 경우에는 부가가치세를 부과할 수 없다(피고 스스로도 예컨대 골프회원권이나 콘도미니엄 회원권을 양도하였을 경우 그 양도인이 부가가치세 과세사업자인 경우에만 부가가치세가 과세되며, 비사업자인 개인이 양도한 경우에는 사업적으로 행하지 아니한 것으로 보아 부가가치세가 과세되지 않는다고 한다).

라. 대법원의 판단

사업자가 계약상 또는 법률상의 원인에 의하여 재화를 인도 또는 양도하는 경우에는 부가가치세를 면제하거나 부과하지 아니한다는 특별한 규정이 없는 한, 모두 부가가치세를 납부할 과세대상이 되는 것으로, 사업자가 주된 사업으로서 계속적으로 반복하여 재화 등을 공급하는 것이

4) 서울고등법원 1998. 9. 3. 선고 97구3301 판결.

아니라 주된 사업과 관련하여 우연히 또는 일시적으로 재화 등이 공급되는 경우에도 과세대상이 되고, 그 공급의 목적이 사업의 유지·확장을 위한 것이든 아니면 사업의 청산·정리를 위한 것이든 간에 과세대상이 되는 것이다.[5)]

마. 소 결

원고는 영리를 목적으로 사업상 독립적으로 항공화물운송주선업을 영위하던 중 이 사업의 운영에 창고시설이 필요하여 이 사건 창고시설물이용권을 보유하다가 이를 양도하였으므로, 비록 그 양도가 1회적으로 이루어진 것이라 하더라도, 주된 사업과 관련하여 재화를 공급한 것으로서 부가가치세 과세대상에 해당한다. 따라서 원심의 조치는 부가가치세 과세대상인 재화의 공급에 관한 법리를 오해하여 판결 결과에 영향을 미친 위법을 범한 것이다.

---

5) 대법원 1995. 10. 13. 선고 95누8225 판결.

[42] 항공기 부품 수입과 FTA에 의한 관세의 면제

대법원 2018. 11. 29. 선고 2015두56120 판결

Ⅰ. 사실관계

(1) 원고 아시아나항공 주식회사는 독일 루프트한자(Lufthansa Tecknic AG, 이하 'LHT')로부터 항공기 부품을 수입하면서 구 관세법(2013. 1. 1. 법률 제11602호로 개정되기 전의 것) 제89조 제1항 제1호, 구 관세법 시행규칙(2013. 2. 23. 기획재정부령 제337호로 개정되기 전의 것) 제35조에 따라 관세를 전액 감면받아왔고, 구 부가가치세법(2013. 6. 7. 법률 제11873호로 전부개정되기 전의 것) 제12조 제2항 제15호, 구 부가가치세법 시행령(2013. 6. 28. 대통령령 제24683호로 개정되기 전의 것) 제46조 제8호에 따라 부가가치세에 대하여는 면세 적용을 받아왔다.

(2) 이후 2011. 7. 1. 「대한민국과 유럽연합 및 그 회원국 간의 자유무역협정」(이하 '한-EU FTA')이 발효됨으로써 원고가 LHT로부터 수입하는 항공기 부품 등에 대하여 관세 감면이 아닌 무관세가 적용될 수 있는 근거규정이 마련되었고, 이에 따라 원고는 2011. 7. 1. LHT를 비롯한 해외 거래처에 위 협정관세(무관세)를 적용받기 위하여 송품장 등에 수출자의 원산지 신고를 위한 일정한 문구[The exporter of the products covered by this document(customs authorization No ..(1)) declares that, except where otherwise clearly indicated, these products are of .. (2) preferential origin]를 기재해 줄 것을 요청하는 공문을 발송하였다.

(3) 그런데 LHT는 담당자의 실수로 LHT가 한-EU FTA에 따른 협정관세 적용대상 인증수출자가 아님에도 LHT의 세관인증번호를 인증수출자의 세관인증번호인 것처럼 잘못 기재한 송품장을 원고에게 발송하였다.

(4) 원고는 2011. 7. 1. ~ 2013. 2. 17. LHT로부터 다음과 같이 수입한 합계 941건의 물품 중, ① 2011. 7. 1. ~ 11. 9. 수입한 138건에 대

하여는 수입신고 시 「구 자유무역협정의 이행을 위한 관세법의 특례에 관한 법률」(2013. 1. 1. 법률 제11612호로 개정되기 전의 것, 이하 'FTA 특례법') 제10조의 협정관세(무관세) 적용 신청 및 구 관세법 제89조 제1항 제1호의 세율불균형품목 관세 감면 신청을 모두 하지 않았다가, ㉠ 2012. 5. 30. 그 중 75건(쟁점물품 ①)에 대하여 FTA 특례법 제10조 제3항에 따라 협정관세(무관세) 사후적용 신청만을 하고, ㉡ 2012. 8. 1. 나머지 63건(쟁점물품 ②)에 대하여 협정관세(무관세) 사후적용 신청 및 세율불균형품목 관세 감면 신청을 하였고, ② 2011. 11. 10. ~ 2012. 7. 3. 수입한 250건(쟁점물품 ③)에 대하여는 수입신고시 협정관세(무관세) 적용 신청만을 하였고, ③ 2012. 7. 4. ~ 2013. 2. 17. 수입한 553건(쟁점물품 ④)에 대하여는 수입신고시 협정관세(무관세) 적용 신청 및 세율불균형품목 과세 감면 신청을 하였다.

(5) 피고는 2013. 4. 10. ~ 5. 30. 원고에 대한 수입검증 서면조사 결과, LHT가 한-EU FTA에 따른 협정관세 적용 대상 인증수출자가 아님에도 원고가 쟁점물품 수입 건에 대하여 협정관세 적용을 신청한 사실을 확인한 후, 2013. 6. 27. 원고에 대하여 수입검증 서면조사 결과 통지를 하였는데, 그 중 쟁점물품 ①, ③에 관한 내용은 다음과 같다.

▪ 수입검증 서면조사 결과 통지

○ 쟁점물품 ①, ③(총 325건)에 대하여는, 원고가 협정관세 적용 신청을 하여 납부하지 않았던 관세 2,049,346,572원 및 이에 대한 가산세 335,289,793원, 그리고 관세를 납부하지 않아 면제받았던 부가가치세 2,935,523,363원 및 이에 대한 가산세 725,410,275원 추징 조치

(6) 원고는 2013. 6. 27. 피고에게 조사 결과에 대하여 이의가 없다는 내용의 회신을 하였고, 피고는 납세고지서 발급을 위한 최종 전산입력 과정에서 세액산정의 오류를 발견하여 기통지된 세액을 일부 변경한 후, 같은 날 원고에 대하여 관세 2,049,347,110원, 부가가치세 2,935,521,880원, 각 가산세 합계 1,057,656,500원을 각 부과하였다(이하 관세가산세 및 부가

가치세 가산세의 각 부과처분을 '이 사건 처분'이라 한다).

(7) 원고는 이 사건 처분을 받은 날부터 5일 이내인 2013. 7. 1. 관세법 시행령 제112조 제2항 제1호에 따라 피고에게, 관세 본세에 관하여는 구 관세법 제89조 제1항 제1호를 근거로, 부가가치세 본세에 관하여는 구 부가가치세법 제12조 제2항 제15호를 근거로 감면 및 환급신청을 하였다. 피고는 7. 26. 위 관세 본세 및 부가가치세 본세를 원고에게 모두 환급하였으나, 이 사건 가산세는 돌려주지 않았다.

(8) 원고는 이 사건 가산세부과처분에 불복하여 2013. 9. 24. 심판청구를 하였으나, 조세심판원은 2014. 4. 4. 기각결정을 하였다.

Ⅱ. 참조 조문

1. 구 관세법(2013. 1. 1. 법률 제11602호로 개정되기 전의 것)

제38조의3(수정 및 경정) ① 납세의무자는 신고납부한 세액이 부족한 경우에는 대통령령으로 정하는 바에 따라 수정신고(보정기간이 지난 후로 한정한다)를 할 수 있다. 이 경우 납세의무자는 수정신고한 날의 다음 날까지 해당 관세를 납부하여야 한다.

④ 세관장은 납세의무자가 신고납부한 세액, 납세신고한 세액 또는 제2항 및 제3항에 따라 경정청구한 세액을 심사한 결과 과부족하다는 것을 알게 되었을 때에는 대통령령으로 정하는 바에 따라 그 세액을 경정하여야 한다.

제39조(부과고지) ② 세관장은 과세표준, 세율, 관세의 감면 등에 관한 규정의 적용 착오 또는 그 밖의 사유로 이미 징수한 금액이 부족한 것을 알게 되었을 때에는 그 부족액을 징수한다.

제42조(가산세) ① 세관장은 제38조의3 제1항 또는 제4항에 따라 부족한 관세액을 징수할 때에는 다음 각 호의 금액을 합한 금액을 가산세로 징수한다. 다만, 잠정가격신고를 기초로 납세신고를 하고 이에 해당하는 세액을 납부한 경우 등 대통령령으로 정하는 경우에는 대통령령으로 정하는 바에 따라 그 전부 또는 일부를 징수하지 아니한다.

1. 해당 부족세액의 100분의 10
2. 다음의 계산식을 적용하여 계산한 금액

해당 부족세액 × 당초 납부기한의 다음 날부터 수정신고일 또는 납세고지일까지의 기간 × 금융회사의 정기예금에 대하여 적용하는 이자율을 고려하여 대통령령으로 정하는 이자율

제89조(세율불균형물품의 감면세) ① 세율불균형을 시정하기 위하여 대통령령으로 정하는 바에 따라 세관장이 지정하는 공장에서 다음 각 호의 어느 하나에 해당하는 물품을 제조 또는 수리하기 위하여 사용되는 부분품과 원재료(수출한 후 외국에서 수리·가공되어 수입되는 부분품과 원재료의 가공수리분을 포함한다) 중 기획재정부령으로 정하는 물품에 대하여는 그 관세를 감면할 수 있다.

1. 항공기(부분품을 포함한다)
2. 반도체 제조용 장비(부속기기를 포함한다)

② 제1항에 따라 관세를 감면하는 경우 그 감면율은 기획재정부령으로 정한다.

2. 관세법 시행령

제39조(가산세) ① 법 제42조 제1항 제2호의 계산식에서 "대통령령으로 정하는 이자율"이란 1일 10만분의 13의 율을 말한다.

② 법 제42조 제1항 단서에서 "잠정가격 신고를 기초로 납세신고를 하고 이에 해당하는 세액을 납부한경우 등 대통령령으로 정하는 경우"란 다음 각 호의 어느 하나에 해당하는 경우를 말한다.

1. 법 제9조 제2항의 규정에 의하여 수입신고가 수리되기 전에 관세를 납부한 결과 부족세액이 발생한 경우로서 수입신고가 수리되기 전에 납세의무자가 당해 세액에 대하여 수정신고를 하거나 세관장이 경정하는 경우
2. 법 제28조 제1항의 규정에 의한 잠정가격신고를 기초로 납세신고를 하고 이에 해당하는 세액을 납부한 경우. 다만, 납세의무자가 제출한 자료가 사실과 다름이 판명되어 추징의 사유가 발생한 경우에는 그러하지 아니하다.

2의2. 법 제37조 제1항 제3호에 관한 사전심사의 결과를 통보받은

경우 그 통보일부터 2개월 이내에 통보된 과세가격 결정방법에 따라 해당 사전심사 신청 이전에 신고납부한 세액을 수정신고하는 경우

3. 법 제38조 제2항 단서의 규정에 의하여 기획재정부령이 정하는 물품 중 감면대상 및 감면율을 잘못 적용하여 부족세액이 발생한 경우
4. 법 제41조 제4항의 규정에 의하여 동조 제1항 내지 제3항의 규정을 적용하지 아니하는 경우
5. 신고납부한 세액의 부족 등에 대하여 납세의무자에게 정당한 사유가 있는 경우

제112조(관세감면신청) ① 법 기타 관세에 관한 법률 또는 조약에 따라 관세를 감면받으려는 자는 해당 물품의 수입신고 수리 전에 다음 각 호의 사항을 적은 신청서를 세관장에게 제출하여야 한다. 다만, 관세청장이 정하는 경우는 감면신청을 간이한 방법으로 하게 할 수 있다.

1. 감면을 받고자 하는 자의 주소·성명 및 상호
2. 사업의 종류(업종에 따라 감면하는 경우에는 구체적으로 기재하여야 한다)
3. 품명·규격·수량·가격·용도와 설치 및 사용장소
4. 감면의 법적 근거
5. 기타 참고사항

② 제1항 각 호 외의 부분 본문에도 불구하고 다음 각 호의 사유가 있는 경우에는 다음 각 호의 구분에 따른 기한까지 감면신청서를 제출할 수 있다.

1. 법 제39조 제2항에 따라 관세를 징수하는 경우: 해당 납부고지를 받은 날부터 5일 이내
2. 그 밖에 수입신고수리 전까지 감면신청서를 제출하지 못한 경우: 해당 수입신고수리일부터 15일 이내(해당 물품이 보세구역에서 반출되지 아니한 경우로 한정한다)

3. 구 관세법 시행규칙(2013. 2. 23. 기획재정부령 제337호로 개정되기 전의 것)

제35조(세율불균형물품에 대한 관세의 감면) ① 법 제89조 제1항 각 호 외의 부분에 따라 관세가 감면되는 물품은 다음 각 호와 같다.
1. 항공기제조업자 또는 수리업자가 항공기와 그 부분품의 제조 또는 수리에 사용하기 위하여 수입하는 부분품 및 원재료
2. 장비제조업자 또는 수리업자가 반도체제조용 장비의 제조 또는 수리에 사용하기 위하여 수입하는 부분품 및 원재료 중 지식경제부장관 또는 그가 지정하는 자가 추천하는 물품

② 제1항의 규정에 의한 물품에 대한 관세의 감면율은 100분의 100으로 한다.

4. 구 부가가치세법(2013. 6. 7. 법률 제11873호로 전부개정되기 전의 것)

제12조(면세) ② 다음 각 호의 재화의 수입에 대하여는 부가가치세를 면제한다.

15. 제6호부터 제13호까지의 재화 외에 관세가 무세(無稅)이거나 감면되는 재화로서 대통령령으로 정하는 것. 다만, 관세가 경감되는 경우에는 경감되는 부분만 해당한다.

제19조의2(재화의 수입에 대한 신고·납부) 제2조 제1항 제2호의 납세의무자가 「관세법」에 따라 관세를 신고·납부하는 경우에는 재화의 수입에 대한 부가가치세를 함께 신고·납부하여야 한다.

5. 구 부가가치세법 시행령(2013. 6. 28. 대통령령 제24683호로 개정되기 전의 것)

제46조(그 밖에 관세가 무세이거나 감면되는 재화의 범위) 법 제12조 제2항 제15호에 규정하는 관세가 무세이거나 감면되는 재화로서 대통령령으로 정하는 것은 다음 각 호의 어느 하나에 해당되는 재화로 한다.

8. 항공기의 발착 및 항행의 안전에 필요한 기계·기구 및 그 부분품과 항공기의 부분품 및 지상정비용 기계·기구

6. 구 자유무역협정의 이행을 위한 관세법의 특례에 관한 법률(2013. 1. 1. 법률 제11612호로 개정되기 전의 것)

제1조(목적) 이 법은 우리나라가 체약상대국과 체결한 자유무역협정의 이행을 위하여 필요한 관세의 부과·징수 및 감면, 수출입물품의 통관 등 「관세법」의 특례에 관한 사항과 자유무역협정에 규정된 체약상대국과의 관세행정 협조에 필요한 사항을 규정함으로써 자유무역협정의 원활한 이행과 국민경제의 발전에 이바지함을 목적으로 한다.

제10조(협정관세의 적용신청 등) ① 협정관세를 적용받으려는 자(이하 "수입자"라 한다)는 수입신고의 수리 전까지 대통령령으로 정하는 바에 따라 세관장에게 협정관세의 적용을 신청하여야 한다. 이 경우 수입자는 신청할 때에 원산지증빙서류를 갖추고 있어야 하며, 세관장이 요구하면 제출하여야 한다.

③ 제1항에도 불구하고 수입신고의 수리 전까지 원산지증빙서류를 갖추지 못하여 협정관세의 적용을 신청하지 못한 수입자는 해당 물품의 수입신고 수리일부터 1년 이내에 대통령령으로 정하는 바에 따라 협정관세의 적용을 신청할 수 있다.

Ⅲ. 판시사항

(1) 가산세는 세법에서 규정하는 의무의 성실한 이행을 확보하기 위하여 세법에 따라 산출한 본세액에 가산하여 징수하는 독립된 조세로서, 본세에 감면사유가 인정된다고 하여 가산세도 감면대상에 포함되는 것이 아니고, 반면에 그 의무를 이행하지 아니한 데 대한 정당한 사유가 있는 경우에는 본세 납세의무가 있더라도 가산세는 부과하지 않는다. 가산세의 종류에 따라서는 본세 납세의무와 무관하게 별도의 협력의무 위반에 대한 제재로서 부과되는 가산세도 있으나, 가산세 부과의 근거가 되는 법률

규정에서 본세의 세액이 유효하게 확정되어 있을 것을 전제로 납세의무자가 법정기한까지 과세표준과 세액을 제대로 신고하거나 납부하지 않은 것을 요건으로 하는 무신고·과소신고·납부불성실 가산세 등은 신고·납부할 본세의 납세의무가 인정되지 아니하는 경우에 이를 따로 부과할 수 없고, 이는 관세의 경우에도 마찬가지이다.

(2) 관세법 제42조 제1항은 '부족한 관세액을 징수할 때'에 '해당 부족세액의 100분의 10'(제1호)과 '해당 부족세액'에 일정한 비율을 곱하여 산정한 금액(제2호)을 가산세로 정하고 있다. 위 각 호의 규정에 따른 관세 가산세는 국세기본법의 무신고·과소신고·납부불성실 가산세와 마찬가지로 본세 납세의무가 최종적으로 존재하는 것을 전제로 하는 것으로서, 성질상 그 부과의 기초가 되는 '부족한 관세액'이 없는 이상 가산세 납세의무만 따로 인정될 수 없다. 일반적으로 관세의 감면을 받기 위해서는 수입신고 수리 전에 감면신청서를 제출하는 사전신고가 원칙이지만, 관세법령은 부과징수의 경우 "해당 납부고지를 받은 날부터 5일 이내"에 감면신청서를 적법하게 제출할 수 있는 규정을 두고 있다(관세법 시행령 제112조 제2항 제1호). 위와 같이 수입신고 이후에도 일정한 기한 내에 관세의 감면신청을 할 수 있도록 허용하는 취지는 관세법규의 복잡성 등을 고려하여 납세자의 권익을 두텁게 보호하기 위한 것이지, 사전신고 여부에 따라 관세 가산세 납세의무의 존부를 달리 판단할 근거는 없다. 또한 사전신고 시에 잘못이 있었더라도 적법한 기한 내에 이를 보완하여 관세 감면이 유효하게 이루어진 이상 관세법 제42조가 담보하고자 하는 관세액의 정당한 징수와 납세자의 협력의무 이행에 위반이 있었다고 평가할 수도 없다.

Ⅳ. 해 설

1. 당사자의 주장

가. 원고의 주장

(1) 가산세는 본세의 신고·납부의무 등의 이행을 강제하기 위한 수단이므로 본세의 존재를 전제로 하여서만 인정될 수 있는 것인바, 사후감면·환급신청에 따라 관세 및 부가가치세 본세 전액이 감면·환급된 이상 이 사건 관세 가산세 및 부가가치세 가산세는 본세 없는 가산세에 해당하므로 이 사건 처분은 위법하다.

(2) 이 사건 관세 가산세의 경우, 관세법 제42조 제1항은 '관세액의 부족'을 관세 가산세 부과요건으로 규정하고 있는바, 사후감면신청에 따라 관세 본세 전액이 감면된 이상 결과적으로 '부족세액'이 존재하지 않게 되었으므로 이 부분 부과처분은 가산세 부과요건을 갖추지 못하여 위법하다.

(3) 이 사건 부가가치세 가산세의 경우, 한-EU FTA에 따른 협정관세 적용이든, 세율불균형물품으로서 관세 감면 대상이든 모두 구 부가가치세법 제12조 제2항 제15호에 따라 부가가치세 본세가 면제되므로, 원고는 당초부터 어떠한 신고·납부의무도 불이행한 것이 아니어서 LHT가 인증수출자인지 여부와 무관하게 부가가치세 가산세 부과처분은 위법하다.

(4) 관세 가산세의 경우 '정당한 사유'는 국세 가산세보다 넓게 해석해야 하는 점, 제3자인 LHT의 책임범위 내에서 가산세 부과사유가 발생한 것이므로 원고에게는 의무 이행의 기대가능성이 없었다고 보아야 하는 점, 쟁점물품 ①, ③은 본래 관세가 면제되고 부가가치세 면세 적용을 받는 물품이므로 원고에게 요구되는 주의의무의 정도는 통상의 경우에 비하여 훨씬 낮다고 보아야 하는 점, LHT는 전세계에 항공기부품 등을 수출하는 회사로서 원고로서는 LHT가 인증수출자 자격을 갖추고 있고 적절하게 업무처리를 하였다고 신뢰할 수 밖에 없었던 점, 원고가 과세관청

의 잘못된 행정지도를 믿고 한-EU FTA에 따른 협정관세 적용 신청만을 하고 관세감면신청을 하지않았던 점 등에 비추어 보면, 원고에게는 의무 불이행에 대한 '정당한 사유'가 있다고 보아야 한다.

(5) 이 사건 처분은 관세 가산세 및 부가가치세 가산세의 각 산출내역, 산출근거등이 명확히 특정되지 않았으므로 위법하다.

나. 피고의 주장

(1) 가산세는 본세와는 별도의 세목으로서 가산할 국세의 납세의무가 성립하는 때에 독립하여 납세의무가 성립하고, 그 과세표준과 세액을 정부가 결정하는 때에 납세의무가 확정되는 점, 원고는 사후적으로 본세를 감면받은 것에 불과하여 부과처분 당시에 적법·유효하게 이미 이 사건 가산세 납세의무가 확정되었으므로, 본세가 부존재한 경우에 해당한다거나 사후적으로 위법하게 되었다고 할 수 없는 점, 본세의 산출세액이 없는 경우에는 가산세도 부과·징수하지 아니한다는 등의 특별한 규정이 없는 한 본세의 산출세액이 없다 하더라도 가산세만 독립하여 부과·징수할 수 있는 점 등에 비추어 보면, 사후적으로 본세가 감면되었다고 하여 이 사건 가산세 납부의무가 부존재한다고 볼 수 없다.

(2) 이 사건 처분 당시에는 관세의 부족세액이 존재하였음이 명백한 바, 관세 가산세에 관한 원고의 주장에 따른다면 관련 법령에 관세 및 가산세를 부과하여야 하는 근거 규정이 존재함에도 과세관청이 향후 원고가 감면신청을 할 것을 예상하여 가산세를 부과하지 말았어야 한다는 수긍하기 어려운 결론에 이르게 되어 부당하다.

(3) 가산세는 세법이 규정한 협력의무의 불이행에 대한 제재이므로, 단지 부가가치세 면세 적용이 동일한 조항에 근거하고 있다는 사정만으로 곧바로 협력의무 불이행이라는 법위반 상태가 소멸된다고 할 수 없으므로, 원고가 사후에 세율불균형물품 관세 감면신청을 하여 부가가치세가 감면되었다고 하더라도 협정관세 적용을 신청할 때 이미 발생한 원고의 의무위반 사실 자체가 사라지는 것은 아니다.

(4) 수출자가 인증수출자에 해당하여 협정관세를 적용받을 수 있는지

여부는 수입자가 확인하여야 하고 담당공무원의 행정지도에 의해 결정될 사항이 아닌 점, 협정관세 적용을 받는 경우와 세율불균형품목에 관한 관세 감면을 받는 경우는 농어촌특별세의 부담 여부에 있어 차이가 있으므로 주의의무의 정도가 통상의 경우에 비해 훨씬 낮다고 볼 수 없는 점 등에 비추어 보면, 원고에게 의무불이행에 대한 정당한 사유가 있다고 할 수 없다.

(5) 피고가 이 사건에 관한 과세처분을 하기 위해서는 각 수입물품에 관한 가산세를 일일이 계산하여 산출하여야 하므로, 개별 납세고지서를 작성하여 원고에게 고지하기 위해서는 상당한 기간이 소요될 수밖에 없었는데, 원고가 2013. 7. 1. 전에 처분이 완료될 수 있도록 협조해달라고 강하게 부탁하면서 직접 가산세 내역을 산출하였고 피고와 연락을 취함으로써 각각의 세액과 산출근거를 명확하게 이해하고 있었으므로, 납세의무자가 이 사건 처분에 대한 불복 여부의 결정 및 불복 신청에 아무런 지장을 받지 않은 것이 명백한 경우에 해당한다.

2. 가산세

가. 가산세 제도

(1) 세법은 원활한 조세행정과 조세의 공평부담을 실현하기 위해 납세자에게 본래적 의미의 납세의무 이외에 과세표준 신고의무, 성실납부의무 등 여러 가지 협력의무를 부과하고 있다. 세법은 이러한 협력의무 이행을 촉진하고 그 위반을 방지하기 위한 제도적 장치를 마련하고 있는데, 그 중 하나는 성실한 의무이행을 유인하기 위한 세제상 혜택이고,[1] 다른 하나는 의무위반에 대한 제재다.[2] 가산세는 바로 후자의 대표적인 예다.

(2) 국세기본법 제2조 제4호는 가산세를 "세법에서 규정하는 의무의 성실한 이행을 확보하기 위하여 세법에 따라 산출한 세액에 가산하여 징

---

1) 가산세제도는 일반적으로 신고납세제도의 정착과 발전을 위하여 설정된 제도로 이해되고 있다. 김영식, "가산세의 성질과 몇 가지 관련 문제", 재판자료 제61집(1993), 522면.
2) 곽태훈, "가산세 면제요건인 '정당한 사유'에 관한 고찰", 저스티스 제159호(2017. 4.), 372면.

수하는 금액"이라고 정의하고 있다. 그리고 국세기본법 제47조는 세법에서 규정한 의무를 위반한 자에게 가산세를 부과하도록 하면서, 납세자의 의무이행을 필요로 하는 세목과 같은 세목으로 하여 납부할 세액에 가산하거나 환급받을 세액에서 공제하는 방법으로 부과한다고 규정하고 있다.

(3) 한편 가산세는 모든 세목에 공통적으로 적용되는 것과 개별 세목에 고유한 것으로 분류할 수 있다. 우리 세법은 전자를 국세기본법에서 규정하고, 후자를 개별 세법에서 별도로 규정하는 형식을 취하고 있다. 이중 국세기본법에서 규정하고 있는 가산세에는 무신고가산세,[3] 과소신고·초과환급신고가산세, 납부불성실·환급불성실가산세, 원천징수납부 등 불성실가산세가 있고, 개별세법에서는 추가적으로 다양한 종류의 가산세를 규정하고 있다.

나. 가산세의 법적 성질

가산세는 과세권의 행사와 조세채권의 실현을 용이하게 하기 위하여 세법에 규정된 의무를 정당한 이유 없이 위반한 납세자에게 부과하는 일종의 행정상 제재로서,[4] 개별세법에 의하여 산출한 법인세 등 본세에 가산세를 가산한 금액을 본세의 명목으로 징수한다 하더라도 이는 징수절차의 편의상 본세의 세액에 가산하여 함께 징수하는 것일 뿐 세법이 정하는 바에 의하여 성립·확정되는 본세와는 그 성질이 다르다.

다. 본세와 가산세의 관계

가산세액을 구체적으로 산정함에 있어서는 본세 산출세액을 기준으로 하는 경우, 본세 납부세액을 기준으로 하는 경우, 본세 세액과 무관하게

---

3) 종합소득금액이 있는 거주자가 법정신고기한 내에 종합소득 과세표준을 관할 세무서장에게 신고한 경우에는 설령 종합소득의 구분과 금액을 잘못 신고하였다고 하더라도 이를 무신고로 볼 수는 없으므로, 그러한 거주자에 대하여 종합소득 과세표준에 대한 신고가 없었음을 전제로 하는 무신고가산세를 부과할 수는 없다고 봄이 타당하다. 대법원 2019. 5. 16. 선고 2018두34848 판결.

4) 세법상 가산세는 개별 세법이 과세의 적정을 기하기 위하여 정한 의무의 이행을 확보할 목적으로 이들 의무를 해태하였을 때 그에 대하여 가하여지는 일종의 '행정벌적인 성격'을 가지는 제재이므로 그 의무를 해태함에 있어 정당한 사유가 있는 경우에는 가산세를 부과할 수 없다. 대법원 1991. 11. 26. 선고 91누5341 판결.

산정하는 경우, 양자를 결합하여 산정하는 경우 등 해당 법령에서 다양하게 규정하고 있다. 따라서 본세와 가산세가 그 법적 성질을 달리하고 별개의 부과처분이지만, 본세와의 관계(예를 들어, 본세의 산출세액 또는 납부세액이 없는 경우 등)에서 개별 가산세액을 어떻게 산정하여 부과할 것인지는 가산세의 해당 근거법령의 구체적 규정 내용에 따라 결정되어야 할 문제이다.[5)]

라. 가산세의 고지[6)]

하나의 납세고지서에 의하여 본세와 가산세를 함께 부과할 때에는 납세고지서에 본세와 가산세 각각의 세액과 산출근거 등을 구분하여 기재하여야 하고, 여러 종류의 가산세를 함께 부과하는 경우에는 가산세 상호 간에도 종류별로 세액과 산출근거 등을 구분하여 기재하여야 한다. 본세와 가산세 각각의 세액과 산출근거 및 가산세 상호 간의 종류별 세액과 산출근거 등을 제대로 구분하여 기재하지 않은 채 본세와 가산세의 합계액 등만을 기재한 경우에도 과세처분은 위법하다.

3. 관세 및 부가가치세의 본세와 가산세의 관계

가. 관련 규정

(1) 구 관세법 제89조 제1항은 세율불균형을 시정하기 위하여 대통령령으로 정하는 바에 따라 세관장이 지정하는 공장에서 다음 각 호의 어느 하나에 해당하는 물품을 제조 또는 수리하기 위하여 사용되는 부분품과 원재료 중 기획재정부령으로 정하는 물품에 대하여는 그 관세를 감면할 수 있다고 하면서 제1호에서 '항공기(부분품을 포함한다)'를 규정하고, 같은 조 제2항의 위임에 따른 구 관세법 시행규칙 제35조 제2항은 항공기 제조업자 등이 항공기와 그 부분품의 제조 등을 위해 수입하는 부분품 및 원재료에 대한 관세의 감면율은 100분의 100으로 한다고 규정하고 있다.

---

5) 대법원 2007. 3. 15. 선고 2005두12725 판결.
6) 대법원 2018. 12. 13. 선고 2018두128 판결.

(2) 구 부가가치세법 제12조 제2항은 다음 각 호의 재화의 수입에 대하여는 부가가치세를 면제한다고 하면서 제15호에서 '관세가 무세(無稅)이거나 감면되는 재화로서 대통령령으로 정하는 것'을 규정하고, 구 부가가치세법 시행령 제46조는 법 제12조 제2항 제15호에 규정하는 관세가 무세이거나 감면되는 재화로서 대통령령으로 정하는 것은 다음 각 호의 어느 하나에 해당되는 재화로 한다고 하면서 제8호에서 '항공기의 발착 및 항행의 안전에 필요한 기계·기구 및 그 부분품과 항공기의 부분품 및 지상정비용 기계·기구'를 규정하고 있다.

(3) 구 관세법 제42조 제1항은 세관장은 제38조의3 제1항 또는 제4항에 따라 부족한 관세액을 징수할 때에는 다음 각 호의 금액을 합한 금액을 가산세로 징수한다고 규정하면서 '해당 부족세액의 100분의 10'(제1호) 및 '해당 부족세액×당초 납부기한의 다음 날부터 수정신고일 또는 납세고지일까지의 기간×일정한 이자율'(제2호)을 규정하고 있다.

(4) 구 국세기본법 제47조의3 제1항 제2호는 납세의무자가 법정신고기한까지 세법에 따른 국세의 과세표준 신고를 한 경우로서 부가가치세의 납부세액을 과소신고하거나 환급세액을 초과신고한 경우에는 과소신고한 납부세액과 초과신고한 환급세액을 합한 금액의 100분의 10에 상당하는 금액을 가산세로 한다고 규정하고, 같은 법 제47조의4 제1항 제1호는 납세의무자가 세법에 따른 납부기한까지 국세의 납부를 하지 아니하거나 납부하여야 할 세액보다 적게 납부한 경우에는 '납부하지 아니한 세액 또는 과소납부분 세액×납부기한의 다음 날부터 자진납부일 또는 납세고지일까지의 기간×일정한 이자율'(제1호)에 의한 금액을 가산세로 한다고 규정하고 있다.

나. 본세의 납부의무가 인정되지 아니한 경우 가산세 부과의 불허[7)]

가산세는 세법에서 규정하는 의무의 성실한 이행을 확보하기 위하여 세법에 따라 산출한 본세액에 가산하여 징수하는 독립된 조세로서, 본세

7) 대법원 2019. 2. 14. 선고 2015두52616 판결.

에 감면사유가 인정된다고 하여 가산세도 감면대상에 포함되는 것이 아니고, 반면에 그 의무를 이행하지 아니한 데 대한 정당한 사유가 있는 경우에는 본세 납세의무가 있더라도 가산세는 부과하지 않는다(국세기본법 제2조 제4호, 제47조, 제48조 등 참조). 가산세의 종류에 따라서는 본세 납세의무와 무관하게 별도의 협력의무 위반에 대한 제재로서 부과되는 가산세도 있으나, 가산세 부과의 근거가 되는 법률 규정에서 본세의 세액이 유효하게 확정되어 있을 것을 전제로 납세의무자가 법정기한까지 과세표준과 세액을 제대로 신고하거나 납부하지 않은 것을 요건으로 하는 무신고·과소신고·납부불성실 가산세 등은 신고·납부할 본세의 납세의무가 인정되지 아니하는 경우에 이를 따로 부과할 수 없다고 할 것이고, 이는 관세의 경우에도 마찬가지이다.

다. 부족한 관세액이 없는 경우 가산세 납세의무의 불인정[8)]

관세법 제42조 제1항은 '부족한 관세액을 징수할 때'에 '해당 부족세액의 100분의 10'(제1호)과 '해당 부족세액'에 일정한 비율을 곱하여 산정한 금액(제2호)을 가산세로 정하고 있다. 위 각 호의 규정에 따른 관세 가산세는 국세기본법의 무신고·과소신고·납부불성실 가산세와 마찬가지로 본세 납세의무가 최종적으로 존재하는 것을 전제로 하는 것으로서, 성질상 그 부과의 기초가 되는 '부족한 관세액'이 없는 이상 가산세 납세의무만 따로 인정될 수 없다.

라. 대상사안의 검토

(i) 구 관세법 제42조 제1항은 해당 부족세액의 10/100에 상당하는 금액 및 해당 부족세액에 지연일수 및 일정 이자율을 곱한 금액을 가산세로 징수한다고 규정함으로써 관세 가산세는 납부세액을 기준으로 산정되는 점, (ii) 구 국세기본법 제47조의3 제1항 제2호는 부가가치세 과소신고의 경우 과소신고한 납부세액의 10/100에 상당하는 금액을 가산세로 한다고 규정함으로써 부가가치세 가산세도 납부세액을 기준으로 산정되

---

8) 대법원 2019. 2. 14. 선고 2015두52616 판결.

는 점, (iii) 피고는 쟁점물품 ①, ③과 관련하여 구 관세법 제42조 제1항 및 구 국세기본법 제47조의3 제1항 제2호에 따라 관세 가산세 및 부가가치세 가산세를 산정하여 이 사건 처분을 한 점, (iv) 그런데 피고는 원고의 사후감면신청에 따라 쟁점물품 ①, ③에 관한 관세 및 부가가치세를 모두 감면·환급해준 점 등에 비추어 보면, 피고가 쟁점물품 ①, ③에 관한 관세 및 부가가치세의 각 본세를 감면·환급해 줌으로써 원고의 납부세액이 존재하지 않게 되었으므로, 납부세액을 기준으로 산정되는 구 관세법 제42조 제1항 및 구 국세기본법 제47조의3 제1항 제2호에 따른 가산세 역시 존재하지 않는다고 봄이 타당하다.

마. 피고의 주장에 대한 판단

(1) 피고는 처분 당시 본세의 납부세액이 존재하여 적법했던 이 사건 처분이 사후감면신청에 따라 본세가 전액 감면됨으로써 사후적으로 위법하게 될 수는 없다고 주장하나, 관세법 시행령 제112조 제2항 제1호가 규정한 사후감면신청에 따른 감면효과를 같은 조 제1항의 사전감면신청에 따른 감면효과와 다르게 볼 아무런 근거가 없으며, 쟁점물품 ①, ③ 관련 관세 및 부가가치세의 각 본세 역시 처분 당시에는 적법하였으나 원고의 사후감면신청에 따라 감면되어 취소된 것이므로, 피고의 위 주장은 받아들일 수 없다.

(2) 피고는 가산세는 그 과세표준과 세액을 정부가 결정하는 때에 납세의무가 확정되는 것이므로 이 사건 처분시 이미 확정된 이 사건 가산세 납부의무가 사후감면신청등으로 소멸될 수 없다고 주장하나, 조세채무의 확정이란 과세관청이 집행절차에 착수할 수 있는 상태에 있다는 조세절차법상 개념에 불과하여 납세의무자와 과세관청 사이의 조세실체법적 관계에 어떠한 영향을 미친다고 볼 수는 없고, 관세법 시행령 제112조 제2항 제1호는 명시적으로 부과고지 이후의 감면신청을 규정하고 있으므로, 피고의 위 주장도 받아들일 수 없다.

바. 결 론

따라서 이 사건 처분은 위법하므로 모두 취소되어야 한다.

4. 형사재판에서 무죄가 확정된 경우 가산세의 후발적 경정사유 유무[9)]

가. 후발적 경정청구제도의 취지

관세법 제38조의3 제3항에서 후발적 경정청구제도를 둔 취지는 납세의무 성립 후 일정한 후발적 사유의 발생으로 말미암아 과세표준 및 세액의 산정기초에 변동이 생긴 경우 납세자로 하여금 그 사실을 증명하여 감액을 청구할 수 있도록 함으로써 납세자의 권리구제를 확대하려는 데 있다. 여기서 말하는 후발적 경정청구사유 중 관세법 시행령 제34조 제2항 제1호의 '거래 또는 행위 등이 그에 관한 소송에 대한 판결에 의하여 다른 것으로 확정된 경우'는 최초의 신고 등이 이루어진 후 과세표준 및 세액의 계산근거가 된 거래 또는 행위 등에 관한 분쟁이 발생하여 그에 관한 소송에서 판결에 의하여 거래 또는 행위 등의 존부나 법률효과 등이 다른 내용의 것으로 확정됨으로써 최초의 신고 등이 정당하게 유지될 수 없게 된 경우를 의미한다.

나. 관세법 위반 형사재판에서 무죄가 확정된 경우

형사사건의 재판절차에서 납세의무의 존부나 범위에 관한 판단을 기초로 판결이 확정되었다 하더라도, 이는 특별한 사정이 없는 한 관세법 제38조의3 제3항 및 관세법 시행령 제34조 제2항 제1호에서 말하는 '최초의 신고 또는 경정에서 과세표준 및 세액의 계산근거가 된 거래 또는 행위 등이 그에 관한 소송에 대한 판결에 의하여 다른 내용의 것으로 확정된 경우'에 해당한다고 볼 수 없다.[10)] 구체적인 이유는 다음과 같다.

---

9) 대법원 2020. 1. 9. 선고 2018두61888 판결.

10) [참고판례] 행정재판에서는 형사재판의 사실인정에 구속을 받는 것은 아니라고 하더라도, 동일한 사실관계에 관하여 이미 확정된 형사판결이 유죄로 인정한 사실은 유력한 증거자료가 되므로, 형사재판에서 제출된 다른 증거들에 비추어 형사재판의 사실판단을 채용하기 어렵다고 인정되는 특별한 사정이 없는 한 이와 반대되는 사실은 인정할 수

(1) 관세법 제38조의3 제3항 및 관세법 시행령 제34조 제2항 제1호는 후발적 경정청구의 사유를 규정하면서 소송의 유형을 특정하지 않은 채 '판결'이라고만 규정하고 있다. 그러나 형사소송은 국가 형벌권의 존부 및 적정한 처벌범위를 확정하는 것을 목적으로 하는 것으로서 과세표준 및 세액의 계산근거가 된 거래 또는 행위 등에 관해 발생한 분쟁의 해결을 목적으로 하는 소송이라고 보기 어렵고, 형사사건의 확정판결만으로는 사법상 거래 또는 행위가 무효로 되거나 취소되지도 아니한다. 따라서 형사사건의 판결은 그에 의하여 '최초의 신고 또는 경정에서 과세표준 및 세액의 계산근거가 된 거래 또는 행위 등의 존부나 법률효과 등이 다른 내용의 것으로 확정'되었다고 볼 수 없다.

(2) 과세절차는 실질과세의 원칙 등에 따라 적정하고 공정한 과세를 위하여 과세표준 및 세액을 확정하는 것인데 반하여, 형사소송절차는 불고불리의 원칙에 따라 기소된 공소사실을 심판대상으로 하여 국가 형벌권의 존부 및 범위를 확정하는 것을 목적으로 하므로, 설사 조세포탈죄의 성립 여부 및 범칙소득금액을 확정하기 위한 형사소송절차라고 하더라도 과세절차와는 목적이 다르고 그 확정을 위한 절차도 별도로 규정되어 서로 상이하다. 형사소송절차에서는 대립 당사자 사이에서 과세표준 및 세액의 계산근거가 된 거래 또는 행위의 취소 또는 무효 여부에 관하여 항변, 재항변 등 공격·방어방법의 제출을 통하여 이를 확정하는 절차가 마련되어 있지도 않다.

(3) 더욱이 형사소송절차에는 엄격한 증거법칙하에서 증거능력이 제한되고 무죄추정의 원칙이 적용된다. 법관으로 하여금 합리적 의심이 없을 정도로 공소사실이 진실한 것이라는 확신을 가지게 할 수 있는 정도의 증명력을 가진 증거에 의하여만 유죄의 인정을 할 수 있다. 따라서 형사소송에서의 무죄판결은 그러한 증명이 없다는 의미일 뿐이지 공소사실의 부존재가 증명되었다는 의미가 아니다.

없다. 대법원 2019. 9. 9. 선고 2019두31730 판결.

다. 무죄의 확정판결이 후발적 경정사유에 해당하는지 여부

(1) 국내 소비자들로부터 영국 현지 물품을 주문받아 판매하는 인터넷 온라인 쇼핑몰 운영자인 A가 배송한 물품에 대해 국내 소비자들을 납세의무자로 하여 관세법 제94조 제4호에 따른 소액물품 감면대상에 해당한다고 수입신고를 하자, 관할 세관장이 A에게 관세법을 위반한 사실이 확인되었다는 이유로 관세 및 과소신고가산세 등을 부과·고지하였는데, A가 이와 관련하여 관세법 위반죄로 기소되었다가 무죄판결이 선고·확정되자 이를 근거로 위 부과처분에 대하여 경정청구를 하였으나 관할 세관장이 거부하였다.

(2) A에게 무죄를 선고한 관련 형사판결에 의하여 당초 부과처분의 과세표준과 세액의 계산근거가 된 거래 또는 행위, 즉 A가 물품을 해외 판매자로부터 수입하여 국내 소비자에게 판매하였다는 내용의 거래 또는 행위가 다른 내용의 것으로 확정되어 관세법 제38조의3 제3항 및 관세법 시행령 제34조 제2항 제1호에 정한 후발적 경정청구사유에 해당한다고 본 원심판단에 법리오해의 잘못이 있다.

판례색인

대법원 1964. 8. 31. 선고 63누192 판결 ······ 348
대법원 1980. 2. 12. 선고 79누331 판결 ······ 359
대법원 1984. 5. 22. 선고 84도39 판결 ······ 509
대법원 1988. 2. 9. 선고 83누404 판결 ······ 567
대법원 1990. 4. 10. 선고 89누7863 판결 ······ 577
대법원 1990. 12. 7. 선고 90누5405 판결 ······ 3
대법원 1992. 9. 22. 선고 91누8876 판결 ······ 109
대법원 1994. 5. 27. 선고 93다36080 판결 ······ 235
대법원 1999. 10. 8. 선고 98두15139 판결 ······ 588
대법원 2000. 2. 22. 선고 97누3903 판결 ······ 553
대법원 2000. 10. 10.자 2000무17 결정 ······ 300
대법원 2001. 2. 23. 선고 98두16644 판결 ······ 598
대법원 2004. 1. 15. 선고 2001다12638 판결 ······ 208
대법원 2004. 11. 26. 선고 2003두10251 판결 ······ 285
대법원 2009. 8. 20. 선고 2008다51120 판결 ······ 245
대법원 2010. 5. 13. 선고 2010다12043 판결 ······ 195
대법원 2011. 12. 22. 선고 2009두14309 판결 ······ 152
대법원 2013. 9. 26. 선고 2013도7718 판결 ······ 17
대법원 2014. 5. 16. 선고 2012두13689 판결 ······ 368
대법원 2017. 12. 21. 선고 2015도8335 전원합의체 판결 ······ 495
대법원 2018. 10. 25. 선고 2018두43095 판결 ······ 183
대법원 2018. 11. 29. 선고 2015두56120 판결 ······ 610
대법원 2019. 10. 17. 선고 2017두47045 판결 ······ 391

서울고등법원 2004. 12. 8. 선고 2003누15401 판결 ······ 415
서울고등법원 2013. 8. 29. 선고 2012나95112 판결 ······ 255
서울고등법원 2014. 11. 26. 선고 2014누41635 판결 ······ 79
광주고등법원 2019. 6. 24.자 (제주)2019라508 결정 ······ 271
대구고등법원 2019. 12. 6. 선고 2018누4107 판결 ······ 131
서울중앙지방법원 2018. 2. 8. 선고 2017노981 판결 ······ 467

서울행정법원 2015. 5. 1. 선고 2014구합62661 판결 ········· 321
서울행정법원 2015. 5. 22. 선고 2014구합14303 판결 ········· 427
서울행정법원 2019. 5. 2. 선고 2018구합65910 판결 ········· 48
서울행정법원 2019. 7. 26. 선고 2019구합53334 판결 ········· 30
서울행정법원 2019. 12. 13. 선고 2019구합52218 판결 ········· 532
서울동부지방법원 2018. 1. 19. 선고 2017노1203 판결 ········· 519

대전지방법원 2014. 12. 17. 선고 2014구합1828 판결 ········· 63
부산지방법원 2015. 12. 3. 선고 2015구합1374 판결 ········· 436
인천지방법원 2018. 1. 18. 선고 2017구합51048 판결 ········· 221

헌법재판소 2003. 1. 30. 선고 2002헌바5 결정 ········· 90
헌법재판소 2017. 12. 28. 선고 2017헌라2 결정 ········· 166
헌법재판소 2018. 2. 22. 선고 2016헌마780 결정 ········· 481
Exhaustless Inc. v. FAA, No. 08－1329 (D.C. Cir., Aug. 2, 2019) ········· 331

사항색인

ㄱ

가산세 620
객실승무원 525
거짓 사실을 알려 소비자와 거래하는 행위 82
계고 11
계약해제 264
고정자산 566
공동불법행위 249
공물 238
공법상 계약 41
공역(空域)절토구역 195
공용침해 120
공정거래법 374
공정거래위원회 370
공항개발사업 185
공항시설의 이용관계 240
과잉금지의 원칙 101
과장광고 253
과징금 441
관광진흥개발기금 94
교육훈련비 36
국가사무 175
국가항공보안계획 486
국외여행자납부금 90
국유재산의 전대 211
권한쟁의심판 172
금융리스항공기 562
기본통칙 565
기부채납 581
기속행위 128
기장 521

ㄴ

납세의 고지 569
노선면허 296
농지전용부담금 185

ㄷ

단계적 행정처분 233
당연무효 147
대체적 작위의무 9
대한민국의 원고 적격 139

ㅁ

무상사용권 583
민중소송 159

ㅂ

법률상 보호되는 이익 230
법률유보원칙 490, 548
법치행정의 원리 55
보호구역 541
복무의무 35
부관 360
부정당업자 제재처분 66
비채변제 40
비행안전구역 109
비행장 271

ㅅ

상당한 주의의무 401
세관공무원의 우편물 검사 24

수익적 행정처분의 취소 58
수인한도 279
시정명령 80
신뢰보호의 원칙 329
신의칙상 고지의무 251

ㅇ

여객자동차터미널 221
역외적용 377
영장주의 21
예견가능성 470
운수권 291
운수권 배분 291
운항시각(Slot) 343
위법수집증거 배제 원칙 22
유류할증료 79, 373
이전건의권 176
인허가 의제 187
일부 무효 44
입찰참가자격 제한 70

ㅈ

자치사무 175
재량권 일탈·남용 433
재량권행사 71
재판관할권 513
전담여행사 53
정규출입증 532
정기항공운송사업 면허 350
정치범 불인도의 원칙 514
조명료 243
조세채무 557
조종사 편조 402
주민소송 159
증명책임 420
지표면 143
집행부정지의 원칙 303
집행정지제도 304

ㅊ

차임증감청구권 214
추락 473
취득세 중과세 591

ㅌ

탑재용 항공일지 429
통제배달 23
특별부가세 603
특별부담금 98

ㅎ

하자 145
하자의 승계 295
하자의 치유 574
할증료 공동 결정행위 370
항고소송의 원고적격 224
항공기납치 513
항공노선의 운항정지 413
항공운송주선업 면허 359
항로 500
행정규칙 54
행정대집행 8
행정심판전치주의 350
행정조사 25
행정처분 53
행정청 449
헌법소원 93
협의 123
화물운수권 321
환매권 199
회피가능성 472
후발적 경정청구제도 626

저자약력

■ **권창영 權昌榮 (松齋)**

››› 학력 서울대 물리학과 졸업(1992), 서울대 법학박사(2008), The University of Texas at Austin, School of Law Visiting Researcher(2006-2007)

››› 경력 [前] 제38회 사법시험 합격(1996), 사법연수원 수료(제28기, 1999), 춘천지법 판사(1999-2002), 의정부지법 판사(2002-2005), 서울서부지법 판사(2005-2007, 2012-2014), 서울행정법원 판사(2007-2009), 서울남부지법 판사(2009-2010), 서울고등법원 판사(2010-2012), 창원지법 부장판사(2014-2016), 의정부지법 부장판사(2016-2017)

[現] 법무법인(유한) 지평 변호사(2017-현재), 한국항공대 항공우주법학과 겸임교수(2016-현재), 대한상사중재원 중재인(2017-현재), 법제처 법령해석심의위원회 위원(2018-현재), 항공소음정책포럼 부회장(2019-현재), 항공판례연구회 회장(2020-현재), 서울대 법학전문대학원 겸임교수(2019-현재)

››› 저서 노동재판실무편람(共著, 2005), 민사보전법(2010, 초판; 2012, 제2판), 근로기준법 주해 Ⅲ(共著, 2010), 주석 민사집행법 Ⅶ(제3판, 2012), 법원실무제요 민사집행 Ⅳ-보전처분-(共著, 2014), 노동조합 및 노동관계조정법 주해 Ⅱ · Ⅲ(共著, 2015), 선원법해설(2016, 초판), 온주 산업재해보상보험법(共著, 2017), 선원법해설(2018, 제2판), 민사보전(2018), 항공법판례해설 Ⅰ-항공민사법-(2019), 항공법판례해설 Ⅱ-항공노동법-(2019), 근로기준법 주해 Ⅲ(제2판, 共著, 2020), 항공법판례해설 Ⅲ-항공운송법-(2020), 온주 산업안전보건법(共著, 2020)

››› 논문 "항공기 집행에 관한 법리" 등 100여 편

[항공우주법 강좌 4]

항공법판례해설 Ⅳ - 航空行政法

2020년 9월 10일 초판 인쇄
2020년 9월 15일 초판 1쇄 발행

저 자 권 창 영
발행인 배 효 선
발행처 도서출판 法 文 社

주 소 10881 경기도 파주시 회동길 37-29
등 록 1957년 12월 12일/제2-76호(윤)
전 화 (031)955-6500~6 FAX (031)955-6525
E-mail (영업) bms@bobmunsa.co.kr
(편집) edit66@bobmunsa.co.kr
홈페이지 http://www.bobmunsa.co.kr
조 판 법 문 사 전 산 실

정가 40,000원 ISBN 978-89-18-91145-8